plurall
Parabéns!
Agora você faz parte do Plurall, a plataforma digital do seu livro didático!
Acesse e conheça todos os recursos e funcionalidades disponíveis para as suas aulas digitais.
CB026434
Baixe o aplicativo do Plurall para Android e IOS ou acesse www.plurall.net e cadastre-se utilizando o seu código de acesso exclusivo:
AAPHPCPAE
Este é o seu código de acesso Plurall.
Cadastre-se e ative-o para ter acesso aos conteúdos relacionados a esta obra.
@plurallnet
@plurallnetoficial
SOMOS
EDUCAÇÃO

Ensino Fundamental
Anos Finais

8º ANO

MATEMÁTICA E REALIDADE

GELSON IEZZI
Engenheiro metalúrgico pela Escola Politécnica da Universidade de São Paulo (Poli-USP).
Licenciado em Matemática pelo Instituto de Matemática e Estatística da Universidade de São Paulo (IME-USP).
Ex-professor da Pontifícia Universidade Católica de São Paulo (PUC-SP).
Ex-professor da rede particular de ensino de São Paulo.

OSVALDO DOLCE
Engenheiro civil pela Escola Politécnica da Universidade de São Paulo (Poli-USP).
Ex-professor da rede pública de ensino do Estado de São Paulo.
Ex-professor de cursos pré-vestibulares.

ANTONIO MACHADO
Licenciado em Matemática e mestre em Estatística pelo Instituto de Matemática e Estatística da Universidade de São Paulo (IME-USP).
Ex-professor do Instituto de Matemática e Estatística da Universidade de São Paulo (IME-USP).
Professor de escolas particulares de São Paulo.

Presidência: Mario Ghio Júnior
Direção executiva: Daniela Villela (Plataforma par)
Vice-presidência de educação digital: Camila Montero Vaz Cardoso
Direção editorial: Lidiane Vivaldini Olo
Gerência de conteúdo e design educacional: Renata Galdino
Gerência editorial: Julio Cesar Augustus de Paula Santos
Coordenação de projeto: Luciana Nicoleti
Edição: Rani de Oliveira e Souza e Thais Bueno de Moura
Planejamento e controle de produção: Flávio Matuguma (ger.), Juliana Batista (coord.), Vivian Mendes (analista) e Jayne Santos Ruas (analista)
Revisão: Letícia Pieroni (coord.), Aline Cristina Vieira, Anna Clara Razvickas, Brenda T. M. Morais, Carla Bertinato, Daniela Lima, Danielle Modesto, Diego Carbone, Kátia S. Lopes Godoi, Lilian M. Kumai, Malvina Tomáz, Marília H. Lima, Paula Rubia Baltazar, Paula Teixeira, Raquel A. Taveira, Ricardo Miyake, Shirley Figueiredo Ayres, Tayra Alfonso e Thaise Rodrigues
Arte: Fernanda Costa da Silva (ger.), Catherine Saori Ishihara (coord.), Lisandro Paim Cardoso (edição de arte)
Diagramação: Fórmula Produções Editoriais
Iconografia e tratamento de imagem: Roberta Bento (ger.), Claudia Bertolazzi (coord.), Karina Tengan (pesquisa iconográfica) e Fernanda Crevin (tratamento de imagens)
Licenciamento de conteúdos de terceiros: Roberta Bento (ger.), Jenis Oh (coord.), Liliane Rodrigues e Raísa Maris Reina (analistas de licenciamento)
Ilustrações: Alberto De Stefano, Artur Fujita, Hélio Senatore, Ilustra Cartoon, Luigi Rocco, Marcelo Gagliano e Tiago Donizete Leme
Design: Erik Taketa (coord.) e Pablo Maury Braz (proj. gráfico)
Foto de capa: Gaspar Janos/Shutterstock

Avenida Paulista, 901, 6º andar – Bela Vista
São Paulo – SP – CEP 01310-200
http://www.somoseducacao.com.br

Dados Internacionais de Catalogação na Publicação (CIP)

Iezzi, Gelson
Matemática e realidade 8º ano / Gelson Iezzi, Antonio Machado e Osvaldo Dolce. - 10. ed. - São Paulo : Atual, 2021.

ISBN 978-65-5945-014-5 (livro do aluno)
ISBN 978-65-5945-015-2 (livro do professor)

1. Matemática (Ensino fundamental) - Anos finais I. Título II. Machado, Antonio III. Dolce, Osvaldo

21-2205 CDD 372.7

Angélica Ilacqua – Bibliotecária – CRB-8/7057

2023
10ª edição
2ª impressão
De acordo com a BNCC.

Impressão e acabamento Gráfica Santa Marta

Uma publicação

APRESENTAÇÃO

Esta é a mais nova edição da coleção *Matemática e realidade*. Por se tratar de uma obra com finalidade didática, esta coleção procura apresentar a teoria de maneira lógica e em linguagem acessível.

Nas séries de atividades e na introdução de alguns capítulos aparecem situações-problema ligadas quase sempre à realidade cotidiana. Algumas dessas propostas são apresentadas por meio da seção **Na real** ou do boxe **Participe**, que estimulam ações reflexivas, estratégias pessoais, compartilhamento de ideias e conhecimentos prévios para introduzir o tema a ser tratado.

Ao longo do livro, nos boxes **Na Olimpíada**, são reproduzidas questões da Olimpíada Brasileira de Matemática (OBM) e da Olimpíada Brasileira de Matemática das Escolas Públicas (Obmep), cujo objetivo é colocar você diante de situações novas, inesperadas, que o levem a analisar soluções, pensar e desenvolver a iniciativa de forma leve, divertida e espontânea.

A seção de leitura **Na mídia**, na qual é apresentada a reprodução de um texto de jornal, revista ou *site* ligado à Matemática, procura mostrar que a aplicação do conhecimento adquirido é essencial para o acesso aos meios de comunicação.

Em outra seção de leitura, **Na História**, você entrará em contato com a interessante história das descobertas matemáticas por meio da abordagem de um tema ligado ao assunto que está sendo estudado.

Em **Educação financeira**, você encontrará atividades individuais e coletivas sobre temas de educação financeira que podem ajudá-lo no planejamento financeiro – seu e/ou de sua família –, buscando sempre melhorar a qualidade de vida.

A seção **Matemática e tecnologia**, novidade desta edição e presente em todos os volumes, explora o uso de *softwares* e aplicativos de Matemática para resolver e modelar problemas.

Nesta edição, procuramos favorecer o desenvolvimento das competências e das habilidades propostas na Base Nacional Comum Curricular (BNCC), porque acreditamos que esse planejamento curricular facilitará a organização dos conteúdos e das abordagens das mais variadas escolas.

Esperamos que você goste deste livro e que aceite nossa companhia nesta viagem de descoberta dos números e das formas. Se quiser expressar sua opinião – seja ela qual for – a respeito desta obra, escreva para a editora. Teremos muita satisfação em saber o que você pensa.

Bons estudos!

Os autores

CONHEÇA SEU LIVRO

CAPÍTULO 7 Pontos notáveis do triângulo e propriedades

NA REAL

Onde está o tesouro?

O que você sabe sobre piratas? Como as palavras **pirata** e **pirataria** se relacionam? Atualmente, o que conhecemos dessas pessoas está muito relacionado ao que é apresentado nos filmes, mas vale fazer uma pesquisa para entender um pouco mais sobre a realidade dos navegantes do século XVI.

Imagine que você é um pirata e deve localizar um tesouro no mapa da ilha a seguir. O tesouro foi enterrado no ponto em que a distância é a mesma para qualquer uma das palmeiras da ilha. Faça um desenho para representar suas ideias e marque um **X** no ponto onde o tesouro está. Dica: forme um triângulo tomando as posições das palmeiras como vértices.

Na BNCC
EF08MA15
EF08MA17

83

NA REAL

O objetivo da seção é mobilizar conhecimentos prévios e introduzir o conteúdo que será tratado no capítulo.

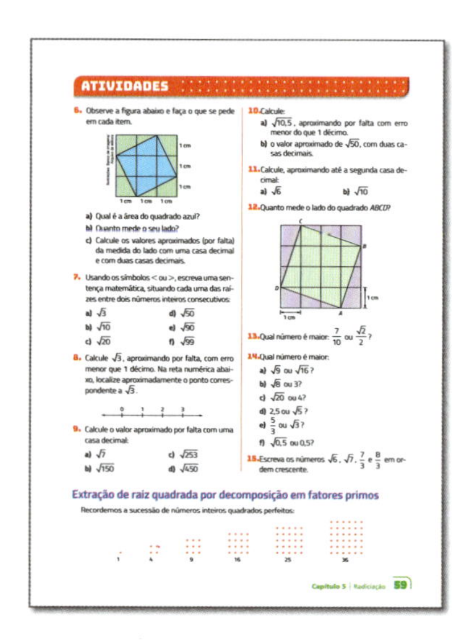
ATIVIDADES

Extração de raiz quadrada por decomposição em fatores primos

Capítulo 5 | Radiciação 59

ATIVIDADES

As atividades são apresentadas em gradação de dificuldade e têm por objetivo consolidar o conteúdo estudado.

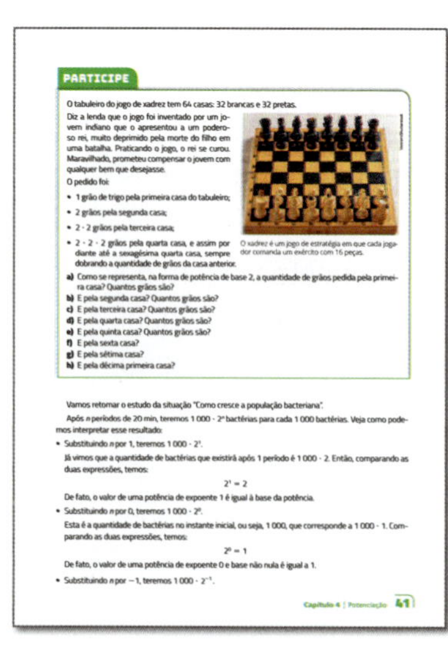
PARTICIPE

O tabuleiro do jogo de xadrez tem 64 casas: 32 brancas e 32 pretas.

Capítulo 4 | Potenciação 41

PARTICIPE

Neste boxe, são apresentadas questões que visam estimular o levantamento de hipóteses e a resolução de problemas por meio de estratégias pessoais.

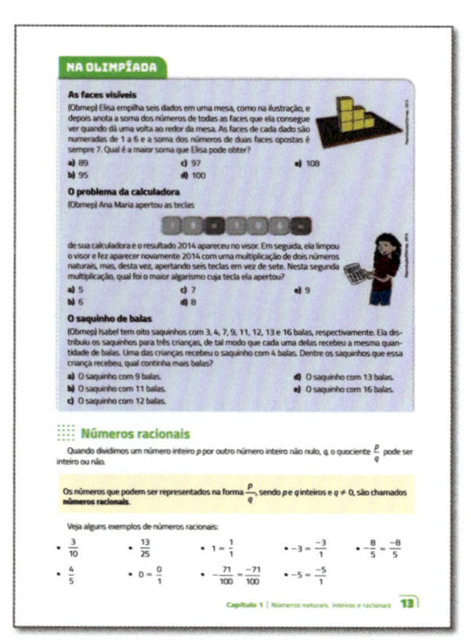
NA OLIMPÍADA

As faces visíveis

O problema da calculadora

O saquinho de balas

Números racionais

Capítulo 1 | Números naturais, inteiros e racionais 13

NA OLIMPÍADA

Este boxe propõe questões desafiadoras que levam a analisar, pensar e relacionar conteúdos diversos.

NA HISTÓRIA

Esta seção permite que você entre em contato com relatos históricos e questionamentos científicos relacionados a assuntos ligados ao conteúdo.

NA MÍDIA

Apresenta textos de jornais, revistas ou *sites* que levam a observar a realidade com visão crítica, usando a Matemática para comparar dados e situações apresentadas.

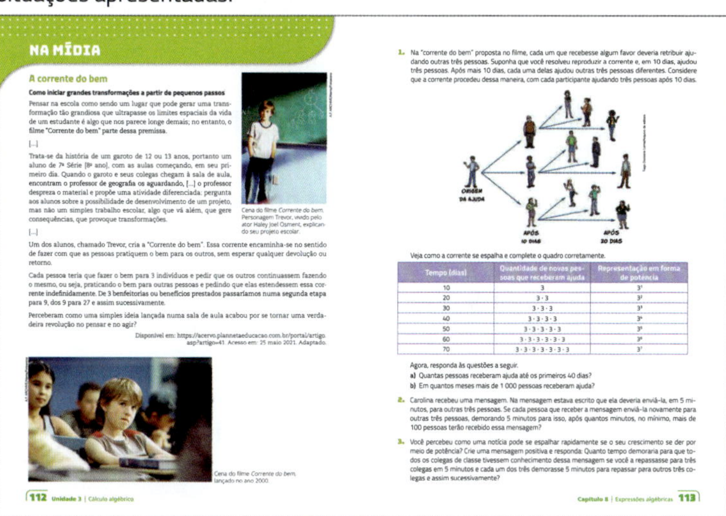

EDUCAÇÃO FINANCEIRA

Esta seção propõe atividades individuais e coletivas, permitindo uma reflexão sobre o consumo excessivo.

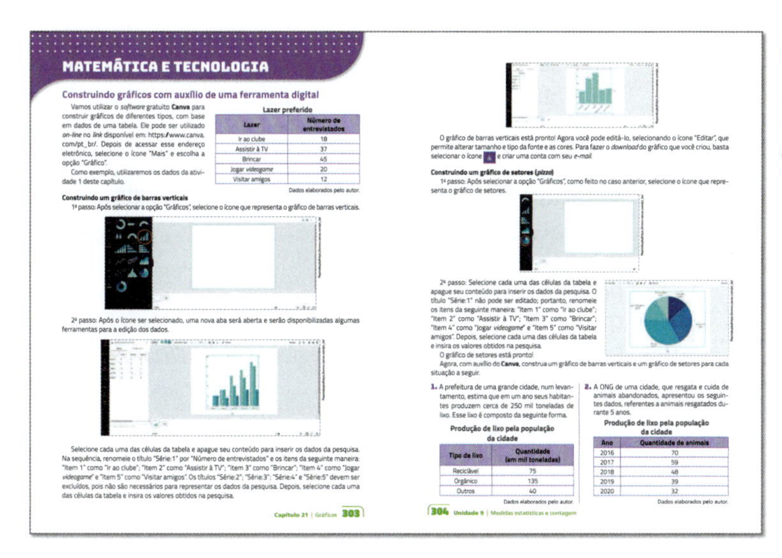

MATEMÁTICA E TECNOLOGIA

Esta seção propõe o uso de tecnologia para modelar e resolver problemas. Nela, são apresentados alguns *softwares* e aplicativos de Matemática.

ÍCONES

Calculadora

Convém usar a calculadora quando encontrar este ícone.

Compasso

Indica o uso de régua, compasso, esquadro, entre outros instrumentos.

SUMÁRIO

UNIDADES TEMÁTICAS DA BNCC: Números, Geometria, Álgebra, Grandezas e medidas, Probabilidade e Estatística

UNIDADE 1 CONJUNTOS NUMÉRICOS, POTENCIAÇÃO E RADICIAÇÃO

UNIDADE 2 TRIÂNGULOS

UNIDADE 3 CÁLCULO ALGÉBRICO

UNIDADE 4 PRODUTOS NOTÁVEIS E FATORAÇÃO

UNIDADE 5 QUADRILÁTEROS

UNIDADE 1

Conjuntos numéricos, potenciação e radiciação

NESTA UNIDADE VOCÊ VAI

- Utilizar métodos para obter uma fração geratriz para uma dízima periódica.
- Elaborar problemas utilizando cálculo de porcentagens.
- Resolver problemas com potências de expoentes inteiros e aplicar na representação dos números em notação científica.
- Elaborar problemas usando a relação entre a potenciação e a radiciação.
- Representar a raiz de um número como potência de expoente fracionário.

CAPÍTULOS

CAPÍTULO 1

Números naturais, inteiros e racionais

s-ts/Shutterstock

NA REAL

O que é um fractal?

A palavra "fractal" tem origem no latim *fractus*, que significa fração, quebrado. Formas fractais têm partes que são semelhantes ao todo e podem ser encontradas na natureza, assim como em obras artísticas, e têm tudo a ver com matemática.

Um fractal muito conhecido é a **Curva de Koch**. Ela é construída a partir de um triângulo equilátero. A cada passo da sua construção, os segmentos são divididos em três partes iguais; o segmento médio obtido é complementado por dois segmentos iguais, formando com ele um triângulo equilátero.

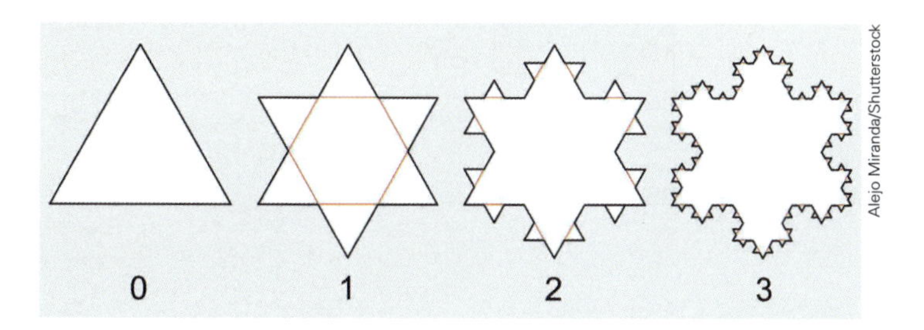

Alejo Miranda/Shutterstock

Em cada passo, então, um segmento se transforma em quatro outros segmentos com comprimentos iguais, e seu perímetro sempre aumenta. No mundo real vamos deparar com limitações que nos impedem de continuar o desenho, mas, em um mundo ideal, qual seria o perímetro de um fractal como esse?

Considerando que o lado do triângulo original mede 1, calcule o perímetro da última imagem, obtida após três repetições do procedimento de construção.

Na BNCC
EF08MA05

Números

O lado desconhecido

Vamos recordar como se calcula a área de um quadrado.

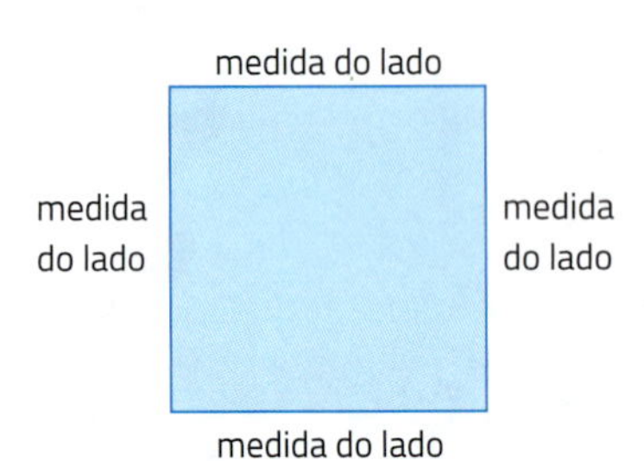

área = medida do lado · medida do lado = (medida do lado)^2

Julio Costa/Futura Press

Garoto medindo o lado de um quadrado com uma régua.

Observe, na figura abaixo, a representação de um quadrado com 1 cm de lado.

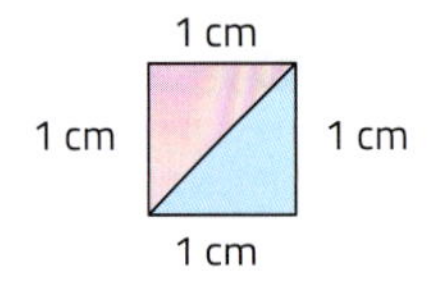

Sabendo que a diagonal divide o quadrado em duas partes iguais, responda:

- Qual é a área do quadrado?
- Qual é a área de cada parte colorida do quadrado?

Agora, veja a representação de quatro quadradinhos iguais ao anterior, com 1 cm de lado, formando um quadrado maior com 2 cm de lado.

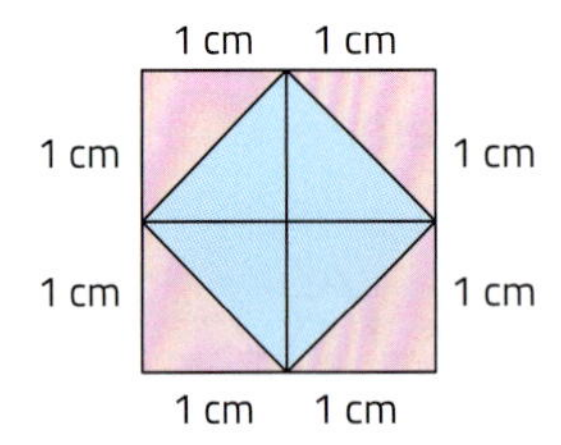

Ilustrações: Banco de imagens/Arquivo da editora

Em relação ao quadrado azul, reflita sobre as perguntas:

- Qual é a sua área?
- Quanto mede o seu lado?
- A medida do lado é um número inteiro?
- A medida do lado é um número racional (fracionário)?

Por enquanto, responda somente à primeira pergunta. Às outras responderemos ao longo desta unidade, dedicada a revisar e ampliar o campo numérico que conhecemos até agora.

Então, vamos rever alguns números.

Números naturais

Os primeiros números surgiram da necessidade de contar.

Os números 0, 1, 2, 3, 4, 5, 6, 7, 8, 9, 10, 11, ... são chamados **números naturais**.

ATIVIDADES

1. Com base nos seus conhecimentos sobre números naturais, responda às perguntas a seguir.

a) 15 e XV representam quantidades diferentes?

b) 15 e XV são numerais diferentes?

2. Sobre o número 478 194 235, responda:

a) Que algarismo ocupa a posição da centena de milhar?

b) Em que ordem está o algarismo 7?

c) Esse número é múltiplo de 2, 3 ou 5?

3. Sobre os números naturais de 1 a 1 000, responda:

a) Quantos têm o algarismo 5 na ordem das dezenas?

b) Quantos têm o algarismo 5 na ordem das unidades?

4. Leia e responda:

a) Quais são e como são chamados os números naturais múltiplos de 2?

b) Quais são os dez primeiros números naturais ímpares?

5. Responda:

a) O que é um número natural primo?

b) Quais são os dez primeiros números naturais primos?

6. Sobre o número 2 020, responda:

a) Sem considerar a ordem dos fatores, de quantos modos podemos obter o resultado 2 020 multiplicando dois números naturais?

b) E multiplicando três números naturais?

7. Considerando que dois números naturais são equivalentes se a soma dos divisores de um deles coincide com a soma dos divisores do outro, responda:

a) Os números 6 e 9 são equivalentes?

b) Os números 16 e 25 são equivalentes?

c) Existe algum número natural equivalente a 10? Qual?

8. O que são dois números primos entre si? Dê um exemplo.

9. Sabemos que um número natural é divisível por 6 quando é divisível por 2 e por 3. Isso ocorre porque 2 e 3 são números primos entre si e $6 = 2 \cdot 3$.

a) Como podemos saber se um número natural é divisível por 12, sem efetuar a divisão?

b) E por 15?

c) Dos números da lista abaixo, quais são divisíveis por 12? E por 15?

2015, 2016, 2017, 2018, 2019,
2020, 2021, 2022, 2023, 2024,
2025, 2 026, 2027, 2028, 2029, 2030

10. Quantos são os múltiplos de 4 que possuem apenas dois algarismos?

11. Considere a sucessão numérica abaixo.

7, 14, 21, 28, 35, 42, ...

Qual é o último número dessa sucessão que podemos representar com três algarismos?

12. Na sequência de Fibonacci, os dois primeiros números são 1 e 1. A partir daí, cada número é igual à soma dos dois imediatamente anteriores:

1, 1, 2, 3, 5, 8, 13, 21, ...

Qual é o primeiro número dessa sequência que se escreve com três algarismos?

A sequência de Fibonacci é atribuída ao matemático italiano Leonardo Fibonacci.

Números inteiros

A subtração de dois números naturais nem sempre resulta em um número natural. Apenas com o conhecimento dos números negativos foi possível subtrair um número de outro menor que ele. Por exemplo:

- $5 - 1 = 4$
- $5 - 2 = 3$
- $5 - 3 = 2$
- $5 - 4 = 1$
- $5 - 5 = 0$
- $5 - 6 = -1$
- $5 - 7 = -2$
- $5 - 8 = -3$
- $5 - 9 = -4$
- $5 - 10 = -5$

No painel de elevadores, é comum os andares abaixo do térreo serem indicados por números negativos.

ATIVIDADES

13. Lembrando que -1 é o oposto de 1, responda:

a) Qual é a soma de dois números opostos?

b) Qual é o oposto de 3?

c) Qual é o oposto de -4?

d) Qual é o oposto de 0?

14. Indica-se o valor absoluto de n por $|n|$ (lê-se: "módulo de n" ou "valor absoluto de n"). Determine o valor de:

a) $|8|$

b) $|-8|$

c) $|-5|$

d) $|5|$

e) $|0|$

f) $|-(-1)|$

g) $2 \cdot |-5| - |3|$

h) $|-6| + |2 - (9 - 3) + 1|$

15. Analise a sucessão numérica abaixo e responda às perguntas:

$$1, -2, 3, -4, 5, -6, 7, -8, 9, -10, 11, ...$$

a) Qual é o quinquagésimo número dessa sequência?

b) Qual é a soma dos dois primeiros números? E a dos dois seguintes?

c) Qual é a soma dos 50 primeiros números?

d) Qual é o vigésimo quinto número dessa sequência?

e) Qual é a soma dos 25 primeiros números?

f) Qual é o sinal do produto dos 25 primeiros números?

g) Qual é o sinal do produto dos 50 primeiros números?

NA OLIMPÍADA

As faces visíveis

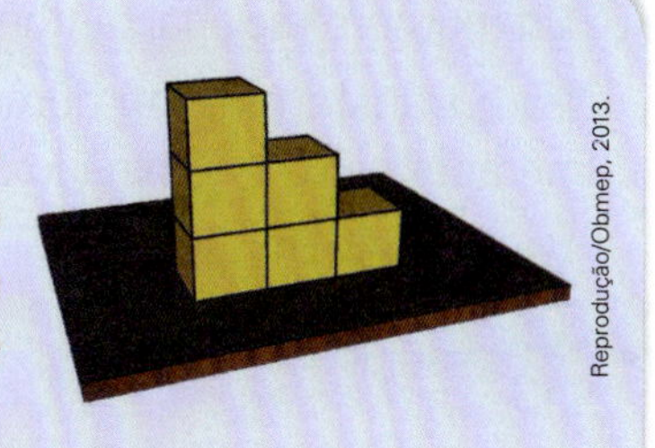

(Obmep) Elisa empilha seis dados em uma mesa, como na ilustração, e depois anota a soma dos números de todas as faces que ela consegue ver quando dá uma volta ao redor da mesa. As faces de cada dado são numeradas de 1 a 6 e a soma dos números de duas faces opostas é sempre 7. Qual é a maior soma que Elisa pode obter?

Reprodução/Obmep, 2013.

a) 89
b) 95
c) 97
d) 100
e) 108

O problema da calculadora

(Obmep) Ana Maria apertou as teclas

de sua calculadora e o resultado 2014 apareceu no visor. Em seguida, ela limpou o visor e fez aparecer novamente 2014 com uma multiplicação de dois números naturais, mas, desta vez, apertando seis teclas em vez de sete. Nesta segunda multiplicação, qual foi o maior algarismo cuja tecla ela apertou?

Reprodução/Obmep, 2014.

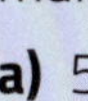
a) 5
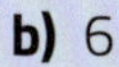
b) 6
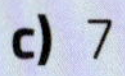
c) 7
d) 8
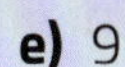
e) 9

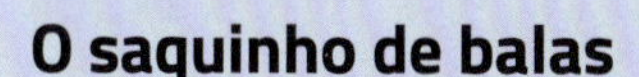

O saquinho de balas

(Obmep) Isabel tem oito saquinhos com 3, 4, 7, 9, 11, 12, 13 e 16 balas, respectivamente. Ela distribuiu os saquinhos para três crianças, de tal modo que cada uma delas recebeu a mesma quantidade de balas. Uma das crianças recebeu o saquinho com 4 balas. Dentre os saquinhos que essa criança recebeu, qual continha mais balas?

a) O saquinho com 9 balas.
b) O saquinho com 11 balas.
c) O saquinho com 12 balas.
d) O saquinho com 13 balas.
e) O saquinho com 16 balas.

Números racionais

Quando dividimos um número inteiro p por outro número inteiro não nulo, q, o quociente $\frac{p}{q}$ pode ser inteiro ou não.

Os números que podem ser representados na forma $\frac{p}{q}$, sendo p e q inteiros e $q \neq 0$, são chamados **números racionais**.

Veja alguns exemplos de números racionais:

- $\frac{3}{10}$
- $\frac{13}{25}$
- $1 = \frac{1}{1}$
- $-3 = \frac{-3}{1}$
- $-\frac{8}{5} = \frac{-8}{5}$
- $\frac{4}{5}$
- $0 = \frac{0}{1}$
- $-\frac{71}{100} = \frac{-71}{100}$
- $-5 = \frac{-5}{1}$

Transformar fração em decimal

Um número racional também pode ser representado na **forma decimal**.

Para transformar um número racional da **forma fracionária** para a **forma decimal**, basta dividir o numerador pelo denominador.

Veja estes exemplos:

- $\frac{3}{10} = 0,3$
- $\frac{4}{5} = 0,8$
- $\frac{13}{25} = 0,52$
- $\frac{7}{3} = 2,333...$
- $\frac{84}{7} = 12$
- $-\frac{71}{100} = -0,71$
- $-\frac{15}{8} = -1,875$
- $-\frac{11}{9} = -1,222...$
- $-\frac{24}{6} = -4$

Quando transformamos uma fração em um número decimal, podemos obter:

I. um **decimal exato** – quociente de divisão com resto zero. Por exemplo:

- $\frac{3}{10} = 0,3$
- $\frac{84}{7} = 12$
- $-\frac{71}{100} = -0,71$
- $-\frac{15}{8} = -1,875$

II. uma **dízima periódica** – quociente de divisão com resto diferente de zero, apresentando algarismos que se repetem periodicamente. Por exemplo:

- $\frac{7}{3} = 2,333... = 2,\overline{3}$ (período 3)
- $\frac{56}{11} = 5,090909 = 5,\overline{09}$ (período 09)
- $\frac{11}{9} = 1,222... = 1,\overline{2}$ (período 2)
- $\frac{25}{6} = 4,1666... = 4,1\overline{6}$ (período 6)

Quando uma fração é equivalente a uma dízima periódica, dizemos que a fração é a **geratriz** da dízima. Por exemplo:

- $\frac{7}{3} = 2,333...$

  A fração $\frac{7}{3}$ é a geratriz da dízima 2,333...

- $-\frac{11}{9} = -1,222... = -1,\overline{2}$

  A fração $-\frac{11}{9}$ é a geratriz da dízima $-1,\overline{2}$.

ATIVIDADE

16. Escreva os números na forma decimal:

a) $\frac{7}{10}$

b) $\frac{29}{10}$

c) $\frac{31}{100}$

d) $\frac{2\,874}{100}$

e) $\frac{37}{1\,000}$

f) $\frac{8}{5}$

g) $\frac{17}{2}$

h) $-\frac{41}{25}$

i) $\frac{5}{3}$

j) $-\frac{7}{6}$

k) $\frac{3}{8}$

l) $\frac{8}{3}$

m) $-\frac{9}{20}$

n) $-\frac{20}{9}$

Decimal exato ou dízima periódica?

Frações de denominador 10, 100, 1 000, etc. equivalem a decimais exatos. Por exemplo:

- $\frac{3}{10} = 0{,}3$
- $\frac{22}{100} = 0{,}22$
- $\frac{35}{1\,000} = 0{,}035$

Todo número decimal exato equivale a uma fração em que o numerador é um número inteiro e o denominador é uma potência de 10 que depende de quantas forem as casas decimais desse numeral. Por exemplo:

- $\underbrace{0{,}21}_{\text{2 casas decimais}} = \frac{21}{\underbrace{100}_{\text{2 zeros}}}$
- $\underbrace{1{,}729}_{\text{3 casas decimais}} = \frac{1\,729}{\underbrace{1\,000}_{\text{3 zeros}}}$
- $\underbrace{-6{,}045}_{\text{3 casas decimais}} = \frac{-6\,045}{\underbrace{1\,000}_{\text{3 zeros}}}$

Os denominadores 10, 100, 1 000 são potências de 10. Veja suas decomposições: elas apresentam como fatores primos apenas 2 e 5.

- $10 = 2 \cdot 5$
- $100 = 10^2 = (2 \cdot 5)^2 = 2^2 \cdot 5^2$
- $1\,000 = 10^3 = (2 \cdot 5)^3 = 2^3 \cdot 5^3$

Decompondo o denominador, podemos saber se uma fração equivale a um número decimal exato ou a uma dízima periódica sem efetuar a divisão do numerador pelo denominador.

Quando a fração é irredutível (numerador e denominador primos entre si) com denominador maior que 1, decompomos o denominador em fatores primos. Acompanhe dois casos:

1º caso – fração equivalente a um decimal exato

Nos exemplos a seguir, determinamos uma fração, equivalente à fração dada, cujo denominador é uma potência de 10.

- A fração $\frac{13}{25}$ tem denominador 25, e 25 equivale a 5^2; só tem o fator primo 5.

  Temos: $\frac{13}{25} = \frac{13 \cdot 4}{25 \cdot 4} = \frac{52}{100} = 0{,}52$

  Então, $\frac{13}{25}$ equivale a um decimal exato.

- A fração $\frac{617}{500}$ tem denominador 500, e $500 = 2^2 \cdot 5^3$; só tem os fatores primos: 2 e 5.

  Temos: $\frac{617}{500} = \frac{617 \cdot 2}{500 \cdot 2} = \frac{1234}{1000} = 1{,}234$

  Então, $\frac{617}{500}$ equivale a um decimal exato.

Se os fatores primos do denominador forem apenas 2 e/ou 5, a fração equivale a outra com denominador 10, 100, 1 000, etc. e, portanto, equivale a um decimal exato.

2º caso – fração equivalente a uma dízima periódica

Veja o exemplo a seguir.

A fração $\frac{17}{180}$ é irredutível e tem denominador 180. Como 180 equivale a $2^2 \cdot 3^2 \cdot 5$, o denominador tem o fator primo 3, diferente de 2 e de 5. Então, $\frac{17}{180}$ equivale a uma dízima periódica.

Temos: $\frac{17}{180} = 0{,}094444...$

Existe algum número inteiro n tal que o produto $2^2 \cdot 3^2 \cdot 5 \cdot n$ seja uma potência de 10? A resposta é não, porque em $2^2 \cdot 3^2 \cdot 5 \cdot n$ há o fator primo 3, e em toda potência de 10 só há os fatores primos 2 e 5.

Se o denominador de uma fração irredutível contiver fatores primos diferentes de 2 e de 5, ela não terá uma fração equivalente cujo denominador é uma potência de 10. Então, a fração equivale a uma **dízima periódica** e não é um decimal exato.

ATIVIDADES

17. Escreva na forma de fração:

a) 0,57
b) 1,28
c) 3,125
d) −31,25
e) 0,7
f) 0,718
g) 1,3147
h) 4,718365

18. Sem efetuar a divisão, responda: Quais das seguintes frações equivalem a um decimal exato?

a) $\frac{7}{20}$
b) $\frac{17}{15}$
c) $-\frac{37}{100}$
d) $-\frac{102}{5}$

19. Com as frações a seguir, construa uma tabela de duas colunas, DE e DP. Na coluna DE, escreva as frações que podem ser convertidas em decimais exatos; na coluna DP, escreva as frações que geram dízimas periódicas.

$\frac{11}{10}$ $\quad -\frac{37}{75}$ $\quad -\frac{11}{20}$ $\quad \frac{207}{100}$ $\quad \frac{42}{14}$

$\frac{13}{3}$ $\quad \frac{15}{7}$ $\quad \frac{21}{6}$ $\quad \frac{32}{27}$ $\quad -\frac{15}{3}$

20. Responda:

a) Qual é a decomposição do número 320 em fatores primos?

b) A fração $\frac{321}{320}$ equivale a um decimal exato ou a uma dízima periódica? Por quê?

21. Abaixo há 12 números.

0,5 $\quad$ −111 $\quad$ 3,6 $\quad$ 58 $\quad$ −4 $\quad \frac{5}{3}$

−1,33 $\quad$ 0 $\quad$ 0,001 $\quad -\frac{1}{9}$ $\quad$ −17 $\quad \frac{3}{1}$

a) Quantos deles são números naturais? Quais?

b) Quantos deles são números inteiros? Quais?

c) Quantos deles são números racionais? Quais?

d) Qual deles tem o maior valor absoluto?

Resolver equações

Por volta do século V ou VI, circulava na Grécia uma obra usualmente descrita como a *Antologia grega*, cujas partes matemáticas lembram fortemente os problemas do Papiro de Ahmes (você verá um pouco sobre esse papiro no capítulo 14), de mais de dois milênios antes. Esses problemas teriam sido reunidos em milhares de epigramas por Metrodorus, um gramático, que deve ter usado várias fontes.

Eis um dos problemas dessa obra: "Quantas maçãs há numa coleção, se devem ser distribuídas entre seis pessoas de modo que a primeira receba um terço das maçãs, a segunda receba um quarto, a terceira pessoa receba um quinto, a quarta receba um oitavo, a quinta receba dez maçãs, e reste uma maçã para a última pessoa?". (Fonte: BOYER, C. B. *História da Matemática*. São Paulo: Edusp, 1974.)

Quando queremos calcular um número desconhecido (incógnita), nós podemos representá-lo por uma letra, elaborar uma equação que corresponda ao problema proposto e resolvê-la.

No problema anterior, sendo x a quantidade de maçãs da coleção, temos:

$$x = \frac{x}{3} + \frac{x}{4} + \frac{x}{5} + \frac{x}{8} + 10 + 1$$

Recorde que, para resolver uma equação, podemos aplicar dois tipos de operações elementares:

- Adicionar um mesmo número aos dois membros da equação.
- Multiplicar por um mesmo número, diferente de zero, ambos os membros da equação.

Por exemplo, veja estas resoluções:

- $2x + 1 = 15 - 7x$

  $2x + 1 + 7x = 15 - 7x + 7x$

  $9x + 1 = 15$

  $9x + 1 - 1 = 15 - 1$

  $9x = 14$

  $\frac{1}{9} \cdot 9x = \frac{1}{9} \cdot 14$

  $x = \frac{14}{9}$

- $\frac{3x}{2} = \frac{2x}{3} + 15$

  $6 \cdot \frac{3x}{2} = 6 \cdot \frac{2x}{3} + 6 \cdot 15$

  $9x = 4x + 90$

  $9x - 4x = 4x - 4x + 90$

  $9x - 4x = 90$

  $5x = 90$

  $\frac{1}{5} \cdot 5x = \frac{1}{5} \cdot 90$

  $x = \frac{90}{5}$

  $x = 18$

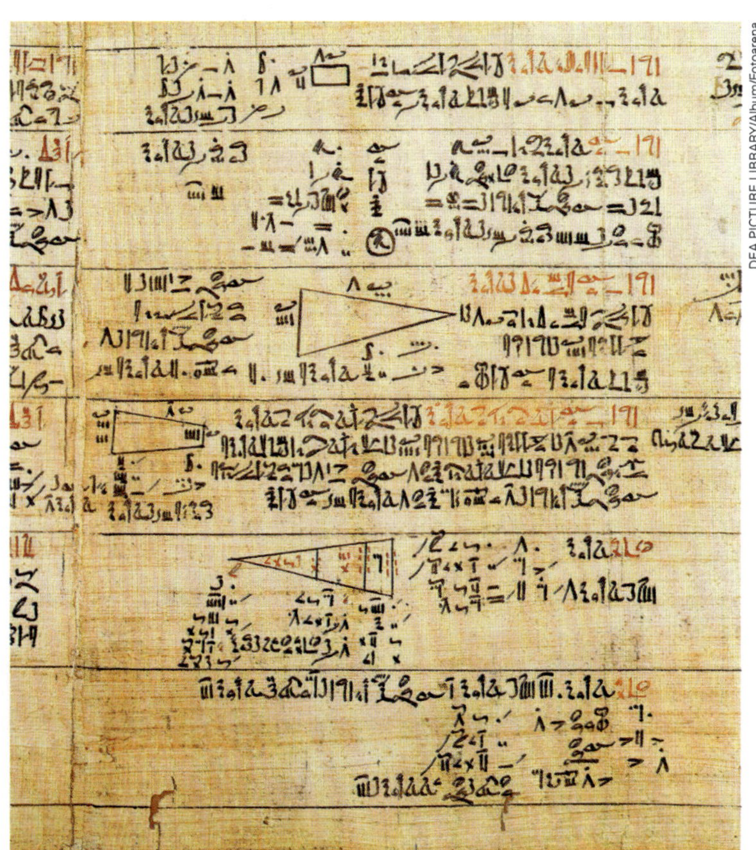
DEA PICTURE LIBRARY/Album/Fotoarena

O Papiro de Ahmes ou Papiro Rhind (datado por volta de 1650 a.C.) é um documento egípcio que apresenta a solução de 85 problemas matemáticos.

Agora, resolva a equação do problema da *Antologia grega*, citado acima, e descubra quantas maçãs havia na coleção.

Calcular a fração geratriz

Leia o problema a seguir.

A dízima periódica 0,444... tem período 4. Para determinar a sua **fração geratriz**, vamos representar a dízima periódica por x:

$$x = 0{,}444... \quad (1)$$

Como o período, 4, só tem uma casa, multiplicamos ambos os membros da equação (1) por 10, para que a vírgula se desloque uma casa decimal para a direita:

$$10x = 4{,}444... \quad (2)$$

Subtraímos, membro a membro, a equação (1) da equação (2):

$$\begin{array}{rcll} & 10x = & 4{,}444... & (2) \\ - & x = & 0{,}444... & (1) \\ \hline & 10x - x = & 4{,}444... - 0{,}444... & (3) \end{array}$$

Resolvendo a equação (3), obtemos x:

$$9x = 4$$

$$x = \frac{4}{9}$$

Concluímos que $0{,}444... = \frac{4}{9}$. Ou seja, $\frac{4}{9}$ é a fração geratriz de 0,444...

Para conferir se está certo, é só dividir 4 por 9. O resultado é 0,444...

ATIVIDADES

22. Escreva o período dos números decimais periódicos abaixo:

a) 0,342342342...

b) 27,577777...

c) 1036,898989...

23. Determine a fração geratriz da dízima 0,6666...

24. Escreva 3,222... na forma de fração.

Dízima com período de duas casas ou mais

Vamos obter a fração geratriz da dízima 5,121212...

Primeiro representamos a dízima periódica por x:

$$x = 5{,}121212...\ ①$$

O período é 12 e, como ele tem duas casas, multiplicamos, então, ambos os membros de ① por 100, de modo que a vírgula se desloque duas casas decimais para a direita e 12 fique à esquerda da vírgula:

$$100x = 512{,}1212...\ ②$$

Subtraímos, membro a membro, a equação ① da equação ②:

Ilustra Cartoon/Arquivo da editora

$$\begin{array}{rl} 100x = 512{,}1212... & ② \\ -\quad x = \quad 5{,}1212... & ① \\ \hline 99x = 507 & \end{array}$$

$$x = \frac{507}{99} = \frac{169}{33}$$

Concluímos que $5{,}1212... = \frac{169}{33}$. (Pode conferir!)

ATIVIDADE

25. Determine a fração geratriz de:

a) 5,474747...

b) 0,312312312...

Ilustra Cartoon/Arquivo da editora

Separando a parte não periódica de uma dízima

Vamos escrever 1,27888888... na forma fracionária.

Fazemos $x = 1{,}27888888...$ ①

Nesse caso, o decimal apresenta uma parte não periódica:

1, 27 888888...

parte não periódica — 27; parte periódica — 888888...

O primeiro passo é transformar a parte não periódica em parte inteira, ou seja, devemos deslocar a vírgula duas casas para a direita.

Vamos, então, multiplicar ambos os membros de ① por 100:

$$100x = 127{,}888888...\ ②$$

Agora, à direita da vírgula existem apenas os períodos. Procedemos, então, como nos exemplos anteriores.

Multiplicamos ②, membro a membro, por 10:

$$1\,000x = 1\,278{,}88888... \quad ③$$

Daí, calculamos ③ − ②:

$$\begin{array}{rl} 1\,000x = & 1\,278{,}88888... \quad ③ \\ -\quad 100x = & 127{,}88888... \quad ② \\ \hline 900x = & 1\,151 \end{array}$$

$$x = \frac{1151}{900}$$

Assim concluímos que $1{,}2788888... = \frac{1151}{900}$.

Agora, veja um exemplo com dízima negativa.

Para escrever, por exemplo, $-1{,}2788888...$ na forma fracionária, começamos determinando a geratriz de 1,2788888..., que é $\frac{1151}{900}$.

Temos, então:

$$-1{,}2788888... = -\frac{1151}{900}$$

ATIVIDADES

26. Obtenha as geratrizes das seguintes dízimas periódicas:

a) 0,777...
b) 3,888...
c) 6,1777...
d) 5,83333...
e) 9,151515...
f) −12,3454545...

27. Escreva uma fração equivalente a cada um dos seguintes numerais:

a) 0,7
b) 0,33
c) 1,333
d) 5,21
e) 2,333...
f) 3,4

28. Escreva cada dízima na forma de fração irredutível.

a) 4,7222...
b) 3,121212...
c) 0,5272727...
d) 1,8999...

29. Observe o padrão de formação de cada sequência a seguir.

I. $\frac{1}{100}, \frac{1}{50}, \frac{3}{100}, \frac{1}{25}, \frac{1}{20}, \frac{3}{50}, ...$

II. 6, −12, 18, −24, 30, −36, 42, ...

III. $\frac{5}{12}, \frac{5}{6}, \frac{5}{4}, \frac{5}{3}, \frac{25}{12}, \frac{5}{2}, \frac{35}{12}, ...$

Responda às perguntas:

a) Qual é o próximo número de cada sequência?
b) Qual é a razão entre o décimo e o primeiro número de cada sequência?
c) Quanto é a soma dos dez primeiros números de cada sequência?
d) Quanto é a soma do centésimo com o centésimo primeiro número de cada sequência?

CAPÍTULO 2

Porcentagens

Adisa/Shutterstock

NA REAL

Como alcançar o lucro desejado?

A incidência de impostos sobre a compra e a venda de produtos acontece em todo o mundo.

Valdir tem uma loja de bolsas e sapatos e precisa etiquetar os produtos com o preço de venda. Ele compra os produtos por um preço X e deseja ter um lucro de 20% sobre o preço de compra. No entanto precisa pagar 20% de imposto sobre o preço de venda. Nessas condições, calcule o preço que Valdir deve cobrar para obter o lucro desejado após descontado o imposto. Dica: Atribua um valor de compra para facilitar os cálculos.

Na BNCC
EF08MA04

Porcentagem

Café com leite

Toda manhã Fafinha toma um copo de café com leite preparado com uma xícara de café e três xícaras de leite. Quanto por cento de café há no copo de café com leite dela?

No copo ficam 4 xícaras de café com leite, sendo 1 de café e 3 de leite. Então, a fração de café no copo de café com leite é $\frac{1}{4}$. Para transformar a fração em taxa porcentual, é só multiplicá-la por 100%:

$$\frac{1}{4} \cdot 100\% = 25\%$$

Logo, no copo de café com leite da Fafinha, 25% é café.

PARTICIPE

I. Pense e responda: Se, após tomar meio copo do café com leite, Fafinha resolver encher novamente o copo pondo duas xícaras de leite, qual será a porcentagem de café nesse novo copo cheio?

II. Para preparar uma jarra de limonada, Cidinha adiciona, para cada limão espremido, dois copos de água gelada. Desse modo, em 400 mililitros da limonada, 40 são de suco de limão e 360 são de água.

Alter-ego/Shutterstock

a) Qual é a fração que representa a quantidade de suco de limão na limonada?

b) Qual é a porcentagem de suco de limão na limonada?

c) Qual é a fração que representa a quantidade de água na limonada?

d) Qual é a porcentagem de água na limonada?

Fração e porcentagem

Recordemos que:

I. Uma fração centesimal, $\frac{p}{100}$, também pode ser representada na forma de porcentagem (ou taxa porcentual) por p%. Assim:

$$p\% = \frac{p}{100}$$

Por exemplo:

$15\% = \frac{15}{100}$; $90\% = \frac{90}{100}$.

II. Toda fração, $\frac{m}{n}$, pode ser escrita em forma de porcentagem multiplicando-a por 100%. Assim:

$$\frac{m}{n} = \frac{m}{n} \cdot 100\%$$

Por exemplo:

$$\frac{3}{4} = \frac{3}{4} \cdot 100\% = \frac{300}{4}\% = 75\%$$

III. Para calcular uma fração (ou uma porcentagem) de uma quantidade Q, basta multiplicar a fração (ou a taxa porcentual) pela quantidade Q. Assim:

$$\left(\frac{m}{n} \text{ de } Q\right) = \frac{m}{n} \cdot Q \quad \text{e} \quad (p\% \text{ de } Q) = \frac{p}{100} \cdot Q$$

Exemplos

- Em um painel de 49 azulejos, $\frac{4}{7}$ deles são pretos e os demais são brancos. Quantos são os azulejos pretos no painel?

  $\frac{4}{7} \cdot 49 = 4 \cdot 7 = 28$

  No painel há 28 azulejos pretos.

- Em uma prova contendo 25 testes, Enzo acertou 80% deles, enquanto Tobias acertou 64%. Quantos testes Enzo acertou a mais do que Tobias?

  Enzo acertou: $(80\% \text{ de } 25) = \frac{80}{100} \cdot 25 = \frac{80}{4} = 20$

  Tobias acertou: $(64\% \text{ de } 25) = \frac{64}{100} \cdot 25 = \frac{64}{4} = 16$

  $20 - 16 = 4$

  Logo, Enzo acertou 4 testes a mais do que Tobias.

  Há outro modo de resolver essa questão.

  Como $80\% - 64\% = 16\%$, Enzo acertou 16% dos testes a mais que Tobias:

$$(16\% \text{ de } 25) = \frac{16}{100} \cdot 25 = \frac{16}{4} = 4$$

ATIVIDADES

1. Associe cada item de **I** a **VI** ao seu valor equivalente de **a** a **g**:

I. 7%

II. 20%

III. 150%

IV. $\frac{3}{5}$

V. $\frac{1}{8}$

VI. 1

a) 1,5

b) 60%

c) $\frac{1}{5}$

d) 100%

e) $\frac{7}{100}$

f) $\frac{2}{5}$

g) 12,5%

2. A turma do 7º ano A da Escola Nova Indaiá é composta de 32 alunos, entre eles Maya e Joaquim.

a) Qual é a porcentagem de alunos que estavam presentes em um dia em que nenhum deles faltou?

b) Quando apenas Maya e Joaquim faltaram, os alunos presentes representavam que fração dos alunos da turma? Qual é a porcentagem dos alunos que estavam presentes?

3. Um combustível vendido em posto de gasolina é uma mistura de gasolina e etanol. Em um 1 litro desse combustível, 200 mililitros são de etanol.

Samuel Borges Photography/Shutterstock

a) Qual é a porcentagem de etanol no combustível?

b) Colocando 3 litros do combustível em um galão e adicionando 200 mililitros de etanol, essa nova mistura terá quantos por cento de etanol?

4. Um incêndio atingiu 24% da área de uma região de 35 000 quilômetros quadrados. Qual foi a área devastada pelo incêndio?

5. Leia a notícia a seguir, divulgada após a realização do Enem de 2020, em plena pandemia do coronavírus.

"Entre os 5 523 023 inscritos nas provas impressas do **Enem**, 2 842 332 não compareceram neste domingo, o que representa uma abstenção de x%."

Use uma calculadora e descubra o *x* da notícia, com uma casa decimal.

6. Quanto por cento é:

a) 20% de 80%?

b) $(20\%)^2$?

A população de Olímpia (SP)

Olímpia é uma cidade do interior do estado de São Paulo que se tornou um polo turístico nos últimos anos devido aos parques aquáticos lá existentes. Antes da criação desses parques, a população de Olímpia era de cerca de 30 000 habitantes e hoje é de cerca de 54 000 habitantes. Qual foi a porcentagem do aumento da população nesse período?

O crescimento da população em número de habitantes foi de:

54 000 − 30 000

Em relação à população antiga, o crescimento porcentual é de:

$$\frac{54\,000 - 30\,000}{30\,000} \cdot 100\% = \frac{24\,000}{30\,000} \cdot 100\% = \frac{240}{3}\% = 80\%$$

Nesse período, a população olimpiense aumentou 80%.

Acréscimos e decréscimos: variação porcentual

Conforme estudamos no sétimo ano, aumento, redução, lucro ou prejuízo porcentuais podem ser calculados assim:

$$\text{Variação porcentual} = \frac{(\text{valor maior}) - (\text{valor menor})}{(\text{valor inicial})} \cdot 100\%$$

No numerador, calculamos sempre a diferença entre o maior e o menor valor (pode ser final menos inicial, ou inicial menos final, dependendo de ser aumento ou redução). No denominador usamos sempre o valor inicial, antes de sofrer a alteração.

Na questão acima sobre a população de Olímpia, o valor maior é 54 000, o menor é 30 000 e o valor inicial é 30 000. A variação porcentual foi um acréscimo de 80%.

Exemplo

Um patinete que custava R$ 200,00 estava sendo vendido em uma liquidação por R$ 164,00. Qual era a porcentagem de desconto na liquidação?

O valor maior é 200, o menor é 164 e o valor inicial, 200. O porcentual do desconto é:

$$\frac{\text{valor maior} - \text{valor menor}}{\text{valor inicial}} \cdot 100\% = \frac{200 - 164}{200} \cdot 100\% = \frac{36}{200} \cdot 100\% = \frac{36}{2}\% = 18\%$$

ATIVIDADES

7. A imprensa noticiou que, antes da pandemia de coronavírus, uma cidade tinha cerca de 12 000 trabalhadores desempregados e, após um ano, 13 500. Qual foi a porcentagem do número de desempregados nesse ano nessa cidade?

8. Em uma sala de aula, havia 36 carteiras. Para aumentar a distância entre os alunos, foi feito um remanejamento, de modo que ficaram apenas 20 carteiras na sala. Quanto por cento diminuiu a capacidade da sala para receber alunos?

9. De um ano para outro, a mensalidade de uma escola infantil aumentou de R$ 475,00 para R$ 513,00. Qual foi a porcentagem de aumento?

10. Elabore um problema que possa ser resolvido pelas operações abaixo:

$$160{,}00 - 136{,}00 = 24{,}00$$

$$\frac{24{,}00}{160{,}00} \cdot 100\% = \frac{240}{16}\% = 15\%$$

Resposta: 15%

Cálculo do valor novo após acréscimo de um porcentual

Patrícia recebe um salário de R$ 2 800,00 e, no próximo mês, será promovida a um novo cargo. Seu salário terá um acréscimo de 25%. Quanto ela passará a receber?

Observe que o acréscimo será de 25% de R$ 2 800,00. Portanto, de:

$$\frac{25}{100} \cdot 2\,800{,}00 = \frac{2\,800{,}00}{4} = 700{,}00$$

Assim o novo salário de Patrícia será de:

R$ 2 800,00 + R$ 700,00 = R$ 3 500,00

Há outro modo de fazer esse cálculo. Acompanhe:

Hoje, Patrícia recebe R$ 2 800,00, que é 100% do seu salário.

Como vai ter um acréscimo de 25%, ela passará a receber (100% + 25%) do salário atual. Então, o salário novo dela em reais será de:

(100% + 25%) de 2 800,00 = (125% de 2 800,00) = $\frac{125}{100} \cdot 2\,800{,}00 = 3\,500$

Já estudamos no sétimo ano que, após um aumento porcentual em um valor, o valor novo pode ser calculado da seguinte maneira:

valor novo = (valor antigo) + (aumento porcentual) · (valor antigo)

No exemplo, mostramos que há outra maneira de fazer esse cálculo, que é:

valor novo = (100% + aumento porcentual) · (valor antigo)

ATIVIDADES

11. Por quanto devemos multiplicar um valor para obter esse valor acrescido de 20%?

12. O preço da passagem de ônibus de um município era R$ 3,20 durante três anos consecutivos. O prefeito decidiu atualizar o preço dando um acréscimo de 10%. Para quanto foi o preço da passagem?

13. Nas eleições para prefeitos e vereadores no Brasil em 2020, havia cerca de 180 000 mulheres candidatas. Se esse número aumentar em 6% nas próximas eleições, quantas mulheres serão candidatas?

14. Uma lata de tinta de 18 litros usada para pintar paredes custava R$ 425,80 em uma loja. Quando a fábrica anunciou que haveria um aumento de 8%, o lojista decidiu aumentar seu preço em apenas 7,5%.

Dean Drobot/Shutterstock

a) Qual seria o novo preço da lata de tinta se ele tivesse dado o aumento que a fábrica indicou?

b) Qual foi o preço que ele colocou?

15. O custo de 1 dólar americano em janeiro de 2020 era de R$ 5,00. Houve um aumento de 10% em fevereiro e o novo preço aumentou mais 5% em março. Quanto estava o preço do dólar em março?

Cálculo do valor novo após decréscimo de um porcentual

Devido à crise econômica e ao estado de calamidade pública provocados pela pandemia de coronavírus em 2020, uma empresa anunciou uma redução geral de salários de seus funcionários em 20% por determinado período. Adamastor, um dos colaboradores dessa empresa, recebia R$ 2 550,00 antes da pandemia. Quanto ele passou a receber no período de baixa dos salários?

Observe que o decréscimo foi de 20% de R$ 2 550,00. Portanto, de:

$$\frac{20}{100} \cdot 2\,550{,}00 = \frac{2\,550{,}00}{5} = 510{,}00$$

Assim, Adamastor passou a receber:

R$ 2 550,00 − R$ 510,00 = R$ 2 040,00

Há outro modo de fazer esse cálculo. Acompanhe:

Adamastor recebia R$ 2 550,00, que era 100% do seu salário. Com a redução de 20%, passou a receber (100% − 20%) do salário. Então, o salário novo foi de:

$$[(100\% - 20\%) \text{ de } 2\,550{,}00] = (80\% \text{ de } 2\,550{,}00) = \frac{80}{100} \cdot 2\,550{,}00 = 2\,040{,}00$$

Já sabemos que, após uma redução porcentual em um valor, o valor novo é calculado da seguinte maneira:

valor novo = (valor antigo) − (redução porcentual) · (valor antigo)

No exemplo anterior, mostramos que há outra maneira de fazer esse cálculo, que é:

valor novo = (100% − redução porcentual) · (valor antigo)

ATIVIDADES

16. Por quanto devemos multiplicar um valor para obter esse valor diminuído de 10%?

17. Para digitar um texto em Word, Marco levava 16 minutos. Após um treinamento ele passou a digitar textos do mesmo tamanho que aquele em um tempo 25% menor. Agora, em quantos minutos ele faz essa digitação?

18. O vestibular de uma universidade pública tinha 140 000 inscritos, mas 8,5% deles faltaram no dia da prova. Quantos candidatos fizeram a prova?

19. Segundo a Associação Brasileira das Indústrias de Refrigerantes e de Bebidas não Alcoólicas (ABIR), a produção nacional de refrigerantes foi de 12,837 bilhões de litros em 2017. Em 2018, houve um decréscimo de 4,2% em relação ao ano anterior e, em 2019, um acréscimo de 2,9% em relação a 2018.

a) Use uma calculadora e estime qual foi o volume produzido em 2019.

b) Estime a variação porcentual da produção de 2019 em relação à de 2017.

20. Elabore um problema que possa ser resolvido pelas seguintes operações:

$$150 \cdot 1{,}20 = 180$$
$$180 \cdot 0{,}85 = 153$$
$$153 - 150 = 3$$

Resposta: 3

NA OLIMPÍADA

Um favo de números

(Obmep) Na malha hexagonal, a casa central recebeu o número 0 e as casas vizinhas a ela receberam o número 1. Em seguida, as casas vizinhas às de número 1 receberam o número 2, e assim sucessivamente, como na figura. Quantas casas receberam o número 6?

Reprodução/Obmep, 2015.

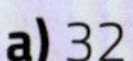

a) 32

b) 36

c) 42

d) 48

e) 54

A tira de hexágonos

(Obmep) Gustavo fez uma tira com 300 hexágonos, fixando-os pelos lados comuns com um adesivo redondo, como na figura. Quantos adesivos ele usou?

a) 495

b) 497

c) 498

d) 499

e) 502

Reprodução/Obmep, 2015.

Com ou sem inflação?

O que, afinal, é inflação? Faça as atividades a seguir, pesquisando na internet, quando necessário, e você descobrirá o que é inflação e entenderá como ela pode afetar sua vida.

I. Procure em um dicionário sinônimos para a palavra "inflar".

II. O que é inflação?

III. Quais são as causas mais comuns para o crescimento da inflação?

IV. Pesquise: Quais são os principais mecanismos de que dispõe o governo para combater a inflação?

V. Como é avaliada a inflação média mensal no Brasil?

VI. Quais são os principais índices oficiais para medir a inflação média no Brasil?

Ilustra Cartoon/Arquivo da editora

VII. Quais foram as taxas anuais de inflação no Brasil nos últimos dez anos?

VIII. Tomando por base o Índice de Preços ao Consumidor Amplo (IPCA), que é o índice utilizado oficialmente pelo governo para avaliar a inflação, o valor de R$ 100,00 de dez anos atrás ficou reduzido a quanto?

Sugestão: Acesse https://www3.bcb.gov.br/CALCIDADAO/publico/exibirFormCorrecaoValores.do?method=exibirFormCorrecaoValores (acesso em: 9 jun. 2021), selecione o índice IPCA (IBGE), escolha o mês inicial e o mês final no período de dez anos desejado e clique em "corrigir valor". Você terá o valor de R$ 100,00 da data inicial corrigido pela inflação no período.

Para descobrir a resposta da pergunta acima, divida R$ 100,00 pelo índice de correção no período.

IX. Supondo que a inflação mensal seja de 1% e que um produto hoje custe R$ 100,00, qual será o preço desse produto daqui a três meses se ele for reajustado de acordo com a inflação?

X. Se a inflação mensal for de 2% e um cidadão tiver um salário de R$ 1 000,00, daqui a dois meses o poder de compra de seu salário ficará reduzido em que porcentual?

XI. De que meios dispõe um comerciante para defender seu patrimônio contra a inflação?

XII. De que meios dispõe um industrial para defender seu patrimônio contra a inflação?

XIII. Em épocas de inflação alta, como os assalariados (as pessoas que vivem de salário) fazem para remediar os danos causados pela inflação?

Junte-se a um grupo de três colegas para responder às questões:

1. Tendo em vista a tarefa **XIII**, discutam a questão: Um assalariado consegue recuperar integralmente as perdas provocadas pela inflação?

2. Considerando as tarefas **XI**, **XII** e **XIII**, discutam a questão: Quais segmentos sociais têm mais a perder com a inflação?

CAPÍTULO 3

Números reais

NA REAL

Esses números existem mesmo?

Um número pode ser natural ($\mathbb{N}$), inteiro ($\mathbb{Z}$), racional ($\mathbb{Q}$) ou irracional ($\mathbb{I}$), mas todos eles são números reais ($\mathbb{R}$). Alguns são representados simplesmente por algarismos, outros por operações e ainda há aqueles que são representados por letras gregas, até porque não se conhecem seus infinitos dígitos.

Exemplos:

- 2 é um número natural;
- -2 é um número inteiro;
- 0,2 é um número racional;
- $\sqrt{2}$ é um número irracional.

Todos os números dos exemplos são reais.

Agora, dê um exemplo de número real com infinitos dígitos.

É fato, também, que todos esses números podem ser representados em uma reta, a chamada reta real. Na reta real há pontos que correspondem a medidas de comprimentos diversas, como diagonais de quadrados ou comprimentos de circunferências. Vejamos:

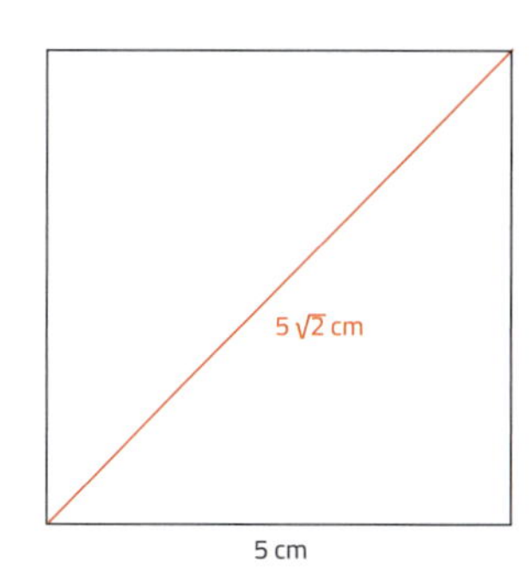

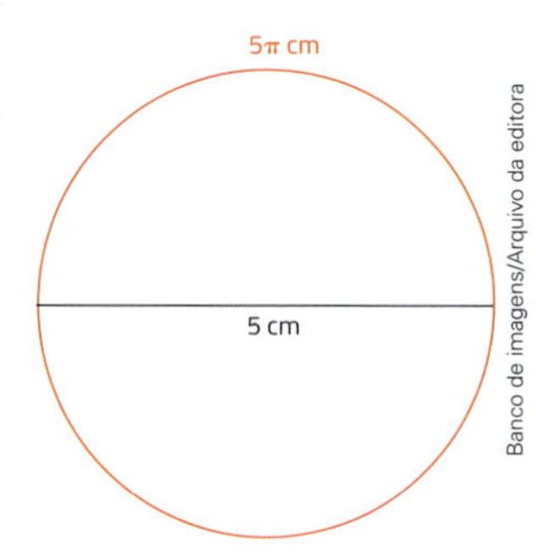

Banco de imagens/Arquivo da editora

Um quadrado de lado 5 cm tem diagonal igual a $5\sqrt{2}$ cm e uma circunferência de diâmetro 5 cm tem comprimento igual a 5π cm. Qual desses dois números é maior: $\sqrt{2}$ ou π? Use um barbante para marcar essas medidas e posicione-o em uma régua para ajudar você a decidir.

Reta numérica

Vamos recordar como representar alguns números na reta numérica.

Julio Costa/Futura Press

Garoto desenhando uma reta com auxílio de régua.

Os números inteiros podem ser representados por pontos de uma reta. Na figura abaixo estão representados os números inteiros de -4 a 4.

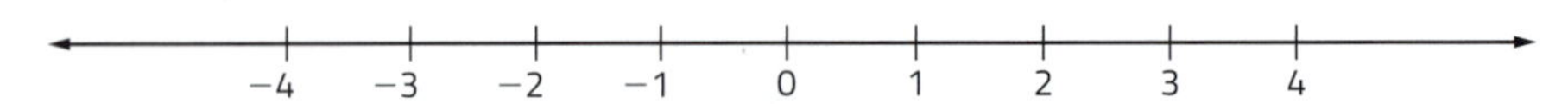

Entre dois números inteiros e consecutivos, não existe nenhum número inteiro. Isso significa que os pontos da reta situados entre a marca 0 e a marca 1, por exemplo, não representam números inteiros:

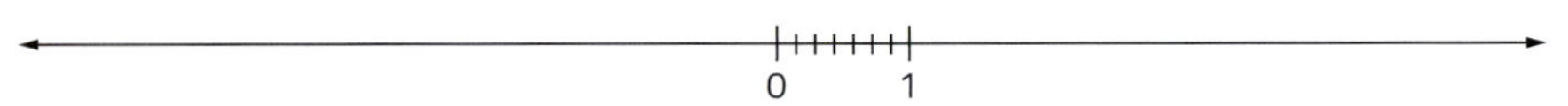

Os números racionais não inteiros também podem ser representados por pontos dessa reta.

Entre dois números racionais, há infinitos números racionais. Por exemplo, entre 0 e 1 há o número $\frac{1}{2}$.
Para representar o número $\frac{1}{2}$, tomamos o ponto da reta situado a meia unidade de distância do ponto 0 e à sua direita:

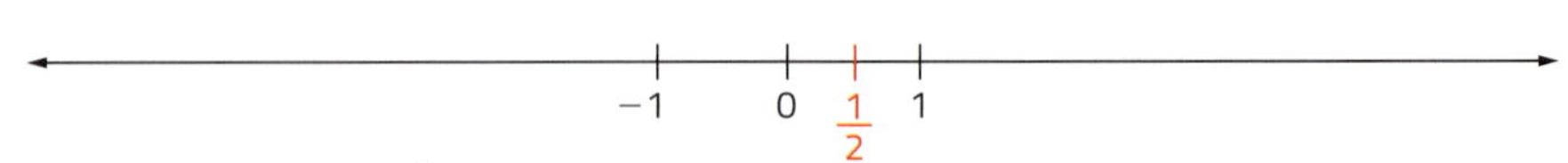

Para representar o número $-\frac{1}{2}$, tomamos o ponto situado à esquerda de 0 a meia unidade de distância:

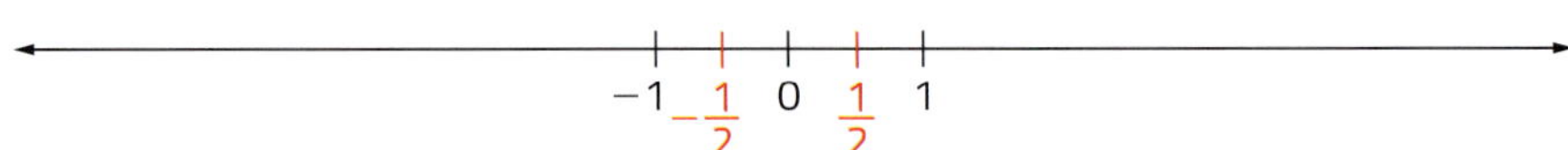

Entre 0 e $\frac{1}{2}$ há outros números racionais. Por exemplo, o número $\frac{1}{4}$:

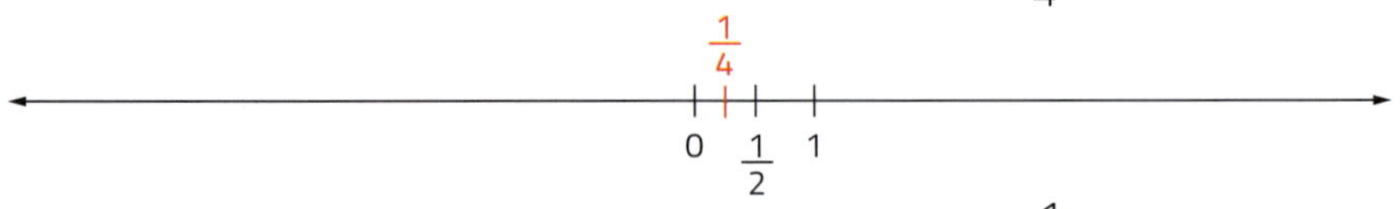

Entre 0 e $\frac{1}{4}$ há outros números racionais. Por exemplo, o número $\frac{1}{8}$:

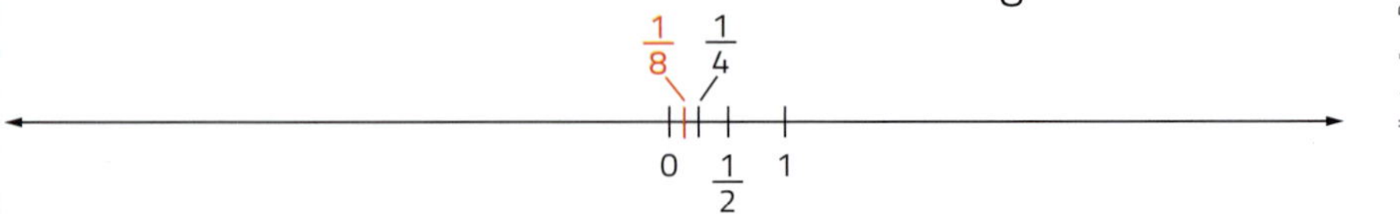

Ilustrações: Banco de imagens/Arquivo da editora

Entre dois números racionais a e b, com $a \neq b$, sempre é possível encontrar outros números racionais distintos de a e b, como $\frac{a+b}{2}$.

Veja abaixo a representação de alguns números racionais na reta numérica:

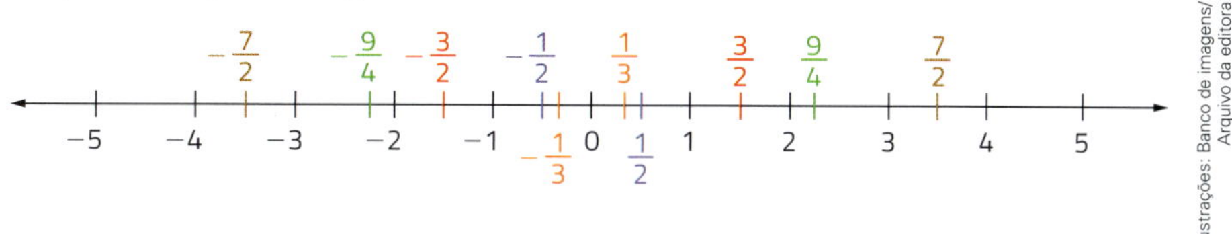

Ilustrações: Banco de imagens/Arquivo da editora

Números irracionais

Todo número racional pode ser representado por um ponto da reta. No entanto, mesmo que fosse possível marcar na reta cada um dos pontos que representam os números racionais, ainda assim não marcaríamos todos os pontos da reta. Existem pontos na reta que não correspondem a números racionais. Para exemplificar, vamos usar o quadrado do início do capítulo 1. Lembre que os lados do quadrado maior medem 2 cm e que a área do quadrado azul é 2 cm², mas não conhecemos as medidas de seus lados.

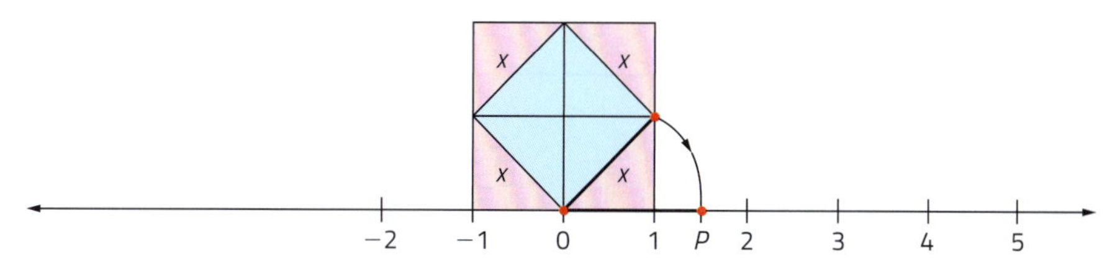

Com o auxílio de um compasso, transportamos a medida x, em centímetros, do lado do quadrado azul para a reta numérica, marcando o ponto P.

O ponto P corresponde à medida x. Note que a medida x é um número compreendido entre 1 e 2. Já vimos que a área do quadrado azul é 2 cm²; logo, $x^2 = 2$.

No capítulo 1, vimos que todo número racional pode ser escrito na forma $\frac{p}{q}$, com p inteiro e $q \neq 0$.

Substituindo p e q por números inteiros, será possível calcular a expressão $\left(\frac{p}{q}\right)^2$ e encontrar resultado 2?

Desde a Antiguidade, antes de Cristo, já se provou que isso não é possível.

Assim, no ponto P não está representado um número racional. O número representado é um exemplo de **número irracional** (ou seja, **não** racional). Veja algumas estimativas para o valor de x:

$(1{,}4)^2 = 1{,}4 \cdot 1{,}4 = 1{,}96$ (menor que 2)
$(1{,}5)^2 = 2{,}25$ (maior que 2)
Logo, x é um número entre 1,4 e 1,5.

$(1{,}41)^2 = 1{,}9881$ (menor que 2)
$(1{,}42)^2 = 2{,}0164$ (maior que 2)
Logo, x é um número entre 1,41 e 1,42.

$(1{,}414)^2 = 1{,}999396$ (menor que 2)
$(1{,}415)^2 = 2{,}002225$ (maior que 2)
Logo, x é um número entre 1,414 e 1,415.

O número x não pode ser representado por um decimal exato, pois não é racional, nem por uma dízima periódica (porque toda dízima tem uma fração geratriz, sendo, portanto, um número racional). Assim, a representação decimal do número x é **infinita** e **não periódica**. Podemos indicar:

$$x = 1{,}414...$$

Adiante veremos que x é a raiz quadrada de 2, ou seja, $x = \sqrt{2}$. Recorrendo a uma calculadora, obtemos, com 8 casas decimais, $x = 1{,}41421356...$

Há infinitos pontos da reta numérica nos quais não estão representados números racionais. Neles são representados os chamados números irracionais.

Número irracional é todo número representado em pontos da reta que não correspondem a números racionais. A representação decimal de um número irracional é infinita e não periódica.

O número π, que apresentamos no 7º ano, é um número irracional: $\pi = 3{,}1415926535...$

Veja outros exemplos de números irracionais e sua localização aproximada na reta. Em cada exemplo supomos que o padrão da parte decimal se repita indefinidamente. Essa suposição será feita daqui em diante nos exemplos e nas atividades.

- $a = 0{,}1001000100001...$
- $b = 1{,}1112131415...$
- $c = -1{,}23456789101112...$
- $d = 3{,}808008000800008...$

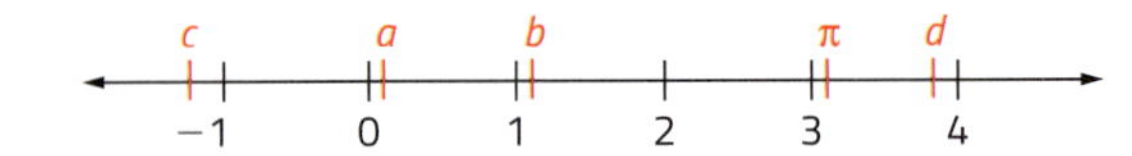

Ilustrações: Banco de imagens/Arquivo da editora

Números reais

Todos os números representados na reta são denominados **números reais**. A cada ponto da reta corresponde um número real, e a todo número real corresponde um ponto da reta. Dessa maneira, são números reais todos os números racionais e todos os números irracionais. Resumindo:

Número real é todo número racional ou irracional.

ATIVIDADES

1. Desenhe uma reta e marque sobre ela um segmento de medida 10 cm. Marque nas extremidades desse segmento os números 0 e 1 e localize nele, aproximadamente, os pontos que representam

a) os números racionais:

0,1 0,2 0,3
0,4 0,5 0,6
0,7 0,8 0,9

b) os números racionais:

0,333... 0,3737...

c) o número irracional:

0,35335333533335...

2. Quais dos seguintes decimais representam números racionais?

5,9 31,72 6,383838... −0,777...

3. Quantos números da lousa são irracionais? Quais são eles?

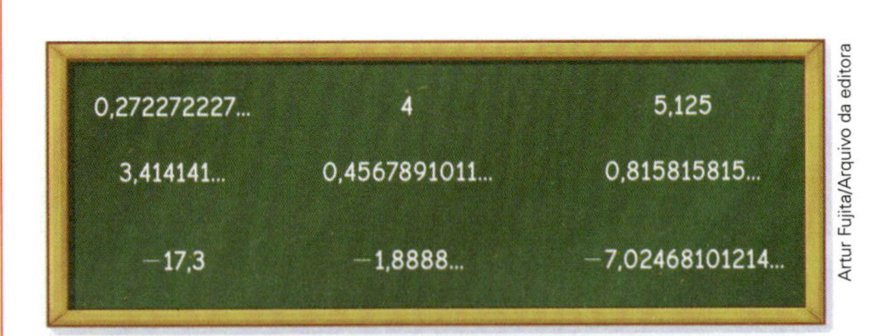

Artur Fujita/Arquivo da editora

4. Escreva a representação decimal de um número irracional compreendido entre 5 e 6 e de outro compreendido entre 3,1 e 3,2.

5. Que números correspondem aos pontos *A*, *B* e *C* da reta numérica representada abaixo?

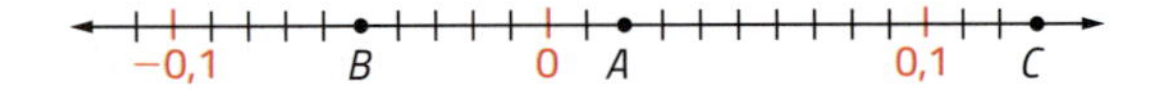

Representação dos conjuntos numéricos

Os números podem ser organizados em conjuntos.

Há uma simbologia convencionada para representar os principais conjuntos formados pelos números que estudamos até agora. Vejamos:

- **Conjunto dos números naturais**

  É representado por $\mathbb{N}$. Então:

$$\mathbb{N} = \{0, 1, 2, 3, 4, 5, 6, ...\}$$

- **Conjunto dos números inteiros**

  É representado por $\mathbb{Z}$. Então:

$$\mathbb{Z} = \{..., -4, -3, -2, -1, 0, 1, 2, 3, 4, 5, ...\}$$

A letra $\mathbb{Z}$ é a inicial da palavra alemã *Zahl*, que significa **número** (pode ser traduzida também por algarismo ou por dígito). Provavelmente foi essa a razão de ter sido escolhida para representar o conjunto dos inteiros.

- **Conjunto dos números racionais**

  É representado por $\mathbb{Q}$. Então:

$$\mathbb{Q} = \left\{x \middle| x = \frac{p}{q}, \text{ sendo } p \text{ e } q \text{ inteiros, } q \neq 0\right\}$$

O sinal | significa "tal que".

A letra $\mathbb{Q}$ é a inicial da palavra **quociente**, escolhida para representar os números racionais, provavelmente porque todo racional é o quociente da divisão de dois números inteiros.

De origem latina, a palavra **quociente** vem de *quotiens*, que significa "quantas vezes".

- **Conjunto dos números reais**

  É representado por $\mathbb{R}$. Então:

$$\mathbb{R} = \left\{x \middle| x \text{ é um número racional ou irracional}\right\}$$

No diagrama abaixo, podemos representar os conjuntos numéricos.

Todo número natural é um número inteiro. Mas há números inteiros que não são naturais, como -1, -2 e -3.

Todo número inteiro é um número racional. Mas há números racionais que não são inteiros, como $\frac{1}{2}$, $\frac{7}{3}$ e $-\frac{3}{10}$.

Todo número racional é um número real. Mas há números reais que não são racionais – são os irracionais.

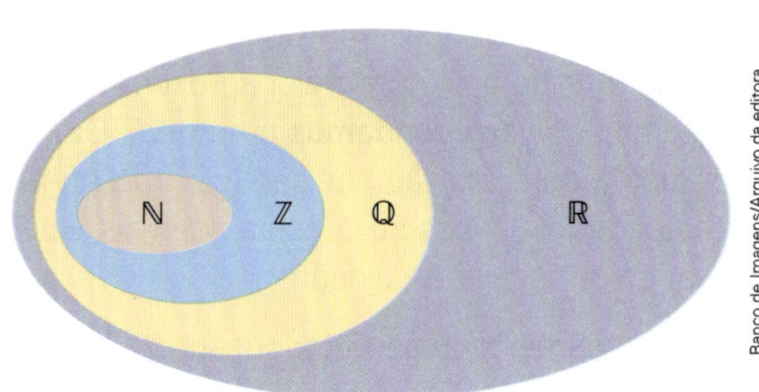

Banco de Imagens/Arquivo da editora

ATIVIDADES

6. Copie e preencha o quadro assinalando a que conjunto (ou conjuntos) pertence cada número dado:

Número	$\mathbb{N}$	$\mathbb{Z}$	$\mathbb{Q}$	$\mathbb{R}$
10				
-10				
$\frac{1}{10}$				
0,10101010...				
0,101001000...				
1,33				
$-1,3333...$				
$-1,343343334...$				
133				
-133				

7. Dê três exemplos de:

a) números naturais;

b) números inteiros não naturais;

c) números racionais não inteiros;

d) números reais não racionais.

8. Desenhe uma reta e marque sobre ela um segmento de 20 cm. Nas extremidades desse segmento, marque os números 0 e 2. Em seguida, localize (aproximadamente) os pontos que representam os seguintes números reais:

a) 0,5

b) 1

c) 1,5

d) 1,7

e) 1,62

f) 1,666...

g) 0,125

h) 0,3333...

i) $\frac{10}{7}$

j) $\frac{81}{80}$

Operações em $\mathbb{R}$

A adição de dois números irracionais a e b resulta em um número real, $a + b$, calculado a partir de valores aproximados de a e de b.

O mesmo vale para a multiplicação: a partir de valores aproximados de a e de b, calculamos valores aproximados do número real $a \cdot b$.

Ao considerarmos um valor aproximado, também dizemos que **arredondamos** o número. Quando fazemos a aproximação por determinado número de casas decimais, desprezamos as demais casas, tomando os seguintes cuidados:

Ilustra Cartoon/Arquivo da editora

- se o primeiro número a ser desprezado é menor que 5, os que permanecem não sofrem alteração;
- se o primeiro número a ser desprezado é igual a 5 ou maior que 5, então adicionamos 1 ao último número que permanecerá.

No primeiro caso, obtemos um valor aproximado **por falta** (menor que o valor exato) e, no segundo, um valor aproximado **por excesso** (maior que o valor exato).

Exemplo

Seja $a = 2,4681012141...$ e $b = 1,3579111315...$, observe os valores aproximados de a e de b:

- $a = 2,4681012141...$
  com 5 casas: $a \cong 2,46810$ (por falta)
  com 4 casas: $a \cong 2,4681$ (por falta)
  com 3 casas: $a \cong 2,468$ (por falta)
  com 2 casas: $a \cong 2,47$ (por excesso)
  com 1 casa: $a \cong 2,5$ (por excesso)

- $b = 1,3579111315...$
  com 5 casas: $b \cong 1,35791$ (por falta)
  com 4 casas: $b \cong 1,3579$ (por falta)
  com 3 casas: $b \cong 1,358$ (por excesso)
  com 2 casas: $b \cong 1,36$ (por excesso)
  com 1 casa: $b \cong 1,4$ (por excesso)

O sinal $\cong$ lê-se: "é aproximadamente igual a".

Com base nos quadros anteriores, vamos calcular um valor aproximado para $a + b$, considerando a e b com 4 casas decimais. Veja:

$$\begin{array}{rr} a \cong 2,4681 & \\ b \cong 1,3579 & + \\ \hline a + b \cong 3,8260 & \end{array}$$

Agora, vamos calcular um valor aproximado para $a \cdot b$ a partir dos valores arredondados de a e de b com duas casas decimais:

$$a \cong 2,47 \text{ e } b \cong 1,36$$

Multiplicamos os números sem as vírgulas:

$$\begin{array}{rrrrrr} & & 2 & 4 & 7 & \\ & \times & 1 & 3 & 6 & \\ \hline & 1 & 4 & 8 & 2 & \\ & 7 & 4 & 1 & & \\ 2 & 4 & 7 & & & + \\ \hline 3 & 3 & 5 & 9 & 2 & \end{array}$$

Na resposta, colocamos a vírgula deixando tantas casas decimais quantas são as de a mais as de b. Nesse caso, a e b têm duas casas decimais, totalizando quatro casas:

$$a \cdot b \cong 3,3592$$

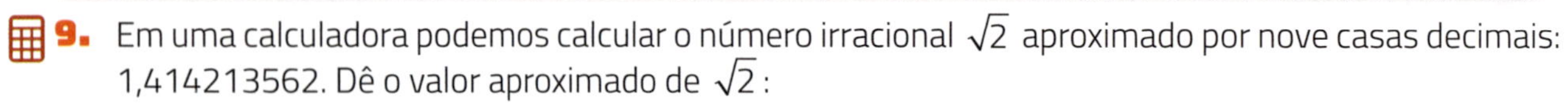

ATIVIDADES

9. Em uma calculadora podemos calcular o número irracional $\sqrt{2}$ aproximado por nove casas decimais: 1,414213562. Dê o valor aproximado de $\sqrt{2}$:

a) com uma casa decimal;

b) com duas casas;

c) com três casas;

d) com seis casas.

10. Usando uma calculadora podemos obter $\sqrt{5} = 2{,}236067977$ (valor aproximado com nove casas decimais). Escreva o valor aproximado de $\sqrt{5}$:

a) com uma casa decimal;

b) com duas casas;

c) com três casas;

d) com seis casas.

11. Calcule usando as aproximações com duas casas decimais:

a) $\sqrt{5} + \sqrt{2}$

b) $\sqrt{5} - \sqrt{2}$

12. Calcule usando as aproximações com três casas decimais:

a) $2\sqrt{2}$

b) $\dfrac{\sqrt{5}}{2}$

c) $\dfrac{\sqrt{5}}{2} - 2\sqrt{2}$

d) $\sqrt{5} \cdot \sqrt{2}$

13. Dados os números $a = 1{,}333333...$ e $b = 1{,}757575...$

a) use seus valores aproximados com seis casas decimais e calcule valores aproximados dos números $6a$ e $a + b$;

b) determine os valores exatos de $6a$ e $a + b$;

c) calcule os erros cometidos nos valores aproximados do item **a**.

14. Copie e complete o quadro escrevendo os valores aproximados de a, b e c de acordo com a quantidade de casas decimais.

Número	Com 2 casas	Com 3 casas	Com 4 casas	Com 6 casas
$a = 5{,}6789101112...$				
$b = 2{,}6666666666...$				
$c = 0{,}9696969696...$				

15. Calcule:

a) $2{,}33333... \cdot 1{,}75$

b) $1{,}25555... \cdot 4{,}44444...$

c) $0{,}757575... : 0{,}66666...$

16. O número $\pi = 3{,}1415926535897932...$ é a razão entre o comprimento de uma circunferência e a medida de seu diâmetro.

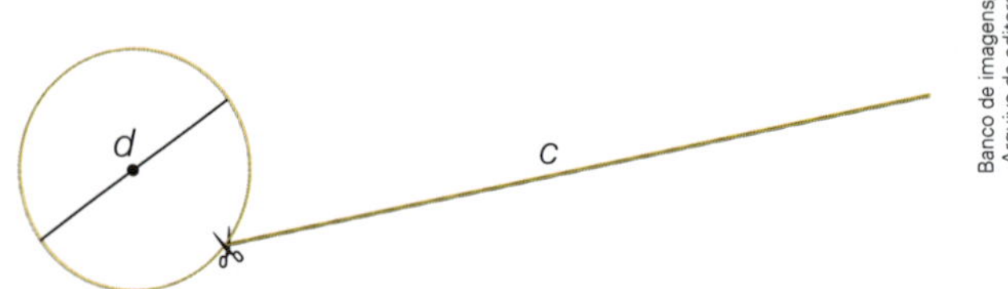

Banco de imagens/Arquivo da editora

a) Qual é o valor aproximado de π com duas casas decimais? E com quatro casas decimais?

b) Qual é aproximadamente o perímetro de uma praça circular de diâmetro medindo 80 metros? Use π com duas casas decimais.

c) Estime a medida do diâmetro da Terra em centenas de quilômetros, sabendo que a linha do equador mede 40 000 km aproximadamente.

NA MÍDIA

"Dia do Pi" é comemorado em 14 de março pelos fãs da Matemática

RapidEye/iStockphoto/Getty Images

Para obter uma aproximação do número usando a calculadora científica, aperte a tecla "π" e depois a tecla "=".

[...]

Amantes da matemática e das tortas recheadas estão em regozijo pelo mundo neste dia 14 de março. Desde 1988, a data é usada para celebrar o Dia do Pi, uma comemoração do conhecimento e dos mistérios acerca do número designado pela letra grega "pi", que pode ser deduzido a partir de formas circulares, esféricas e elípticas, por exemplo. [...]

O pi, correspondente à divisão do perímetro (comprimento) de um círculo pelo seu diâmetro, costuma ser representado de forma simplificada pelos dígitos 3,14. Isso explica por que 14 de março virou o Dia do Pi, já que a abreviação de datas em inglês coloca o mês antes do dia (03/14, e não 14/03, como em português). Não importa o tamanho do círculo de que estamos falando: a razão entre sua circunferência e seu diâmetro sempre será o número pi.

[...] O pi, na verdade, não pode ser representado por uma fração comum, o que significa que os números que vêm depois da vírgula após a divisão nunca terminam.

Também não é possível encontrar um padrão lógico de repetição nessas casas decimais – eles se revezam de uma forma que, pelo que sabemos, é aleatória. O recorde mundial de determinação da lista de números que se seguem à vírgula no pi, aliás, acaba de ser quebrado por Emma Haruka Iwao, uma engenheira do Google no Japão. Com a ajuda dos serviços de computação em nuvem da empresa, ela conseguiu calcular o número com uma precisão de 31 trilhões de dígitos após a vírgula [...]. O cálculo demorou 121 dias para ser concluído. [...]

3,14159265358979323846264338327
950288419716939937510582097494459
2307816406286208998628034825342 11
7067982148086513282306647093844 60
955058223172535940812848111745028
410270193852110555964462294895493
038196442881097566593344612847564
823378678316527120190914564856692
3460348610...

[...] O número π tem infinitas casas decimais.

[...]

Explica-se: em inglês, "pi" e a palavra "*pie*" (torta) têm o mesmo som, o que está por trás do costume de comer tortas recheadas com frutas no Dia do Pi. [...]

Wikipedia/Wikimedia Commons 2.0

Torta feita pela Universidade Técnica de Delft no 'Dia do Pi'.

[...]

Formas aproximadas do número pi são usadas num grande número de aplicações importantes na matemática, na física, na engenharia e em outras áreas (não é possível calcular a velocidade de qualquer coisa circular sem ele, por exemplo), embora, em geral, não seja necessário avançar muito nas casas decimais para que os cálculos deem certo. [...]

Disponível em: https://www1.folha.uol.com.br/ciencia/2019/03/dia-do-pi-14-de-marco-e-comemorado-com-matematica-e-tortas-entenda.shtml. Acesso em: 17 jun. 2021.

Agora, responda:

1. O número π é resultado da divisão do comprimento de uma circunferência pela medida de seu diâmetro. Faça uma pesquisa sobre os elementos de uma circunferência e responda:

a) O que é o raio?

b) O que é corda?

c) O que é diâmetro?

d) Qual relação podemos estabelecer entre o diâmetro e o raio de uma circunferência?

2. Utilizando um barbante e uma régua, meça o comprimento e o diâmetro da circunferência da imagem da torta. Em seguida, divida o valor obtido no comprimento pelo valor do diâmetro e responda: Qual número você obteve?

3. O número π é um número irracional. Além dele, existem outros números irracionais famosos, como o número áureo, $\phi \cong 1{,}61803$. Faça uma pesquisa sobre os números irracionais e registre suas conclusões.

CAPÍTULO 4

Potenciação

Pogorelova Olga/Shutterstock

NA REAL

Qual é a diferença entre *bits* e *bytes*?

Os *bits* e *bytes* são as menores unidades de medida de volume de dados em sistemas computacionais. Os computadores fazem a 'leitura' de impulsos elétricos, positivos ou negativos, que são representados por 1 ou 0 e, a cada impulso elétrico, é dado o nome de ***bit*** (***binary digit***). Um conjunto de 8 *bits* reunidos forma 1 ***byte***.

Vamos supor que a letra *A* seja equivalente a 01000001, assim, nenhum outro caractere terá o mesmo código. Esse sistema possibilita a representação de 256 caracteres, o que é suficiente para comandar um computador.

A partir daí, foram criados vários termos para facilitar a compreensão da capacidade de armazenamento nos computadores.

1 *byte* = 8 *bits* = 2^3 *bits*

1 *kilobyte* (KB) = 1 024 *bytes* = 2^{10} *bytes*

1 *megabyte* (MB) = 1 024 *kilobytes* = 2^{10} KB

1 *gigabyte* (GB) = 1 024 *megabytes* = 2^{10} MB

1 *terabyte* (TB) = 1 024 *gigabytes* = 2^{10} GB

Sabendo disso, calcule a quantidade de *bits* que compõem um arquivo de 10 KB.

No Sistema Internacional de Unidades (SI), o prefixo quilo (k) antes de uma unidade significa 1 000 vezes a unidade. Por exemplo, 1 kg = 1 000 g. Pense em uma explicação para o fato de o prefixo quilo na informática ser equivalente a 1 024 vezes.

Na BNCC
EF08MA01

Revisão: potências

Como cresce a população bacteriana

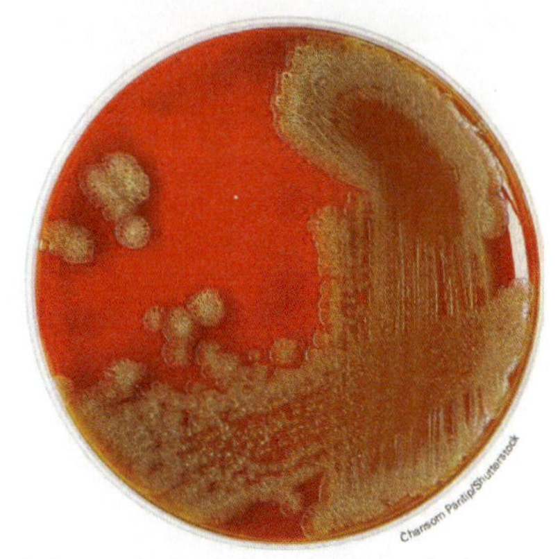
Cultura de bactérias *Vibrio cholerae*, agente causador da cólera.

Microbiologia é o ramo das ciências que estuda bactérias, fungos e vírus. Estes microrganismos estão presentes em quase todos os ambientes, inclusive no corpo humano, fazendo parte da nossa microbiota ou nas regiões mais profundas dos oceanos. [...]

[...]É uma das mais relevantes, dinâmicas, interessantes e atuais disciplinas em ciências biológicas, com um impacto cada vez maior na atividade humana e na saúde do planeta, com grande potencial biotecnológico aplicável no agronegócio, alimento, na biorremediação, no desenvolvimento de novos fármacos, novas ferramentas de manipulação genética entre outros. Além disso, os microrganismos são os seres vivos altamente adaptáveis, com alta diversidade metabólica e com capacidade de viver em ambientes extremos como em águas termais e em geleiras.

Os microrganismos constituem a maior biodiversidade da Terra, e seu papel ecológico é muito abrangente e essencial. Estes organismos têm papel importante na fertilização do solo, na regeneração de ambientes poluídos, beneficiam a todos os seres vivos ao fixar nitrogênio e carbono, têm grande função na reciclagem de compostos orgânicos e inorgânicos e na detoxificação do ambiente, e geram boa parte do oxigênio da atmosfera. Também têm papel relevante na reciclagem do carbono, realizando a remoção de CO2 da atmosfera e assim diminuindo o efeito estufa. Alguns microrganismos podem ser patogênicos, causando doenças em humanos, animais ou plantas, ou podem afetar a conservação de alimentos, produtos industriais, ou estruturas físicas. Outros, ainda são verdadeiras microfábricas para produção de antibióticos.

Devido ao seu rápido crescimento os microrganismos têm sido utilizados como modelos na compreensão de fenômenos biológicos, e como matrizes para a produção de vários insumos de uso humano.

Disponível em: http://microbiologia.icb.usp.br/graduacao/. Acesso em: 02 dez. 2021.

Bactérias são organismos que se compõem de uma única célula e se reproduzem rapidamente. Em algumas espécies, cada bactéria se transforma em outras duas em um prazo de 20 minutos.

Vamos imaginar uma cultura de bactérias em fase de crescimento que se duplica a cada período de 20 minutos.

A partir de um dado instante, para cada 1 000 bactérias, quantas teremos após:

a) 1 período (20 min)?
b) 2 períodos (40 min)?
c) 3 períodos (60 min)?
d) *n* períodos?

Vejamos:

instante inicial → 1 000 bactérias
após 1 período → $1\,000 \cdot 2$ bactérias
após 2 períodos → $1\,000 \cdot 2 \cdot 2$ bactérias
após 3 períodos → $1\,000 \cdot 2 \cdot 2 \cdot 2$ bactérias

A multiplicação de fatores iguais pode ser representada na forma de **potência**: a **base** é o fator que se repete, e o **expoente** é a quantidade de vezes que a base aparece. Assim, teremos:

após 1 período → $1\,000 \cdot 2$ bactérias
após 2 períodos → $1\,000 \cdot 2^2$ bactérias
após 3 períodos → $1\,000 \cdot 2^3$ bactérias

Agora, vamos responder às perguntas propostas acima:

a) em 1 período: $1\,000 \cdot 2 = 2\,000$ → 2 000 bactérias
b) em 2 períodos: $1\,000 \cdot 2^2 = 1\,000 \cdot 4 = 4\,000$ → 4 000 bactérias
c) em 3 períodos: $1\,000 \cdot 2^3 = 1\,000 \cdot 8 = 8\,000$ → 8 000 bactérias
d) em *n* períodos: $1\,000 \cdot 2^n$ bactérias

PARTICIPE

O tabuleiro do jogo de xadrez tem 64 casas: 32 brancas e 32 pretas.

Diz a lenda que o jogo foi inventado por um jovem indiano que o apresentou a um poderoso rei, muito deprimido pela morte do filho em uma batalha. Praticando o jogo, o rei se curou. Maravilhado, prometeu compensar o jovem com qualquer bem que desejasse.

O pedido foi:

- 1 grão de trigo pela primeira casa do tabuleiro;
- 2 grãos pela segunda casa;
- $2 \cdot 2$ grãos pela terceira casa;
- $2 \cdot 2 \cdot 2$ grãos pela quarta casa, e assim por diante até a sexagésima quarta casa, sempre dobrando a quantidade de grãos da casa anterior.

O xadrez é um jogo de estratégia em que cada jogador comanda um exército com 16 peças.

a) Como se representa, na forma de potência de base 2, a quantidade de grãos pedida pela primeira casa? Quantos grãos são?
b) E pela segunda casa? Quantos grãos são?
c) E pela terceira casa? Quantos grãos são?
d) E pela quarta casa? Quantos grãos são?
e) E pela quinta casa? Quantos grãos são?
f) E pela sexta casa?
g) E pela sétima casa?
h) E pela décima primeira casa?

Vamos retomar o estudo da situação "Como cresce a população bacteriana".

Após n períodos de 20 min, teremos $1\,000 \cdot 2^n$ bactérias para cada 1 000 bactérias. Veja como podemos interpretar esse resultado:

- Substituindo n por 1, teremos $1\,000 \cdot 2^1$.

  Já vimos que a quantidade de bactérias que existirá após 1 período é $1\,000 \cdot 2$. Então, comparando as duas expressões, temos:

$$2^1 = 2$$

  De fato, o valor de uma potência de expoente 1 é igual à base da potência.

- Substituindo n por 0, teremos $1\,000 \cdot 2^0$.

  Esta é a quantidade de bactérias no instante inicial, ou seja, 1 000, que corresponde a $1\,000 \cdot 1$. Comparando as duas expressões, temos:

$$2^0 = 1$$

  De fato, o valor de uma potência de expoente 0 e base não nula é igual a 1.

- Substituindo n por -1, teremos $1\,000 \cdot 2^{-1}$.

Esta seria a quantidade de bactérias se fosse possível ter "−1 período", ou seja, 20 minutos antes do instante inicial. Como a quantidade de bactérias sempre duplica, para obter as 1 000 bactérias do instante inicial, a quantidade anterior seria 1 000 : 2, que é o mesmo que $1\,000 \cdot \frac{1}{2}$. Então, temos:

$$2^{-1} = \frac{1}{2}$$

De fato, o valor de uma potência de expoente negativo e base não nula é igual ao valor do inverso da potência de mesma base e expoente igual ao oposto do expoente dado.

Veja o resultado de algumas potências de 2:

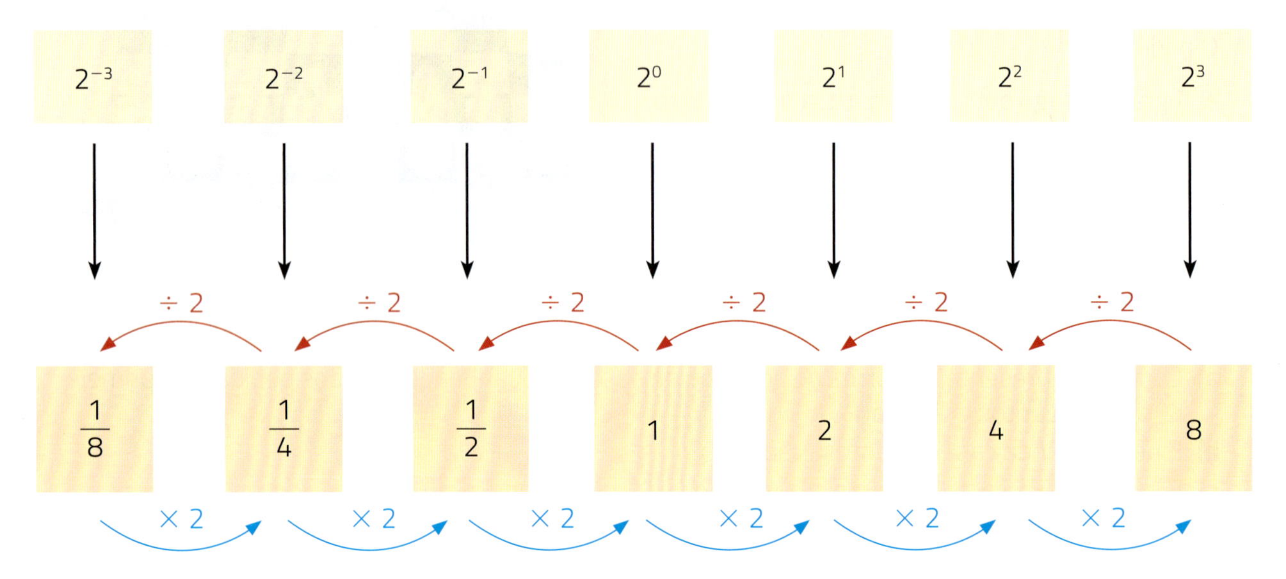

O símbolo a^n representa a potência de base a e expoente n.

a^n ← expoente (n), ← base (a)

Vamos relembrar como calcular potências com expoente n inteiro.

Potência de expoente inteiro maior que 1

Toda potência de expoente inteiro maior que 1 é igual ao produto de tantos fatores iguais à base quantas forem as unidades do expoente.

$a^n = \underbrace{a \cdot a \cdot a \cdot \ldots \cdot a}_{n \text{ fatores}}$, quaisquer que sejam o número real a e o inteiro n maior que 1.

Veja alguns exemplos:

- $2^4 = 2 \cdot 2 \cdot 2 \cdot 2 = 16$
- $(-5)^3 = (-5)(-5)(-5) = -125$
- $\left(\frac{7}{3}\right)^2 = \frac{7}{3} \cdot \frac{7}{3} = \frac{49}{9}$
- $\left(-\frac{1}{10}\right)^4 = \left(-\frac{1}{10}\right)\left(-\frac{1}{10}\right)\left(-\frac{1}{10}\right)\left(-\frac{1}{10}\right) = \frac{1}{10\,000}$

Potência de expoente 1

Toda potência de expoente 1 é igual à base.

$a^1 = a$, qualquer que seja o número real a.

Observe os exemplos a seguir:

- $3^1 = 3$
- $(1{,}4142)^1 = 1{,}4142$
- $(-2)^1 = -2$
- $\left(-\frac{7}{10}\right)^1 = -\frac{7}{10}$
- $(-2{,}3345)^1 = -2{,}3345$
- $(0{,}333...)^1 = 0{,}333...$

Potência de expoente zero

Toda potência de expoente zero e base não nula é igual a 1.

$a^0 = 1$, qualquer que seja o número real a, $a \neq 0$.

Veja alguns exemplos:

- $5^0 = 1$
- $(0{,}75)^0 = 1$
- $(-11)^0 = 1$
- $(1{,}717117111...)^0 = 1$
- $(-1{,}354)^0 = 1$
- $\left(\frac{3}{5}\right)^0 = 1$

Potência de expoente inteiro negativo

Toda potência de expoente inteiro negativo e base não nula é igual ao inverso da potência que se obtém conservando a base e trocando o sinal do expoente.

$a^{-n} = \frac{1}{a^n}$, quaisquer que sejam o número real a, não nulo, e o inteiro n.

Veja alguns exemplos:

- $(1{,}5)^{-2} = \frac{1}{(1{,}5)^2} = \frac{1}{2{,}25} = \frac{1}{\frac{225}{100}} = \frac{100}{225} = \frac{4}{9}$
- $(-2)^{-3} = \frac{1}{(-2)^3} = \frac{1}{-8} = -\frac{1}{8}$
- $\left(\frac{3}{4}\right)^{-1} = \frac{1}{\left(\frac{3}{4}\right)^1} = \frac{1}{\frac{3}{4}} = \frac{4}{3}$

Outro modo de calcular a^{-n}

Vimos acima que, dado um número a, sendo $a \neq 0$, temos: $a^{-n} = \dfrac{1}{a^n}$.

É importante observar que $\left(\dfrac{1}{a}\right)^n$ também é igual a $\dfrac{1}{a^n}$:

$$\left(\frac{1}{a}\right)^n = \underbrace{\frac{1}{a} \cdot \frac{1}{a} \cdot \frac{1}{a} \cdot ... \cdot \frac{1}{a} \cdot \frac{1}{a}}_{n \text{ vezes}} = \underbrace{\frac{1 \cdot 1 \cdot 1 \cdot ... \cdot 1}{a \cdot a \cdot a \cdot ... \cdot a}}_{n \text{ fatores}} = \frac{1}{a^n}$$

Por exemplo: $\left(\dfrac{1}{a}\right)^4 = \dfrac{1}{a} \cdot \dfrac{1}{a} \cdot \dfrac{1}{a} \cdot \dfrac{1}{a} = \dfrac{1 \cdot 1 \cdot 1 \cdot 1}{a \cdot a \cdot a \cdot a} = \dfrac{1}{a^4}$

Concluímos, então, que a^{-n} e $\left(\dfrac{1}{a}\right)^n$ são iguais entre si:

$$a^{-n} = \left(\frac{1}{a}\right)^n$$

Ou seja: Uma potência de base não nula e expoente negativo é igual à potência em que a base é o inverso da base dada e o expoente é o oposto do expoente dado.

Veja os exemplos a seguir:

- $5^{-2} = \left(\dfrac{1}{5}\right)^2 = \dfrac{1}{5} \cdot \dfrac{1}{5} = \dfrac{1}{25}$
- $\left(\dfrac{3}{4}\right)^{-1} = \left(\dfrac{4}{3}\right)^1 = \dfrac{4}{3}$
- $\left(\dfrac{3}{5}\right)^{-2} = \left(\dfrac{5}{3}\right)^2 = \dfrac{5}{3} \cdot \dfrac{5}{3} = \dfrac{25}{9}$
- $\left(-\dfrac{10}{3}\right)^{-5} = \left(-\dfrac{3}{10}\right)^5 = \left(-\dfrac{3}{10}\right)\left(-\dfrac{3}{10}\right)\left(-\dfrac{3}{10}\right)\left(-\dfrac{3}{10}\right)\left(-\dfrac{3}{10}\right) = -\dfrac{243}{100\,000}$

Vamos recordar que:

- potência de base positiva é positiva. Por exemplo: $\left(\dfrac{1}{2}\right)^3 = \dfrac{1}{2} \cdot \dfrac{1}{2} \cdot \dfrac{1}{2} = \dfrac{1}{8}$
- potência de base negativa e expoente par é positiva. Por exemplo: $\left(-\dfrac{1}{2}\right)^2 = \left(-\dfrac{1}{2}\right)\left(-\dfrac{1}{2}\right) = \dfrac{1}{4}$
- potência de base negativa e expoente ímpar é negativa. Por exemplo:

  $\left(-\dfrac{1}{2}\right)^3 = \left(-\dfrac{1}{2}\right)\left(-\dfrac{1}{2}\right)\left(-\dfrac{1}{2}\right) = -\dfrac{1}{8}$

As expressões que envolvem potências devem ser resolvidas calculando primeiro as potências. Para calcular o valor de $3x^2 - x + 2$, para $x = -1$, procedemos assim:

$$3x^2 - x + 2 = 3 \cdot (-1)^2 - (-1) + 2 = 3 \cdot 1 + 1 + 2 = 3 + 1 + 2 = 6$$

ATIVIDADES

1. O volume de bactérias em um recipiente dobra a cada hora que passa. Se em dado instante o volume é de 1 cm³:

a) qual será o volume após 10 horas?

b) qual era o volume 4 horas antes?

Indique os resultados na forma de potência de base 2.

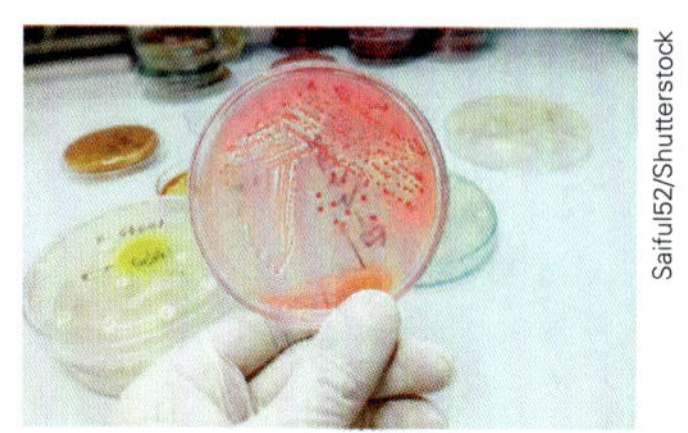
Recipientes contendo culturas de bactérias.

Saiful52/Shutterstock

2. Calcule as potências em cada quadro:

Quadro A

a) 7^3

b) $(-3)^2$

c) $\left(\frac{3}{2}\right)^2$

d) $\left(-\frac{2}{5}\right)^2$

e) $(-1,1)^2$

f) 10^3

g) $(-4)^3$

h) $\left(\frac{4}{7}\right)^2$

i) $\left(-\frac{1}{6}\right)^3$

j) $(3,14)^1$

k) 1^5

l) $(-1)^6$

m) $\left(\frac{16}{713}\right)^1$

n) $\left(-\frac{3}{10}\right)^4$

o) $(-1,71)^0$

p) 0^9

q) $(-10)^0$

r) $\left(\frac{1}{5}\right)^3$

s) $\left(-\frac{71}{15}\right)^1$

t) $(0,2)^4$

Quadro B

a) 10^{-2}

b) $(-2)^{-2}$

c) $\left(\frac{3}{4}\right)^{-3}$

d) $\left(-\frac{2}{3}\right)^{-2}$

e) $(0,1)^{-2}$

f) 4^{-2}

g) $(-3)^{-2}$

h) $\left(\frac{1}{5}\right)^{-3}$

i) $\left(-\frac{1}{4}\right)^{-3}$

j) $(0,5)^{-1}$

k) 6^{-3}

l) $(-1)^{-4}$

m) $\left(\frac{6}{7}\right)^{-2}$

n) $\left(-\frac{3}{7}\right)^{-2}$

o) $(1,5)^{-1}$

p) 1^{-5}

q) $(-2)^{-5}$

r) $\left(\frac{10}{9}\right)^{-1}$

s) $\left(-\frac{13}{10}\right)^{-1}$

t) $(0,25)^{-2}$

3. Devido ao desgaste, o valor de um carro vai diminuindo com o tempo. A cada ano que passa, o valor é multiplicado por 0,8. Se hoje o carro vale R$ 20 000,00, quanto valerá daqui a 3 anos?

4. Calcule $100 \cdot (1,2)^n$ para:

a) $n = 0$ **b)** $n = 1$ **c)** $n = 2$ **d)** $n = 3$

5. Calcule o valor de:

a) $x^3 - x^2 - x + 1$, para $x = -1$

b) $10x^2 + 100x - 1\,000$, para $x = 5$

6. Calcule o valor de:

a) $3^2 - 2^3 + \left(\frac{1}{2}\right)^0$

b) $4 \cdot 2^3 - \frac{3}{2} \cdot (-2)^1$

c) $5^1 \cdot 3^{-2} + 3^{-1} - 3 \cdot 3^0$

d) $2^3 - 2 \cdot 3^2$

e) $(-1)^{10} + 3 \cdot (-1)^5 - 3 \cdot (-1)^6$

f) $(+5)^4 - (-5)^4$

7. O crescimento da população brasileira é estudado pelo Instituto Brasileiro de Geografia e Estatística (IBGE), que realiza a cada dez anos o censo demográfico, ou seja, a contagem da população. Em 2010, éramos aproximadamente 196 milhões de habitantes. Estima-se que tenhamos um crescimento populacional de aproximadamente 7% por década, em média, nas próximas três décadas.

Agora, responda:

a) Considerando um crescimento de 7% por década, para cada 100 habitantes em 2020, quantos serão em 2030?

b) Por quanto fica multiplicada a população ao final de uma década?

c) E ao final de três décadas?

d) Qual é a estimativa da população brasileira para 2040?

8. Sabendo que, a cada ano que passa, a quantidade de ratos em uma cidade é multiplicada por 1,5, responda:

a) Qual é a taxa porcentual de aumento da quantidade de ratos em um ano?

b) A quantidade de hoje ficará multiplicada por quanto daqui a quatro anos?

c) Em relação à quantidade de hoje, quantos ratos havia um ano atrás?

Potências de 10 e a notação científica

Dando voltas na Terra

Em outubro de 2011, atingimos a cifra de 7 bilhões de habitantes na Terra. Se pudéssemos formar uma fila indiana com todas essas pessoas, que tamanho teria essa fila?

Colocando 2 pessoas em cada metro da fila, ela teria 3,5 bilhões de metros. Você consegue imaginar que distância é essa? O equador (linha imaginária ao redor da maior largura da Terra) tem aproximadamente 40 000 km. Então, como:

3 500 000 000 m = 3 500 000 km

3 500 000 km : 40 000 km = 87,5

a fila daria quase 88 voltas ao redor da Terra!

Luigi Rocco/Arquivo da editora

Alguns números citados na situação acima são muito grandes, mas podemos representá-los de outra forma. O número 3 500 000 000, por exemplo, equivale a $35 \cdot 10^8$.

Potência de 10 com expoente positivo

Para escrever grandes números e operar com eles, recorremos às potências de base 10 com expoentes positivos. Observe:

cem = $\underbrace{100}_{\text{2 zeros}}$ = 10^2

mil = $1\,\underbrace{000}_{\text{3 zeros}}$ = 10^3

10 mil = $1\underbrace{0\,000}_{\text{4 zeros}}$ = 10^4

100 mil = $1\underbrace{00\,000}_{\text{5 zeros}}$ = 10^5

1 milhão = $1\,\underbrace{000\,000}_{\text{6 zeros}}$ = 10^6

1 bilhão = $1\,\underbrace{000\,000\,000}_{\text{9 zeros}}$ = 10^9

1 trilhão = $1\,\underbrace{000\,000\,000\,000}_{\text{12 zeros}}$ = 10^{12}

1 quatrilhão = $1\,\underbrace{000\,000\,000\,000\,000}_{\text{15 zeros}}$ = 10^{15}

1 quintilhão = $1\ \underbrace{000\ 000\ 000\ 000\ 000\ 000}_{\text{18 zeros}} = 10^{18}$

1 sextilhão = 10^{21}

1 setilhão = 10^{24}

1 octilhão = 10^{27}

1 nonilhão = 10^{30}

1 decilhão = 10^{33}

O número de habitantes da Terra em outubro de 2011 era de 7 bilhões, que é equivalente a:

$$7 \cdot 10^9$$

Essa forma de escrever o número é denominada **notação científica**: ela tem um **coeficiente** (7) e um **expoente** (9). O coeficiente deve ser um número *a* maior ou igual a 1 e menor do que 10.

notação científica: $a \cdot 10^n$, sendo $1 \leqslant a < 10$

Vamos converter alguns números escritos em notação científica para a forma decimal:

- $9 \cdot \underbrace{10^5}_{\text{5 zeros}} = 900\ 000$
- $3{,}4 \cdot \underbrace{10^8}_{\text{8 zeros: a vírgula avança 8 casas.}} = 340\ 000\ 000$
- $5{,}142 \cdot \underbrace{10^{12}}_{\text{12 zeros: a vírgula avança 12 casas.}} = 5\ 142\ 000\ 000\ 000$

E da forma decimal para a notação científica:

- $160\ 000\ 000 = 1{,}6 \cdot 10^8$

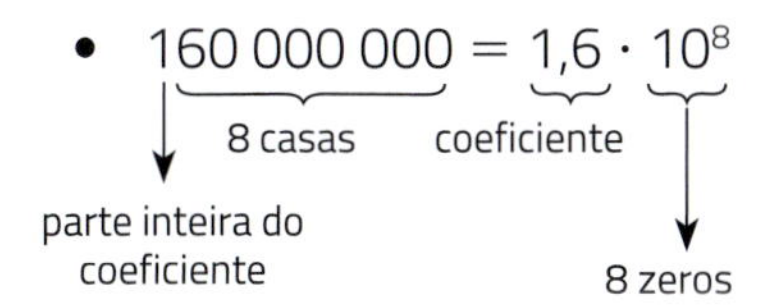

- $\underbrace{20\ 000\ 000}_{\text{7 casas}} = 2 \cdot 10^7$
- $\underbrace{825\ 000\ 000\ 000}_{\text{11 casas}} = 8{,}25 \cdot 10^{11}$
- $\underbrace{7\ 435\ 000}_{\text{6 casas}} = 7{,}435 \cdot 10^6$
- $\underbrace{22\ 100\ 000\ 000}_{\text{10 casas}} = 2{,}21 \cdot 10^{10}$

ATIVIDADES

9. Escreva na forma decimal:

a) $3 \cdot 10^7$
b) $1{,}2 \cdot 10^6$
c) $4{,}15 \cdot 10^9$
d) $2{,}22 \cdot 10^{10}$

10. Escreva em notação científica:

a) 700 000
b) 1 800 000 000
c) 35 000 000
d) 295 000 000 000

11. Responda às seguintes questões:

a) Qual número é o maior: $1{,}1 \cdot 10^{10}$ ou $9{,}9 \cdot 10^9$?

b) A igualdade $160\ 000\ 000 = 16 \cdot 10^7$ é correta? E $16 \cdot 10^7$ é a notação científica de 160 000 000?

12. Escreva em notação científica cada número a seguir:

a) $52{,}5 \cdot 10^6$
b) $3\ 256 \cdot 10^4$
c) $0{,}25 \cdot 10^5$
d) $0{,}0183 \cdot 10^8$

Potência de 10 com expoente negativo

Também recorremos às potências de 10 e à notação científica para escrever e operar com números positivos muito pequenos. Para isso usamos expoentes negativos. Veja:

- 1 décimo $= \underbrace{0,}_{\text{1 zero}}\overbrace{1}^{\text{1 casa}} = 10^{-1}$
- 1 centésimo $= \underbrace{0,0}_{\text{2 zeros}}\overbrace{1}^{}$ $= 10^{-2}$ (2 casas)
- 1 milésimo $= 0,001 = 10^{-3}$ (3 casas; 3 zeros)
- 1 décimo de milésimo $= 0,0001 = 10^{-4}$ (4 casas; 4 zeros)
- 1 milionésimo $= 0,000001 = 10^{-6}$ (6 casas; 6 zeros)
- 1 bilionésimo $= 0,000000001 = 10^{-9}$ (9 casas; 9 zeros)
- 1 trilionésimo $= 0,000000000001 = 10^{-12}$ (12 casas; 12 zeros)

Veja, por exemplo, como podemos escrever o número cinco bilionésimos em notação científica:

$$5 \cdot 10^{-9}$$

e na forma decimal:

$$0,000000005$$

Veja como converter outros números de uma forma para a outra:

- $2,6 \cdot \underbrace{10^{-4}}_{\text{a vírgula recua 4 casas}} = 0,00026$
- $5,25 \cdot \underbrace{10^{-11}}_{\text{a vírgula recua 11 casas}} = 0,0000000000525$
- $0,\underbrace{0003}_{\text{4 casas}}33 = 3,33 \cdot 10^{-4}$

ATIVIDADES

13. Escreva na forma decimal:

a) $1,3 \cdot 10^{-3}$ **b)** $4,25 \cdot 10^{-5}$ **c)** $1,11 \cdot 10^{-4}$ **d)** $8 \cdot 10^{-6}$

14. Escreva em notação científica:

a) 0,000012 10^{-5} **b)** 0,000007 10^{-6} **c)** 0,01111 10^{-2} **d)** 0,00222 10^{-3}

15. Qual número é menor: $5,5 \cdot 10^{-5}$ ou $6,6 \cdot 10^{-6}$?

Propriedades das potências

A luz é rápida!

A velocidade da luz no vácuo é de 300 000 quilômetros por segundo. Se uma hora tem 3 600 segundos, que distância percorre a luz em cinco horas?

Alf Ribeiro/Shutterstock

Rastros de luz deixados por veículos na rodovia Comandante João Ribeiro de Barros, em Marília (SP).

Em cinco horas há: $5 \cdot 3\,600$ segundos $= 18\,000$ segundos.

Se em cada segundo a luz percorre 300 000 km, em 18 000 segundos ela percorrerá 300 000 km · 18 000, o que dá 5 400 000 000 km.

Vamos escrever esses números em notação científica:

$300\,000 = 3 \cdot 10^5$

$18\,000 = 1{,}8 \cdot 10^4$

$5\,400\,000\,000 = 5{,}4 \cdot 10^9$

Então, temos:

$$\left(3 \cdot 10^5\right) \cdot \left(1{,}8 \cdot 10^4\right) = 5{,}4 \cdot 10^9$$

De fato, $3 \cdot 1{,}8 = 5{,}4$ e $10^5 \cdot 10^4 = 1\underbrace{00\,000}_{5\text{ zeros}} \cdot 1\underbrace{0\,000}_{4\text{ zeros}} = 1\underbrace{000\,000\,000}_{9\text{ zeros}} = 10^9$.

Repare que $10^5 \cdot 10^4 = 10^{5+4}$, e que, ao multiplicar as potências de 10, conservamos a base 10 e adicionamos os expoentes 5 e 4. Esta é uma das propriedades das potências, que estudaremos a seguir.

PARTICIPE

Releia na página 41 o texto sobre a lenda do jogo de xadrez.

O trigo é um dos cereais mais consumidos no mundo.

O rei esperava que o jovem lhe pedisse como recompensa algo muito valioso e espantou-se ao ouvir o pedido dos grãos de trigo, achando-o muito modesto. Ordenou que fosse pago imediatamente. Os sábios do rei puseram-se a fazer cálculos e demorou muito até que voltassem, assustadíssimos, e comunicassem que, para pagar tal recompensa, nem todas as safras de trigo colhidas por 2 000 anos seriam suficientes.

Vamos analisar a situação:

- 1 grão de trigo pela primeira casa do tabuleiro;
- 2 grãos pela segunda casa;
- 2^2 grãos pela terceira casa;
- 2^3 grãos pela quarta casa; e assim por diante.

a) Pela 11ª casa seriam 2^{10} grãos. Quanto é 2^{10}? Por qual potência de 10 podemos aproximar esse resultado?

b) Pela 21ª casa seriam 2^{20} grãos. Usando a resposta do item **a**, por qual potência de 10 podemos aproximar a potência 2^{20}? Essa potência é igual a quanto?

c) E 2^{30}?

d) E 2^{40}?

e) E 2^{50}?

f) E 2^{60}?

g) Só pela última casa o rei deveria pagar 2^{63} grãos de trigo. A quantos grãos corresponde essa potência usando a aproximação $2^{10} \cong 10^3$?

h) O rei deveria pagar por todas as casas. Só pelas 4 últimas, quanto seria?

Ao perceber a inteligência do jovem, o rei o chamou para juntar-se aos seus sábios. E dessa maneira o jovem perdoou a dívida do rei!

Multiplicação de potências de mesma base

Acompanhe o raciocínio e compare a expressão inicial com a final nas seguintes multiplicações de potências de mesma base:

- $a^5 \cdot a^3 = \underbrace{(a \cdot a \cdot a \cdot a \cdot a)}_{\text{5 fatores}} \cdot \underbrace{(a \cdot a \cdot a)}_{\text{3 fatores}} = \underbrace{(a \cdot a \cdot a \cdot a \cdot a \cdot a \cdot a \cdot a)}_{\text{8 fatores}} = a^8 = a^{5+3}$

- $a^{-2} \cdot a^6 = \left(\frac{1}{a}\right)^2 \cdot a^6 = \frac{1}{a} \cdot \frac{1}{a} \cdot a \cdot a \cdot a \cdot a \cdot a \cdot a = a^4 = a^{(-2)+6} \; (a \neq 0)$

Então, $a^5 \cdot a^3 = a^{5+3}$ e $a^{-2} \cdot a^6 = a^{(-2)+6} \quad (a \neq 0)$.

Um **produto de potências** de mesma base é igual à potência que se obtém conservando a base e adicionando os expoentes.

$$a^m \cdot a^n = a^{m+n}$$

Veja os exemplos:

- $(0{,}12)^3 \cdot (0{,}12)^4 = (0{,}12)^{3+4} = (0{,}12)^7$
- $x^4 \cdot x^{-1} \cdot x^2 = x^{4-1+2} = x^5$

Divisão de potências de mesma base

Acompanhe o raciocínio e compare a expressão inicial com a final nas seguintes divisões de potências de mesma base a, $a \neq 0$:

- $a^7 : a^3 = \dfrac{a \cdot a \cdot a \cdot a \cdot a \cdot a \cdot a}{a \cdot a \cdot a} = a^4 = a^{7-3}$
- $a^2 : a^{-5} = a^2 : \left(\dfrac{1}{a}\right)^5 = \dfrac{a \cdot a}{\dfrac{1}{a} \cdot \dfrac{1}{a} \cdot \dfrac{1}{a} \cdot \dfrac{1}{a} \cdot \dfrac{1}{a}} = \dfrac{a^2}{\dfrac{1}{a^5}} = a^2 \cdot a^5 = a^7 = a^{2-(-5)}$
- $a^{-3} : a^1 = \left(\dfrac{1}{a}\right)^3 : a = \dfrac{\left(\dfrac{1}{a} \cdot \dfrac{1}{a} \cdot \dfrac{1}{a}\right)}{a} = \left(\dfrac{1}{a} \cdot \dfrac{1}{a} \cdot \dfrac{1}{a}\right) \cdot \dfrac{1}{a} = \left(\dfrac{1}{a}\right)^4 = a^{-4} = a^{(-3)-1}$

Então, sendo $a \neq 0$, $a^7 : a^3 = a^{7-3}$, $a^2 : a^{-5} = a^{2-(-5)}$ e $a^{-3} : a^1 = a^{(-3)-1}$.

Um **quociente de potências de mesma base** é igual à potência que se obtém conservando a base e subtraindo os expoentes.

$$a^m : a^n = a^{m-n} \qquad \text{(para } a \neq 0\text{)}$$

Veja os exemplos:

- $10^7 : 10^2 = 10^{7-2} = 10^5$
- $6^{10} : 6^{-2} = 6^{10-(-2)} = 6^{12}$
- $\dfrac{a^{-1}}{a^{-2}} = a^{-1-(-2)} = a^{-1+2} = a^1 = a \qquad (a \neq 0)$

Multiplicação de potências de mesmo expoente

Observe as passagens na multiplicação de duas potências de mesmo expoente:

$a^3 \cdot b^3 = (a \cdot a \cdot a) \cdot (b \cdot b \cdot b) = (a \cdot b) \cdot (a \cdot b) \cdot (a \cdot b) = (a \cdot b)^3$

Então, $a^3 \cdot b^3 = (a \cdot b)^3$.

Assim, por exemplo: $4^3 \cdot 10^3 = (4 \cdot 10)^3$

Isso significa que podemos calcular a expressão $4^3 \cdot 10^3$ reduzindo-a a uma só potência de expoente 3, em que a base é o produto das duas bases: 4 e 10.

Temos:

$4^3 \cdot 10^3 = (4 \cdot 10)^3 = 40^3 = 40 \cdot 40 \cdot 40 = 64\,000$

Veja outros exemplos:

- $\left(\dfrac{1}{2}\right)^5 \cdot 4^5 \cdot (-3)^5 = \left[\dfrac{1}{2} \cdot 4 \cdot (-3)\right]^5 = (-6)^5$
- $10^{-1} \cdot \left(\dfrac{1}{5}\right)^{-1} = \left(10 \cdot \dfrac{1}{5}\right)^{-1} = 2^{-1}$

Um **produto de potências de mesmo expoente** é igual à potência que se obtém multiplicando as bases e conservando o expoente.

$$a^m \cdot b^m = (a \cdot b)^m$$

Há situações em que é necessário partir de $(a \cdot b)^m$ para obter $a^m \cdot b^m$:

Observe os exemplos:

- $(5a)^2 = 5^2 \cdot a^2 = 25a^2$
- $(3 \cdot x \cdot y)^2 = 3^2 \cdot x^2 \cdot y^2 = 9x^2y^2$

Observação:

É incorreto afirmar que $(a + b)^m = a^m + b^m$, ou seja, dependendo dos valores de a, b e m, podemos ter que $(a + b)^m \neq a^m + b^m$.

Por exemplo:

$(3 + 4)^2 = (7)^2 = 49$, enquanto $3^2 + 4^2 = 9 + 16 = 25$.

Portanto, $(3 + 4)^2$ e $3^2 + 4^2$ resultam em números diferentes.

Divisão de potências de mesmo expoente

Observe as passagens na divisão de duas potências de mesmo expoente, em que $b \neq 0$:

$$a^3 : b^3 = \frac{a^3}{b^3} = \frac{a \cdot a \cdot a}{b \cdot b \cdot b} = \frac{a}{b} \cdot \frac{a}{b} \cdot \frac{a}{b} = \left(\frac{a}{b}\right)^3 = (a : b)^3$$

Então, $a^3 : b^3 = (a : b)^3$

Por exemplo, $32^3 : 8^3 = (32 : 8)^3$.

Isso significa que podemos calcular a expressão $32^3 : 8^3$ reduzindo-a a uma só potência de expoente 3, em que a base é o quociente da divisão das duas bases: 32 e 8.

Temos:

$32^3 : 8^3 = (32 : 8)^3 = 4^3 = 4 \cdot 4 \cdot 4 = 64$

Veja outros exemplos:

- $90^{-2} : 30^{-2} = (90 : 30)^{-2} = 3^{-2}$
- $\left(\frac{7}{4}\right)^6 : \left(-\frac{1}{8}\right)^6 = \left[\frac{7}{4} : \left(-\frac{1}{8}\right)\right]^6 = \left[\frac{7}{4} \cdot (-8)\right]^6 = (-14)^6$

Um **quociente de potências de mesmo expoente** é igual à potência que se obtém dividindo as bases e conservando o expoente.

$$a^m : b^m = (a : b)^m \text{ ou } \frac{a^m}{b^m} = \left(\frac{a}{b}\right)^m \quad \text{(para } b \neq 0\text{)}$$

Há situações em que precisamos aplicar essa propriedade "de trás para a frente":

$$\left(\frac{a}{b}\right)^m = \frac{a^m}{b^m}$$

Veja os exemplos:

- $\left(\frac{a}{3}\right)^4 = \frac{a^4}{3^4} = \frac{a^4}{81}$
- $\left(\frac{2 \cdot x}{5}\right)^2 = \frac{(2 \cdot x)^2}{5^2} = \frac{2^2 \cdot x^2}{5^2} = \frac{4x^2}{25}$

Potência de potência

Vamos elevar ao cubo a potência a^5.

Temos: $(a^5)^3 = a^5 \cdot a^5 \cdot a^5 = a^{5+5+5} = a^{15} = a^{5 \cdot 3}$.

Então, $(a^5)^3 = a^{5 \cdot 3}$.

Também podemos concluir que:

- $(a^{-2})^4 = (a^{-2})(a^{-2})(a^{-2})(a^{-2}) = a^{-2-2-2-2} = a^{-8} = a^{(-2)\cdot 4}$. Então, $(a^{-2})^4 = a^{(-2)\cdot 4}$ (sendo $a \neq 0$).
- $(a^3)^{-2} = \left(\frac{1}{a^3}\right)^2 = \frac{1}{a^3} \cdot \frac{1}{a^3} = \frac{1}{a^3 \cdot a^3} = \frac{1}{a^6} = a^{-6} = a^{3\cdot(-2)}$. Então, $(a^3)^{-2} = a^{3\cdot(-2)}$ (sendo $a \neq 0$).

Uma **potência elevada a um dado expoente** é igual à potência que se obtém conservando a base e multiplicando os expoentes.

$$(a^n)^m = a^{n \cdot m}$$

Acompanhe os exemplos:

- $(10^7)^{11} = 10^{7\cdot 11} = 10^{77}$
- $\left[\left(-\frac{1}{3}\right)^3\right]^4 = \left(-\frac{1}{3}\right)^{3\cdot 4} = \left(-\frac{1}{3}\right)^{12}$
- $(x^5)^{-2} = x^{5\cdot(-2)} = x^{-10}$ $(x \neq 0)$

ATIVIDADES

16. Na Grécia antiga, o maior número que tinha um nome era 10 000: ele se chamava *miríade*. Arquimedes, um matemático grego, intrigado com a quantidade de grãos de areia existentes na face da Terra, pensou em um método de expressar números muito grandes, começando por uma "miríade de miríades".

Reprodução/Departamento de Matemática, Universidade de Nova York, EUA.

Arquimedes.

a) Escreva uma miríade na forma de potência de 10.

b) Quanto é uma miríade de miríades?

17. Calcule, expressando o resultado em notação científica.

a) $(1,25 \cdot 10^4) \cdot (6 \cdot 10^8)$

b) $(4,5 \cdot 10^7) \cdot (2,5 \cdot 10^4)$

c) $(3,2 \cdot 10^{-2}) \cdot (1,5 \cdot 10^{-6})$

d) $(6 \cdot 10^4) \cdot (5,5 \cdot 10^6)$

18. Reduza a uma só potência.

a) $10^3 \cdot 10^2$

b) $10^8 : 10^5$

c) $2^4 \cdot 5^4$

d) $2^{-2} \cdot 3^{-2} \cdot 5^{-2}$

e) $60^3 : 12^3$

f) $250^4 : 125^4$

g) $(2^2)^3$

h) $(10^{-1})^{-2}$

19. Um ano-luz é a distância que a luz percorre em um ano.

a) Expresse um ano-luz em quilômetros, em notação científica. Aproxime o coeficiente usando uma casa decimal.

b) A quantos quilômetros da Terra está uma estrela que dela dista 6 anos-luz?

20. Aplique as propriedades das potências.

a) $9,8^2 \cdot 9,8^3 \cdot 9,8^{-1}$

b) $10^8 : 10^5$

c) $a^{10} \cdot b^{10} \cdot c^{10}$

d) $(a \cdot x)^2$

e) $(-0,5)^5 : (-0,5)^2$

f) $\left(\frac{a}{2}\right)^3$

g) $\left(\frac{2 \cdot a^2}{5}\right)^3$

h) $(17^5)^{-3}$

21. No quadro abaixo é dada a decomposição em fatores primos do inteiro p. Complete-o escrevendo a decomposição do inteiro n, sendo $n = p^2$.

Decomposição em fatores primos	
de p	**de $n = p^2$**
$2^3 \cdot 3 \cdot 7^2$	//////////
$2^5 \cdot 3^2 \cdot 5$	//////////
$2^a \cdot 3^b \cdot 5^c \cdot 7^d$	//////////

22. Verdadeiro ou falso? (Faça os cálculos, se necessário.)

a) $\frac{10^2 \cdot 10^4}{10^3} = 10^3$

b) $(2x)^{10} = 2x^{10}$

c) $(5 \cdot 3)^2 = 5^2 \cdot 3^2$

d) $(5 : 3)^2 = 5^2 : 3^2$

e) $(5 + 3)^2 = 5^2 + 3^2$

f) $(5 - 3)^2 = 5^2 - 3^2$

23. Pesquise os dados atuais e escreva em notação científica.

a) A população do Brasil.

b) A extensão territorial do Brasil (em km²).

Dividindo o resultado do item **a** pelo do item **b**, calcule a **densidade demográfica** do país, isto é, o número de habitantes por quilômetro quadrado.

24. Um segundo passa muito rapidamente. Contando a partir de agora, daqui a quantos dias terão decorrido $8{,}64 \cdot 10^{10}$ segundos? Vai demorar mais ou menos de 2 000 anos?

25. Qual é o número maior?

a) $3{,}2 \cdot 10^6$ ou $8{,}4 \cdot 10^5$?

b) $6{,}6 \cdot 10^{-11}$ ou $3{,}9 \cdot 10^{-12}$?

26. Qual é o número menor?

a) $2{,}5 \cdot 10^{-3}$ ou $8 \cdot 10^{-2}$?

b) $9{,}9 \cdot 10^{21}$ ou $1{,}1 \cdot 10^{23}$?

27. Calcule e expresse o resultado usando a notação científica:

a) $(8 \cdot 10^{15}) : (2 \cdot 10^{12})$

b) $(4{,}5 \cdot 10^6)(9{,}2 \cdot 10^4)$

c) $(2{,}25 \cdot 10^4) : (9 \cdot 10^6)$

d) $(2 \cdot 10^{-3})(5 \cdot 10^{-8})$

28. Que número deve ser colocado no lugar de cada ////////// para que as igualdades sejam verdadeiras?

a) $(\text{//////////})^2 = 100$

b) $(\text{//////////})^3 = 64$

c) $(\text{//////////})^2 = \frac{4}{9}$

d) $(\text{//////////})^2 = 144$

e) $(\text{//////////})^3 = 27$

f) $(\text{//////////})^3 = \frac{1}{8}$

g) $(\text{//////////})^3 = 1$

h) $(\text{//////////})^2 = 0{,}04$

NA OLIMPÍADA

As invenções de José

(Obmep) José gosta de inventar operações matemáticas entre dois números naturais. Ele inventou uma operação ■ em que o resultado é a soma dos números seguida de tantos zeros quanto for o resultado dessa soma. Por exemplo,

$$2 \blacksquare 3 = 5\underbrace{00\,000}_{5 \text{ zeros}} \text{ e } 7 \blacksquare 0 = 7\underbrace{0\,000\,000}_{7 \text{ zeros}}$$

Quantos zeros há no resultado da multiplicação abaixo?

$$(1 \blacksquare 0) \times (1 \blacksquare 1) \times (1 \blacksquare 2) \times (1 \blacksquare 3) \times (1 \blacksquare 4)$$

a) 5 **b)** 10 **c)** 14 **d)** 16 **e)** 18

CAPÍTULO 5

Radiciação

NA REAL

Qual é a medida do lado desse quadrado?

A matemática está presente em muitas áreas da nossa vida, entre elas a construção civil. Nessa atividade, é preciso calcular áreas, medidas de ângulos e porcentagens para garantir o melhor aproveitamento de materiais e qualidade nos acabamentos das obras.

Um fabricante de revestimentos está lançando novos tamanhos de placas no mercado e prometeu aos consumidores que elas serão quadradas e oferecidas em 3 tamanhos: $1\ m^2$, $2\ m^2$ e $3\ m^2$. Calcule a medida do lado de cada uma dessas placas.

As trenas só medem com a precisão de centímetros. Sendo assim, qual arredondamento você acha que o fabricante deveria utilizar? Use uma calculadora para ajudar você a decidir.

Na BNCC
EF08MA02

Raiz quadrada aritmética

A herança

Dois irmãos receberam de herança dois terrenos de áreas iguais. O terreno de Pedro era retangular e media 40 m de frente por 10 m de fundo. O de Paulo era um terreno quadrado. Quantos metros de frente e de fundo tinha o terreno de Paulo?

Como as áreas são iguais, precisamos ter:

$$x \cdot x = 40 \cdot 10$$
$$x^2 = 400$$

A medida de frente e de fundo do terreno de Paulo, em metros, é o número positivo que, elevado ao quadrado, resulta em 400. Esse número é 20, porque:

$$20^2 = 20 \cdot 20 = 400$$

Então, o terreno de Paulo tem 20 m de frente por 20 m de fundo.

Dizemos que 20 é a **raiz quadrada aritmética** de 400 e indicamos:

$$\sqrt{400} = 20$$

O símbolo $\sqrt{\ }$ é chamado radical.

Raiz quadrada aritmética de um número real positivo a é o número positivo que, elevado ao quadrado, é igual a a.

Em símbolos matemáticos, sendo $a > 0$:

$$\sqrt{a} = b \text{ se } b > 0 \text{ e } b^2 = a$$

Veja alguns exemplos:

- $\sqrt{25} = 5$, porque $5 > 0$ e $5^2 = 5 \cdot 5 = 25$
- $\sqrt{0,25} = 0,5$, porque $0,5 > 0$ e $(0,5)^2 = 0,5 \cdot 0,5 = 0,25$
- $\sqrt{144} = 12$, porque $12 > 0$ e $12^2 = 12 \cdot 12 = 144$
- $\sqrt{1,44} = 1,2$, porque $1,2 > 0$ e $1,2^2 = 1,2 \cdot 1,2 = 1,44$

Observe que, até agora, só falamos em $\sqrt{a}$ para um número positivo *a*. Também existe $\sqrt{0}$. Como $0^2 = 0 \cdot 0 = 0$, definimos:

$$\sqrt{0} = 0$$

Mas nenhum número real multiplicado por ele mesmo resulta em um número negativo. Então, expressões como $\sqrt{-4}$, $\sqrt{-6,25}$, $\sqrt{-25}$ não representam números reais. Esses números fazem parte de outro conjunto numérico que você vai estudar no Ensino Médio.

Representamos por $\sqrt{25}$ o **número positivo** que, elevado ao quadrado, resulta em 25. Sabemos, por exemplo, que -5 multiplicado por ele mesmo resulta em 25:

$$(-5)^2 = (-5)(-5) = 25$$

Podemos escrever $\sqrt{25} = -5$?

A resposta é não. Apenas $\sqrt{25} = 5$ é correto.

ATIVIDADES

1. Determine o valor de:

a) $\sqrt{16}$
b) $\sqrt{100}$
c) $\sqrt{\frac{1}{9}}$
d) $\sqrt{225}$
e) $\sqrt{2,25}$
f) $\sqrt{0,25}$
g) $\sqrt{1}$
h) $\sqrt{0,01}$
i) $\sqrt{0}$
j) $\sqrt{900}$
k) $\sqrt{1,69}$
l) $\sqrt{\frac{1}{81}}$

2. Calcule a raiz quadrada aritmética de cada número:

a) 36
b) 1
c) 256
d) $\frac{1}{121}$
e) $\frac{100}{81}$
f) 3,24
g) 64
h) 1,21
i) 361
j) $\frac{49}{4}$
k) 0,09
l) 5,29

3. Que número deve ser colocado no lugar de cada ////// para que as igualdades sejam verdadeiras?

a) $\sqrt{49} =$ //////
b) $\sqrt{\frac{1}{4}} =$ //////
c) $\sqrt{\text{//////}} = 11$
d) $\sqrt{\text{//////}} = \frac{1}{3}$
e) $\sqrt{\text{//////}} = 0,4$
f) $\sqrt{0,81} =$ //////

4. Classifique os itens em verdadeiro ou falso e justifique sua resposta:

a) $\sqrt{625} = 25$
b) $\sqrt{62,5} = 2,5$
c) $\sqrt{6,25} = 2,5$
d) $\sqrt{625} = -25$
e) $\sqrt{-625} = -25$

5. Calcule o valor de:

a) $3\sqrt{16} - \sqrt{25}$
b) $\sqrt{3 \cdot 16 + 1}$

Extração de raiz quadrada aproximada

O lado do quadrado azul

Vamos rever o quadrado azul que apresentamos no início do capítulo 1, página 10.

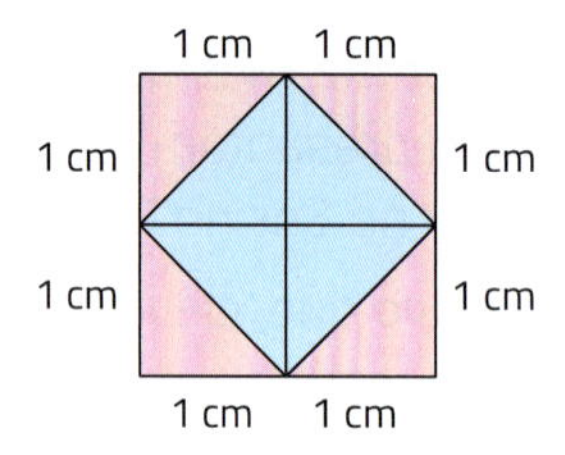

Quanto mede seu lado?

A área de cada quadradinho com 1 cm de lado é igual a 1 cm^2; dividimos ao meio para determinar a área de cada parte azul, que será 0,5 cm^2. Como temos 4 partes azuis, e $4 \cdot 0{,}5 = 2$, a área do quadrado azul é 2 cm^2.

Para saber quanto mede seu lado, vamos aprender como extrair a raiz quadrada aproximada.

Extrair a raiz quadrada de um número positivo a é calcular $\sqrt{a}$, ou seja, é descobrir o número positivo que, elevado ao quadrado, resulta em a.

Conhecendo a área de um quadrado, podemos calcular a medida de seu lado extraindo a raiz quadrada da área:

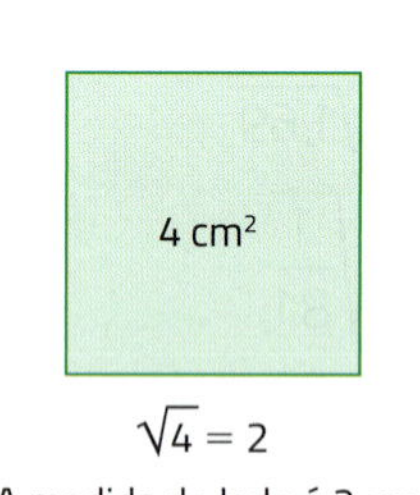

$\sqrt{4} = 2$

A medida do lado é 2 cm.

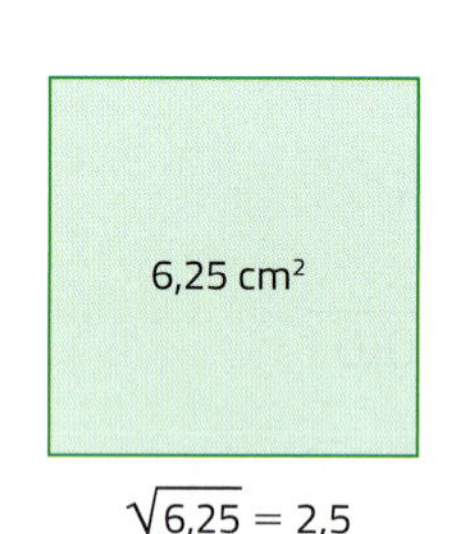

$\sqrt{6{,}25} = 2{,}5$

A medida do lado é 2,5 cm.

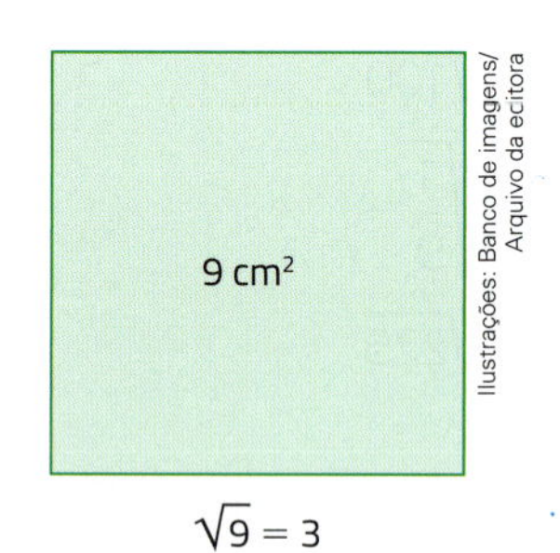

$\sqrt{9} = 3$

A medida do lado é 3 cm.

Ilustrações: Banco de imagens/Arquivo da editora

Como a área do quadrado azul é 2 cm^2, então a medida de seu lado é $\sqrt{2}$ cm.

Quanto é $\sqrt{2}$? Vamos retomar algumas aproximações desse número, por falta:

- $\sqrt{2} \cong 1$ com erro menor que 1 unidade ($1 < \sqrt{2} < 2$, porque $1^2 = 1 < 2$ e $2^2 = 4 > 2$)
- $\sqrt{2} \cong 1{,}4$ com erro menor que 1 décimo ($1{,}4 < \sqrt{2} < 1{,}5$, porque $1{,}4^2 = 1{,}96 < 2$ e $1{,}5^2 = 2{,}25 > 2$)
- $\sqrt{2} \cong 1{,}41$ com erro menor que 1 centésimo ($1{,}41 < \sqrt{2} < 1{,}42$, porque $1{,}41^2 = 1{,}9881 < 2$ e $1{,}42^2 = 2{,}0164 > 2$)
- $\sqrt{2} \cong 1{,}414$ com erro menor que 1 milésimo ($1{,}414 < \sqrt{2} < 1{,}415$, porque $1{,}414^2 = 1{,}999396 < 2$ e $1{,}415^2 = 2{,}002225 > 2$)

Pelo que vimos na página 29, $\sqrt{2}$ é um número irracional; sua representação decimal é infinita e não periódica.

ATIVIDADES

6. Observe a figura abaixo e faça o que se pede em cada item.

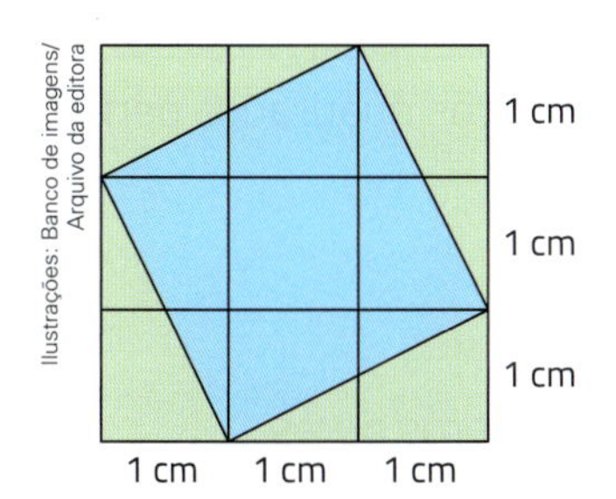

a) Qual é a área do quadrado azul?

b) Quanto mede o seu lado?

c) Calcule os valores aproximados (por falta) da medida do lado com uma casa decimal e com duas casas decimais.

7. Usando os símbolos $<$ ou $>$, escreva uma sentença matemática, situando cada uma das raízes entre dois números inteiros consecutivos:

a) $\sqrt{3}$

b) $\sqrt{10}$

c) $\sqrt{20}$

d) $\sqrt{50}$

e) $\sqrt{90}$

f) $\sqrt{99}$

8. Calcule $\sqrt{3}$, aproximando por falta, com erro menor que 1 décimo. Na reta numérica abaixo, localize aproximadamente o ponto correspondente a $\sqrt{3}$.

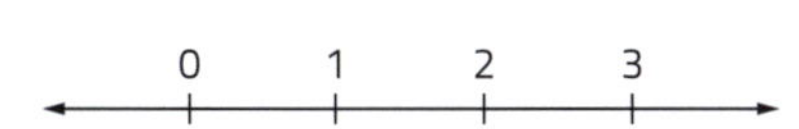

9. Calcule o valor aproximado por falta com uma casa decimal:

a) $\sqrt{7}$

b) $\sqrt{150}$

c) $\sqrt{253}$

d) $\sqrt{450}$

10. Calcule:

a) $\sqrt{10,5}$, aproximando por falta com erro menor do que 1 décimo.

b) o valor aproximado de $\sqrt{50}$, com duas casas decimais.

11. Calcule, aproximando até a segunda casa decimal:

a) $\sqrt{6}$

b) $\sqrt{10}$

12. Quanto mede o lado do quadrado *ABCD*?

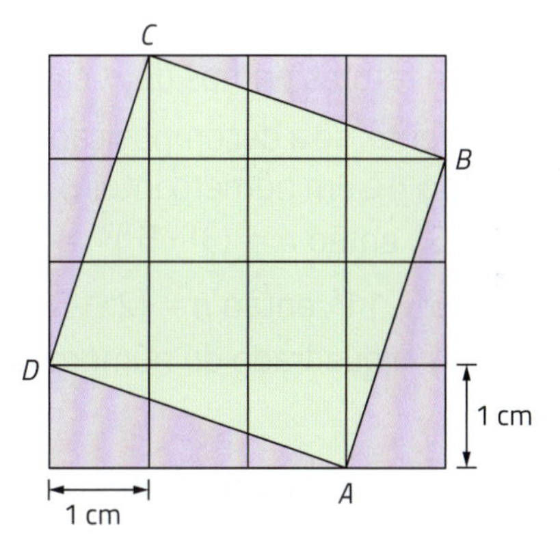

13. Qual número é maior: $\frac{7}{10}$ ou $\frac{\sqrt{2}}{2}$?

14. Qual número é maior:

a) $\sqrt{9}$ ou $\sqrt{16}$?

b) $\sqrt{8}$ ou 3?

c) $\sqrt{20}$ ou 4?

d) 2,5 ou $\sqrt{5}$?

e) $\frac{5}{3}$ ou $\sqrt{3}$?

f) $\sqrt{0,5}$ ou 0,5?

15. Escreva os números $\sqrt{6}$, $\sqrt{7}$, $\frac{7}{3}$ e $\frac{8}{3}$ em ordem crescente.

Extração de raiz quadrada por decomposição em fatores primos

Recordemos a sucessão de números inteiros quadrados perfeitos:

1 4 9 16 25 36

Denominamos números inteiros **quadrados perfeitos** aqueles cujas raízes quadradas são também números inteiros.

Observe, a seguir, um quadro de inteiros quadrados perfeitos com as respectivas raízes quadradas:

n	1	4	9	16	25	36	49	64	81	100
$\sqrt{n}$	1	2	3	4	5	6	7	8	9	10

Vamos analisar as decomposições em fatores primos de alguns inteiros quadrados perfeitos:

- $36 = 6^2 = \left(2 \cdot 3\right)^2 = 2^2 \cdot 3^2 \rightarrow$ os expoentes são números pares
- $144 = 12^2 = \left(2^2 \cdot 3\right)^2 = 2^4 \cdot 3^2 \rightarrow$ os expoentes são números pares
- $10\,000 = 100^2 = (2^2 \cdot 5^2)^2 = 2^4 \cdot 5^4 \rightarrow$ os expoentes são números pares
- $22\,500 = 150^2 = (2 \cdot 3 \cdot 5^2)^2 = 2^2 \cdot 3^2 \cdot 5^4 \rightarrow$ os expoentes são números pares
- $250\,000 = 500^2 = (2^2 \cdot 5^3)^2 = 2^4 \cdot 5^6 \rightarrow$ os expoentes são números pares

Se o número inteiro n, maior que 1, é o quadrado do número inteiro positivo $p\left(n = p^2\right)$, então, na decomposição em fatores primos de n, cada fator deverá ter expoente par.

Reciprocamente, se a decomposição em fatores primos de um número inteiro n só apresenta expoentes pares, então n é um número inteiro quadrado perfeito. Por exemplo:

- se $n = 3^2 \cdot 5^4$, então $n = (3^1 \cdot 5^2)^2 = 75^2$
- se $n = 2^8 \cdot 5^2 \cdot 11^2$, então $n = (2^4 \cdot 5^1 \cdot 11^1)^2 = 880^2$

Note que n é o quadrado do número inteiro que se obtém dividindo cada expoente da sua decomposição por 2.

Um número inteiro positivo é **quadrado perfeito** quando, na sua decomposição em fatores primos, todos os expoentes são pares.

Vamos verificar se cada número a seguir é inteiro quadrado perfeito ou não.

Exemplo 1

O número 484 é quadrado perfeito?

$$\begin{array}{r|l} 484 & 2 \\ 242 & 2 \\ 121 & 11 \\ 11 & 11 \\ 1 & \end{array}$$

$484 = 2^2 \cdot 11^2$

Como os expoentes são pares, 484 é quadrado perfeito.

Para obter a raiz quadrada, copiamos a forma fatorada, dividindo cada expoente por 2, e efetuamos os cálculos: $\sqrt{484} = \sqrt{2^2 \cdot 11^2} = 2^1 \cdot 11^1 = 22$

Exemplo 2

O número 400 é quadrado perfeito?

$$\begin{array}{r|l} 400 & 2 \\ 200 & 2 \\ 100 & 2 \\ 50 & 2 \\ 25 & 5 \\ 5 & 5 \\ 1 & \end{array}$$

$400 = 2^4 \cdot 5^2$

Como os expoentes são pares, 400 é quadrado perfeito.

Vamos obter a raiz quadrada: $\sqrt{400} = \sqrt{2^4 \cdot 5^2} = 2^2 \cdot 5^1 = 4 \cdot 5 = 20$

Exemplo 3

O número 288 é quadrado perfeito?

$$\begin{array}{r|l} 288 & 2 \\ 144 & 2 \\ 72 & 2 \\ 36 & 2 \\ 18 & 2 \\ 9 & 3 \\ 3 & 3 \\ 1 & \end{array}$$

$$288 = 2^5 \cdot 3^2$$

Como há um expoente ímpar, 288 não é quadrado perfeito. Logo, $\sqrt{288}$ não é número inteiro.

Separando um fator primo 2, temos: $288 = 2^4 \cdot 3^2 \cdot 2$

Como $2 = \left(\sqrt{2}\right)^2$, podemos escrever $288 = 2^4 \cdot 3^2 \cdot \left(\sqrt{2}\right)^2$.

Então, dividindo os expoentes por 2, obtemos $\sqrt{288} = 2^2 \cdot 3 \cdot \sqrt{2} = 12\sqrt{2}$.

Desse modo, obtemos um valor aproximado para $\sqrt{288}$, usando um valor aproximado de $\sqrt{2}$. Por exemplo, $\sqrt{2} \cong 1{,}4$; então:

$\sqrt{288} \cong 12 \cdot 1{,}4 = 16{,}8$

Sabemos que $\sqrt{2}$ é um número irracional, pois tem representação decimal infinita e não periódica. Também são números irracionais as raízes quadradas dos outros inteiros positivos que não são quadrados perfeitos. Por exemplo: $\sqrt{3}$, $\sqrt{20}$ e $\sqrt{288}$ são números irracionais.

ATIVIDADES

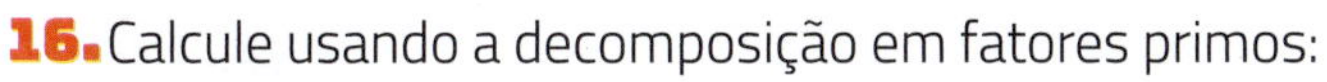

16. Calcule usando a decomposição em fatores primos:

a) $\sqrt{324}$

b) $\sqrt{1296}$

c) $\sqrt{729}$

d) $\sqrt{5\,625}$

17. Calcule um valor aproximado usando a decomposição em fatores primos.
Lembre-se de que $\sqrt{2} \cong 1{,}41$ e $\sqrt{3} \cong 1{,}73$.

a) $\sqrt{450}$

b) $\sqrt{1200}$

18. Releia o problema "A herança", da página 56. Se o terreno de Pedro medisse 20 m por 40 m, quantos metros de frente e de fundo teria o terreno quadrado de Paulo, aproximadamente? Use $\sqrt{2} \cong 1{,}4$.

19. Verifique se os números inteiros abaixo são quadrados perfeitos:

a) 256

b) 392

20. Verifique se os números a seguir são racionais ou irracionais:

a) $\sqrt{196}$

b) $\sqrt{260}$

21. Decompondo os números abaixo, indique quais são inteiros quadrados perfeitos:

a) 784
b) 11 664
c) 948
d) 9 966
e) 2 400
f) 1 369
g) 5 184
h) 2 916

22. Determine o maior número inteiro quadrado perfeito que se escreve:

a) com dois algarismos;
b) com três algarismos;
c) com quatro algarismos;
d) com seis algarismos.

Raízes de frações

Quando os termos de uma fração são números inteiros quadrados perfeitos, podemos extrair a raiz quadrada da fração decompondo em fatores primos o numerador e o denominador. Para obter a raiz, dividimos cada expoente por 2.

Veja os exemplos:

- $\sqrt{\dfrac{625}{144}}$

$$\sqrt{\frac{625}{144}} = \sqrt{\frac{5^4}{2^4 \cdot 3^2}} = \frac{5^2}{2^2 \cdot 3^1} = \frac{25}{4 \cdot 3} = \frac{25}{12}$$

$$\begin{array}{r|l} 625 & 5 \\ 125 & 5 \\ 25 & 5 \\ 5 & 5 \\ 1 & \end{array} \qquad \begin{array}{r|l} 144 & 2 \\ 72 & 2 \\ 36 & 2 \\ 18 & 2 \\ 9 & 3 \\ 3 & 3 \\ 1 & \end{array}$$

- $\sqrt{20,25}$

$$\sqrt{20,25} = \sqrt{\frac{2\,025}{100}} = \sqrt{\frac{3^4 \cdot 5^2}{2^2 \cdot 5^2}} = \frac{3^2 \cdot 5^1}{2^1 \cdot 5^1} = \frac{9 \cdot 5}{2 \cdot 5} = \frac{45}{10} = 4,5$$

ATIVIDADES

23. Calcule o valor exato de:

a) $\sqrt{\dfrac{225}{256}}$
b) $\sqrt{5,76}$
c) $\sqrt{\dfrac{4}{1\,089}}$
d) $\sqrt{0,4225}$

24. Qual é o menor número inteiro positivo que devemos multiplicar por 360 para obter um inteiro quadrado perfeito?

25. Calcule o valor exato de:

a) $\sqrt{676}$

b) $\sqrt{2\,500}$

c) $\sqrt{\dfrac{1}{1\,024}}$

d) $\sqrt{\dfrac{729}{400}}$

e) $\sqrt{0{,}49}$

f) $\sqrt{23{,}04}$

26. Calcule o valor aproximado de cada raiz abaixo. Use $\sqrt{2} \cong 1{,}4$.

a) $\sqrt{162}$

b) $\sqrt{242}$

27. O bisavô de Marcelo nasceu no século XX, em um ano cujo número é um inteiro quadrado perfeito. Em que ano ele nasceu?

28. Qual é o menor número inteiro positivo que devemos multiplicar por 3 000 para obter um inteiro quadrado perfeito?

Relação entre potenciação e radiciação

PARTICIPE

Vamos descobrir quanto é $4^{0,5}$. Para isso vamos empregar propriedades das potências, que são válidas mesmo quando os expoentes não são inteiros (o que estudaremos no nono ano). Preste atenção e responda às perguntas:

I. Na reta real, entre quais inteiros consecutivos fica o número 0,5?

II. Calcule a potência de base 4 e expoente igual ao menor desses inteiros.

III. Calcule a potência de base 4 e expoente igual ao maior desses inteiros.

IV. Podemos dizer que $4^{0,5}$ é um número compreendido entre quais números?

V. Uma das propriedades da potenciação é: $(a^m)^n = a^{■}$ Qual é o expoente ■?

VI. Para descobrir o valor de $4^{0,5}$ vamos reescrever essa potência usando que $4 = 2^2$. Portanto, $4^{0,5} = (2^2)^{0,5}$. Aplicando a propriedade do item anterior, descubra o valor de $4^{0,5}$.

VII. O valor encontrado está de acordo com a resposta da pergunta **IV**? Por quê?

Para descobrir o valor de $4^{0,5}$, podemos também empregar a propriedade da pergunta **V** da seguinte maneira.

VIII. Que fração irredutível equivale a 0,5?

IX. Escreva $4^{0,5}$ na forma de 4 elevado a uma fração irredutível.

X. Eleve a potência do item anterior ao quadrado e calcule o resultado empregando a propriedade da pergunta **V**. Quanto dá?

XI. Como se chama o número positivo que elevado ao quadrado dá *a*? Como se representa esse número?

XII. Na pergunta **X** descobrimos que $4^{\frac{1}{2}}$ elevado ao quadrado dá ////////. Assim, descobrimos que: $4^{\frac{1}{2}}$ é a //////// de 4. Simbolicamente, $4^{\frac{1}{2}}$ = //////// = ////////.

Raiz quadrada como potência

A partir do que descobrimos na seção "Participe" da página anterior, podemos escrever que $\sqrt{4} = 4^{\frac{1}{2}}$.

Analogamente, podemos escrever, por exemplo, que $\sqrt{5} = 5^{\frac{1}{2}}$, $\sqrt{9} = 9^{\frac{1}{2}}$, $\sqrt{\frac{4}{9}} = \left(\frac{4}{9}\right)^{\frac{1}{2}}$, etc. Veja o caso de $\sqrt{5} = 5^{\frac{1}{2}}$:

- $\sqrt{5}$ é o número positivo que elevado ao quadrado dá 5.
- Elevando $5^{\frac{1}{2}}$ ao quadrado obtemos: $\left(5^{\frac{1}{2}}\right)^2 = 5^{\frac{1}{2} \cdot 2} = 5^1 = 5$
- Como $5^{\frac{1}{2}}$ elevado ao quadrado dá 5, temos que: $\sqrt{5} = 5^{\frac{1}{2}}$.

> Sendo a um número real, $a \geqslant 0$, vale a igualdade $\sqrt{a} = a^{\frac{1}{2}}$

ATIVIDADES

29. Escreva na forma de potência:

a) $\sqrt{6}$ **b)** $\sqrt{10}$ **c)** $\sqrt{2}$ **d)** $\sqrt{\frac{1}{5}}$

30. Calcule as potências:

a) $9^{\frac{1}{2}}$ **b)** $64^{\frac{1}{2}}$ **c)** $\left(\frac{1}{4}\right)^{\frac{1}{2}}$ **d)** $(0,25)^{0,5}$

31. Passe para a forma de potência e calcule:

a) $\sqrt{\frac{25}{256}}$ **b)** $\sqrt{20,25}$

32. Aplicando propriedades das potências, descubra qual potência de base 2 é igual a:

a) $4\sqrt{2}$ **b)** $\frac{\sqrt{2}}{2}$

33. Uma pizzaria atende aos pedidos de entrega em casa embalando as *pizzas* em uma caixa de base quadrada de área 1 764 cm². Quanto mede o lado da base dessa caixa?

34. O piso de um escritório retangular de área 6,93 m² está forrado por 77 lajotas quadradas. Elabore um problema que use esses dados e seja necessário empregar conhecimentos de potenciação e de radiciação para resolvê-lo. Depois, resolva-o.

35. Um quadrado de área 36 cm² tem os vértices nos pontos médios dos lados de outro quadrado. Qual é a área desse outro quadrado? Qual é a medida de seus lados?

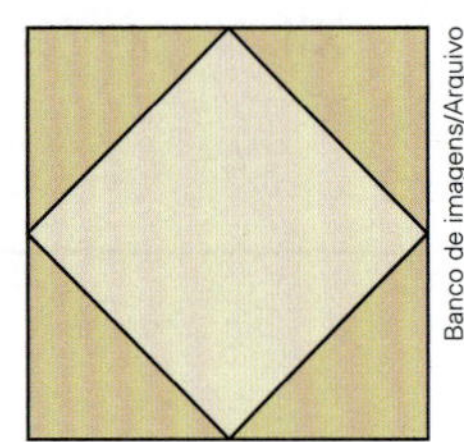
Banco de imagens/Arquivo da editora

NA HISTÓRIA

A primeira crise no desenvolvimento da Matemática

Há cerca de 4 mil anos, os escribas da Mesopotâmia (região hoje ocupada por Iraque, Kwait e parte da Síria) construíram tabelas de raízes quadradas. Usualmente, quando a resolução de um problema de Geometria ou Álgebra dependia da extração de uma raiz quadrada, os dados eram ajeitados de modo que essa raiz fosse dada por uma aproximação que estivesse em uma dessas tabelas. Isso significa tomar como resposta uma representação finita, no sistema de numeração de base 60, que eles adotavam. Por exemplo, a fração decimal que indicamos por 1,5 na base 60 seria (com nossos numerais e o ponto e vírgula como separatriz) expressa por 1;30, porque 30 é a metade de 60, assim como 5 é a metade de 10. Por exemplo, o número $\sqrt{2}$ (notação moderna) era frequentemente aproximado pela fração sexagesimal 1;25 $\left(= 1 + \frac{25}{60} \cong 1{,}417\right)$. Mas há um escrito babilônico em que aparece uma aproximação melhor: 1;24,51,10 $\left(1 + \frac{24}{60} + \frac{51}{60^2} + \frac{10}{60^3} \cong \cong 1{,}41421296\right)$.

Os babilônios, que só cultivavam a Matemática prática, possivelmente acreditavam que a representação sexagesimal de 2 era finita, bastando, para concluí-la, levar os cálculos um pouco mais à frente, mas não viam necessidade disso. Ou seja, acreditavam, talvez, que toda raiz quadrada de um inteiro positivo era um número racional.

Já com os gregos, que, em sua fase de ouro na Matemática, priorizavam sobretudo a teoria, alicerçada no rigor lógico, a história foi outra. A Escola Pitagórica desenvolveu a Matemática por muito tempo a partir da seguinte premissa: os números inteiros positivos, e as razões entre eles, bastavam para quantificar tudo. Modernamente falando, o universo numérico dos gregos se limitava ao conjunto dos números racionais positivos.

Mas um dia um membro da própria Escola Pitagórica descobriu, essencialmente, o seguinte, adaptando sua descoberta à linguagem matemática moderna: que não há nenhum número racional cujo quadrado seja igual a 2. Geometricamente esse resultado equivale ao seguinte: na figura a seguir, em que os lados do quadrado são as unidades de medida e, portanto, o ponto I representa o número 1, não há nenhum número racional representado pelo ponto P, com $\overline{OP} \equiv \overline{OK}$, contrariamente ao que suas teorias sustentavam. Ou seja, descobriu que havia pelo menos uma lacuna no campo dos números racionais, entre 1,4 e 1,5: o número que hoje simbolizamos por $\sqrt{2}$. A descoberta de que haviam desenvolvido parte de sua matemática sobre um pressuposto equivocado abalou a viga mestra da filosofia pitagórica: "Tudo tem um número" (inteiro positivo). Consta que o pitagórico Hipaso de Metaponto (que viveu em torno do ano 470 a.C.) foi expulso da escola por tornar pública essa crise.

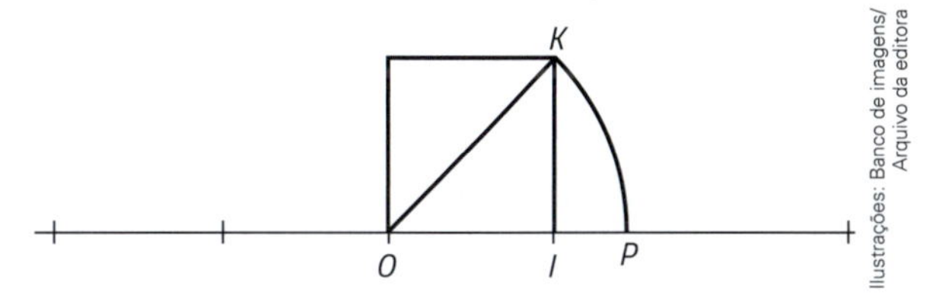

Ilustrações: Banco de imagens/Arquivo da editora

Como os gregos não conseguiram introduzir os números irracionais, substituíram os números reais (racionais e irracionais), em sua álgebra, por segmentos de reta – na figura acima, $\overline{OP}$ representa $\sqrt{2}$ e $\overline{OI}$ representa 1. Na obra de Euclides, por exemplo, as equações derivam de problemas geométricos, e suas raízes são segmentos de reta.

Após a invenção das frações decimais (no Ocidente, difundidas a partir do século XVI), ficou mais fácil reconhecer os números irracionais: eles se caracterizam por ter uma representação decimal infinita **não periódica**.

Mas como saber que as representações decimais de $\sqrt{2}$ e de $\sqrt{3} = 1{,}7320508...$, por exemplo, não são periódicas? Por verificações não é possível porque a representação decimal deles é infinita. Só mesmo **provando**, o que Aristóteles (384 a.C.-322 a.C.) fez para $\sqrt{2}$ e Teodoro de Cirene (que viveu por volta de 390 a.C.) fez para $\sqrt{3}$.

Por sua vez, o grego Heron de Alexandria, que viveu em torno do ano 100, usou um notável método para obter aproximações cada vez melhores de uma raiz quadrada irracional, hoje muito usado por computadores. Porém isso aconteceu cerca de 400 anos depois da morte de Pitágoras, em uma fase em que a matemática grega já trilhava também o caminho das aplicações práticas.

1. Observe o número $a = 2{,}01001000100001...$ e suponha que o padrão da parte decimal desse número se repita indefinidamente:

a) Qual é a vigésima casa decimal desse número?

b) a é um número irracional? Por quê?

2. Considere o número $b = 3{,}10110111011110...$ e suponha também que o padrão da parte decimal desse número se repita indefinidamente. Usando o número a da atividade anterior, calcule $a + b$.

3. Levando em conta as respostas das atividades **1** e **2**, qual das duas conclusões é verdadeira?

a) A soma de dois números irracionais é sempre um número irracional.

b) A soma de dois números irracionais pode ser um número racional.

4. Sabe-se que, se no denominador de uma fração irredutível não há outros fatores primos além de 2 e 5, então sua representação decimal é finita. Do mesmo modo, se uma fração irredutível tem representação decimal finita, sabemos que seu denominador não contém outros fatores primos além de 2 e 5. Observe o exemplo seguinte:

$$\frac{1}{20} = \frac{1}{2^2 \cdot 5} = \frac{1 \cdot 5}{2^2 \cdot 5 \cdot 5} = \frac{5}{2^2 \cdot 5^2} = \frac{5}{100} = 0{,}05$$

Use esse mesmo raciocínio para mostrar que $\frac{3}{4} = 0{,}75$.

5. Sem dividir o numerador pelo denominador e sem usar o método da atividade anterior, apenas decompondo o denominador em fatores primos, conclua quais das frações seguintes têm representação decimal infinita:

$$\frac{3}{8}, \frac{13}{125}, \frac{9}{30}, \frac{7}{40}, \frac{2}{31} \text{ e } \frac{5}{34}.$$

6. Use uma calculadora e verifique que o erro cometido no escrito babilônico na aproximação de $\sqrt{2}$ por $1 + \frac{24}{60} + \frac{51}{60^2} + \frac{10}{60^3}$ é menor do que um milionésimo.

7. Dê um exemplo de um número irracional que esteja entre $\sqrt{2}$ e $\sqrt{3}$.

UNIDADE 2

Triângulos

NESTA UNIDADE VOCÊ VAI

- Identificar as propriedades dos quadriláteros por meio da congruência de triângulos.
- Construir ângulos de 90°, 60°, 45° e 30°, retas específicas, como mediatriz e bissetriz, e polígonos regulares.
- Resolver problemas aplicando os conceitos de mediatriz e bissetriz como lugares geométricos.

CAPÍTULOS

CAPÍTULO 6

Congruência de triângulos

V75/Shutterstock

NA REAL

Em qual caçapa apostar?

Você já jogou bilhar? Esse jogo surgiu por volta do século XV e suas regras podem variar dependendo do estilo de jogo adotado. Importante saber que 15 bolinhas coloridas devem ser encaçapadas em uma mesa retangular usando tacos de madeira. Cada vez que uma bola bate numa tabela, o ângulo de incidência é igual ao ângulo de reflexão e os jogadores que conhecem geometria plana sabem bem disso.

45° 45°

Na mesa de bilhar a seguir, se for realizada uma tacada na bola azul, quantas vezes ela vai tocar as tabelas antes de cair em uma caçapa? E em qual caçapa ela cairá? Represente o trajeto da bola com um desenho.

$AB = 3$ unidades
$BC = 2$ unidades

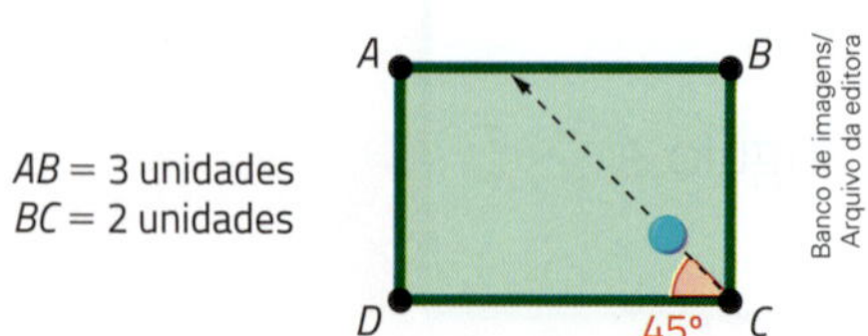

Banco de imagens/Arquivo da editora

Na representação que você construiu, identifique triângulos que se fossem sobrepostos iriam coincidir perfeitamente.

Na BNCC
EF08MA14

A ideia de congruência de triângulos

Vamos fazer alguns experimentos envolvendo triângulos. Para realizá-los, você vai precisar de: lápis de cor, transferidor, tesoura, régua e folhas de papel.

Experimento 1

Observe os triângulos abaixo.

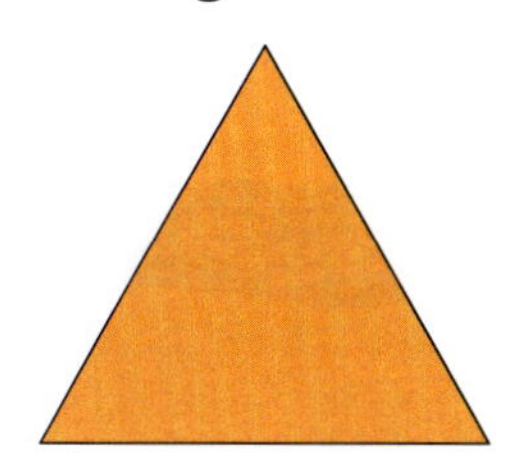
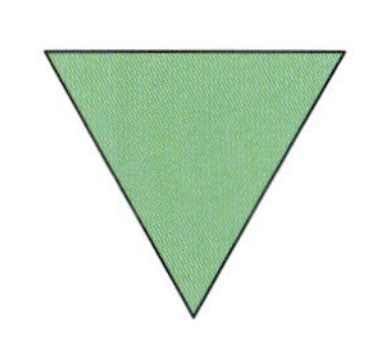

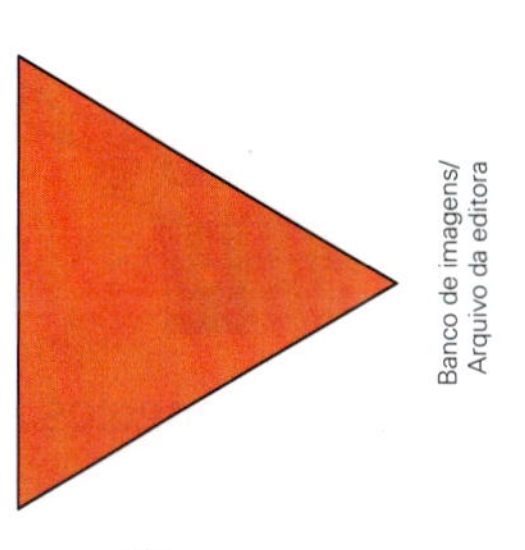

Banco de imagens/ Arquivo da editora

Eles são triângulos equiláteros. Com transferidor e régua, você pode verificar que:

- os ângulos internos desses triângulos são todos de 60°;
- os lados desses triângulos medem 3 cm (no triângulo laranja); 2 cm (no triângulo verde); 1 cm (no triângulo azul); 3 cm (no triângulo vermelho).

Agora, siga estes procedimentos:

1º) Em uma folha de papel avulsa, copie os triângulos acima e pinte-os com as mesmas cores representadas.

2º) Recorte os quatro triângulos.

3º) Sobreponha os triângulos e tente fazer coincidir exatamente, em forma e tamanho, dois deles.

Alberto De Stefano/ Arquivo da editora

Os triângulos laranja e vermelho, que se sobrepõem, são **congruentes**.

Experimento 2

Observe os triângulos abaixo.

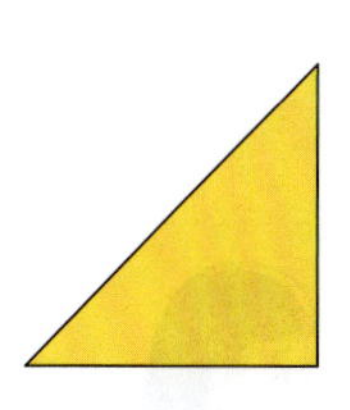

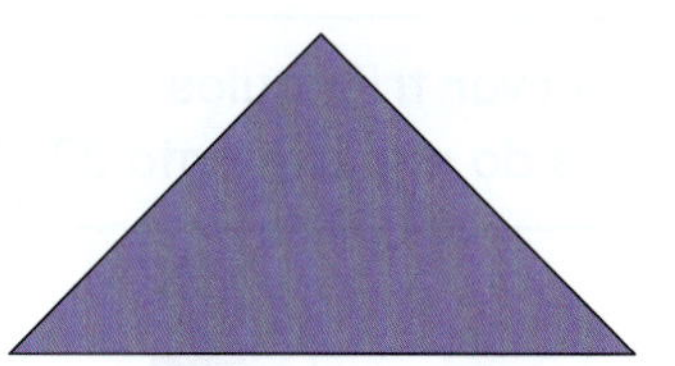
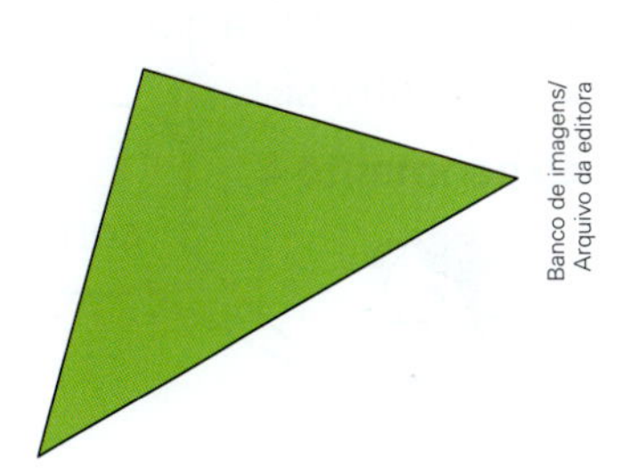

Banco de imagens/ Arquivo da editora

Eles são triângulos retângulos e isósceles. Use transferidor e régua e verifique que:

- em cada triângulo, um ângulo interno mede 90° e dois ângulos internos medem 45°;
- os lados que formam o ângulo reto medem: 2 cm (no triângulo amarelo); 1 cm (no triângulo marrom); 3 cm (no triângulo roxo) e 3 cm (no triângulo verde).

Repita os procedimentos descritos no Experimento 1, usando como modelo os triângulos retângulos e isósceles.

Alberto De Stefano/Arquivo da editora

Por isso, os triângulos roxo e verde são congruentes.

Experimento 3

Observe os triângulos abaixo.

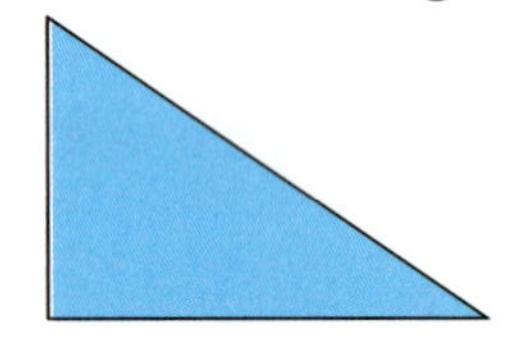
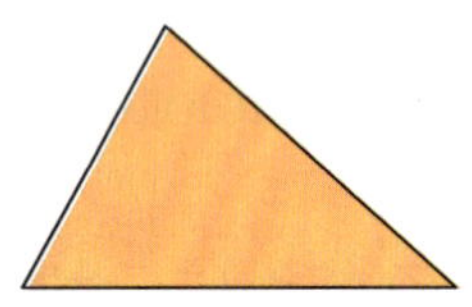
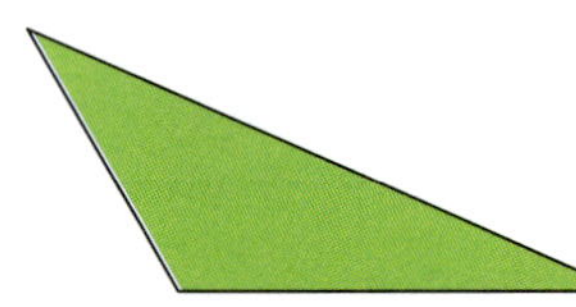
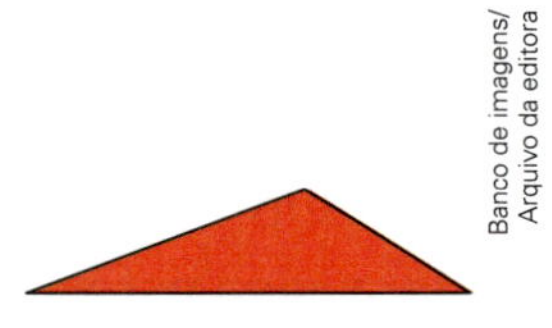

Banco de imagens/Arquivo da editora

Eles são triângulos escalenos. Medindo seus lados e ângulos internos com régua e transferidor, notamos que:

- todos têm um lado de 3 cm e outro de 2 cm;
- a medida do ângulo interno formado por esses dois lados é de: 90° (no triângulo azul); 60° (no triângulo laranja); 120° (no triângulo verde); 20° (no triângulo vermelho). Repita os procedimentos descritos no Experimento 1.

Alberto De Stefano/Arquivo da editora

A resposta é não. Fazendo coincidir os lados de medida 3 cm de dois deles, os lados de medida 2 cm não coincidem, pois os ângulos são diferentes. Além disso, o terceiro lado em cada triângulo tem uma medida diferente da que tem nos outros triângulos. Por isso, nesse conjunto não há dois triângulos congruentes entre si.

Experimento 4

Alberto De Stefano/Arquivo da editora

1º) Em uma folha de papel avulsa, copie os quatro triângulos escalenos apresentados abaixo, pinte-os e recorte-os.

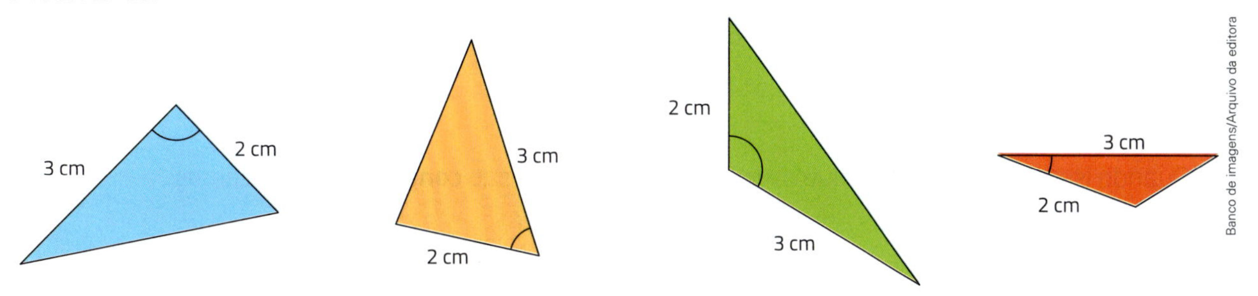

2º) Depois, sobreponha-os aos triângulos do Experimento 3 para obter os pares congruentes.

Cada triângulo desses recortados pode ser sobreposto de modo a coincidir exatamente com o triângulo da mesma cor do Experimento 3. Por isso, os triângulos pintados com a mesma cor nos Experimentos 3 e 4 são congruentes.

Conceito matemático de congruência de triângulos

Observe os triângulos *ABC* e *DEF*:

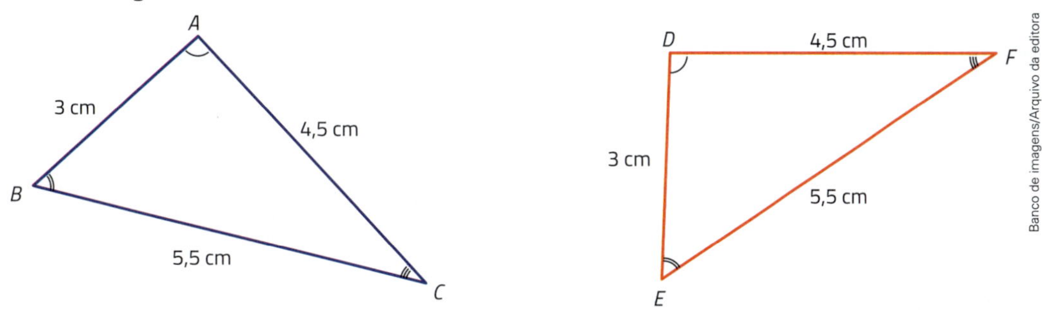

É possível "deslocar" o triângulo *ABC* até fazer com que seus lados coincidam com os lados do triângulo *DEF*:

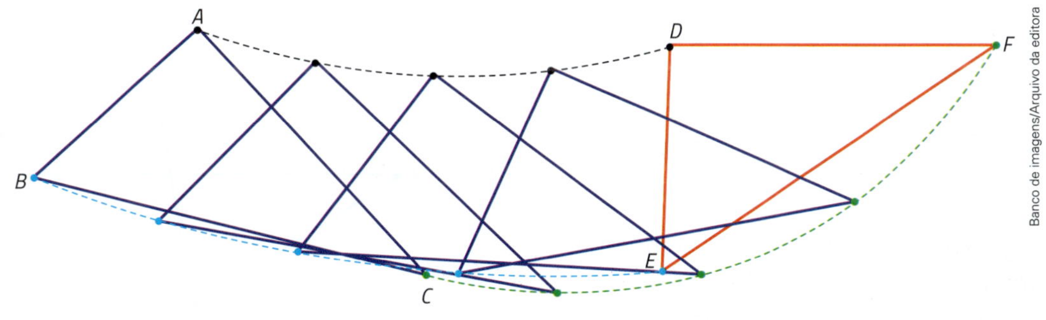

Também é possível estabelecer uma correspondência entre os vértices (veja as trajetórias descritas pelos vértices do triângulo *ABC* até coincidirem com os vértices do triângulo *DEF*).

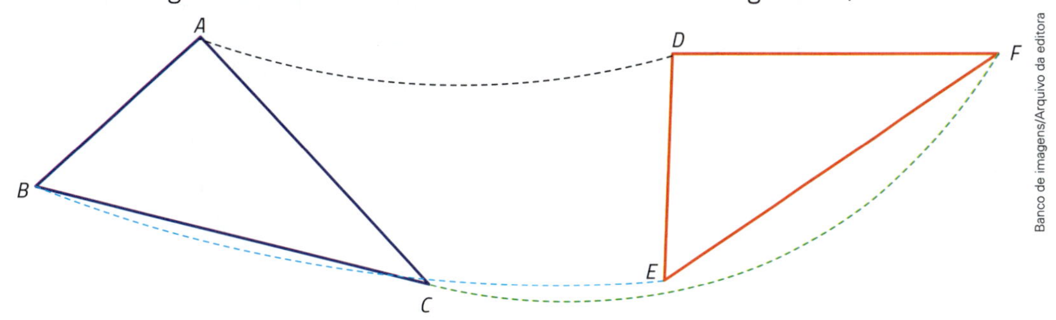

Verifique que:

- os lados correspondentes (ou homólogos) são congruentes:
  $\overline{AB} \equiv \overline{DE}$ $\overline{BC} \equiv \overline{EF}$ $\overline{AC} \equiv \overline{DF}$
- os ângulos internos correspondentes são congruentes:
  $\hat{A} \equiv \hat{D}$ $\hat{B} \equiv \hat{E}$ $\hat{C} \equiv \hat{F}$

Quando isso ocorre, dizemos que os triângulos *ABC* e *DEF* são **congruentes**. Indicamos:

$$\triangle ABC \equiv \triangle DEF$$

Para indicar as congruências, fazemos traços iguais para demarcar os lados congruentes e fazemos arcos iguais para identificar os ângulos congruentes, como nas figuras abaixo.

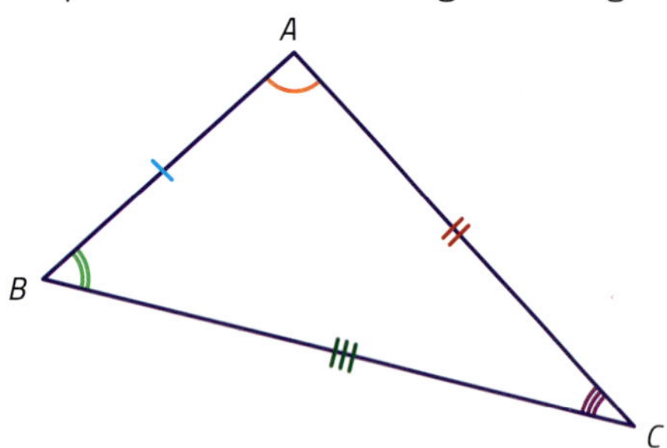

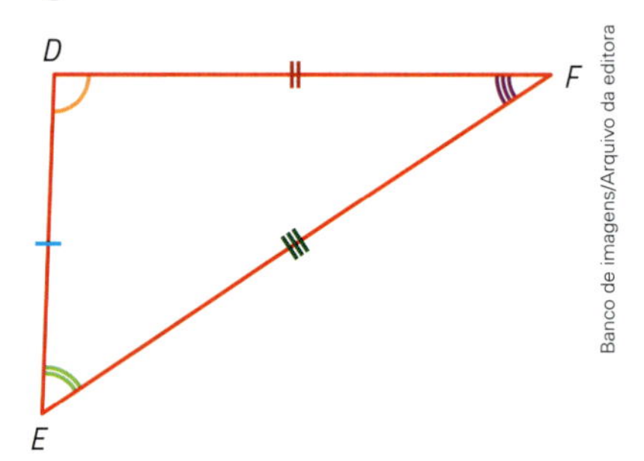

Dois **triângulos** são **congruentes** quando os lados e os ângulos de um deles são respectivamente congruentes aos lados e aos ângulos do outro.

ATIVIDADES

1. Sabendo que os triângulos *XYZ* e *RST* são congruentes, escreva as seis congruências decorrentes:

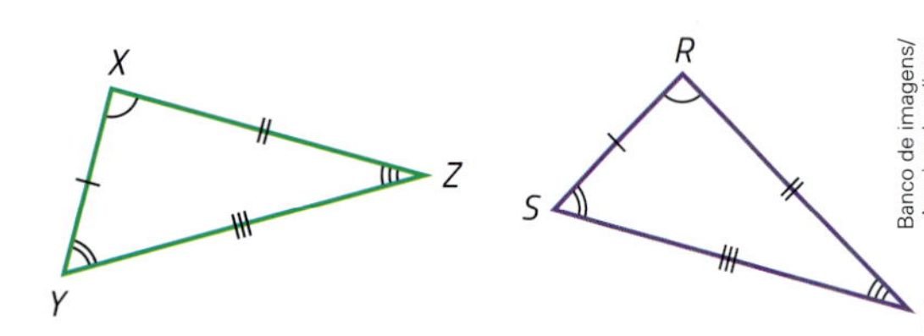

2. Na figura abaixo, o triângulo *ABC* é congruente ao triângulo *DEC*. Sabendo que $A = 3x$, $B = y + 48°$, $E = 5y$ e $D = 2x + 10°$, determine *x* e *y*.

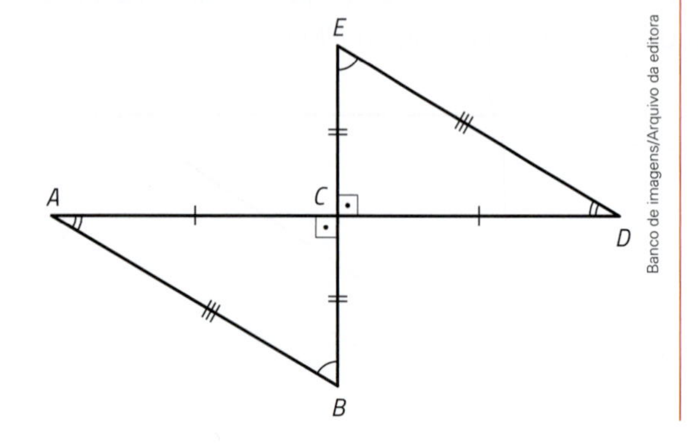

3. Os triângulos *ABC* e *EDC* da figura a seguir são congruentes. Quais são os elementos de medidas respectivamente iguais?

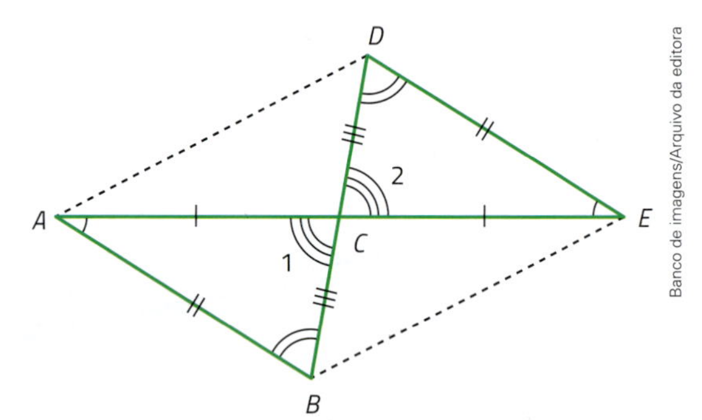

4. Os triângulos *ABC* e *CDE* da figura são congruentes. Quais são os elementos de medidas respectivamente iguais?

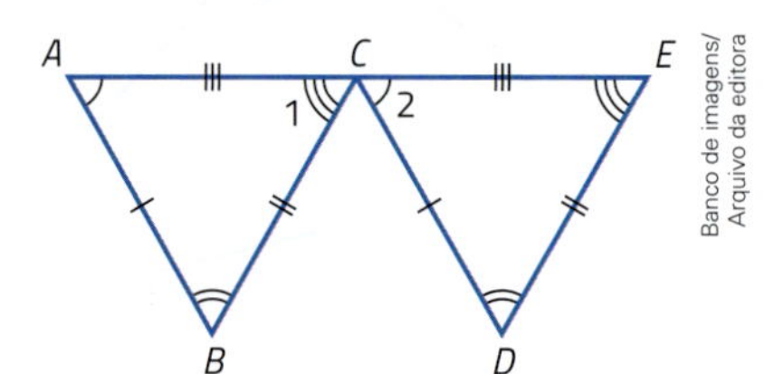

5. Os triângulos ABC e MNP são congruentes. Escreva as seis congruências decorrentes.

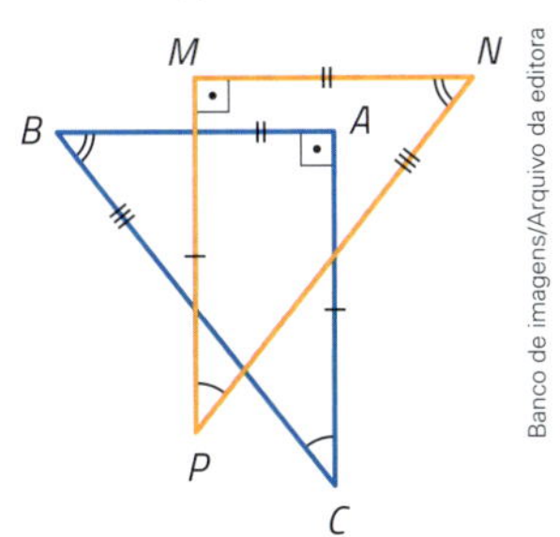

6. Na figura, o triângulo ABD é congruente ao triângulo CBD. Sabendo que $AB = x$, $BC = 2y$, $CD = 3y + 8$ e $DA = 2x$, calcule x e y.

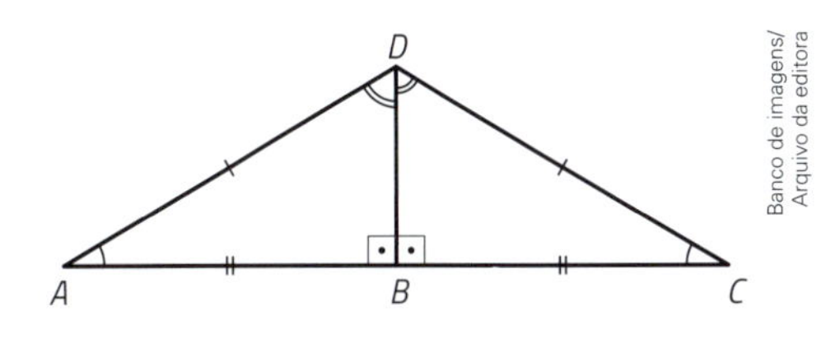

Casos de congruência

O conceito de congruência de triângulos estabelece que dois triângulos são congruentes quando:

- cada lado de um dos triângulos é congruente ao seu correspondente (ou homólogo) no outro;
- cada ângulo de um triângulo é congruente ao seu correspondente (ou homólogo) no outro.

Portanto, devem ocorrer seis congruências:

- três congruências entre os lados;
- três congruências entre os ângulos.

Costuma-se indicar isso, simbolicamente, assim: LLL e AAA.

Nessa notação, *L* indica que um lado de um triângulo é congruente a um lado do outro. *A* indica que um ângulo de um triângulo é congruente a um ângulo do outro.

Para concluir que dois triângulos são congruentes, empregando o conceito de congruência, temos de constatar seis congruências (três congruências entre lados e três entre ângulos). Mas é possível reduzir esse trabalho devido aos **casos de congruência**.

Os casos de congruência são quatro propriedades que permitem concluir que dois triângulos são congruentes a partir de apenas três determinadas congruências (entre lados ou entre ângulos).

Caso LAL (Lado – Ângulo – Lado)

Nos Experimentos 3 e 4, páginas 70 e 71, o lado de medida 2 cm e o lado de medida 3 cm formavam ângulos internos de mesma medida em um dos triângulos da mesma cor. Esses dois triângulos da mesma cor são congruentes, pois:

> Se dois triângulos possuem **dois lados e o ângulo compreendido entre eles respectivamente congruentes**, então os triângulos são congruentes.

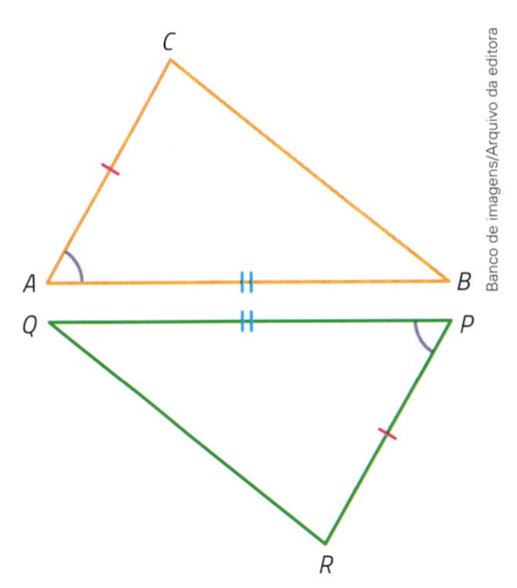

Essa propriedade estabelece que, se um triângulo ABC e um triângulo PQR apresentam:

$$\overline{AB} \equiv \overline{PQ}, \hat{A} \equiv \hat{P} \text{ e } \overline{AC} \equiv \overline{PR},$$

então o terceiro lado e os dois ângulos restantes também são respectivamente congruentes:

$$\hat{B} \equiv \hat{Q}, \overline{BC} \equiv \overline{QR} \text{ e } \hat{C} \equiv \hat{R};$$

e, consequentemente, os triângulos são congruentes.

Indicamos assim: $\triangle ABC \equiv \triangle PQR$.

Construindo um triângulo, dados dois lados e o ângulo que eles formam

Usando régua, compasso e transferidor, vamos construir um triângulo *ABC*, conhecendo as medidas de dois lados ($AB = 45$ mm e $AC = 28$ mm) e a medida do ângulo compreendido entre eles ($\hat{A} = 30°$).

1º) Traçamos um segmento $\overline{AB}$ medindo 45 mm.

2º) Com o transferidor, construímos um ângulo de 30° com vértice *A* e um dos lados $\overline{AB}$.

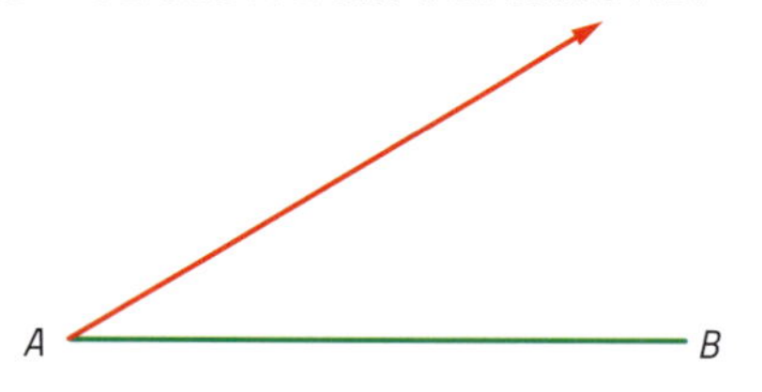

3º) No outro lado do ângulo, marcamos o ponto *C*, de modo que $\overline{AC}$ meça 28 mm.

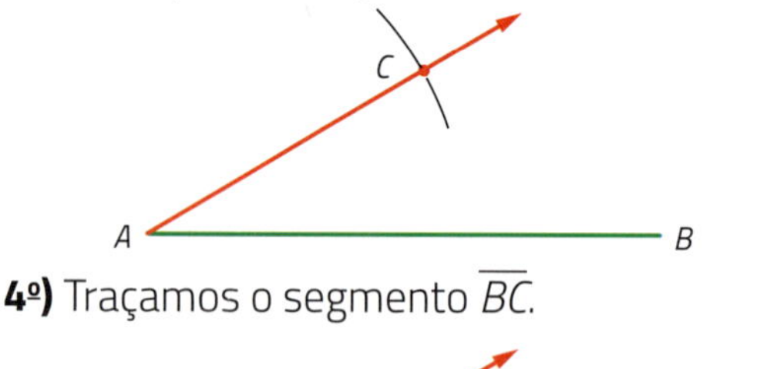

4º) Traçamos o segmento $\overline{BC}$.

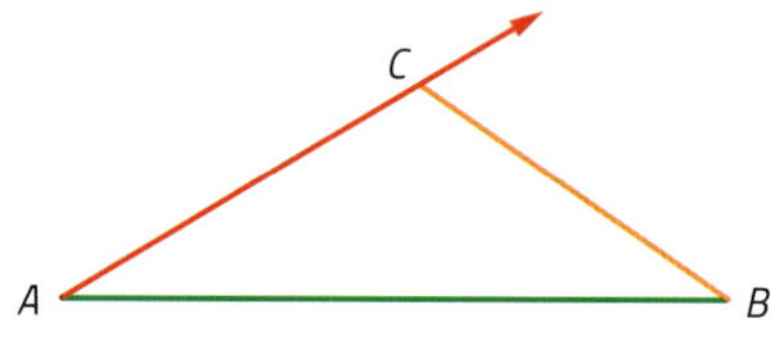

Banco de imagens/Arquivo da editora

Pelo caso LAL, qualquer outro triângulo que tenha lados medindo 45 mm e 28 mm formando um ângulo de 30° será congruente ao triângulo *ABC* que acabamos de construir.

ATIVIDADES

7. Com régua, compasso e transferidor, construa:

a) um triângulo *ABC*, considerando $AB = 3$ cm, $\hat{B} = 40°$ e $BC = 5$ cm;

b) um triângulo *DEF*, considerando $DE = 5$ cm, $DF = 3$ cm e $\hat{D} = 40°$.

8. Os triângulos *ABC* e *DEF* que você construiu na atividade 7 são congruentes? Por quê?

9. Nos triângulos *ABC* e *DEF* construídos na atividade 7, quais são os pares de ângulos congruentes?

Caso ALA (Ângulo – Lado – Ângulo)

No triângulo *ABC*, dizemos que:

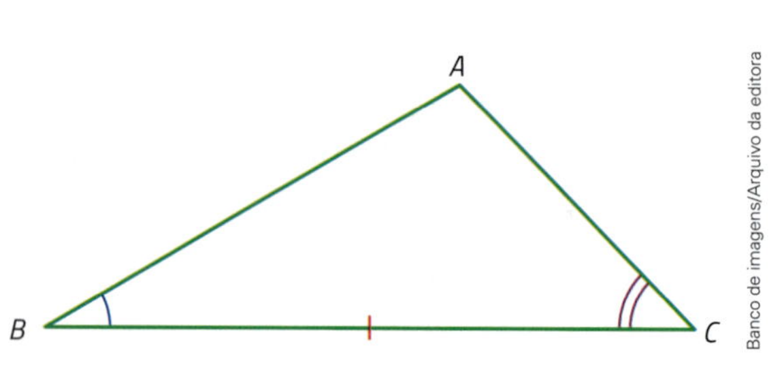

Banco de imagens/Arquivo da editora

- Os ângulos $\hat{B}$ e $\hat{C}$ são os ângulos adjacentes ao lado $\overline{BC}$.
  O lado $\overline{BC}$ é adjacente aos ângulos $\hat{B}$ e $\hat{C}$
- Os ângulos $\hat{C}$ e $\hat{A}$ são os ângulos adjacentes ao lado $\overline{CA}$.
  O lado $\overline{CA}$ é adjacente aos ângulos $\hat{C}$ e $\hat{A}$.
- Os ângulos $\hat{A}$ e $\hat{B}$ são os ângulos adjacentes ao lado $\overline{AB}$.
  O lado $\overline{AB}$ é adjacente aos ângulos $\hat{A}$ e $\hat{B}$.

Agora, veja um caso de congruência de triângulos envolvendo um lado e os ângulos a ele adjacentes:

Se dois triângulos possuem **um lado e os dois ângulos a ele adjacentes respectivamente congruentes**, então os triângulos são congruentes.

Essa propriedade estabelece que, se um triângulo *ABC* e outro triângulo *RST* apresentam:

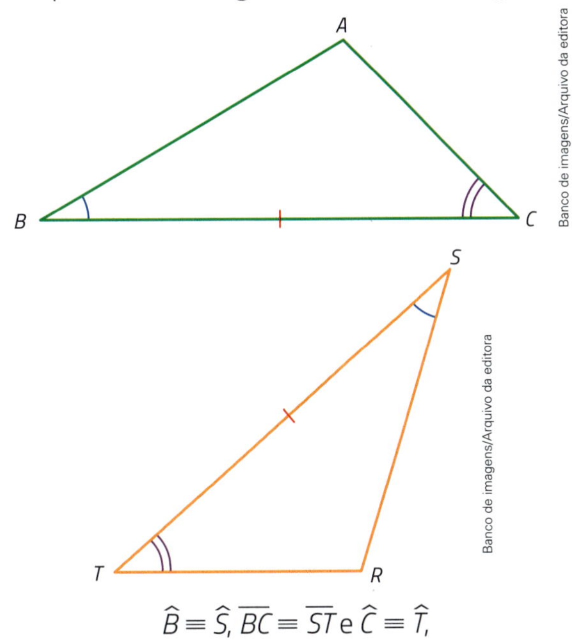

Banco de imagens/Arquivo da editora

Banco de imagens/Arquivo da editora

$$\hat{B} \equiv \hat{S},\ \overline{BC} \equiv \overline{ST} \text{ e } \hat{C} \equiv \hat{T},$$

então o terceiro ângulo e os dois lados restantes também são respectivamente congruentes:

$$\overline{AB} \equiv \overline{RS},\ \hat{A} \equiv \hat{R} \text{ e } \overline{AC} \equiv \overline{RT};$$

e, consequentemente, os triângulos são congruentes.

Indicamos assim: $\triangle ABC \equiv \triangle RST$.

Construindo um triângulo, dados um lado e os ângulos a ele adjacentes

Com régua, compasso e transferidor, vamos construir um triângulo *ABC*, conhecendo a medida de um lado ($BC = 45$ mm) e as medidas dos ângulos a ele adjacentes ($\hat{B} = 30°$ e $\hat{C} = 45°$).

1º) Traçamos um segmento $\overline{BC}$ medindo 45 mm.

B C

2º) Construímos um ângulo de 30° com vértice *B* e um dos lados $\overline{BC}$.

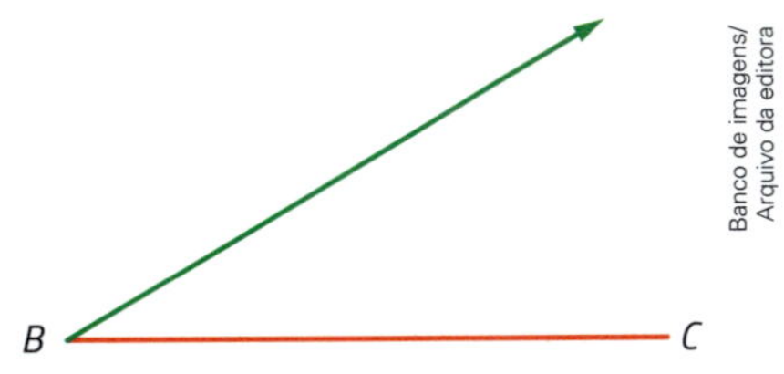

Banco de imagens/Arquivo da editora

3º) Construímos um ângulo de 45° com vértice *C*, um lado $\overline{CB}$ e outro lado, de modo que os lados dos ângulos $\hat{B}$ e $\hat{C}$ diferentes de $\overline{BC}$ se cruzem no ponto *A*.

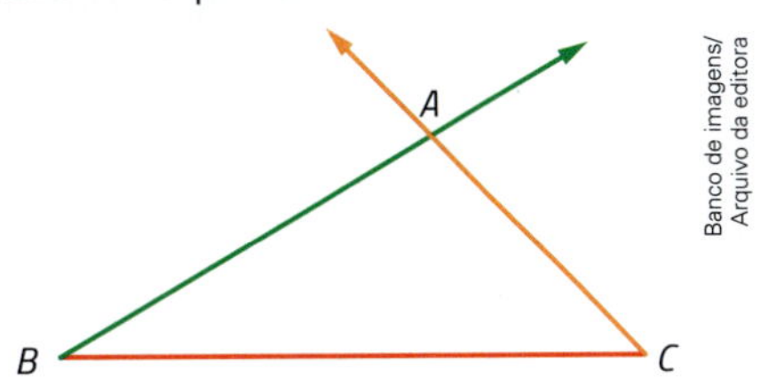

Banco de imagens/Arquivo da editora

Pelo caso ALA, qualquer outro triângulo que tenha um lado de 45 mm e ângulos adjacentes a esse lado de 30° e 45° será congruente ao triângulo *ABC* que acabamos de construir.

ATIVIDADES

10. Quanto medem os ângulos adjacentes ao lado de 4 cm no triângulo abaixo?

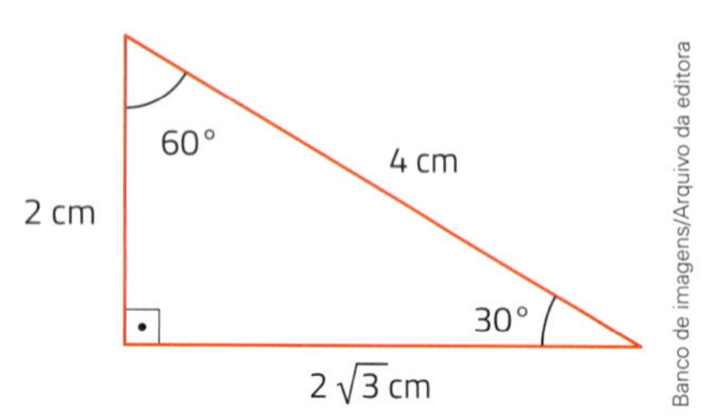

Banco de imagens/Arquivo da editora

11. Quanto medem os lados adjacentes ao ângulo de 90° no triângulo da atividade anterior?

12. Com régua, compasso e transferidor, construa:

a) um triângulo *ABC*, considerando $BC = 6$ cm, $\hat{B} = 30°$ e $\hat{C} = 60°$;

b) um triângulo *RST*, considerando $RS = 6$ cm, $\hat{R} = 60°$ e $\hat{S} = 30°$.

13. Os triângulos *ABC* e *RST* que você construiu na atividade 12 são congruentes? Por quê?

14. Meça os outros lados dos triângulos *ABC* e *RST* construídos na atividade 12. Quais são os pares de lados congruentes?

Caso LLL (Lado – Lado – Lado)

Há um caso de congruência envolvendo os três lados:

Se dois triângulos possuem os **três lados respectivamente congruentes**, então os triângulos são congruentes.

Essa propriedade estabelece que, se um triângulo *ABC* e outro *MNP* apresentam:

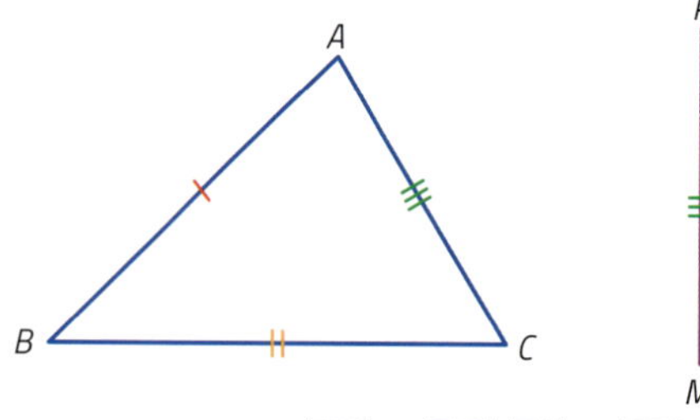

Banco de imagens/Arquivo da editora

$$\overline{AB} \equiv \overline{MN}, \overline{BC} \equiv \overline{NP} \text{ e } \overline{AC} \equiv \overline{MP},$$

então os três ângulos também são respectivamente congruentes:

$$\hat{A} \equiv M, \hat{B} \equiv \hat{N} \text{ e } \hat{C} \equiv \hat{P};$$

e, consequentemente, os triângulos são congruentes. Indicamos assim: $\triangle ABC \equiv \triangle MNP$.

Já vimos como construir um triângulo conhecendo as medidas dos seus lados.

PARTICIPE

No triângulo da figura todas as medidas são aproximadas. Responda às perguntas considerando essas medidas.

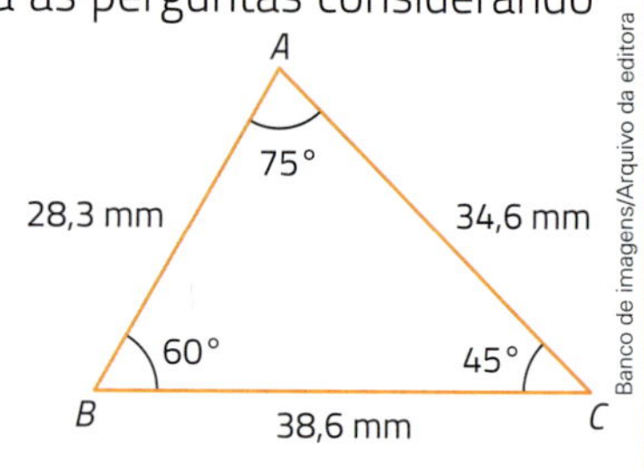

Banco de imagens/Arquivo da editora

a) Quanto medem os ângulos adjacentes ao lado de 38,6 mm?

b) Quanto mede o ângulo oposto ao lado de 38,6 mm?

c) Quanto mede o ângulo oposto ao lado de 34,6 mm?

d) Quanto mede o lado oposto ao ângulo de 45°?

e) Quanto medem os lados adjacentes ao ângulo de 45°?

Caso LAA_o (Lado – Ângulo adjacente – Ângulo oposto)

Há um caso de congruência envolvendo um lado, um ângulo adjacente e o ângulo oposto a esse lado:

Se dois triângulos possuem **um lado, um ângulo adjacente e o ângulo oposto a esse lado respectivamente congruentes**, então os triângulos são congruentes.

Essa propriedade estabelece que, se dois triângulos *ABC* e *XYZ* apresentam:

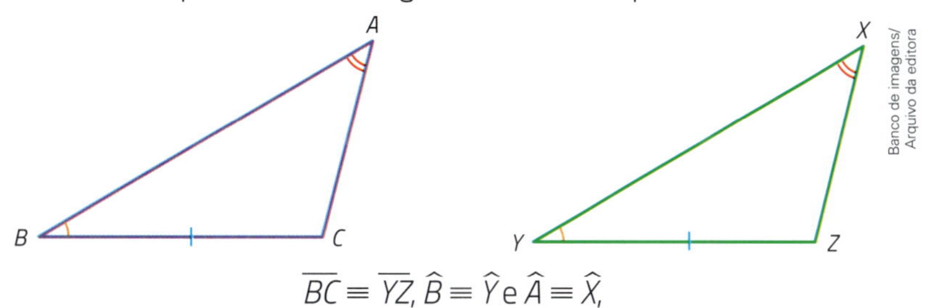

$$\overline{BC} \equiv \overline{YZ}, \hat{B} \equiv \hat{Y} \text{ e } \hat{A} \equiv \hat{X},$$

então o ângulo restante e os dois lados restantes também são respectivamente congruentes:

$$\hat{C} \equiv \hat{Z}, \overline{AB} \equiv \overline{XY} \text{ e } \overline{AC} \equiv \overline{XZ};$$

e, consequentemente, os triângulos são congruentes.

Indicamos assim: $\triangle ABC \equiv \triangle XYZ$.

Construindo triângulos, dados um lado, um ângulo adjacente e o ângulo oposto

Usando régua, transferidor e compasso, vamos construir um triângulo *ABC*, conhecendo a medida de um lado ($BC = 40$ mm) e as medidas de um ângulo adjacente a esse lado ($\hat{B} = 30°$) e do ângulo oposto ($\hat{A} = 45°$).

1º) Traçamos um segmento $\overline{BC}$ com 40 mm.

B ———————— C

2º) Construímos um ângulo de 30° com vértice *B* e um dos lados $\overline{BC}$.

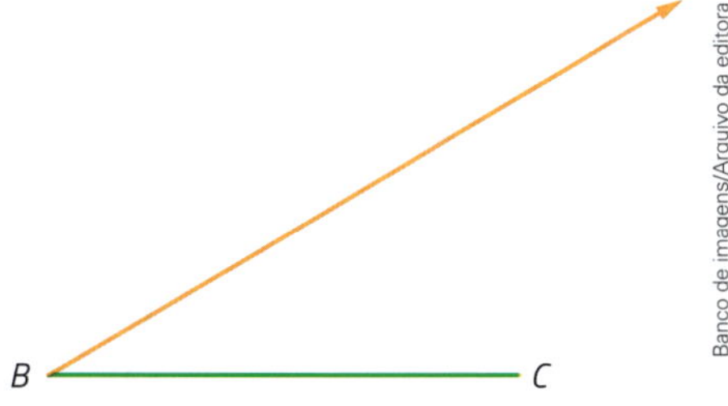

3º) Como $\hat{C} = 180° - 30° - 45° = 105°$, construímos um ângulo de 105° com vértice *C*, um lado $\overline{CB}$ e outro lado, de modo que os lados dos ângulos $\hat{B}$ e $\hat{C}$ diferentes de $\overline{BC}$ se cruzem no ponto *A*.

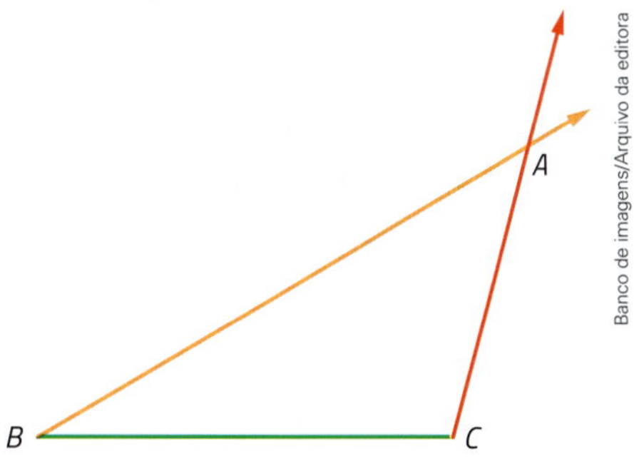

Pelo caso LAA_o, qualquer outro triângulo que tenha um lado de 40 mm, um ângulo adjacente a esse lado de 30° e o ângulo oposto de 45° será congruente ao triângulo *ABC* que acabamos de construir.

ATIVIDADES

15. Com régua, compasso e transferidor, construa:

a) um triângulo ABC, considerando as medidas $AB = 6$ cm, $BC = 5$ cm e $CA = 4$ cm;

b) um triângulo MNP, considerando as medidas $MN = 5$ cm, $NP = 6$ cm e $PN = 4$ cm.

16. Os triângulos ABC e MNP que você construiu na atividade 15 são congruentes? Por quê?

17. Nos triângulos ABC e MNP da atividade 15, quais são os pares de ângulos

18. Com régua, compasso e transferidor, construa:

a) um triângulo ABC, sendo dados $AB = 5$ cm, $\hat{A} = 70°$ e $\hat{C} = 80°$;

b) um triângulo PQR, sendo dados $QR = 5$ cm, $\hat{R} = 70°$ e $\hat{P} = 80°$.

19. Os triângulos ABC e PQR que você construiu na atividade 18 são congruentes? Por quê?

20. Nos triângulos ABC e PQR da atividade 18, quais são os pares de lados congruentes?

Caso especial: triângulos retângulos

No triângulo retângulo, o lado oposto ao ângulo reto é chamado **hipotenusa**, e os outros dois lados (que formam o ângulo reto) são chamados **catetos**.

Vamos agora ver o caso especial: cateto-hipotenusa.

Se dois triângulos retângulos possuem **um cateto e a hipotenusa respectivamente congruentes**, então os triângulos são congruentes.

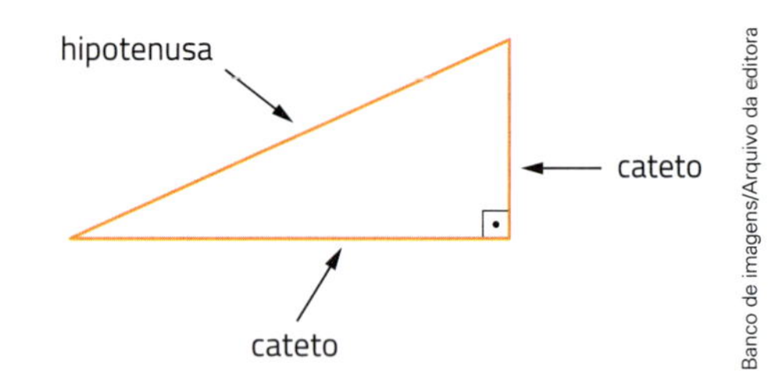

Essa propriedade estabelece que, se dois triângulos retângulos ABC (com $\hat{A} = 90°$) e DEF (com $\hat{D} = 90°$) apresentam:

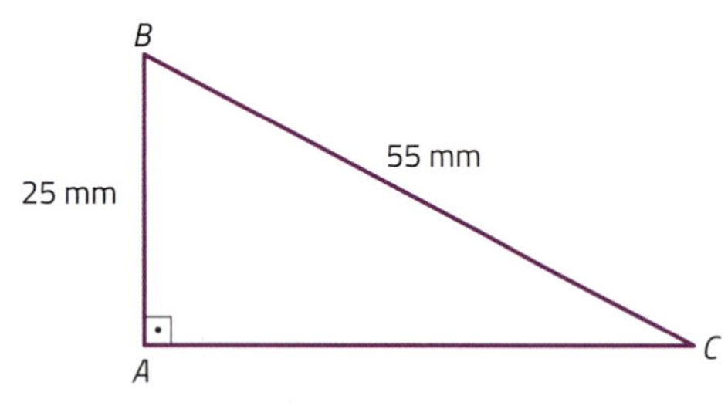

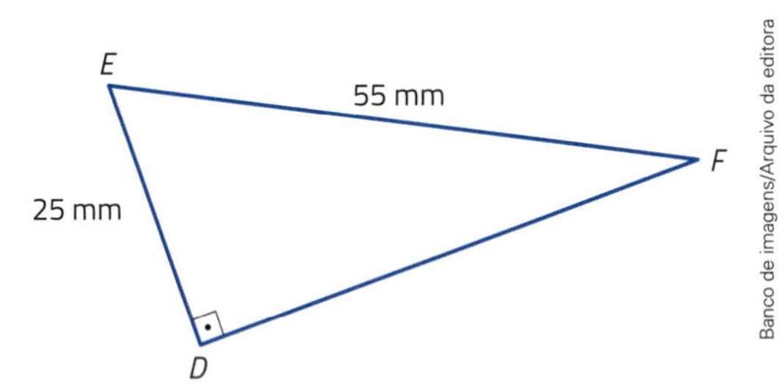

$$\overline{AB} \equiv \overline{DE} \text{ e } \overline{BC} \equiv \overline{EF},$$

então o outro cateto e os dois ângulos restantes também são respectivamente congruentes:

$$\overline{AC} \equiv DF, \hat{B} \equiv \hat{E} \text{ e } \hat{C} \equiv \hat{F};$$

e, consequentemente, os triângulos são congruentes.

Indicamos assim: $\triangle ABC \equiv \triangle DEF$.

Construindo um triângulo retângulo

Vamos construir, com régua, compasso e transferidor, um triângulo retângulo *ABC*, conhecendo as medidas de um cateto ($AB = 25$ mm) e da hipotenusa ($BC = 55$ mm).

1º) Construímos um ângulo reto de vértice *A*.

2º) Em um dos lados do ângulo, marcamos o ponto *B* de modo que $AB = 25$ mm.

3º) Com a ponta-seca do compasso em *B* e abertura de 55 mm, traçamos um arco que intersecta o outro lado do ângulo $\hat{A}$, determinando o ponto *C*.

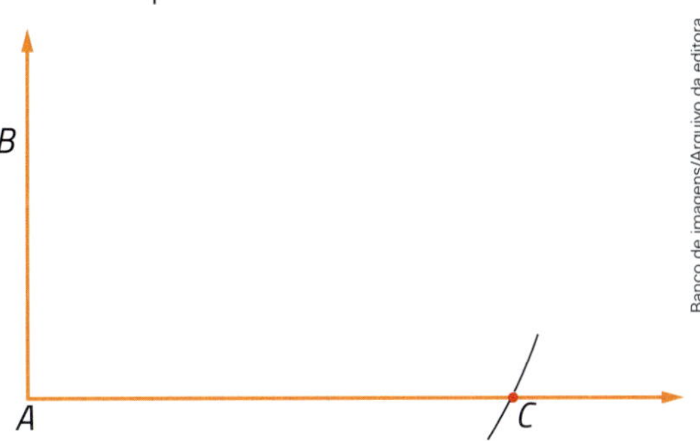

4º) Traçamos o segmento determinado pelos pontos *B* e *C*.

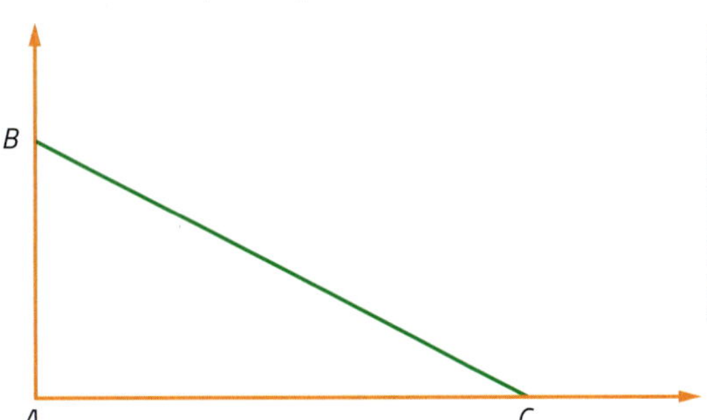

ATIVIDADES

21. No triângulo retângulo ao lado, quanto mede:

a) o cateto maior?

b) a hipotenusa?

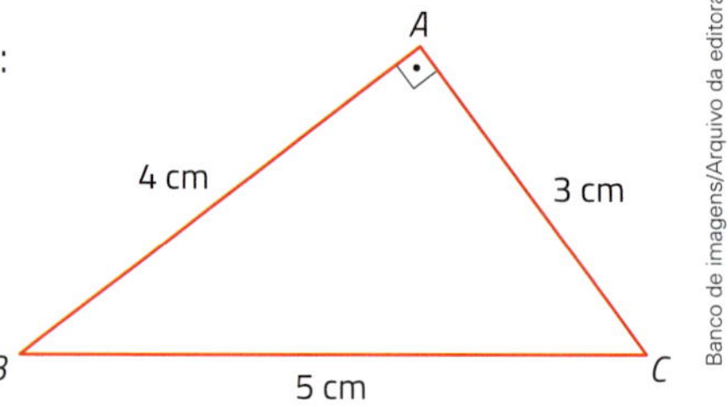

22. Com régua, compasso e transferidor, construa:

a) um triângulo ABC, sendo $\hat{A} = 90°$, $AB = 4{,}8$ cm e $BC = 6{,}0$ cm;

b) um triângulo EFG, sendo $\hat{F} = 90°$, $GE = 6{,}0$ cm e $FG = 4{,}8$ cm.

23. Os triângulos ABC e EFG que você construiu na atividade 22 são congruentes? Por quê?

24. Quais são os pares de ângulos congruentes nos triângulos ABC e EFG da atividade 22?

25. Considerando os triângulos abaixo, qual é o par de triângulos congruentes? Por quê?

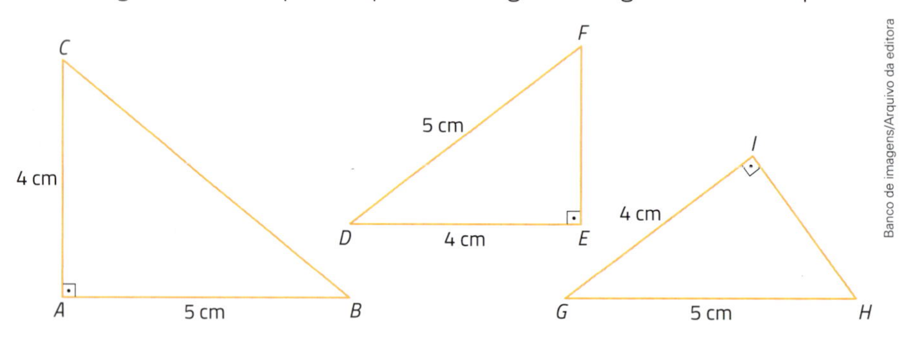

Texto para as atividades **26** a **30**:

Cada atividade a seguir apresenta seis triângulos. Indique os pares de triângulos congruentes e o caso que justifica a congruência.

26.

27.

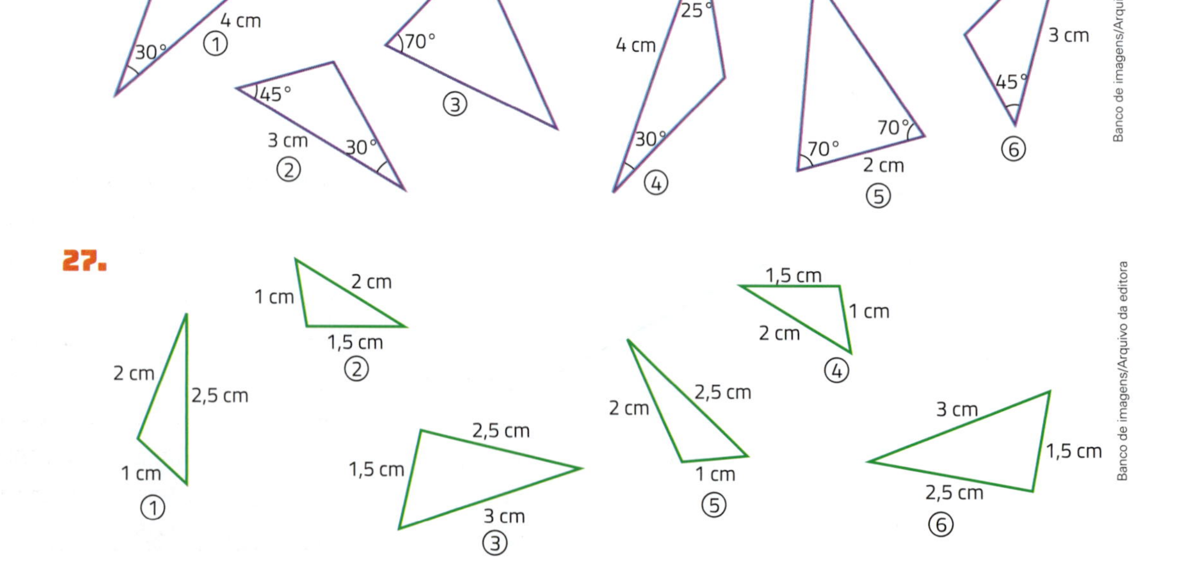

28.

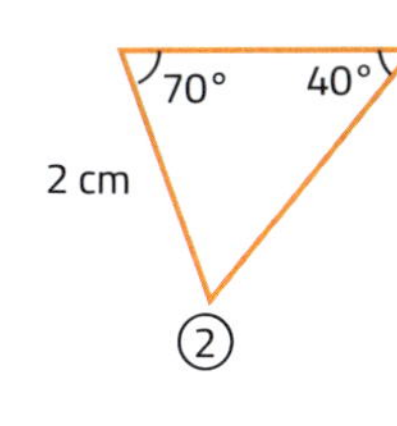

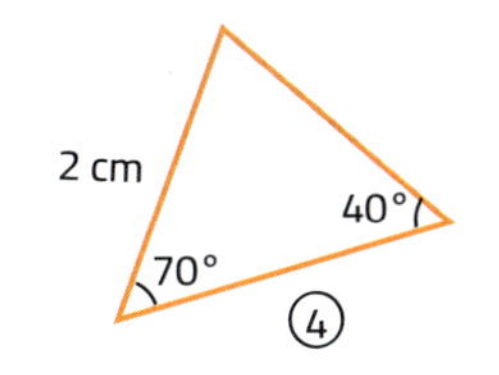

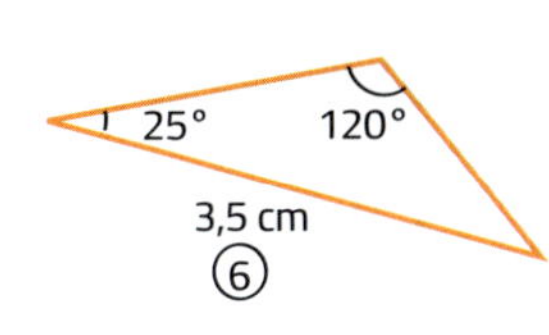

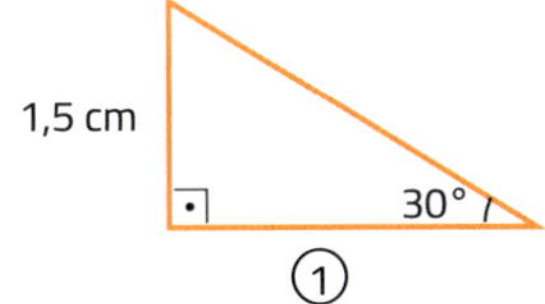

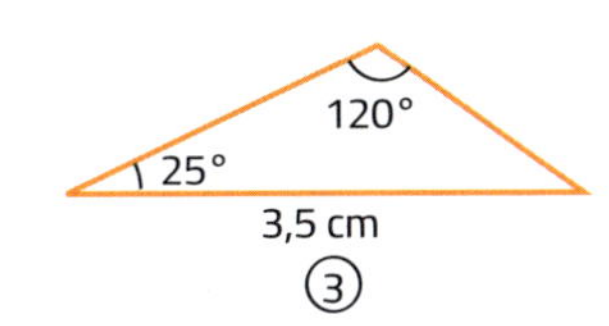

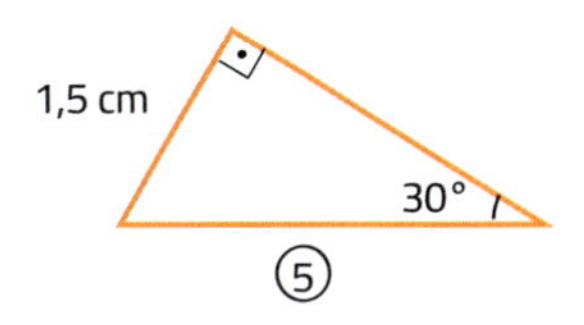

29. Em cada item abaixo os dois triângulos representados são congruentes. Indique o critério de congruência utilizado e, em seguida, determine x.

a)

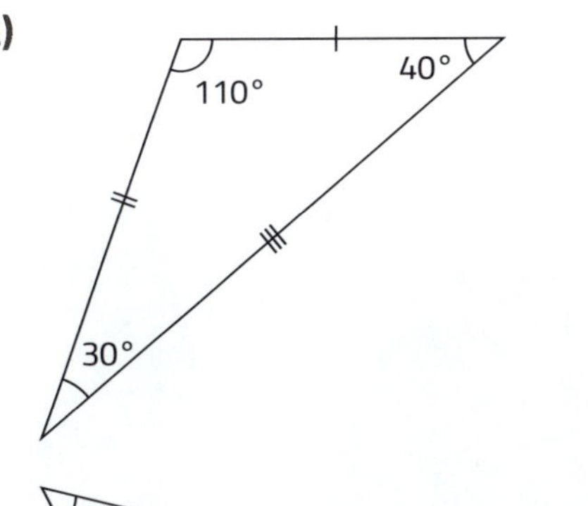

x

b)

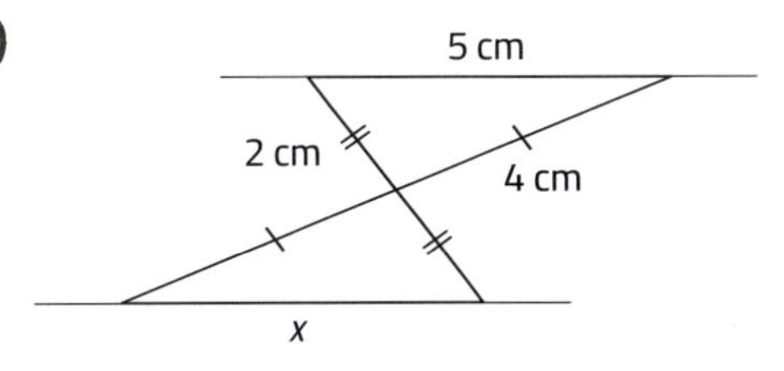

c)

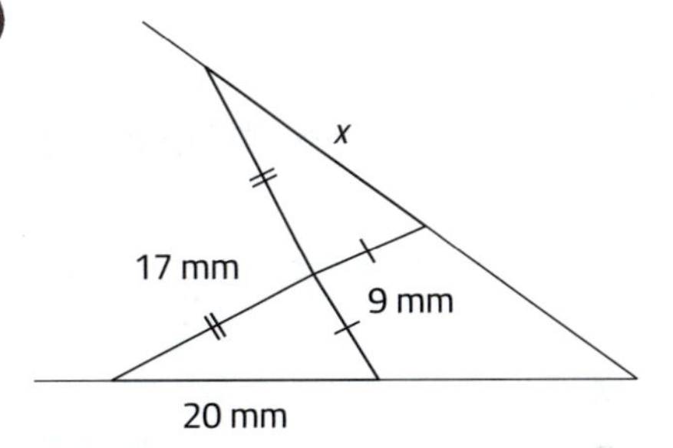

Banco de imagens/Arquivo da editora

30. Na figura a seguir, os triângulos ABC e CDA apresentam o lado comum $\overline{AC}$ e dois outros pares de lados congruentes.

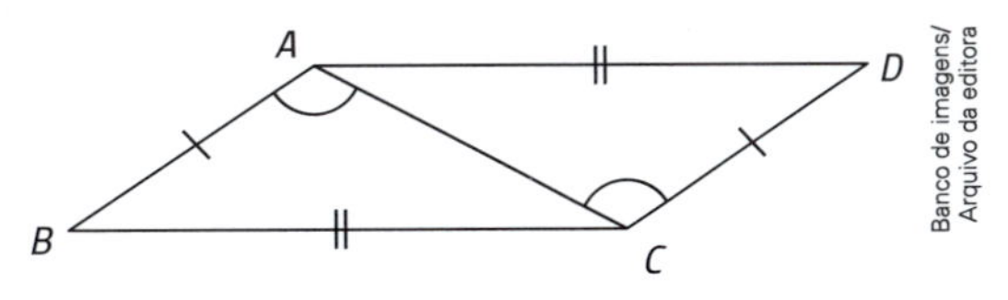

Banco de imagens/Arquivo da editora

a) Os triângulos ABC e CDA são congruentes? Por quê?

b) Sabendo que $B\hat{A}C = 120°$, $C\hat{A}D = 27°$, $B\hat{C}A = 3y$ e $A\hat{C}D = 2x$, determine x e y.

31. Em cada item abaixo os dois triângulos são congruentes. Qual é o critério de congruência utilizado? Quanto vale x?

a)

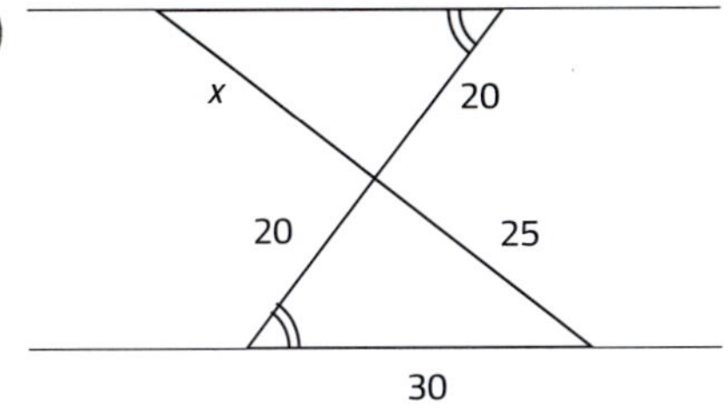

b)

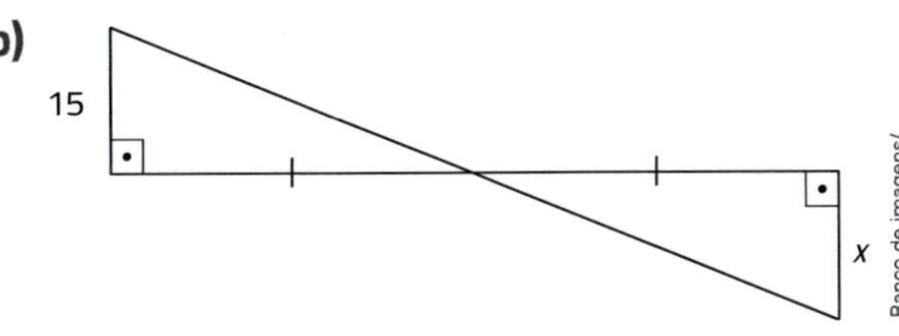

Banco de imagens/Arquivo da editora

NA MÍDIA

A magia da Geometria

Quando menino, de uns 10 ou 12 anos, Sérvulo Esmeraldo gostava de criar coisas com os restos de materiais que eram usados para fazer tachos no engenho de cana-de-açúcar mascavo onde cresceu, no Crato, Ceará. [...]

O que une tudo na obra do artista é a geometria – “a linearidade, a síntese, a eloquência da beleza da forma”, como afirma a historiadora Aracy Amaral em texto do livro *Sérvulo Esmeraldo*, que ela organizou e que acompanha a retrospectiva do cearense. [...]

Sérvulo Esmeraldo nasceu no Crato, viveu em São Paulo e em Paris e depois quis se fixar mesmo em Fortaleza. Nesse percurso intenso, adotou a abstração geométrica, criou a arte cinética, fez esculturas públicas. [...]

Disponível em: https://cultura.estadao.com.br/noticias/geral,a-magia-da-geometria-imp-,733412. Acesso em: 14 jul. 2021.

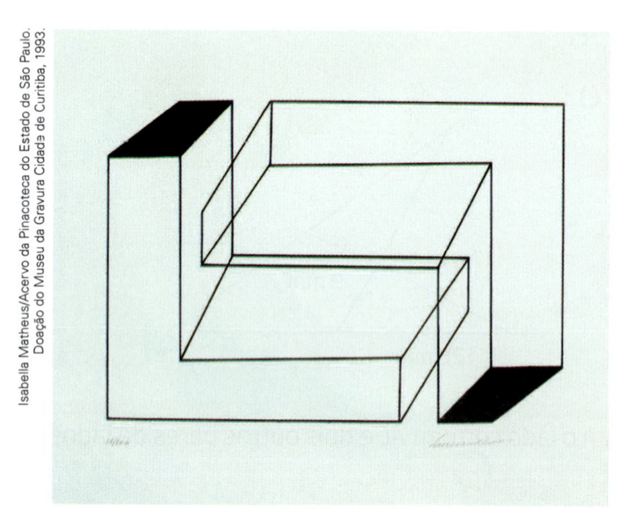

Isabella Matheus/Acervo da Pinacoteca do Estado de São Paulo. Doação do Museu da Gravura Cidade de Curitiba, 1993.

O pensamento gráfico permeia a produção do artista. Acima, litografia em que se destacam as linhas.

Isabella Matheus/Acervo da Pinacoteca do Estado de São Paulo. Compra do Governo do Estado de São Paulo, 2001.

Escultura de aço que pertence à Pinacoteca do Estado de São Paulo.

Na litografia do artista está representado um sólido como o desenhado ao lado. Duas faces têm o formato da letra L, mas uma delas é invisível dessa perspectiva. As demais são faces retangulares.

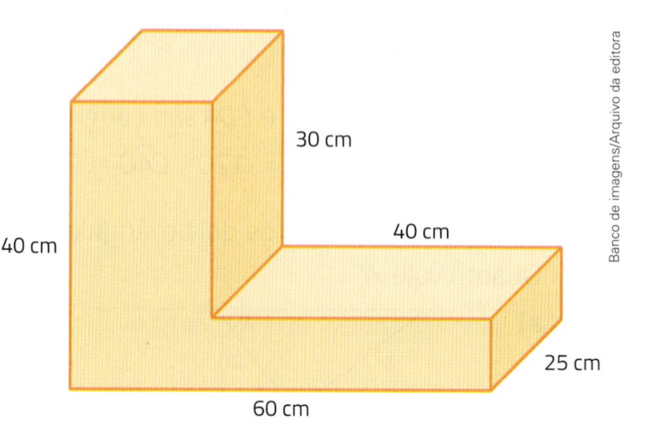

Banco de imagens/Arquivo da editora

Sobre o texto e as imagens, responda:

1. Cite alguns elementos geométricos presentes na escultura de aço.
2. Quantas são as faces retangulares na imagem ao lado, contando também as invisíveis?
3. Com as medidas indicadas, qual é a área de cada face com formato em L?
4. Qual é a área total somando as áreas de todas as faces, inclusive as invisíveis?

CAPÍTULO 7

Pontos notáveis do triângulo e propriedades

n_defender/Shutterstock

NA REAL

Onde está o tesouro?

O que você sabe sobre piratas? Como as palavras **pirata** e **pirataria** se relacionam? Atualmente, o que conhecemos dessas pessoas está muito relacionado ao que é apresentado nos filmes, mas vale fazer uma pesquisa para entender um pouco mais sobre a realidade dos navegantes do século XVI.

Imagine que você é um pirata e deve localizar um tesouro no mapa da ilha a seguir. O tesouro foi enterrado no ponto em que a distância é a mesma para qualquer uma das palmeiras da ilha. Faça um desenho para representar suas ideias e marque um **X** no ponto onde o tesouro está. Dica: forme um triângulo tomando as posições das palmeiras como vértices.

omieO/Shutterstock

Na BNCC
EF08MA15
EF08MA17

Ponto médio de um segmento

Observe, na figura, a representação do segmento $\overline{AB}$.

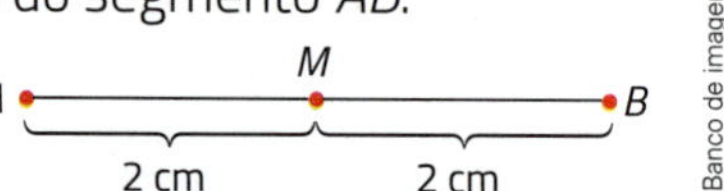

O segmento $\overline{AB}$ mede 4 cm e o ponto M pertence a ele. Os segmentos $\overline{AM}$ e $\overline{MB}$ possuem o mesmo comprimento: 2 cm cada um. Os segmentos $\overline{AM}$ e $\overline{MB}$ são congruentes.

Nesse exemplo, M é chamado **ponto médio** do segmento $\overline{AB}$.

Ponto médio de um segmento é um ponto que pertence ao segmento e o divide em dois segmentos congruentes.

Associado ao ponto médio M de um segmento de reta $\overline{AB}$, podemos traçar a reta mediatriz, que é uma reta cujos pontos equidistam de A e B.

Construindo a mediatriz

1º) Traçamos o segmento $\overline{AB}$.

2º) Tomamos o compasso com abertura maior que a metade de $\overline{AB}$, fixamos a ponta-seca em A e traçamos um arco.

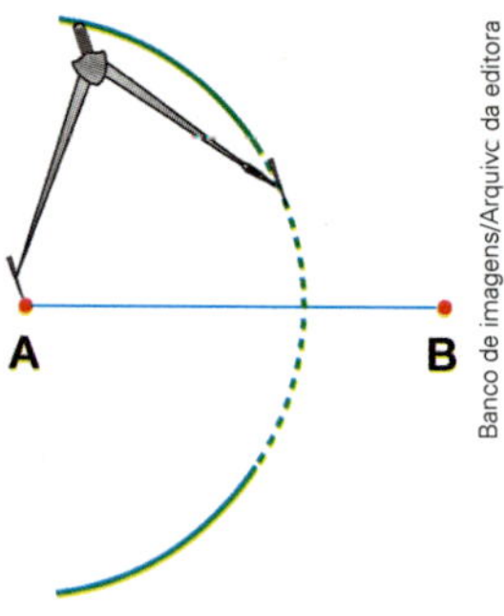

3º) Mantendo a abertura do compasso, fixamos a ponta-seca em B e traçamos outro arco. Dessa forma, temos os pontos P e Q, que são as intersecções dos arcos.

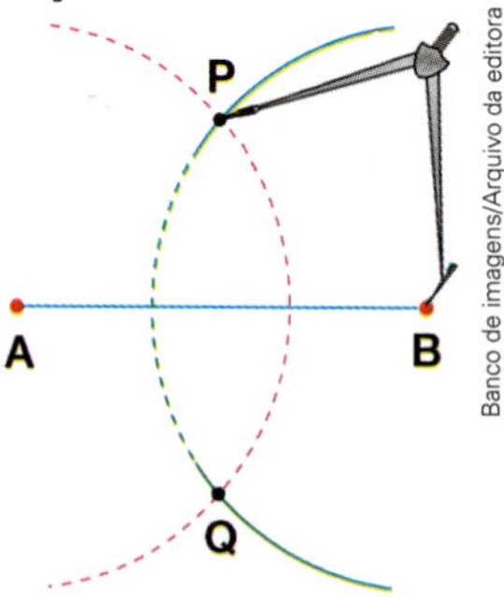

4º) Traçamos a reta que une os pontos P e Q e chamamos de M o ponto em que $\overleftrightarrow{PQ}$ intersecta $\overline{AB}$.

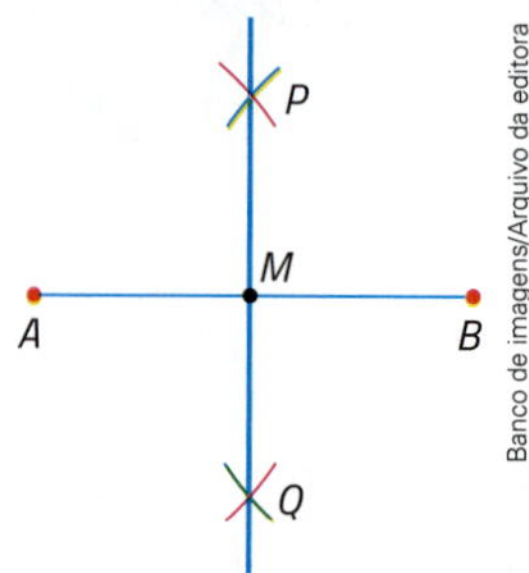

Os pontos da mediatriz de um segmento têm uma propriedade notável: eles distam igualmente das extremidades do segmento. Vejamos:

Tomando um ponto qualquer P na mediatriz e ligando P com as extremidades A e B do segmento, são formados dois triângulos, APM e BPM, congruentes pelo caso LAL, uma vez que:

$\overline{AM} \equiv \overline{MB}$, $A\hat{M}P \equiv B\hat{M}P$ e PM é lado comum, então $\overline{PA} \equiv \overline{PB}$.

Banco de imagens/Arquivo da editora

A mediatriz de um segmento de reta $\overline{AB}$ é o lugar geométrico dos pontos que distam igualmente de A e B. Nenhum ponto fora da mediatriz tem essa propriedade.

Em Geometria, o termo **lugar geométrico** é atribuído a uma figura geométrica cujos pontos, e apenas eles, possuem uma propriedade notável.

PARTICIPE

Trace uma reta r. Marque os pontos R, S e T, nessa ordem. M é o ponto médio de $\overline{RS}$, e N é o ponto médio de $\overline{ST}$. $\overline{RS}$ mede 4 cm, e $\overline{SN}$ mede 3 cm. Agora, responda quanto medem:

a) $\overline{RT}$ **b)** $\overline{MN}$ **c)** $\overline{MT}$

ATIVIDADES

1. Sobre uma reta r, marque os pontos A, B e C, nessa ordem, tais que $\overline{AB} = 6$ cm e $\overline{BC} = 10$ cm. Depois, responda:

a) Quanto mede o segmento AC?

b) Se M é o ponto médio de $\overline{AB}$, e N é o ponto médio de $\overline{BC}$, quanto mede $\overline{MN}$?

2. Se $AB = 20$ cm, determine x em cada item:

a) $AP = (x + 6)$ cm

b) $AC = 3x$ cm

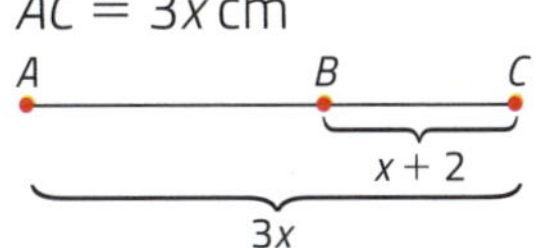

Banco de imagens/Arquivo da editora

Lembre que AB representa "a medida do segmento $\overline{AB}$".

3. Sendo M o ponto médio de $\overline{AB}$, determine a medida AB.

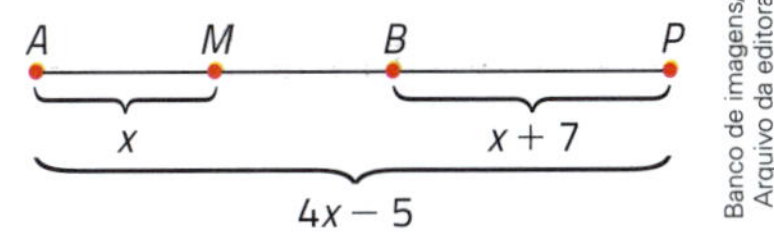

Banco de imagens/Arquivo da editora

4. Determine o valor de x e AB, sabendo que M é o ponto médio de $\overline{AB}$.

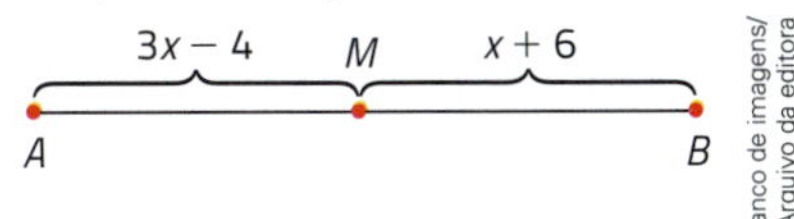

Banco de imagens/Arquivo da editora

5. Nesta atividade, você vai usar régua e compasso.

a) Construa um segmento $\overline{PQ}$ de medida 5,4 cm.

b) Seguindo os passos indicados no tópico "Ponto médio de um segmento", obtenha a mediatriz de $\overline{PQ}$.

c) Chame de M a interseção da mediatriz com $\overline{PQ}$. Qual é a medida de $\overline{PM}$?

Medianas e baricentro

Num triângulo ABC, marquemos M_1 como o ponto médio do lado $\overline{BC}$.

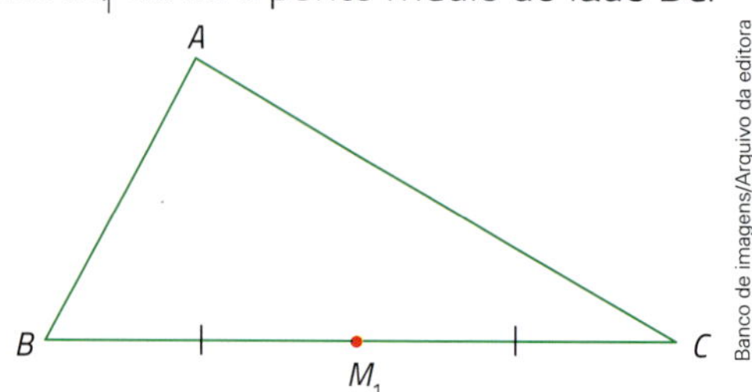

Tracemos o segmento $\overline{AM_1}$:

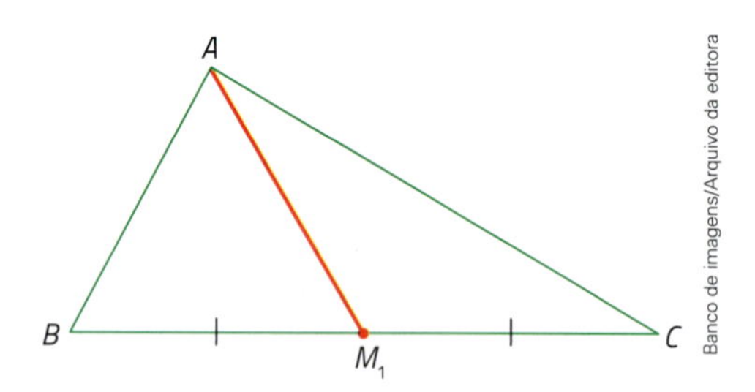

Mediana de um triângulo é um segmento com extremidades num vértice e no ponto médio do lado oposto.

O segmento $\overline{AM_1}$ é uma **mediana** do triângulo ABC.

Um triângulo tem três medianas. Na figura, as três medianas são:

- $\overline{AM_1}$, mediana relativa ao lado $\overline{BC}$ ou ao vértice A;
- $\overline{BM_2}$, mediana relativa ao lado $\overline{AC}$ ou ao vértice B;
- $\overline{CM_3}$, mediana relativa ao lado $\overline{AB}$ ou ao vértice C.

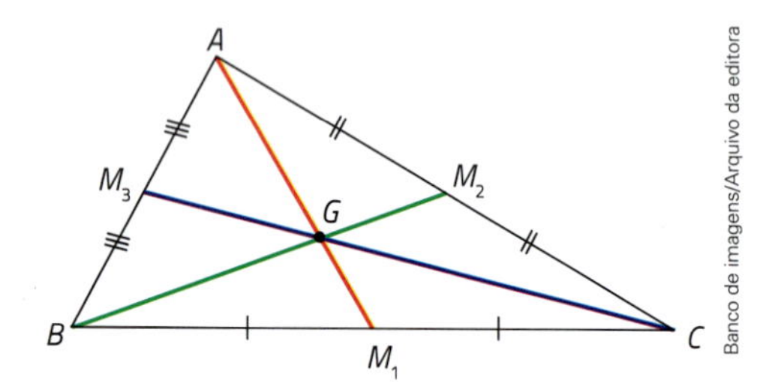

As três medianas de um triângulo encontram-se em um ponto chamado **baricentro** do triângulo.

Na figura acima, G é o **baricentro** do triângulo ABC.

Bissetriz de um ângulo

Observe a figura ao lado:

A semirreta $\overrightarrow{Oc}$ é interna ao ângulo $a\hat{O}b$.

Os ângulos $a\hat{O}c$ e $b\hat{O}c$ são congruentes, pois ambos medem x graus.

Dizemos que $\overrightarrow{Oc}$ é a **bissetriz** do ângulo $a\hat{O}b$ ou, ainda, que $\overrightarrow{Oc}$ divide o ângulo $a\hat{O}b$ ao meio.

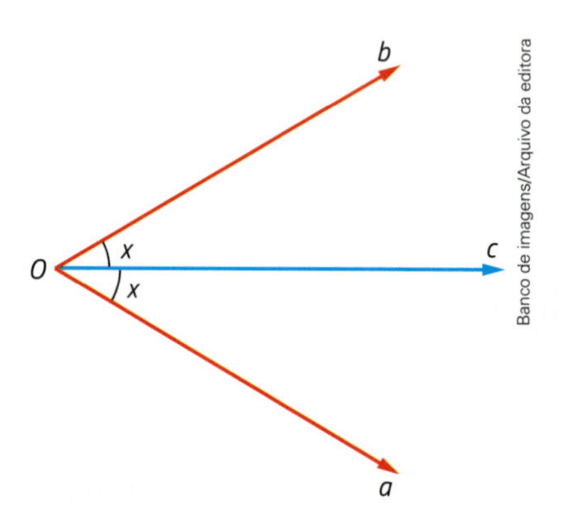

Uma semirreta $\overrightarrow{Oc}$ interna a um ângulo $a\hat{O}b$, com $a\hat{O}c$ congruente a $b\hat{O}c$, é a **bissetriz** do ângulo $a\hat{O}b$.

Vamos aprender como encontrar a bissetriz de um ângulo dado.

Construindo a bissetriz de um ângulo

Vamos obter a bissetriz de um ângulo $a\hat{O}b$ usando régua e compasso:

1º) Traçamos um ângulo $a\hat{O}b$.

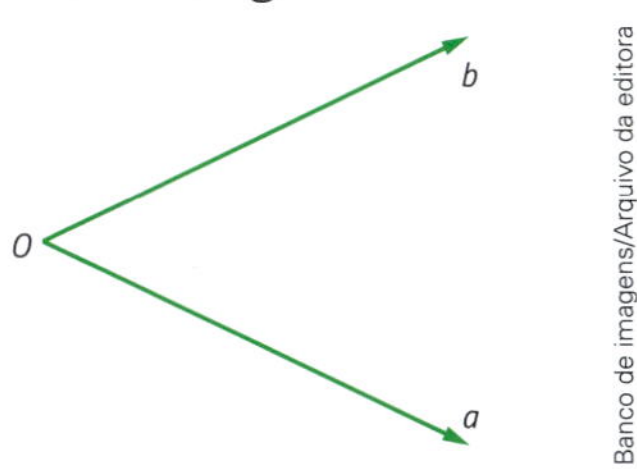

Banco de imagens/Arquivo da editora

2º) Tomamos o compasso com uma abertura qualquer, fixamos a ponta-seca em O e desenhamos um arco. Chamamos de A a interseção desse arco com $\overrightarrow{Oa}$ e de B a interseção com $\overrightarrow{Ob}$.

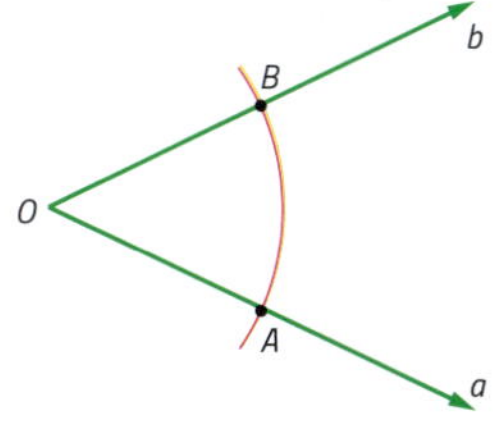

3º) Fixamos o compasso em A e, com abertura maior que a metade de $\overline{AB}$, traçamos um arco na parte interna do ângulo.

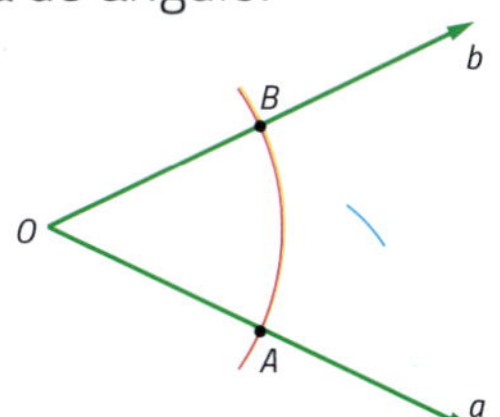

4º) Usando a mesma abertura, fixamos o compasso em B e traçamos outro arco. Chamamos de C o ponto de interseção dos arcos obtidos.

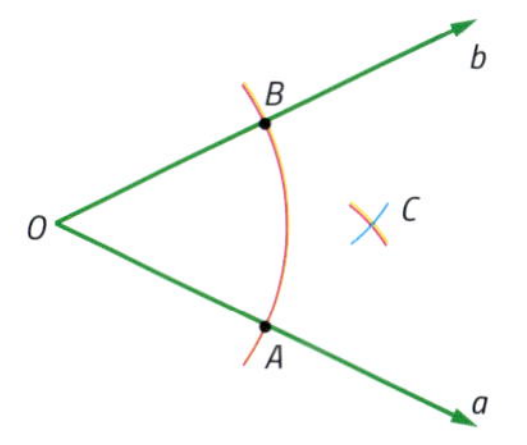

5º) Traçamos a semirreta $\overrightarrow{OC}$ (ou $\overrightarrow{Oc}$). A semirreta $\overrightarrow{Oc}$ é a bissetriz do ângulo $a\hat{O}b$.

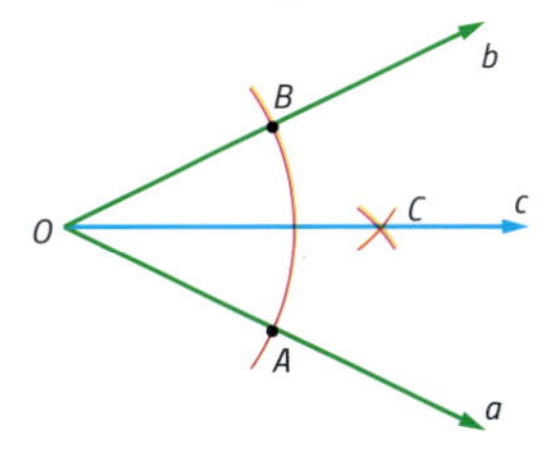

Os pontos da bissetriz de um ângulo têm uma propriedade notável: eles distam igualmente das semirretas que formam o ângulo. Vejamos:

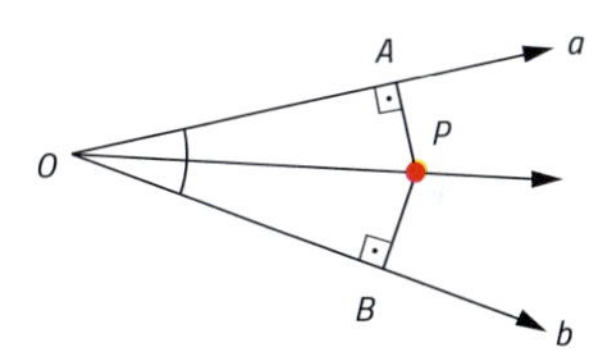

Tomando um ponto P qualquer na bissetriz do ângulo $a\hat{O}b$ e traçando por P as perpendiculares a Oa e Ob, ficam formados dois triângulos, OPA e OPB, congruentes pelo caso especial de congruência LAA_o, uma vez que:

$\overleftrightarrow{OP}$ é lado comum, $A\hat{O}P \equiv B\hat{O}P$ (pois $\overleftrightarrow{OP}$ é bissetriz) e $O\hat{A}P \equiv O\hat{B}P$ (pois ambos são retos).

A bissetriz de um ângulo $a\hat{O}b$ é o lugar geométrico dos pontos que distam igualmente de Oa e Ob. Nenhum ponto fora da bissetriz tem essa propriedade.

PARTICIPE

Use régua e compasso para construir o que se pede em cada item.

a) Desenhe um ângulo raso $A\hat{O}B$.

b) Seguindo os passos do tópico "Construindo a bissetriz de um ângulo", trace a bissetriz $\overrightarrow{OC}$ de $A\hat{O}B$.

c) Quanto mede o ângulo $A\hat{O}C$?

d) E o ângulo $C\hat{O}B$?

ATIVIDADES

6. A semirreta $\overrightarrow{OP}$ é bissetriz de $A\hat{O}B$. *Temos que* $A\hat{O}P = 3x - 5°$ e $B\hat{O}P = 2x + 10°$. Qual é o valor de x?

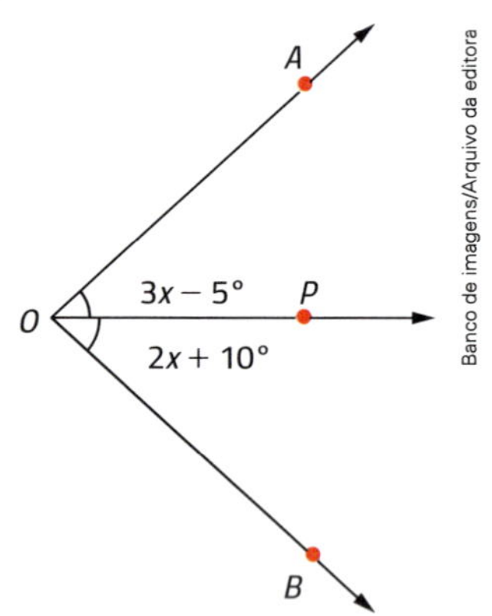

7. A semirreta $\overrightarrow{OP}$ é bissetriz de $A\hat{O}B$, $A\hat{O}P = x + 10°$, $B\hat{O}P = y - 10°$ e $B\hat{O}C = 2y$. Determine x e y.

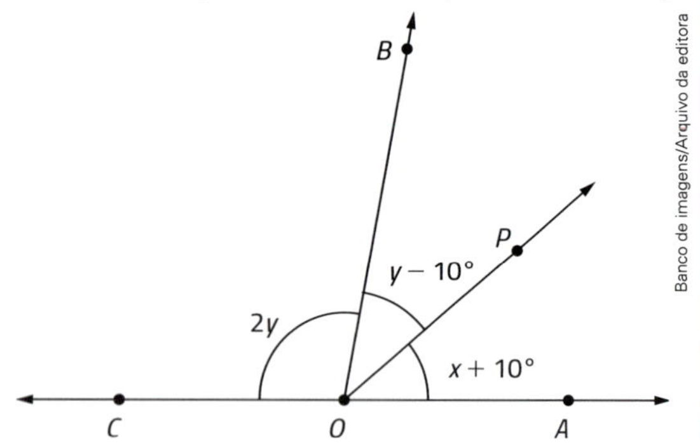

8. Na figura, traçamos as semirretas $\overrightarrow{VR}$, $\overrightarrow{VS}$ e $\overrightarrow{VT}$, nessa ordem, tais que $R\hat{V}S = 40°$ e $S\hat{V}T = 70°$.

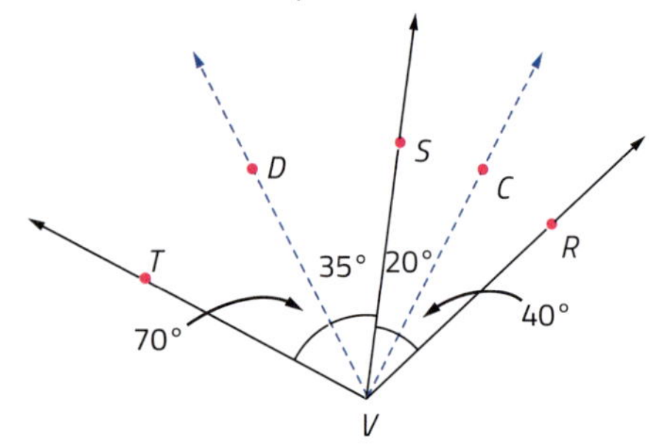

a) Quanto mede o ângulo $R\hat{V}T$?

b) Se $\overrightarrow{VC}$ é bissetriz de $R\hat{V}S$ e $\overrightarrow{VD}$ é bissetriz de $S\hat{V}T$, quanto mede $C\hat{V}D$?

9. A semirreta $\overrightarrow{OY}$ é interna ao ângulo $X\hat{O}Z$. O ângulo $X\hat{O}Y$ é de 60° e $Y\hat{O}Z$ é de 100°. A semirreta $\overrightarrow{OR}$ é bissetriz de $X\hat{O}Z$. Represente esses ângulos e semirretas em uma figura e calcule quanto mede $Y\hat{O}R$.

10. Trace as semirretas $\overrightarrow{OR}$, $\overrightarrow{OS}$ e $\overrightarrow{OT}$, sendo:

- $\overrightarrow{OS}$ interna ao ângulo $R\hat{O}T$
- $S\hat{O}Y = 20°$
- $R\hat{O}S = 60°$
- $\overrightarrow{OX}$ bissetriz de $R\hat{O}S$
- $\overrightarrow{OY}$ bissetriz de $S\hat{O}T$

Determine quanto medem:

a) $R\hat{O}T$ **b)** $X\hat{O}Y$ **c)** $X\hat{O}T$

Bissetrizes e incentro

Num triângulo ABC, tracemos a bissetriz $\overline{AS_1}$, relativa ao ângulo $\hat{A}$. Chamemos de S_1 o ponto de interseção da bissetriz com o lado $\overline{BC}$.

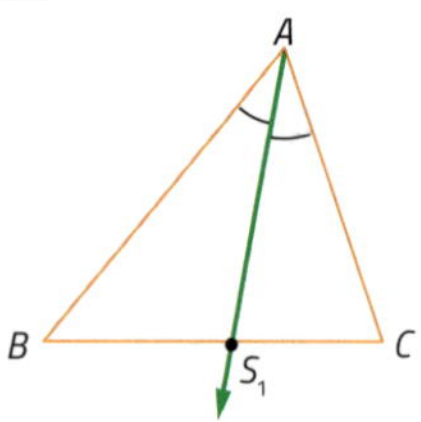

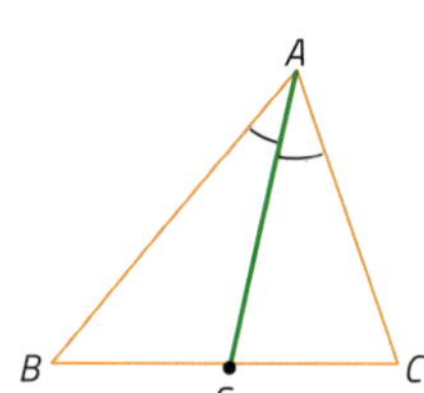

Destaquemos o segmento $\overline{AS_1}$.

O segmento $\overline{AS_1}$ é uma **bissetriz** do triângulo ABC.

Observe que:

- o segmento $\overline{AS_1}$ está contido na semirreta $\overline{AS_1}$ (bissetriz do ângulo $\hat{A}$);
- S_1 é a interseção do lado $\overline{BC}$ com a bissetriz do ângulo $\hat{A}$.

Bissetriz de um triângulo é um segmento com extremidades num vértice e no lado oposto e que divide o ângulo desse vértice em dois ângulos congruentes.

Um triângulo tem três bissetrizes. Na figura, as três bissetrizes são:

- $\overline{AS_1}$, bissetriz relativa ao lado $\overline{BC}$ ou ao vértice A;
- $\overline{BS_2}$, bissetriz relativa ao lado $\overline{AC}$ ou ao vértice B;
- $\overline{CS_3}$, bissetriz relativa ao lado $\overline{AB}$ ou ao vértice C.

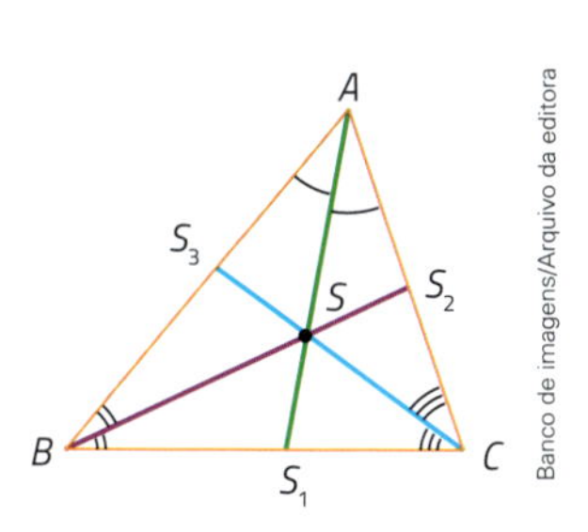

Banco de imagens/Arquivo da editora

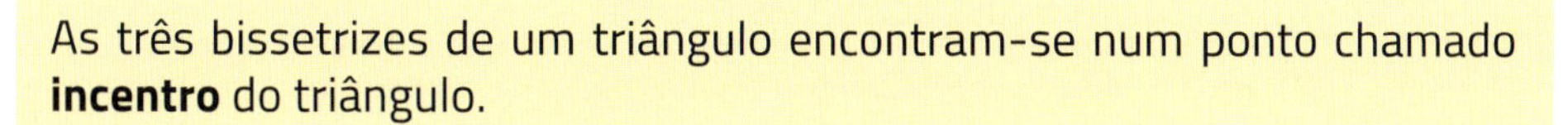
As três bissetrizes de um triângulo encontram-se num ponto chamado **incentro** do triângulo.

Na figura anterior, S é o **incentro** do triângulo ABC.

Alturas e ortocentro

Num triângulo ABC, tracemos pelo ponto A uma reta r perpendicular à reta que contém o lado $\overline{BC}$. A reta que contém o lado $\overline{BC}$, reta $\overleftrightarrow{BC}$, é chamada de **reta suporte** do lado $\overline{BC}$.

Chamemos de H_1 o ponto de encontro da reta r com a reta $\overleftrightarrow{BC}$:

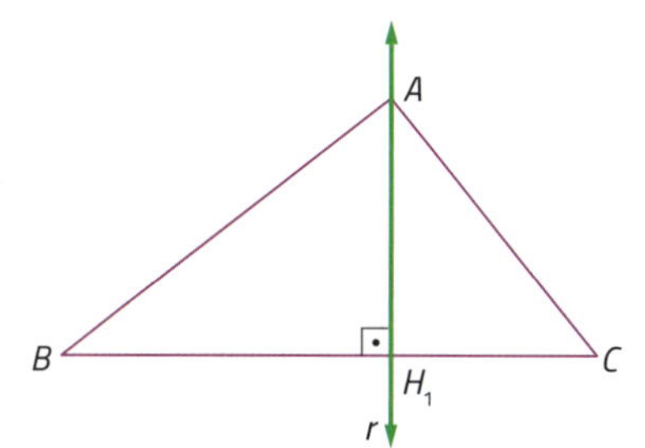

Destaquemos o segmento $\overrightarrow{AH_1}$:

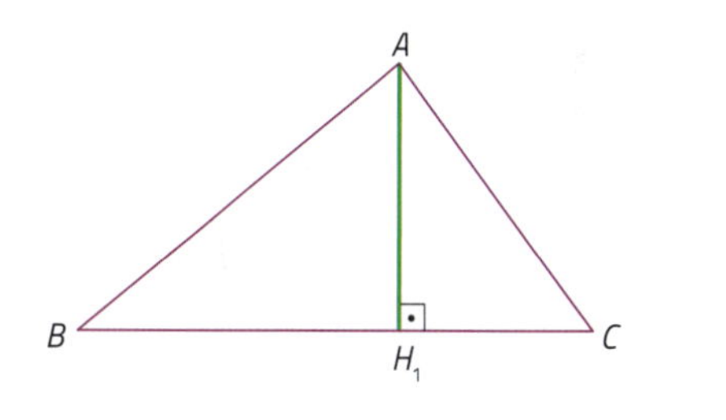

Banco de imagens/Arquivo da editora

O segmento $\overline{AH_1}$ é uma altura do triângulo ABC.

O ponto H_1 é a interseção da reta $\overleftrightarrow{BC}$ com a perpendicular a ela conduzida pelo ponto A. H_1 também é chamado **pé da altura**.

Altura de um triângulo é o segmento perpendicular à reta suporte de um lado, com extremidade nessa reta e no vértice oposto a esse lado.

Um triângulo tem três alturas. Observe:

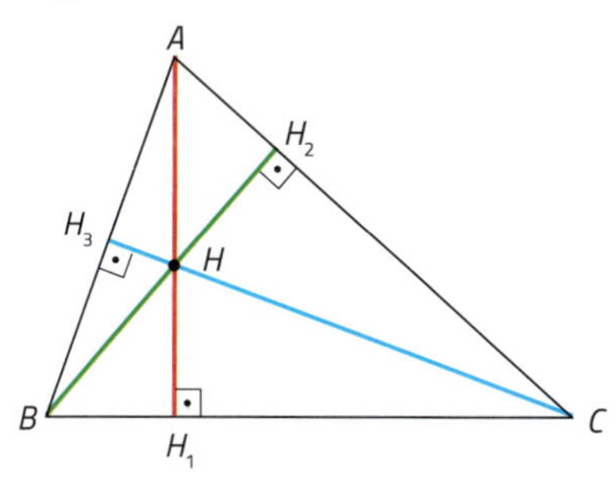

Banco de imagens/Arquivo da editora

Nas figuras acima, as três alturas são:

- $\overline{AH_1}$, altura relativa ao lado $\overline{BC}$ ou ao vértice A;
- $\overline{BH_2}$, altura relativa ao lado $\overline{AC}$ ou ao vértice B;
- $\overline{CH_3}$, altura relativa ao lado $\overline{AB}$ ou ao vértice C.

As três alturas, ou os seus prolongamentos, encontram-se num ponto chamado **ortocentro** do triângulo.

O ponto H é o **ortocentro** do triângulo ABC, o qual pode ser interno ao triângulo (quando o triângulo ABC é acutângulo) ou externo ao triângulo (quando o triângulo ABC é obtusângulo).

Mediatrizes e circuncentro

Num triângulo *ABC*, tracemos a reta m_1 perpendicular ao lado $\overline{BC}$ e passando por M_1, ponto médio de $\overline{BC}$:

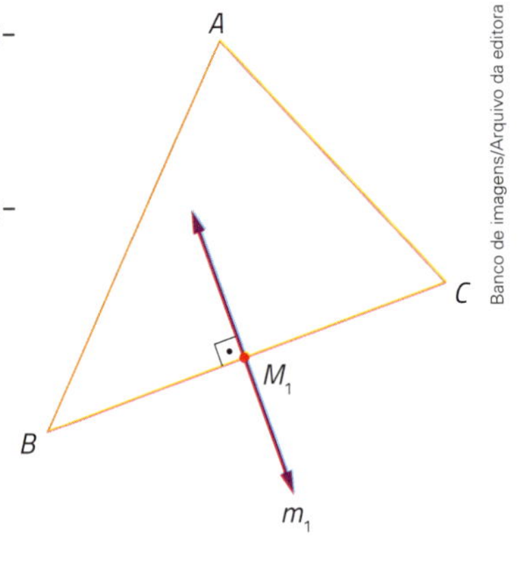

A reta m_1 é a **mediatriz** do lado $\overline{BC}$.

Um triângulo tem três mediatrizes de lados. Na figura abaixo, as três mediatrizes são:

- m_1, mediatriz de $\overline{BC}$;
- m_2, mediatriz de $\overline{AC}$;
- m_3, mediatriz de $\overline{AB}$.

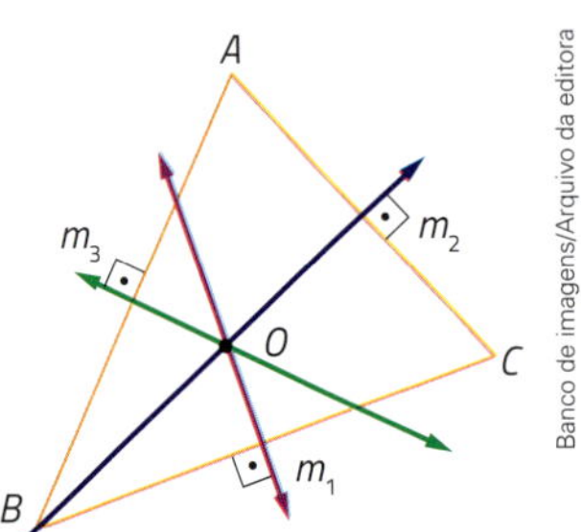

As três mediatrizes dos lados de um triângulo encontram-se em um ponto chamado **circuncentro** do triângulo.

Na figura acima, *O* é o **circuncentro** do triângulo *ABC*.

ATIVIDADES

11. Relacione corretamente ao nome do ponto:

I. Incentro
II. Circuncentro
III. Baricentro
IV. Ortocentro

a) Ponto de encontro das medianas de um triângulo.
b) Ponto de encontro das bissetrizes de um triângulo.
c) Ponto de encontro das retas suportes das alturas de um triângulo.
d) Ponto de encontro das mediatrizes dos lados de um triângulo.

12. Na figura abaixo, *M* é o ponto médio de $\overline{AC}$. Identifique:

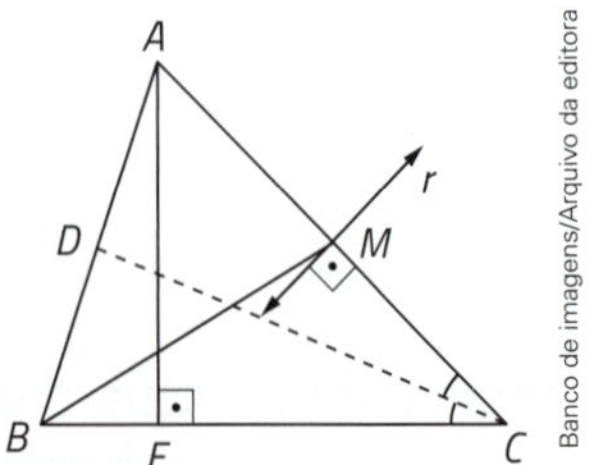

a) uma mediana;
b) uma bissetriz;
c) uma altura;
d) uma mediatriz.

As atividades **13** a **21** devem ser resolvidas usando régua, compasso e transferidor.

13. Construa um triângulo cujos lados medem 3 cm, 3,5 cm e 4 cm. Trace as três medianas e indique o baricentro.

14. Construa um triângulo cujos lados medem 4 cm, 5 cm e 6 cm. Trace as três bissetrizes e indique o incentro.

15. Obtenha o incentro de um triângulo que tem um ângulo de 60°, outro de 30° e cujo lado comum a esses ângulos mede 5 cm.

16. Construa um triângulo cujos lados medem 8 cm, 9 cm e 10 cm. Trace as três alturas e indique o ortocentro.

17. Construa um triângulo que tem um lado de 6 cm, o ângulo oposto a esse lado medindo 60° e um ângulo adjacente de 90°. Depois, obtenha o ortocentro.

18. Localize o circuncentro de um triângulo equilátero de 4 cm de lado.

19. Construa um triângulo de lados medindo 5 cm e 6 cm, que formem entre si um ângulo de 60°. Trace as três mediatrizes e determine o circuncentro.

20. Os lados de um triângulo ABC medem $AB = 2{,}5$ cm, $AC = 7$ cm e $BC = 5{,}5$ cm. Construa o triângulo e, em seguida, obtenha a mediana $\overline{AM_1}$, a bissetriz $\overline{AS_1}$ e a altura $\overline{AH_1}$.

21. Um triângulo DEF é retângulo em D ($\hat{D}$ mede 90°) e seus catetos medem $DE = 4$ cm e $DF = 5$ cm. Obtenha o incentro, o ortocentro e o circuncentro desse triângulo.

22. Nesta figura, $\overline{AM}$ é mediana. Calcule as medidas dos lados do triângulo.

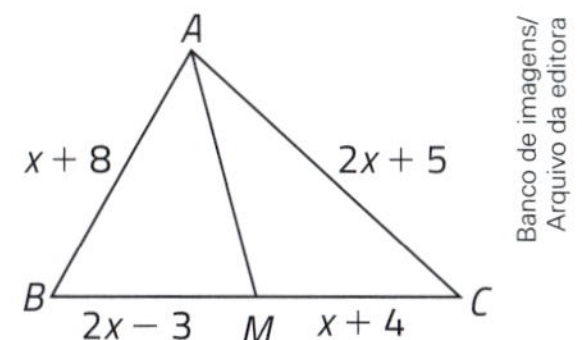

Banco de imagens/Arquivo da editora

23. No triângulo ABC abaixo, em que $\hat{B}$ mede 80° e $\hat{C}$ mede 60°, $\overline{AS}$ é bissetriz. Determine o ângulo $x = B\hat{A}S$.

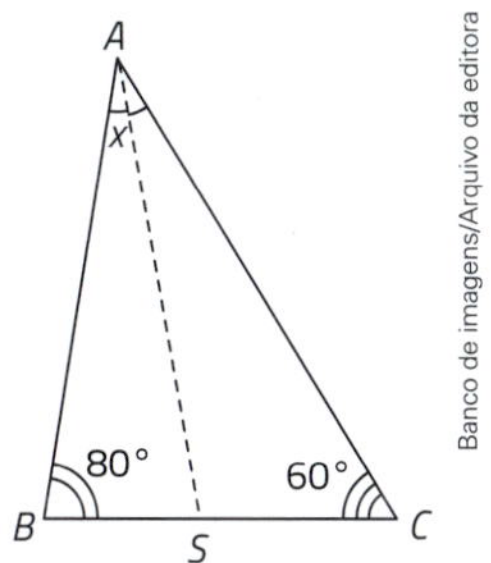

Banco de imagens/Arquivo da editora

24. No triângulo abaixo, retângulo em A ($\hat{A}$ mede 90°), $\overline{AH}$ é altura. Determine x, y e z.

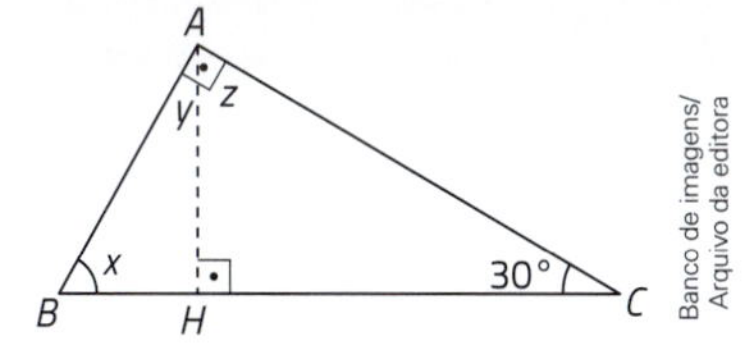

Banco de imagens/Arquivo da editora

25. Na figura, I é o incentro do triângulo ABC. Sabendo que $B\hat{I}C$ mede $8x$ e $\hat{A}$ mede x, determine x.

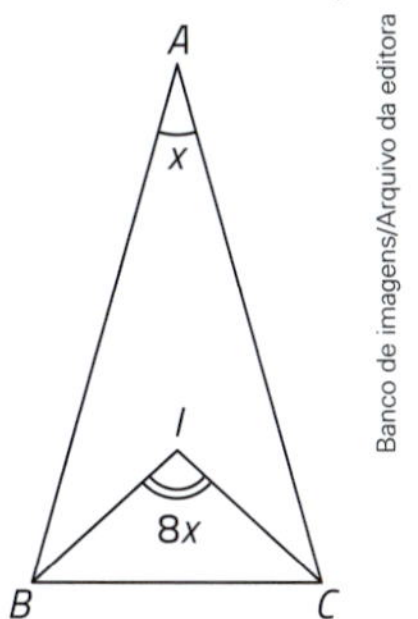

Banco de imagens/Arquivo da editora

26. No triângulo RST, $\overline{RP}$ é bissetriz. Determine x, y, z e t.

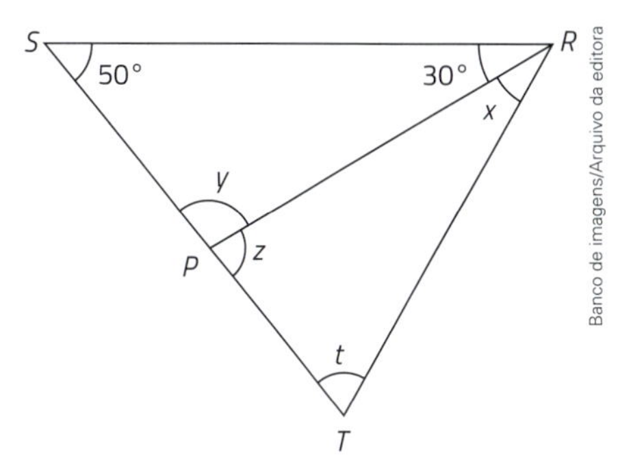

Banco de imagens/Arquivo da editora

27. No triângulo ABC abaixo, $\overline{AH}$ é altura e $\overline{AS}$ é bissetriz. Determine x.

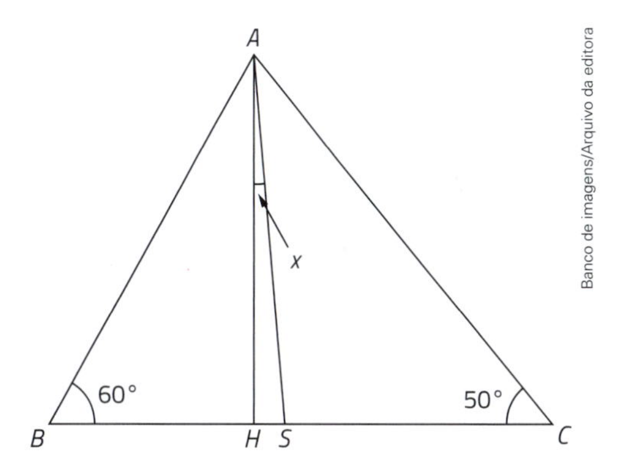

Banco de imagens/Arquivo da editora

28. Um triângulo RST é retângulo em R. A altura $\overline{RP}$ forma com a bissetriz $\overline{RQ}$ um ângulo de 15°. Determine a medida de $\hat{S}$ e de $\hat{T}$.

29. Um triângulo MNO tem $\hat{O}$ medindo 30°, e a bissetriz $\overline{MS}$ forma com o lado $\overline{NO}$ um ângulo $M\hat{S}N$ de 55°. Determine a medida de $\hat{N}$.

30. No triângulo ABC, $\overline{AS_1}$ e $\overline{BS_2}$ são bissetrizes. Determine x.

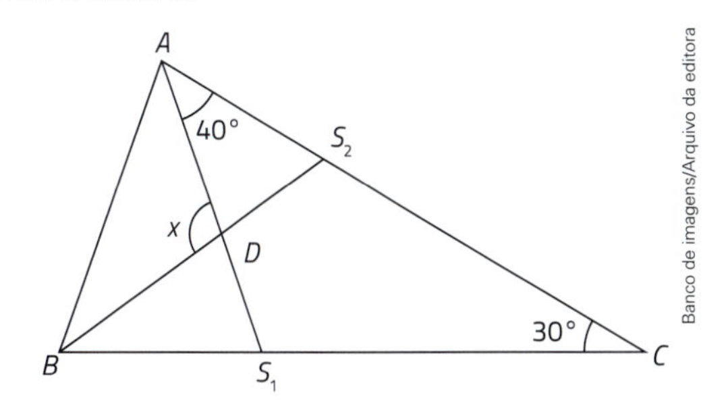

Banco de imagens/Arquivo da editora

31. Um triângulo WXY tem $\hat{W}$ medindo 80° e $\hat{Y}$, 40°. Determine a medida do ângulo agudo formado pelas bissetrizes $\overline{WS_1}$ e $\overline{XS_2}$.

PARTICIPE

O triângulo ABC abaixo tem dois lados congruentes: $\overline{AB} \equiv \overline{AC}$.

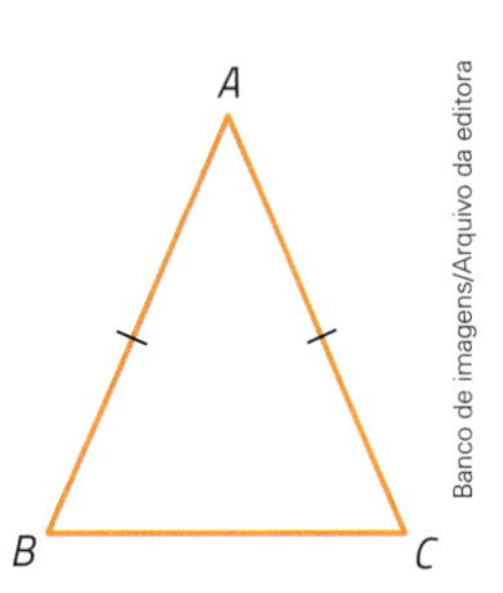

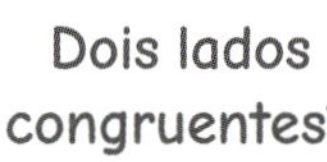

a) Como se chama um triângulo que tem dois lados congruentes?

Em um triângulo com dois lados congruentes, o lado não congruente é chamado base, e o ângulo oposto à base é chamado **ângulo do vértice**.

b) No triângulo ABC acima, qual lado é a base?

c) Qual é o ângulo do vértice?

d) Qual dos triângulos abaixo é um triângulo isósceles? Qual é a base e qual é o ângulo do vértice?

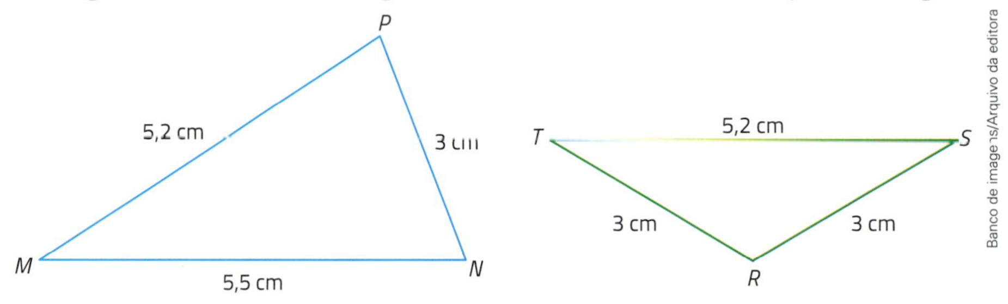

Os ângulos adjacentes à base de um triângulo isósceles são chamados de **ângulos de base**.

e) Quais são os ângulos da base do triângulo ABC acima?

f) Quais são os ângulos da base no triângulo isósceles do item **d**?

ATIVIDADES

32. Determine quanto medem os lados congruentes de um triângulo isósceles se:

a) a base mede 6 cm e o perímetro é 36 cm;

b) a base mede 8 cm e o perímetro é 32 cm;

c) a base é metade de um dos outros lados e o perímetro é 25 cm.

33. Nas figuras abaixo, o triângulo ABC é isósceles de base $\overline{BC}$. Determine x.

a)

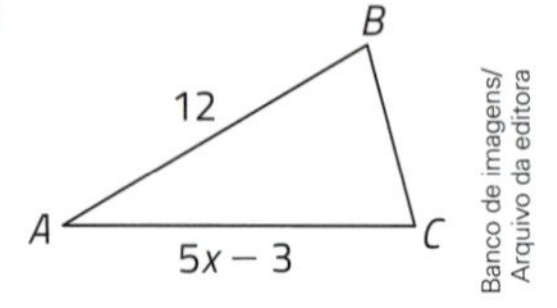

b)

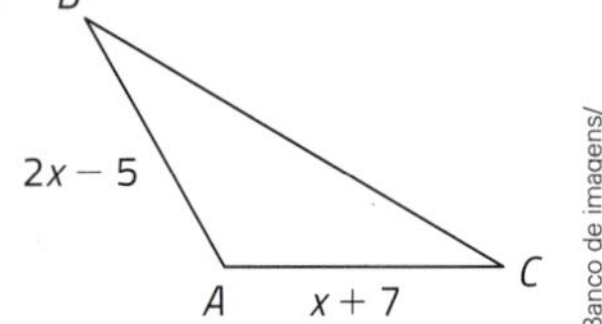

34. Calcule o perímetro de um triângulo isósceles, sabendo que a base mede 5 cm e cada um dos outros lados é o dobro da base.

Propriedades dos triângulos isósceles

Num triângulo isósceles de base $\overline{BC}$, traçamos a bissetriz do ângulo $\hat{A}$ e chamamos de P o ponto em que ela encontra a base $\overline{BC}$. Depois, decompomos o triângulo ABC em dois outros: triângulo ABP e triângulo ACP.

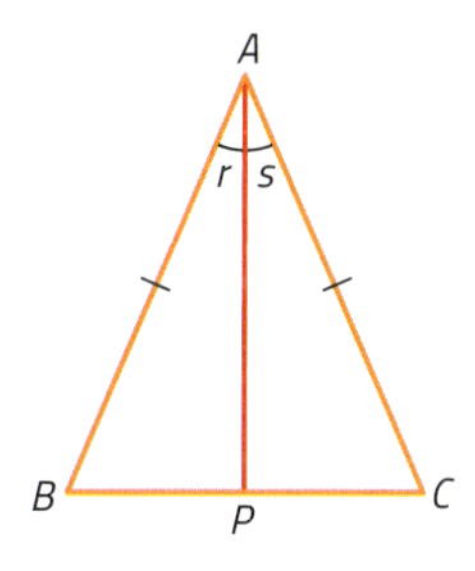

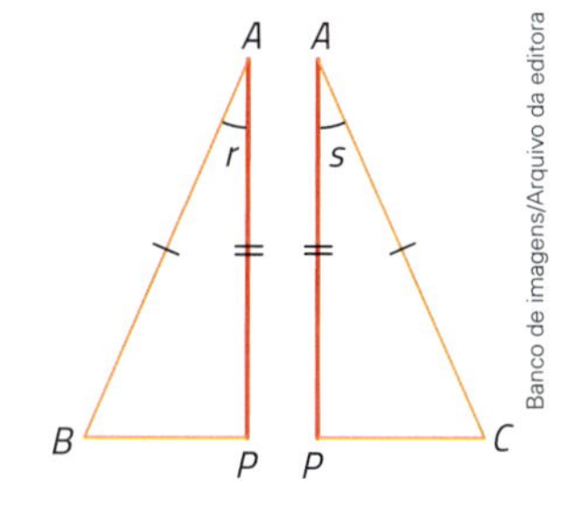

Banco de imagens/Arquivo da editora

Gaspar Janos/Shutterstock

As estruturas da ponte em Millau, na França, lembram triângulos isósceles.

Como:

- $\overline{AB} \equiv \overline{AC}$ (porque $\triangle ABC$ é isósceles de base $\overline{BC}$);
- $\hat{r} \equiv \hat{s}$ (porque $\overline{AP}$ é bissetriz de $\hat{A}$);
- $\overline{AP}$ é lado comum aos dois triângulos; os triângulos ABP e ACP são congruentes pelo caso LAL.

Da congruência $\triangle ABP \equiv \triangle ACP$, podemos concluir que $\hat{B} \equiv \hat{C}$.

Em qualquer triângulo isósceles, os **ângulos da base são congruentes**.

A primeira demonstração dessa propriedade é atribuída a Tales de Mileto (ver seção "Na História", nas páginas 97 e 98).

Da congruência $\triangle ABP \equiv \triangle ACP$, também podemos concluir que $\overline{BP} \equiv \overline{PC}$, ou seja, P é ponto médio do lado $\overline{BC}$ e, em consequência, $\overline{AP}$ é uma mediana.

Em qualquer triângulo isósceles, **a bissetriz do ângulo do vértice é também mediana relativa à base**.

Finalmente, da congruência $\triangle ABP \equiv \triangle ACP$, podemos concluir que $B\hat{P}A \equiv C\hat{P}A$. Como a soma desses dois ângulos é 180° (porque B, P e C estão alinhados), deduzimos que $B\hat{P}A \equiv C\hat{P}A$ e a medida desses ângulos é 90°. Dessa forma, $\overline{AP}$ é perpendicular a $\overline{BC}$ e, em consequência, $\overline{AP}$ é uma altura.

Em qualquer triângulo isósceles, **a bissetriz do ângulo do vértice é também altura relativa à base**.

Em resumo, se o triângulo ABC é isósceles de base $\overline{BC}$ e P é o ponto médio da base, então:

- $\hat{B} \equiv \hat{C}$;
- $\overline{AP}$ é mediana, altura e bissetriz desse triângulo.

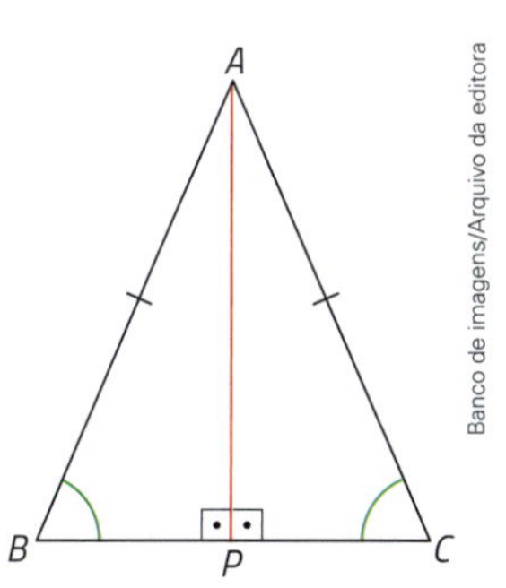

Banco de imagens/Arquivo da editora

Propriedade recíproca

Vamos pensar, agora, num triângulo ABC que tenha dois ângulos congruentes ($\hat{B} \equiv \hat{C}$).

Tracemos a bissetriz $\overline{AP}$ do ângulo $\hat{A}$ e vamos decompor o triângulo ABC em dois outros: $\triangle ABP$ e $\triangle ACP$.

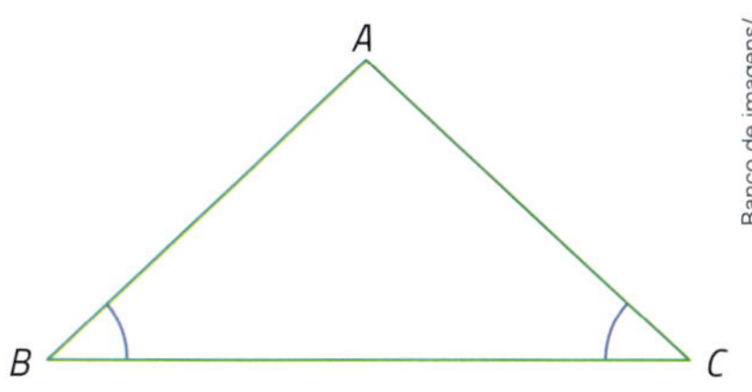

Banco de imagens/Arquivo da editora

Como:

- $\overline{AP}$ é lado comum aos dois triângulos;
- $\hat{r} \equiv \hat{s}$ (porque $\overline{AP}$ é bissetriz de $\hat{A}$);
- $\hat{B} \equiv \hat{C}$ (hipótese admitida);

os triângulos ABP e ACP são congruentes pelo caso LAA_o.

Da congruência $\triangle ABP \equiv \triangle ACP$, podemos concluir que $\overline{AB} \equiv \overline{AC}$, ou seja, o triângulo ABC é isósceles de base $\overline{BC}$.

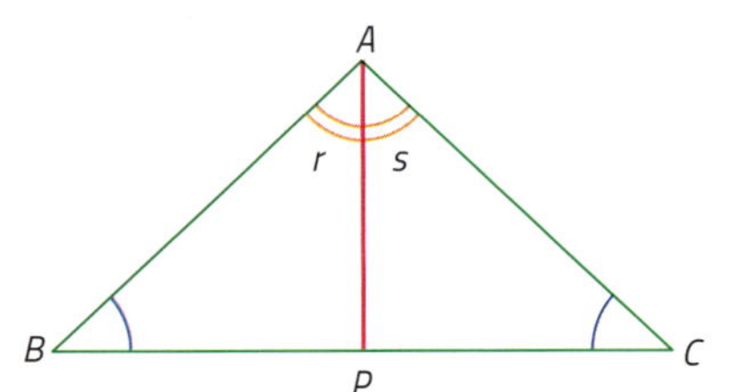

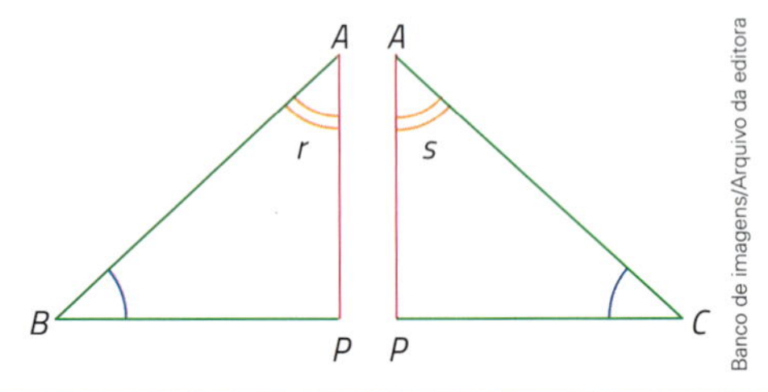

Banco de imagens/Arquivo da editora

Se um triângulo possui **dois ângulos congruentes**, então ele é um **triângulo isósceles**.

ATIVIDADES

35. Em cada caso abaixo, o triângulo ABC é isósceles com $\overline{AB} = \overline{AC}$. Calcule x e y.

a)

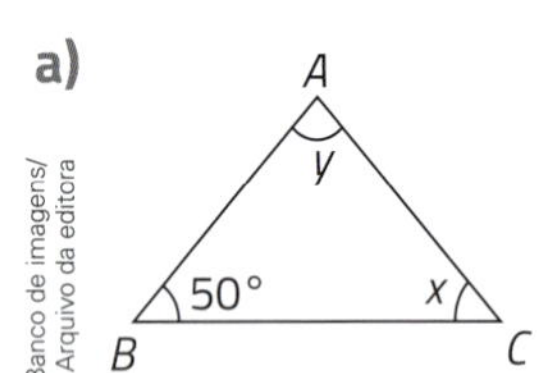

b)

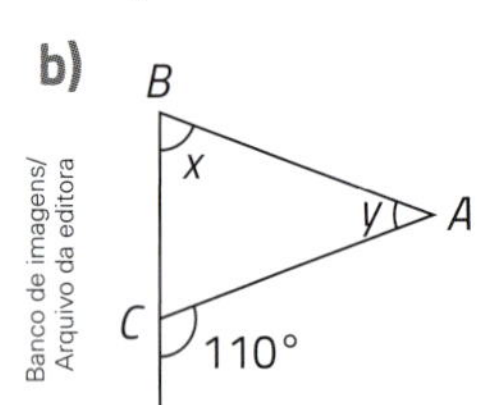

Banco de imagens/Arquivo da editora

36. Um triângulo ABC é isósceles de base $\overline{AC}$. Sabendo que $\hat{A}$ mede $x + 30°$ e $\hat{C}$ mede $2x - 20°$, determine x.

37. O triângulo ABC é isósceles de base $\overline{BC}$. Determine, em cada caso, o valor de x.

a)

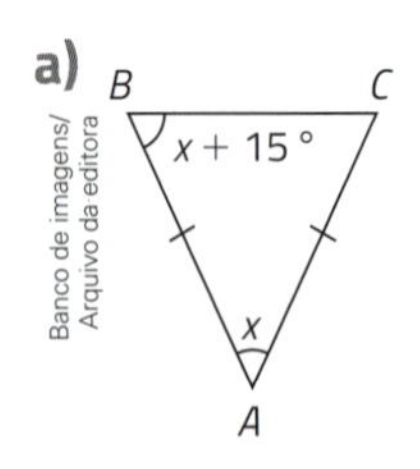

b)

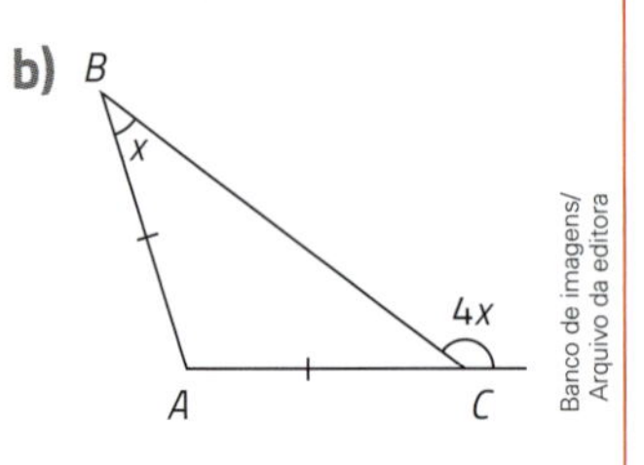

c)

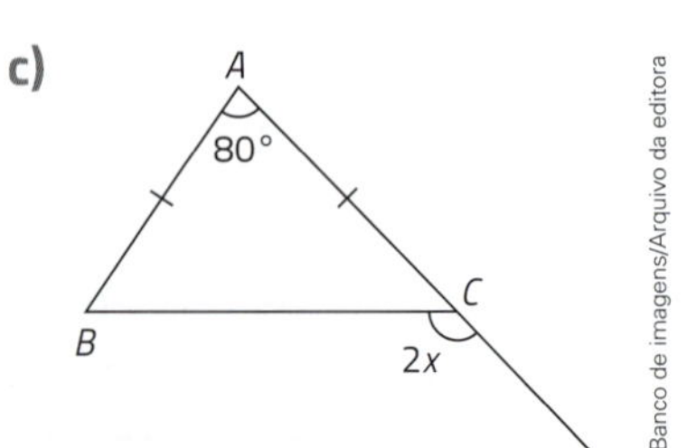

Banco de imagens/Arquivo da editora

38. Em um triângulo isósceles, um ângulo externo adjacente à base mede 130°. Determine os ângulos do triângulo.

39. O triângulo PQR é isósceles de base $\overline{QR}$. Observe a figura e determine x e y.

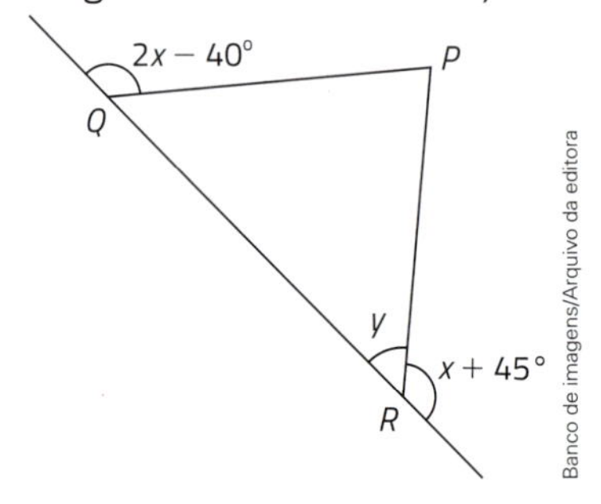

Banco de imagens/Arquivo da editora

40. Em um triângulo isósceles de base $\overline{DE}$, $\overline{CS}$ é bissetriz. Sabendo que $\overline{DS}$ mede 5 cm, determine $ES = x$ e a medida de $C\hat{S}D$.

41. Num triângulo isósceles ABC, com $\overline{AB} \equiv \overline{AC}$, $\overline{AM}$ é mediana. Se $\hat{B}$ mede 40°, determine as medidas de $M\hat{A}C$, x, e de $A\hat{M}B$, y.

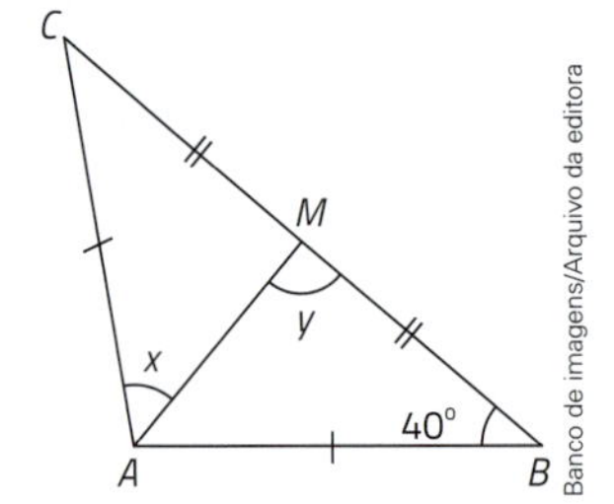

Banco de imagens/Arquivo da editora

Propriedades dos triângulos equiláteros

Vamos considerar um triângulo equilátero ABC e chamar de $\overline{AP}$ e $\overline{BQ}$ duas medianas. Como $\overline{AB} \equiv \overline{AC}$, esse triângulo é isósceles de base $\overline{BC}$; logo:

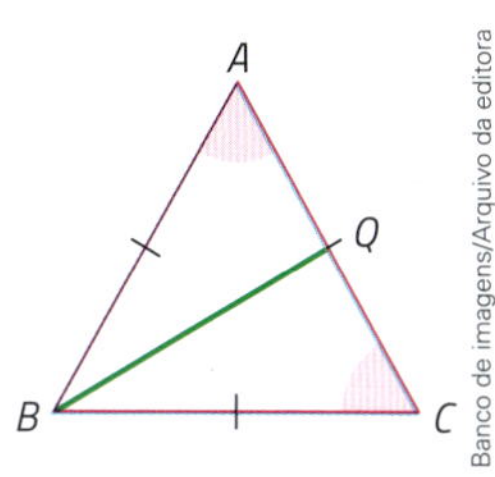

Banco de imagens/Arquivo da editora

- $\hat{B} \equiv \hat{C}$;
- $\overline{AP}$ é mediana, altura e bissetriz.

Como $\overline{AB} \equiv \overline{BC}$, esse triângulo também é isósceles de base $\overline{AC}$, logo:

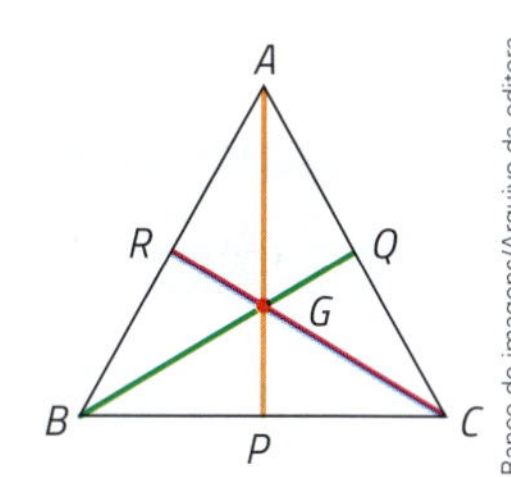

Banco de imagens/Arquivo da editora

- $\hat{A} \equiv \hat{C}$;
- $\overline{BQ}$ é mediana, altura e bissetriz.

Em resumo, se o triângulo ABC é equilátero e os pontos médios de seus lados são P, Q e R, então:

- $\hat{A} \equiv \hat{B} \equiv \hat{C}$;
- $\overline{AP}$, $\overline{BQ}$ e $\overline{CR}$ são medianas, alturas e bissetrizes;
- G é baricentro, ortocentro e incentro.

Banco de imagens/Arquivo da editora

Todo triângulo equilátero é equiângulo.

Também vale a recíproca:

Todo triângulo equiângulo é equilátero.

ATIVIDADES

42. Quanto medem os ângulos de um triângulo equilátero?

43. Nas figuras abaixo, segmentos com marcas iguais são congruentes. Determine x em cada item.

a)

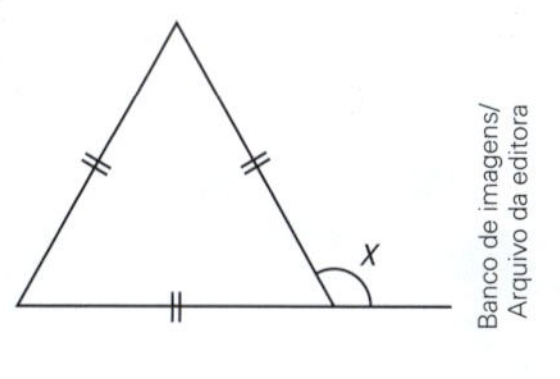

Banco de imagens/Arquivo da editora

b)

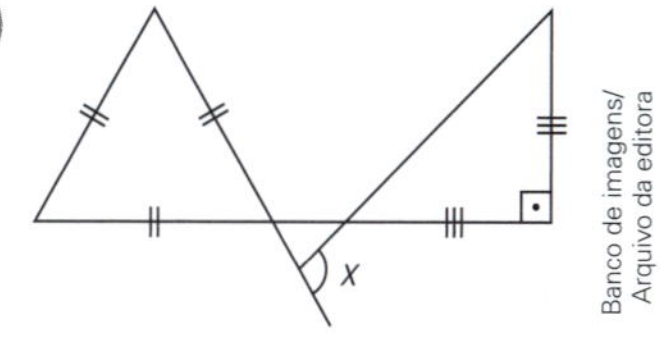

Banco de imagens/Arquivo da editora

44. Na figura, o triângulo ABC é equilátero, e o triângulo CDB é isósceles. Calcule as medidas de $B\hat{C}D$ e $A\hat{B}D$.

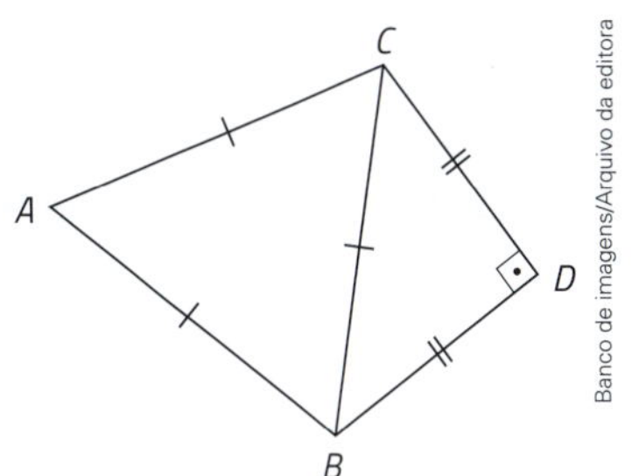

Banco de imagens/Arquivo da editora

45. Usando o caso ALA, prove a propriedade: "As bissetrizes relativas aos vértices da base de um triângulo isósceles são congruentes".

46. Num triângulo isósceles ABC de base $\overline{BC}$, um dos ângulos da base mede 40°. Determine o ângulo obtuso formado pelas bissetrizes $\overline{BP}$ e $\overline{CR}$.

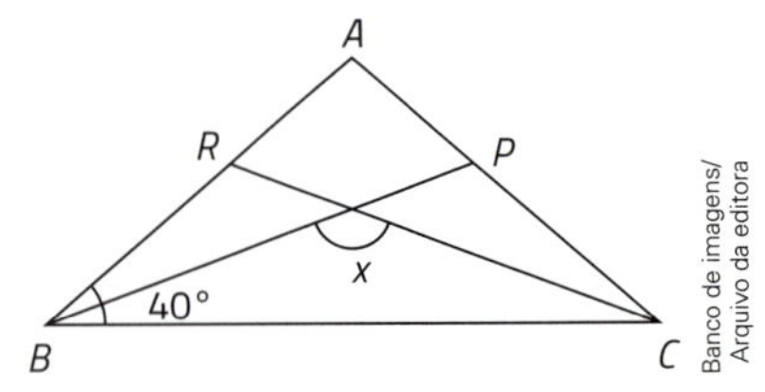

Banco de imagens/ Arquivo da editora

47. O triângulo ABC é isósceles de base $\overline{BC}$, e $\overline{BP}$ é bissetriz. Calcule x, y e z.

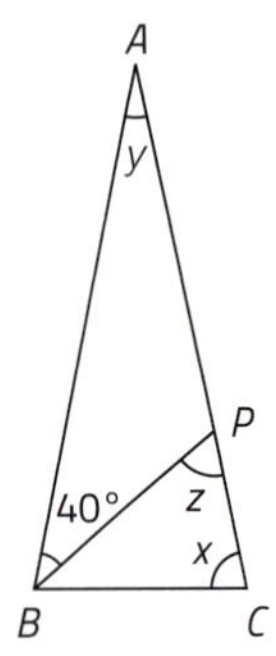

Alberto De Stefano/Arquivo da editora

NA OLIMPÍADA

Escolha obrigatória

(Obmep) A professora de Jurema pediu para ela escolher e pintar 13 quadradinhos consecutivos da faixa abaixo, que é formada por 17 quadradinhos.

Reprodução/ Obmep, 2016.

A professora sabe que há alguns quadradinhos que serão obrigatoriamente pintados, qualquer que seja a escolha de Jurema. Quantos são esses quadradinhos?

a) 9
b) 10
c) 11
d) 12
e) 13

A borda da piscina

(Obmep) Uma piscina quadrada tem a borda formada por pedras quadradas brancas e pretas alternadas, como na figura. Em um dos lados da piscina há 40 pedras pretas e 39 pedras brancas. Quantas pedras pretas foram usadas na borda?

Reprodução/Obmep, 2016.

a) 156
c) 158
b) 157
d) 159
e) 160

NA HISTÓRIA

Origens da Geometria

O ser humano sempre esteve cercado por uma rica variedade de formas geométricas fornecidas pela natureza e, desde os tempos mais remotos, já possuía uma capacidade inata de perceber essas configurações e compará-las quanto à forma e ao tamanho.

De modo admirável, o homem primitivo foi capaz de transformar a percepção do espaço à sua volta em uma geometria rudimentar básica, que usou para construir moradias, tecer, confeccionar vasos e potes e fazer pinturas e ornamentos. No entanto, essa geometria, apesar de notável, não se apoiava em nenhuma base científica.

Muitos séculos se passaram até que o homem começasse a estabelecer procedimentos gerais com base em semelhanças em situações geométricas particulares, usando provavelmente um método indutivo rudimentar (baseado na observação e na experimentação). Os egípcios, por exemplo, descobriram que a área de um retângulo é igual ao produto da medida da base pela medida da altura e, por meio dessa propriedade, calculavam a área dos terrenos retangulares, indistintamente.

Porém, havia uma séria deficiência nesse estágio do desenvolvimento da Geometria: como diferenciar procedimentos corretos de procedimentos apenas aproximados? Por exemplo, no túmulo de Ptolomeu XI, rei do Egito, que morreu em 51 a.C., a área de um quadrilátero de lados consecutivos a, b, c e d em notação moderna é dada por $A = \frac{(a + c)(b + d)}{4}$. De fato, pode-se provar que essa fórmula só é verdadeira para os retângulos. Mas, curiosamente, às vezes ela ainda é usada em regiões rurais para o cálculo da área de terrenos quadrangulares.

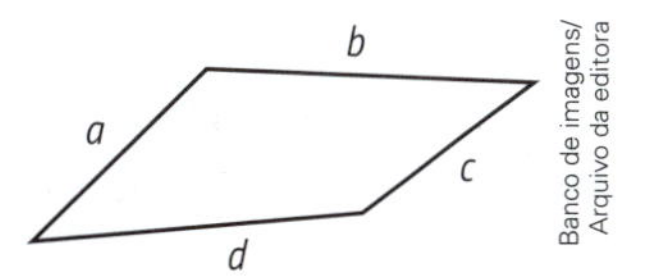

Banco de imagens/Arquivo da editora

Apesar disso, o grego Heródoto (c. 484-425 a.C.), considerado o "Pai da História", atribuiu a criação da Geometria aos egípcios. Segundo ele, a motivação foi a necessidade de medir as áreas de terras perdidas com as cheias do rio Nilo, a fim de taxar equitativamente o imposto a ser pago. Isso pelo menos explica a origem da palavra *geometria*, que significa "medida da terra".

Com o declínio do poder do Egito e da Babilônia, a Grécia assumiu a liderança intelectual do mundo antigo. E, notavelmente, com o tempo, os gregos acabaram inaugurando o padrão da Geometria moderna, em que a certeza de um resultado geométrico deriva de uma justificativa baseada em raciocínios lógicos consistentes, e não em um processo experimental-indutivo.

Até a atualidade as inundações do rio Nilo causam problemas aos povos que vivem em suas margens. Na foto, o Nilo inunda o Sudão (na África), em 1988.

Albert Gonzalez Farran/AFP

O primeiro passo nesse sentido foi dado por Tales de Mileto (c. 585 a.C.), com a justificativa de alguns resultados esparsos, como: ângulos opostos pelo vértice são congruentes (observe a figura abaixo); os ângulos da base de um triângulo isósceles são congruentes. Esses resultados até já eram conhecidos na época, mas coube a Tales a percepção de que era preciso demonstrá-los (prová-los) por algum tipo de argumentação, embora se desconheça como ele raciocinou.

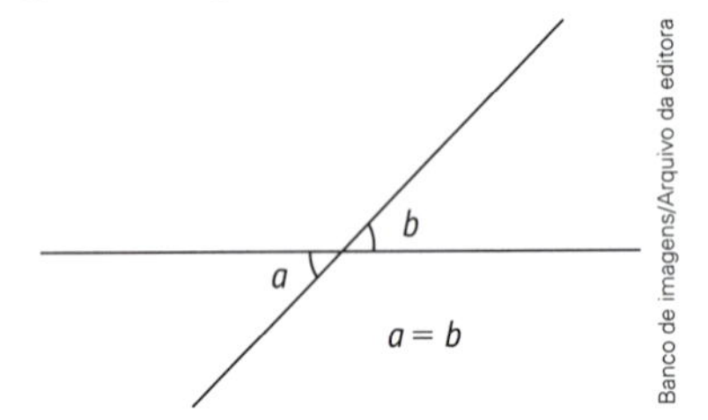

O passo seguinte foi supostamente dado por Pitágoras de Samos (c. 532 a.C.) e sua escola, o qual consistiu na tentativa de organizar a teoria das retas paralelas por meio de um encadeamento de resultados, que eram provados a partir de alguns conceitos e pressupostos básicos, mediante raciocínios lógicos. Pitágoras e sua escola teriam inaugurado, assim, o chamado **método dedutivo**, que hoje fundamenta toda a Matemática. Posteriormente, alguns matemáticos escreveram obras que visavam apresentar toda a Geometria pelo método dedutivo. Dessas, a mais antiga obra preservada – **Os elementos** – foi escrita pelo sábio grego Euclides, que viveu entre os séculos IV e III a.C. Composta de treze livros, é a obra matemática mais influente de todos os tempos, tanto que só perde em edições impressas para a **Bíblia**. Seu conteúdo, além da Geometria, inclui, em menor escala, Aritmética e Álgebra.

Everett Collection/Shutterstock

Pitágoras.

A mais antiga cópia conhecida de **Os elementos** é um manuscrito do ano 880 d.C. e está na biblioteca da Universidade de Oxford, na Inglaterra. Vale lembrar que até a invenção da imprensa pelo alemão Johann Gutenberg, em 1450, os livros no Ocidente eram manuscritos, feitos em geral por monges copistas. Por sua importância, **Os elementos** foi a primeira obra matemática a ser impressa em Veneza, em 1482.

1. Em que, principalmente, a obra geométrica de Pitágoras (ou de sua escola) superou a de Tales?
2. Considere o procedimento que aparece nas inscrições do túmulo do rei Ptolomeu XI para o cálculo da área de um quadrilátero. Obtenha a fórmula da área de um retângulo de base b e altura h usando esse procedimento.
3. Qual foi o grande avanço da obra geométrica de Euclides em relação à de Pitágoras e sua escola?
4. Como você explica o fato de a mais antiga cópia conhecida de **Os elementos**, de Euclides, ser do ano 880 e esse autor ter vivido por volta do século IV a.C., ou seja, mais de um milênio antes?
5. Logo no início de **Os elementos**, Euclides "definiu" **ponto**, **reta** e **plano**, entre outras coisas. A definição de "ponto", por exemplo, dada por ele é a seguinte: "Ponto é aquilo que não tem partes". Hoje em dia, o enfoque inicial da Geometria é outro. Qual? Por quê?

UNIDADE 3

Cálculo algébrico

NESTA UNIDADE VOCÊ VAI

- Elaborar problemas que envolvam expressões algébricas.
- Resolver problemas que envolvam expressões algébricas, aplicando as propriedades das operações.
- Identificar a regularidade de sequências numéricas recursivas e não recursivas.
- Construir fluxogramas que permitam indicar os próximos números ou figuras de uma sequência numérica recursiva e não recursiva.

CAPÍTULOS

CAPÍTULO 8

Expressões algébricas

Heide Benser/Image Source/AFP

NA REAL

Como acontecem as mágicas de adivinhação?

Um mágico nunca revela seus truques, mas não é proibido adivinhá-los, não é mesmo? Existem diversas categorias de mágica, por exemplo, de manipulação, de rua, de improviso e as ilusões. Você sabe fazer alguma mágica?

Os truques em que os mágicos criam o efeito de adivinhar o pensamento dos espectadores fazem parte do mentalismo. Imagine que você é um mágico mentalista e vai adivinhar o pensamento das pessoas. Realize o seguinte truque com um colega:

Passo 1: Pense em um número e some este número com 60.

Passo 2: Some ao resultado, novamente, o número que você pensou.

Passo 3: Divida tudo por 2.

Passo 4: Subtraia do resultado o número que você pensou inicialmente.

Depois de pedir a ele que realize todos os passos, em um passe de mágica, adivinhe o resultado final das operações, que é 30.

Agora, responda:

Por que esse truque dá certo?

O que deveria ser alterado nos passos para que o resultado desse 35?

Na BNCC
EF08MA06
EF08MA10
EF08MA11

Expressões que contêm letras

As medidas do campo

Batizado de Plácido Castelo, em homenagem ao governador do Ceará que, em 1968, deu início à construção do estádio, o Castelão foi inaugurado em 11 de novembro de 1973. A partida que marcou a data foi o Clássico-Rei, entre os dois maiores times do estado: Ceará e Fortaleza. O jogo terminou 0 × 0. [...]

Além de grandes jogos, o Castelão recebeu visitas ilustres. O estádio teve o maior público de sua história no dia em que o Papa João Paulo II participou do X Congresso Eucarístico Nacional, em 9 de julho de 1980. Na ocasião, 120 mil pessoas compareceram ao evento. Antes da reforma, o Castelão tinha capacidade para 60 326 pessoas em dias de jogos. Agora, a nova arena dispõe de 63 903 lugares.

Disponível em: www.copa2014.gov.br/pt-br/noticia/novo-castelao-uma-historia-de-39-anos-de-classicos-artilheiros-e-curiosidades. Acesso em: jan. 2018.

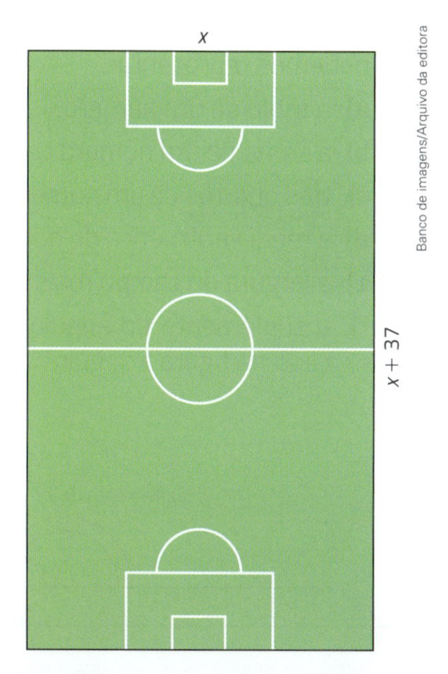

Banco de imagens/Arquivo da editora

No campo atual da Arena Castelão, a medida do comprimento tem 37 metros a mais que a medida da largura. Quais são essas medidas, sabendo-se que o perímetro do campo é de 346 metros?

Fabrice Coffrini/AFP

Arena Castelão, em Fortaleza (CE), durante a Copa do Mundo no Brasil, em 2014.

Lendo atentamente o problema, verificamos que há duas medidas a serem descobertas: a largura e o comprimento do campo. É dado que o comprimento tem 37 metros a mais do que a largura. Então, representando por x a largura em metros, o comprimento será $x + 37$.

PARTICIPE

Para representar números desconhecidos utilizamos letras: x, y, z, t, m, n, a, b, c, etc. Como podemos representar:

a) o triplo de um número?

b) a soma de um número com seu quadrado?

c) três quartos de um número adicionados a 5?

d) a média aritmética de dois números?

e) a largura do campo mais 37 metros?

f) o suplemento do ângulo de medida x indicado na figura a seguir?

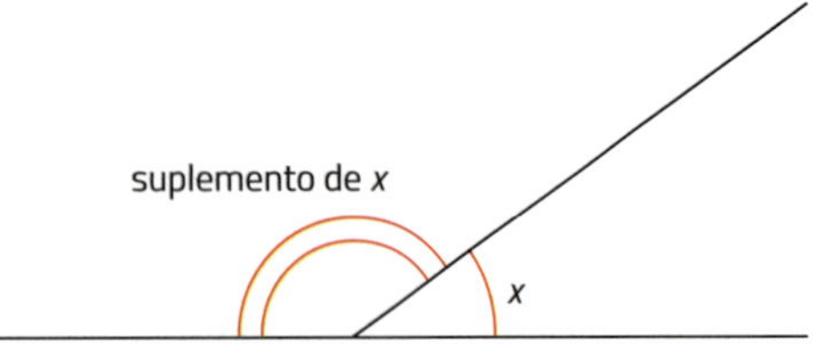

g) o perímetro do quadrado abaixo?

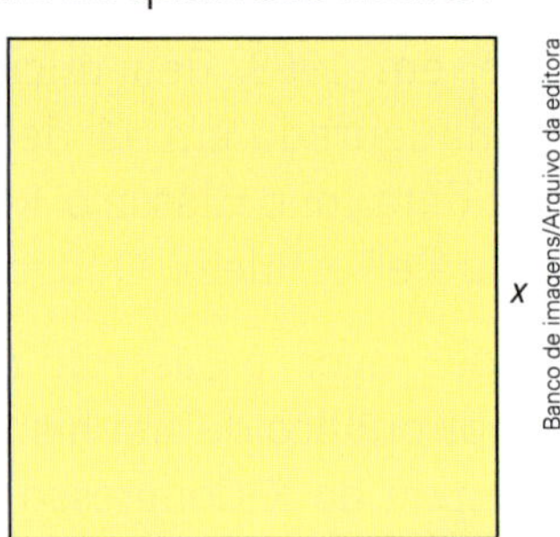

Banco de imagens/Arquivo da editora

h) a área dos polígonos a seguir?

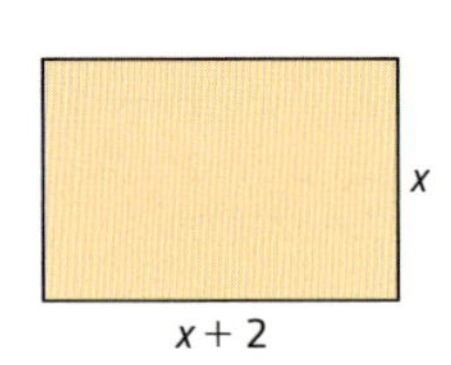

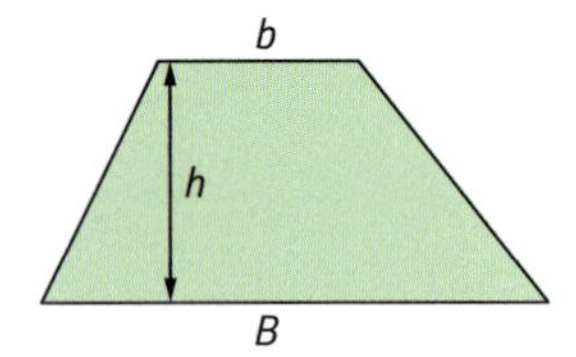

Iniciamos o estudo da Álgebra no 7º ano. Na resolução de muitos problemas, recorremos às letras para representar números e escrever simbolicamente expressões matemáticas. Construímos, assim, as chamadas **expressões algébricas**.

Expressões algébricas são formadas por letras, números e sinais de operações matemáticas. As letras que aparecem em uma expressão algébrica são denominadas **variáveis**.

ATIVIDADES

1. Represente as expressões literais usando apenas símbolos matemáticos:

a) a terça parte do número a;

b) a soma do dobro do número x com 5;

c) o quadrado do número x;

d) a soma do número x com sua raiz quadrada;

e) a diferença entre o quadrado e o quádruplo do número x;

f) o produto do inteiro n e seu sucessor.

2. Represente, por meio de expressão algébrica:

a) a soma do quadrado do número x com o triplo do número y;

b) a soma dos quadrados dos números x e y;

c) o quadrado da soma dos números a e b;

d) a área do triângulo de base medindo b e altura medindo h;

e) o complemento do ângulo de medida x;

f) o perímetro do retângulo de base medindo x e altura medindo y.

3. Na seção "Na História", páginas 126 e 127, apresentamos um texto sobre a origem do uso de letras em Matemática. O primeiro matemático que registrou o uso de letras para representar incógnitas foi Diofanto de Alexandria (séc. II ou III).

Leia a questão 1 da página 127. Supondo que Diofanto tenha vivido x anos, escreva as expressões algébricas que representam:

a) quanto tempo ele viveu até se casar;

b) quanto tempo ele viveu depois que se casou.

Sequências numéricas

Um triângulo numérico

Analise esta disposição triangular dos números naturais:

1					
2	3				
4	5	6			
7	8	9	10		
11	12	13	14	15	
16	17	18	19	20	21

A partir dela podemos formar algumas sequências numéricas interessantes, como:

- a sequência (I) dos elementos da primeira coluna: (1, 2, 4, 7, 11, 16, ...);
- a sequência (II) dos elementos da segunda coluna: (3, 5, 8, 12, 17, ...);
- a sequência (III) dos últimos elementos de cada linha: (1, 3, 6, 10, 15, 21, ...).

Tente descobrir os dois próximos termos de cada uma, sem utilizar o triângulo numérico acima, apenas observando alguma regularidade em cada uma delas.

Conforme estudamos no 7º ano, costumamos representar algebricamente os elementos (ou termos) de uma sequência por uma letra com um índice relativo à posição do elemento na sequência:

$(a_1, a_2, a_3, a_4, a_5, ..., a_{n-1}, a_n, a_{n+1}, ...)$ (leia-se: a um, a dois, a três, etc.)

em que a_1 é o primeiro termo, a_2 é o segundo termo, a_3 é o terceiro termo e assim por diante; a_n é o termo da posição n ou n-ésimo ou enésimo termo; a_{n-1} é o antecessor de a_n; e a_{n-1} é o sucessor de a_n.

Na sequência (I) temos, por exemplo, $a_1 = 1$, $a_2 = 2$, $a_3 = 4$, $a_6 = 16$. Observemos a regularidade existente nessa sequência:

+1 +2 +3 +4 +5 ...

$(1, 2, 4, 7, 11, 16, a_7, a_8, ...)$

Continuando: $16 + 6 = 22$, $22 + 7 = 29$; então, $a_7 = 22$ e $a_8 = 29$.

Para descrever algebricamente essa sequência, observe que:

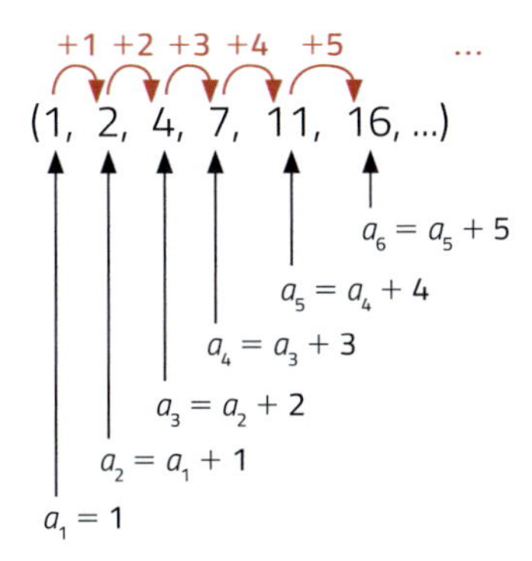

Cada termo, a partir do segundo, é igual ao termo antecessor adicionado ao índice dele. Assim, se quisermos calcular um termo a_n, para $n \geqslant 2$, adicionamos o termo antecessor, a_{n-1}, ao índice $(n - 1)$. Escrevemos:

$$a_n = a_{n-1} + (n - 1)$$

Como essa fórmula é válida para $n \geqslant 2$, para começar a sequência precisamos saber que o primeiro termo é 1, isto é, que $a_1 = 1$. Então, algebricamente, a sequência é dada pela fórmula:

$$\begin{cases} a_1 = 1 \\ a_n = a_{n-1} + (n - 1) \end{cases}, \text{ para } n = 2, 3, 4, 5, \ldots \text{ (logo, para } n \text{ natural, } n \geqslant 2)$$

Por exemplo, para $n = 9$ temos:

$a_9 = a_8 + 8 \Rightarrow a_9 = 29 + 8 \therefore a_9 = 37$

Observando que a_n é o termo antecessor de a_{n+1}, temos que $a_{n+1} = a_n + n$, agora para $n = 1, 2, 3, 4, \ldots$ (logo, para n natural, $n \geqslant 1$). Assim, a fórmula para calcular os termos pode ser escrita de outro modo, equivalente à fórmula anterior:

$$\begin{cases} a_1 = 1 \\ a_{n+1} = a_n + n \end{cases}, \text{ para } n \text{ natural, } n \geqslant 1$$

Nesse caso, é para $n = 8$ que obtemos $a_9 = a_8 + 8$.

Fórmulas assim, que permitem calcular um termo a partir dos termos anteriores, são chamadas **fórmulas recorrentes (ou recursivas)**.

Exemplos

- Qual é o quarto termo da sequência dada pela fórmula

$$\begin{cases} a_1 = 5 \\ a_n = a_{n-1} + 6 \end{cases}, \text{ para } n \geqslant 2?$$

Para $n = 2$: $a_2 = a_1 + 6 \Rightarrow a_2 = 5 + 6 \therefore a_2 = 11$;

Para $n = 3$: $a_3 = a_2 + 6 \Rightarrow a_3 = 11 + 6 \therefore a_3 = 17$;

Para $n = 4$: $a_4 = a_3 + 6 \Rightarrow a_4 = 17 + 6 \therefore a_4 = 23$.

A sequência é (5, 11, 17, 23, ...). Então, o quarto termo é 23.

Vamos elaborar um fluxograma para calcular um termo dessa sequência seguindo os passos acima:

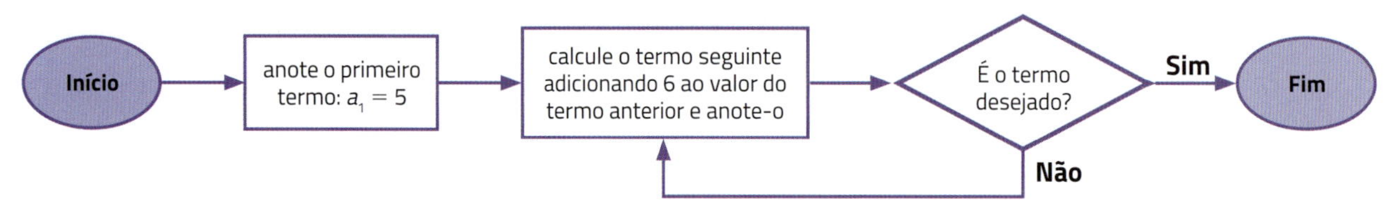

- Qual é o vigésimo e o centésimo termo da sequência dada pela fórmula $a_n = 10 \cdot n + 1$?

Nesse caso, para calcular o vigésimo termo, a_{20}, basta substituir n por 20 na fórmula dada. Então:

$a_{20} = 10 \cdot 20 + 1 \Rightarrow a_{20} = 200 + 1 \therefore a_{20} = 201$

No centésimo termo, a_{100}, temos $n = 100$. Então:

$a_{100} = 5 \cdot 10 \cdot 100 + 1 \Rightarrow a_{100} = 1\,000 + 1 \therefore a_{100} = 1\,001$

Um passo a passo para calcular um termo dessa sequência é:

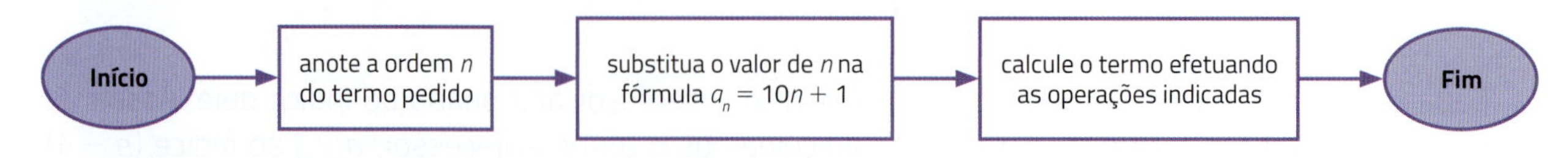

Perceba que, para calcular qualquer termo dessa sequência pela fórmula dada, não precisamos calcular os termos anteriores. Essa é uma fórmula **não recorrente** (ou **não recursiva**).

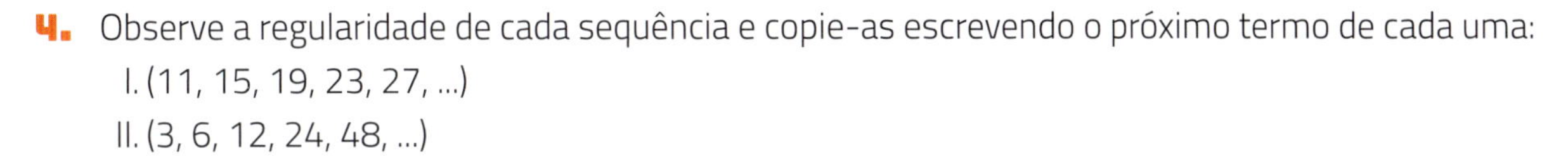

4. Observe a regularidade de cada sequência e copie-as escrevendo o próximo termo de cada uma:

I. (11, 15, 19, 23, 27, ...)

II. (3, 6, 12, 24, 48, ...)

5. Complete o fluxograma para calcular um termo em cada sequência da atividade anterior:

I.

II.

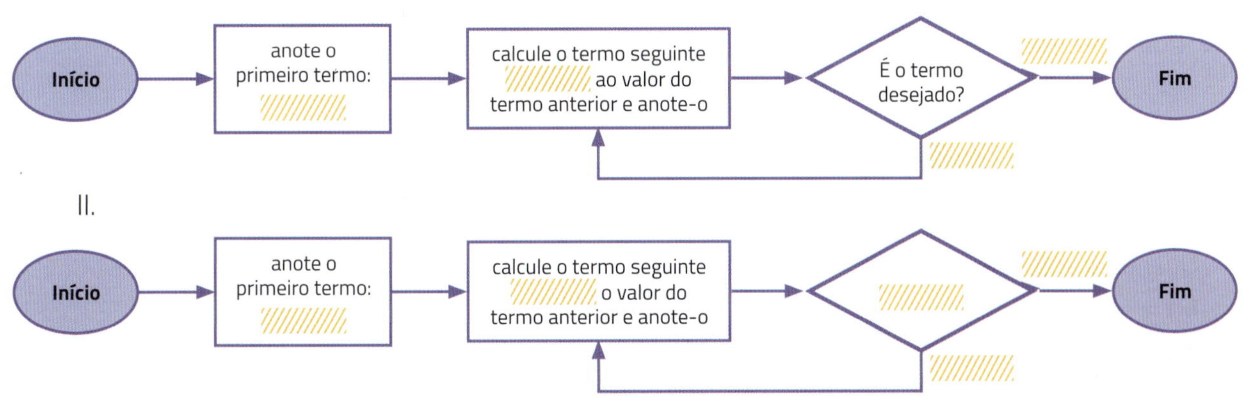

6. Escreva uma lei de formação recursiva para cada sequência da atividade 4.

7. Descubra uma regularidade na sequência II e na III citadas no "triângulo numérico" do início deste estudo. Escreva uma fórmula recursiva para cada uma delas.

II. (3, 5, 8, 12, 17, ...)

III. (1, 3, 6, 10, 15, ...)

8. Dada a sequência (2, 4, 8, 16, 32, 64, 128, ...):

a) dê os valores dos termos a_9 e a_{10};

b) escreva uma fórmula para calcular os termos;

c) essa fórmula é recursiva ou não recursiva? Por quê?

9. Na sequência $\left(\frac{2}{1}, \frac{3}{2}, \frac{4}{3}, \frac{5}{4}, \frac{6}{5}, ...\right)$:

a) qual é o décimo termo?

b) Escreva uma fórmula algébrica para calcular os termos. É fórmula recursiva ou não recursiva?

10. Elabore um fluxograma para calcular um termo da sequência do exercício anterior.

11. Calcule o sexto termo de cada sequência abaixo:

a) sabendo que $a_n = \frac{n+1}{n^2}$, para $n \geqslant 1$.

b) sabendo que $\begin{cases} a_1 = 10 \\ a_{n-1} = a_n - 2n \end{cases}$, para n natural, $n \geqslant 1$.

12. Responda.

a) Quantas bolinhas tem a figura 6 da sequência? Quantas pretas e quantas vermelhas?

b) E na figura n?

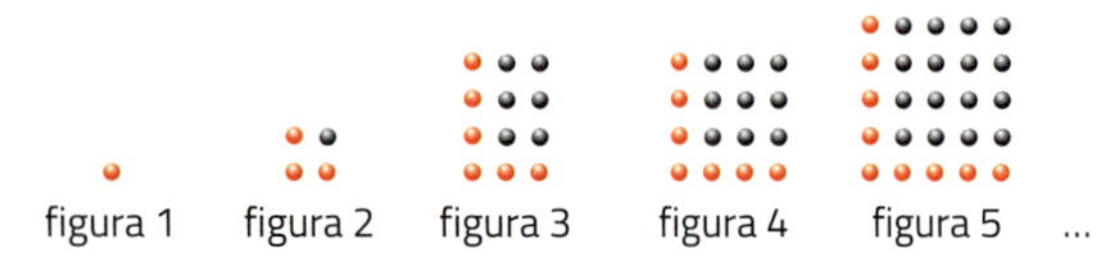

figura 1 figura 2 figura 3 figura 4 figura 5 ...

13. Conservando a regularidade observada nas primeiras figuras da sequência a seguir:

a) descreva um passo a passo para a construção da próxima figura;

b) quantos quadradinhos pretos e quantos brancos existem na próxima figura?

figura 1

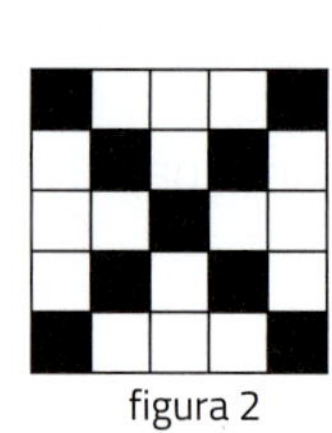

figura 2

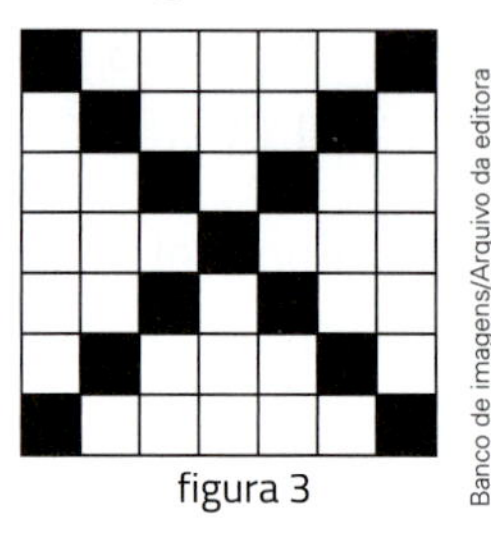

figura 3

Banco de imagens/Arquivo da editora

Valor numérico

O perímetro do quadrado de lado medindo a é $4a$.

Quando $a = 5$, temos:

$4a = 4 \cdot 5 = 20$

20 é o valor numérico da expressão $4a$ para $a = 5$.

Então, para $a = 5$, o perímetro é 20.

Vamos calcular agora alguns valores numéricos da expressão $x^2 - 2x + 2$.

- Para $x = -2$, temos:

$x^2 - 2x + 2 = (-2)^2 - 2(-2) + 2 = 4 + 4 + 2 = 10$

- Para $x = \frac{3}{5}$, temos:

$$x^2 - 2x + 2 = \left(\frac{3}{5}\right)^2 - 2 \cdot \frac{3}{5} + 2 = \frac{9}{25} - \frac{6}{5} + 2 = \frac{9 - 30 + 50}{25} = \frac{29}{25}$$

Valor numérico de uma expressão algébrica é o número que se obtém após substituir as variáveis por números e efetuar as operações indicadas.

Utilize parênteses quando substituir variáveis por números negativos ou por frações.

ATIVIDADES

14. Na figura, indicamos as medidas do campo de futebol da Arena Castelão, em metros.

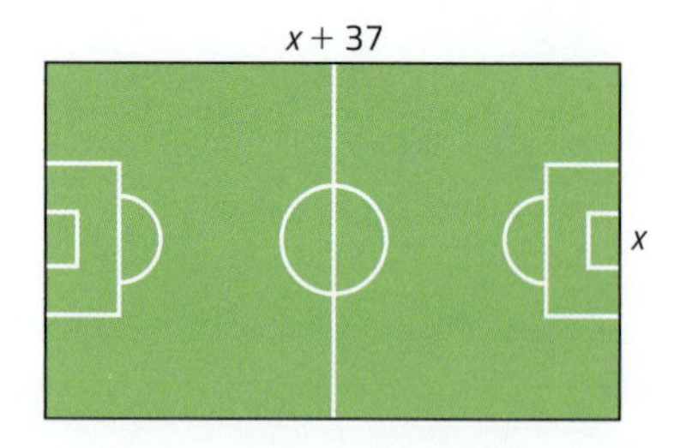

a) Qual é a expressão algébrica que representa o perímetro?

b) Calcule o perímetro para $x = 74$ m.

Para resolver o problema "As medidas do campo", da página 101, responda:

c) Para que valor de x o perímetro é igual a 346 m?

d) Qual é a largura do campo? E o comprimento?

15. A área do polígono da figura abaixo é a soma das áreas de um quadrado e de um retângulo.

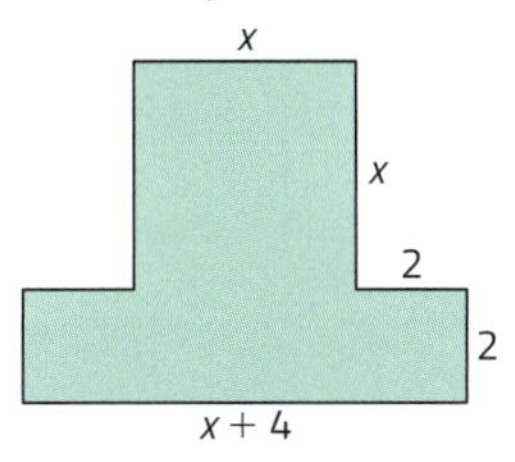

a) Escreva uma expressão algébrica que represente a área desse polígono.

b) Calcule o valor numérico da área para:

- $x = 3$
- $x = 6$
- $x = 9$
- $x = 4{,}5$

c) Escreva outra expressão algébrica que represente a área, decompondo o polígono em três quadrados e um retângulo.

d) Calcule o valor numérico da expressão do item **c** para $x = 3$.

e) Compare os resultados calculados nos itens **b** e **d** para $x = 3$.

16. Calcule $2x^2 - x + 3$ para os seguintes valores de x:

a) 2 **c)** $\frac{1}{3}$

b) -1 **d)** $-\frac{1}{2}$

17. Se $d = \frac{n(n-3)}{2}$, calcule o valor de d para $n = 10$.

18. Sendo $x = \frac{-b + \sqrt{b^2 - 4ac}}{2a}$, calcule o valor de x para $a = 1$, $b = 5$ e $c = 6$.

19. O preço de uma corrida de táxi é determinado pela expressão algébrica $p + q \cdot x$, sendo p o valor da bandeirada, q o preço por quilômetro rodado e x a quantidade de quilômetros rodados. No Rio de Janeiro (RJ), para corridas diurnas em táxis convencionais (ou comuns), a bandeirada é R$ 5,40, e o quilômetro rodado é R$ 2,30. Nessas condições, quanto se paga por uma corrida de 6 km?

mikolajn/Shutterstock

20. Complete os quadros a seguir calculando os valores numéricos das expressões.

Quadro A

x	y	$(x + y)^2$	$x^2 + y^2$
3	4		
−7	7		
6	6		
0	9		
1,1	0,4		

Quadro B

x	$(x + 1)^3$	$x^3 + 1$
0		
1		
2		
−1		
$\frac{1}{2}$		

21. Se $a = 0{,}5$ e $b = 1{,}5$, qual é o valor de $\frac{ab - a^2}{3b - a}$?

22. Calcule o valor das seguintes expressões:

a) $(ab - b + 1)(ab + a - 1)$, para $a = 4$ e $b = -2$

b) $(a + b + c)(a - b + c)(a - b - c)$, para $a = 1$, $b = -1$ e $c = 1$

c) $\frac{xy - x}{2y - 1}$, para $x = 1$ e $y = 1{,}5$

d) $p\,(p - a)(p - b)(p - c)$, para $a = 3$, $b = 4$, $c = 5$ e $p = \frac{a + b + c}{2}$

e) $\frac{a + b}{1 - ab}$, para $a = \frac{2}{3}$ e $b = \frac{4}{5}$

23. Existe o valor numérico de $\frac{a + b}{1 - ab}$ para $a = 4$ e $b = 0{,}25$? Por quê?

24. Para que valor de x não existe valor numérico de $\frac{x - 1}{x - 2}$?

Polinômios

Vamos continuar recordando as noções de Álgebra estudadas no 7º ano.

São exemplos de **monômios**:

$8a$ → coeficiente 8 e parte literal a

$-2xy$ → coeficiente -2 e parte literal xy

$\frac{3}{4}x^2$ → coeficiente $\frac{3}{4}$ e parte literal x^2

a^2b^2c → coeficiente 1 e parte literal a^2b^2c

$-x$ → coeficiente -1 e parte literal x

10 → monômio sem parte literal

0 → monômio nulo

Como foi possível observar, monômio pode ser um número ou uma expressão algébrica que represente apenas multiplicações de números e letras, podendo a multiplicação estar indicada na forma de potência. A parte numérica do monômio é denominada coeficiente, e as letras e seus expoentes são chamados parte literal.

São exemplos de **polinômios**:

$5x$ → polinômio de 1 termo (ou monômio)

$ax + b$ → polinômio de 2 termos (ou binômio)

$3x^2 + 2x - 1$ → polinômio de 3 termos (ou trinômio)

$xy + yz + zx - x - y - z + 1$ → polinômio de 7 termos

mono: 1 tri: 3
bi: 2 poli: vários

Portanto, polinômio é uma soma algébrica de monômios, cada um deles chamado **termo** do polinômio. Quando dois termos têm partes literais iguais (ou não têm parte literal), eles são chamados **termos semelhantes**.

Dois ou mais termos semelhantes podem ser reduzidos a um só termo. Para isso, conservamos a parte literal e adicionamos os coeficientes.

Veja os exemplos a seguir.

- $2x + 3x = (2 + 3)x = 5x$

  Veja uma interpretação geométrica:

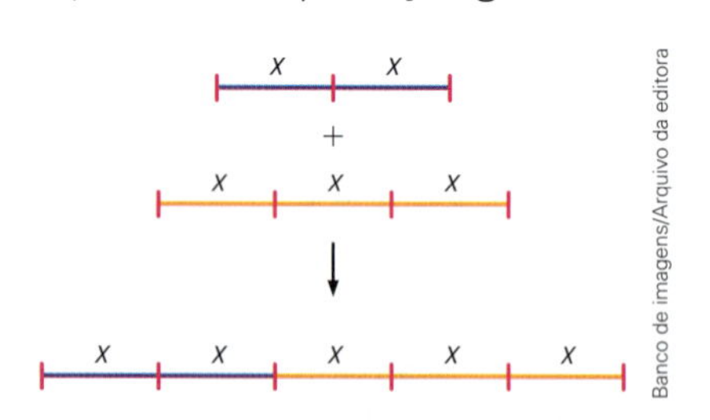

- $4x^2 + 2x^2 = 6x^2$

  Veja mais uma interpretação geométrica:

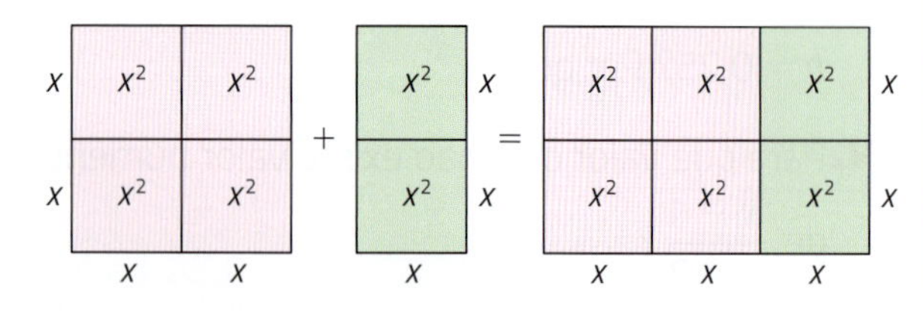

$7x^2 + 9x + 6x - 2x^2 + 5 - 4x =$

$= 5x^2 + 11x + 5$

- $2ab + 3a - 4b + 6 - 7ab - a + b - \frac{1}{2} = -5ab + 2a - 3b + \frac{11}{2}$

ATIVIDADES

25. Indique se é monômio, binômio ou trinômio.

a) $ax + b$
b) $x^3 - 1\,000$
c) $3abc$
d) $ax^2 + bx + c$
e) x^3

26. Qual é o coeficiente de cada monômio?

a) $6x$
b) $-12m^2$
c) $\frac{3}{5}ab$
d) x^3y^2
e) $-ab^2$
f) $\frac{x}{4}$

27. Reduza a um só termo.

a) $4x + 7x$
b) $8y - 5y + y$
c) $\frac{1}{2}xy - 2xy$
d) $-2x^2 + x^2 + 9x^2$
e) $4xy + 2yx$
f) $-\frac{3}{5}x + \frac{7}{2}x - \frac{15}{4}x$

28. Determine a expressão que representa o perímetro de cada polígono.

a)
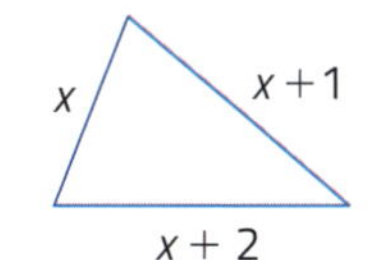

b)
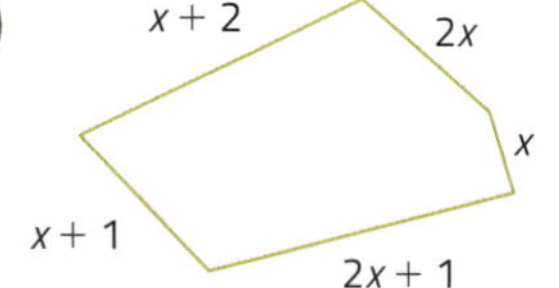

c)
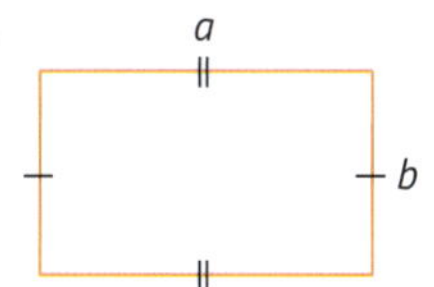

d)
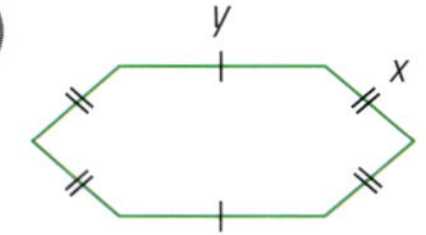

29. Ubiratan tem três irmãs: Samantha, Luana e Natasha. Em relação à idade de Ubiratan, Samantha tem 5 anos a mais, Luana tem 2 anos a mais e Natasha tem 6 anos a menos. Considerando que Ubiratan tenha n anos, quantos anos terão os quatro juntos?

30. Qual é a área destas figuras? E o perímetro?

a)
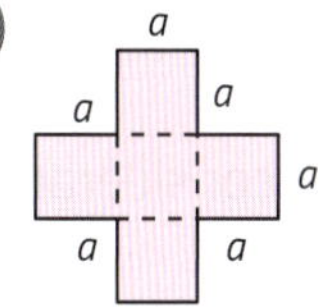

b)
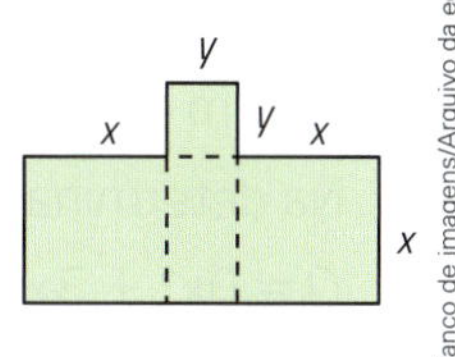

Banco de imagens/Arquivo da editora

31. Reduza os termos semelhantes e classifique o resultado em monômio, binômio ou trinômio:

a) $2a + 3b - 1 - 3b + a$
b) $x + 3y - 6x - 3y + 6x - 2$
c) $a^2 - 3a + 1 - a^2 + 5a - 4 + 3a + 7a - 12a + 2$
d) $2x^3 - 3 + 2x^2 - x^3 - 2x^2 + 3x - x^3 + 3 - 3x$
e) $a - b - 3c + 2ab - 3ac + bc - 2ab + 3c + b - 4a + ac$
f) $-3x - 2y - 1 + 7x - 5y - 8 - 2x - y + 9 + 2x + y$
g) $25x^2 - 10xy + 9y^2 - 16x^2 + 12xy - 9y^2 - x^2 + y^2$

Polinômio com uma variável

Podemos nomear os polinômios usando letras maiúsculas: A, B, C, D, P, Q, etc. Por exemplo:

$A = 4x + 3$ | $B = 6x^2 - x + \frac{1}{2}$ | $C = 3x + x^3 - 4 + 2x^2$ | $D = 1 - 3x^4 + 4x$

Todos esses são polinômios com uma só variável, a variável x.

Costuma-se apresentar os polinômios com uma variável ordenados segundo os expoentes decrescentes dessa variável. Nos exemplos acima, A e B estão ordenados. Vamos ordenar C e D:

$C = x^3 + 2x^2 + 3x - 4$ | $D = -3x^4 + 4x + 1$

Observe que, no polinômio D do exemplo, os termos em x^3 e em x^2 possuem coeficiente nulo, ou seja, $D = -3x^4 + 0x^3 + 0x^2 + 4x + 1$.

Quando todos os coeficientes de um polinômio são iguais a zero, o polinômio é nulo. Por exemplo, $P = 0x^2 + 0x + 0 = 0$ é um **polinômio nulo**.

Grau de um polinômio com uma variável

Quando os termos semelhantes estão reduzidos, denominamos grau de polinômio não nulo o maior expoente da variável nos termos não nulos. Veja os exemplos ao lado.

Polinômio	Termo com maior expoente de x	Grau
$A = 4x + 3$	$4x$	1
$B = 6x^2 - x + \frac{1}{2}$	$6x^2$	2
$C = x^3 + 2x^2 + 3x - 4$	x^3	3
$D = -3x^4 + 4x + 1$	$-3x^4$	4

Para facilitar, depois de estar com os termos semelhantes reduzidos, é conveniente ordenar o polinômio.

$P = 5x^2 - 4x + 2x - 5x^2 - 6$

$P = -2x - 6$

P é um polinômio de grau 1.

Na determinação do grau, só consideramos os termos de coeficientes diferentes de zero.

$Q = 0x^5 + 3x^4 - 2x^3 + 0x^2 + x - 1$

$Q = 3x^4 - 2x^3 + x - 1$

Q é um polinômio de grau 4.

Para o polinômio nulo não se define grau.

$R = 0x^3 + 0x^2 + 0x + 0 = 0$

R é um polinômio nulo e, portanto, **não tem grau**.

$S = 0x^2 + 0x + 5$

$S = 5$

Já o polinômio S tem grau. O grau de S é zero.

Observe que $S = 5 \cdot x^0$.

ATIVIDADES

32. Ordene segundo os expoentes decrescentes de x e dê o grau:

a) $A = 2x + 3x^2 + 1$

b) $C = x^3 + 3x - 2 + x^2$

c) $D = 3x^2 - 1 + x^4$

33. Reduza os termos semelhantes, ordene e dê o grau.

a) $4x^2 - 7x + 6x^2 + 2 + 4x - x^2 - 1$

b) $6x + 1 - x^2 - 2 + 3x - 2x + x^2 - 3x$

c) $3x + 4 - 5x^2 + 7x - 3x^3 + 6x^2 - 7 + 2x + 8x^3$

34. Qual é o grau do polinômio?

a) $A = x^4 - x^3 + 5x^2 - 2x^4 - x^3 - x^2 + x^4 + 2x^2$

b) $B = 0x^4 + 5x^3 + 4x^2 + 6x - 5 - 5x^3 + 4x^2 + 4x - 5$

c) $C = 2x^3 + x + 4 - x^3 + 2x - 9 - 3x - x^3 + 5$

d) $D = 0x^3 + 3x^2 - 2x + 5 + 2x - 2x^2 + 8 - x^2$

e) $E = x^4 - 2x^3 + 3x^2 + 2x - 1 + 4 - 3x - 3x^2 + 4x^3 - x^4 + 5x^3 - 2x$

EDUCAÇÃO FINANCEIRA

O melhor preço

Leia a seguir trechos do artigo de Gustavo Cerbasi, publicado no portal **Mais dinheiro**.

Não sabemos comprar

Ilustra Cartoon/Arquivo da editora

Definitivamente, não existem compras parceladas sem juros ou juros baixos em compras parceladas. [...]

Quem faz compras frequentemente em supermercados, ao menos a cada semana, conhece melhor os preços e sabe que palavras como "oferta", "promoção" e "aproveite" não significam necessariamente que o preço esteja melhor do que em outras lojas.

Mas poucos vão ao supermercado semanalmente. Herdamos o mau hábito das compras mensais da época de inflação elevada, quando fazê-las era questão de preservação do patrimônio. Hoje, quantas famílias não terminam o mês com dívida de R$ 100,00 no cheque especial e R$ 300,00 estocados em produtos na despensa? Não faz sentido estocar nada em tempos de inflação controlada.

[...]

Outro problema ocorre no mau hábito – tipicamente brasileiro – das compras parceladas.

Tal vício deveria ser permitido somente àqueles que provassem possuir um controle rigoroso dos gastos mensais. Há quem argumente que é melhor aceitar o parcelamento naquelas situações em que não há juros embutidos. Pura ilusão. Sempre há juros embutidos em compras parceladas.

Cabe a cada um de nós esforçar-se para, após franca negociação, obter o melhor preço à vista. Obviamente, há lojas que são irredutíveis em sua política comercial, não abrindo mão dos juros – isto é, insistindo em que o preço é o mesmo tanto na opção à vista quanto na parcelada.

[...]

Há aqueles que se iludem com o truque dos juros baixos. Recentemente, vi no jornal a propaganda de uma concessionária que anunciava, para um carro que pensava comprar, juro de 0,99% ao mês – uma taxa baixa e sedutora.

Como não queria estender muito o financiamento – para não dar mais meio carro em juros embutidos nas várias parcelas –, pedi uma proposta de financiamento de parte do valor do carro em seis prestações. No momento em que surgiu uma tal "taxa de abertura de crédito" (omitida até então, como se fosse apenas um detalhe), o custo total da operação – o chamado custo efetivo total, de divulgação obrigatória, mas sempre discreta – mostrou juros embutidos de cerca de 2,2% ao mês. Mais do que o dobro da taxa anunciada! Não existe mágica.

[...]

Disponível em: www1.folha.uol.com.br/fsp/mercado/me2908201116.htm. Acesso em: 23 jun. 2021.

Com base na leitura do texto, responda:

I. Nas compras parceladas são cobrados juros?

II. Nas "promoções" ou "ofertas" de uma loja, o consumidor encontra os preços mais baixos do mercado?

III. Em época de inflação baixa (menos de 1% ao mês):

a) convém estocar produtos em casa? **b)** convém fazer as compras uma vez por mês?

IV. Os preços pedidos pelas lojas são realmente os preços que elas pretendem obter em uma venda?

Converse com os colegas e o professor sobre as questões a seguir.

1. Que cuidados um comprador deve ter ao fazer a compra à vista de um produto valioso?

2. Ao optar por uma compra em parcelas, que cuidados o comprador deve tomar?

NA MÍDIA

A corrente do bem

Como iniciar grandes transformações a partir de pequenos passos

Pensar na escola como sendo um lugar que pode gerar uma transformação tão grandiosa que ultrapasse os limites espaciais da vida de um estudante é algo que nos parece longe demais; no entanto, o filme "Corrente do bem" parte dessa premissa.

[...]

Trata-se da história de um garoto de 12 ou 13 anos, portanto um aluno de 7ª Série [8º ano], com as aulas começando, em seu primeiro dia. Quando o garoto e seus colegas chegam à sala de aula, encontram o professor de geografia os aguardando, [...] o professor despreza o material e propõe uma atividade diferenciada: pergunta aos alunos sobre a possibilidade de desenvolvimento de um projeto, mas não um simples trabalho escolar, algo que vá além, que gere consequências, que provoque transformações.

A.F. ARCHIVE/Alamy/Fotoarena

Cena do filme *Corrente do bem*. Personagem Trevor, vivido pelo ator Haley Joel Osment, explicando seu projeto escolar.

[...]

Um dos alunos, chamado Trevor, cria a "Corrente do bem". Essa corrente encaminha-se no sentido de fazer com que as pessoas pratiquem o bem para os outros, sem esperar qualquer devolução ou retorno.

Cada pessoa teria que fazer o bem para 3 indivíduos e pedir que os outros continuassem fazendo o mesmo, ou seja, praticando o bem para outras pessoas e pedindo que elas estendessem essa corrente indefinidamente. De 3 benfeitorias ou benefícios prestados passaríamos numa segunda etapa para 9, dos 9 para 27 e assim sucessivamente.

Perceberam como uma simples ideia lançada numa sala de aula acabou por se tornar uma verdadeira revolução no pensar e no agir?

Disponível em: https://acervo.plannetaeducacao.com.br/portal/artigo.asp?artigo=41. Acesso em: 25 maio 2021. Adaptado.

A.F. ARCHIVE/Alamy/Fotoarena

Cena do filme *Corrente do bem*, lançado no ano 2000.

1. Na "corrente do bem" proposta no filme, cada um que recebesse algum favor deveria retribuir ajudando outras três pessoas. Suponha que você resolveu reproduzir a corrente e, em 10 dias, ajudou três pessoas. Após mais 10 dias, cada uma delas ajudou outras três pessoas diferentes. Considere que a corrente procedeu dessa maneira, com cada participante ajudando três pessoas após 10 dias.

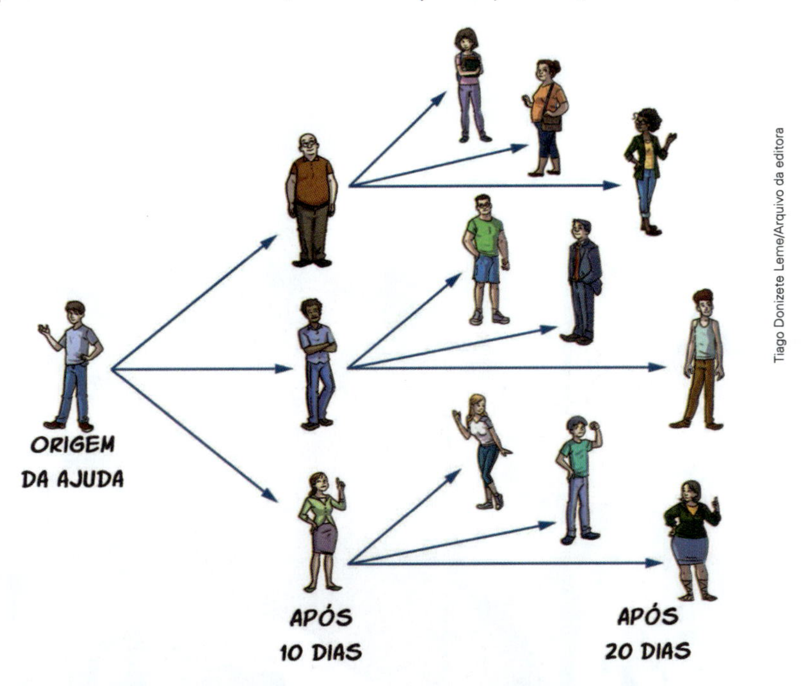

Tiago Donizete Leme/Arquivo da editora

Veja como a corrente se espalha e complete o quadro corretamente.

Tempo (dias)	Quantidade de novas pessoas que receberam ajuda	Representação em forma de potência
10	3	3^1
20	$3 \cdot 3$	3^2
30	$3 \cdot 3 \cdot 3$	3^3
40	$3 \cdot 3 \cdot 3 \cdot 3$	3^4
50	$3 \cdot 3 \cdot 3 \cdot 3 \cdot 3$	3^5
60	$3 \cdot 3 \cdot 3 \cdot 3 \cdot 3 \cdot 3$	3^6
70	$3 \cdot 3 \cdot 3 \cdot 3 \cdot 3 \cdot 3 \cdot 3$	3^7

Agora, responda às questões a seguir.

a) Quantas pessoas receberam ajuda até os primeiros 40 dias?

b) Em quantos meses mais de 1 000 pessoas receberam ajuda?

2. Carolina recebeu uma mensagem. Na mensagem estava escrito que ela deveria enviá-la, em 5 minutos, para outras três pessoas. Se cada pessoa que receber a mensagem enviá-la novamente para outras três pessoas, demorando 5 minutos para isso, após quantos minutos, no mínimo, mais de 100 pessoas terão recebido essa mensagem?

3. Você percebeu como uma notícia pode se espalhar rapidamente se o seu crescimento se der por meio de potência? Crie uma mensagem positiva e responda: Quanto tempo demoraria para que todos os colegas de classe tivessem conhecimento dessa mensagem se você a repassasse para três colegas em 5 minutos e cada um dos três demorasse 5 minutos para repassar para outros três colegas e assim sucessivamente?

CAPÍTULO 9

Operações com polinômios

Rido/Shutterstock

NA REAL

Em qual embalagem cabe mais?

Gerir um negócio não é uma tarefa fácil; é preciso planejamento e organização. Uma das preocupações dos empreendedores deve ser a embalagem dos produtos. O tipo de material escolhido, o investimento na comunicação visual e o tamanho das embalagens influenciam a relação custo-benefício de um produto. Enuncie algumas consequências que escolhas erradas na fabricação de embalagens podem acarretar.

Um fator importante a ser considerado também é a sustentabilidade. Quando se usa um material reciclável em quantidade adequada, é possível contribuir para a diminuição da poluição, pois esse material poderá retornar ao uso da população de outras formas.

Márcio vende pipocas *gourmet* e está pensando em como montar embalagens em que caiba a maior quantidade possível de pipoca. Ele comprou placas de papelão no tamanho 20 cm × 20 cm e vai fazer recortes para transformá-las em caixas, como mostra a imagem.

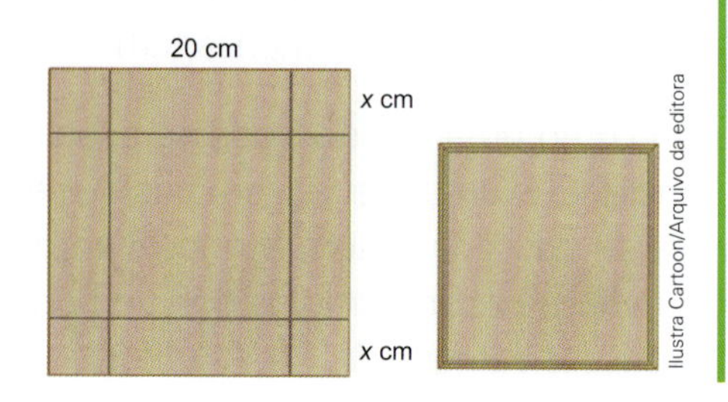

Ilustra Cartoon/Arquivo da editora

Ele calculou qual seria o volume da caixa se escolhesse para x os valores 3 ou 3,5 ou 4 e escolheu entre esses o que dá maior volume. Qual o valor de x que ele escolheu?

Adição de polinômios

Os prédios da praia

Em uma praia de Bertioga (SP), uma construtora planeja construir dois edifícios: o Verde Mar e o Mar Azul.

O Verde Mar terá os apartamentos distribuídos em 9 andares, além de um apartamento no piso térreo. Já o Mar Azul terá somente 6 andares, mas com 4 apartamentos a mais por andar do que o Verde Mar, além de um apartamento no térreo.

Alberto De Stefano/Arquivo da editora

Se o Verde Mar tiver n apartamentos por andar, quantos apartamentos serão construídos nos dois prédios?

No Verde Mar serão $(9 \cdot n)$ apartamentos nos andares, mais o do piso térreo; portanto, $(9n + 1)$ apartamentos. O Mar Azul terá 4 apartamentos a mais por andar, ou seja, serão $(n + 4)$ apartamentos por andar; portanto, $6(n + 4)$ apartamentos. Com o do piso térreo, serão $6(n + 4) + 1$, que equivalem a $6n + 24 + 1$, ou seja, $(6n + 25)$ apartamentos.

Para determinar o número total de apartamentos que a empresa planeja construir nesses dois edifícios, precisamos adicionar $9n + 1$ a $6n + 25$.

Dados os polinômios $A = 9n + 1$ e $B = 6n + 25$, indicamos a soma $A + B$ como segue:

$$A + B = (9n + 1) + (6n + 25)$$

Para calcular essa soma:

- eliminamos os parênteses, indicando a soma de todos os termos de A com todos os termos de B:

$$A + B = 9n + 1 + 6n + 25$$

- reduzimos os termos semelhantes:

$$A + B = 9n + 1 + 6n + 25$$

$$A + B = 15n + 26$$

Desse modo, temos, pelo dispositivo prático:

$$\begin{array}{rcr} A & \longrightarrow & 9n + 1 \\ B & \longrightarrow & 6n + 25 \\ \hline A + B & \longrightarrow & 15n + 26 \end{array}$$

Os termos semelhantes devem ser dispostos um embaixo do outro.

Denominamos **soma de dois ou mais polinômios** o polinômio que se obtém adicionando todos os termos semelhantes dos polinômios dados.

Assim, respondendo à pergunta do problema proposto, considerando os dois edifícios, serão construídos $(15n + 26)$ apartamentos.

Veja outro exemplo.

Dados os polinômios $A = x^2 - 2x + 1$, $B = 3x^2 - 1$ e $C = -2x + 3$, vamos calcular $A + B + C$:

$$A + B + C = (x^2 - 2x + 1) + (3x^2 - 1) + (-2x + 3)$$
$$A + B + C = x^2 - 2x + 1 + 3x^2 - 1 - 2x + 3$$
$$A + B + C = (1 + 3)x^2 + (-2 - 2)x + (1 - 1 + 3)$$
$$A + B + C = 4x^2 - 4x + 3$$

Cálculo da soma empregando o dispositivo prático:

$$\begin{array}{rcr} A & \longrightarrow & x^2 - 2x + 1 \\ B & \longrightarrow & 3x^2 \qquad - 1 \\ C & \longrightarrow & -2x + 3 \\ \hline A + B + C & \longrightarrow & 4x^2 - 4x + 3 \end{array}$$

ATIVIDADES

1. Uma corrida de táxi custa a quantia fixa de p reais mais a quantia de q reais por quilômetro rodado. Mário precisa pagar por duas corridas, uma de 10 km e outra de 12 km. Qual expressão representa a quantia que Mário vai pagar pelas corridas? E ao todo?

2. Observe os quadros A e B a seguir:

Quadro A

A soma do quadrado de um número inteiro n com o sucessor de n.

Quadro B

O triplo do quadrado do número inteiro n adicionado ao antecessor de n.

a) Represente as informações dos quadros A e B na forma de polinômios na variável n.

b) Calcule a soma dos polinômios obtidos no item anterior e expresse o resultado em palavras.

3. Calcule as somas indicadas.

a) $(3x + 4) + (6x - 1)$

b) $(2a + 5b) + (7a - 6b)$

c) $(3a - 2b + c) + (-6a - b - 2c) + (2a + 3b - c)$

4. Determine as somas de polinômios.

a) $(3x^2 + 2x - 1) + (-2x^2 + 4x + 2)$

b) $(x^2 - 2x + 1) + (3x^2 + 4x - 2) + (x^2 - 2x + 2)$

c) $(2x^3 + 3x^2 - 2x + 1) + (-2x^3 - 3x^2 + 7x - 2)$

5. São dados os polinômios:

- $A = 2x^2 - x - 1$
- $B = -3x^2 + 3x$
- $C = 4x^2 - 3$
- $D = x^2 + 7x + 1$
- $E = 2x + 6$

Calcule:

a) $A + B + C$

b) $A + B + D + E$

c) $B + C + E$

Subtração de polinômios

Oposto de um polinômio

Veja a ilustração abaixo.

Ilustra Cartoon/Arquivo da editora

$$A + B = 3x - 6y + 1 - 3x + 6y - 1 = 0$$

Esta soma $A + B$ é o polinômio nulo. Dizemos, então, que B é o oposto de A e indicamos: $B = -A$.

O **oposto do polinômio** A é o polinômio que, adicionado a A, resulta no polinômio nulo. Indica-se por $-A$.

Exemplos

- Se $A = x^2 + 3x - 5$, então $-A = -x^2 - 3x + 5$.
- O oposto do polinômio $2a - 6b - 7$ é: $-(2a - 6b - 7) = -2a + 6b + 7$.

Diferença de polinômios

Dados os polinômios A e B da figura a seguir, precisamos obter um polinômio C que torne verdadeira a igualdade $C + B = A$. Esse polinômio C é denominado **diferença entre A e B**, e indicamos $C = A - B$. Então:

$C = (10x + 9y + 8) - (2x + 3y + 5)$

Para obter C, adicionamos A ao oposto de B:

$C = (10x + 9y + 8) + (-2x - 3y - 5)$

$C = 10x + 9y + 8 - 2x - 3y - 5$

$C = 8x + 6y + 3$

Ilustra Cartoon/Arquivo da editora

Denominamos **diferença de dois polinômios** o polinômio que se obtém adicionando o primeiro ao oposto do segundo.

Confira que, adicionando C a B, obtemos A.

A diferença de dois polinômios é o polinômio que, adicionado ao segundo, resulta no primeiro.

Como exemplo, vamos calcular $A - B$, dados $A = 3x^2 + 4x - 1$ e $B = x^2 - 7x + 8$:

$$A - B = (3x^2 + 4x - 1) + (-x^2 + 7x - 8)$$
$$A - B = 3x^2 + 4x - 1 - x^2 + 7x - 8$$
$$A - B = (3 - 1)x^2 + (4 + 7)x + (-1 - 8)$$
$$A - B = 2x^2 + 11x - 9$$

Empregando o dispositivo prático, calculamos $A - B$ adicionando A com $-B$:

$A \longrightarrow$	$3x^2 + 4x - 1$
$-B \longrightarrow$	$-x^2 + 7x - 8$
$A - B \longrightarrow$	$2x^2 + 11x - 9$

Lembre-se de trocar os sinais dos termos de B.

ATIVIDADES

6. Determine o oposto de cada polinômio.

a) $3x + 4y + 5$

b) $a - 3b - c$

c) $5x^2 - 3x + 1$

7. Calcule as diferenças.

a) $A - B$, sendo $A = 3x + 2y + 1$ e $B = 2x + y - 1$

b) $C - D$, sendo $C = -x^2 + 5x - 1$ e $D = 2x^2 + 1$

8. Subtraia F de E, sendo $E = a + 2b - 3c$ e $F = 3a - b + c$.

9. Qual é o polinômio que, adicionado a $P = -3x^2 - 2x + 1$, dá como resultado $Q = x^2 - 5x - 10$?

10. Observe os exemplos e responda às perguntas.

a) $(6x^2 - 2x + 5) + (4x^2 - 3x - 1) = 6x^2 - 2x + 5 + 4x^2 - 3x - 1$

Se eliminarmos os parênteses precedidos do sinal "+" (ou que não sejam precedidos de sinal), alteramos os sinais dos termos que estavam dentro dos parênteses?

b) $(6x^2 - 2x + 5) - (4x^2 - 3x - 1) = 6x^2 - 2x + 5 - 4x^2 + 3x + 1$

Se eliminarmos os parênteses precedidos do sinal "−", alteramos os sinais dos termos que estavam dentro dos parênteses?

11. Calcule as diferenças indicadas, eliminando os parênteses e reduzindo os termos semelhantes.

a) $(7x + 5) - (2x + 3)$

b) $\left(3x^2 - \frac{1}{3}\right) - \left(6x^2 - \frac{4}{5}\right)$

c) $(2a - 3ab + 5b) - (-a - ab + 2b)$

12. Dados:

$A = x^2 + 3x + 3$

$B = 3x^2 - 2x - 1$

$C = -x^2 + x + 2$

Calcule:

a) $A - B - C$

b) $-A - B + C$

c) $-C + B - A$

d) $A + (B - C)$

e) $A - (B - C)$

13. Responda se cada igualdade é verdadeira ou falsa.

a) $-x - 3 = -(x + 3)$

b) $-x - 3 = -(x - 3)$

c) $-x + 3 = -(x - 3)$

d) $-x + 3 = -(x + 3)$

e) $3 - x = -(x - 3)$

f) $b - a = -(a + b)$

Multiplicação de polinômios

Produto de monômios

Leia o problema da ilustração.

Alberto De Stefano/Arquivo da editora

Nessa multiplicação, vamos usar uma propriedade da potenciação:

$$(3x^2y^2) \cdot (2x^3) = 3 \cdot 2 \cdot x^2 \cdot x^3 \cdot y^2 = 6 \cdot x^{2+3} \cdot y^2 = 6x^5y^2$$

O **produto de dois monômios** é aquele cujo coeficiente é o produto dos coeficientes dos monômios dados e cuja parte literal é o produto das respectivas partes literais.

Produto de polinômio por monômio

Você sabe calcular o produto $(3x) \cdot (4x + 5)$?

Podemos interpretar geometricamente essa multiplicação. Veja:

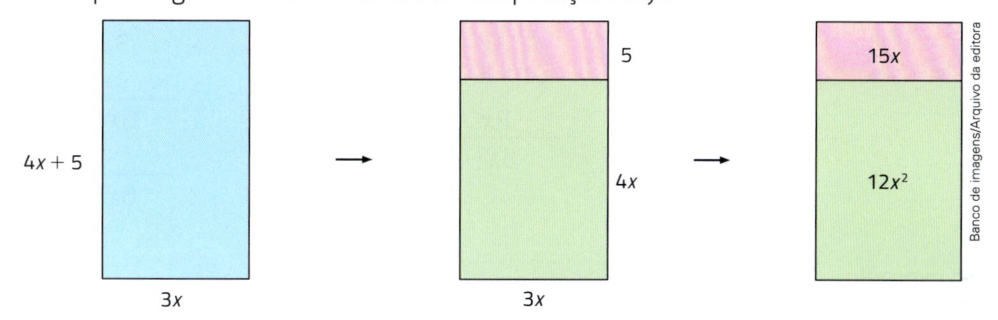

$$\text{área azul} = \text{área verde} + \text{área rosa}$$

$$(3x) \cdot (4x + 5) = 3x \cdot 4x + 3x \cdot 5 = 12x^2 + 15x$$

Observe como multiplicamos um monômio por um polinômio:

- $(3x) \cdot (4x + 5) =$

  $= 3x \cdot 4x + 3x \cdot 5 =$

  $= 12x^2 + 15x$

- $-x^2 \cdot (x^2 - 3x + 4) =$

  $= -x^2 \cdot x^2 - x^2 \cdot (-3x) - x^2 \cdot 4 =$

  $= -x^4 + 3x^3 - 4x^2$

Na **multiplicação de um monômio por um polinômio**, aplicamos a propriedade distributiva: multiplicamos o monômio por todos os termos do polinômio e adicionamos os termos semelhantes.

Produto de polinômios

Você sabe calcular o produto $(2x + 3) \cdot (3x + 4)$?

Observe a seguir a interpretação geométrica dessa multiplicação.

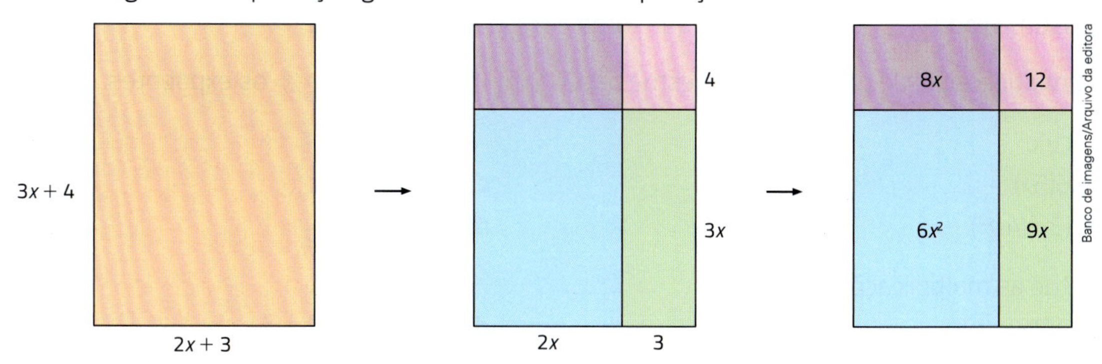

$$(2x + 3)(3x + 4) = 2x \cdot 3x + 2x \cdot 4 + 3 \cdot 3x + 3 \cdot 4 = 6x^2 + 8x + 9x + 12 = 6x^2 + 17x + 12$$

Agora, acompanhe como multiplicamos esses polinômios usando a propriedade distributiva.

$$(2x + 3)(3x + 4) =$$
$$= 2x \cdot 3x + 2x \cdot 4 + 3 \cdot 3x + 3 \cdot 4 =$$
$$= 6x^2 + 8x + 9x + 12 =$$
$$= 6x^2 + 17x + 12$$

Dispositivo prático para o cálculo do produto de dois polinômios:

$$\begin{array}{r} 3x + 4 \\ \times \quad 2x + 3 \\ \hline \end{array}$$

1º passo

$$\begin{array}{r} 3x + 4 \\ \times \quad 2x + 3 \\ \hline 6x^2 + 8x \end{array}$$

2º passo

$$\begin{array}{rr} 3x + 4 & \\ \times \quad 2x + 3 & \\ \hline 6x^2 + 8x & \\ & 9x + 12 \end{array}$$

Resultado

$$\begin{array}{rrr} & 3x & + 4 \\ \times & 2x & + 3 \\ \hline 6x^2 & + 8x & + \\ & 9x & + 12 \\ \hline 6x^2 & + 17x & + 12 \end{array}$$

Veja outro exemplo.

$$(x^2 - 2)(x^2 + 3x - 1) = x^2 \cdot x^2 + x^2 \cdot 3x + x^2 \cdot (-1) - 2 \cdot x^2 - 2 \cdot 3x - 2 \cdot (-1) =$$
$$= x^4 + 3x^3 - x^2 - 2x^2 - 6x + 2 =$$
$$= x^4 + 3x^3 - 3x^2 - 6x + 2$$

$$\begin{array}{rrrrr} & x^2 & + 3x & - 1 & \\ \times & x^2 & - 2 & & \\ \hline x^4 & + 3x^3 & - x^2 & & + \\ & & -2x^2 & - 6x & + 2 \\ \hline x^4 & + 3x^3 & - 3x^2 & - 6x & + 2 \end{array}$$

Para **multiplicar dois polinômios**, multiplicamos cada termo de um deles por todos os termos do outro e adicionamos os termos semelhantes. O polinômio obtido é denominado produto dos polinômios dados.

ATIVIDADES

14. Substitua cada ////////// pela palavra que torna a frase abaixo correta.

Na multiplicação de potências de mesma base, ////////// a base e ////////// os expoentes.

15. Calcule:

a) $6(5x)$

b) $(3a)(4a^2)$

c) $(-2x^2)(2x)$

d) $(x^3y)(5xy)$

16. Efetue as multiplicações.

a) $2(3x + 4)$

b) $3(2x^2 - x - 3)$

c) $4x(2x + 5)$

d) $-2x^2(x^2 - x + 4)$

e) $a^2b(2a^2 + ab - b^2)$

f) $3x(x^2 - xy + y^2)$

17. Calcule a área de cada retângulo.

a)

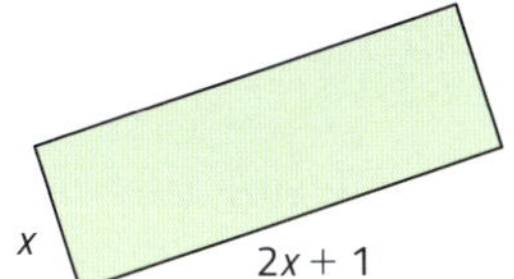

b)

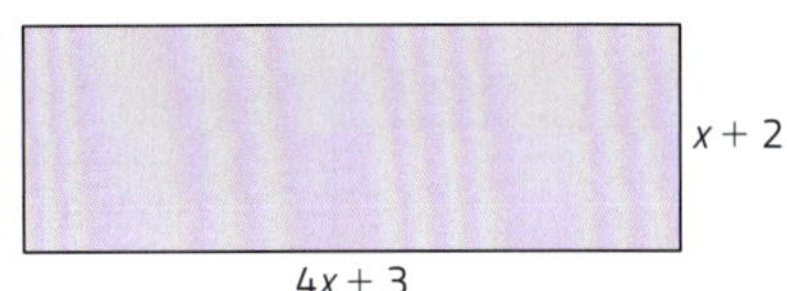

Banco de imagens/Arquivo da editora

18. Calcule:

a) $(2x + 3)(4x + 1)$ **b)** $\left(3x - \frac{1}{2}\right)(x^2 + 4)$ **c)** $(2a + 3b)(5a - b)$

19. Calcule os produtos.

a) $(a^2 - b)(2a - 5b)$

b) $(2x - 3)(x^2 - 3x + 5)$

c) $(x - 3y + 1)(2x + 2y - 6)$

20. Calcule $A \cdot B$ utilizando o dispositivo prático nos seguintes casos:

a) $A = 3x + 5$ e $B = 2x - 1$ **b)** $A = 3x - 1$ e $B = x^2 + 4x + 8$

21. Pense em alguns exemplos antes de responder às perguntas a seguir.

a) Um polinômio tem grau 3 e outro tem grau 5. Qual é o grau da soma dos polinômios? E o grau do produto deles?

b) Dois polinômios têm grau igual a 3. Qual é o grau da soma dos polinômios? E o grau do produto deles?

Multiplicação de três ou mais polinômios

Para multiplicar três ou mais polinômios, devemos multiplicar os dois primeiros, depois multiplicar o resultado pelo polinômio seguinte, e assim por diante. Veja o exemplo:

$$(x + 2)(x + 1)(2x - 1) = (x^2 + x + 2x + 2) \cdot (2x - 1) =$$
$$= (x^2 + 3x + 2) \cdot (2x - 1) =$$
$$= 2x^3 - x^2 + 6x^2 - 3x + 4x - 2 =$$
$$= 2x^3 + 5x^2 + x - 2$$

ATIVIDADES

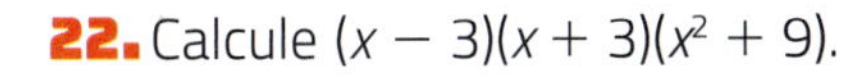

22. Calcule $(x - 3)(x + 3)(x^2 + 9)$.

23. Dados $A = 2x + 3$, $B = 3x - 1$ e $C = x^2 + 4$, calcule as expressões a seguir, lembrando que as multiplicações devem ser efetuadas antes das adições e das subtrações.

a) $3A + 2B$ **b)** $AB + C$ **c)** $5C - 2AB$

24. Recortando a planificação ao lado e dobrando-a nas linhas tracejadas, formamos uma caixa fechada com formato de bloco retangular.

a) Qual é a área total do papel usado na construção da caixa?

b) Qual é o volume da caixa?

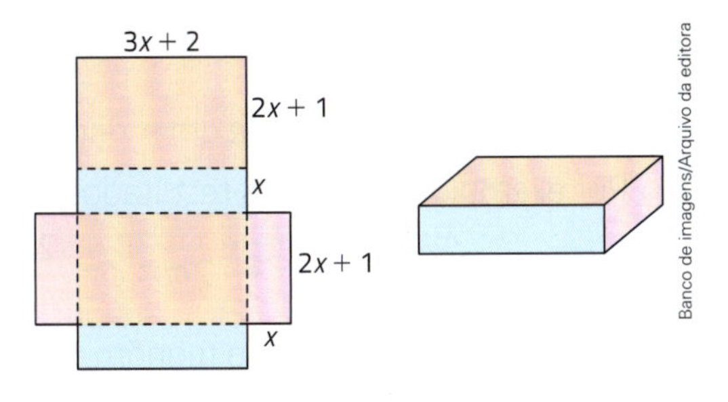

Banco de imagens/Arquivo da editora

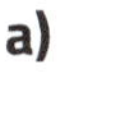

25. Calcule a área da região colorida.

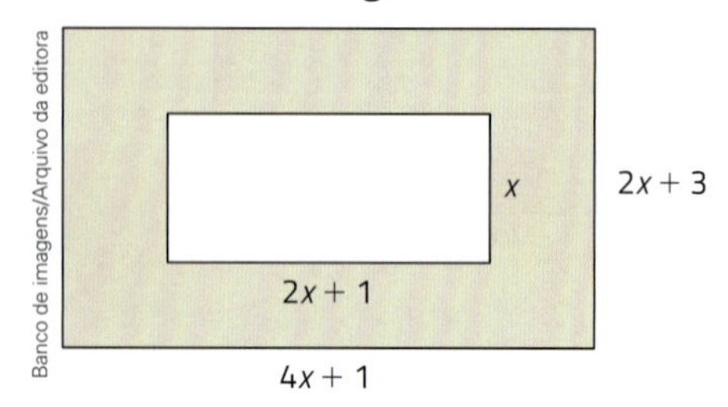

26. Calcule reduzindo ao mesmo denominador.

a) $\dfrac{5x - 3}{6} + \dfrac{7x - 1}{4} + \dfrac{4x + 2}{3}$

b) $2x - \dfrac{7x - 4}{5} - \dfrac{3 - x}{2}$

27. Para $x = a$, qual é o valor da expressão

$x^3 - (a + b + c)x^2 + (ab + ac + bc)x - abc$?

28. Efetue as operações indicadas.

a) $a(a - b + c) + b(a + b - c) + c(2a + b +$
$+ c)$

b) $x(x^2 + xy + y^2) - y(x^2 + xy + y^2)$

c) $2x - \dfrac{1}{2}\left(x + \dfrac{3}{4}\right) - \dfrac{1}{3}\left(3 - \dfrac{x}{4}\right)$

29. A potência $(2x + 5)^2$ é calculada assim:

$(2x + 5)^2 = (2x + 5)(2x + 5) =$
$= 4x^2 + 10x + 10x + 25 =$
$= 4x^2 + 20x + 25$

Agora, calcule:

a) $(3x + 1)^2$

b) $(2a - 3b)^2$

c) $(2a + b - 5)^2$

d) $(2x + 1)^3$

Divisão de polinômios

Dividindo uma área

Qual é a área do quadrado $ABCD$? E a área de cada retângulo?

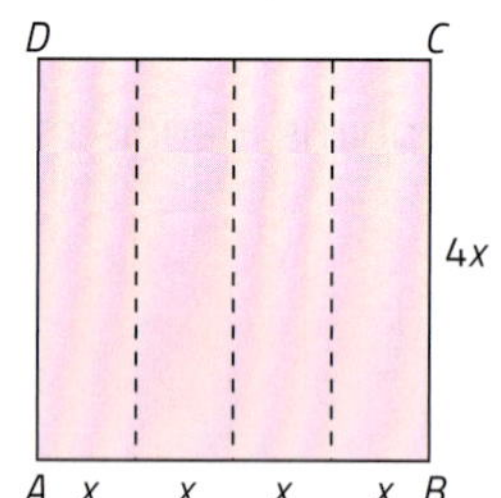

Área do quadrado $ABCD = (4x)^2 = 16x^2$

Área de cada retângulo $= x \cdot 4x = 4x^2$

Monômio dividido por monômio

Na figura anterior, o quadrado de área $16x^2$ está dividido em quatro partes iguais. A área de cada parte também pode ser assim calculada:

$(16x^2) : 4 = \dfrac{16x^2}{4} = \dfrac{16}{4}x^2 = 4x^2$

Veja outras divisões de monômios:

- $9x^3 : 3x = \dfrac{9x^3}{3x} = \dfrac{9}{3} \cdot \dfrac{x^3}{x} = 3x^{3-1} = 3x^2$
- $-12x^4y^2 : 8x^2y^2 = \dfrac{-12x^4y^2}{8x^2y^2} = \dfrac{\cancel{12}}{\cancel{8}} \cdot \dfrac{x^4\cancel{y^2}}{x^2\cancel{y^2}} = -\dfrac{3}{2}x^2$

Para **dividir dois monômios**, dividimos os respectivos coeficientes em partes literais.

Nem sempre a divisão de um monômio por outro resulta em um novo monômio.

Por exemplo, observe os resultados destas divisões:

- $5x^2 : 3y = \dfrac{5x^2}{3y}$
- $2ab : c = \dfrac{2ab}{c}$
- $1 : x = \dfrac{1}{x}$
- $x^4 : y^2 = \dfrac{x^4}{y^2}$

Esses resultados não são monômios. São expressões que recebem o nome de **frações algébricas**.

Divisão de polinômio por monômio

Veja como dividimos polinômio por monômio:

- $(3x^4 + 2x^3) : x = \frac{3x^4 + 2x^3}{x} = \frac{3x^4}{x} + \frac{2x^3}{x} = 3x^3 + 2x^2$
- $(x^5 - x^4 + 2x^3) : (2x^2) = \frac{x^5 - x^4 + 2x^3}{2x^2} = \frac{x^5}{2x^2} - \frac{x^4}{2x^2} + \frac{2x^3}{2x^2} = \frac{1}{2}x^3 - \frac{1}{2}x^2 + x$
- $(2a^4b^3 - a^3b^2) : (4a^3b) = \frac{2a^4b^3 - a^3b^2}{4a^3b} = \frac{2a^4b^3}{4a^3b} - \frac{a^3b^2}{4a^3b} = \frac{1}{2}ab^2 - \frac{1}{4}b$

Para **dividir um polinômio por um monômio**, dividimos cada termo do polinômio pelo monômio e adicionamos os resultados.

ATIVIDADES

30. Substitua cada ////////// pela palavra que torna a frase verdadeira.

Na divisão de potências de mesma base, ////////// a base e ////////// os expoentes.

31. Por qual monômio devemos multiplicar $4xy^2$ para obter como produto $20x^4y^4$?

32. Calcule os quocientes de:

a) $81x^3 : 27x$

b) $-63a^2b^3 : 9ab^3$

c) $-49xy^2 : (-7y)$

d) $\frac{32a^2b^5}{8ab^3}$

33. Calcule as seguintes divisões:

a) $\frac{4a^4 - 2a^3 + 8a}{2a}$

b) $(9x^6 - 12x^5 + 18x^3 - x^2) : (3x^2)$

c) $(8a^3b^2 - 12a^2b^3 + 16ab^4) : (-4ab^2)$

34. Em quais das divisões a seguir o resultado é um monômio?

a) $\frac{15x^2}{3x}$

b) $\frac{14x}{-7x^2}$

c) $\frac{3a^3b^2}{a^2b^3}$

d) $\frac{-a^4x^4}{2a^2x^2}$

e) $\frac{20x^5}{16x^3}$

f) $\frac{-2x^2y}{5xy^2}$

35. Em quais das seguintes divisões o resultado é um polinômio?

a) $\frac{x^4 + 2x^3}{x^2}$

b) $\frac{x^2 + 2x + 1}{x}$

c) $\frac{a + a^2b}{-a}$

d) $(4x^4 - 2x^3 + x^2) : (-2x^2)$

e) $(a^2b^2 - 2ab^2) : (a^2b)$

Divisão de polinômio por polinômio

Você já conhece o algoritmo da divisão de números naturais.

dividendo →	a	b	← divisor
resto →	r	q	← quociente

$a = q \cdot b + r$

$0 \leq r < b$

Agora, estudaremos a divisão de polinômios, cujo algoritmo (dispositivo prático) é semelhante àquele da divisão de números naturais.

Dados dois polinômios A e B na mesma variável, com $B \neq 0$, é sempre possível encontrar os polinômios Q e R, tais que:

$$A = Q \cdot B + R$$

sendo grau de $R <$ grau de B (ou $R = 0$, na divisão exata).

A	B
R	Q

- Q é **quociente** da divisão de A por B.
- R é **resto** da divisão de A por B.
- A é **dividendo**.
- B é **divisor**.

Dividir um polinômio A por outro polinômio B significa determinar o quociente Q e o resto R dessa divisão.

Nos exemplos a seguir, mostraremos como se efetua a divisão de polinômios.

- Vamos dividir $A = 12x^2 + 23x + 13$ por $B = 4x + 1$.

1º) Dividimos o termo de maior grau de A ($12x^2$) pelo termo de maior grau de B ($4x$) e colocamos o resultado no quociente:

$12x^2 : 4x = 3x$

$$\begin{array}{l|l} 12x^2 + 23x + 13 & 4x + 1 \\ \hline & 3x \end{array}$$

2º) Multiplicamos o quociente obtido ($3x$) pelo divisor e subtraímos o resultado do dividendo. Obtemos, assim, um resto parcial:

$$\begin{array}{rrrrr|l} & 12x^2 & + & 23x & + \ 13 & 4x + 1 \\ - & 12x^2 & - & 3x & & 3x \\ \hline & & & 20x & + \ 13 & \end{array}$$

resto parcial → $20x + 13$

3º) Dividimos o termo de maior grau do resto parcial ($20x$) pelo termo de maior grau do divisor ($4x$). O resultado é um termo que acrescentamos ao quociente:

$20x : 4x = 5$

$$\begin{array}{rrrrr|l} & 12x^2 & + & 23x & + \ 13 & 4x + 1 \\ - & 12x^2 & - & 3x & & 3x + 5 \\ \hline & & & 20x & + \ 13 & \end{array}$$

4º) Multiplicamos esse termo (5) pelo divisor e subtraímos o resultado do resto anterior:

$$\begin{array}{rrrrr|l} & 12x^2 & + & 23x & + \ 13 & 4x + 1 \\ - & 12x^2 & - & 3x & & 3x + 5 \\ \hline & & & 20x & + \ 13 & \\ & & - & 20x & - \ 5 & \\ \hline & & & & 8 & \end{array}$$

resto → 8

O resto obtido tem grau menor que o do divisor. Então, o quociente é $Q = 3x + 5$ e o resto é $R = 8$.

Finalizamos a divisão quando encontramos um resto igual a zero ($R = 0$) ou um resto que é um polinômio de grau menor do que o grau do divisor.

- Vamos dividir $A = 2x^3 + 9x^2 + 1$ por $B = 2x^2 + x$.

  Como está faltando o termo em x no polinômio A, indicamos esse termo por $0x$.

  Temos:

$$\begin{array}{rrrrrrrrr|l}
 & 2x^3 & + & 9x^2 & + & 0x & + & 1 & & 2x^2 + x \\
- & 2x^3 & - & x^2 & & & & & & x + 4 \\
\hline
 & & & 8x^2 & + & 0x & + & 1 & & \\
 & & - & 8x^2 & - & 4x & & & & \\
\hline
 & & & & - & 4x & + & 1 & &
\end{array}$$

$(2x^3 : 2x^2 = x)$ e $(8x^2 : 2x^2 = 4)$

  O quociente é $Q = x + 4$ e o resto é $R = -4x + 1$.

  Assim, lembrando que $A = Q \cdot B + R$, podemos escrever:

  $2x^3 + 9x^2 + 1 = (x + 4)(2x^2 + x) + (-4x + 1)$

- Vamos dividir $A = x^4 - 2x^3 - 14x^2 - 5x$ por $B = x^2 + 3x + 1$.

$$\begin{array}{rrrrrrrrr|l}
 & x^4 & - & 2x^3 & - & 14x^2 & - & 5x & + 0 & x^2 + 3x + 1 \\
- & x^4 & - & 3x^3 & - & x^2 & & & & x^2 - 5x \\
\hline
 & & & -5x^3 & - & 15x^2 & - & 5x & + 0 & \\
 & & + & 5x^3 & + & 15x^2 & + & 5x & & \\
\hline
 & & & & & & & 0 & &
\end{array}$$

$(x^4 : x^2 = x^2)$ e $(-5x^3 : x^2 = -5x)$

Então, o quociente é $Q = x^2 - 5x$ e o resto é $R = 0$. Como a divisão é exata, o polinômio A é divisível pelo polinômio B.

Nesse caso, temos: $x^4 - 2x^3 - 14x^2 - 5x = (x^2 + 3x + 1)(x^2 - 5x)$.

ATIVIDADES

Nas atividades **36** a **41**, divida A por B, fornecendo o quociente Q e o resto R.

36. $A = 8x^2 + 6x + 5$ e $B = 2x + 1$

37. $A = 12x^3 + 10x^2 - 1$ e $B = 6x^2 + 2x - 2$

38. $A = 12x^4 - x^3 + 7x^2 + 3x + 3$ e $B = 3x^2 + 2x + 1$

39. $A = x^5 - x^4 + 2x^3 + 2x^2 + 6$ e $B = x^2 - x$

40. $A = x^4 - x^2 + 1$ e $B = x^2 + 1$

41. $A = x^3 + 1$ e $B = x^2 - x + 1$

42. Dividindo um polinômio A pelo polinômio $B = 3x^2 + 4x - 1$, César deu como resposta o quociente $Q = 2x^2 + 3x + 1$ e o resto $R = x^2 - 2x + 3$. Será que ele acertou a divisão?

43. Qual é o polinômio que, dividido por $B = 3x^2 + 4x - 1$, dá quociente $Q = x + 1$ e resto $R = -3x + 1$?

44. O polinômio $2x^4 - x^3 - 2x + 1$ é divisível por $x^3 - 1$? Por quê?

NA OLIMPÍADA

Quem corre mais?

(Obmep) João e Maria correm com velocidades constantes e em sentidos contrários a partir de um mesmo ponto da pista de 3 000 metros representada na figura. Depois de correr 1 200 metros, João encontra Maria pela primeira vez. Quando ele terminar a primeira volta, quantos metros ela terá corrido?

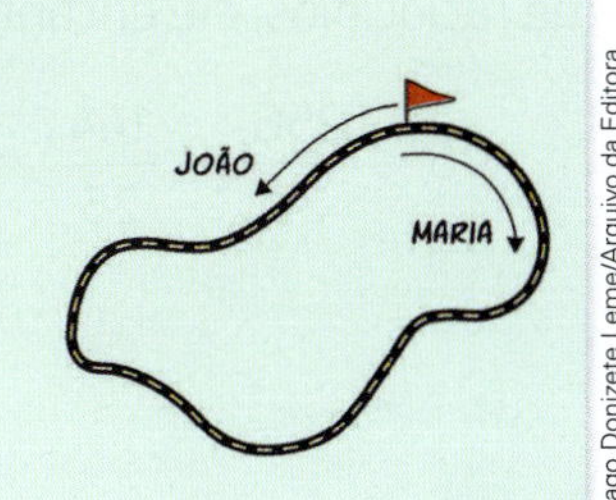

Tiago Donizete Leme/Arquivo da Editora

a) 2 000
b) 2 500
c) 3 600
d) 4 500
e) 7 500

NA HISTÓRIA

Da Álgebra retórica à Álgebra literal

O uso de letras em Matemática parece ter começado com o grego Hipócrates de Quio (460 a.C.-380 a.C.), considerado o primeiro matemático "profissional" da história. Em uma obra que se perdeu, anterior a *Os elementos* (e, inclusive, com o mesmo nome e objetivo), de Euclides, Hipócrates empregou letras do alfabeto grego para indicar objetos geométricos. Esse uso, com a generalidade que proporciona, contribuiu para que a Geometria fosse o primeiro campo da Matemática a atingir um nível elevado de organização lógica. A Álgebra, por outro lado, demorou muito a contar com uma simbologia específica conveniente.

Os problemas de natureza algébrica da Matemática egípcia e babilônica, por exemplo, eram enunciados e resolvidos retoricamente (geralmente, em lugar de **símbolos específicos** usavam-se **palavras**), por meio de "receitas" que os matemáticos da época sabiam ser válidas em situações análogas, mas que não eram formuladas genericamente. Os babilônios chamavam a incógnita de **largura** ou **altura**, revelando a ligação de sua Álgebra com a Geometria; os egípcios, talvez por uma ligação maior de sua Álgebra com a Aritmética, chamavam a incógnita de **monte** ou **quantidade** e até chegaram a usar um símbolo para a adição e um para a subtração, mas, praticamente, ficaram nisso em matéria de simbologia.

O primeiro matemático a usar uma notação envolvendo letras para indicar a incógnita e suas potências (até a sexta) foi o grego Diofanto de Alexandria, que viveu possivelmente no século II ou III, em *Arithmetica*, sua obra mais importante. O título dessa obra deriva da palavra grega *arithmetike* (de *arithmós*, que significa número) e seu conteúdo é uma coleção de 189 problemas, a maioria indeterminados, dos quais ele se limitava a achar uma de suas soluções apenas, no universo dos números racionais positivos, em um caso particular.

Um desses problemas, em uma versão simplificada, é: "Dividir um quadrado perfeito em uma soma de dois quadrados". Depois de escolher o número 16 como quadrado perfeito a ser decomposto, com uma sucessão de raciocínios, ele encontrou uma solução:

$$16 = \frac{256}{25} + \frac{144}{25} = \left(\frac{16}{5}\right)^2 + \left(\frac{12}{5}\right)^2$$

DIOPHANTI
ALEXANDRINI
ARITHMETICORVM
LIBRI SEX,
ET DE NVMERIS MVLTANGVLIS
LIBER VNVS.
Nunc primùm Græcè & Latinè editi, atque absolutissimis Commentariis illustrati.
AVCTORE CLAVDIO GASPARE BACHETO MEZIRIACO SEBVSIANO, V.C.
LVTETIAE PARISIORVM,
Sumptibus HIERONYMI DROVART, via Iacobæa, sub Scuto Solari.
M. DC. XXI.
CVM PRIVILEGIO REGIS.

Obra do grego Diofanto de Alexandria.

Diofanto introduziu símbolos para a incógnita e para suas potências, até a de expoente 6. Mas seu estilo era híbrido: parte simbólico, parte retórico. A notação de Diofanto, apesar de constituir uma revolução na Álgebra, tinha uma deficiência séria: faltavam critérios gerais para exprimir tanto as quantidades conhecidas (constantes) quanto as potências da incógnita em geral.

O primeiro passo para superar essas limitações da Álgebra foi dado somente perto do fim do século XVI, pelo advogado francês François Viète (1540-1630), que, não obstante, foi um notável matemático. Sua grande capacidade matemática pode ser avaliada por um episódio ocorrido quando ele era conselheiro do rei da França, Henrique IV, quando França e Espanha estavam em guerra. Os espanhóis usavam um código secreto, formado por mais de 500 caracteres, constantemente renovados, que julgavam indecifrável. Mas Viète conseguiu quebrá-lo, propiciando vantagem aos franceses na guerra durante cerca de dois anos. O rei da Espanha, Felipe II, chegou a se queixar ao papa, acusando a França de usar magia negra contra seu país!

Viète foi o primeiro matemático a imaginar uma simbologia que se prestasse a um estudo teórico das equações, adotando a seguinte convenção: vogais maiúsculas indicavam quantidades incógnitas e consoantes maiúsculas, quantidades constantes (parâmetros). Por exemplo, a expressão $ax + by + c$ (notação moderna) poderia ter sido escrita assim por Viète: $BA + CE + D$.

A notação atual, consistindo em representar variáveis pelas letras x, y, z e as constantes por a, b, c, assim como a atual notação exponencial (por exemplo, a^3, x^4, etc.), só foi introduzida na primeira metade do século XVII, pelo também francês e advogado René Descartes (1596-1650). Curiosamente, Descartes usava o símbolo ∞ para a igualdade, embora o símbolo $=$ já tivesse sido introduzido em 1557 pelo galês R. Recorde (1510-1558).

Granger/Shutterstock

François Viète, em litogravura colorida do século XIX. A obra encontra-se na Biblioteca Sainte-Geneviève, em Paris.

1. Quase nada se sabe sobre a vida de Diofanto, salvo que viveu em Alexandria, talvez por volta do ano 250. Mas o problema que segue, na forma de epigrama, provavelmente fornece o número de anos que ele viveu:

"A infância de Diofanto durou $\frac{1}{6}$ de sua vida; a adolescência, $\frac{1}{12}$; e o período posterior, até ele se casar, $\frac{1}{7}$. Seu filho nasceu 5 anos depois do casamento e viveu metade do tempo de vida do pai. Quatro anos depois da morte do filho, Diofanto também morreu."

Quantos anos viveu Diofanto?

2. Decomponha 13^2 em uma soma $b^2 + c^2$, sendo b e c dois inteiros positivos.

Sugestão: Faça tentativas atribuindo valores a b e calculando c.

3. Escreva, em notação moderna, um trinômio do 2º grau genérico.

4. O símbolo de igualdade (=), só que com traços um pouco maiores, foi introduzido pelo médico e mais influente autor inglês de livros didáticos de sua época, Robert Recorde, em 1557, em uma obra de Álgebra. Recorde escrevia suas obras em inglês, na forma de um diálogo entre um professor e um aluno. Na época, a maior parte dos textos científicos eram escritos em latim. Pode-se dizer que a forma com que foram escritos seus livros e a língua usada contribuíram para o sucesso de Recorde?

5. Além da Matemática, em que outras áreas Descartes se destacou? Pesquise.

Produtos notáveis e fatoração

NESTA UNIDADE VOCÊ VAI

- Relacionar produtos notáveis à Geometria.
- Resolver problemas utilizando as propriedades dos produtos notáveis.
- Conhecer as propriedades da fatoração para utilização em polinômios.
- Resolver problemas de fatoração de polinômios.

CAPÍTULOS

CAPÍTULO

10 Produtos notáveis

wutzkohphoto/Shutterstock

NA REAL

A calculadora quebrou, e agora?

Desde os primeiros anos do Ensino Fundamental você realiza cálculos. No início, os dedos eram suficientes para combinar números, mas, com o passar do tempo, as contas foram ficando cada vez mais complexas. Ao se ver em uma situação como essa, o ser humano criou artifícios para calcular, como o ábaco e a calculadora. Atualmente, quão importante é a calculadora no seu dia a dia?

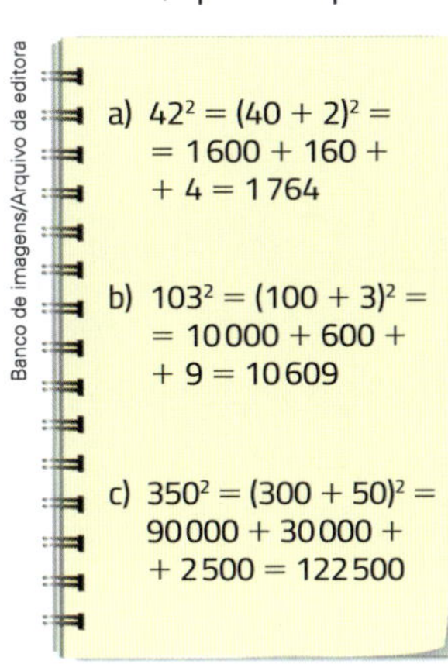

Banco de imagens/Arquivo da editora

Um estudante do 8º ano estava fazendo alguns cálculos e a tecla de multiplicação da calculadora quebrou. Então, ele criou um artifício para terminar a tarefa e continuar usando a calculadora. Veja o que ele fez na ilustração ao lado.

Confira o resultado dos cálculos com uma calculadora.

Note que os números foram decompostos e que essa decomposição elevada ao quadrado é igual a uma soma de três termos. O primeiro termo é igual ao primeiro número da decomposição ao quadrado, e o último termo é igual ao segundo número da decomposição ao quadrado. Qual é a regra de formação do segundo termo?

Quadrado da soma de dois termos

A expressão algébrica $(a + b)^2$ apresenta a soma de dois termos, $a + b$, elevada ao quadrado; é, portanto, o quadrado da soma de dois termos. Podemos calculá-la algebricamente multiplicando $a + b$ por $a + b$:

$$(a + b)^2 = (a + b)(a + b) =$$

$$= (a + b)^2 = a \cdot a + a \cdot b + b \cdot a + b \cdot b =$$

$$= (a + b)^2 = a^2 + ab + ba + b^2$$

Como $ba = ab$, temos: $(a + b)^2 = a^2 + 2ab + b^2$

Esse resultado é um **produto notável**. Podemos determiná-lo sem precisar multiplicar termo a termo. Veja:

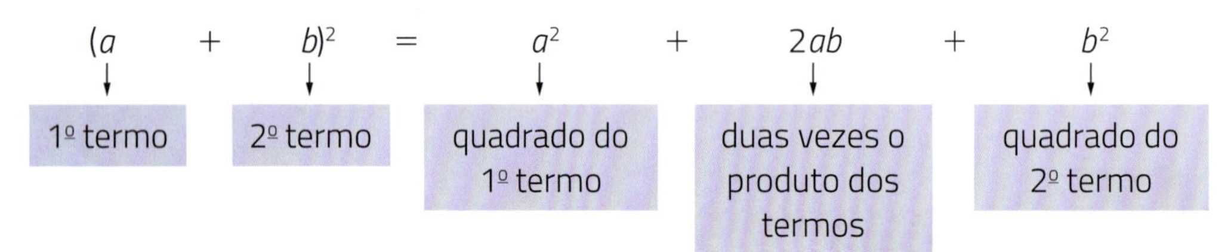

Ou seja:

O **quadrado da soma de dois termos** é igual ao quadrado do primeiro termo mais duas vezes o produto do primeiro pelo segundo mais o quadrado do segundo termo.

PARTICIPE

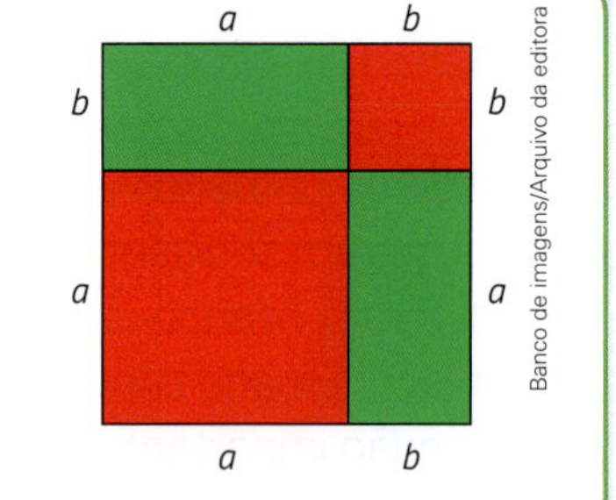

I. Na figura ao lado há dois quadrados vermelhos e dois retângulos verdes.

a) Qual é a área de cada quadrado vermelho?

b) Qual é a área de cada retângulo verde?

II. Os quadrados e os retângulos coloridos são partes de um quadrado maior. A área do quadrado maior é igual à soma das áreas dos quadrados vermelhos e dos retângulos verdes.

a) Quanto medem os lados do quadrado maior?

b) Qual é a área do quadrado maior?

c) A sentença $(a + b)^2 = a^2 + b^2 + 2ab$ é verdadeira ou falsa?

III. A expressão algébrica $(r + 5)^2$ representa o quadrado da soma de dois termos.

a) Qual é o primeiro desses termos? Quanto é o quadrado dele?

b) Qual é o segundo termo? Quanto é o quadrado dele?

c) Quanto é duas vezes o produto dos dois termos?

d) Qual é o resultado de $(r + 5)^2$?

e) Quanto é 31^2? Responda multiplicando 31 por 31.

IV. Como $31 = 30 + 1$, podemos calcular 31^2 determinando o quadrado da soma de dois termos: $(30 + 1)^2$.

a) Quanto é o quadrado do primeiro termo de $(30 + 1)^2$?

b) Quanto é duas vezes o produto dos dois termos?

c) Quanto é o quadrado do segundo termo?

d) Então, quanto é $(30 + 1)^2$? Compare com a resposta do item **III. e**.

Veja alguns exemplos de quadrado da soma de dois termos:

- $(x + 3)^2 = x^2 + 2 \cdot x \cdot 3 + 3^2 = x^2 + 6x + 9$
- $(2x + 1)^2 = (2x)^2 + 2 \cdot 2x \cdot 1 + 1^2 = 4x^2 + 4x + 1$
- $(5x + 3y)^2 = (5x)^2 + 2 \cdot 5x \cdot 3y + (3y)^2 = 25x^2 + 30xy + 9y^2$
- $(x^4 + 2)^2 = (x^4)^2 + 2 \cdot x^4 \cdot 2 + 22 = x^8 + 4x^4 + 4$
- $\left(3a + \sqrt{3}\right)^2 = (3a)^2 + 2 \cdot 3a \cdot \sqrt{3} + 0\left(\sqrt{3}\right)^2 = 9a^2 + 6\sqrt{3}a + 3$

ATIVIDADES

1. Calcule os produtos notáveis.

a) $(x + 1)^2$

b) $(x + 6)^2$

c) $(a + 10)^2$

d) $(y + 4)^2$

e) $\left(x + \sqrt{2}\right)^2$

f) $(3x + 1)^2$

2. Determine os produtos notáveis a seguir.

a) $(2a + 5)^2$

b) $(a + 2b)^2$

c) $(5a + 3b)^2$

d) $(x^2 + 4)^2$

e) $(a^2 + 1)^2$

f) $(2a + 10)^2$

3. Para explicar geometricamente por que $(x + y)^2 = x^2 + 2xy + y^2$ com base na figura abaixo, é preciso juntar a ela dois retângulos. Complete a figura e explique.

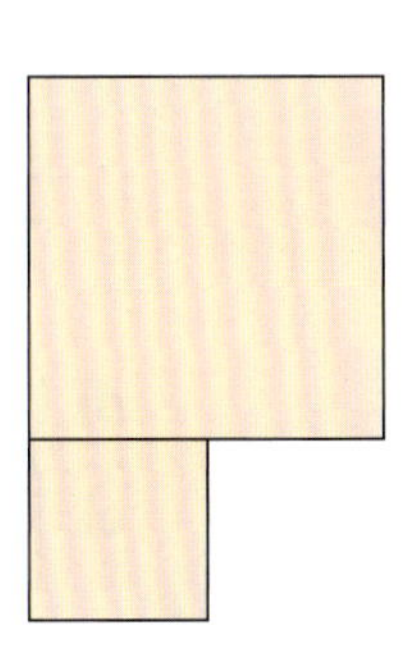

Banco de imagens/Arquivo da editora

4. Podemos empregar o produto notável para fazer cálculos numéricos. Veja um exemplo:

$$51^2 = (50 + 1)^2 = 50^2 + 2 \cdot 50 \cdot 1 + 1^2 = 2\,500 + 100 + 1 = 2\,601$$

Calcule os quadrados abaixo empregando produto notável. Tente fazer os cálculos mentalmente.

a) 21^2

b) 32^2

c) 61^2

d) 95^2

5. Ademir, Camila, Bruno e Diana estão calculando o quadrado de alguns números. Observe como eles realizaram o cálculo mental.

Marcelo Gagliano/Arquivo da editora

Quem errou o cálculo? Qual é o resultado correto?

6. Desenvolva os produtos notáveis indicados em cada cartão.

A

a) $(x + 2)^2$
b) $(2a + 9)^2$
c) $(3x + 2y)^2$
d) $(2xy + 4)^2$
e) $(x^3 + 1)^2$
f) $(x^2 + x)^2$
g) $\left(\frac{x}{3} + \frac{1}{4}\right)^2$
h) $\left(\frac{x}{2} + \frac{y}{4}\right)^2$
i) $(x + \sqrt{3})^2$

B

a) $(a + 5)^2$
b) $(\sqrt{5} + y)^2$
c) $(n + 2)^2$
d) $\left(ab + \frac{1}{2}\right)^2$
e) $(x^2 + 1)^2$
f) $(a^2 + b^2)^2$
g) $\left(\frac{x}{2} + \frac{1}{4}\right)^2$
h) $\left(\frac{3x}{4} + 1\right)^2$
i) $\left(a^2 + \frac{b}{2}\right)^2$

7. Calcule as áreas das partes coloridas.

a)

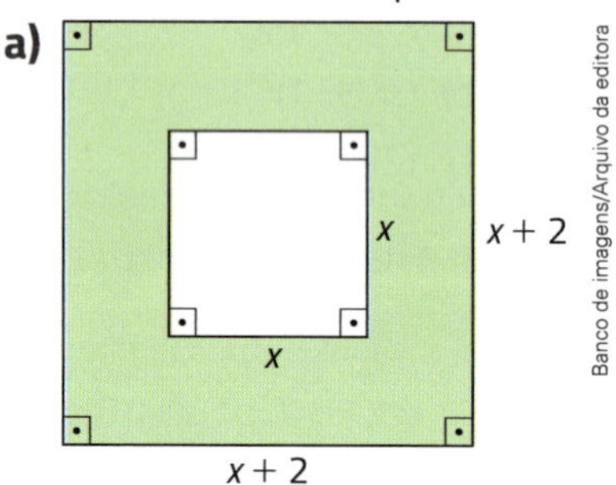

Banco de imagens/Arquivo da editora

b)

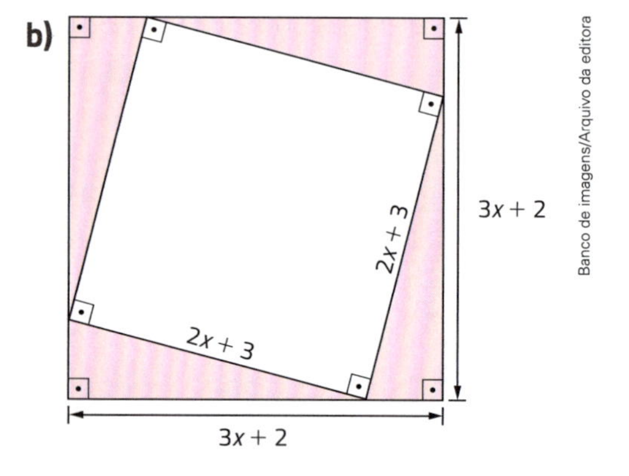

Banco de imagens/Arquivo da editora

8. Desenvolva as expressões.

a) $(x + 1)^2 + (x + 2)^2 - (2x + 1)^2$

b) $(a^2 + b^2)^2 - 2(ab)^2$

c) $(x + 1)(x + 2) - 2(x + 2)^2 + (x + 2)(x + 3)$

d) $(2x^2 + x)^2$

e) $\left(\frac{x^2}{2} + \frac{y^2}{2}\right)^2$

9. Observe o exemplo a seguir.

$$\left(\frac{x + 1}{x + 2}\right)^2 = \frac{(x + 1)^2}{(x + 2)^2} = \frac{x^2 + 2x + 1}{x^2 + 4x + 4}$$

Agora, calcule seguindo o exemplo.

a) $\left(\frac{2x + 1}{x + 2}\right)^2$

b) $\left(\frac{a}{2a + 1}\right)^2$

c) $\left(\frac{x^2 + 1}{x}\right)^2$

Quadrado da diferença de dois termos

O quadrado da diferença entre dois termos a e b é indicado por $(a - b)^2$. Temos:

$$(a - b)^2 = (a - b)(a - b) =$$
$$= a^2 - ab - ba + b^2$$

Como $-ba = -ab$, então:

$$(a - b)^2 = a^2 - 2ab + b^2$$

Esse resultado também é um produto notável.

O **quadrado da diferença entre dois termos** é igual ao quadrado do primeiro termo menos duas vezes o produto do primeiro pelo segundo mais o quadrado do segundo termo.

Veja alguns exemplos:

- $(x - 3)^2 = x^2 - 2 \cdot x \cdot 3 + 3^2 = x^2 - 6x + 9$
- $(2x - 1)^2 = (2x)^2 - 2 \cdot 2x \cdot 1 + 1^2 = 4x^2 - 4x + 1$
- $(5x - 3y)^2 = (5x)^2 - 2 \cdot 5x \cdot 3y + (3y)^2 = 25x^2 - 30xy + 9y^2$
- $(x^4 - 2)^2 = (x^4)^2 - 2 \cdot x^4 \cdot 2 + 2^2 = x^8 - 4x^4 + 4$
- $18^2 = (20 - 2)^2 = 400 - 2 \cdot 20 \cdot 2 + 4 = 324$

ATIVIDADES

10. Com base na figura abaixo, utilize seus conhecimentos de Geometria para explicar por que $(a - b)^2 = a^2 - 2ab + b^2$.

A área do quadrado azul é a área total menos a área dos retângulos rosa e verde.

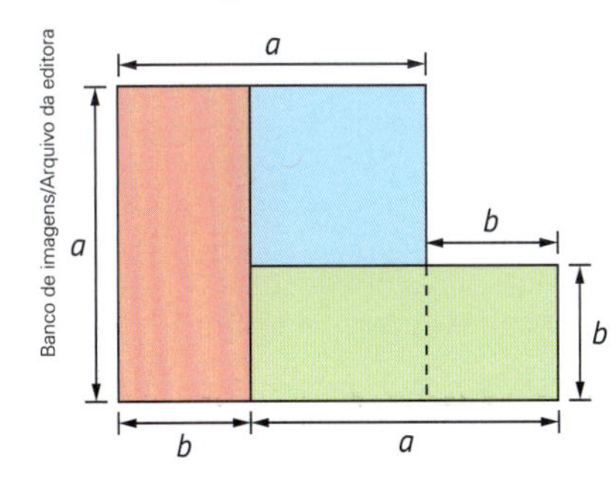

11. Desenvolva as expressões.

a) $(x - a)^2$
b) $(x - 10)^2$
c) $(3x - 1)^2$
d) $(5a - 3b)^2$

12. Calcule:

a) $(a^2 - 4)^2$
b) $(x^2 - 1)^2$
c) $(-2p + 1)^2$
d) $(-3x - 1)^2$

13. Desenvolva as expressões.

a) $(x - 1)^2$
b) $(a - 2)^2$
c) $(4x - 1)^2$
d) $(2a - 5b)^2$
e) $(n - \sqrt{6})^2$
f) $(2n - 1)^2$
g) $(3a - 2b)^2$
h) $(2ab - c)^2$

14. Calcule:

a) $(3ab - 1)^2$
b) $(x^2 - y^2)^2$
c) $\left(x - \frac{1}{2}\right)^2$
d) $\left(\frac{x}{4} - 2\right)^2$
e) $\left(\frac{a}{2} - \frac{b}{8}\right)^2$

15. Calcule mentalmente usando produtos notáveis.

a) 19^2
b) 49^2
c) 48^2
d) 98^2
e) 29^2
f) 39^2
g) 38^2
h) 99^2

16. Calcule as expressões a seguir.

a) $(a + b)^2 - (a - b)^2$
b) $(x + 1)^2 + (x - 1)^2$
c) $(x + 1)^2 - (x - 1)^2$
d) $(2x - 1)^2 - (x - 2)^2 + 3(1 - x)^2$
e) $(-3a - 4b)^2 - (3a - 4b)^2$

Produto da soma pela diferença de dois termos

O produto dos vizinhos

A professora Heloísa pediu aos alunos que observassem os números inteiros marcados na reta e respondessem à pergunta:

Para responder à pergunta, vamos multiplicar $(n + 1)$ por $(n - 1)$:

$$(n + 1)(n - 1) = n^2 - \cancel{n} + \cancel{n} - 1 = n^2 - 1$$

O resultado, $n^2 - 1$, é o antecessor de n^2. Então, o produto do sucessor pelo antecessor de n é o antecessor de n^2.

Veja os exemplos:

- O antecessor do número 10 é 9, e o sucessor, 11. Temos:

$$9 \cdot 11 = 10^2 - 1 = 99$$

- O antecessor do número 20 é 19, e o sucessor, 21. Temos:

$$19 \cdot 21 = 20^2 - 1 = 399$$

Quais são o antecessor e o sucessor do número 30? Qual é o produto deles?

Agora, vamos calcular o produto da soma $a + b$ pela diferença $a - b$ de dois termos a e b:

$$(a + b) \cdot (a - b) = a^2 - ab + ba - b^2$$

Como $-ab + ba = 0$, temos: $(a + b)(a - b) = a^2 - b^2$

Esse produto notável pode ser enunciado da seguinte forma:

O **produto da soma pela diferença de dois termos** é igual ao quadrado do primeiro termo menos o quadrado do segundo termo.

Veja os exemplos:

- $(n + 1)(n - 1) = n^2 - 12 = n^2 - 1$
- $(x + 2)(x - 2) = x^2 - 22 = x^2 - 4$
- $(2a + 4)(2a - 4) = (2a)^2 - 4^2 = 4a^2 - 16$
- $(x^3 - 3)(x^3 + 3) = (x^3)^2 - 3^2 = x^6 - 9$
- $(5 + w)(w - 5) = (w + 5)(w - 5) = w^2 - 25$

a adição é comutativa

- $1999 \cdot 2001 = (2000 - 1)(2000 + 1) = 2000^2 - 1^2 = 4000000 - 1 = 3999999$

ATIVIDADES

17. Observe as figuras e responda às questões a seguir.

a) Qual é a área do retângulo colorido?

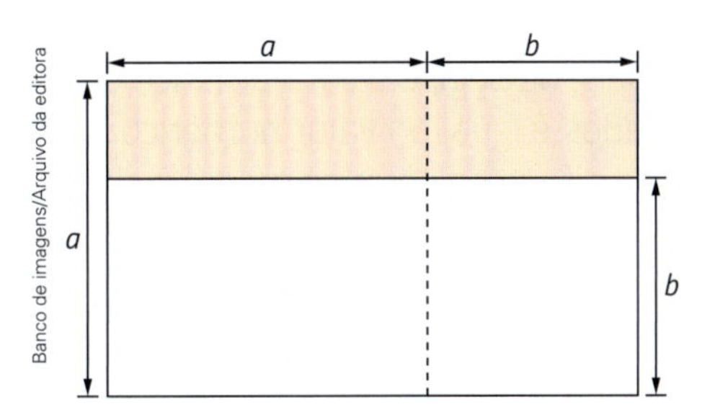

Banco de imagens/Arquivo da editora

b) Imagine que a figura do item *a* tenha sido recortada no tracejado, como mostra a figura ao lado. Observe que a área colorida corresponde à área do quadrado maior menos a do quadrado menor. Calcule a área colorida.

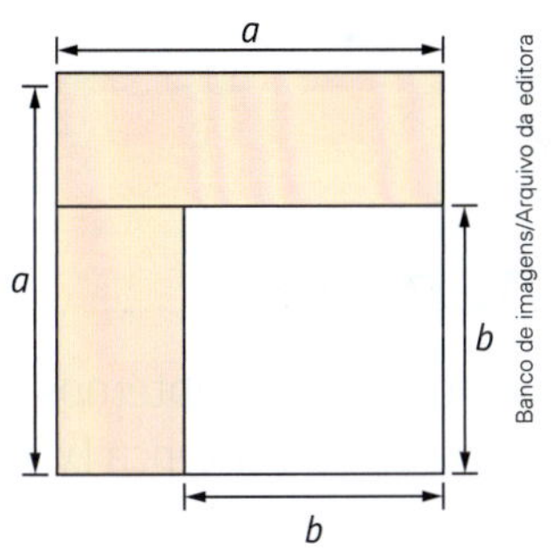

Banco de imagens/Arquivo da editora

c) Como a área colorida é a mesma nas duas figuras, que igualdade você pode escrever a partir delas?

18. Calcule os produtos indicados em cada cartão.

A

$(x + 1)(x - 1)$
$(a + 5)(a - 5)$
$(3b + 7)(3b - 7)$
$(x^2 + 2)(x^2 - 2)$

B

$(x + \sqrt{6})(x - \sqrt{6})$
$(a - \sqrt{14})(a + \sqrt{14})$
$(3x - 2y)(3x + 2y)$
$(2ab - 3c)(2ab + 3c)$

C

$(3 - ab)(3 + ab)$
$(xy - 3z)(xy + 3z)$
$\left(\frac{2x}{5} + \frac{3y}{2}\right)\left(\frac{2x}{5} - \frac{3y}{2}\right)$
$\left(x - \frac{1}{x}\right)\left(x + \frac{1}{x}\right)$

D

$(x^2 + 1)(x^2 - 1)$
$(y^2 - 3z)(y^2 + 3z)$
$\left(\frac{3x}{4} + \frac{2y}{5}\right)\left(\frac{3x}{4} - \frac{2y}{5}\right)$
$\left(x^2 - \frac{1}{x^2}\right)\left(x^2 + \frac{1}{x^2}\right)$

19. Calcule mentalmente usando produtos notáveis.

a) $41 \cdot 39$
b) $52 \cdot 48$
c) $57 \cdot 63$
d) $91 \cdot 89$
e) $92 \cdot 88$
f) $103 \cdot 97$
g) $210 \cdot 190$
h) $301 \cdot 299$

20. Calcule usando as regras dos produtos notáveis.

a) $(x + 1)^2 + (x - 1)^2 + 2(x + 1)(x - 1)$

b) $(a - 1)(a + 1)(a^2 + 1)(a^4 + 1) + 1$

c) $(2x + 1)^2 + (2x - 1)^2 + 2(2x + 1)(2x - 1)$

d) $\left(a - \dfrac{1}{2}\right)\left(a + \dfrac{1}{2}\right)\left(a^2 + \dfrac{1}{4}\right) + \dfrac{1}{16}$

e) $(x + 3)(x - 3) - (x + 2)(x - 2)$

NA OLIMPÍADA

Qual é a diferença das áreas dos quadrados?

(Obmep) Na figura vemos um quadrado dentro de outro, determinando uma região cinza. A área (em cm²) e o perímetro (em cm) dessa região são numericamente iguais, ou seja, o valor numérico da soma dos perímetros desses quadrados é igual ao valor numérico da diferença entre suas áreas. Qual é a diferença entre as medidas dos lados desses quadrados?

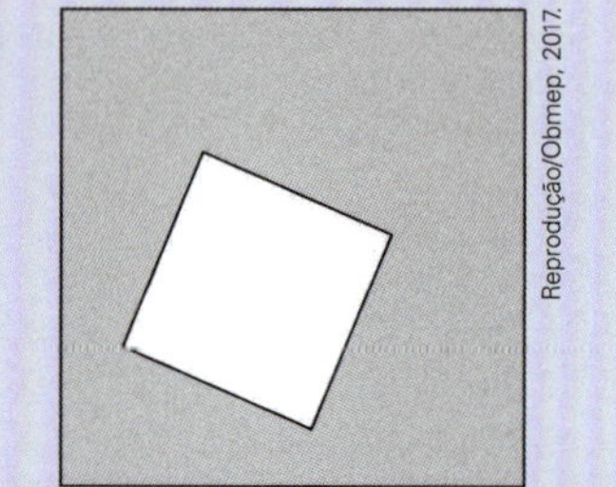

Reprodução/Obmep, 2017.

a) 1 cm
b) 4 cm
c) 6 cm
d) 8 cm
e) 10 cm

Identidades

Desenvolvendo $(x + 1)^2$, obtemos $x + 2x + 1$. Por isso, dizemos que $(x + 1)^2$ e $x^2 + 2x + 1$ são expressões idênticas ou que a sentença $(x + 1)^2 = x^2 + 2x + 1$ é uma identidade.

Atribuindo valor numérico a x, o valor da expressão $(x + 1)^2$ será igual ao de $x^2 + 2x + 1$. Compare os resultados em cada caso:

$x = 1$:
$$(x + 1)^2 = (1 + 1)^2 = 2^2 = 4$$
$$x^2 + 2x + 1 = 1^2 + 2 \cdot 1 + 1 = 1 + 2 + 1 = 4$$

$x = -5$:
$$(x + 1)^2 = (-5 + 1)^2 = (-4)^2 = 16$$
$$x^2 + 2x + 1 = (-5)^2 + 2 \cdot (-5) + 1 = 25 - 10 + 1 = 16$$

$x = \dfrac{2}{3}$:
$$(x + 1)^2 = \left(\frac{2}{3} + 1\right)^2 = \left(\frac{5}{3}\right)^2 = \frac{25}{9}$$
$$x^2 + 2x + 1 = \left(\frac{2}{3}\right)^2 + 2 \cdot \frac{2}{3} + 1 = \frac{4}{9} + \frac{4}{3} + 1 = \frac{4 + 12 + 9}{9} = \frac{25}{9}$$

Vamos agora calcular e comparar os valores numéricos das expressões $(x + y)^2$ e $x^2 + y^2$ para:

$x = 0$ e $y = 10$:
- $(x + y)^2 = (0 + 10)^2 = 10^2 = 100$
- $x^2 + y^2 = 0^2 + 10^2 = 0 + 100 = 100$

$x = 1$ e $y = 2$:
- $(x + y)^2 = (1 + 2)^2 = 3^2 = 9$
- $x^2 + y^2 = 1^2 + 2^2 = 1 + 4 = 5$

$x = -3$ e $y = 3$:
- $(x + y)^2 = (-3 + 3)^2 = 0^2 = 0$
- $x^2 + y^2 = (-3)^2 + 3^2 = 9 + 9 = 18$

Pelos exemplos você pode observar que nem sempre $(x + y)^2$ e $x^2 + y^2$ têm valores numéricos iguais. Isso significa que não são expressões idênticas, ou seja, não é possível transformar uma expressão na outra realizando operações algébricas. A sentença $(x + y)^2 = x^2 + y^2$ não é uma identidade.

Duas **expressões algébricas são idênticas** quando é possível transformar uma na outra por meio de operações algébricas.
Uma **identidade** é uma igualdade em que os dois membros são expressões idênticas.

ATIVIDADES

21. Indique se as sentenças abaixo representam identidade ou não. Faça o cálculo, se achar necessário.

a) $(x + 4)(x - 4) = x^2 - 4$

b) $(x + 2)^2 = x^2 + 4$

c) $(x - 2)(x + 2) = x^2 - 4$

d) $(x - 1)^2 = x^2 - 1$

e) $(x - 5)(x + 5) = x^2 - 25$

f) $(5 + x)(x - 5) = 25 - x^2$

g) $(x + 1)^2 = x^2 + 2x + 1$

h) $(3 - x)^2 = 9 - 6x + x^2$

22. A expressão $x^2 + 10x + 100$ é idêntica a outra, que é o quadrado de um binômio. Qual é essa outra expressão?

23. A expressão $4x^2 - 81y^2$ é idêntica a outra, que é o produto da soma pela diferença dos mesmos dois termos. Qual é essa expressão?

24. Explique, usando áreas de figuras geométricas, por que as expressões $(x + y)^2$ e $x^2 + y^2$ não são idênticas.

EDUCAÇÃO FINANCEIRA

Como posso pagar?

Os documentos necessários para abrir uma conta bancária, as tarifas e as taxas cobradas, o uso de cheque e cheque especial são temas tratados nesta seção. Resolva as atividades para compreender esse assunto.

I. Ao fazer uma compra, quais são as principais formas de pagamento à vista?

II. Se uma pessoa faz uma compra e paga com cheque, em que prazo o valor do cheque será descontado (debitado) da conta bancária dela?

III. Quais são os principais problemas enfrentados por alguém que paga uma compra com cheque sem fundos (cheque de valor superior ao saldo disponível na conta bancária)?

IV. Que documentos costumam ser pedidos pelos bancos para se abrir uma conta bancária?

V. Quais tarifas os bancos exigem para abrir uma conta bancária?

VI. As tarifas bancárias são iguais em todos os bancos?

VII. Quais tarifas os bancos costumam cobrar de um cliente que utiliza cheques?

bagalphoto/Shutterstock

Atualmente, é muito comum o uso de cartões de crédito ou de débito para realizar pagamentos.

VIII. O que significa ter uma conta bancária com cheque especial?

IX. O que significa o limite concedido pelo banco ao cheque especial fornecido a uma pessoa?

X. Quando alguém ultrapassa o saldo existente na conta bancária e utiliza o cheque especial, qual é o custo (despesa) extra que passa a ter?

XI. Quais são as taxas de juros cobradas pela utilização do cheque especial?

XII. Uma pessoa faz uma compra no valor de R$ 1 000,00 e não tem saldo na conta-corrente, passando a utilizar o limite do cheque especial. Se cobrir o saldo em conta depois de 30 dias, quanto realmente terá custado sua compra?

XIII. Quais cuidados deve tomar uma pessoa que perdeu seu talão de cheques?

Agora, junte-se a três colegas e discutam:

1. Quais medidas devem ser tomadas para não pagar uma conta de valor maior do que o disponível na conta bancária?

2. Quais medidas devem ser tomadas para não utilizar o crédito do cheque especial?

CAPÍTULO 11

Fatoração de polinômios

Evgeniya Moroz/Shutterstock

NA REAL

Qual é a área disponível para as cadeiras?

Uma casa com piscina faz parte do sonho de muitas pessoas. Ao planejar a construção de um espaço como esse, é preciso ponderar vantagens e desvantagens. Tudo depende do estilo de vida da pessoa, da disposição para investir em manutenção e do espaço disponível para a instalação da piscina. Você tem ou teria uma piscina em casa?

Na casa de Luciana há uma área de lazer quadrada com 15 metros de lado. Ela construiu uma piscina quadrada com 9 metros de lado e precisa saber qual é a área restante para a instalação dos revestimentos. Para isso, realizou a seguinte operação:

$$15^2 - 9^2 = (15 - 9)^2 = 6^2$$

Área restante $= 36\ m^2$

No momento da instalação dos revestimentos faltou material, pois o cálculo estava errado. Encontre o erro de cálculo e determine qual é a área correta ao redor da piscina a ser revestida.

Fração algébrica e simplificação

Retângulos de bases iguais

Na figura há dois retângulos de base a; em um deles a altura é b e, no outro, é c. Qual é a razão entre as áreas desses retângulos?

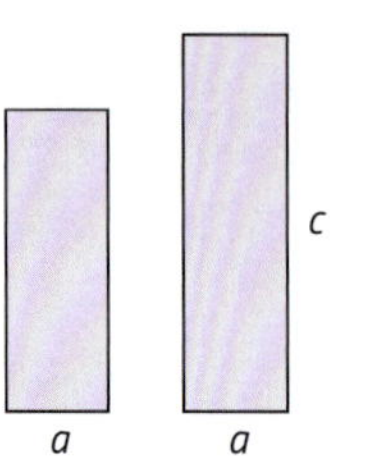

As áreas são $a \cdot b$ e $a \cdot c$; portanto, a razão entre elas é $\frac{ab}{ac}$.

Uma razão entre expressões algébricas, como $\frac{ab}{ac}$, é denominada **fração algébrica**.

Recorde que uma fração numérica pode ser simplificada quando o numerador e o denominador apresentam um mesmo fator. Nesse caso, dividimos ambos por esse fator. Por exemplo:

$$\frac{5 \cdot 6}{5 \cdot 7} = \frac{6}{7}$$

Essa operação se aplica também às frações algébricas. Assim, dividindo numerador e denominador por a, $a \neq 0$, obtemos:

$$\frac{ab}{ac} = \frac{b}{c}$$

Concluímos que a razão entre as áreas de dois retângulos de bases iguais é igual à razão entre as alturas deles. Se dobrarmos a altura, a área dobrará. Se a altura for triplicada, a área também triplicará.

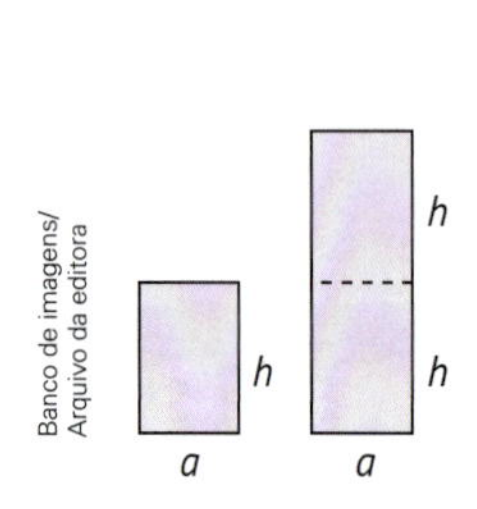

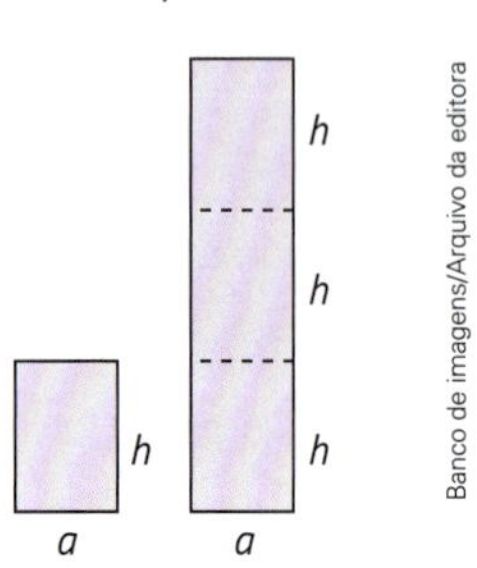

Simplificando

A fração numérica $\frac{51}{69}$ pode ser simplificada?

Como 51 e 69 são ambos divisíveis por 3, temos:

$$\frac{51}{69} = \frac{3 \cdot 17}{3 \cdot 23} = \frac{17}{23}$$

Agora, considere a fração algébrica $\frac{x^2 + 2x + 1}{x^2 - 1}$, em que $x^2 + 1 \neq 0$. Uma fração assim também pode ser simplificada?

Se o numerador e o denominador podem ser divididos por um mesmo fator, então podemos simplificar a fração. Uma maneira de descobrir é decompor numerador e denominador em produto. No exemplo acima:

- $x^2 + 2x + 1$ é o resultado de $(x + 1)^2$; portanto, de $(x + 1)(x + 1)$;
- $x^2 - 1$ é o resultado de $(x + 1)(x - 1)$.

Então:

$$\frac{x^2 + 2x + 1}{x^2 - 1} = \frac{(x + 1)(x + 1)}{(x + 1)(x - 1)} = \frac{x + 1}{x - 1}$$

Note que dividimos numerador e denominador pelo fator $(x + 1)$, que aparece em ambos. Nessa simplificação supomos $x + 1 \neq 0$, porque não existe divisão por zero.

Fatoração

O processo de decomposição em produto é denominado **fatoração**.

Fatorar um polinômio significa transformá-lo em um produto correspondente.
É o mesmo que decompor em fatores.

Para fatorar um polinômio, precisamos descobrir que fatores devem ser multiplicados, de modo que o resultado seja o polinômio dado. A forma fatorada é o produto desses fatores.

Estudaremos, agora, alguns casos de fatoração de polinômios. Aplicaremos a fatoração para simplificar e operar com frações algébricas.

Colocando fator comum em evidência

O polinômio $ab + ac$ representa a área total da figura abaixo, formada por dois retângulos.

Esse polinômio é formado pelos termos ab e ac, que têm em comum o fator a (lado comum dos retângulos).

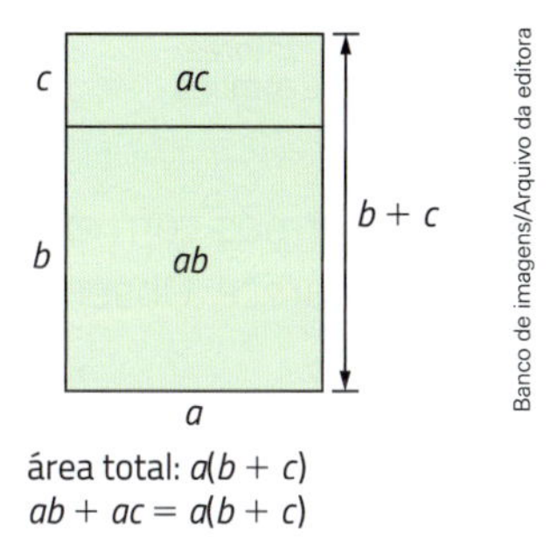

área total: $a(b + c)$
$ab + ac = a(b + c)$

Pela propriedade distributiva, sabemos que:

$$ab + ac = a \cdot (b + c)$$

O produto $a \cdot (b + c)$ é a **forma fatorada** do polinômio $ab + ac$.

Na forma fatorada, dizemos que o **fator comum** a está colocado em **evidência**.

Quando os termos de um polinômio apresentam um fator comum, podemos colocá-lo em evidência, obtendo uma forma fatorada do polinômio.

Se dividirmos o polinômio $ab + ac$ pelo fator comum a, o resultado será $b + c$. Desse modo, podemos concluir que, na forma fatorada:

- o primeiro fator é o fator comum;
- o segundo fator é o quociente da divisão do polinômio pelo fator comum.

Vamos ver alguns exemplos de fatoração pelo caso do fator comum:

a) $kx + ky$

O fator comum aos dois termos é k. Temos:

$$kx + ky = k \cdot (x + y)$$

fator comum: k; $kx : k$; $ky : k$

Note que, se efetuarmos a multiplicação $k \cdot (x + y)$, o resultado será $kx + ky$.

b) $ax + bx + cx$

O fator comum a todos os termos é x. Temos:

$$ax + bx + cx = x \cdot (a + b + c)$$

fator comum: x; $ax : x$; $bx : x$; $cx : x$

c) $x^2 + 3x$

Os termos $x^2 = x \cdot x$ e $3x$ apresentam o fator comum x. Temos:

$$x^2 + 3x = x \cdot (x + 3)$$

fator comum: x; $x^2 : x$; $3x : x$

d) $2ab + 3abc$

Para fazer a fatoração completa, é preciso pôr em evidência todos os fatores comuns: a e b. Temos:

$$2ab + 3abc = ab \cdot (2 + 3c)$$

fatores comuns: ab; $2ab : ab$; $3abc : ab$

e) $a^2x^4 + a^3x^2 - 5a^4x$

Se uma variável aparece em todos os termos com expoentes diferentes, ela é posta em evidência elevada ao menor expoente com que aparece. Observe:

$$a^2x^4 + a^3x^2 - 5a^4x = a^2x \cdot (x^3 + ax - 5a^2)$$

fatores comuns: a^2x; $a^2x^4 : a^2x$; $a^3x^2 : a^2x$; $5a^4x : a^2x$

f) $20x^5 + 12x^4 + 4x^3$

Quando há coeficientes numéricos inteiros, costumamos decompô-los em fatores primos e pôr em evidência os que forem comuns. Veja:

$$20x^5 + 12x^4 + 4x^3 = 2^2 \cdot 5 \cdot x^5 + 2^2 \cdot 3 \cdot x^4 + 2^2 \cdot x^3 =$$
$$= 2^2 \cdot x^3 \cdot (5x^2 + 3x + 1) =$$
$$= 4x^3 \cdot (5x^2 + 3x + 1)$$

fator comum: $4x^3$

Se efetuarmos a multiplicação $4x^3 \cdot (5x^2 + 3x + 1)$, o resultado será $20x^5 + 12x^4 + 4x^3$.

ATIVIDADES

1. Observe a figura abaixo e responda às questões.

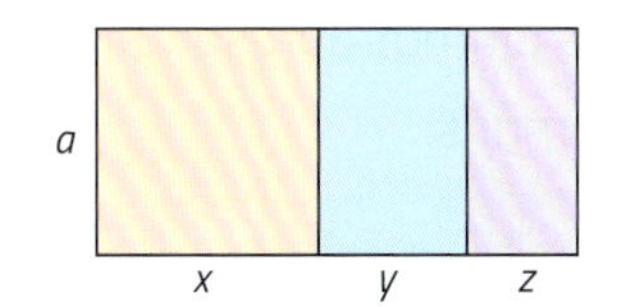

Banco de imagens/Arquivo da editora

a) Qual é a área de cada parte colorida?

b) Qual é a área total?

c) Qual é a forma fatorada de $ax + ay + az$?

2. Copie substituindo os ////////// e completando as fatorações.

a) $ax + ay = a \cdot$ (//////////)

b) $ap + bp + cp = p \cdot$ (//////////)

c) $4a + 8b = 4 \cdot$ (//////////)

d) $abc + abd + abe = ab \cdot$ (//////////)

e) $xyz + yz + z = z \cdot$ (//////////)

f) $a + ab + abc = a \cdot$ (//////////)

3. Fatore colocando os fatores comuns em evidência.

a) $am + an$

b) $kx + k$

c) $4x - 8$

d) $3ax - 7axy$

e) $4kp + 8kq - 12k$

f) $x + ax + abx$

4. Simplifique as frações algébricas.

a) $\dfrac{10ab}{15ac}$ **b)** $\dfrac{6a^2}{4ab}$ **c)** $\dfrac{m(a+b)}{m(x+y)}$ **d)** $\dfrac{a(x+y)}{ab(x+y)}$

5. Fatore o numerador e o denominador e simplifique.

a) $\dfrac{2x+2}{4x+4}$

b) $\dfrac{3a-6b}{a-2b}$

c) $\dfrac{x+ax}{x+bx}$

d) $\dfrac{ax+a}{bx+b}$

6. Fatore colocando em evidência os fatores comuns.

a) $x^2 + x$

b) $x^4 - x^3 + x^2$

c) $3a^3 + 12a^7$

d) $15y^5 - 10y^3 + 25y^2$

e) $a^3x^2 + a^4x^4 - 2a^5x^6$

f) $a^3x^3 + 4a^2x^2y$

7. Fatore.

a) $a^2 + a^3$

b) $m^5 - 3m^4$

c) $2x^4 + 5x^2$

d) $12y^3 - 8y^2 + 4y$

e) $3a^3b^2 + 9a^2b^3$

f) $x^3y^2 + x^2y^2 + xy^2$

g) $a^2b^2 - ab^3$

h) $-4m^3 - 6m^2$

i) $25h^3 - 20h^4 + 15h^5$

j) $12a^3x^2 + 6a^2x^3 - 8ax^4$

8. Efetue as fatorações necessárias e simplifique as frações algébricas.

a) $\dfrac{a^2b + ab^2}{2ab}$

b) $\dfrac{27x^3 + 9x^2}{3 + 9x}$

9. Fatore o numerador e o denominador e simplifique.

a) $\dfrac{2a+2b}{3a+3b}$

b) $\dfrac{abx + aby}{a^2x + a^2y}$

c) $\dfrac{x^4y^3 + x^3y^4}{x^2y + xy^2}$

d) $\dfrac{ax^4 - ax^3 + 2ax^2}{x^5 - x^4 + 2x^3}$

10. Copie substituindo os ////////// e formando sentenças verdadeiras.

a) $-x + 1 = -1 \cdot$ (//////////)

b) $-x - 1 = -1 \cdot$ (//////////)

c) $-a + 2 =$ ////////// $\cdot (a - 2)$

d) $-a - 2 =$ ////////// $\cdot (a + 2)$

11. Na expressão $a(x + 1) + b(x + 1)$, o fator $(x + 1)$ é comum às duas parcelas. Assim: $a(x + 1) + b(x + 1) = (x + 1) \cdot (a + b)$.
Agora, vamos fatorar.

a) $a(x - y) + b(x - y)$

b) $x(a + b) - y(a + b)$

c) $a^2(x + 1) + 5(x + 1)$

d) $(x - 1) - a(x - 1)$

e) $a(x + 2) + (x + 2)$

f) $a(x - 2) - (x - 2)$

Fatoração por agrupamento

Observe os termos do polinômio:

$$ax - mx + ay - my$$

Os dois primeiros termos apresentam o fator comum x, e os dois últimos apresentam o fator comum y.

Vamos agrupar os termos e colocar em evidência os fatores comuns:

$$(ax - mx) + (ay - my) =$$
$$= x \cdot (a - m) + y \cdot (a - m)$$

Temos agora dois produtos em que $(a - m)$ é fator comum.

Colocando $(a - m)$ em evidência, obtemos:

$$(a - m)(x + y)$$

Assim, transformamos o polinômio dado no produto $(a - m)(x + y)$, que é a sua forma fatorada.

Então:

$$ax - mx + ay - my = (a - m)(x + y)$$

Podemos **fatorar determinados polinômios agrupando os seus termos** de maneira que:

- em cada grupo haja um fator comum;
- fatorando cada grupo, observamos que eles apresentam um novo fator comum que, ao ser posto em evidência, completa a fatoração.

Exemplos de fatoração por agrupamento:

- $ax + ay + bx + by = (ax + ay) + (bx + by) = a(x + y) + b(x + y) = (x + y)(a + b)$
- $x^2 + xy - x - y = (x^2 - x) + (xy - y) = x(x - 1) + y(x - 1) = (x - 1)(x + y)$
- $ax - a - 3x + 3 = (ax - a) - (3x - 3) = a(x - 1) - 3(x - 1) = (x - 1)(a - 3)$

Você sempre pode conferir se a fatoração está correta: efetuando a multiplicação indicada, o resultado deve ser o polinômio inicial.

ATIVIDADES

12. Fatore por agrupamento.

a) $a^2 + ab + ac + bc$
b) $ax - bx + ay - by$
c) $ax + 2bx + 3a + 6b$
d) $ab + a + b + 1$
e) $xy + 2x - 2y - 4$
f) $ab - an + bm - mn$

13. Transforme em produto.

a) $x^2 + ax + bx + ab$
b) $mp + np - mq - nq$
c) $ax - ay - bx + by$
d) $8x^2 + 4xy + 2x + y$
e) $x^3 - 5x^2 + 4x - 20$
f) $mn - m - n + 1$

14. Que fatoração pode ser explicada geometricamente com base na figura abaixo?

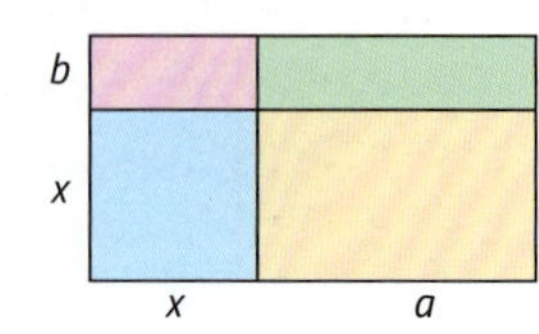

Banco de imagens/Arquivo da editora

15. Agrupe os termos e fatore.

a) $ab + ac + 10b + 10c$

b) $xy + 2x + 5y + 10$

c) $ab - 3a - 4b + 12$

d) $x^3 + x^2 + x + 1$

e) $a^2 - a + x - ax$

f) $ax - ay + x - y$

16. Fatore.

a) $x^2 + (m - 2)x - 2m$

b) $ax + bx + cx + ay + by + cy$

17. Simplifique empregando a fatoração.

a) $\dfrac{ax + ay}{ax + bx + ay + by}$

b) $\dfrac{x^2 + yx}{x^2 + (2 + y)x + 2y}$

c) $\dfrac{xy + 2x + 2y + 4}{2xy + x + 4y + 2}$

Quadrados perfeitos

Assim como existem os números quadrados perfeitos, também falamos em expressões algébricas que são quadrados perfeitos. Observe a figura ao lado, na qual apresentamos uma interpretação geométrica para um quadrado perfeito. Veja também os exemplos.

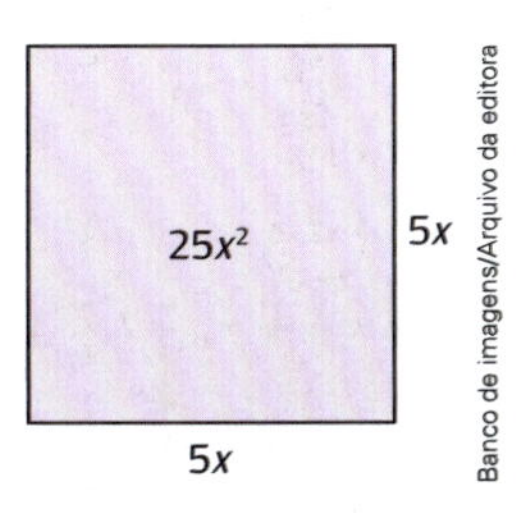

- $25x^2$ é quadrado perfeito, pois $25x^2 = (5x)^2$.
- x^4 é quadrado perfeito, pois $x^4 = (x^2)^2$.
- a^4b^{12} é quadrado perfeito, pois $a^4b^{12} = (a^2b^6)^2$.

Um monômio é denominado quadrado perfeito quando é igual ao quadrado de outro monômio. Para isso, sendo não nulo, deve ter coeficiente positivo e todos os expoentes das suas letras devem ser números pares.

Veja outros exemplos:

- $3m^2$ é quadrado perfeito, pois $3m^2 = \left(\sqrt{3} \cdot m\right)^2$.
- $9x^3$ não é quadrado perfeito, porque o expoente de x é ímpar.

Fatorando uma diferença de dois quadrados

A expressão $a^2 - b^2$ representa a diferença de dois quadrados: a^2 e b^2.

A diferença de dois quadrados é um produto notável.

Sabemos que $a^2 - b^2$ é igual ao produto da soma $(a + b)$ pela diferença $(a - b)$, isto é:

$$a^2 - b^2 = (a + b)(a - b)$$

Podemos compreender essa igualdade trabalhando com áreas. Observe as figuras a seguir.

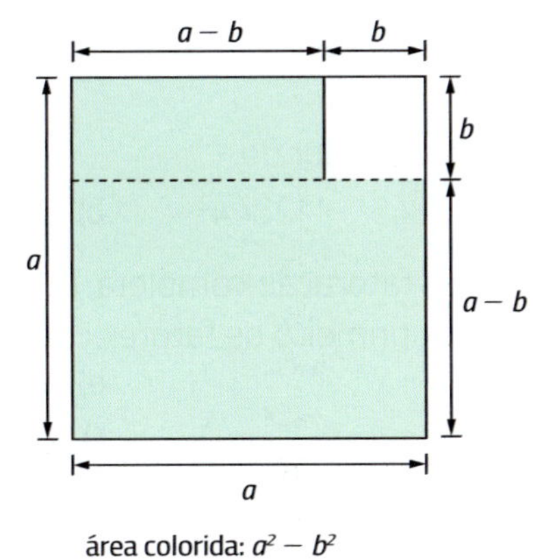

área colorida: $a^2 - b^2$

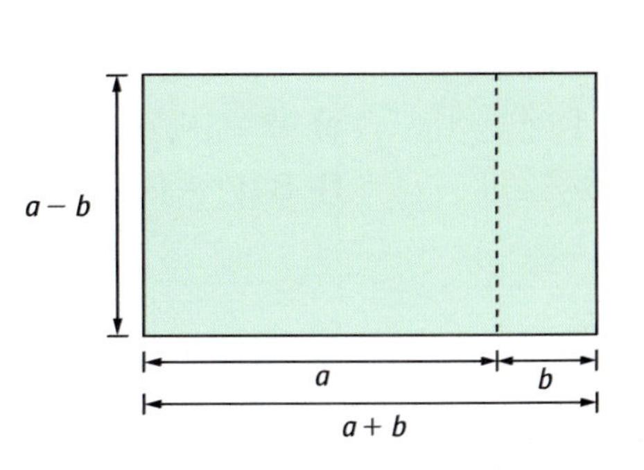

área colorida: $(a + b)(a - b)$

As áreas coloridas nas duas figuras são iguais, pois são compostas de um retângulo de dimensões a e $(a - b)$ e outro de dimensões b e $(a - b)$. Então:

$$a^2 - b^2 = (a + b)(a - b)$$

Assim, $(a + b)(a - b)$ é a forma fatorada de $a^2 - b^2$.

A **forma fatorada da diferença de dois quadrados** é o produto da soma pela diferença das bases, na ordem dada.

Exemplos:

- $x^2 - 9 = x^2 - 3^2 = (x + 3)(x - 3)$, em que $9 = 3^2$
- $25a^2 - 1 = (5a)^2 - 1^2 = (5a + 1)(5a - 1)$, em que $25a^2 = (5a)^2$ e $1 = 1^2$
- $x^4 - y^4 = (x^2)^2 - (y^2)^2 = (x^2 + y^2)(x^2 - y^2) = (x^2 + y^2)(x + y)(x - y)$, em que $x^4 = (x^2)^2$ e $y^4 = (y^2)^2$

ATIVIDADES

18. Observe as figuras e responda às questões a seguir.

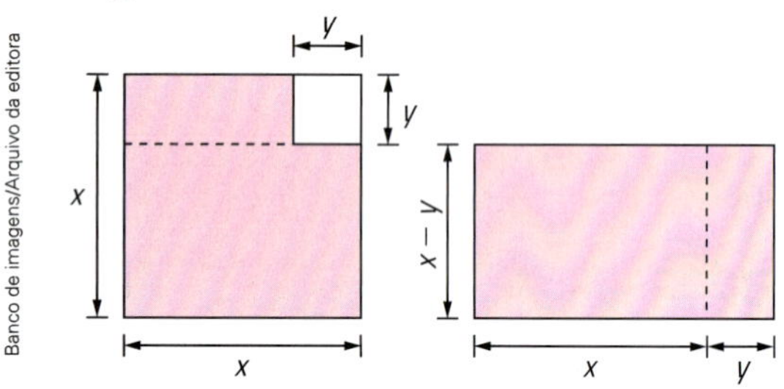

a) Quanto vale a área colorida na primeira figura? E na segunda figura?

b) Qual é a forma fatorada de $x^2 - y^2$?

19. Copie substituindo os ////////// e completando as igualdades com monômios de coeficientes positivos.

a) $4y^2 = (\text{//////////})^2$

b) $36a^2 = (\text{//////////})^2$

c) $m^4 = (\text{//////////})^2$

d) $x^2y^2 = (\text{//////////})^2$

e) $x^6 = (\text{//////////})^2$

f) $81y^4 = (\text{//////////})^2$

20. Fatore.

a) $a^2 - 25$

b) $x^2 - 1$

c) $x^2 - 100$

d) $a^2b^2 - 4$

e) $9x^2 - 16y^2$

f) $4x^2 - 1$

g) $m^2 - 16$

h) $m^2 - 16n^2$

i) $4x^2 - 25y^2$

j) $\frac{x^2}{100} - 1$

k) $x^2 - \frac{1}{x^2}$

l) $\frac{a^2}{4} - \frac{1}{9}$

m) $\frac{4x^2}{25} - \frac{25}{36}$

n) $\frac{9x^2}{4} - \frac{1}{49}$

o) $x^2 - 3$

21. Calcule o valor de:

a) $12345^2 - 12344^2$

b) $2002^2 - 1998^2$

22. Faça a fatoração completa, colocando em evidência primeiro os fatores comuns.

a) $x^3 - x$

b) $a^5 - 4a^3$

c) $125 - 5p^2q^2$

d) $3x^2 - 12y^2$

e) $x^4 - x^2$

f) $a^2b^2 - b^4$

g) $x^7 - x^3$

h) $x^8 - 16$

23. Fatore completamente.

a) $7x^2 - 7$
b) $ab^2 - ac^2$
c) $x^3y - xy^3$
d) $25a^4 - 100x^2$
e) $a^3 - 25a$
f) $4x^4 - x^2$
g) $a^4 - b^4$
h) $x^4 - 1$
i) $y^4 - 16$
j) $a^2 - b^2 + 10a - 10b$

24. Agrupe convenientemente os termos e fatore.

a) $x^3 + x^2 - 4x - 4$
b) $x^2 - y^2 + x - y$
c) $x^2y^2 - x^2 - y^2 + 1$

25. Simplifique $\dfrac{(x^2 - 1)(x + 2)}{(x^2 - 4)(x - 1)}$ e calcule seu valor para $x = 1\,002$.

Trinômio quadrado perfeito

O trinômio $a^2 + 2ab + b^2$ é denominado **trinômio quadrado perfeito** porque é igual ao quadrado do binômio $(a + b)$:

$$a^2 + 2ab + b^2 = (a + b)^2$$

O trinômio $a^2 - 2ab + b^2$ também é um trinômio quadrado perfeito porque é igual ao quadrado do binômio $(a - b)$:

$$a^2 - 2ab + b^2 = (a - b)^2$$

$(a + b)^2$ é a forma fatorada do trinômio $a^2 + 2ab + b^2$.

$(a - b)^2$ é a forma fatorada do trinômio $a^2 - 2ab + b^2$.

Reconhecemos um trinômio quadrado perfeito e obtemos sua forma fatorada observando se:

- ele tem três termos;
- dois de seus termos são quadrados perfeitos (a^2 e b^2);
- o outro termo é mais, ou menos, duas vezes o produto das bases desses quadrados ($+2ab$ ou $-2ab$).

O sinal desse termo (+ ou −) é mantido na forma fatorada: $(a + b)$ ou $(a - b)$, respectivamente.

Trinômios quadrados perfeitos são produtos notáveis.

Exemplos:

- $x^2 + 10x + 25 = x^2 + 2 \cdot 5 \cdot x + 5^2 = (x + 5)^2$ ($25 \to 5^2$)
- $x^2 - 10x + 25 = x^2 - 2 \cdot 5 \cdot x + 5^2 = (x - 5)^2$
- $a^2 + 6ab + 9b^2 = a^2 + 2 \cdot a \cdot 3b + (3b)^2 = (a + 3b)^2$ ($9b^2 \to (3b)^2$)
- $a^2 - 6ab + 9b^2 = a^2 - 2 \cdot a \cdot 3b + (3b)^2 = (a - 3b)^2$
- $x^4 + 2x^2y + y^2 = (x^2)^2 + 2 \cdot x^2 \cdot y + y^2 = (x^2 + y)^2$ ($x^4 \to (x^2)^2$)
- $9a^2x^2 - 6ax + 1 = (3ax)^2 - 2 \cdot 3ax \cdot 1 + 1^2 = (3ax - 1)^2$ ($9a^2x^2 \to (3ax)^2$; $1 \to 1^2$)

ATIVIDADES

26. Observe a figura ao lado e responda às questões.

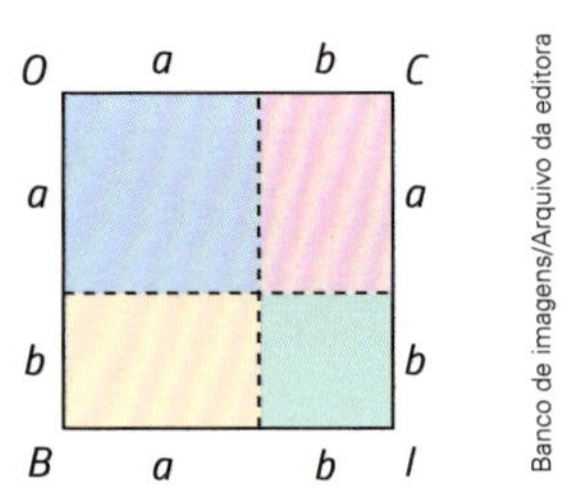

a) Some a área de cada uma das quatro partes indicadas. Qual é a área do quadrado *BICO*?

b) Qual é a medida do lado do quadrado *BICO*?

c) Qual é a forma fatorada de $a^2 + 2ab + b^2$?

27. Coloque as expressões de cada cartão na forma fatorada.

A

$x^2 + 2ax + a^2$
$x^2 - 2ax + a^2$
$x^2 + 2x + 1$
$x^2 - 2x + 1$
$a^2 - 20a + 100$

B

$a^2 + 20a + 100$
$n^2 - 8n + 16$
$4x^2 + 4xy + y^2$
$a^2 - 10ab + 25b^2$
$x^4 - 2x^2y + y^2$

C

$m^2 + 2mn + n^2$
$1 - 2p + p^2$
$a^2 - 12a + 36$
$b^2 - 2b + 1$
$1 - 2x + x^2$

D

$a^2 + 4a + 4$
$x^2 - 4x + 4$
$x^2 + 16x + 64$
$m^2 + 12m + 36$
$49x^2 - 14x + 1$

28. Quais dos polinômios abaixo são trinômios quadrados perfeitos (mesmo que fora da ordem usual)?

a) $x^2 + x + 1$
b) $x^2 + 2x + 1$
c) $x^2 + 4x + 1$
d) $x^2 + 4$
e) $x^2 + 4 - 4x$
f) $x^2 + y^2$
g) $x^2 + y^2 + 2xy$
h) $x^2 + 5xy + 25y^2$
i) $x^2 - 10xy + 5y^2$
j) $x^2 + 100y^2 - 20xy$

29. Faça a fatoração completa colocando os fatores comuns em evidência.

a) $x^3 + 2x^2 + x$
b) $x^3 - 2x^2 + x$
c) $5x - 20x + 20$
d) $18ab^2 - 12ab + 2a$
e) $-5p^2 - 40p - 80$
f) $ax^2 - 4ax + 4a$
g) $x^4 + 2x^3 + x^2$
h) $2x^2 + 4x + 2$
i) $9x^6 + 6x^5 + x^4$
j) $x^2y^2 - 2xy^2 + y^2$

NA OLIMPÍADA

São naturais

(Obmep) Os números naturais *x* e *y* são tais que $x^2 - xy = 23$. Qual é o valor de $x + y$?

a) 24
b) 30
c) 34
d) 35
e) 45

NA MÍDIA

O Brasil nos Jogos Olímpicos de Verão

Observe na tabela a seguir a quantidade de medalhas conquistadas pelo Brasil nos Jogos Olímpicos de Verão ao longo dos anos.

Ano	Sede	Ouro	Prata	Bronze	Total
2016	Rio de Janeiro	7	6	6	19
2012	Londres	3	5	9	17
2008	Pequim	3	4	8	15
2004	Atenas	5	2	3	10
2000	Sydney	0	6	6	12
1996	Atlanta	3	3	9	15
1992	Barcelona	2	1	0	3
1988	Seul	1	2	3	6
1984	Los Angeles	1	5	2	8
1980	Moscou	2	0	2	4
1976	Montreal	0	0	2	2
1972	Munique	0	0	2	2
1968	Cidade do México	0	1	2	3
1964	Tóquio	0	0	1	1
1960	Roma	0	0	2	2
1956	Melbourne	1	0	0	1
1952	Helsinque	1	0	2	3
1948	Londres	0	0	1	1
1936	Berlim	0	0	0	0
1932	Los Angeles	0	0	0	0
1928	Amsterdã	■	■	■	■
1924	Paris	0	0	0	0
1920	Antuérpia	1	1	1	3
1912	Estocolmo	■	■	■	■
1908	Londres	■	■	■	■
1906	Atenas	■	■	■	■
1904	Saint Louis	■	■	■	■
1900	Paris	■	■	■	■
1896	Atenas	■	■	■	■

Fonte de pesquisa: www.quadrodemedalhas.com/olimpiadas/jogos-olimpicos-de-verao.htm. Acesso em: 17 jul. 2021.

■ O Brasil não participou dessa edição.

Observação: Não foram realizados Jogos Olímpicos de Verão em 1916 por causa da Primeira Guerra Mundial, e em 1940 e 1944 por causa da Segunda Guerra Mundial.

Responda às questões:

1. Determine as quantidades de medalhas de ouro, de prata e de bronze que o Brasil ganhou em Jogos Olímpicos de Verão até 2016 e represente esses dados de duas formas: em um gráfico de barras e em um gráfico de setores (*pizza*).

2. Determine as quantidades totais de medalhas ganhas pelo Brasil até 2016 em cada continente: Europa, Ásia, África, América e Oceania. Represente os dados em um gráfico de setores.

3. Qual foi a cidade escolhida como sede para os Jogos Olímpicos de Verão de 2020? Esses jogos foram realizados em 2020? Por quê?

UNIDADE 5

Quadriláteros

NESTA UNIDADE VOCÊ VAI

- Conhecer as noções gerais dos quadriláteros e associá-los ao cotidiano.
- Reconhecer trapézios, paralelogramos, losangos, retângulos e quadrados como quadriláteros notáveis.
- Utilizar congruência de triângulos para demonstrar as propriedades dos quadriláteros notáveis.

CAPÍTULOS

CAPÍTULO 12

Quadriláteros: noções gerais

akiyoko/Shutterstock

NA REAL

Como construir quadriláteros usando esquadros?

O esquadro é um instrumento de desenho versátil. Ele pode ser utilizado para construir retas, ângulos, triângulos, quadriláteros e outras figuras geométricas. Usando dois esquadros ao mesmo tempo, as possibilidades aumentam. Os ângulos principais de 30°, 45°, 60° e 90°, combinados, formam diferentes aberturas.

Existem dois tipos de esquadros básicos: o primeiro com o formato de um triângulo retângulo isósceles de 45° − 45° − 90°; e o segundo com o formato de um triângulo retângulo escaleno de 30° − 60° − 90°. Em um par de esquadros, a hipotenusa do triângulo retângulo isósceles é congruente ao maior cateto do triângulo retângulo escaleno.

Os esquadros ao lado estão formando um quadrilátero convexo. É possível classificar esse quadrilátero entre os notáveis (quadrado, retângulo, paralelogramo, losango e trapézio)? Qual é a soma dos ângulos internos desse quadrilátero?

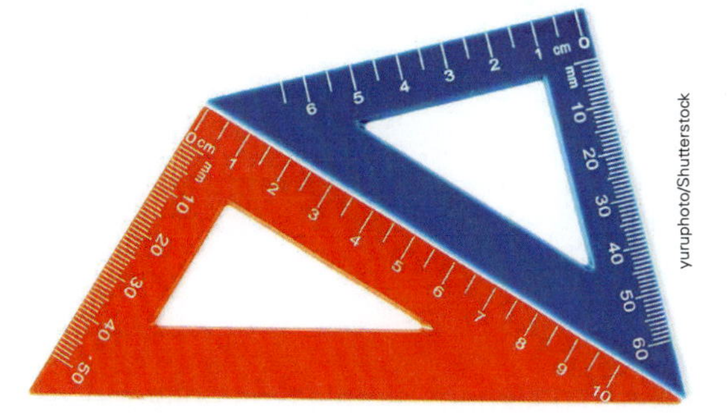
yuruphoto/Shutterstock

Usando dois esquadros isósceles, quais quadriláteros podemos formar? E usando dois esquadros escalenos, quais quadriláteros podemos formar?

Reconhecendo quadriláteros

Quadriláteros no dia a dia

Desde a Idade da Pedra, há mais de sete mil anos, que seres humanos decoram com figuras geométricas as paredes de suas habitações e os objetos que os cercam no dia a dia. Paredes de cavernas e utensílios de cerâmica pré-históricos dão testemunho da antiguidade dessa fascinação pelo geometrismo que acompanha o homem até hoje em móveis, tapetes, luminárias, objetos de decoração e no *design* de interiores. [...]

Dave Stamboulis/Alamy/Fotoarena

Mosaico bizantino descoberto em Petra, na Jordânia.

Na antiguidade, culturas ficaram marcadas por determinado tipo de uso decorativo e artístico da geometria. A Grécia antiga consagrou, por exemplo, as faixas de padronagem que ficaram conhecidas como "gregas", e os romanos desenvolveram geometrismos marcantes em seus mosaicos. [...]

Disponível em: https://www.uol.com.br/universa/noticias/redacao/2010/04/15/geometria-e-usada-em-decoracao-desde-a-epoca-das-cavernas-veja-pecas-contemporaneas-para-a-casa.htm. Acesso em: 15 jul. 2021.

Muitas formas geométricas podem ser observadas em nosso dia a dia.

Na imagem do piso ao lado, é possível ver peças que nos dão a ideia de polígonos. Você sabe reconhecer quais delas são quadriláteros?

taewafeel/Shutterstock

Observe os polígonos abaixo e identifique quais deles têm exatamente quatro lados.

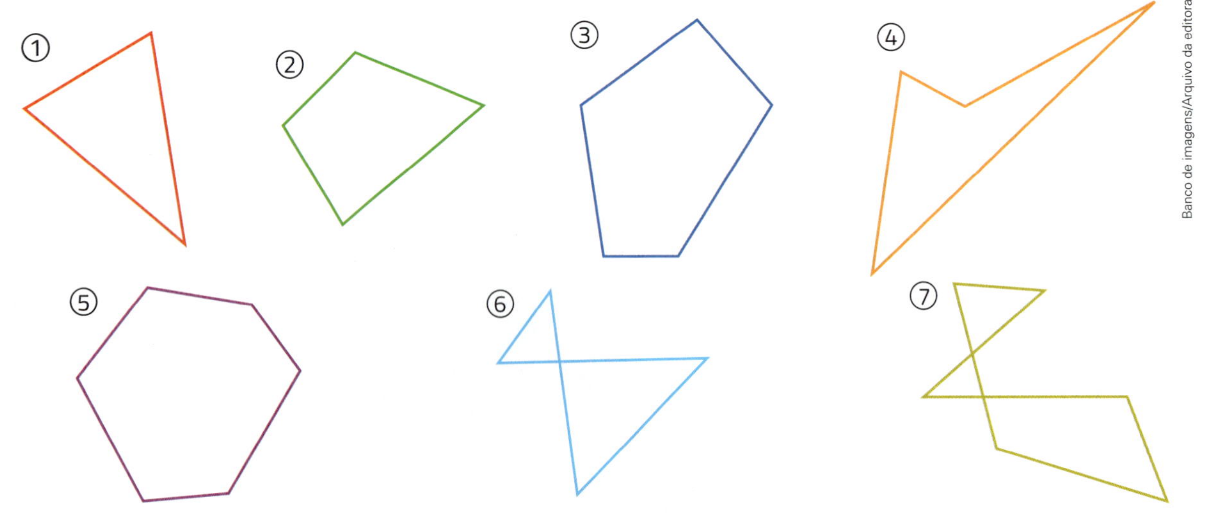

Banco de imagens/Arquivo da editora

Os polígonos 1 a 5 são polígonos simples; os polígonos 6 e 7 são não simples (ou entrelaçados). Os polígonos 2, 4 e 6, que têm exatamente quatro lados, são chamados **quadriláteros**.

Vamos aprofundar nosso conhecimento sobre os quadriláteros.

Conceito e elementos

Considere quatro pontos, A, B, C e D, distribuídos de modo que a reta que contém dois deles não passe por nenhum dos outros dois.

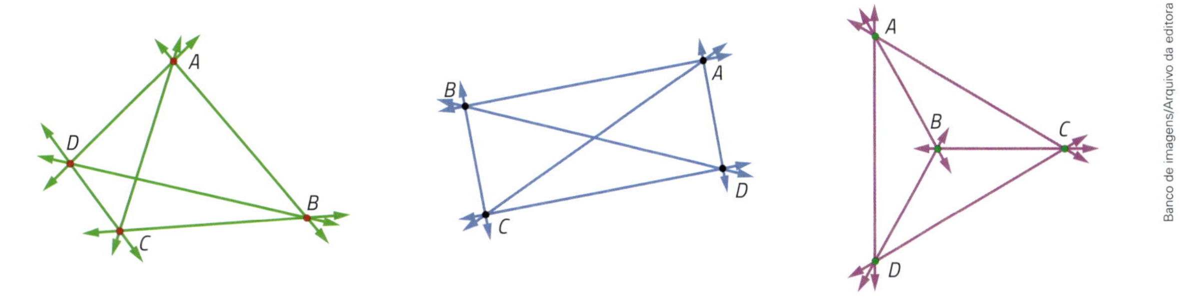

Assim, cada uma das seis retas contém apenas dois dos pontos A, B, C e D.

Nessas condições, se considerarmos os segmentos $\overline{AB}$, $\overline{BC}$, $\overline{CD}$ e $\overline{DA}$, teremos formado uma linha poligonal fechada, com quatro lados, também chamada **quadrilátero** $ABCD$.

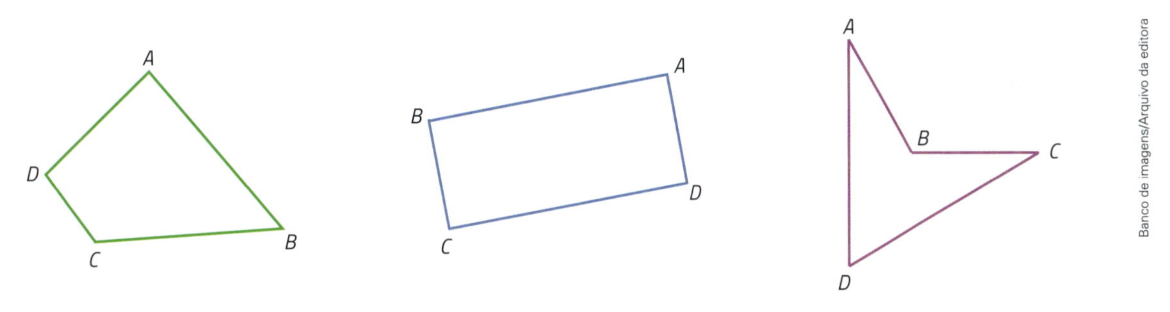

Dados quatro pontos, A, B, C e D, entre os quais não há três colineares, chama-se **quadrilátero** $ABCD$ a reunião dos segmentos $\overline{AB}$, $\overline{BC}$, $\overline{CD}$ e $\overline{DA}$.

Como mostra a figura abaixo, em um quadrilátero simples $ABCD$ podemos destacar os seguintes componentes notáveis:

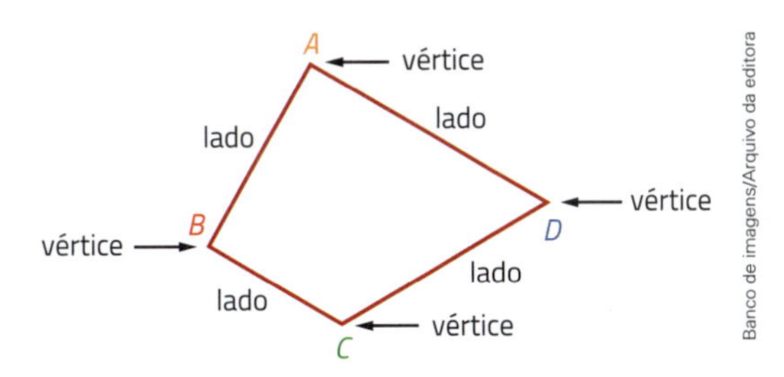

- os pontos A, B, C e D são os **vértices** do quadrilátero;
- os segmentos $\overline{AB}$, $\overline{BC}$, $\overline{CD}$ e $\overline{DA}$ são os **lados** do quadrilátero;

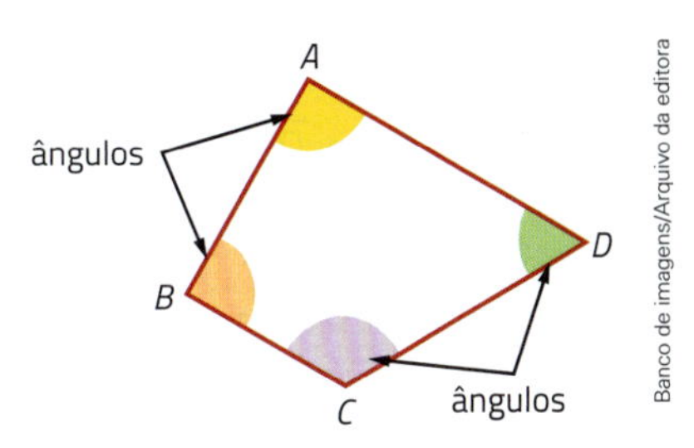

- os ângulos $D\hat{A}B$ (ou $\hat{A}$), $A\hat{B}C$ (ou $\hat{B}$), $B\hat{C}D$ (ou $\hat{C}$) e $C\hat{D}A$ (ou $\hat{D}$) são os **ângulos** do quadrilátero (ou **ângulos internos**);

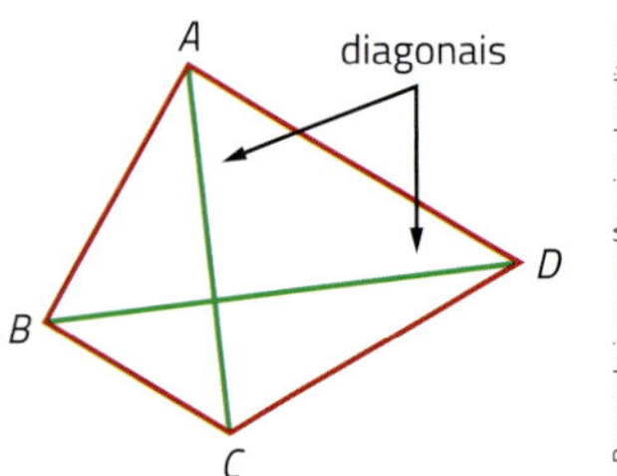

- os segmentos $\overline{AC}$ e $\overline{BD}$ são as **diagonais** do quadrilátero. As diagonais unem dois vértices não consecutivos;
- os ângulos dos pares $\hat{A}$ e $\hat{B}$; $\hat{B}$ e $\hat{C}$; $\hat{C}$ e $\hat{D}$ e $\hat{D}$ e $\hat{A}$ são **ângulos consecutivos** do quadrilátero *ABCD*;
- os ângulos dos pares $\hat{A}$ e $\hat{C}$ e $\hat{B}$ e $\hat{D}$ são **ângulos opostos** do quadrilátero *ABCD*;
- os segmentos dos pares $\overline{AB}$ e $\overline{BC}$; $\overline{BC}$ e $\overline{CD}$; $\overline{CD}$ e $\overline{DA}$ e $\overline{DA}$ e $\overline{AB}$ são **lados consecutivos** do quadrilátero *ABCD*;
- os segmentos dos pares $\overline{AB}$ e $\overline{CD}$ e $\overline{AD}$ e $\overline{BC}$ são **lados opostos** do quadrilátero *ABCD*.

Perímetro

O perímetro do quadrilátero *ABCD* é a soma das medidas de seus lados.

$$\text{perímetro } ABCD = AB + BC + CD + DA$$

Quadrilátero convexo e quadrilátero côncavo

Observe os quadriláteros a seguir:

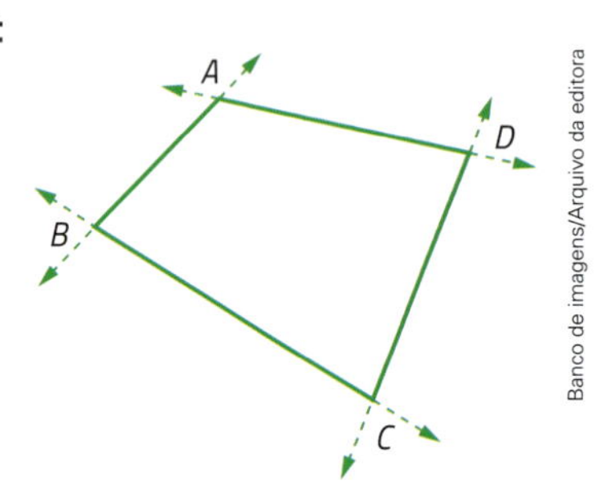

No quadrilátero *ABCD*, as retas $\overleftrightarrow{AB}$, $\overleftrightarrow{BC}$, $\overleftrightarrow{CD}$ e $\overleftrightarrow{DA}$ não intersectam nenhum lado do quadrilátero. Por isso, *ABCD* é chamado **quadrilátero convexo**.

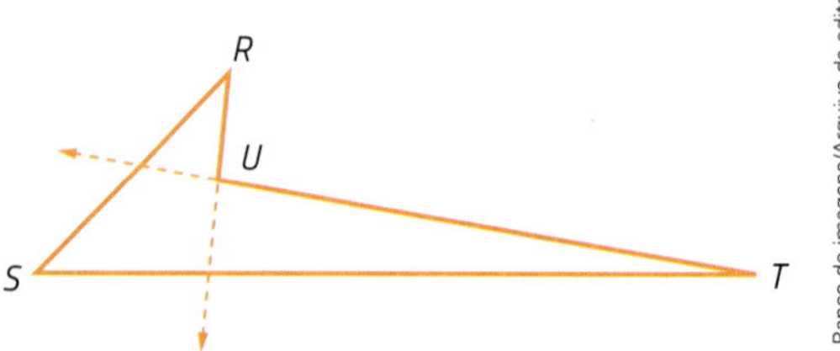

No quadrilátero *RSTU*, a reta $\overleftrightarrow{TU}$ intersecta o lado $\overleftrightarrow{RS}$, e a reta $\overleftrightarrow{RU}$ intersecta o lado $\overleftrightarrow{ST}$. Por isso, *RSTU* é chamado **quadrilátero côncavo**.

Um quadrilátero é **convexo** quando a reta definida por dois vértices consecutivos quaisquer não intersecta o lado definido pelos outros dois vértices. Se um quadrilátero não é convexo, ele é **côncavo**.

PARTICIPE

Siga as orientações:

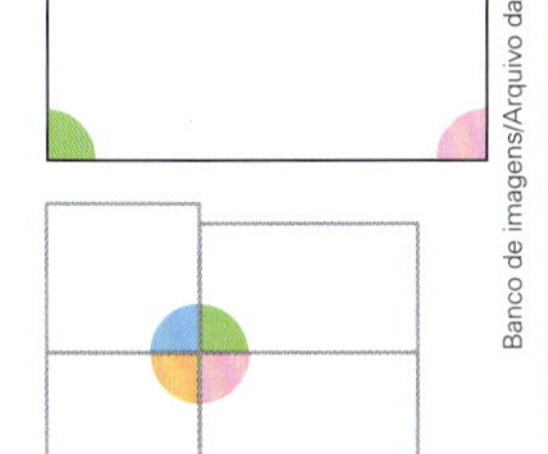

a) Em uma folha avulsa, desenhe um retângulo. Recorte-o e pinte cada ângulo de uma cor. A seguir, recorte o retângulo em quatro pedaços, separando os quatro vértices (pontas).

b) Desloque os quatro pedaços e junte-os de modo a obter quatro ângulos adjacentes e consecutivos.

c) Podemos classificar a figura representada no item **a** como um quadrilátero? Justifique sua resposta.

d) Com um transferidor, meça a soma dos quatro ângulos. Qual foi a medida encontrada?

Banco de imagens/Arquivo da editora

Soma das medidas dos ângulos de um quadrilátero

Você já sabe que a soma das medidas dos ângulos internos de um triângulo é 180°. E, para um quadrilátero simples, qual é a soma das medidas dos ângulos internos?

Vamos considerar o quadrilátero convexo $ABCD$ e traçar a diagonal $\overline{AC}$. Observemos, agora, os dois triângulos: ABC e ACD.

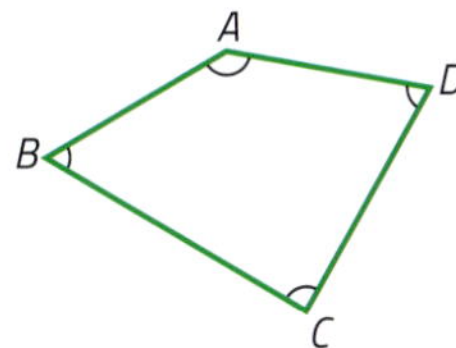

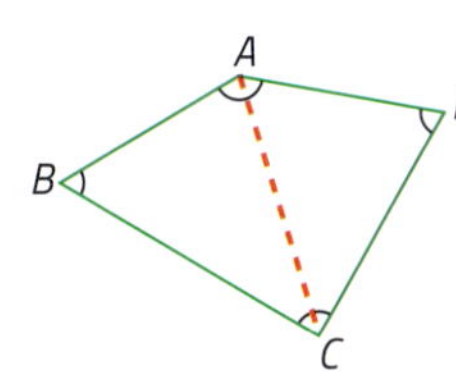

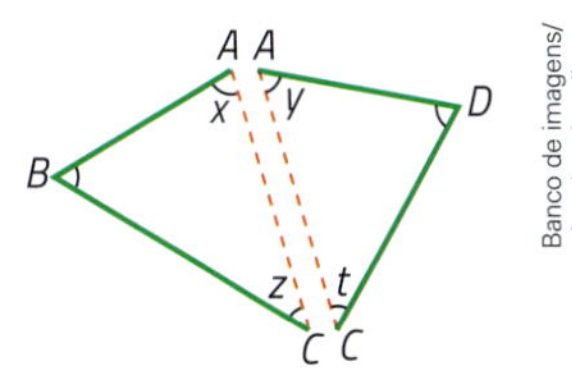

Banco de imagens/Arquivo da editora

No triângulo ABC, temos:

$$x + \text{med}(\hat{B}) + z = 180°$$

No triângulo ACD, temos:

$$y + t + \text{med}(\hat{D}) = 180°$$

Adicionando todos os ângulos dos dois triângulos, temos:

$$(x + y) + \text{med}(\hat{B}) + (z + t) + \text{med}(\hat{D}) = 180° + 180°$$

Então, como $x + y = \text{med}(\hat{A})$ e $z + t = \text{med}(\hat{C})$, decorre que:

$$\text{med}(\hat{A}) + \text{med}(\hat{B}) + \text{med}(\hat{C}) + \text{med}(\hat{D}) = 180° + 180°$$

Ou seja:

$$\text{med}(\hat{A}) + \text{med}(\hat{B}) + \text{med}(\hat{C}) + \text{med}(\hat{D}) = 360°$$

Se considerarmos o quadrilátero côncavo e simples $ABCD$ e traçarmos sua diagonal interna $\overline{AC}$, a mesma dedução continuará válida.

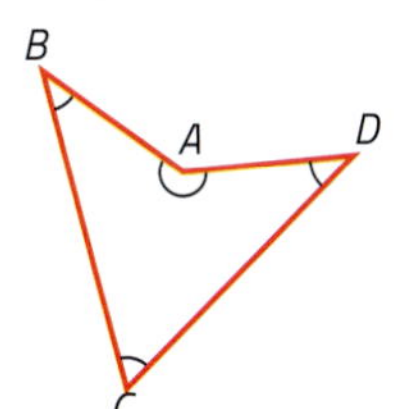

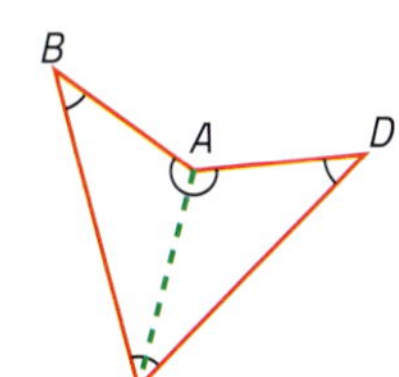

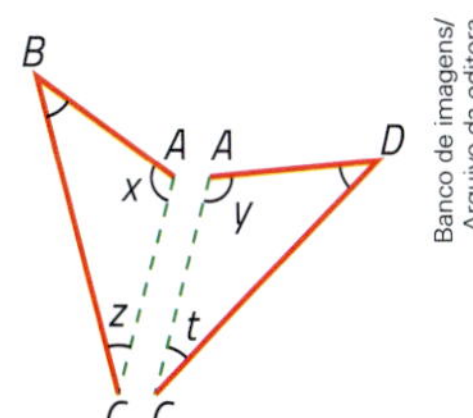

Banco de imagens/Arquivo da editora

$$\text{med}(\hat{A}) + \text{med}(\hat{B}) + \text{med}(\hat{C}) + \text{med}(\hat{D}) = 360°$$

Podemos, então, concluir que:

A **soma das medidas dos ângulos internos** de um quadrilátero simples é 360°.

ATIVIDADES

1. É dado o quadrilátero *ABCD* abaixo.

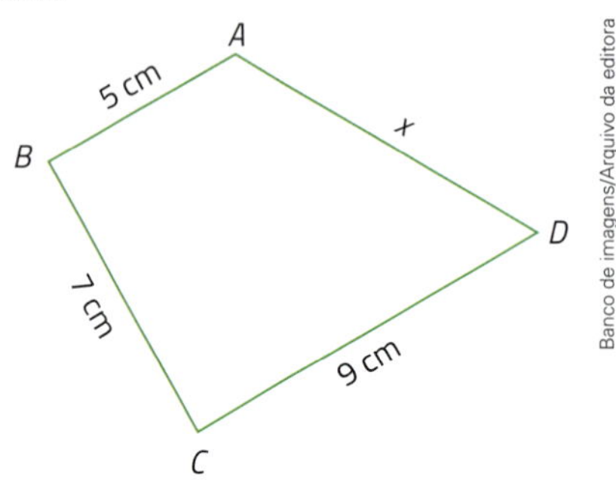

Banco de imagens/Arquivo da editora

a) Qual deve ser o valor de *x* para que o perímetro seja 29 cm?

b) Qual é a soma de dois lados opostos? E a dos outros dois?

2. Observe os quadriláteros a seguir.

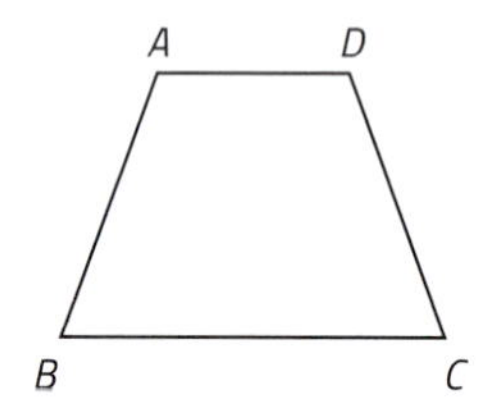

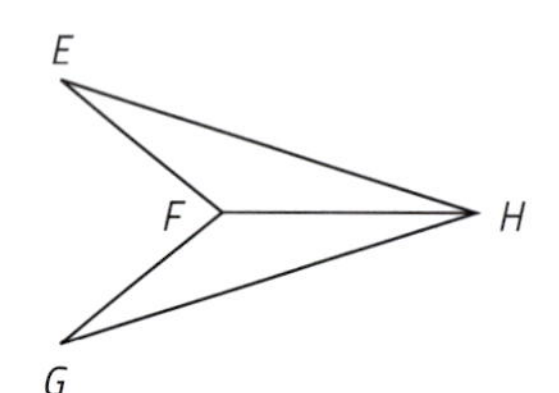

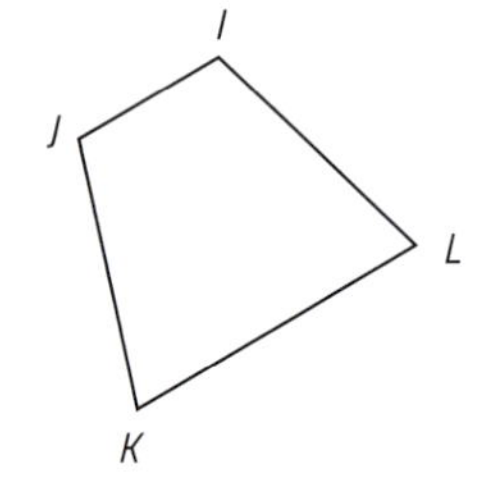

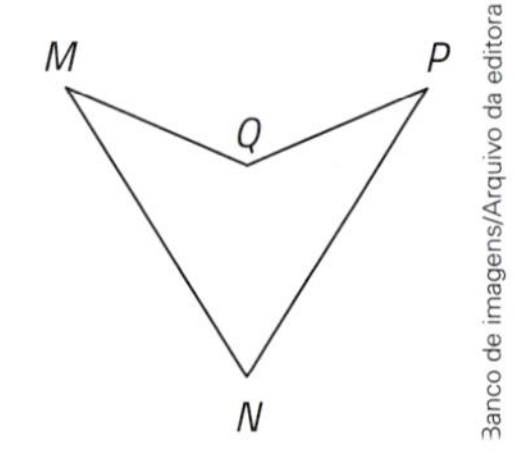

Banco de imagens/Arquivo da editora

a) Classifique cada quadrilátero em côncavo ou convexo.

b) Trace as diagonais de cada quadrilátero.

c) O que aconteceu com uma das diagonais dos quadriláteros côncavos?

3. Construa um quadrilátero *CIDA*, sabendo que $CI = 3{,}5$ cm, $ID = 6$ cm, $DA = 5$ cm, $AC = 4$ cm e $CD = 7$ cm.

4. Construa um quadrilátero convexo *LMNP*, sendo dados: $LM = 5$ cm, $MN = 6$ cm, $NP = 10$ cm, $PL = 3$ cm e $LN = 9$ cm.

5. Calcule o valor de *x* em cada caso.

a)

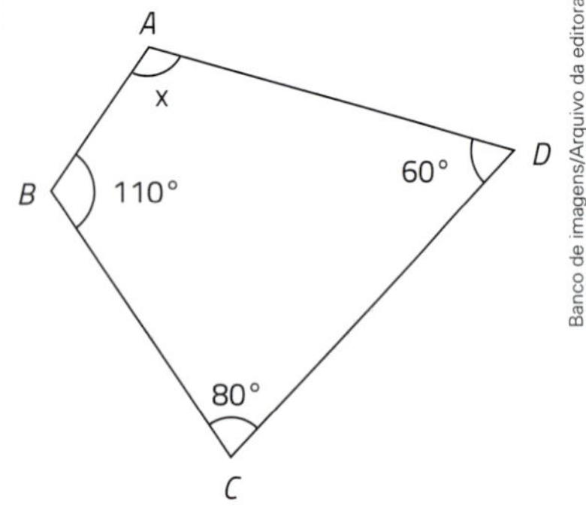

Banco de imagens/Arquivo da editora

c)

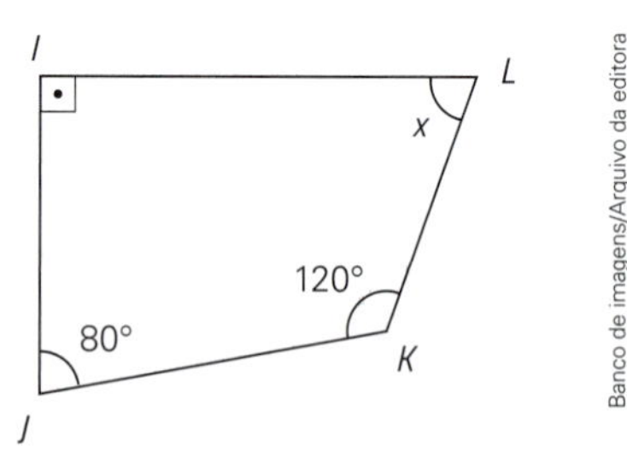

Banco de imagens/Arquivo da editora

b)

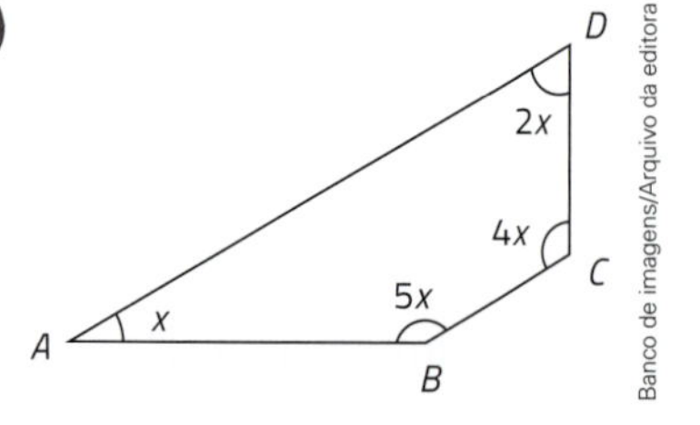

Banco de imagens/Arquivo da editora

d)

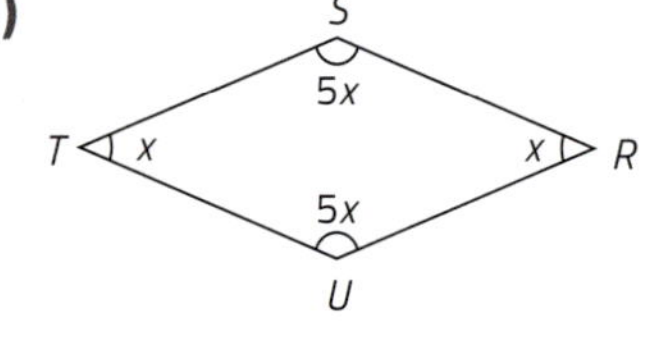

Banco de imagens/Arquivo da editora

6. Determine o valor de x nos casos abaixo.

a) $PA \equiv PB$

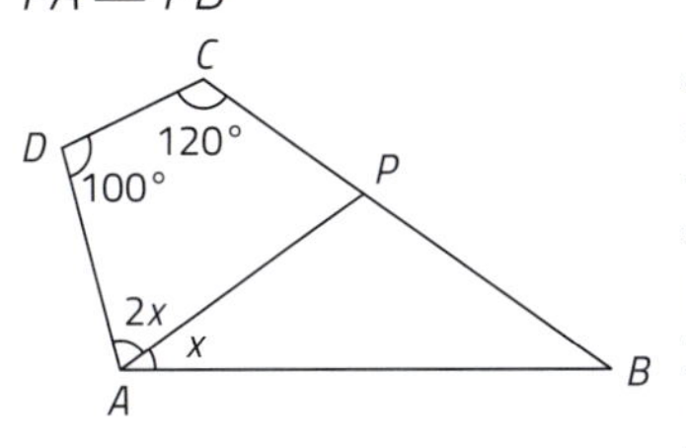

Banco de imagens/Arquivo da editora

b) $AB \equiv AD$ e $CD \equiv CB$

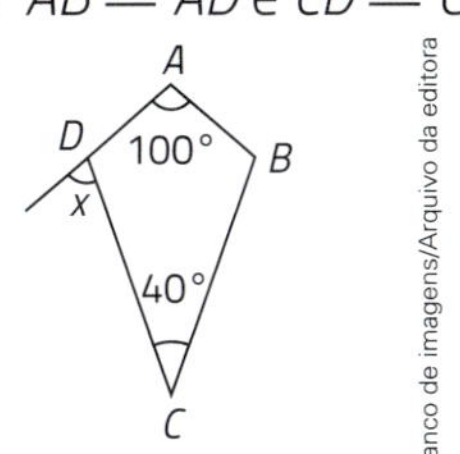

Banco de imagens/Arquivo da editora

7. Sabendo que P está nas bissetrizes de $\widehat{A}$ e de $\widehat{B}$, determine x.

a)

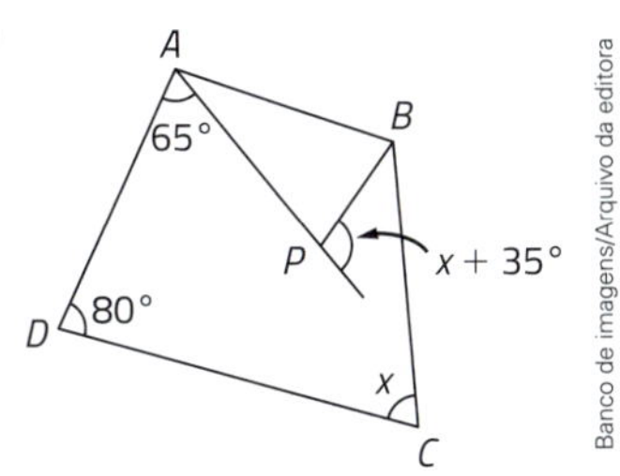

Banco de imagens/Arquivo da editora

b)

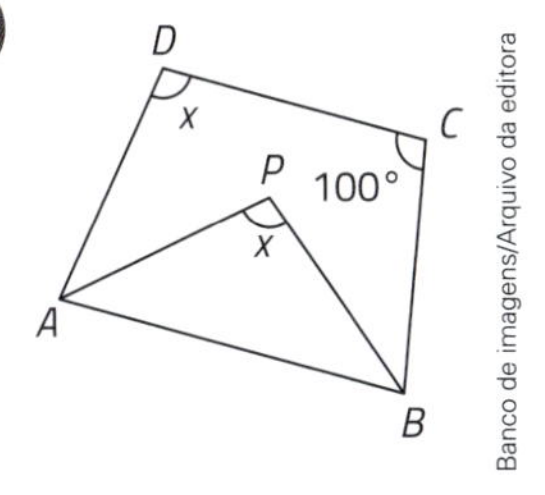

Banco de imagens/Arquivo da editora

c)

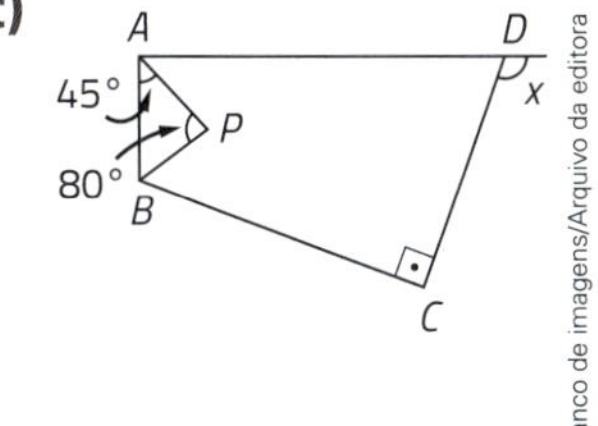

Banco de imagens/Arquivo da editora

Quadriláteros notáveis

Trapézio

Trapézio é um quadrilátero simples que tem dois lados paralelos.

Os quadriláteros abaixo são trapézios:

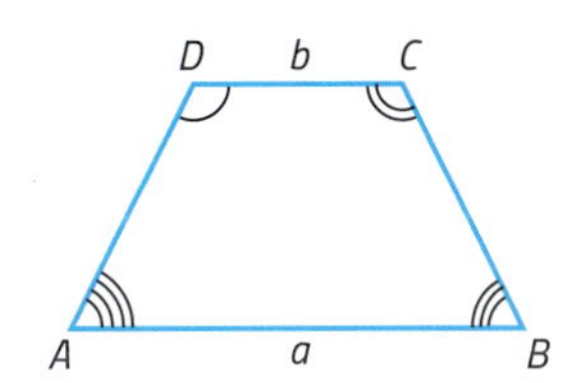

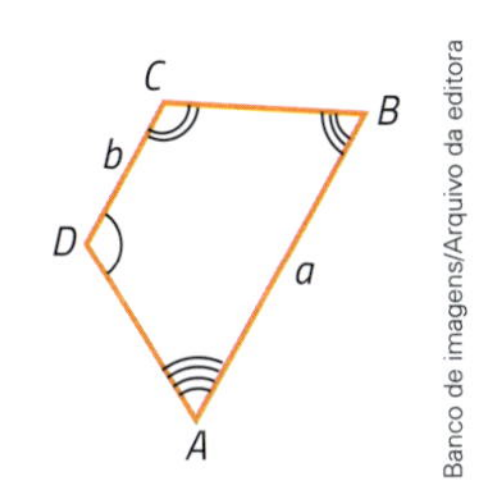

Banco de imagens/Arquivo da editora

Nesses trapézios:

- os lados paralelos $\overline{AB}$ e $\overline{CD}$ são as bases;
- $\overline{AB}$ é a **base maior**, de medida a, e $\overline{CD}$ é a **base menor**, de medida b;
- $med(\widehat{A}) + med(\widehat{B}) + med(\widehat{C}) + med(\widehat{D}) = 360°$;
- $med(\widehat{A}) + med(\widehat{D}) = 180°$ e $med(\widehat{B}) + med(\widehat{C}) = 180°$;
- o perímetro é a soma $AB + BC + CD + DA$.

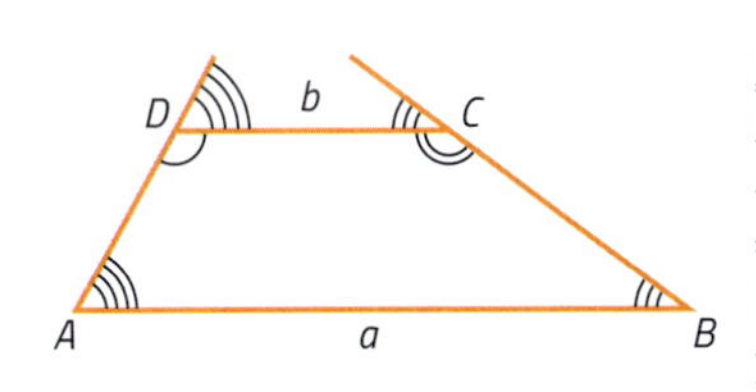

Banco de imagens/Arquivo da editora

Trapézios especiais

Existem tipos especiais de trapézio. Vamos conhecê-los.

Chamaremos **trapézio isósceles** a todo trapézio que possui lados opostos não paralelos congruentes.

$\overline{AB} \mathbin{/\mkern-5mu/} \overline{CD}$ e $\overline{AD} \equiv \overline{BC}$

Trapézio retângulo é aquele que possui dois ângulos retos.

$\overline{AB} \mathbin{/\mkern-5mu/} \overline{CD}$

$med(\widehat{A}) = 90°$ e $med(\widehat{D}) = 90°$

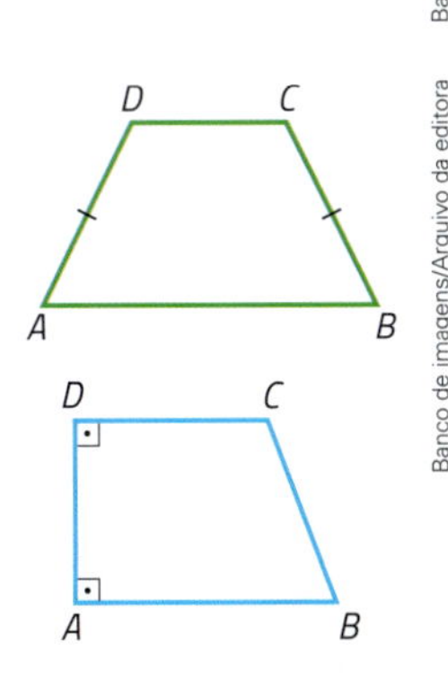

Banco de imagens/Arquivo da editora

Paralelogramo

Paralelogramo é um quadrilátero que tem os lados opostos paralelos.

Os quadriláteros abaixo são paralelogramos.

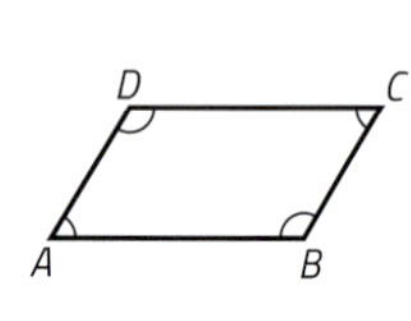

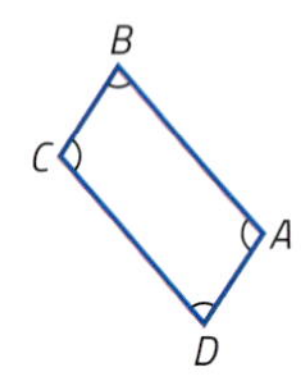

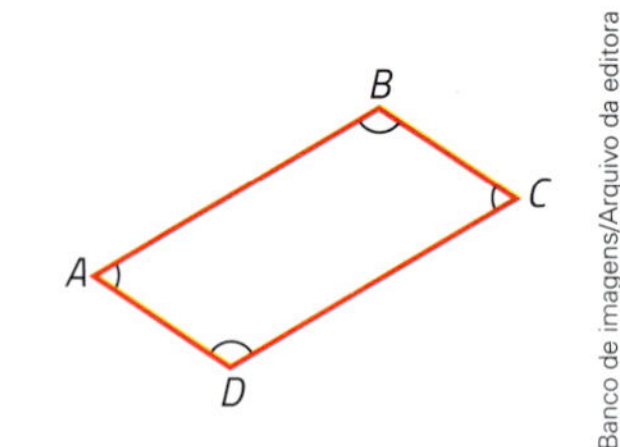

Banco de imagens/Arquivo da editora

Neles observamos:

- $\overline{AB} \parallel \overline{CD}$
- $\overline{AD} \parallel \overline{BC}$
- $med(\hat{A}) + med(\hat{B}) + med(\hat{C}) + med(\hat{D}) = 360°$
- O perímetro é $AB + BC + CD + DA$.

Um paralelogramo é um tipo particular de trapézio em que, além das bases ($\overline{AB}$ e $\overline{CD}$), os outros dois lados ($\overline{AD}$ e $\overline{BC}$) também são paralelos.

Losango

Losango é um quadrilátero cujos quatro lados são congruentes.

Os quadriláteros abaixo são losangos.

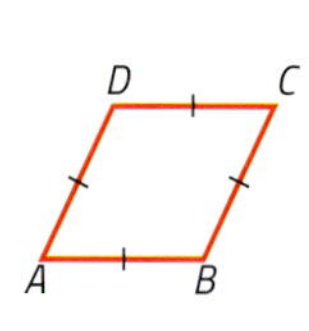

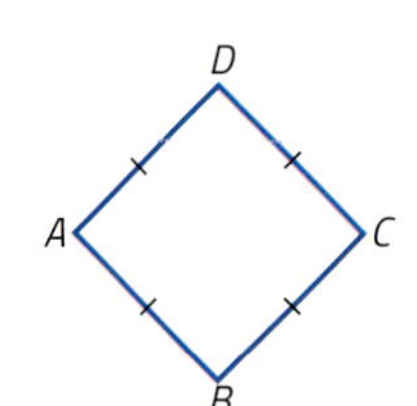

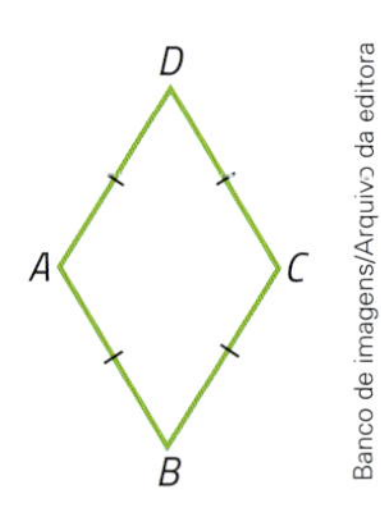

Banco de imagens/Arquivo da editora

Neles observamos:

- $\overline{AB} \equiv \overline{BC} \equiv \overline{CD} \equiv \overline{DA}$
- $med(\hat{A}) + med(\hat{B}) + med(\hat{C}) + med(\hat{D}) = 360°$
- $\overline{AB} \parallel \overline{CD}$ e $\overline{BC} \parallel \overline{DA}$, ou seja, um losango é também um paralelogramo.

Retângulo

Retângulo é um quadrilátero cujos quatro ângulos são retos.

Os quadriláteros abaixo são retângulos.

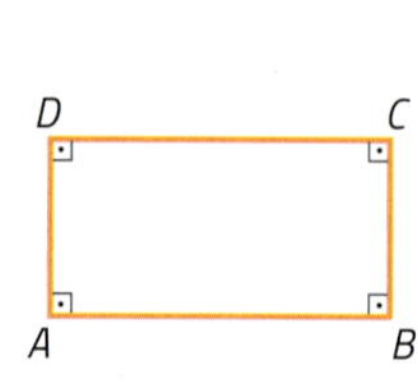

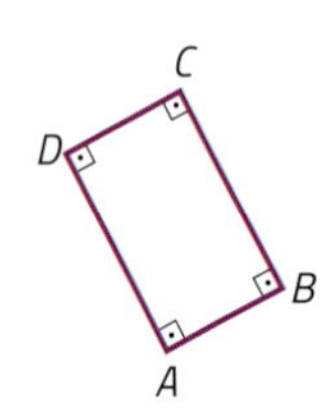

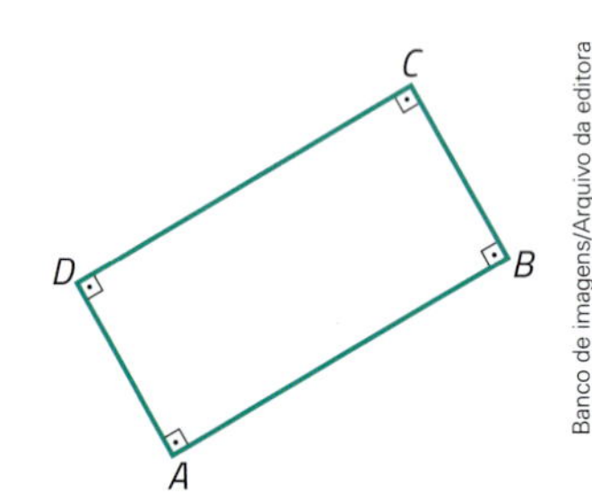

Banco de imagens/Arquivo da editora

Neles observamos:

- $med(\hat{A}) + med(\hat{B}) + med(\hat{C}) + med(\hat{D}) = 360°$
- $med(\hat{A}) = med(\hat{B}) = med(\hat{C}) = med(\hat{D}) = 90°$
- $\overline{AB} \parallel \overline{CD}$ e $\overline{BC} \parallel \overline{DA}$, ou seja, um retângulo é também um paralelogramo.

Quadrado

Quadrado é um quadrilátero cujos quatro lados são congruentes e cujos quatro ângulos são retos.

Os quadriláteros abaixo são quadrados.

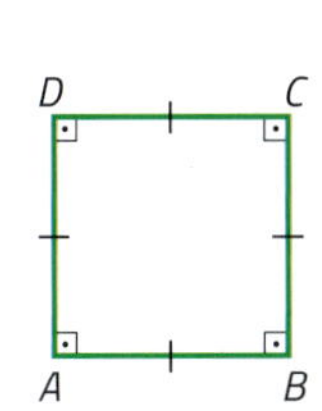

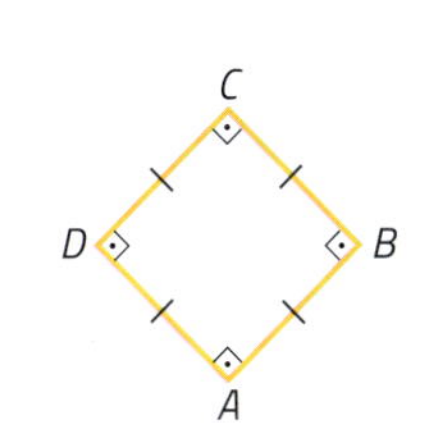

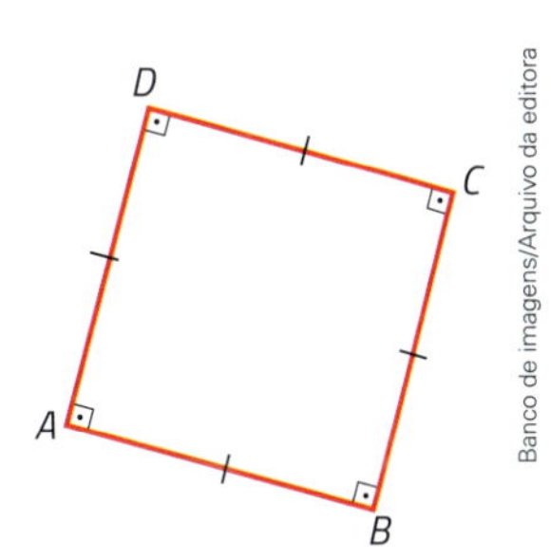

Neles observamos:

- $\overline{AB} \equiv \overline{BC} \equiv \overline{CD} \equiv \overline{DA}$, ou seja, um quadrado é também um losango.
- $\text{med}(\hat{A}) = \text{med}(\hat{B}) = \text{med}(\hat{C}) = \text{med}(\hat{D}) = 90°$, ou seja, um quadrado também é um retângulo.

ATIVIDADES

8. Nas figuras abaixo, $ABCD$ é um trapézio de bases $\overline{AB}$ e $\overline{CD}$. Calcule x e y.

a)

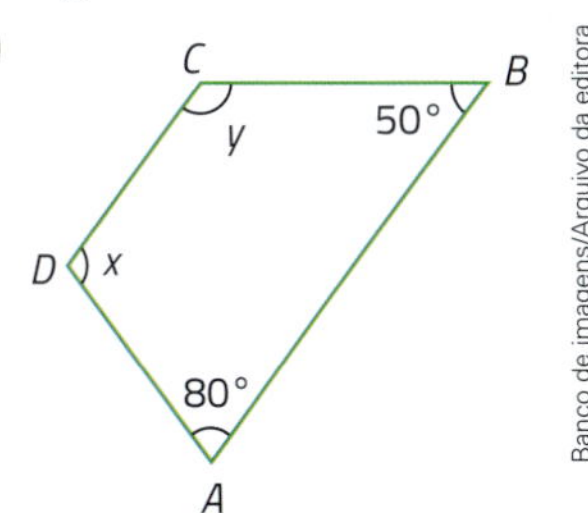

b)

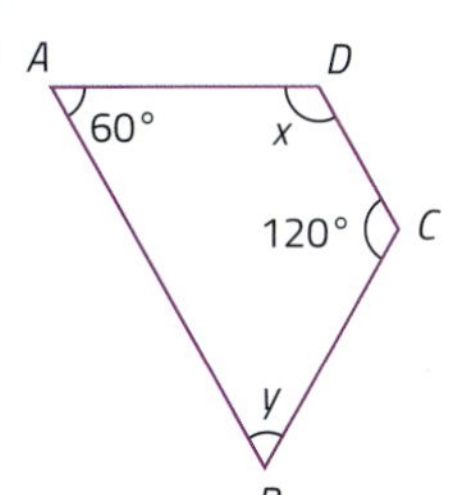

c)

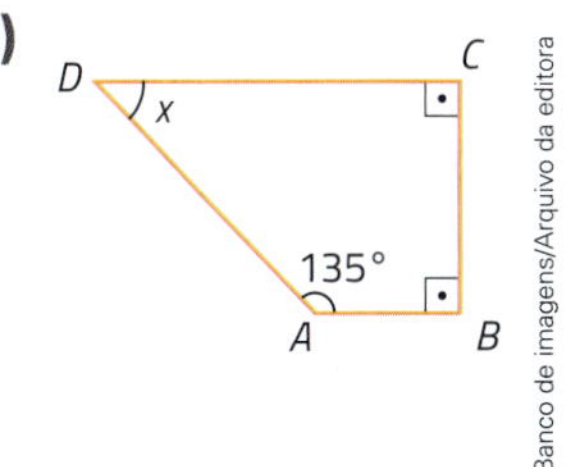

9. $TICO$ é um trapézio de bases $\overline{TI}$ e $\overline{CO}$. Sabendo que $\text{med}(\hat{O})$ é o dobro de $\text{med}(\hat{T})$ e que $\text{med}(\hat{C})$ é o triplo de $\text{med}(\hat{I})$, calcule os ângulos do trapézio.

10. Sabendo que em cada caso a seguir $ABCD$ é um paralelogramo, calcule x e y.

a)

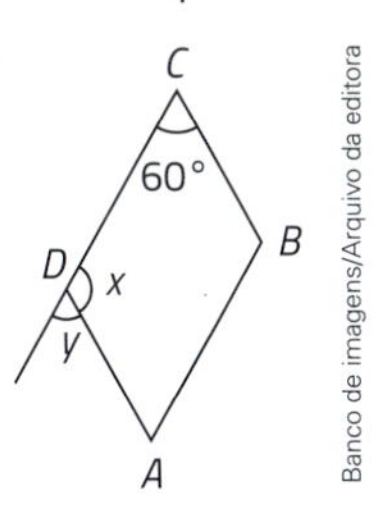

b)

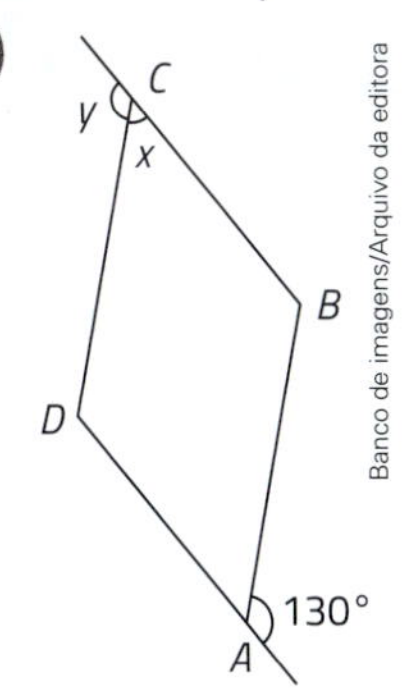

c)

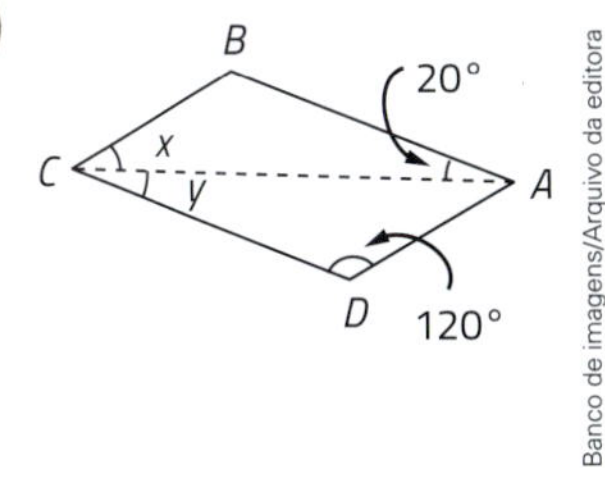

11. Determine as medidas dos ângulos de um:

a) paralelogramo em que cada ângulo obtuso é o triplo de um ângulo agudo.

b) trapézio retângulo em que o ângulo agudo é igual a $\frac{4}{5}$ do ângulo obtuso.

12. Determine as medidas dos ângulos de um quadrilátero $ABCD$ convexo, sabendo que as medidas de seus ângulos, em graus, são dadas por: $\text{med}(\hat{A}) = 2x - 9$, $\text{med}(\hat{B}) = 3x + 20$, $\text{med}(\hat{C}) = \frac{x}{2} - 7$ e $\text{med}(\hat{D}) = \frac{5x - 7}{3}$.

CAPÍTULO 13

Propriedades dos quadriláteros notáveis

Andrew Satre/Shutterstock

NA REAL

Quais as medidas dos trapézios?

Quem trabalha com a fabricação de móveis e projetos de interiores precisa ter uma boa noção das medidas de um mobiliário para oferecer praticidade e conforto a seus clientes. Alguns *softwares* ajudam os projetistas com ideias predefinidas, mas, quando é usada a criatividade, o bom senso deve acompanhá-la. Uma mesa de jantar redonda, para comportar 6 pessoas, por exemplo, deve ter 130 cm de diâmetro.

Imagine que você seja um projetista e que uma cliente tenha lhe pedido uma mesa para 6 lugares com tábuas em formato de trapézios isósceles, conforme a imagem ao lado. Calcule o ângulo da base y e a medida dos lados x nas tábuas para comportar confortavelmente 6 pessoas na mesa (considere que o hexágono central é formado por triângulos equiláteros de lado 5 cm).

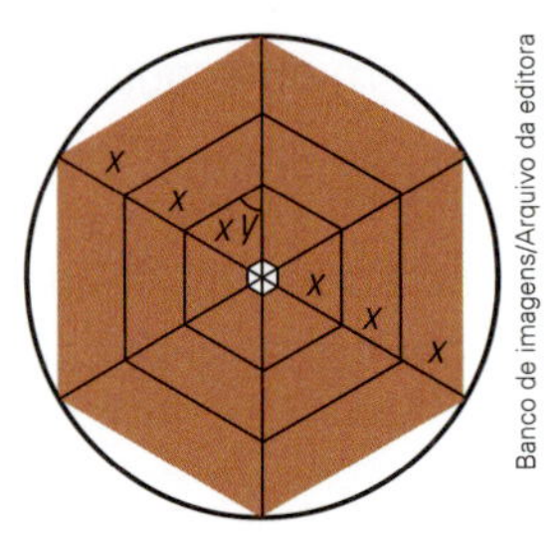

Banco de imagens/Arquivo da editora

Na BNCC
EF08MA14

Quadriláteros

Geometria na Arte: Piet Mondrian

Seu nome verdadeiro era Pieter Cornelius Mondrian. Líder dos construtivistas holandeses, desenvolveu, desde 1907 até início dos anos de 1920, um novo conceito artístico radical, que propunha a abstração e a redução dos elementos da realidade a uma linguagem formal estritamente geométrica, limitada à representação de linhas horizontais e verticais e à utilização das cores básicas vermelho, azul e amarelo combinadas com preto, cinzento e branco.

As raízes artísticas de Mondrian fundam-se no expressionismo e no simbolismo, cuja influência recebera. Fundou o grupo *De Stijl* com Theo van Doesburg. A exata concepção de arte defendida pelo grupo, denominada *neoplasticismo*, era para Mondrian a expressão de um modo de vida: a pintura devia mostrar o caminho para um mundo organizado pela harmonia. Realizou suas obras mais significativas depois de se estabelecer em Paris, em 1919, denominando-as "composições": estruturas integradas de linhas em ângulo reto que enquadram variantes de superfícies cromáticas. Em 1940, mudou-se para Nova York [...].

Granger/Shutterstock

Piet Mondrian em seu estúdio em Nova York, EUA, em 1944.

Disponível em: http://educacao.uol.com.br/biografias/piet-mondrian.htm. Acesso em: 25 maio 2021.

Piet Mondrian utilizava quadriláteros em suas composições artísticas. Veja algumas delas:

Reprodução/Museu Municipal de Haia, Holanda.

Composição em tabuleiro de damas com cores claras, de Piet Mondrian. Obra de 1919. Museu Municipal de Haia, Holanda.

Reprodução/Museu Municipal de Haia, Holanda.

Composição com um grande plano vermelho, amarelo, preto cinza e azul, de Piet Mondrian. Obra de 1921. Museu Municipal de Haia, Holanda.

Neste capítulo, estudaremos as propriedades dos quadriláteros notáveis (paralelogramo, trapézio, losango, retângulo e quadrado).

Paralelogramos

Propriedades dos ângulos e dos lados

No paralelogramo *ABCD*, representado na figura abaixo, traçamos a diagonal $\overline{AC}$ e indicamos os ângulos $\hat{r}$, $\hat{s}$, $\hat{x}$ e $\hat{y}$.

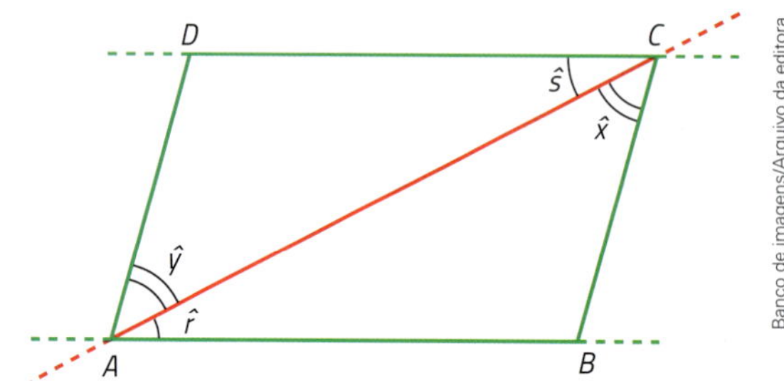

As retas paralelas $\overleftrightarrow{AB}$ e $\overleftrightarrow{CD}$, suportes dos lados $\overline{AB}$ e $\overline{CD}$, e a transversal $\overleftrightarrow{AC}$ determinam os ângulos alternos internos $\hat{r}$ e $\hat{s}$. Então:

$$\hat{r} \equiv \hat{s} \quad (1)$$

As paralelas $\overleftrightarrow{AD}$ e $\overleftrightarrow{BC}$ e a transversal $\overleftrightarrow{AC}$ determinam os ângulos alternos internos $\hat{x}$ e $\hat{y}$. Então:

$$\hat{x} \equiv \hat{y} \quad (2)$$

Decompondo o paralelogramo nos triângulos $\triangle ABC$ e $\triangle CDA$, podemos observar que:

$$\left.\begin{array}{l} (1)\ \hat{r} \equiv \hat{s} \\ \overline{AC} \text{ é comum} \\ (2)\ \hat{x} \equiv \hat{y} \end{array}\right\} \overset{\text{pelo caso } ALA \text{ de congruência}}{\Rightarrow} \triangle ABC \equiv \triangle CDA \rightarrow \left\{\begin{array}{l} B \equiv \hat{D}\ (3) \\ \overline{AB} \equiv \overline{CD}\ (4) \\ \overline{BC} \equiv \overline{DA}\ (5) \end{array}\right.$$

De (1) e (2) temos $\hat{r} + \hat{y} \equiv \hat{s} + \hat{x}$; logo: $\hat{A} \equiv \hat{C}$ (6).

De (3) e (6) podemos concluir que:

> Em qualquer paralelogramo, os **ângulos opostos são congruentes**.

De (4) e (5) concluímos que:

> Em qualquer paralelogramo, os **lados opostos são congruentes**.

Propriedades das diagonais

No paralelogramo *ABCD*, representado abaixo, traçamos as diagonais $\overleftrightarrow{AC}$ e $\overleftrightarrow{BD}$, indicamos por *M* o ponto em que elas se intersectam e registramos os ângulos $\hat{r}$, $\hat{s}$, $\hat{x}$ e $\hat{y}$.

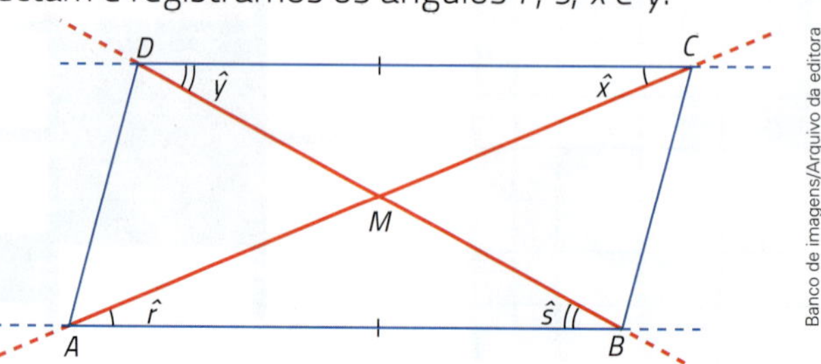

As retas paralelas $\overleftrightarrow{AB}$ e $\overleftrightarrow{CD}$ e a transversal $\overleftrightarrow{AC}$ determinam os ângulos alternos internos $\hat{r}$ e $\hat{x}$. Então:

$$\hat{r} \equiv \hat{x}$$

As retas paralelas $\overleftrightarrow{AB}$ e $\overleftrightarrow{CD}$ e a transversal $\overleftrightarrow{BD}$ determinam os ângulos alternos internos $\hat{s}$ e $\hat{y}$. Então:

$$\hat{s} \equiv \hat{y}$$

Como os lados opostos de um paralelogramo são congruentes, temos:

$$\overline{AB} \equiv \overline{CD}$$

Logo:

$$\left.\begin{array}{l} \hat{r} \equiv \hat{x} \\ \overline{AB} \equiv \overline{CD} \\ \hat{s} \equiv \hat{y} \end{array}\right\} \overset{\text{pelo caso } ALA \text{ de congruência}}{\Longrightarrow} \triangle ABM \equiv \triangle CDM \Rightarrow \left\{\begin{array}{l} \overline{AM} \equiv \overline{CM} \\ \overline{BM} \equiv \overline{DM} \end{array}\right.$$

Sendo $\overline{AM} \equiv \overline{CM}$, M é o ponto médio do segmento $\overline{AC}$.

Como $\overline{BM} \equiv \overline{DM}$, M é o ponto médio do segmento $\overline{BD}$.

Então, podemos concluir que:

Em qualquer paralelogramo, as **diagonais intersectam-se nos seus pontos médios**.

As propriedades vistas são válidas para os retângulos, os losangos e os quadrados, pois esses polígonos são casos particulares de paralelogramos.

Propriedades recíprocas

Das três propriedades estudadas, são válidas as recíprocas:

- Todo quadrilátero cujos ângulos opostos são dois a dois congruentes é um paralelogramo.
- Todo quadrilátero cujos lados opostos são dois a dois congruentes é um paralelogramo.
- Todo quadrilátero cujas diagonais se intersectam nos seus pontos médios é um paralelogramo.

Lados opostos paralelos e congruentes

Vamos considerar um quadrilátero $ABCD$ com os lados opostos $\overline{AB}$ e $\overline{CD}$ paralelos e congruentes:

$$AB \parallel CD \text{ e } AB \equiv CD$$

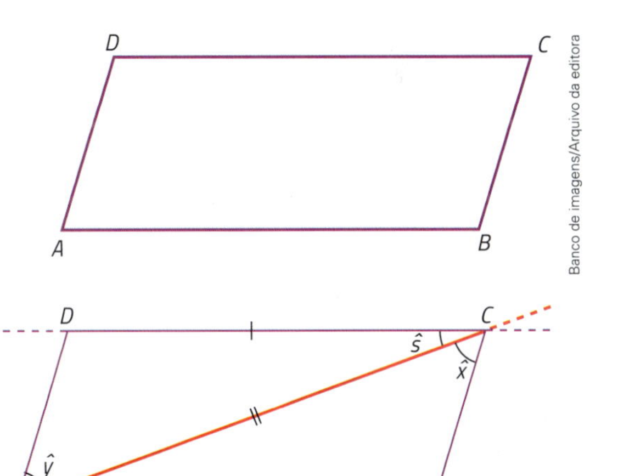

Banco de imagens/Arquivo da editora

Tracemos agora a diagonal $\overline{AC}$ e vamos observar os ângulos $\hat{r}$ e $\hat{s}$ indicados na figura.

As retas $\overleftrightarrow{AB}$ e $\overleftrightarrow{CD}$ são paralelas, e $\overleftrightarrow{AC}$ é transversal a elas. Logo: $\hat{r} \equiv \hat{s}$.

Para os triângulos ABC e CDA, temos:

$$\left.\begin{array}{l} \overline{AB} \equiv \overline{CD} \\ \hat{r} \equiv \hat{s} \\ \overline{AC} \text{ é comum} \end{array}\right\} \overset{\text{pelo caso } ALA \text{ de congruência}}{\Longrightarrow} \triangle ABC \equiv \triangle CDA$$

Como $\triangle ABC \equiv \triangle CDA$, temos $\hat{x} \equiv \hat{y}$. Logo: $\overline{AD} \parallel \overline{BC}$.

Como $\overline{AD} \parallel \overline{BC}$ e $\overline{AB} \parallel \overline{CD}$, $ABCD$ é um paralelogramo.

Assim podemos concluir que:

Todo quadrilátero que possui **dois lados opostos paralelos e congruentes** é um paralelogramo.

ATIVIDADES

1. Construa um paralelogramo *ABCD*, sabendo que $AB = 3$ cm, $AD = 5$ cm e $\text{med}(B\hat{A}D) = 60°$.

2. Um ângulo de um paralelogramo mede 135°. Determine seus outros ângulos.

3. Em cada item, *ABCD* é um paralelogramo de 80 cm de perímetro. Determine *x*.

a)

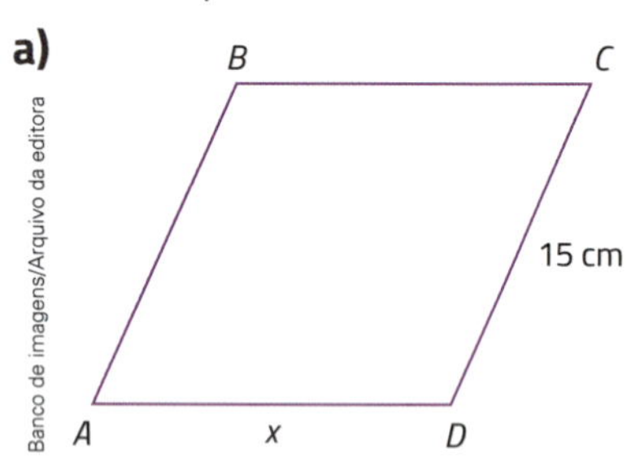

b)

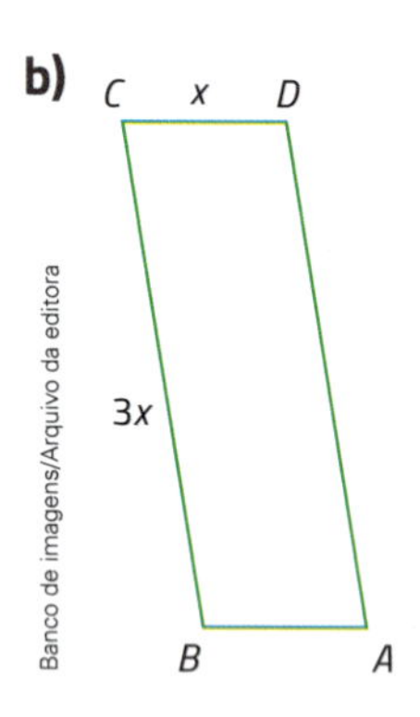

4. Calcule a medida dos lados do paralelogramo em cada caso:

a) o perímetro é 48 cm, e a medida de um lado é o dobro da medida do outro.

b) o perímetro é 32 cm, e a medida de um lado é o triplo da medida do outro.

c) o perímetro é 56 cm, e a medida de um lado é $\frac{1}{3}$ da medida do outro.

d) o perímetro é 24 cm, e a diferença entre as medidas de dois lados consecutivos é 2 cm.

e) o perímetro é 42 cm, e os lados são medidos, em centímetros, por números inteiros e consecutivos.

5. Em um paralelogramo *ABCD*, as diagonais $\overline{AC}$ e $\overline{BD}$ encontram-se no ponto *M*. Calcule as medidas das diagonais sabendo que o lado $\overline{AB}$ mede 7 cm e os lados do triângulo *ABM* medem 5 cm, 4 cm e 7 cm.

6. Calcule os ângulos determinados pelas bissetrizes de dois ângulos consecutivos de um paralelogramo.

7. Na figura abaixo, *ABCD* é um paralelogramo, a bissetriz de $\hat{A}$ intersecta $\overline{BC}$ em *P*, $AB = 7$ cm e $PC = 3$ cm. Determine o perímetro do paralelogramo.

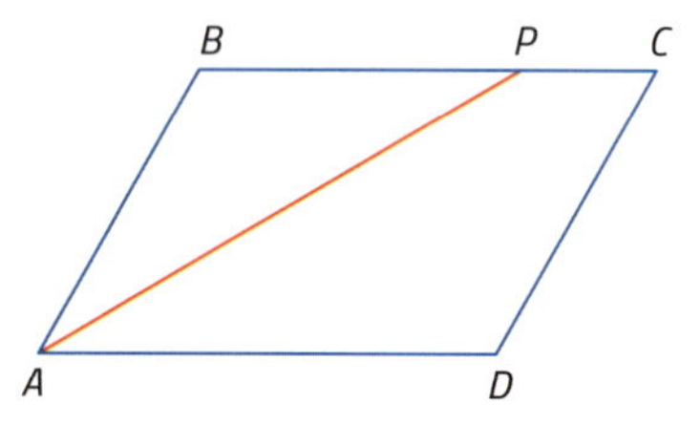

Retângulos

Todo retângulo é um paralelogramo. Por isso, em qualquer retângulo:

- os ângulos opostos são congruentes;
- os lados opostos são congruentes;
- as diagonais intersectam-se em seus pontos médios.

Fachada do Museu Casa do Imigrante Carl Weege, Santa Catarina. Observe que as janelas e as portas do museu têm formato retangular.

Diagonais congruentes

Vamos considerar um retângulo *ABCD* e observar os triângulos *ABC* e *BAD*:

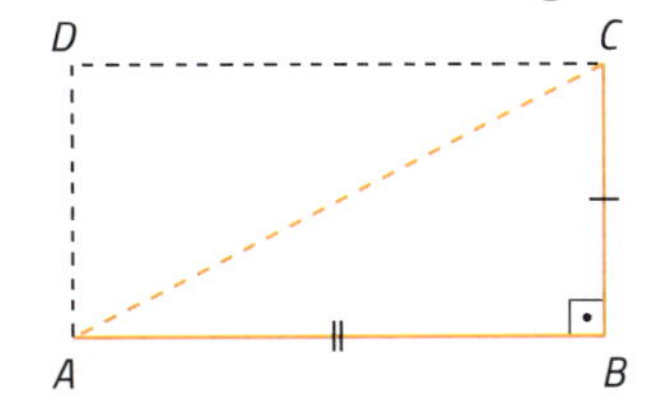

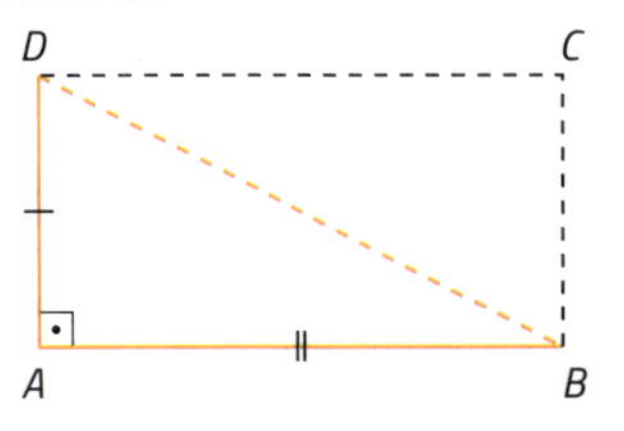

Banco de imagens/Arquivo da editora

$$\left.\begin{array}{l} \overline{BC} \equiv \overline{AD} \\ \hat{B} \equiv \hat{A} \\ \overline{AB} \text{ é comum} \end{array}\right\} \begin{array}{l}\text{pelo caso } LAL \\ \text{de congruência} \\ \Rightarrow \end{array} \quad \triangle ABC \equiv \triangle BAD \Rightarrow \overline{AC} \equiv \overline{BD}$$

Assim podemos concluir:

Em qualquer retângulo as **diagonais são congruentes**.

Vale também a recíproca:

Todo paralelogramo que tem diagonais congruentes é um retângulo.

ATIVIDADES

8. Construa um retângulo de lados 3 cm e 4 cm.

9. Construa um retângulo *ABCD*, de modo que o lado *AB* meça 5 cm e as diagonais meçam 7 cm.

10. Sendo *DEFG* um retângulo, calcule *x* e *y*.

a)

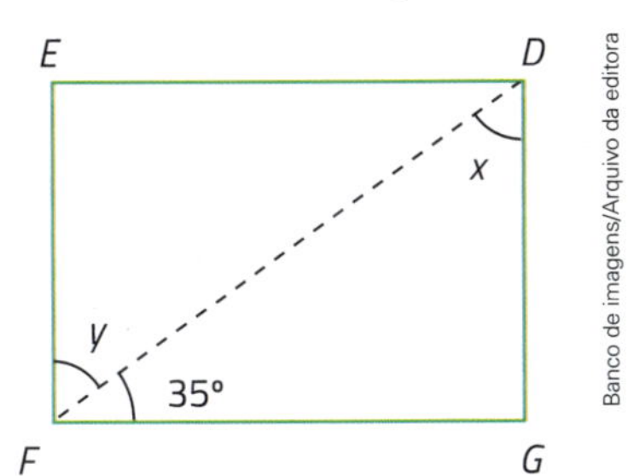

Banco de imagens/Arquivo da editora

b)

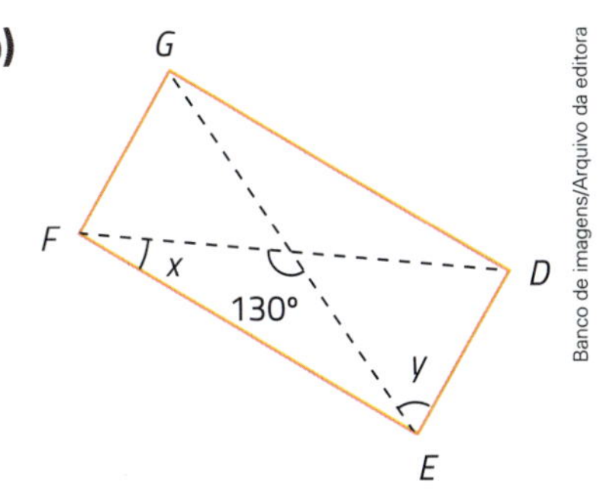

Banco de imagens/Arquivo da editora

11. Prove que "a medida da mediana relativa à hipotenusa de um triângulo retângulo é igual à metade da medida da hipotenusa".

Dica: desenhe um triângulo retângulo e, pelos vértices dos ângulos agudos, trace paralelas aos catetos construindo um retângulo.

12. Em um triângulo *ABC*, retângulo em $\hat{A}$, a mediana $\overline{AM}$ mede 10 cm.

a) Quanto mede a hipotenusa?

b) Classifique, quanto aos lados, os triângulos *MAB* e *MAC*.

Sugestão: use a demonstração da atividade anterior.

13. No triângulo *ABC*, retângulo em $\hat{A}$, o ângulo $\hat{B}$ mede 20°. Calcule o ângulo *x* entre a bissetriz $\overline{AS}$ e a mediana $\overline{AM}$. Você pode usar a demonstração da atividade **11**.

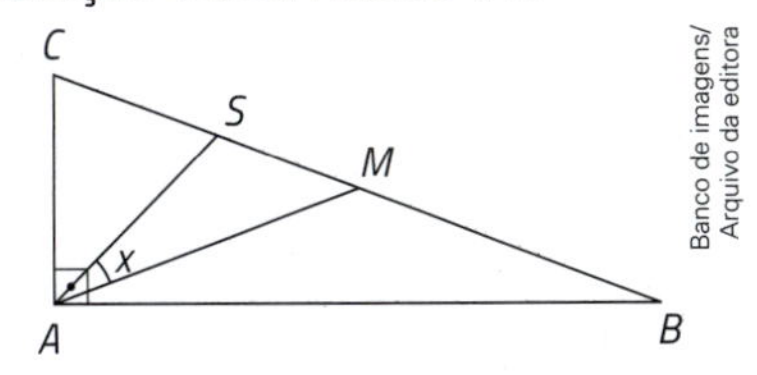

Banco de imagens/Arquivo da editora

14. Um triângulo retângulo *ABC* tem $\hat{B} = 60°$.

Determine o ângulo que a mediana $\overline{AM}$, relativa à hipotenusa, forma com os lados $\overline{AB}$ e $\overline{AC}$. Você pode usar a demonstração da atividade **11**.

Losangos

Todo losango é um paralelogramo. Por isso, em qualquer losango:

- os ângulos opostos são congruentes;
- os lados opostos são congruentes;
- as diagonais intersectam-se em seus pontos médios.

Zeralein99/Shutterstock

As barras de madeira da cerca formam losangos.

Diagonais perpendiculares

Considere o losango *ABCD* representado ao lado. Indicamos por *M* o ponto de encontro das diagonais $\overline{AC}$ e $\overline{BD}$.

Sabemos que $\overline{AM} \equiv \overline{CM}$ e $\overline{BM} \equiv \overline{DM}$.

Observe os triângulos *ADM* e *CDM* e os ângulos $\hat{x}$ e $\hat{y}$ na figura.

$$\left.\begin{array}{l}\overline{AD} \equiv \overline{CD}\\ \overline{AM} \equiv \overline{CM}\\ \overline{DM} \text{ é comum}\end{array}\right\} \overset{\text{pelo caso } LLL \text{ de congruência}}{\Rightarrow} \triangle ADM \equiv \triangle CDM \Rightarrow \hat{x} \equiv \hat{y}$$

Como $\hat{x} \equiv \hat{y}$ e $x + y = 180°$, concluímos que $x = y = 90°$. Logo $\overline{AC} \perp \overline{BD}$.

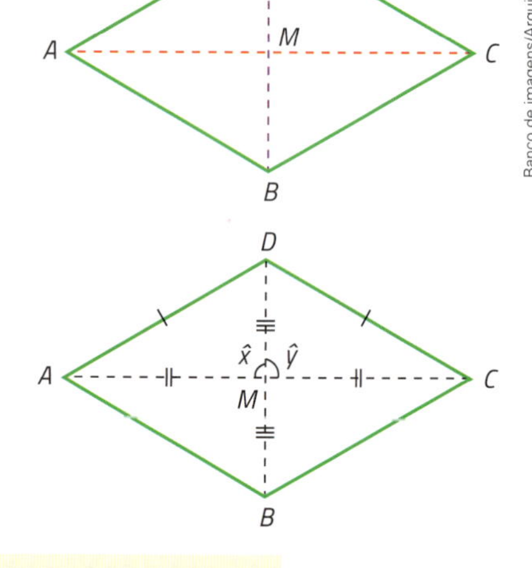

Banco de imagens/Arquivo da editora

Em qualquer losango, as **diagonais são perpendiculares**.

Vale também a recíproca:

Todo paralelogramo que tem diagonais perpendiculares é um losango.

ATIVIDADES

15. Construa um losango *ABCD* em que uma diagonal mede 6 cm e um lado mede 5 cm.

16. Construa um losango sabendo que suas diagonais medem 8 cm e 5 cm.

17. Em cada item, sendo *ABCD* um losango, determine *x* e *y*.

a)

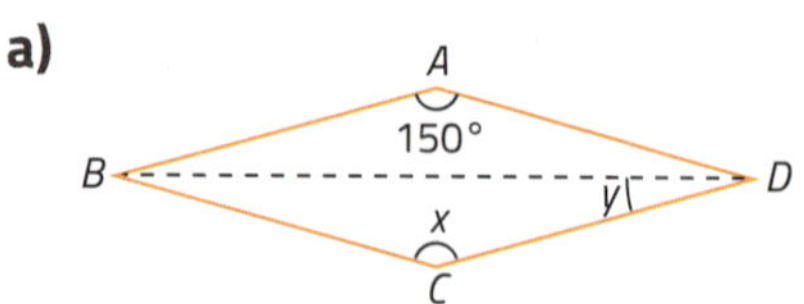

b)

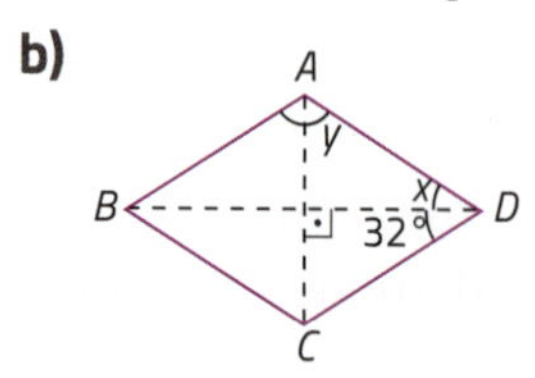

18. Usando o caso LAL de congruência de triângulos, prove que as diagonais de um losango dividem seus ângulos ao meio.

19. Calcule as medidas dos ângulos de um losango, sabendo que uma diagonal forma com um dos lados um ângulo de 52°.

20. Um losango tem um ângulo de 120°, e a diagonal menor divide o losango em dois triângulos congruentes. Quanto medem os ângulos desses triângulos?

21. Determine as medidas dos ângulos de um losango, sabendo que uma diagonal e dois lados consecutivos formam um triângulo equilátero.

Quadrados

Todo quadrado é um paralelogramo, é um retângulo e também é um losango. Por isso, para um quadrado qualquer, valem todas as propriedades dos paralelogramos, dos retângulos e dos losangos.

Em particular, vale para os quadrados a propriedade:

Em qualquer quadrado, as **diagonais intersectam-se em seus pontos médios e são congruentes e perpendiculares**.

As casas do tabuleiro de xadrez são quadrados.

- $\overline{AM} \equiv \overline{CM} \equiv \overline{BM} \equiv \overline{DM}$
- $\overline{AC} \equiv \overline{BD}$
- $\overline{AC} \perp \overline{BD}$

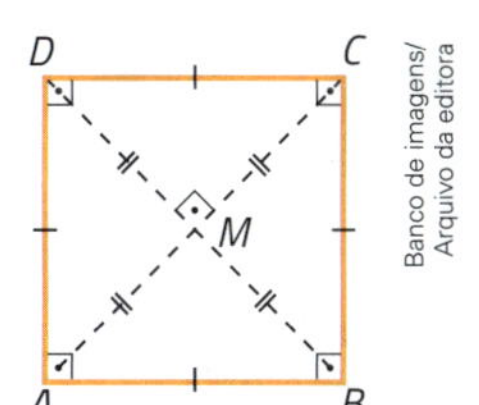

É válida a recíproca:

Todo quadrilátero cujas diagonais intersectam-se em seus pontos médios e são congruentes e perpendiculares é um quadrado.

Um quadrilátero cujas diagonais intersectam-se em seus pontos médios é um paralelogramo. Então, podemos enunciar:

Todo paralelogramo que possui diagonais congruentes e perpendiculares é um quadrado.

ATIVIDADES

22. Construa um quadrado cujas diagonais meçam 4 cm.

23. Nos itens abaixo, sendo $ABCD$ um quadrado, calcule x e y.

a)

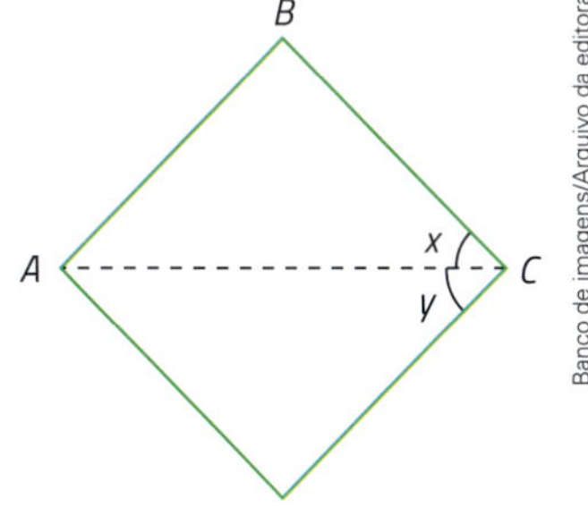

b)

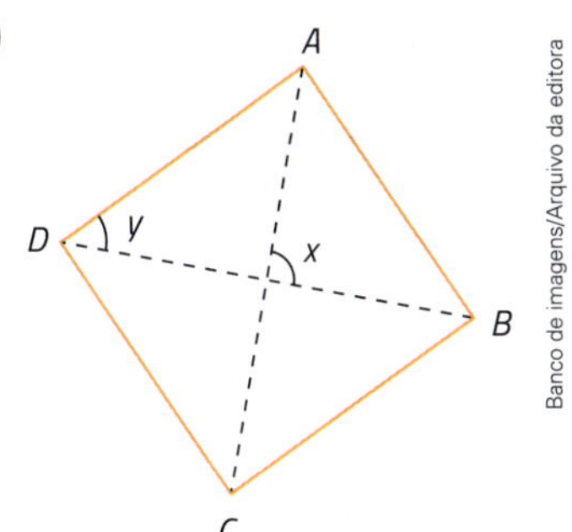

24. Leia as afirmativas e responda se estão certas ou erradas.

a) Toda propriedade do paralelogramo vale para o quadrado.

b) Toda propriedade do quadrado vale para o paralelogramo.

c) Toda propriedade do losango vale para o retângulo.

d) Toda propriedade do retângulo vale para o quadrado.

e) Toda propriedade do quadrado vale para o retângulo.

f) Toda propriedade do quadrado vale para o losango.

g) Toda propriedade do losango vale para o quadrado.

h) O quadrado tem as propriedades do paralelogramo, do retângulo e do losango.

25. Com um arame de 24 m de comprimento, construímos um triângulo equilátero. Com outro arame, idêntico ao primeiro, construímos um quadrado. Qual é a razão (o quociente) entre o lado do triângulo e o lado do quadrado?

Trapézios isósceles

Um trapézio $ABCD$ tem as seguintes propriedades:

- $\text{med}(\hat{A}) + \text{med}(\hat{B}) + \text{med}(\hat{C}) + \text{med}(\hat{D}) = 360°$
- $\text{med}(\hat{A}) + \text{med}(\hat{D}) = 180°$ e $\text{med}(\hat{B}) + \text{med}(\hat{C}) = 180°$

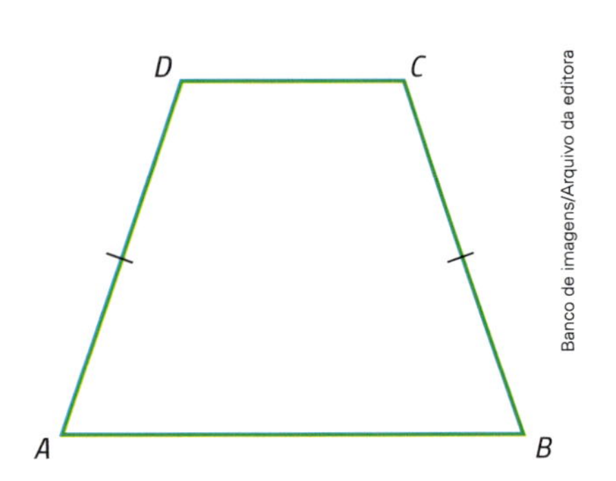

Banco de imagens/Arquivo da editora

Christian Musat/Shutterstock

As faces desse tipo de lustre lembram trapézios.

Essas propriedades são válidas para qualquer trapézio. Além delas, há outras específicas do trapézio isósceles, como veremos a seguir.

Ângulos das bases congruentes

Vamos considerar um trapézio isósceles $ABCD$ de bases $\overline{AB}$ e $\overline{CD}$ e lados congruentes $\overline{AD}$ e $\overline{BC}$ ($\overline{AD} \equiv \overline{BC}$).

Traçamos por C uma paralela a $\overline{AD}$, determinando o ponto E na base $\overline{AB}$.

Obtemos, então, um paralelogramo $AECD$ e um triângulo isósceles CEB.

Observando os ângulos $\hat{A}$, $\hat{E}$ e $\hat{B}$ assinalados na figura, temos:

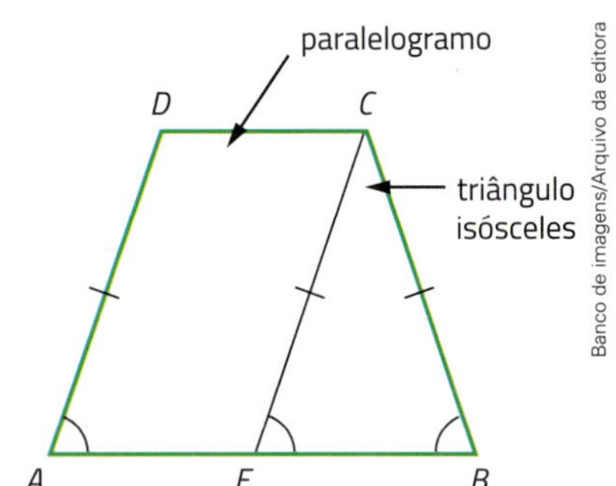

Banco de imagens/Arquivo da editora

- como o triângulo CEB é isósceles: $\hat{B} \equiv \hat{E}$
- como $AECD$ é um paralelogramo: $\hat{A} \equiv \hat{E}$

Então: $\hat{A} \equiv \hat{B}$ (1)

E temos:

- $\text{med}(\hat{A}) + \text{med}(\hat{D}) = 180°$, ou seja, $\text{med}(\hat{D}) = 180° - \text{med}(\hat{A})$
- $\text{med}(\hat{B}) + \text{med}(\hat{C}) = 180°$, ou seja, $\text{med}(\hat{C}) = 180° - \text{med}(\hat{B})$

De (1), temos:

$\hat{C} \equiv \hat{D}$ (2)

De (1) e (2), concluímos:

Em um trapézio isósceles, os **dois ângulos de cada base são congruentes**.

Diagonais congruentes

Em um trapézio isósceles, as **diagonais são congruentes**.

Essa propriedade pode ser provada pelo caso LAL de congruência de triângulos.

ATIVIDADES

26. Seja $ABCD$ um trapézio de bases $\overline{AB}$ e $\overline{CD}$. Sabendo que med($\hat{A}$) = x, med($\hat{B}$) = y, med($\hat{C}$) = $= 4y$ e med($\hat{D}$) = $3x$, determine as medidas dos ângulos $\hat{A}$, $\hat{B}$, $\hat{C}$ e $\hat{D}$.

27. Sabendo que $ABCD$ são trapézios isósceles de bases $\overline{AB}$ e $\overline{CD}$, determine a medida de seus ângulos.

a)

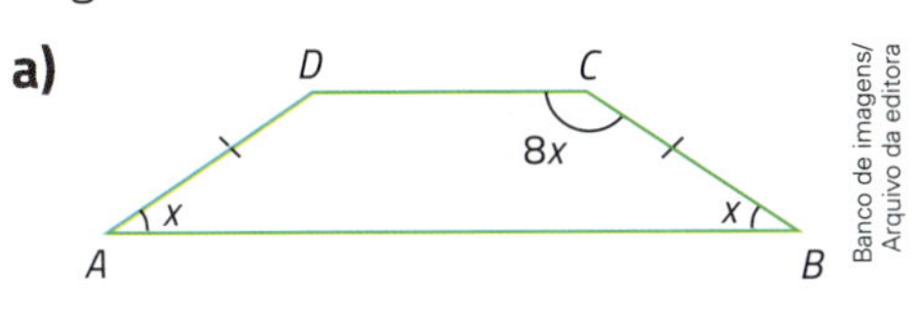

Banco de imagens/Arquivo da editora

b)

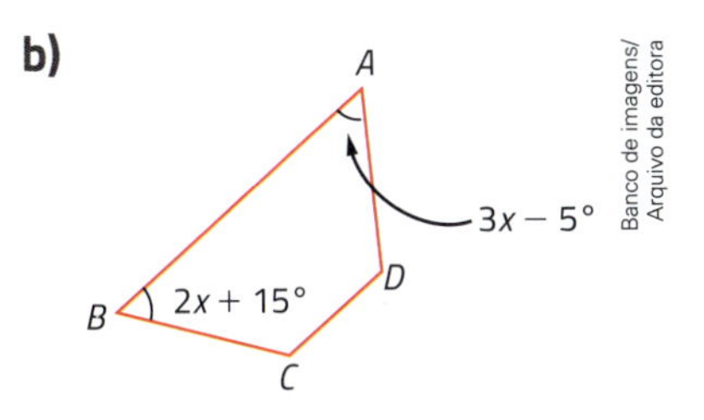

Banco de imagens/Arquivo da editora

28. Em cada caso, calcule a medida dos ângulos obtusos de um trapézio isósceles supondo que:

a) um dos ângulos agudos mede 50°;

b) um dos ângulos agudos mede 80°;

c) a soma das medidas dos ângulos obtusos é 250°.

29. Usando o caso LLL de congruência de triângulos, mostre que "as diagonais e as bases de um trapézio isósceles determinam dois triângulos isósceles".

30. As bases de um trapézio isósceles medem 6 m e 15 m, e as diagonais são bissetrizes dos ângulos de base maior. Determine o perímetro desse trapézio.

31. Determine as medidas dos ângulos de um trapézio isósceles cuja altura forma um ângulo de 40° com um dos lados não paralelos.

32. Determine os lados do trapézio $APOT$ de 41 cm de perímetro, sabendo que $AP = 3x + 2$ cm, $PO = x + 1$ cm, $OT = x$ cm e $AT = 2x - 4$ cm.

33. Em um trapézio isósceles, a base maior mede 15 cm, a menor mede 9 cm, e o perímetro é 44 cm. Quanto mede cada um dos outros lados?

Base média do triângulo

PARTICIPE

Em todos os triângulos ABC a seguir, M é ponto médio de $\overline{AB}$ e N é o ponto médio de $\overline{AC}$. O segmento $\overline{MN}$ é chamado **base média** do triângulo ABC, relativa à base $\overline{BC}$.

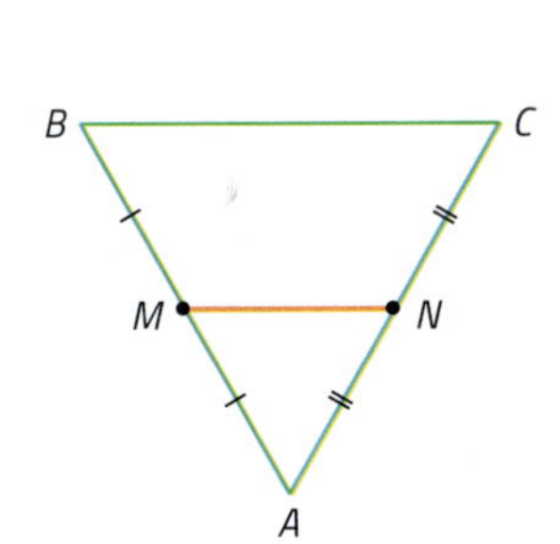

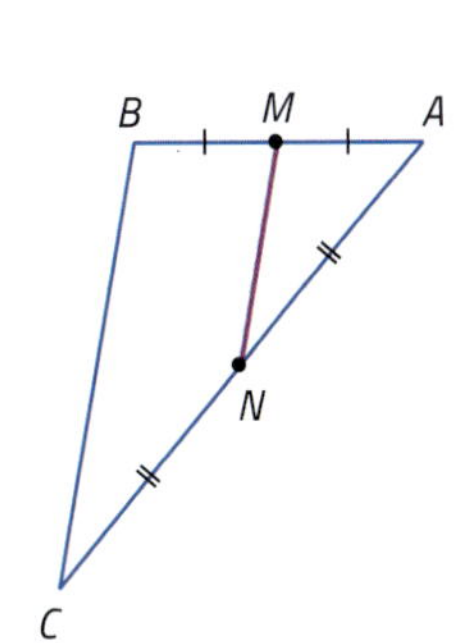

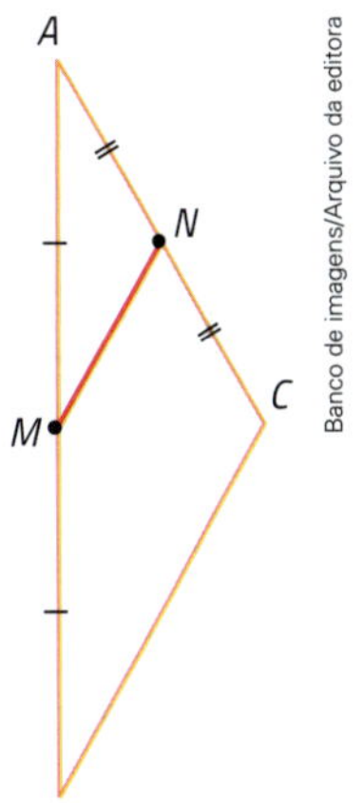

Banco de imagens/Arquivo da editora

a) Com uma régua, meça o comprimento da base BC em cada triângulo.

b) Em seguida, meça a base média MN em cada triângulo.

c) Qual é a razão $\frac{MN}{BC}$ entre as medidas encontradas em cada caso?

d) Construa um triângulo de lados 4 cm, 5 cm e 6 cm.

e) Determine os pontos médios dos três lados do triângulo construído e meça as três bases médias.

f) Em relação à medida de cada lado, quanto mede a base média que liga os pontos médios dos outros dois lados?

Propriedade da base média do triângulo

Em um triângulo ABC, vamos chamar de M o ponto médio de $\overline{AB}$ e de N o ponto médio de $\overline{AC}$.

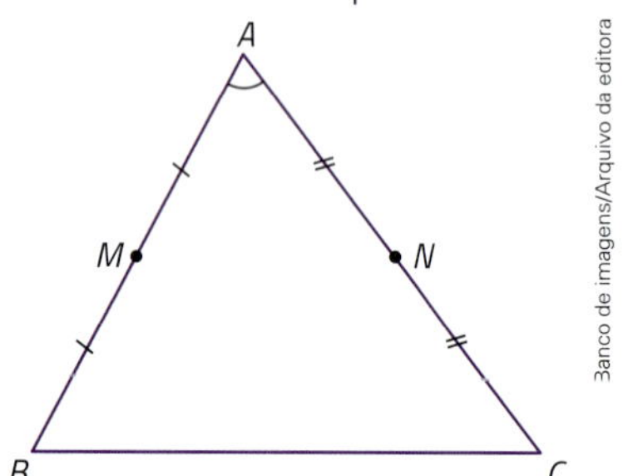

Vamos traçar a reta $\overleftrightarrow{MN}$ e a reta r, que passa por C e é paralela a $\overleftrightarrow{AB}$.

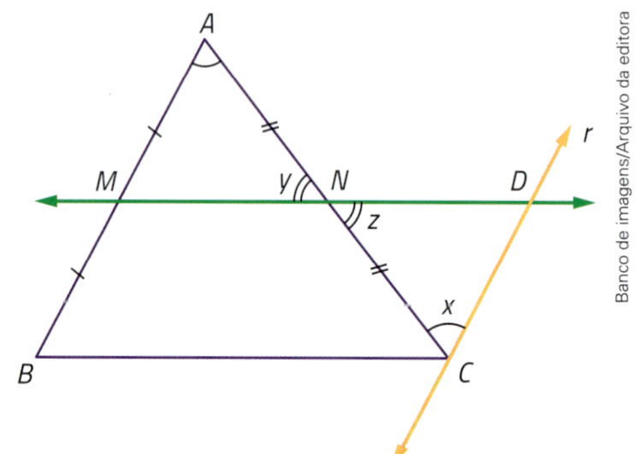

Observe na figura anterior que:

- as retas $\overleftrightarrow{MN}$ e r se intersectam no ponto D;
- as retas paralelas $\overleftrightarrow{AB}$ e $\overleftrightarrow{CD}$ e a transversal $\overleftrightarrow{AC}$ permitem-nos concluir que $\hat{A} \equiv \hat{x}$;
- como $\hat{x} \equiv \hat{A}$, $\overline{AN} \equiv \overline{CN}$ e $\hat{z} \equiv \hat{y}$, pelo critério ALA de congruência os triângulos CDN e AMN são congruentes e, então, $\overline{CD} \equiv \overline{AM}$. Logo: $\overline{CD} \equiv \overline{MB}$;
- como $\overline{CD} \,//\, \overline{MB}$ e $\overline{CD} \equiv \overline{MB}$, o quadrilátero $MBCD$ é um paralelogramo e, então, $\overline{MD} \,//\, \overline{BC}$.

Dessa forma, concluímos que:

$$\overline{MN} \,//\, \overline{BC}$$

Ainda do fato de $\triangle CDN \equiv \triangle AMN$ resulta que $\overline{MN} \equiv \overline{DN}$. Como $MBCD$ é um paralelogramo, temos $\overline{MD} \equiv \overline{BC}$ e, então, $2 \cdot MN = BC$.

Concluímos, portanto, que:

$$MN = \frac{1}{2} \cdot BC$$

Se um segmento tem extremidades nos pontos médios de dois lados de um triângulo, então:

- ele é paralelo ao terceiro lado;
- sua medida é igual à metade do terceiro lado.

ATIVIDADES

34. Em cada item, sabendo que M é ponto médio de $\overline{AB}$ e N é ponto médio de $\overline{AC}$, calcule x e dê o perímetro do triângulo ABC.

a)

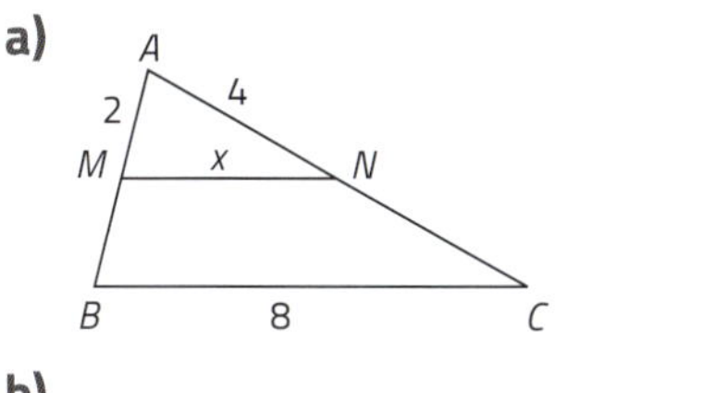

b)

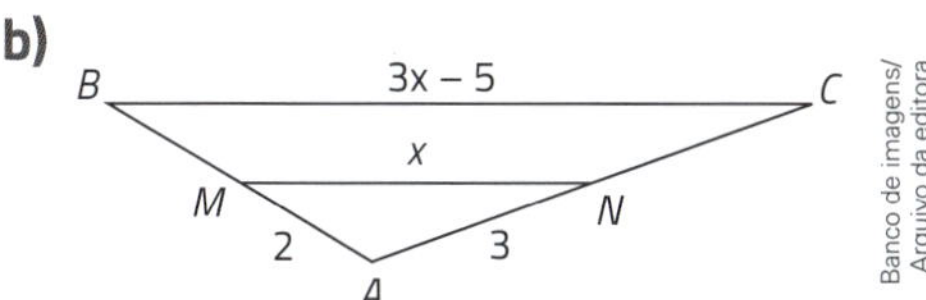

35. Nas figuras, segmentos com marcas iguais são congruentes. Determine o valor de x em cada caso.

a)

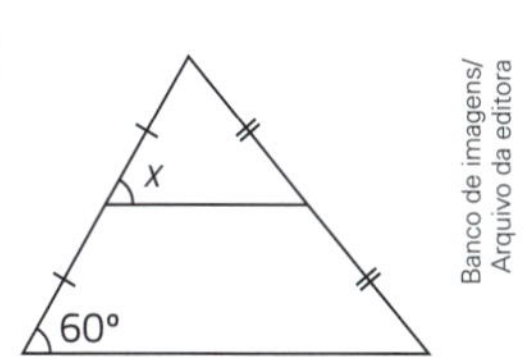

b)

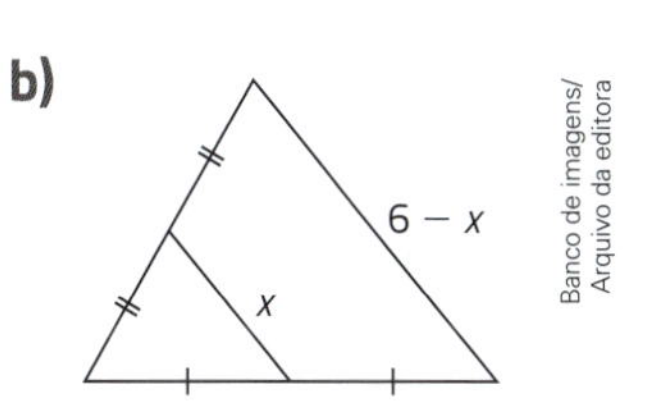

36. Qual é o quadrilátero notável cujos vértices são M, N, P e Q, pontos médios dos lados de um quadrilátero qualquer $ABCD$? Prove que sua resposta está correta.

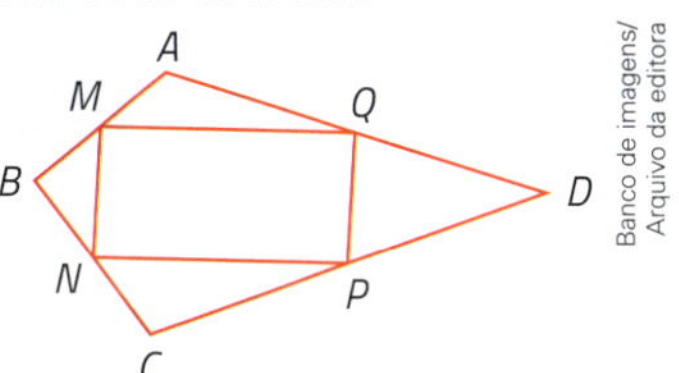

37. No triângulo ITA de lados $IT = 9$ cm, $TA = 14$ cm e $IA = 11$ cm, os pontos D, E e F são os pontos médios de $\overline{IT}$, $\overline{TA}$ e $\overline{IA}$, respectivamente. Calcule o perímetro do triângulo DEF.

38. Em um triângulo ABC, os pontos M, N e R são os pontos médios dos lados $\overline{AB}$, $\overline{AC}$ e $\overline{BC}$, respectivamente. Se $MN = 7$ cm, $NR = 4$ cm e $MR = 8$ cm, qual é o perímetro desse triângulo?

39. Qual é o quadrilátero notável $MNPQ$ cujos vértices são os pontos médios dos lados de um retângulo $ABCD$? Demonstre que sua resposta está correta.

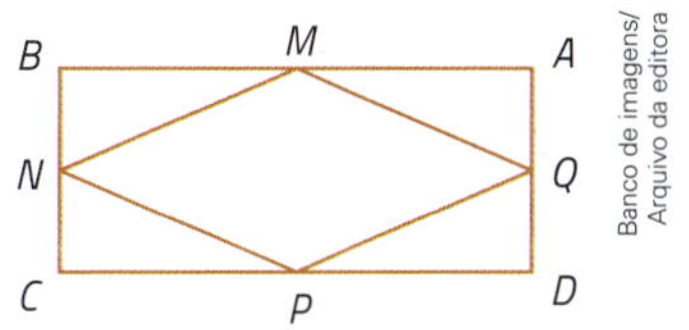

Base média nos trapézios

PARTICIPE

Nos trapézios $ABCD$ abaixo, M é ponto médio de $\overline{AD}$ e N é ponto médio de $\overline{BC}$. O segmento $\overline{MN}$ é chamado **base média** do trapézio $ABCD$.

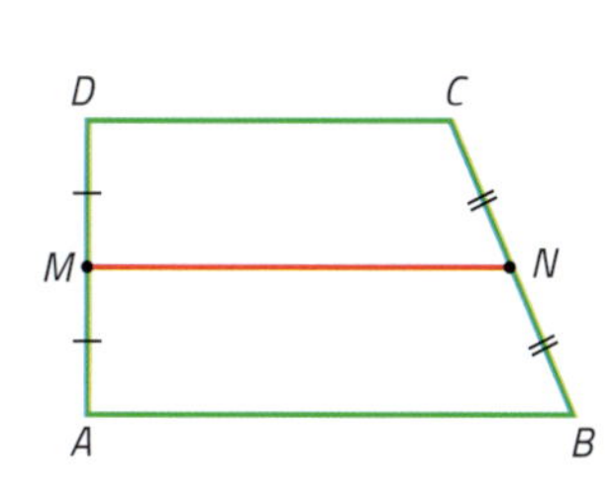

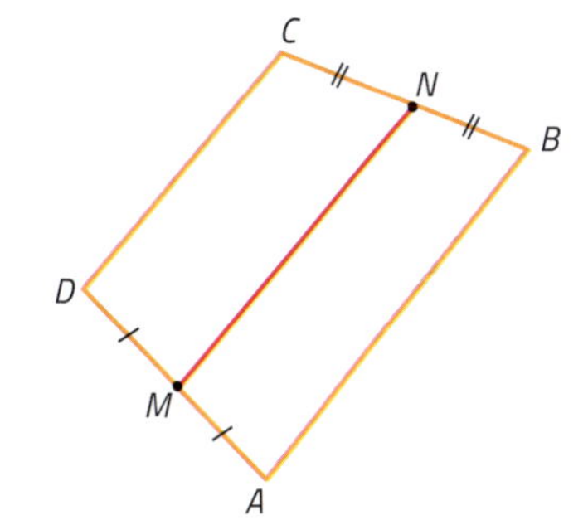

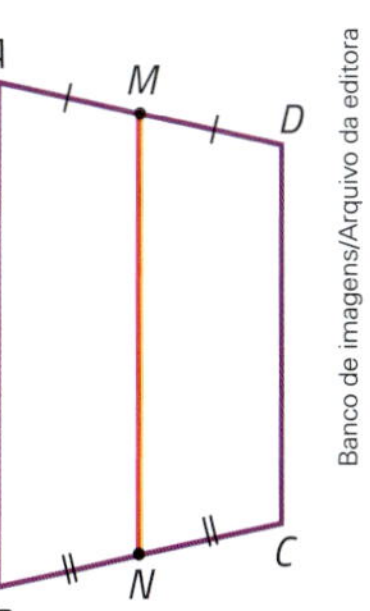

a) Com uma régua, meça a base maior, AB, e a base menor, CD, em cada trapézio.

b) Em seguida, meça a base média, MN, em cada trapézio.

c) Em cada caso, qual é a razão entre MN e $(AB + CD)$?

Propriedade da base média do trapézio

Em um trapézio $ABCD$, com base maior $\overline{AB}$ e base menor $\overline{CD}$, vamos chamar de M o ponto médio de $\overline{AD}$ e de N o ponto médio de $\overline{BC}$.

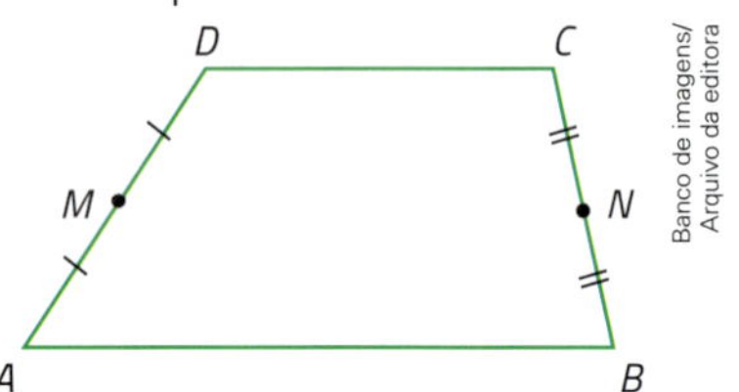

Traçamos a reta $\overleftrightarrow{DN}$ e chamamos E o ponto em que ela intersecta a reta $\overleftrightarrow{AB}$:

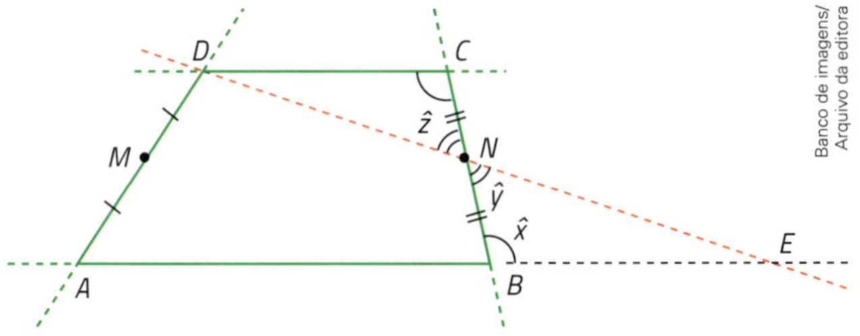

Observe na figura que:

- como as retas $\overleftrightarrow{AB}$ e $\overleftrightarrow{CD}$ são paralelas e $\overleftrightarrow{CB}$ é transversal a elas: $\hat{C} \equiv \hat{x}$;
- como $\hat{x} \equiv \hat{C}$, $\overline{BN} \equiv \overline{NC}$ e $\hat{y} \equiv \hat{z}$, pelo critério ALA de congruência, os triângulos BEN e CDN são congruentes. Disso resulta que $\overline{EN} \equiv \overline{DN}$ e $\overline{BE} \equiv \overline{CD}$;
- no triângulo DAE, como $\overline{EN} \equiv \overline{DN}$, resulta que M e N são os pontos médios dos lados $\overline{AD}$ e $\overline{DE}$, respectivamente. Pela propriedade da base média do triângulo, temos:

$\overline{MN} \parallel \overline{AE}$; portanto, $\overline{MN} \parallel \overline{AB} \parallel \overline{CD}$

$MN = \frac{1}{2} \cdot AE$; portanto $MN = \frac{AB + BE}{2} = \frac{AB + CD}{2}$

Se um segmento tem extremidades nos pontos médios dos lados não paralelos de um trapézio, então ele:

- é paralelo às bases;
- tem medida igual à média aritmética das bases.

ATIVIDADES

40. Sabendo que M é ponto médio de $\overline{AD}$, N é ponto médio de $\overline{BC}$, e $ABCD$ é um trapézio, calcule x, y e z.

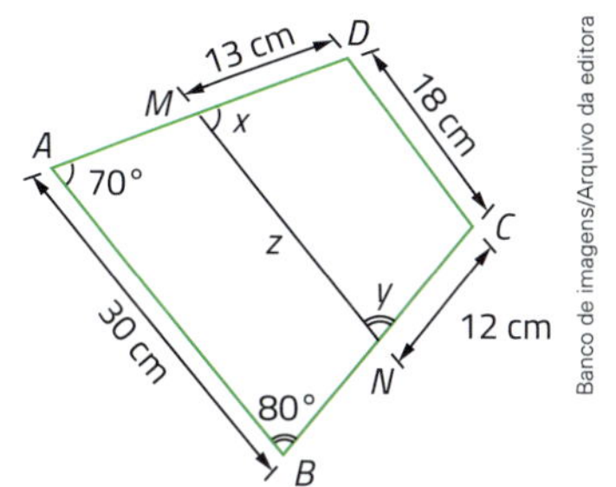

41. A base média de um trapézio mede 30 cm, e a base maior é $\frac{3}{2}$ da base menor. Determine as medidas das bases desse trapézio.

42. Considerando que os quadriláteros abaixo são trapézios e os segmentos com marcas iguais são congruentes, determine os valores das incógnitas em cada item.

a)

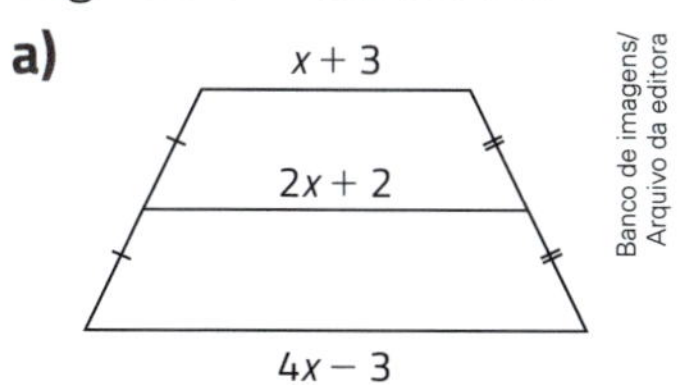

b)

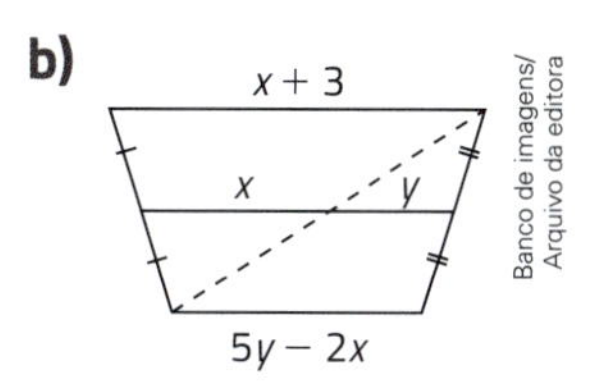

43. Sabendo que $ABCD$ é um trapézio, P é ponto médio de $\overline{AD}$ e Q é o ponto médio de $\overline{BC}$, calcule x, y, z e o perímetro de $ABCD$.

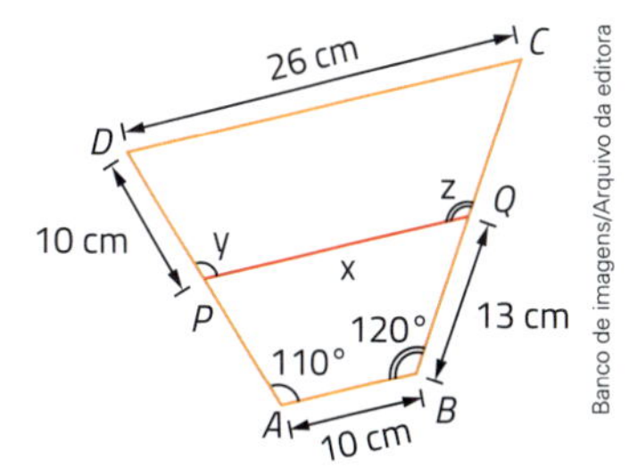

44. A base média de um trapézio mede 14 cm, e a base maior excede a menor em 4 cm. Determine as medidas das bases desse quadrilátero.

45. Recorde (pesquise, se necessário) como se calcula a área de um trapézio e responda: Qual é a área de um trapézio de altura 10 cm e base média 9 cm?

NA OLIMPÍADA

Determinando o perímetro

(Obmep) O trapézio $ABCD$ foi dobrado ao longo do segmento CE, paralelo ao lado AD, como na figura. Os triângulos EFG e BFH são equiláteros, ambos com lados de 4 cm de comprimento. Qual é o perímetro do trapézio?

a) 16 cm
b) 18 cm
c) 20 cm
d) 24 cm
e) 32 cm

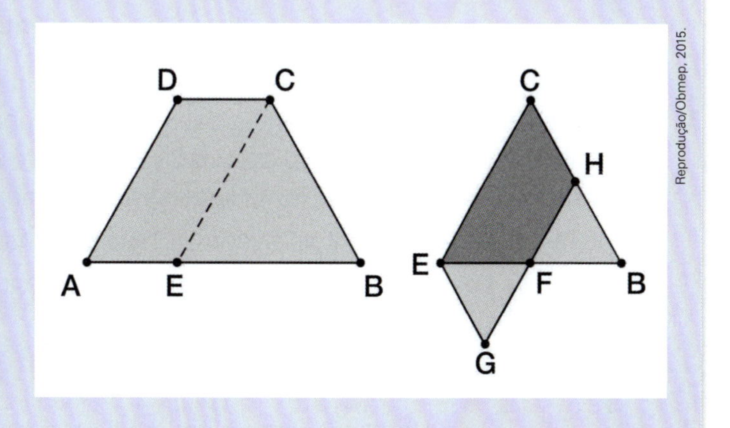

NA MÍDIA

Cidade holandesa celebra Mondrian com réplica gigante

A prefeitura de Haia, na Holanda, teve sua fachada decorada com o que as autoridades locais estão chamando de "maior pintura de Mondrian do mundo" para celebrar o artista abstrato holandês Piet Mondrian.

Jerry Lampen/ANP/AFP

Fachada da prefeitura da cidade de Haia, Holanda. Fevereiro de 2017.

A réplica da pintura, feita de finas folhas de plástico emolduradas, apresenta o famoso desenho de linhas retas pretas e marcantes blocos vermelhos, amarelos e azuis e foi exibida nas laterais da fachada da prefeitura.

"O conselho da cidade de Haia decidiu homenagear o artista de renome mundial como parte de um ano comemorando o tema 'Mondrian para o *design* holandês'", disse o porta-voz Herbert Brinkman à agência de notícias AFP.

Este ano marca o centenário da fundação do movimento de arte holandês chamado *De Stijl* (O Estilo), que ficou conhecido por fortes linhas horizontais e verticais com blocos de cores primárias. Mondrian e o pintor Theo van Doesburg foram dois dos mais conhecidos artistas do movimento.

A pintura mais famosa de Mondrian, *Victory Boogie Woogie*, de 1944, é considerada uma das obras de arte mais importantes do século XX. A pintura retornou à Holanda em 1998 após ser comprada de uma coleção americana confidencial por 40 milhões de dólares. A obra agora está no Gemeentemuseum, em Haia, que abriga cerca de 300 outras obras de Mondrian, se tornando a maior coleção do mundo.

Disponível em: https://g1.globo.com/mundo/noticia/cidade-holandesa-celebra-mondrian-com-replica-gigante.ghtml. Acesso em: 15 jul. 2021

1. Uma das características marcantes das obras de Mondrian é o uso de linhas pretas horizontais e verticais, além de cores primárias e neutras. Observe na imagem do texto a pintura de Mondrian replicada na fachada de edifícios holandeses e responda às questões abaixo.

a) As faixas pretas horizontais e verticais formam uma figura que lembra qual polígono?

b) Podemos afirmar que esse polígono é um paralelogramo? Justifique sua resposta.

c) As diagonais desse polígono são congruentes?

d) Esse polígono possui eixos de simetria? Quantos?

2. Agora é a sua vez! Utilizando régua e um par de esquadros, crie, em uma folha de papel sulfite, uma obra inspirada nas formas, linhas e cores utilizadas nas pinturas de Piet Mondrian.

UNIDADE 6 Álgebra

NESTA UNIDADE VOCÊ VAI

- Resolver e elaborar problemas que envolvem expressões algébricas.
- Associar uma equação linear de 1º grau com duas incógnitas a uma reta no plano cartesiano.
- Resolver e elaborar problemas que podem ser representados por sistemas de equações do 1º grau com duas incógnitas.
- Resolver e elaborar problemas envolvendo equações polinomiais de 2º grau.

CAPÍTULOS

CAPÍTULO 14

Equações

Visharo/Shutterstock

NA REAL

Qual número está oculto?

Na obra-prima de Antoni Gaudí (1852-1926), *Sagrada Família*, um dos monumentos mais visitados da Espanha, pode ser visto um quadrado mágico de ordem 4 na cena *O beijo de Judas*. Para muitos matemáticos, esse não é um quadrado mágico verdadeiro, visto que viola as regras dos quadrados mágicos: não utilizar números repetidos e utilizar somente uma série consecutiva de números.

Todo quadrado mágico tem ainda uma constante, que é obtida pela adição dos números que formam uma das linhas, colunas ou diagonais. Nesse quadrado, por exemplo, a constante é igual a 33, que, segundo a tradição cristã, era a idade que Jesus Cristo tinha no ano em que foi crucificado. Qual número está oculto por uma parte da escultura na imagem?

Na BNCC
EF08MA06
EF08MA09

Um pouco de história

Um certo número de papiros egípcios de algum modo resistiu ao desgaste do tempo por mais de três e meio milênios. O mais extenso dos de natureza matemática é um rolo de papiro com cerca de 0,30 m de altura e 5 m de comprimento, que está agora no *British Museum* (exceto uns poucos fragmentos que estão no *Brooklyn Museum*). Foi comprado em 1858 numa cidade à beira do Nilo, por um antiquário escocês, Henry Rhind; por isso é conhecido como Papiro de Rhind, ou, menos frequentemente, chamado de Papiro de Ahmes em honra do escriba que o copiou por volta de 1650 a.C.

BOYER, Carl B. *História da Matemática*. Tradução de Elza F. Gomide. 2. ed. revista por Uta C. Merzbach. São Paulo: Edgard Blücher, 1996.

O Papiro de Rhind contém diversos problemas, entre os quais alguns algébricos. O problema 31, por exemplo, diz o seguinte: "Uma quantidade e seus dois terços, sua metade e seu um sétimo, juntos, fazem 33. Ache essa quantidade".

Você vai resolver esse e outro problema do Papiro de Rhind adiante, no estudo das equações.

Produto igual a zero

O fator necessário

Luísa escolheu dois números, multiplicou um pelo outro e obteve resultado igual a zero. O que se pode afirmar a respeito dos números que ela escolheu?

$$? \cdot ? = 0$$

Se Luísa tivesse escolhido dois números diferentes de zero, o produto não daria zero.

Para que o produto dê zero, é necessário que ao menos um dos fatores seja zero.

Portanto, pelo menos um dos números que Luísa escolheu foi o zero.

A multiplicação $a \cdot b$ só pode dar zero se tivermos $a = 0$ ou $b = 0$. Mais precisamente:

$a \cdot b = 0$ se, e somente se, $a = 0$ ou $b = 0$

É claro que podemos ter ambos os números iguais a zero ($a = b = 0$). Em Matemática, o conectivo **ou** não é exclusivo. Quando dizemos $a = 0$ ou $b = 0$, pode ocorrer apenas $a = 0$, apenas $b = 0$ ou $a = b = 0$.

Fatoração e resolução de equações

Vamos pensar na situação apresentada pelo professor:

Ilustra Cartoon/Arquivo da editora

Subtraindo 3 de um número e multiplicando o resultado por 10, o produto obtido é zero. Que número é esse?

Para resolver essa questão, vamos recordar um tópico já estudado.

Para calcular um número desconhecido (incógnita), representamos esse número por uma letra (por exemplo, x), montamos a equação a que esse número satisfaz e, depois, a resolvemos.

Neste exemplo, temos:

número desconhecido $\rightarrow x$

subtraindo 3 de $x \rightarrow x - 3$

Multiplicando o resultado por 10, o produto é zero.

equação $\rightarrow (x - 3) \cdot 10 = 0$

No primeiro membro, temos o número $(x - 3)$ multiplicado por 10. Como o resultado dessa multiplicação deve dar zero, pelo menos um dos fatores precisa ser igual a zero. Conclusão: $x - 3 = 0$. Logo, $x = 3$.

Conferindo: $(3 - 3) \cdot 10 = 0 \cdot 10 = 0$.

Resposta: O número é 3.

Vejamos agora outra situação apresentada pelo professor.

Ilustra Cartoon/Arquivo da editora

Vamos montar a equação:

número desconhecido $\rightarrow x$

adicionando $\frac{2}{3}$ a $x \rightarrow x + \frac{2}{3}$

Multiplicando o resultado pelo número desconhecido, o produto é zero.

equação $\rightarrow \left(x + \frac{2}{3}\right) \cdot x = 0$

Para dar produto zero, um dos fatores precisa ser igual a zero.

Então:

$x + \frac{2}{3} - 0$ ou $x - 0$

$x = -\frac{2}{3}$ ou $x = 0$

Esse problema tem duas soluções: $-\frac{2}{3}$ e 0.

Observe:

- x pode ser $-\frac{2}{3}$ porque $\left(-\frac{2}{3} + \frac{2}{3}\right) \cdot \left(-\frac{2}{3}\right) = 0 \cdot \left(-\frac{2}{3}\right) = 0$
- x pode ser zero porque $\left(0 + \frac{2}{3}\right) \cdot 0 = \frac{2}{3} \cdot 0 = 0$

Resposta: O número é $-\frac{2}{3}$ ou 0.

Aplicando fatoração

Quando uma equação apresenta o segundo membro igual a zero e seu primeiro membro pode ser decomposto em produto, podemos resolvê-la recaindo em equações mais simples.

Veja alguns exemplos:

Alberto De Stefano/Arquivo da editora

número desconhecido → x

quadrado do número desconhecido → x^2

equação → $x^2 = x$

adicionando $-x$ aos dois membros → $x^2 - x = x - x$, logo $x^2 - x = 0$

fatorando → $x(x - 1) = 0$

igualando os fatores a zero → $x = 0$ ou $x - 1 = 0$

resolvendo → $x = 0$ ou $x = 1$

Conferindo na equação: $0^2 = 0$ e $1^2 = 1$.

Resposta: Há duas soluções: 0 e 1.

Note: reescrevemos $x^2 = x$ como $x^2 - x = 0$. Subtraímos o termo x nos dois membros da equação.

número desconhecido → x

cubo do número desconhecido → x^3

quadrado do número desconhecido → x^2

quádruplo do número desconhecido → $4x$

equação → $x^3 + x^2 = 4 + 4x$

Transpomos todos os termos para o primeiro membro, ficando zero no segundo membro:

$$x^3 + x^2 - 4x - 4 = 0 \; ✪$$

- fatorando → $x^2(x + 1) - 4(x + 1) = 0$

$$(x + 1)(x^2 - 4) = 0$$

$$(x + 1)(x + 2)(x - 2) = 0$$

- resolvendo → $x + 1 = 0$ ou $x + 2 = 0$ ou $x - 2 = 0$

$x = -1$ ou $x = -2$ ou $x = 2$

Conferindo $x = -1$ na equação ✪: $(-1)^3 + (-1)^2 - 4(-1) - 4 = -1 + 1 + 4 - 4 = 0$

Confira as outras soluções mentalmente.

Resposta: Há três soluções: -1, -2 e 2.

ATIVIDADES

1. Calcule o valor de x em cada equação.

a) $15(x + 2) = 0$

b) $x(x - 4) = 0$

c) $(x + 1)(2x - 1) = 0$

d) $5x(x - 1)(x - 2) = 0$

2. Adicionando o triplo de um número ao quadrado desse número, obtemos zero. Qual é o número?

3. Qual é o número cuja quarta parte é igual ao seu quadrado?

4. Calcule x em cada equação a seguir.

a) $x^2 = 4x$

b) $3x^2 = 6x$

c) $2x^2 = 5x$

d) $25x = 4x^2$

5. Adicionando 4 ao quadrado da idade de Júnior, obtemos o quádruplo da idade dele. Quantos anos Júnior tem?

6. Resolva as equações utilizando a fatoração.

a) $x^2 - 10x + 25 = 0$

b) $x^3 - 5x^2 - 4x + 20 = 0$

7. Adicionando 16 à área do quadrado abaixo, numericamente obtemos o dobro de seu perímetro. Quanto medem os lados desse quadrado?

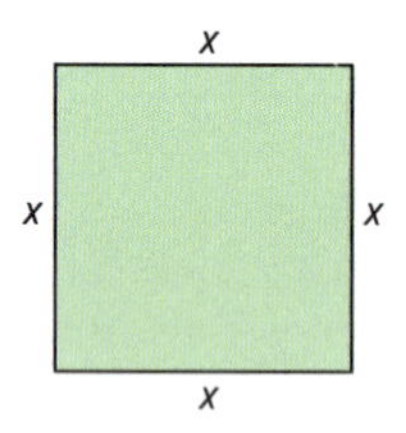

8. Subtraindo 3 do dobro de um número e multiplicando o resultado pela metade daquele número, obtemos zero. Qual é o número?

9. Que número é igual à metade do seu quadrado?

10. Que número é igual ao quádruplo de seu cubo?

11. A área de um quadrado é numericamente igual ao triplo de seu perímetro. Calcule a medida dos lados desse quadrado.

12. A medida da base do retângulo abaixo é o dobro da medida da sua altura.

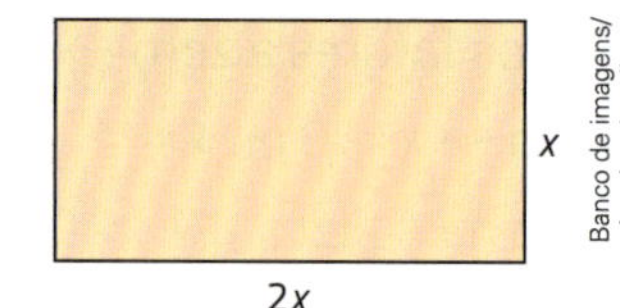

Banco de imagens/Arquivo da editora

Adicionando 18 à área desse retângulo, numericamente obtemos o dobro de seu perímetro.

Quanto mede a base do retângulo?

13. O dia e o mês do aniversário da Natasha são raízes da equação $x^3 - 10x^2 - 4x + 40 = 0$. Sabendo que ela nasceu no primeiro semestre, quando é o aniversário dela?

14. Ao perguntarem sobre sua idade, Juliana respondeu: "É uma das raízes da equação $x^3 - 13x^2 - 2x + 26 = 0$". Qual é a idade da Juliana?

A caminhada

Nílson e Marisa fazem caminhada pelo menos três vezes por semana, percorrendo a mesma distância.

Caminhando 90 metros a cada minuto, Nílson chega ao final do percurso 7 minutos antes de Marisa, que caminha 80 metros a cada minuto.

Quanto tempo dura a caminhada de Nílson? E a de Marisa?

Thinkstock/iStock

Resolvendo problemas

Problemas como esse podem ser resolvidos por meio de equações. Vamos recordar algumas orientações.

1. Leia atentamente o problema.
2. Estabeleça qual é a incógnita.
3. Escreva a condição sobre a incógnita (se deve ser número natural, inteiro, positivo, etc.).
4. Monte uma equação traduzindo os dados do problema em linguagem matemática.
5. Resolva essa equação.
6. Verifique se a raiz encontrada obedece à condição estabelecida na etapa 3.
7. Dê a resposta.

Depois de ler atentamente o problema apresentado (1), estabelecemos que:

- 2 t é o número procurado: é o tempo, em minutos, da caminhada de Nílson. O de Marisa é $t + 7$;
- 3 t deve ser um número positivo.

Para montar uma equação, analisemos os dados do problema (4):

- Eles caminham pelo menos três vezes por semana: esse dado é irrelevante para o cálculo do tempo do percurso.
- Nílson caminha 90 metros a cada minuto: em t minutos, ele caminha $90t$ metros.
- Marisa caminha 80 metros a cada minuto: em $(t + 7)$ minutos, ela caminha $80(t + 7)$ metros.
- Ambos percorrem a mesma distância. Então:

$$90t = 80(t + 7) \qquad 90t = 80t + 560$$

Agora, precisamos resolver a equação para descobrir a raiz (5). A raiz (ou solução) é o número que, colocado no lugar da incógnita, transforma a equação em sentença verdadeira. Para achar a raiz, podemos aplicar as seguintes operações elementares sobre a equação:

- Adicionamos um mesmo número aos dois membros. (É a operação que aplicamos para transpor um termo de um membro para o outro, trocando o sinal dele.)
- Multiplicamos os dois membros por um mesmo número diferente de zero.

Então, vamos resolver $90t = 80t + 560$.

1º passo: Deixamos a incógnita em apenas um dos membros da equação. Transpondo $80t$ para o primeiro membro, fica:

$90t - 80t = 560$

$10t = 560$

2º passo: Dividindo os dois membros por 10, que é o mesmo que multiplicar por $\frac{1}{10}$, fica:

$$\frac{10t}{10} = \frac{560}{10}$$

$t = 56$

6 O número encontrado, 56, é positivo. Então, o tempo de Nílson é 56 minutos.

Como $t + 7 = 56 + 7 = 63$, o tempo de Marisa é 63 minutos.

Vale ainda lembrar que você sempre pode conferir se acertou os cálculos ao resolver uma equação: é só testar se o número encontrado é realmente raiz da equação. Para isso, coloque-o no lugar da incógnita e veja se ele formou uma sentença verdadeira:

$$90 \cdot 56 = 80 \cdot 56 + 560$$
$$5040 = 4480 + 560$$
$$5040 = 5040 \text{ (verdadeiro)}$$

7 **Resposta:** O tempo de Nílson é 56 minutos e o de Marisa, 63 minutos.

Explorando o problema

Pense e responda: Quantos metros Nílson e Marisa caminham a cada vez?

ATIVIDADES

15. Resolva o problema 24 do Papiro de Rhind: "Calcule *aha*, sabendo que *aha* mais um sétimo de *aha* dá 19". *Aha* é como a incógnita era chamada.

16. O problema 31 do Papiro de Rhind também pode ser resolvido a partir de uma equação. Resolva-o: "Uma quantidade e seus dois terços, sua metade e seu sétimo, juntos, fazem 33. Ache essa quantidade".

17. Os candidatos a um emprego compareceram para um teste e foram divididos em três turmas: na primeira havia $\frac{2}{3}$ deles; na segunda, $\frac{1}{4}$; e, na terceira, os demais 15 candidatos. Ao todo, quantos eram os candidatos?

18. Uma empreiteira pavimentou $\frac{2}{5}$ de uma rodovia, e outra, os 84 km restantes. Qual é a extensão dessa rodovia?

19. Fábio e Leonardo são amigos, trabalham juntos e recebem salários iguais.

Quality Stock Arts/Shutterstock

No final de um mês, Fábio havia gastado $\frac{7}{8}$ do seu salário, e Leonardo, $\frac{9}{10}$ do dele. Um deles terminou o mês com R$ 40,00 a mais que o outro.

a) Quem terminou o mês com mais dinheiro?

b) Qual é o salário deles?

20. Em Salvador (BA), em 2020, uma corrida de táxi custava R$ 4,81 mais a quantia de R$ 2,42 por quilômetro rodado.

a) Quanto custava uma corrida de x quilômetros?

b) Quantos quilômetros tem uma corrida que custava R$ 24,17?

21. Para produzir certo artigo, uma fábrica tem um custo fixo de R$ 2 500,00 mais um acréscimo de R$ 2,50 por unidade produzida.

a) Qual é o custo total para produzir x unidades?

b) Gastando R$ 10 000,00, quantas unidades são produzidas?

22. Do salário de José Ricardo são descontados 9% de INSS, e ele fica com R$ 1 137,50. Qual é o salário dele?

Recordando: $9\% = \frac{9}{100}$

23. Uma empresa aumentou em 10% o salário de todos os seus funcionários e ainda deu uma bonificação de R$ 150,00 para cada um. No salário de Luís Carlos, isso significou um aumento de 20% de um mês para o outro. Qual é o novo salário dele?

24. O tanque de um carro contém 42 litros de gasolina, atingindo 75% de sua capacidade. Quantos litros ainda cabem nesse tanque?

25. Neste mês, Pedro Antônio atrasou o pagamento do aluguel de sua casa. Por isso, teve de pagar R$ 594,00, já incluídos os 10% da multa pelo atraso. Qual é o valor do aluguel?

26. Um vendedor ganha por mês um salário fixo de R$ 800,00 mais comissão de 1,5% sobre o total de suas vendas no mês. Para ganhar R$ 1 400,00 em um mês, quanto ele precisa vender?

27. Depois de um novo funcionário ser contratado, com salário de R$ 1 440,00, o salário médio dos funcionários de um escritório passou de R$ 1 800,00 para R$ 1 760,00. Quantos funcionários havia antes da nova contratação?

28. Uma empresa tinha 35 funcionários e pagava, em média, R$ 1 600,00 a cada um. Após contratar novos funcionários, com salário de R$ 1 240,00 cada um, a média de pagamento dos funcionários caiu para R$ 1 520,00. Quantos funcionários ela contratou?

29. José Luís, de 54 anos, tem quatro filhos. A soma das idades dos filhos é 39 anos. Daqui a quantos anos a soma das idades dos filhos de José Luís será igual à idade do pai?

30. Wellington, de 42 anos, é pai de Mariana, de 12 anos. Daqui a quantos anos a idade do pai será o dobro da idade da filha?

31. Lendo 20 páginas por dia, Samanta terminou um livro levando cinco dias a mais que Fafinha, que lia 28 páginas por dia. Quantas páginas tem o livro?

Kimrawicz/Shutterstock

32. Em um clube há duas piscinas de mesmo tamanho e profundidade. Uma das piscinas é enchida à razão de 12 litros de água por minuto, levando 4 horas a mais do que a outra, que recebe 15 litros por minuto, para ficar totalmente cheia. Qual é o volume de cada piscina?

33. Aline, Clarice e Mônica foram candidatas a Rainha da Primavera. Aline obteve o dobro dos votos de Clarice, que teve 18 votos a mais que Mônica. Foram 214 os votantes, e 20 votos foram anulados. Dê a classificação final e o número de votos de cada candidata.

34. A altura dos três retângulos abaixo é uma vez e meia a medida de sua base. Quanto deve medir a base para que um desses retângulos tenha perímetro de 20 cm?

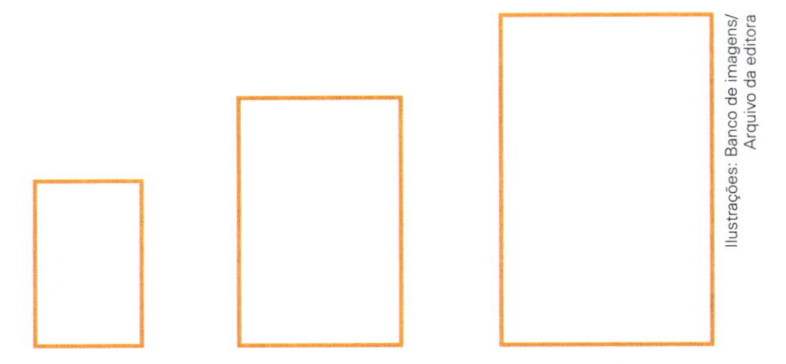

Ilustrações: Banco de imagens/ Arquivo da editora

35. De uma cartolina retangular de 40 cm de largura, cortamos em cada canto um quadrado de lado 10 cm. Em seguida, dobramos as abas, formando uma caixa sem tampa. Para que a caixa tenha volume de 8 000 cm³, qual deve ser o comprimento da cartolina?

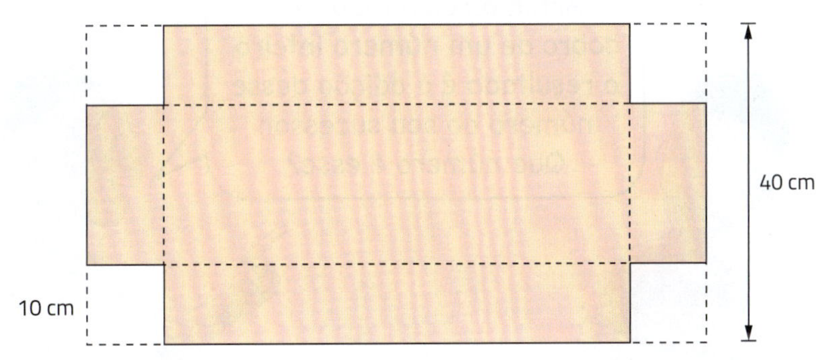

Equações impossíveis e equações indeterminadas

Existem equações que não têm solução. Outras têm infinitas soluções. Veja o enigma que Artur propôs a seu irmão Raul:

Alberto De Stefano/ Arquivo da editora

número desconhecido → x (deve ser inteiro)

triplo do número desconhecido → $3x$

adicionando 6 ao triplo do número desconhecido → $3x + 6$

sucessor do número desconhecido → $x + 1$

dobro do sucessor → $2(x + 1)$

adição do número desconhecido ao dobro do sucessor → $x + 2(x + 1)$

equação → $3x + 6 = x + 2(x + 1)$

Resolução:

$3x + 6 = x + 2x + 2$

$3x - x - 2x = 2 - 6$

$0x = -4$

Essa equação não tem raiz, pois não existe número que, multiplicado por zero, dá -4. Nesse caso, dizemos que a equação é **impossível**.

Raul deve responder, então, que o número não existe.

Agora, veja o enigma que Raul propôs a Artur:

número desconhecido → x (deve ser inteiro)

equação → $2x + 1 = x + (x + 1)$

Resolução:

$2x + 1 = x + x + 1$

$2x - x - x = 1 - 1$

$0x = 0$

Essa equação tem uma infinidade de raízes, pois todo número multiplicado por zero dá zero. Dizemos que a equação é **indeterminada**.

Artur deve responder que o número pode ser qualquer inteiro.

Uma equação com uma incógnita é **impossível** quando não tem raiz.

Uma equação com uma incógnita é **indeterminada** quando tem uma infinidade de raízes.

ATIVIDADES

36. Observe a tabela:

A	B	C	D	E	F
$3x = 5$	$2x = 0$	$0x = 2$	$0x = 0$	$\frac{x}{2} = \frac{x}{3}$	$x + 1 = 1 + x$

a) Qual(is) equação(ões) é(são) impossível(is)?

b) Qual(is) equação(ões) é(são) indeterminada(s)?

37. Resolva as equações a seguir.

a) $x + 1 = x + 2$

b) $2x + 1 = x + 1$

c) $5x + 1 = 4(x + 1) + x$

d) $x - 1 = 1 - x$

e) $\frac{2x + 1}{4} - x = \frac{3}{4} - \frac{x + 1}{2}$

38. Vamos resolver:

a) $2x + 5 = 5 + 2x$

b) $2x - 1 = 2(1 - 2x)$

c) $3(x + 2) = 2(x + 4) + x - 4$

d) $\frac{x + 1}{2} + \frac{2x + 1}{3} = 1 - \frac{1 - x}{6}$

39. Para que número inteiro o dobro de seu sucessor é igual ao sucessor de seu dobro?

40. Que número adicionado aos seus três quartos dá o seu dobro subtraído de sua quarta parte?

NA OLIMPÍADA

(Obmep) Na tabela há um número escondido na casa azul e a soma dos números da primeira linha é igual à soma dos números da segunda linha. Qual é o número escondido?

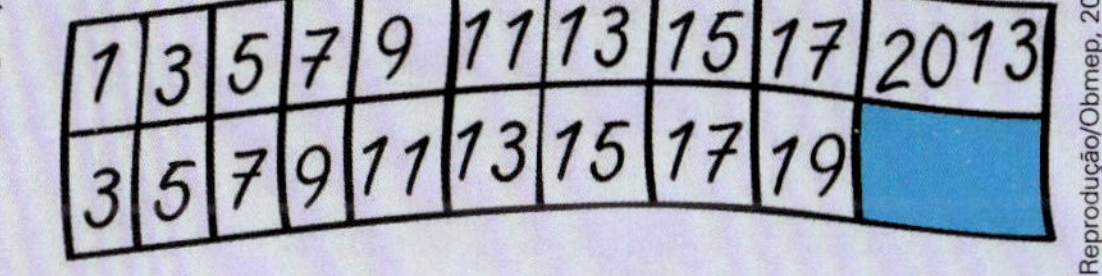

1	3	5	7	9	11	13	15	17	2013
3	5	7	9	11	13	15	17	19	

Reprodução/Obmep, 2013

a) 1995 **b)** 1997 **c)** 1999 **d)** 2 001 **e)** 2005

Equação do 1º grau

Ao resolver uma equação com uma incógnita, procuramos deixar os termos que contêm a incógnita no primeiro membro e os demais termos no segundo membro. Quando chegamos a uma equação da forma

$$ax = b$$

em que a e b são números reais conhecidos e $a \neq 0$, dizemos que se trata de uma **equação do 1º grau**.

Por exemplo, são equações do 1º grau as mostradas na tabela abaixo.

$ax = b$	a	b
$-2x = 17$	-2	17
$x = -\frac{7}{3}$	1	$-\frac{7}{3}$
$\frac{x}{2} = 0$	$\frac{1}{2}$	0

Na equação $ax \neq b$, nomeamos:

- x é a incógnita;
- a é o coeficiente;
- b é o termo independente;
- sendo $a \neq 0$, a raiz é $\frac{b}{a}$.

Uma equação com uma incógnita x é denominada **equação do 1º grau** se puder ser reduzida, por meio de operações elementares, à forma $a \cdot x = b$, em que a e b são números reais e $a \neq 0$.

Observe que, se $a = 0$, a equação fica $0x = b$ (não é equação do 1º grau). Nesse caso, se $b \neq 0$, a equação é impossível, e se $b = 0$, a equação é indeterminada.

Equação do 2º grau na forma $ax^2 = b$

Você sabe que resolver uma equação significa determinar os valores que a satisfazem, ou seja, encontrar suas raízes (ou soluções).

Um número é **raiz de uma equação** quando, colocado no lugar da incógnita, a equação se transforma em uma sentença verdadeira.

Para o que segue, tomaremos como exemplo a situação apresentada:

Ilustra Cartoon/Arquivo da editora

Já sabemos uma maneira de resolver essa equação:

$x^2 - 25 = 0$

$(x + 5)(x - 5) = 0$

$x + 5 = 0$ ou $x - 5 = 0$

$x = -5$ ou $x = 5$

Agora vamos resolvê-la de outro modo.

1º passo: Deixamos a incógnita em apenas um dos membros da equação. Transpondo 25 para o segundo membro da equação, fica: $x^2 = 25$

2º passo: Precisamos determinar os números reais que, elevados ao quadrado, resultam em 25. Que números são esses?

Pelo conceito de raiz quadrada, o número positivo que elevado ao quadrado dá 25 é a raiz quadrada de 25. Para descobrir o valor de x, devemos extrair a raiz quadrada de 25.

$$\sqrt{25} = 5$$

Como $5^2 = 25$ e $(-5)^2 = 25$, temos que a equação admite duas soluções: 5 e -5.

3º passo: Damos a resposta.

Costumamos responder assim: $x = \pm 5$ (lê-se: mais ou menos cinco).

Resumindo, nesse segundo modo apresentamos a resolução assim:

$$x^2 - 25 = 0 \Rightarrow x^2 = 25 \Rightarrow x = \pm\sqrt{25} \Rightarrow x = \pm 5$$

Conjunto solução

Outra maneira de apresentar a resposta de uma equação é formando um conjunto com as raízes dela. O conjunto formado pelas raízes de uma equação é denominado **conjunto solução** (ou **conjunto verdade**) da equação. Nós o representamos pela letra S (ou pela letra V).

Assim, na equação anterior, a resposta pode ser dada assim:

$$S = \{-5, 5\}$$

Outro exemplo:

Vamos resolver agora a equação $9x^2 - 4 = 0$.

1º passo: Isolamos x^2 em um dos membros.

$9x^2 - 4 = 0$

$9x^2 = 4$

$x^2 = \frac{4}{9}$

2º passo: Calculamos x.

$x = \pm\sqrt{\frac{4}{9}}$

Como $\sqrt{\frac{4}{9}} = \frac{2}{3}$, temos: $x = \pm\frac{2}{3}$

Logo, os números $-\frac{2}{3}$ e $\frac{2}{3}$ são raízes da equação.

3º passo: Damos a resposta.

$S = \left\{-\frac{2}{3}, \frac{2}{3}\right\}$

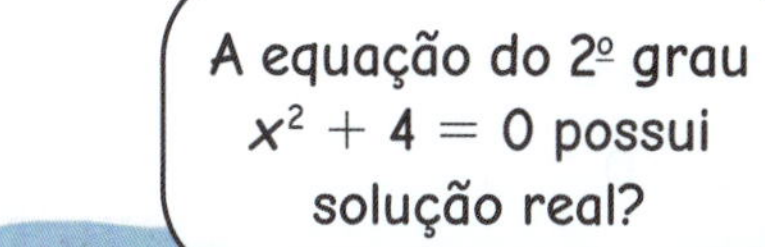

Ilustra Cartoon/Arquivo da editora

Observe agora a situação ao lado.

Existem situações em que uma equação do 2º grau não apresenta solução no conjunto dos números reais. Vamos tentar resolvê-la:

1º passo: Isolamos x^2 em um dos membros:

$$x^2 = -4$$

2º passo: Calculamos x.

Todo número real positivo elevado ao quadrado resulta em um número positivo. Todo número real negativo elevado ao quadrado também resulta em um número positivo. Além disso, $0^2 = 0$. Logo, nenhum número real elevado ao quadrado resulta em um número negativo.

Desse modo, a equação $x^2 = -4$ não tem solução real, pois não existe número real que, elevado ao quadrado, resulte em -4.

3º passo: Damos a resposta.

O conjunto solução da equação não tem elemento algum. É o conjunto vazio, que se representa por $\varnothing$. Então: $S = \varnothing$

$\varnothing$ é uma letra grega que se lê fi.

Ao resolver uma equação que recai na forma $x^2 = a$:

- se $a > 0$, temos que $x = \pm\sqrt{a}$.
- se $a = 0$, temos que $x = 0$.
- se $a < 0$, temos que não existe valor real para x.

PARTICIPE

I. Considere a equação $25x^2 - 121 = 0$. Vamos determinar suas raízes.

a) Quanto dá x^2? **b)** Quais são suas raízes? **c)** Escreva o conjunto solução.

II. Sobre a equação $25x^2 + 121 = 0$, responda:

a) Quanto dá x^2 **b)** Quais são suas raízes? **c)** Escreva o conjunto solução.

ATIVIDADES

41. Resolva as equações:

a) $x^2 - 9 = 0$

b) $x^2 - 49 = 0$

c) $2x^2 - 32 = 0$

d) $5x^2 - 124 = 0$

e) $9x^2 - 49 = 0$

f) $4x^2 - 169 = 0$

42. A área de um tatame de judô, que tem forma quadrada, é dada pela equação $5x^2 - 320 = 0$, em que sua raiz positiva representa a medida do lado do tatame em metros. Determine essa medida.

43. Verifique quais das equações do 2º grau a seguir não têm raiz real:

a) $x^2 + 36 = 0$

b) $x^2 - 36 = 0$

c) $7x^2 - 343 = 0$

d) $7x^2 + 343 = 0$

e) $2x^2 - 25 = 0$

44. Considere o retângulo a seguir, com comprimento $x + 8$ e largura $x - 8$, em metros. Encontre o valor de x que satisfaça à condição $(x + 8)(x - 8) = 36$.

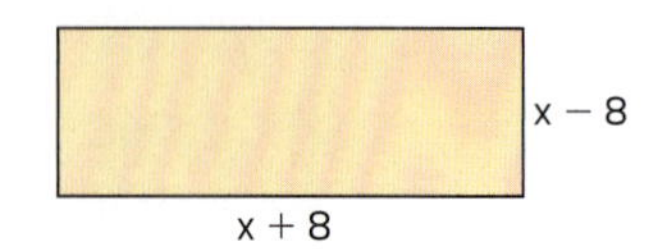

45. O dobro da área de um quadrado é 72 cm². Quanto mede o lado desse quadrado?

46. A metade da área de um quadrado é 72 cm². Quanto mede o lado desse quadrado?

47. Duas figuras geométricas planas são equivalentes quando têm áreas iguais. Determine a medida do lado do quadrado equivalente às figuras dadas abaixo.

a)

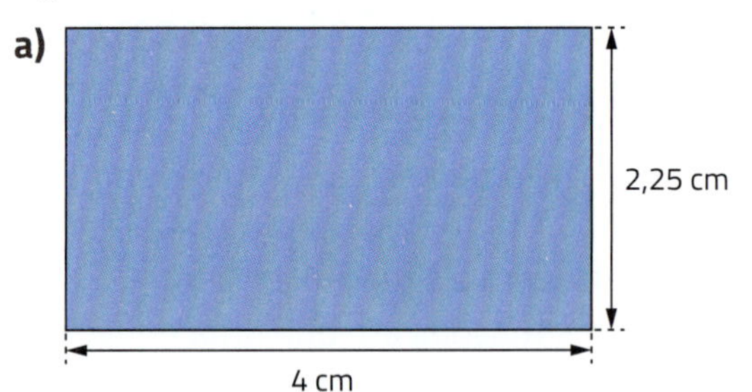

b)

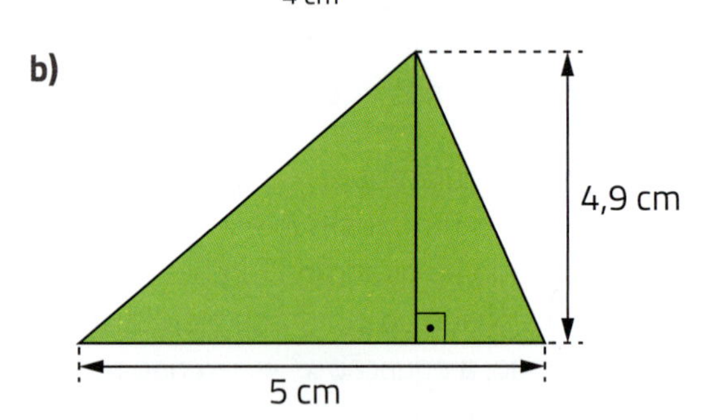

48. José Joaquim vai cercar os quatro lados de um terreno retangular de área 1 250 m², em que o comprimento é o dobro da largura.

Ilustrações: Banco de imagens/Arquivo da editora

Quantos metros vai medir a cerca?

EDUCAÇÃO FINANCEIRA

Aceita cartão?

De quantas maneiras se pode pagar uma compra a prazo? A diferença entre cartão de débito e cartão de crédito, as taxas cobradas e os cuidados ao usá-los são alguns dos assuntos tratados nesta seção. Faça as atividades propostas e aprenda isso.

I. Ao fazer uma compra, quais são as duas principais formas de pagamento parcelado?

II. Se alguém faz uma compra e paga com cartão de débito, em que prazo o valor da compra será descontado (debitado) de sua conta bancária?

III. Que documentos costumam ser pedidos pelos bancos para conceder um cartão de crédito ou débito?

IV. Quais são as tarifas que as empresas de cartão de crédito e débito cobram de alguém que adquire um cartão?

V. As tarifas anuais dos cartões de crédito são iguais em todas as administradoras de cartões?

VI. O que significa o limite concedido pela empresa de cartão de crédito quando concede o cartão a uma pessoa?

VII. O que ocorre se uma pessoa quer fazer uma compra com cartão de crédito, mas excede seu limite de crédito?

VIII. Quando alguém utiliza o cartão de crédito e recebe o boleto mensal para pagamento, aparecem no boleto: "saldo a pagar" e "pagamento mínimo". Qual é o significado desses dois termos?

IX. Quando alguém utiliza o cartão de crédito e, ao receber o boleto mensal, efetua apenas o "pagamento mínimo", qual é o custo (despesa) extra que passa a ter?

X. Que providências uma pessoa que perdeu seu cartão de crédito deve tomar?

Junte-se a três colegas e discutam:

1. Quem faz uma compra com cartão de débito está fazendo uma compra à vista ou a prazo?

2. Existe alguma vantagem financeira em não pagar integralmente o saldo do cartão de crédito?

3. Comparem as taxas de juros do "cheque especial" com as do cartão de crédito.

CAPÍTULO 15

Sistemas de equações

Rocksweeper/Shutterstock

NA REAL

Quantos peixes cada um pegou?

A pesca pode ser uma atividade profissional, esportiva ou recreativa. Há pessoas que dependem dos peixes para a própria subsistência e outras que pescam por diversão. Há quem devolva os animais à água e quem precisa levá-los embora para provar suas habilidades. Afinal, você já ouviu alguma história de pescador?

Leia a história a seguir e descubra quantos peixes cada pescador pegou.

Dois pescadores foram à pesca e ambos pegaram peixes. Na volta da viagem, um deles disse:

— Me dê um de seus peixes, para que eu chegue com o dobro dos seus.

E o outro respondeu:

— Por que você não me dá um dos seus e chegaremos com a mesma quantidade?

Na BNCC
EF08MA07
EF08MA08

Problemas com duas incógnitas

A festa de Lucas

Laís é a mãe de Lucas. Para realizar a festa de aniversário dele, ela alugou 20 mesas e 80 cadeiras. Como havia cadeiras brancas e pretas, Laís queria colocar 2 cadeiras de cada cor em cada mesa. Mas ela não conseguiu, porque havia 10 cadeiras brancas a mais que pretas.

Quantas eram as cadeiras de cada cor?

Vamos resolver esse problema empregando nossos conhecimentos de aritmética?

Como são 80 cadeiras, tirando as 10 brancas a mais que as pretas, sobram 70 cadeiras igualmente divididas entre brancas e pretas.

Como $70 : 2 = 35$, há 35 cadeiras pretas e as brancas são: $35 + 10 = 45$.

Agora vamos aprender como resolver esse mesmo problema algebricamente, empregando conhecimentos sobre equações.

Nesse problema temos duas incógnitas:

x = quantidade de cadeiras brancas

y = quantidade de cadeiras pretas

Como são quantidades de cadeiras, x e y devem ser números inteiros positivos.

Para resolver o problema, precisamos montar duas equações:

- Laís alugou 80 cadeiras. Então:

$$x + y = 80 \text{ ①}$$

- Havia 10 cadeiras brancas a mais que pretas. Então:

$$x = y + 10$$

$$x - y = 10 \text{ ②}$$

Com as equações ① e ②, formamos um **sistema de equações** em que a chave substitui a conjunção **e**:

$$\begin{cases} x + y = 80 \\ x - y = 10 \end{cases}$$

Para calcular as incógnitas, podemos adicionar as equações membro a membro:

$$\begin{array}{rcrcr} x & + & y & = & 80 \\ x & - & y & = & 10 \\ \hline 2x & + & 0 & = & 90 \end{array} \quad +$$

Resolvemos a equação resultante:

$$2x = 90 \Rightarrow x = \frac{90}{2} \Rightarrow \boxed{x = 45}$$

Achamos $x = 45$; agora podemos calcular y na primeira equação:

$$45 + y = 80 \Rightarrow y = 80 - 45 \Rightarrow \boxed{y = 35}$$

Portanto, são 45 cadeiras brancas e 35 pretas.

Obtido o valor de x, poderíamos calcular y também na segunda equação:

$$45 - y = 10 \Rightarrow 45 - 10 = y \Rightarrow y = 35$$

Método da adição

Resolvemos o sistema do problema anterior adicionando membro a membro as duas equações. Esse modo de resolver, chamado **método da adição**, é o mais adequado quando o coeficiente de uma das incógnitas na primeira equação é o oposto (simétrico) do coeficiente da mesma incógnita na segunda equação, pois, adicionando as equações, eliminamos uma incógnita. Observe a seguir que y tem coeficientes opostos nas duas equações. Adicionando as equações, eliminamos y:

$$\begin{cases} x + y = 80 \\ x - y = 10 \end{cases}$$

Existem outros métodos para resolver um sistema de equações. Já estudamos o método da substituição e o da comparação, que recordaremos adiante.

ATIVIDADES

Nas atividades **1**, **2** e **4**, estabeleça as incógnitas, monte um sistema de equações e resolva-o.

1. Dois números têm soma 111 e diferença 33. Que números são esses?

2. Em uma sala de aula há 32 alunos. Subtraindo o número de meninas do dobro do número de meninos, o resultado é 7. Quantos são os meninos? E as meninas?

3. Resolva os sistemas pelo método da adição.

a) $\begin{cases} x + 2y = 7 \\ 3x - 2y = -11 \end{cases}$ **b)** $\begin{cases} 3x + 5y = 30 \\ 4x - 5y = 5 \end{cases}$ **c)** $\begin{cases} -2a + 3b = 0 \\ 2a + 5b = 16 \end{cases}$

4. Em um restaurante, trabalham garçons e garçonetes. Há duas garçonetes a menos que o triplo do número de garçons e dois garçons a menos que a metade do número de garçonetes. Quantos são os garçons? E as garçonetes?

Preparando um sistema para resolvê-lo pelo método da adição

Leia atentamente este exemplo:

Vamos resolver o sistema $\begin{cases} 4x + 3y = 16 \\ 2x + 5y = 24 \end{cases}$ pelo método da adição.

Observamos que os coeficientes de x (4 e 2) não são simétricos e que os coeficientes de y (3 e 5) também não são simétricos. Então, adicionar as equações não resolve, pois nem o x nem o y serão cancelados. Vejamos, então, como fazer para que uma das incógnitas possa ser cancelada.

1º passo: Preparamos o sistema de modo que os coeficientes de uma das incógnitas fiquem simétricos.

Para conseguir que os coeficientes de x fiquem simétricos, multiplicamos a segunda equação por -2:

$$2x + 5y = -4 \xrightarrow{\cdot(-2)} -4x - 10y = 8$$

2º passo: Adicionamos membro a membro as duas equações:

$$\begin{array}{rcrcr} 4x & + & 3y & = & 6 \\ -4x & - & 10y & = & 8 \\ \hline 0x & - & 7y & = & 14 \end{array} \; +$$

3º passo: Resolvemos a equação obtida e encontramos o valor de y:

$$-7y = 14 \Rightarrow 7y = -14 \Rightarrow y = -\frac{14}{7} \Rightarrow y = -2$$

4º passo: Substituímos o valor de y em uma das equações iniciais e obtemos x:

$$4x + 3y = 6$$
$$4x + 3(-2) = 6$$
$$4x - 6 = 6 \rightarrow 4x = 6 + 6$$
$$4x = 12$$
$$x = \frac{12}{4} \rightarrow x = 3$$

Para conferir os cálculos, basta substituir as incógnitas nas equações iniciais pelos valores encontrados.

Assim, se: $x = 3$ e $y = -2$
temos:

- na primeira equação: $4x + 3y = 6 \Rightarrow 4(3) + 3(-2) = 6 \Rightarrow 12 - 6 = 6$ (verdadeiro)
- na segunda equação: $2x + 5y = -4 \Rightarrow 2(3) + 5(-2) = -4 \Rightarrow 6 - 10 = -4$ (verdadeiro)

Portanto, a resposta é $x = 3$ e $y = -2$

ATIVIDADES

5. Atenda ao que se pede nos itens a seguir:

a) Explique como preparar um sistema de duas equações com duas incógnitas para ser resolvido pelo método da adição.

b) Resolva o sistema $\begin{cases} 4x + y = 0 \\ 6x - 3y = 36 \end{cases}$

6. Prepare os sistemas abaixo e resolva-os pelo método da adição:

a) $\begin{cases} 3a + 2b = 6 \\ 5a - b = 10 \end{cases}$ **b)** $\begin{cases} 7x + 6y = 24 \\ 5x + 2y = 8 \end{cases}$

7. Na festa, Laís precisou acomodar 73 convidados nas 20 mesas. Laura sugeriu que ficassem algumas mesas com 3 pessoas e outras com 4 pessoas, de modo que todas as mesas fossem utilizadas. Quantas mesas ficaram com 3 pessoas? Quantas ficaram com 4 pessoas?

8. Em um jogo de futebol amador beneficente, o ingresso da arquibancada custava R$ 10,00 e o da cadeira numerada, R$ 30,00. Se 1575 pessoas compareceram ao estádio e a renda foi de R$ 26950,00, quantos torcedores assistiram à partida da arquibancada?

Antonello Marangi/Shutterstock

9. Determine a fração equivalente a $\frac{6}{11}$ em que a soma do numerador com o denominador é 102.

Preparando coeficientes nas duas equações

Vamos agora resolver o sistema: $\begin{cases} 4x + 3y = 6 \\ 6x + 5y = 24 \end{cases}$.

1º passo: Para conseguir que os coeficientes de y fiquem simétricos, multiplicamos a primeira equação por 5, que é o coeficiente de y na segunda equação:

$$4x + 3y = 6 \xrightarrow{\cdot 5} 20x + 15y = 30$$

A seguir, multiplicamos a segunda equação por -3, que é o oposto do coeficiente de y na primeira equação:

$$6x + 5y = -4 \xrightarrow{\cdot (-3)} -18x - 15y = 12$$

2º passo: Adicionamos membro a membro as duas equações:

$$\begin{array}{rcrcr} 20x & + & 15y & = & 30 \\ -18x & - & 15y & = & 12 \\ \hline 2x & + & 0y & = & 42 \end{array} \; +$$

3º passo: Resolvemos a equação obtida e encontramos o valor de x:

$$2x = 42 \Rightarrow x = \frac{42}{2} \Rightarrow \boxed{x = 21}$$

4º passo: Substituímos o valor de x em uma das equações iniciais e obtemos y:

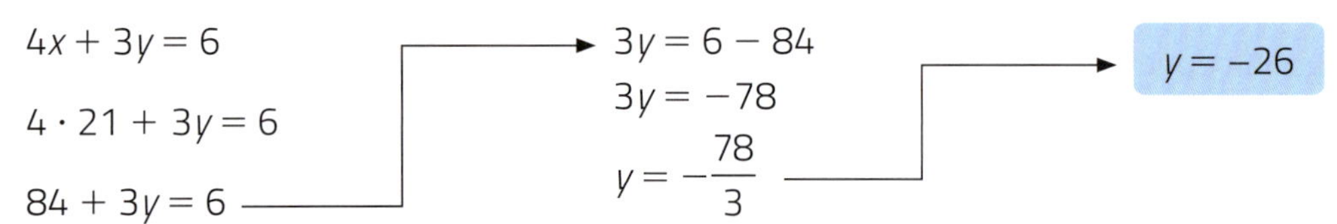

$$4x + 3y = 6$$
$$4 \cdot 21 + 3y = 6$$
$$84 + 3y = 6 \rightarrow 3y = 6 - 84$$
$$3y = -78$$
$$y = -\frac{78}{3} \rightarrow \boxed{y = -26}$$

Conferindo a resposta na primeira equação:

$4x + 3y = 6 \Rightarrow 4(21) + 3(-26) = 6 \Rightarrow 84 - 78 = 6$ (verdadeiro)

Conferindo na segunda equação:

$6x + 5y = -4 \Rightarrow 6(21) + 5(-26) = -4 \Rightarrow 126 - 130 = -4$ (verdadeiro)

Portanto, a resposta é $x = 21$ e $y = -26$.

ATIVIDADES

10. Prepare e resolva os sistemas pelo método da adição:

a) $\begin{cases} 2x + 5y = 20 \\ 3x + 4y = 23 \end{cases}$ **b)** $\begin{cases} 7x - 3y = -16 \\ 5x + 4y = 7 \end{cases}$

11. Os alunos da classe de Talita plantarão árvores no próximo Dia da Árvore.
Se cada menina plantar 2 árvores e cada menino plantar 3, serão plantadas 73 árvores. Mas se cada menina plantar 3 árvores e cada menino plantar 2, serão plantadas 77 árvores. Quantas meninas e quantos meninos há na classe?

12. No fim do expediente bancário de um dia, havia no caixa de um banco R$ 3 570,00 em notas de R$ 10,00 e de R$ 50,00. O triplo da quantidade de notas de R$ 10,00 era igual ao dobro da quantidade de notas de R$ 50,00. Quantas notas havia de cada valor?

13. Em uma banca de frutas, dona Fátima comprou 2 melancias e 5 abacaxis, pagando no total R$ 60,00. Já dona Claudete, que comprou 3 melancias e 4 abacaxis, gastou R$ 69,00. Quanto custou cada fruta?

Método da substituição

Vamos resolver o sistema $\begin{cases} x - 2y = 1 \\ 3x + 7y = 29 \end{cases}$ empregando outra técnica: o **método da substituição**.

1º passo: Escolhemos uma das equações e isolamos uma das incógnitas. Por exemplo, vamos isolar x na primeira equação: $x - 2y = 1 \rightarrow x = 1 + 2y$

2º passo: Substituímos x na segunda equação pela expressão que acabamos de obter:

$$3x + 7y = 29$$
$$3 \cdot (1 + 2y) + 7y = 29$$

3º passo: Resolvemos essa equação e encontramos o valor de y:

$$3 \cdot (1 + 2y) + 7y = 29$$
$$3 + 6y + 7y = 29$$
$$13y = 26$$
$$y = \frac{26}{13}$$
$$y = 2$$

4º passo: Substituímos y pelo seu valor na equação $x = 1 + 2y$ e calculamos o valor de x:

$$x = 1 + 2y \Rightarrow x = 1 + 2(2) \Rightarrow x = 1 + 4 \Rightarrow x = 5$$

Antes de escrever a resposta, você sempre pode conferir se estará correta.
Já que no último passo usamos a primeira equação, que tal conferir usando a segunda?

A resposta é $x = 5$ e $y = 2$.

ATIVIDADES

14. Resolva os sistemas pelo método da substituição.

a) $\begin{cases} x + y = 11 \\ 2x - 4y = 10 \end{cases}$

b) $\begin{cases} x - 2y = 0 \\ 7x + 11y = 50 \end{cases}$

c) $\begin{cases} 2x + y = -4 \\ 3x + 6y = -15 \end{cases}$

d) $\begin{cases} 3a + 4b = 20 \\ \dfrac{a}{3} = \dfrac{b}{4} \end{cases}$

15. Resolva os seguintes problemas montando sistemas de equações.

a) Os irmãos Márcio e Marcelo ganham juntos R$ 2 120,00 por mês. Márcio recebe R$ 280,00 a mais que Marcelo. Qual é o salário de cada um?

b) Eles colaboram com a despesa da casa: Márcio colabora dando R$ 160,00 a mais que Marcelo. Além disso, o dobro da quantia dada por Márcio é o triplo da que Marcelo dá. Com quanto cada um colabora nas despesas?

Método da comparação

Vamos resolver o sistema $\begin{cases} x + 6y = 1 \\ 2x - 7y = 40 \end{cases}$ empregando o **método da comparação**.

1º passo: Escolhemos uma incógnita (x, por exemplo) e a isolamos no primeiro membro em cada equação:

$$\begin{cases} x + 6y = 1 \Rightarrow x = 1 - 6y \\ 2x - 7y = 40 \Rightarrow 2x = 40 + 7y \Rightarrow x = \dfrac{40 + 7y}{2} \end{cases}$$

2º passo: Igualamos as duas expressões obtidas para x e resolvemos essa nova equação calculando o valor de y:

$$1 - 6y = \frac{40 + 7y}{2}$$
$$2 - 12y = 40 + 7y$$
$$-12y - 7y = 40 - 2$$
$$-19y = 38$$
$$y = -\frac{38}{19}$$
$$y = -2$$

3º passo: Substituímos y pelo seu valor em uma das expressões obtidas para x no 1º passo:

$$x = 1 - 6y = 1 - 6(-2) = 1 + 12 \Rightarrow \boxed{x = 13}$$

Podemos conferir calculando x na outra equação:

$$x = \frac{40 + 7y}{2} = \frac{40 + 7(-2)}{2} = \frac{40 - 14}{2} = \frac{26}{2} \Rightarrow x = 13$$

Portanto, a resposta é $x = 13$ e $y = -2$.

ATIVIDADES

16. Resolva os sistemas abaixo pelo método da comparação.

a) $\begin{cases} y = 2x - 1 \\ y = -3x + 29 \end{cases}$

b) $\begin{cases} y = -x - 1 \\ 2x + 3y = 0 \end{cases}$

c) $\begin{cases} 2x = 5y \\ 7x - 6y = 46 \end{cases}$

d) $\begin{cases} 3x + 6y = 8 \\ 4x + y = 13 \end{cases}$

17. A fração $\frac{x}{y}$ é equivalente a $\frac{17}{11}$. Calcule x e y sabendo que $2x - 3y = 6$.

18. Resolva os sistemas abaixo pelo método que achar melhor.

a) $\begin{cases} 2x + y = \frac{1}{3} \\ 3x - y = \frac{1}{2} \end{cases}$

b) $\begin{cases} x + y = -2 \\ \frac{x}{2} + \frac{y}{4} = 2 \end{cases}$

19. Neste mês, uma montadora produziu 787 automóveis dos modelos clássico e esporte. A produção do modelo esporte superou em 51 unidades a produção do modelo clássico. Quantos automóveis de cada tipo foram produzidos?

20. Em um supermercado, foram vendidas 228 caixas de duas marcas de sabão em pó. O sabão Lava Azul teve o triplo de vendas do que o Lava Verde. Quantas caixas de cada marca foram vendidas?

21. Determine:

a) dois números cuja soma é 110 e cuja diferença é 30.

b) uma fração equivalente a $\frac{11}{7}$, cuja diferença entre o numerador e o denominador seja 36.

c) uma fração equivalente a $\frac{3}{5}$, cuja soma de seus termos seja 152.

22. Em um sítio há cavalos e galinhas. No total, há 97 cabeças e 264 pernas. Quantos são os animais de cada espécie?

23. Daqui a dez anos, Válter terá o quádruplo da idade de seu filho Raul; daqui a dezesseis anos, o triplo. Quantos anos Válter tem hoje? E Raul?

24. Elabore um problema que possa ser resolvido por um sistema de equações e depois resolva-o.

25. Elabore um problema que possa ser resolvido pelo sistema abaixo e resolva-o.

$$\begin{cases} x + y + 200 \\ 4x + 5y = 3500 \end{cases}$$

Interpretação geométrica

Até aqui resolvemos sistemas com duas incógnitas usando diferentes processos algébricos. Agora vamos iniciar o estudo da representação geométrica de um sistema de equações com duas incógnitas.

Equação linear a duas incógnitas

Veja o exemplo ao lado.

1º passo: Estabelecemos as incógnitas.

x = o primeiro número

y = o segundo número

e montamos a equação:

$3x + 2y = 18$

Alberto De Stefano/Arquivo da editora

Uma equação assim é denominada **equação linear a duas incógnitas**.

Uma **equação linear a duas incógnitas** x e y é toda equação na forma $ax + by = c$, em que a, b e c são números reais conhecidos.

2º passo: Vamos descobrir os números.

Trocando x por 4 e y por 3, temos:

$$3(4) + 2(3) = 18$$

que é uma sentença verdadeira. Por isso, dizemos que o par de números (4, 3), em que o primeiro número indica o valor de x e o segundo indica o valor de y, é uma **solução** da equação.

Observe que o par de números é indicado entre parênteses e os números são separados por vírgula, ou, se necessário, por ponto e vírgula, como em (3,25; 4). Além disso, o primeiro número anotado é o que vai no lugar da primeira incógnita, x, e o segundo número é o que vai no lugar da segunda incógnita, y. Por isso, dizemos que é um **par ordenado** de números.

Continuando:

- O par (2, 6) é solução da equação?

  Substituindo x por 2 e y por 6, temos:

  $3(2) + 2(6) = 18$ (verdadeiro)

  Portanto, (2, 6) é outra solução da equação.

Mas quantas soluções essa equação possui?

Alberto De Stefano/Arquivo da editora

- O par (6, 2) é solução?

  Agora substituímos x por 6 e y por 2:

  $3(6) + 2(2) = 18$ (falso)

  Então, (6, 2) não é solução da equação.

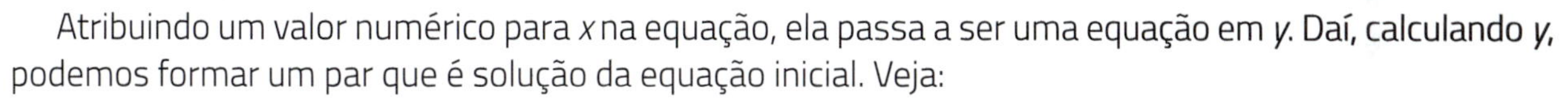

Atribuindo um valor numérico para x na equação, ela passa a ser uma equação em y. Daí, calculando y, podemos formar um par que é solução da equação inicial. Veja:

- para $x = 0$:

$$3(0) + 2y = 18 \Rightarrow 2y = 18 \Rightarrow y = 9$$

  O par (0, 9) é solução da equação.

- para $x = 1$:

$$3(1) + 2y = 18 \Rightarrow 2y = 15 \Rightarrow y = \frac{15}{2}$$

  O par $\left(1, \frac{15}{2}\right)$ é solução da equação.

- para $x = \frac{10}{3}$:

$$3\left(\frac{10}{3}\right) + 2y = 18 \Rightarrow 2y = 8 \Rightarrow y = 4$$

  O par $\left(\frac{10}{3}, 4\right)$ também é solução da equação.

E assim por diante. Como podemos escolher para x uma infinidade de valores, a equação possui infinitas soluções.

Solução de uma equação linear $ax + by = c$ é todo par ordenado de números reais (α, β) tal que a sentença $a\alpha + b\beta = c$ é verdadeira. Sendo $a \neq 0$ ou $b \neq 0$, a equação admite infinitas soluções.

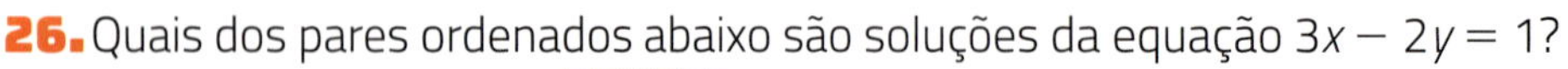

26. Quais dos pares ordenados abaixo são soluções da equação $3x - 2y = 1$?

$(1, 1)$ $\left(\frac{1}{3}, 0\right)$ $(-1, -1)$ $\left(0, \frac{1}{2}\right)$

27. Determine quatro pares ordenados que sejam soluções da equação $x + 2y = 12$.

28. Dê um exemplo de equação linear de duas incógnitas. Depois, dê três exemplos de pares ordenados que são soluções da equação e três que não são.

29. Dada a equação linear $3x - 4y =$ ▨, descubra o segundo membro dessa equação, sabendo que o par $(17, -14)$ é uma solução da equação.

30. Dada a equação $-2x + 7y = 42$, encontre:

a) o valor satisfatório de y para $x = 0$;

b) o valor satisfatório de x para $y = 0$;

c) três pares ordenados que são soluções dessa equação.

31. Associe a cada equação o par ordenado que é uma solução dela:

A $x + y = 9$

B $x - y = 5$

C $2x + 3y = 1$

D $x - 2y = 0$

I $(4, 2)$

II $(11, -2)$

III $\left(\frac{11}{2}, \frac{1}{2}\right)$

IV $(5, -3)$

V $(0, 1)$

32. O par ordenado $(x, 3)$ é solução da equação $3x + 4y = 11$. Qual é o valor de x?

Representação geométrica de pares ordenados

Sabemos que os números reais podem ser representados numa reta:

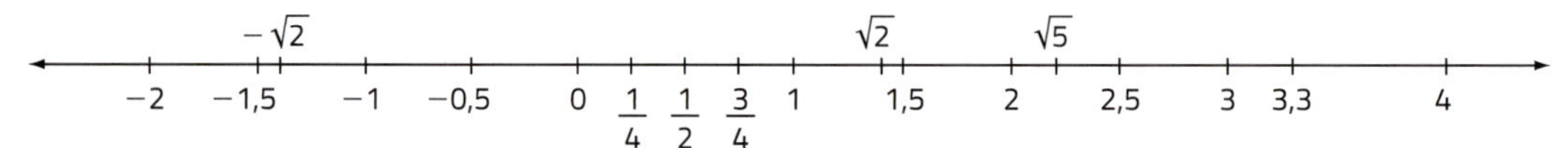

Como fazemos para representar um par ordenado de números reais?

Para responder a essa pergunta, vamos construir um sistema de eixos.

- Consideramos duas retas perpendiculares, x e y.
- Chamamos de O (origem) a interseção dessas duas retas:

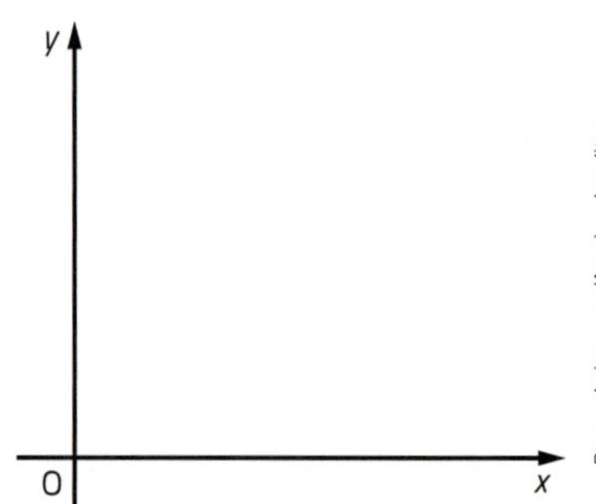

Banco de imagens/Arquivo da editora

- O ponto O vai representar o número zero, tanto em x quanto em y, e a partir dele vamos marcar os inteiros, como mostra a figura.

  Atenção: Devemos usar a mesma unidade de medida tanto na reta x quanto na reta y (por exemplo, o centímetro).

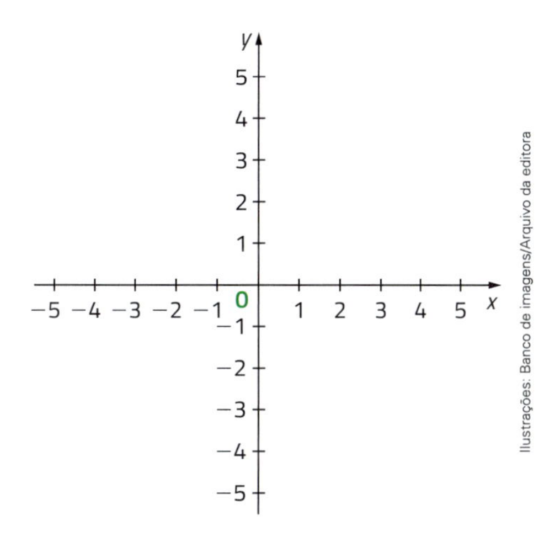

- Dado o par ordenado (2, 5), representamos 2 na reta x e 5 na reta y:

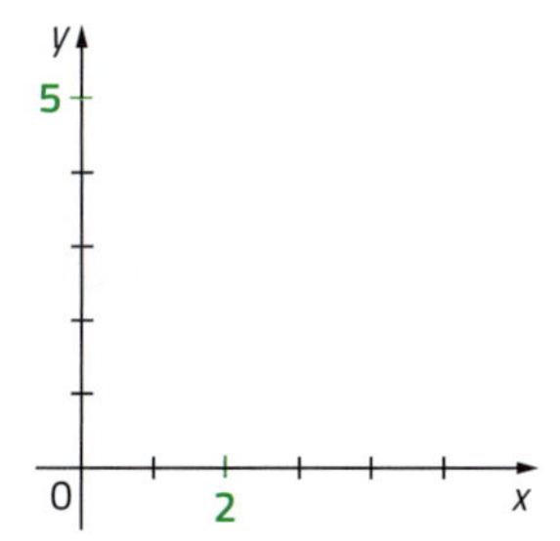

- Pelo ponto 2 traçamos uma reta paralela à reta y:

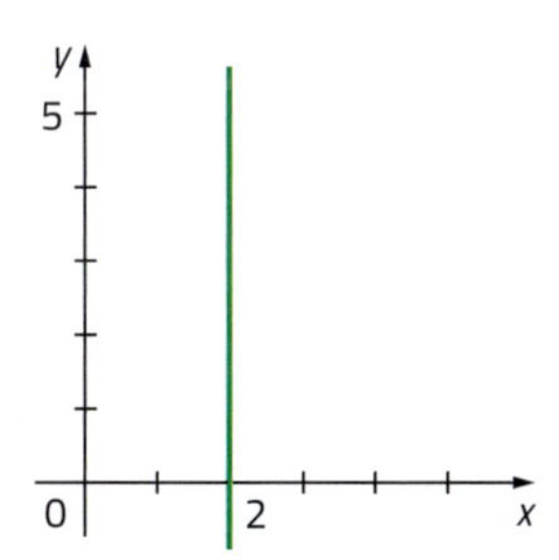

- Pelo ponto 5 traçamos uma reta paralela à reta x:

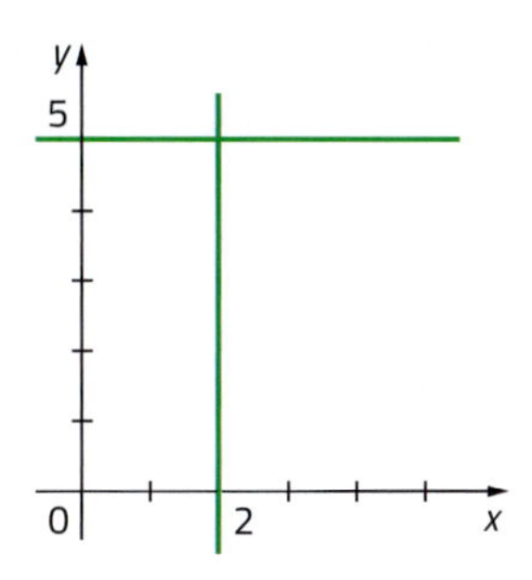

- A interseção das retas assim traçadas é o ponto P, que representa o par ordenado (2, 5).

O primeiro termo do par ordenado, 2, é a **abscissa** de P. O segundo termo do par ordenado, 5, é a **ordenada** de P. Os números 2 e 5 são as **coordenadas** de P.

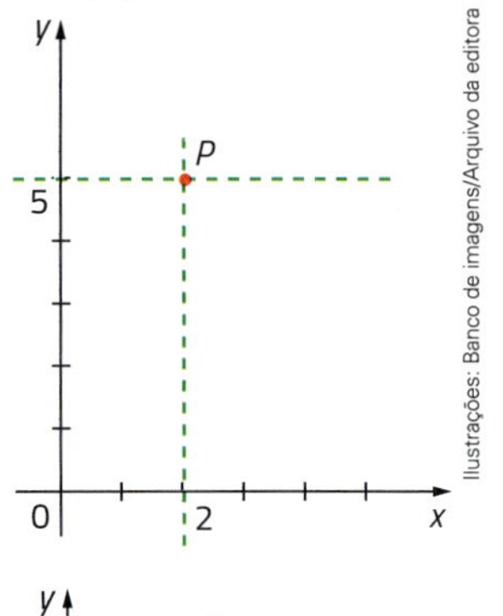

Ilustrações: Banco de imagens/Arquivo da editora

A partir da origem O, duas unidades para a direita e cinco para cima, está o ponto P, que representa o par (2, 5).

Agora, no sistema de eixos, que caminho podemos percorrer a partir da origem se quisermos representar o par ordenado (−2, −3)?

Como o primeiro elemento do par (a abscissa) é −2, caminhamos duas unidades para a esquerda e, como o segundo elemento do par (a ordenada) é −3, caminhamos três unidades para baixo, paralelamente ao eixo y. O ponto a que chegamos, Q, representa o par (−2, −3).

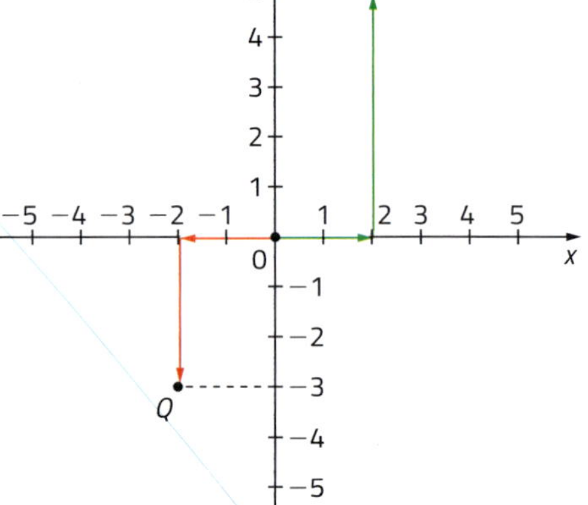

A esse sistema de eixos chamamos **sistema cartesiano**, em homenagem ao filósofo e matemático francês René Descartes (1596-1650). Descartes formou-se em Direito, mas não fez carreira nessa área. Parece que seu gosto pela Matemática aflorou quando viu um cartaz com um problema de Geometria, proposto como desafio, afixado numa árvore de uma praça. No dia seguinte já tinha resolvido o problema. Você vai saber mais sobre ele na seção "Na História", no final deste capítulo.

ATIVIDADES

33. Na figura estão indicados os pontos P, Q, R, S, T, U, V e W. Que par ordenado é representado em cada ponto?

34. Desenhe uma figura como a do exercício anterior e represente nela os seguintes pares ordenados:

$A(4, 1)$	$C(0, 1)$	$E(-3, 0)$	$G(0, -3)$	$I(3, 0)$
$B(1, 3)$	$D(-2, 2)$	$F(-2, -1)$	$H(2, -2)$	$J(-3, 1)$

35. Há um carrinho de sorvete em cada um dos pontos de coordenadas (1, 3), (−3, −3), (1, −3), (0, 0). Represente os pares graficamente e responda: Quem está mais perto de um carrinho de sorvete?

a) Helena, que está no ponto (1, 4), ou Antônio, que está no ponto (−4, 1)?

b) Sérgio, que está no ponto (−2, −2), ou Lúcia, que está no ponto (3, 0)?

36. A equação linear $x + y = 3$ tem uma infinidade de soluções.

a) Descubra seis ou mais soluções da equação linear $x + y = 3$ e represente-as em um gráfico.

b) Se fosse possível representar todas as soluções em um gráfico, que figura você acha que formariam?

O gráfico da relação $y = k \cdot x$

Já aprendemos que, quando duas grandezas x e y são diretamente proporcionais, as razões $\frac{y}{x}$ entre seus valores correspondentes são sempre iguais a uma constante k. Dessa forma, temos:

$$\frac{y}{x} = k, \text{ logo } y = k \cdot x$$

Por exemplo, considerando $k = 2$, temos a relação $y = 2x$.

Veja, na tabela abaixo, pares de valores (x, y), com $y = 2x$, e a representação deles no plano cartesiano (figura 1).

x	y
0	0
1	2
1,5	3
2	4
2,5	5
3	6
3,25	6,5

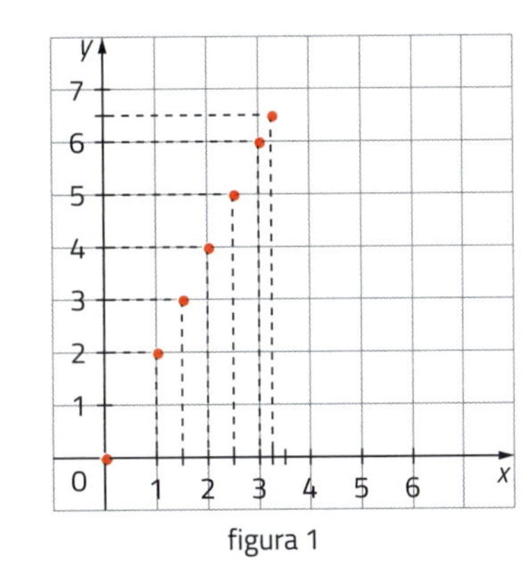

figura 1

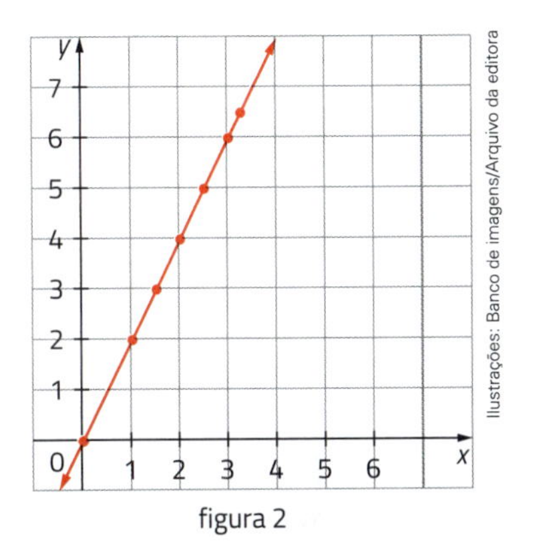

figura 2

Devido à proporcionalidade, na relação $y = 2x$, quando x aumenta de uma unidade, y aumenta de duas; quando x aumenta de duas unidades, y aumenta de quatro; quando x aumenta de meia unidade, y aumenta de uma; quando x aumenta de um quarto de unidade, y aumenta de meia unidade. Por isso os pontos são alinhados, ou seja, eles pertencem a uma mesma reta (figura 2).

Como há uma infinidade de valores de x, se pudéssemos representar todos os pares (x, y), com $y = 2x$, os pontos formariam a reta desenhada. Dizemos que essa reta é o **gráfico** da relação $y = 2x$.

ATIVIDADES

37. Construa o gráfico de cada relação:

a) $y = 3x$

b) $y = \frac{1}{2}x$

38. No gráfico abaixo está representada a distância (em quilômetros) percorrida por um automóvel, à velocidade constante, em função do tempo (em horas).

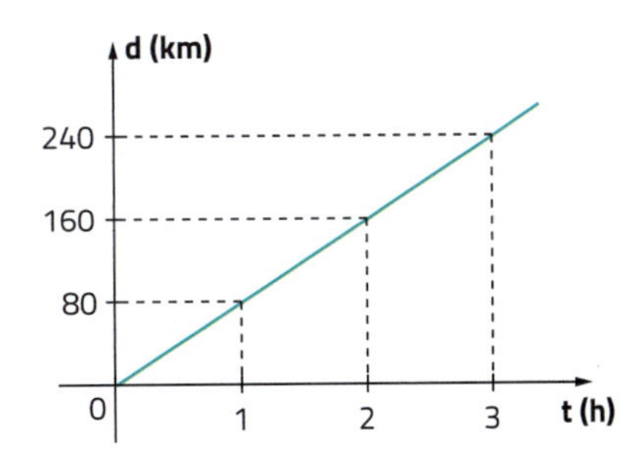

Analise e responda:

a) Qual é a distância percorrida em 3 horas?

b) Qual é a velocidade do carro em quilômetros por hora?

c) Qual é a distância percorrida em 45 minutos?

Gráfico da equação $ax + by = c$

Observe, nas tabelas, alguns dos pares (x, y) que são soluções da equação $2x + 3y = 12$.

x	y	
6	0	$\longrightarrow 2 \cdot 6 + 3 \cdot 0 = 12$
0	4	$\longrightarrow 2 \cdot 0 + 3 \cdot 4 = 12$
1	$\frac{10}{3}$	$\longrightarrow 2 \cdot 1 + 3 \cdot \frac{10}{3} = 12$
9	-2	$\longrightarrow 2 \cdot 9 + 3 \cdot (-2) = 12$
-3	6	$\longrightarrow 2 \cdot (-3) + 3 \cdot 6 = 12$
-6	8	$\longrightarrow 2 \cdot (-6) + 3 \cdot 8 = 12$

x	y	
3	2	$\longrightarrow 2 \cdot 3 + 3 \cdot 2 = 12$
4,5	1	$\longrightarrow 2 \cdot 4{,}5 + 3 \cdot 1 = 12$
8	$-\frac{4}{3}$	$\longrightarrow 2 \cdot 8 + 3 \cdot \left(-\frac{4}{3}\right) = 12$
$-1{,}8$	5,2	$\longrightarrow 2 \cdot (-1{,}8) + 3 \cdot (5{,}2) = 12$
$-4{,}2$	6,8	$\longrightarrow 2 \cdot (-4{,}2) + 3 \cdot 6{,}8 = 12$
$-1{,}5$	5	$\longrightarrow 2 \cdot (-1{,}5) + 3 \cdot 5 = 12$

Vamos representar cada um desses pares por um ponto:

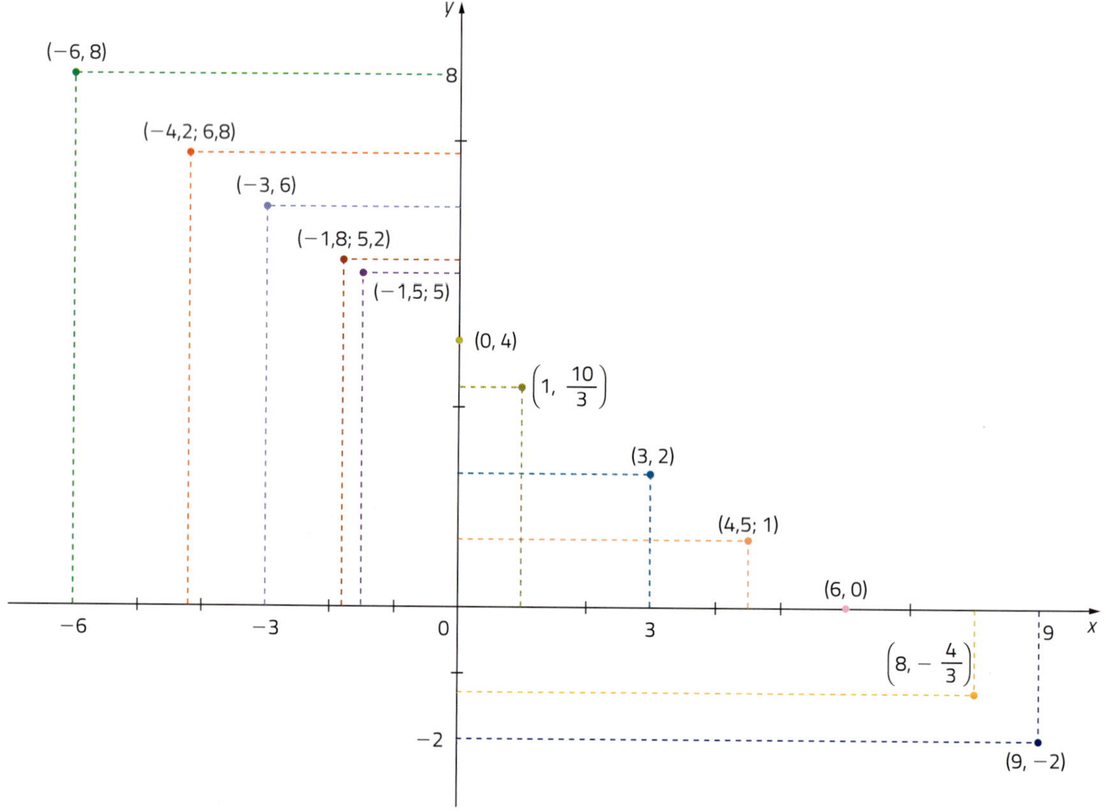

Observe que esses pontos estão alinhados, isto é, pertencem todos à mesma reta:

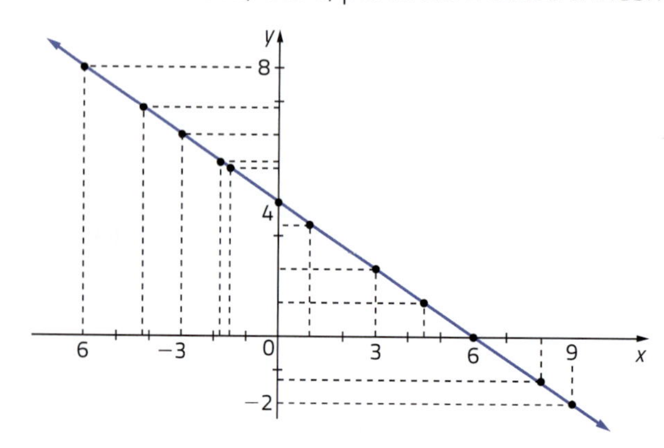

Banco de imagens/Arquivo da editora

A reta que contém os pontos representativos das soluções da equação $2x + 3y = 12$ é chamada **gráfico da equação**. Todos os pontos do gráfico representam pares ordenados que são soluções da equação.

Esse fato é verdadeiro para toda equação $ax + by = c$, com $a \neq 0$ ou $b \neq 0$.

O **gráfico da equação** $ax + by = c$, $a \neq 0$ ou $b \neq 0$, é uma reta. Todo ponto dessa reta representa um par ordenado que é solução da equação. Toda solução da equação é representada em um ponto dessa reta.

ATIVIDADES

39. O gráfico da equação $3x + 4y = 12$ é uma reta.

a) Para traçar uma reta é preciso conhecer quantos de seus pontos?

b) Construa o gráfico da equação. Obtenha dois pontos: o primeiro, substituindo x por 0, e, o segundo, substituindo y por 0.

40. Construa a reta que é o gráfico da equação $x + 2y = 4$.

41. São dadas as equações $x + y = 4$ e $2x - y = 2$.

a) Desenhe numa mesma figura os gráficos dessas equações.

b) Quais são as coordenadas do ponto comum aos gráficos desenhados?

Sistema de duas equações lineares a duas incógnitas

Você já sabe resolver o sistema:

$$\begin{cases} x + y = 8 \\ x - y = 2 \end{cases}$$

A única solução para esse sistema é $x = 5$ e $y = 3$, ou seja, é o par (5, 3).

Façamos os gráficos das duas equações numa mesma figura:

- $x + y = 8$

x	y	
8	0	→ $8 + 0 = 0$
0	8	→ $0 + 8 = 8$

gráfico: reta *r*

- $x - y = 2$

x	y	
2	0	→ $2 - 0 = 2$
0	−2	→ $0 - (-2) = 2$

gráfico: reta *s*

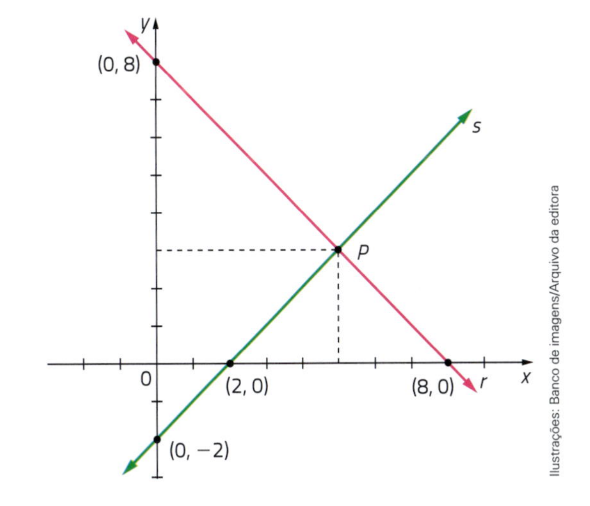

Verificamos que as duas retas são concorrentes e que o ponto de interseção P tem coordenadas (5, 3). Esse par é a solução desse sistema de equações.

Dado um sistema de duas equações lineares simultâneas a duas incógnitas, chamamos solução do sistema a todo par ordenado de números reais que seja solução simultaneamente de ambas as equações do sistema. Quando as equações são representadas por duas retas, uma solução do sistema fica representada num ponto que pertence a ambas as retas.

ATIVIDADES

42. Verifique se algum dos pares ordenados $(1, -3)$, $(3, 1)$, $(2, 3)$ é solução do sistema.

$$\begin{cases} 2x + y = 7 \\ 6x - y = 9 \end{cases}$$

43. De qual dos sistemas abaixo o par $(7, -5)$ é solução?

a) $\begin{cases} 7x + 5y = 24 \\ x - y = 2 \end{cases}$

b) $\begin{cases} 2x + 3y = -1 \\ 3x + 4y = 1 \end{cases}$

c) $\begin{cases} x - y = 12 \\ 2x + y = 19 \end{cases}$

44. Determine graficamente e dê as coordenadas do ponto que representa a solução dos sistemas a seguir.

a) $\begin{cases} x + y = 11 \\ x - 2y = -1 \end{cases}$

b) $\begin{cases} 2x - y = -8 \\ x + 2y = 6 \end{cases}$

c) $\begin{cases} y = 2x + 1 \\ y = 2x - 5 \end{cases}$

45. Faça o que se pede em cada item.

a) Represente, em uma mesma figura, os gráficos das equações do sistema $\begin{cases} x + y = 5 \\ 5x - 5y = 4 \end{cases}$.

b) Pelo gráfico, podemos descobrir com precisão qual é a solução do sistema?

c) Resolva o sistema por um método algébrico (substituição ou adição).

46. Quais são as coordenadas do ponto de interseção das retas que são os gráficos das equações $3x + 4y = 12$ e $2x - y = 4$?

Sistemas impossíveis e sistemas indeterminados

Até agora, estudamos sistemas de duas equações lineares a duas incógnitas que tinham uma única solução, isto é, que eram satisfeitos por um só par ordenado (x, y). Esses sistemas são chamados **sistemas determinados**.

Um sistema de equações lineares que tem uma única solução é um **sistema determinado**.

Agora, observe o sistema:

$$\begin{cases} x + y = 1 \\ 3x + 3y = 2 \end{cases}$$

Multiplicando a primeira equação por 3, obtemos:

$3x + 3y = 3$

Como a segunda equação é $3x + 3y = 2$, temos uma impossibilidade: $3x + 3y$ não pode ser simultaneamente igual a 3 e igual a 2.

Aplicando o método da adição, também chegamos a uma impossibilidade. Veja:

$$\begin{cases} x + y = 1 \xrightarrow{\cdot(-3)} -3x - 3y = -3 \\ 3x + 3y = 2 \longrightarrow 3x + 3y = 2 \end{cases} \quad +$$

$$0x + 0y = -1$$

(impossível)

Representando graficamente as duas equações:

- $x + y = 1 \rightarrow$ reta r

x	y
0	1
1	0

- $3x + 3y = 2 \rightarrow$ reta s

x	y
0	$\frac{2}{3}$
$\frac{2}{3}$	0

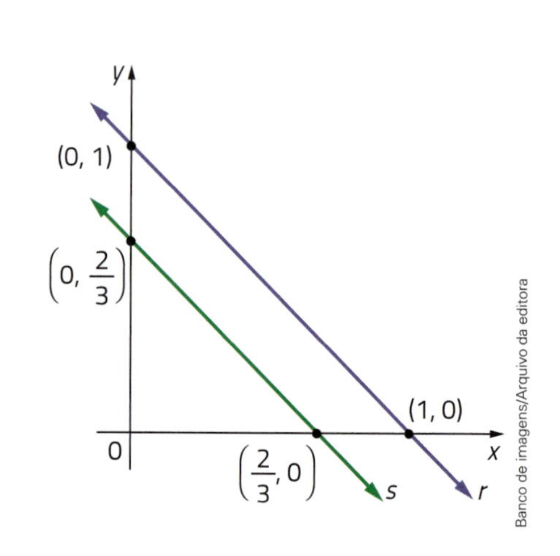

Banco de imagens/Arquivo da editora

Obtemos duas retas paralelas. Elas não têm ponto comum.

Portanto, o sistema não tem solução. É chamado **sistema impossível**.

Um sistema de equações lineares que não tem solução é um **sistema impossível**.

Já no sistema:

$$\begin{cases} 3x + 2y = 6 \\ \dfrac{x}{2} + \dfrac{y}{3} = 1 \end{cases}$$

multiplicando a segunda equação por 6, obtemos:

$$6 \cdot \frac{x}{2} + 6 \cdot \frac{x}{3} = 6 \cdot 1$$

$$3x + 2y = 6$$

que é exatamente igual à primeira equação.

Assim, todo par ordenado de números reais que é solução da primeira equação também será solução da segunda equação.

Os gráficos das duas equações são retas coincidentes, isto é, as duas equações são representadas pela mesma reta. Veja:

- $3x + 2y = 6 \rightarrow$ reta r

x	y
0	3
2	0

- $\dfrac{x}{2} + \dfrac{y}{3} = 1 \rightarrow$ reta s

x	y
0	3
2	0

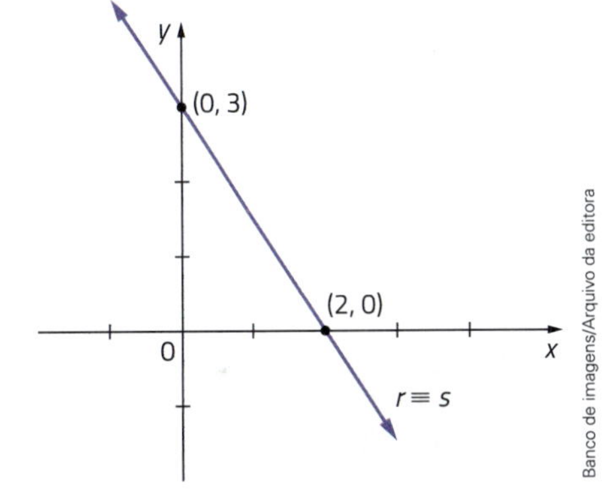

Banco de imagens/Arquivo da editora

$r \equiv s$ lê-se: "r coincide com s" ou "r e s são coincidentes".

Nesse caso, o sistema tem infinitas soluções.

Aplicando o método da adição:

$$\begin{cases} 3x + 2y = 6 \\ \dfrac{x}{2} + \dfrac{y}{3} = 1 \end{cases} \quad \begin{array}{c} \longrightarrow \\ \xrightarrow{\cdot(-6)} \end{array} \quad \begin{array}{r} 3x + 2y = 6 \\ -3x - 2y = -6 \\ \hline 0x + 0y = 0 \end{array} +$$

chegamos a uma equação indeterminada. Dizemos que o sistema é **indeterminado**.

Um sistema de equações lineares que tem infinitas soluções é um **sistema indeterminado**.

$$\begin{cases} 2x + y = 4 \\ 10x + 5y = 20 \end{cases}$$

é um sistema indeterminado porque a segunda equação é igual à primeira multiplicada por 5.

Faça o gráfico e comprove.

ATIVIDADES

47. Represente graficamente as equações e classifique cada sistema em determinado, indeterminado ou impossível.

a) $\begin{cases} y = x - 7 \\ x = y + 3 \end{cases}$ **b)** $\begin{cases} y = 2x + 2 \\ x = 2y + 2 \end{cases}$ **c)** $\begin{cases} y = x + 2 \\ x = y - 2 \end{cases}$

48. Resolva o sistema $\begin{cases} 3x + 4y = 12 \\ \dfrac{x}{4} + \dfrac{x}{3} = \dfrac{1}{2} \end{cases}$.

49. Considere o sistema $\begin{cases} x + 2y = 8 \\ 2x + 4y = \text{▨} \end{cases}$.

a) Você deve substituir ▨ por qual número para que o sistema fique indeterminado?

b) Sendo indeterminado, o sistema tem infinitas soluções. Apresente quatro soluções e desenhe a reta em um gráfico.

c) Se ▨ for substituído por 10, quantas soluções terá o sistema? Nesse caso, qual é a posição relativa das duas retas que representam as equações?

50. Quantas soluções tem cada sistema abaixo?

a) $\begin{cases} 2x + 3y = 6 \\ 4x + 5y = 10 \end{cases}$ **b)** $\begin{cases} 2x + 3y = 6 \\ 4x + 6y = 10 \end{cases}$ **c)** $\begin{cases} 2x + 3y = 6 \\ 4x + 6y = 12 \end{cases}$ **d)** $\begin{cases} 2x + 3y = 5 \\ 2y + 3x = 5 \end{cases}$

51. Classifique os sistemas abaixo:

a) $\begin{cases} 2x + 3y = x + y + 7 \\ 1 + 2y = 3 - x \end{cases}$ **b)** $\begin{cases} 5x = 1 - 3y \\ 2x + 4y = y - 3x \end{cases}$ **c)** $\begin{cases} 7x - y = y - x - 7 \\ 2y - 5x - 3 = 3x + 4 \end{cases}$

NA OLIMPÍADA

Os preços dos adesivos

(Obmep) Na figura vemos três cartelas com quatro adesivos e seus respectivos preços. O preço de uma cartela é a soma dos preços de seus adesivos.

R$ 16,00

R$ 12,00

R$ 10,00

Qual é o preço da cartela ao lado com seis adesivos?

a) R$ 18,00
b) R$ 20,00
c) R$ 21,00
d) R$ 22,00
e) R$ 23,00

O retângulo dividido

(Obmep) O retângulo ABCD foi dividido em nove retângulos menores, alguns deles com seus perímetros indicados na figura. O perímetro do retângulo ABCD é 54 cm. Qual é o perímetro do retângulo cinza?

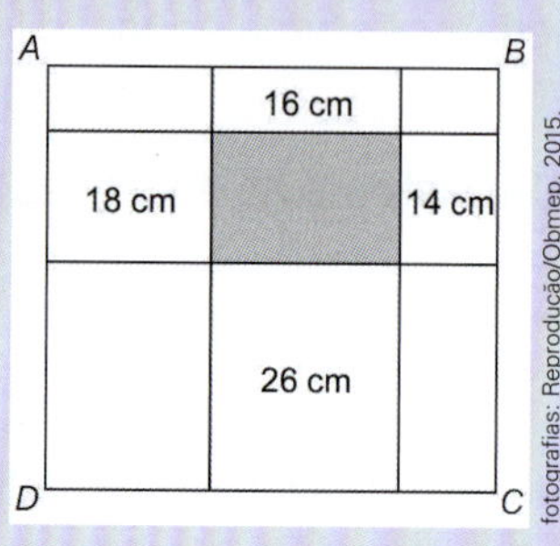

fotografias: Reprodução/Obmep, 2015.

a) 15 cm
b) 19 cm
c) 20 cm
d) 22 cm
e) 24 cm

NA HISTÓRIA

Coordenadas na Geometria

O século XVII foi especialmente favorável ao desenvolvimento da Matemática. Com a Álgebra literal, criada pelo matemático francês François Viète (1541-1603) no final do século XVI, René Descartes teve a ideia de fundir a Álgebra com a Geometria, a fim de aproveitar o melhor de cada um desses ramos da Matemática e corrigir os "defeitos" de cada um deles.

Ocorre que na mesma época, independentemente, por outros motivos, o também francês Pierre de Fermat (1601-1665) igualmente desenvolveu ideias que conduziram ao mesmo objetivo.

Se Fermat e Descartes tiveram ideias matemáticas que levavam praticamente a um mesmo fim, embora por caminhos diferentes, suas personalidades e trajetórias de vida foram muito distintas. Fermat era um pacato advogado que exercia uma função pública ligada à sua formação acadêmica em Toulouse, perto da cidade onde nasceu, da qual, aliás, pouco se afastou em toda a sua vida. Embora tenha sido o mais importante matemático de sua época, cultivava a Matemática como um *hobby*. Sua contribuição à Matemática é muito mais diversificada do que a de Descartes. Avesso a publicar seus trabalhos, preferia divulgá-los na correspondência com outros matemáticos, por isso é menos lembrado do que Descartes na introdução das coordenadas na Geometria. Mas, graças a um filho, sua obra completa foi publicada em 1679.

Descartes fez seus primeiros estudos com o pai, que o chamava de "pequeno filósofo", devido à sua curiosidade insaciável. Depois, estudou como interno em um colégio jesuíta. Em 1612 deixou o colégio e foi para Paris, onde dedicou parte de seu tempo ao estudo da Matemática. Aos 20 anos, graduou-se em Direito, mas, diferentemente de Fermat, não quis fazer carreira nessa área. Muito pelo contrário: em 1617 dirigiu-se para a Holanda, onde ingressou como voluntário (sem remuneração nem obrigações de participar de batalhas) no exército do príncipe Maurício de Nassau.

Nesse mesmo ano, na cidade de Breda, Descartes viu um cartaz com um problema de Geometria, proposto como desafio, afixado numa árvore da praça principal da cidade. Por não conhecer ainda bem a língua holandesa, pediu em latim a um homem que estava perto que lhe traduzisse o enunciado. Esse homem era o matemático holandês Isaac Beeckman (1588-1637), que, no dia seguinte, para sua surpresa, recebeu a visita daquele francês garboso com a solução correta do problema. Assim, com muita satisfação, Beeckman tornou-se amigo e mestre do promissor Descartes.

Leemage/AFP

Descartes in Amsterdam (1629), em um desenho de Felix Philippoteaux. Coleção particular.

Em 1621 Descartes abandonou a carreira militar. Depois de várias viagens pela Europa, ficou cerca de dois anos em Paris, sem jamais interromper seus estudos de Matemática. Em 1628, desejoso de uma vida intelectual mais livre, mudou-se para a Holanda, onde viveu os vinte anos seguintes consagrando-se à Filosofia, à Matemática e às Ciências. Em 1649, relutantemente, foi para a Suécia, a convite da rainha Cristina. No ano seguinte morreu, vítima de pneumonia.

A essência da ideia que uniu Fermat e Descartes na história da Matemática, quando aplicada ao plano, consiste em estabelecer uma correspondência que associe uma reta ou curva do plano a uma equação em duas variáveis que represente a figura, e vice-versa. Para isso é preciso contar com um referencial no plano. Modernamente o referencial é formado por duas retas numeradas (eixos coordenados) perpendiculares e com a mesma origem. Em uma carta de 1629 ao matemático francês Roberval (1602-1675), Fermat afirmou, por exemplo, que $ax + by + c = 0$, em que a, b, c são números reais dados, com $a \neq 0$ ou $b \neq 0$, é a equação de uma reta. (Lembrar que cada solução é um ponto (x_0, y_0) cujas coordenadas tornam verdadeira a equação.)

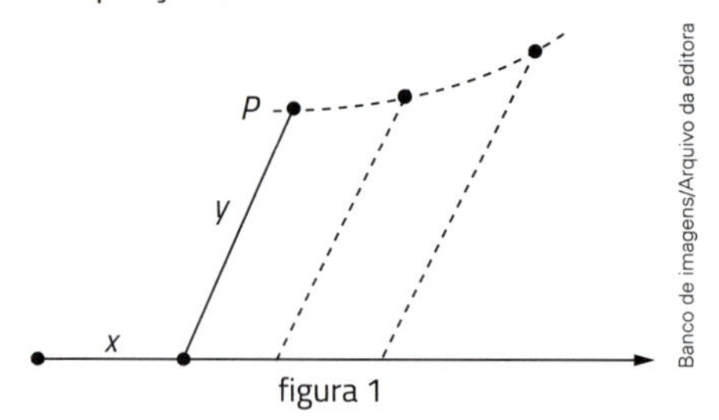

figura 1

Mas Fermat e Descartes não usavam o semieixo das ordenadas nem coordenadas negativas. A figura 1 mostra como a extremidade superior do segmento y (ordenada), levantado a partir da extremidade do segmento variável x (abscissa), representava o ponto $P = (x, y)$.

Fermat faria o mesmo, só que com duas vogais maiúsculas, por exemplo (A, E). As ordenadas tinham uma inclinação constante em relação ao eixo horizontal – às vezes, de 90°. O referencial atualmente usado impôs-se com o tempo, vindo a ser adotado universalmente por volta do fim do século XVIII.

1. Como você viu, o referencial usado por Fermat e Descartes resumia-se, praticamente, ao quadrante de coordenadas positivas dos referenciais modernos. Usando esse referencial, ache as ordenadas correspondentes às abscissas $x = 2$, $x = 4$ e $x = 6$ de $y = \frac{1}{2}x + 1$. O que você pode dizer sobre as extremidades das ordenadas? (Use ordenadas igualmente inclinadas não perpendiculares às abscissas.)

2. Descartes, embora católico, engajou-se no exército do príncipe holandês Maurício de Nassau, que, como defensor dos protestantes, estava reunindo homens para as guerras religiosas da época. Como explicar essa aparente contradição?

3. Tudo indica que Fermat teve a ideia de usar coordenadas em Geometria antes de Descartes, mas este publicou sua obra sobre o assunto, *La Géométrie* (*A Geometria*), primeiro (em 1637). Por isso a criação desse método geométrico costuma ser atribuída a Descartes. Como você analisa esse fato?

4. Qual é a vantagem de uma simbologia algébrica que permita distinguir claramente constantes de variáveis?

5. **a)** Na época de Descartes, os cientistas (Fermat, por exemplo) em geral escreviam suas obras em latim. Mas a única obra matemática de Descartes, *A Geometria*, foi publicada em francês, em 1637. Essa obra, entretanto, só se tornou largamente conhecida a partir de 1649, numa tradução para o latim, com vários comentários explanatórios feitos pelo tradutor. Por que isso ocorreu?

b) Em que língua, hoje, se comunicam os cientistas de todo o mundo?

NA MÍDIA

A Matemática e o número que você calça

Muitas vezes não entendemos os motivos de estudar Matemática nem imaginamos em que situações poderíamos usar determinada parte do conteúdo. Por isso é comum, muitas vezes, que nos questionemos: Onde a Matemática é realmente aplicada?

Inúmeros são os exemplos e situações onde podemos ver o emprego da Matemática. Desde o momento em que acordamos até a hora de dormir, estamos sempre fazendo o uso dessa ciência. Quando, ao levantar pela manhã para ir à escola ou fazer qualquer atividade, dizemos "só mais cinco minutinhos", intuitivamente estamos realizando cálculos matemáticos para averiguar se esses preciosos minutos de sono não farão com que nos atrasemos. A tecnologia não estaria tão avançada sem o fantástico auxílio da Matemática. Do mais simples ato até a mais sofisticada empregabilidade, a Matemática está sempre presente em nosso cotidiano, basta que analisemos as situações que vivenciamos.

Por mais inimaginável que possa parecer, o número que você calça também está relacionado à Matemática. Existe uma fórmula que relaciona o número que você calça e o tamanho do seu pé em centímetros.

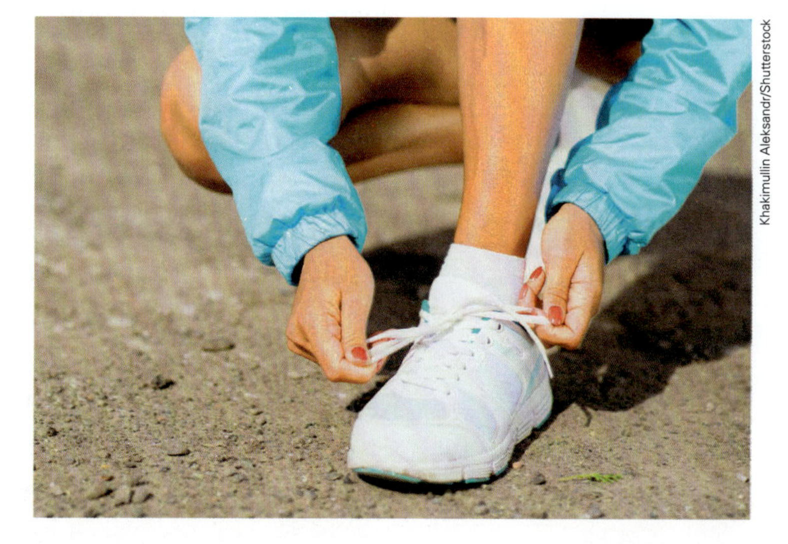
Khakimullin Aleksandr/Shutterstock

Vejamos:

$$S = \frac{5p + 28}{4}$$

Onde,

S: é o número do sapato.

p: é o comprimento do pé em centímetros. [...]

Disponível em: http://escolakids.uol.com.br/a-matematica-e-o-numero-que-voce-calca.htm. Acesso em: 11 maio 2021.

Sobre o texto, responda às questões.

1. Qual é o número do sapato de uma pessoa cujo comprimento do pé é de 24 cm?

2. Você sabia que os sapatos nos Estados Unidos têm numeração diferente da que costumamos ver no Brasil? A conversão dessas medidas pode ser feita utilizando a seguinte tabela:

Brasil	33	34	35	36	37	38	39	40
Estados Unidos	5	5,5	6 ou 6,5	7 ou 7,5	8 ou 8,5	9 ou 9,5	10 ou 10,5	11 ou 11,5

Nessas condições, qual é a numeração do calçado, nos Estados Unidos, de uma mulher cujo comprimento do pé é de 23,2 cm?

3. Mariana calça 39, mas não sabe o comprimento de seu pé em centímetros. Sendo x o comprimento de seu pé em centímetros, resolva a equação a seguir e responda: Qual é o comprimento do pé de Mariana?

4. Utilize as informações do texto e calcule o tamanho do seu pé em centímetros com base no número que você calça.

Circunferência, arcos e ângulos

NESTA UNIDADE VOCÊ VAI

- Resolver problemas que envolvem distâncias entre pontos e retas.
- Resolver problemas que envolvem posições relativas entre ponto e circunferência, entre reta e circunferência e entre duas circunferências.
- Aplicar os conceitos de mediatriz e bissetriz.
- Resolver problemas que envolvem arcos e ângulos.
- Construir ângulos, mediatriz e bissetriz usando instrumentos de desenho.
- Reconhecer e construir figuras obtidas por composições de transformações geométricas.

CAPÍTULOS

CAPÍTULO

16 Circunferência e círculo

aleks333/Shutterstock

NA REAL

Como aproveitar ao máximo a área irrigada?

Na imagem, a plantação é irrigada por um sistema conhecido como pivô central. Uma torre que fica no centro das plantações gira de forma circular borrifando água e fertilizantes líquidos de maneira uniforme. Algumas vantagens do método são: eficiência no uso de água e energia; baixo custo com mão de obra; irrigação para longas distâncias; e facilidade de adaptação em fazendas com solo regular e grandes extensões.

Nesse sistema de irrigação, há uma parte da plantação que não recebe a irrigação feita pelo pivô central, como pode ser observado na imagem.

Um agricultor instalou o sistema de modo que a distância entre os centros das circunferências são iguais ao diâmetro, conforme mostrado na imagem. Na sua opinião, por que foi determinada essa distância entre os centros das circunferências?

Na BNCC
EF08MA17

Distância entre dois pontos

Círculo negro

O pintor russo Kazimir Malevich (1878-1935) foi o criador da corrente artística de pintura abstrata chamada suprematismo, a qual consiste na representação de formas geométricas como círculo, quadrado e triângulo.

Considerada sua principal obra, *Quadrado negro*, de 1915, caracterizou uma ruptura com a arte da época e gerou muita discussão.

A obra ao lado, *Círculo negro*, é um grande círculo que chama a atenção por "deslocar-se" para o canto superior direito da tela quadrada de fundo branco. Pintada em 1923, pertence ao Museu Estatal Russo, de São Petersburgo, Rússia.

Algumas obras de Malevich, cujos originais pertencem a museus, estiveram em exposição no Brasil em 2009.

Neste capítulo, aprofundaremos nossos conhecimentos sobre o círculo e a circunferência. Para iniciar, estudaremos a distância entre dois pontos.

MALEVICH, Kazimir. *Círculo negro*, 1923. Óleo sobre tela. 105,5 cm × 105,5 cm. Museu Estatal Russo, São Petersburgo, Rússia.

PARTICIPE

Carlos pretende ir de sua casa até a casa de João utilizando o menor percurso. Observe a imagem.

a) Indique a letra que representa o menor percurso para que Carlos chegue à casa de João.

b) Como se chama a medida desse percurso em relação às duas casas?

Dados dois pontos, A e B, podemos traçar várias curvas unindo-os.

Cada uma dessas curvas tem um comprimento. A curva de menor comprimento é o segmento de reta $\overline{AB}$.

Por isso, dizemos que a medida de $\overline{AB}$ é a **distância** entre A e B.

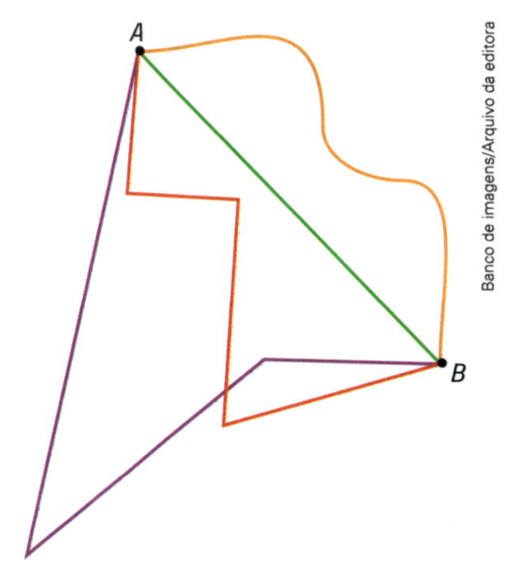

A **distância entre dois pontos** é a medida do segmento de reta que tem as extremidades nesses pontos.

Exemplos

- A medida do segmento $\overline{AB}$, representado abaixo, é 5 cm. Dizemos que a distância entre os pontos A e B é 5 cm.

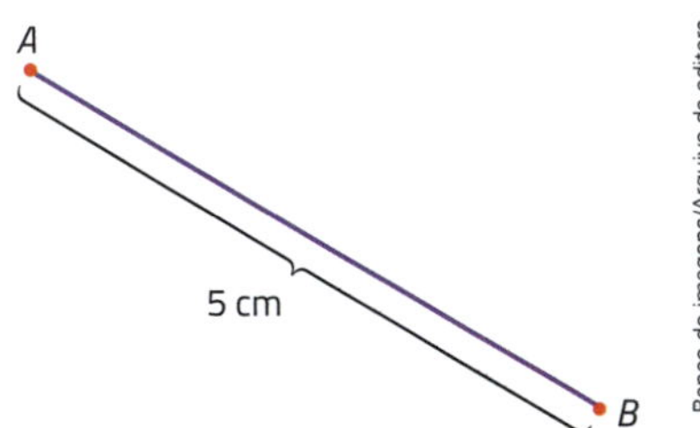

- Um triângulo ABC tem $AB = 3$ cm, $BC = 4$ cm e $AC = 5$ cm. A distância entre A e B é 3 cm. A distância entre B e C é 4 cm. A distância entre A e C é 5 cm.

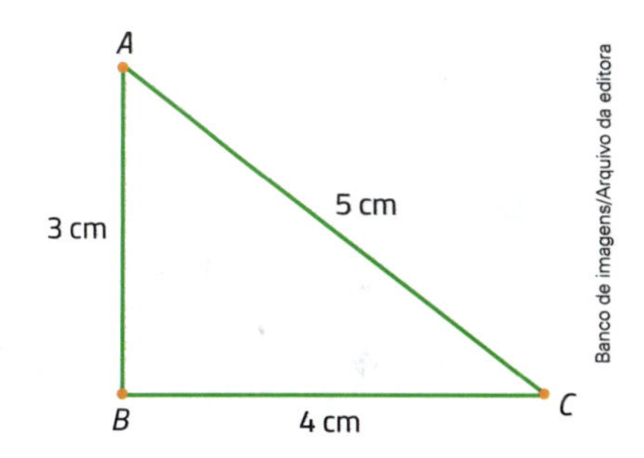

- Um segmento $\overline{AB}$ mede 4 cm e seu ponto médio é M. A distância entre A e M é 2 cm. A distância entre B e M é 2 cm.

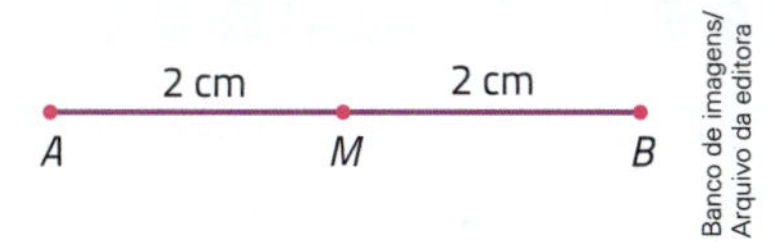

- A reta m é a mediatriz do segmento $\overline{AB}$ (ou seja, m é perpendicular a $\overline{AB}$ e passa por M, o ponto médio de $\overline{AB}$).

  Sendo P outro ponto qualquer de m, o triângulo ABP é isósceles de base $\overline{AB}$. Então:

$$\overline{PA} \equiv \overline{PB}$$

  A distância entre P e A é igual à distância entre P e B. O ponto P dista igualmente de A e de B.

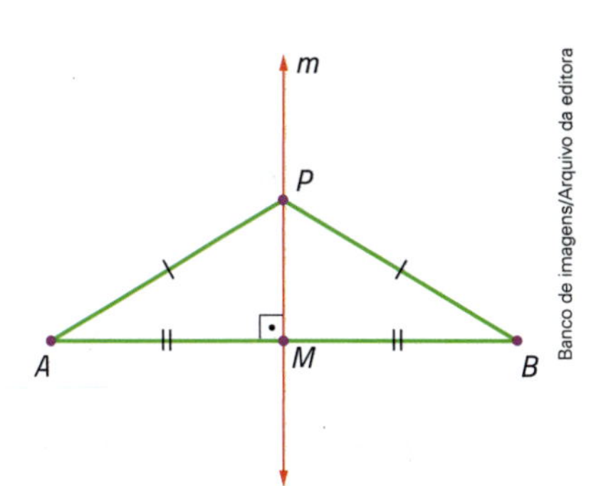

Circunferência e círculo

Observe as figuras geométricas representadas abaixo e o nome de cada uma delas.

circunferência

conjunto dos pontos internos à circunferência (interior)

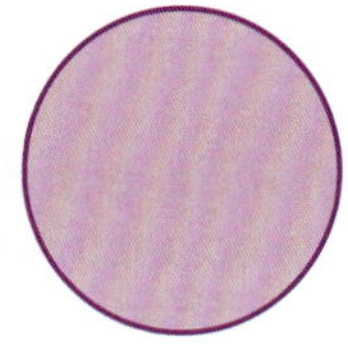
círculo

Banco de imagens/Arquivo da editora

A circunferência de centro O e raio r é o lugar geométrico dos pontos que estão à mesma distância r de O.

Corda

Corda é um segmento de reta que tem como extremidades dois pontos da circunferência. Na figura ao lado, $\overline{AB}$ e $\overline{CD}$ são exemplos de cordas.

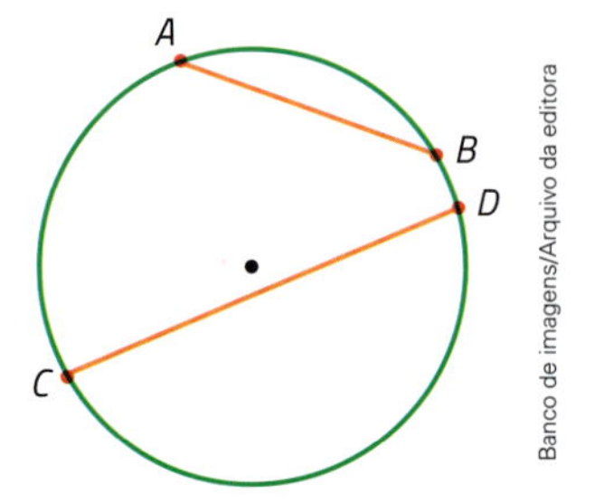

Banco de imagens/Arquivo da editora

Diâmetro

Diâmetro é uma corda que passa pelo centro da circunferência. Na figura ao lado, $\overline{PQ}$ e $\overline{RS}$ são exemplos de diâmetros.

A **medida do diâmetro** de uma circunferência é igual ao dobro da medida do raio.

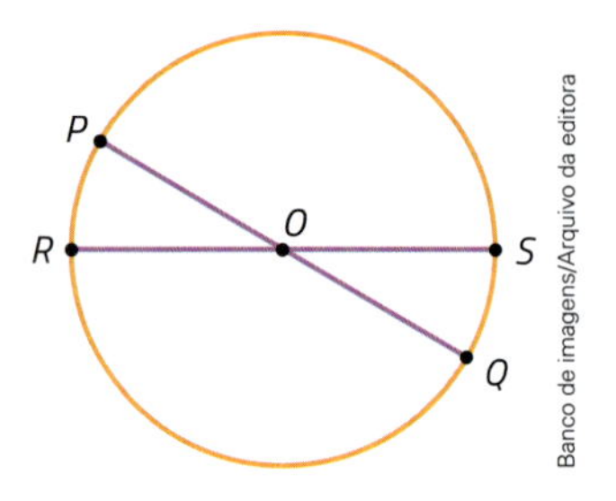

Banco de imagens/Arquivo da editora

Posições relativas entre ponto e circunferência

Em um plano, dados uma circunferência de centro O e raio r e um ponto qualquer, podem ocorrer três situações. Veja a representação de três circunferências que têm centro O e raio de 1,5 cm.

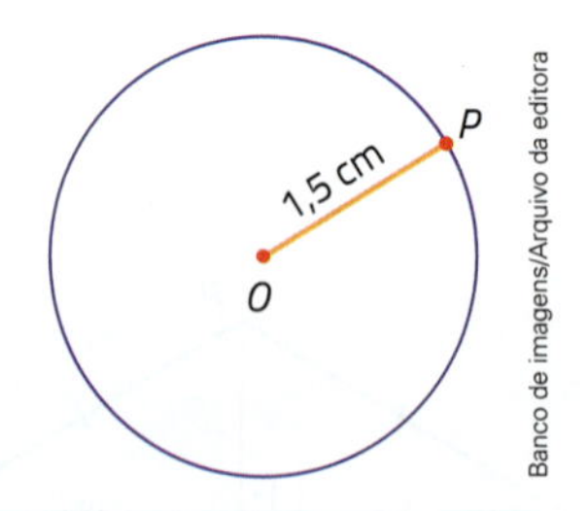

Banco de imagens/Arquivo da editora

A distância entre P e O é 1,5 cm. Essa distância é **igual a** medida do raio. Então, o ponto P **pertence** à circunferência.

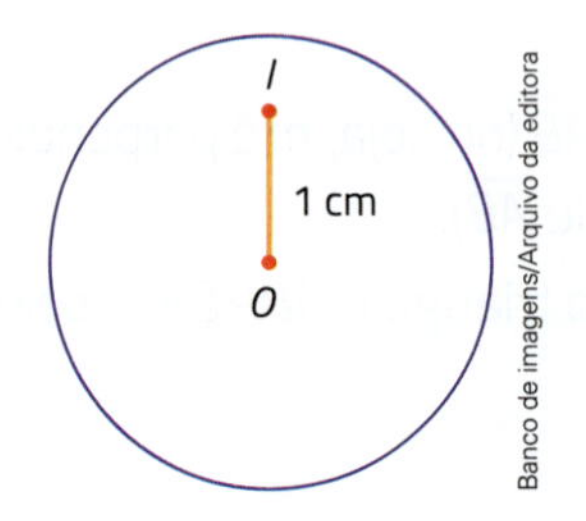

Banco de imagens/Arquivo da editora

A distância entre I e O é 1 cm. Essa distância é **menor** que a medida do raio. Então, o ponto I é **interno** à circunferência.

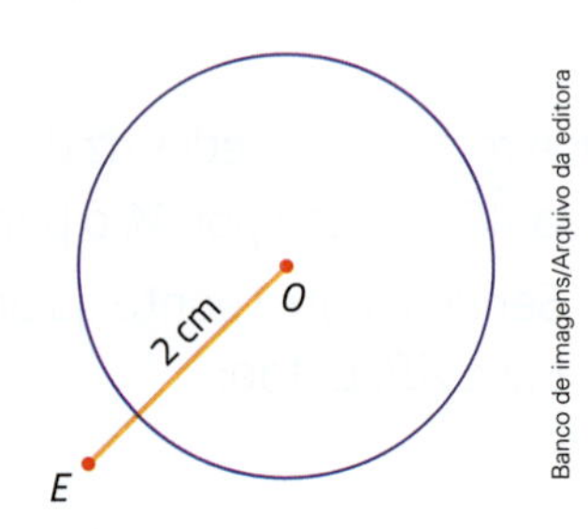

Banco de imagens/Arquivo da editora

A distância entre E e O é 2 cm. Essa distância é **maior** que a medida do raio. Então, o ponto E é **externo** à circunferência.

Partes do círculo

Vamos considerar um círculo C de centro O e dois pontos A e B da circunferência de C, de modo que A e B não sejam extremidades de um diâmetro.

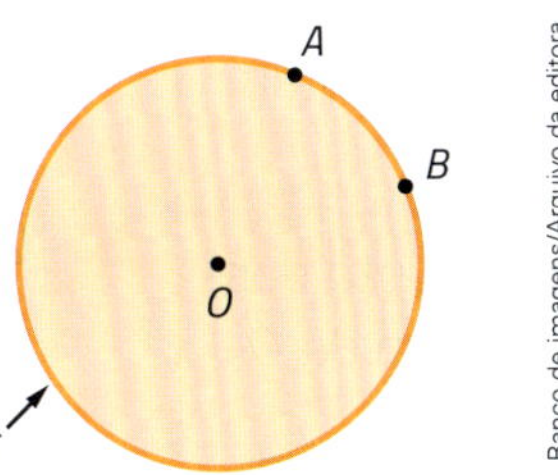

Setor circular

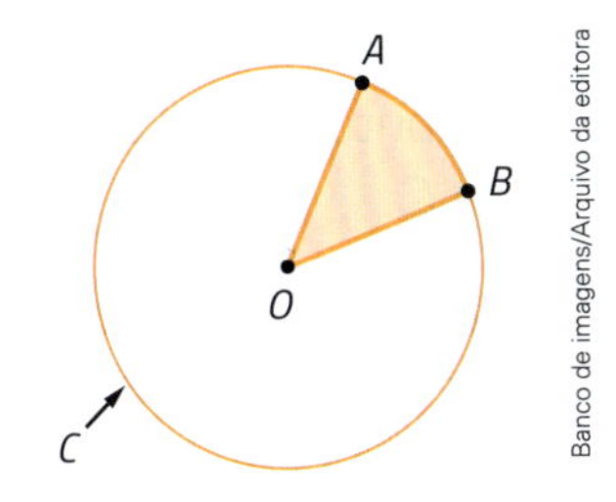

Chama-se **setor circular menor** AOB o conjunto formado por todos os pontos dos raios $\overline{OA}$ e $\overline{OB}$ e todos os pontos do círculo C que estão no interior do ângulo $A\hat{O}B$.

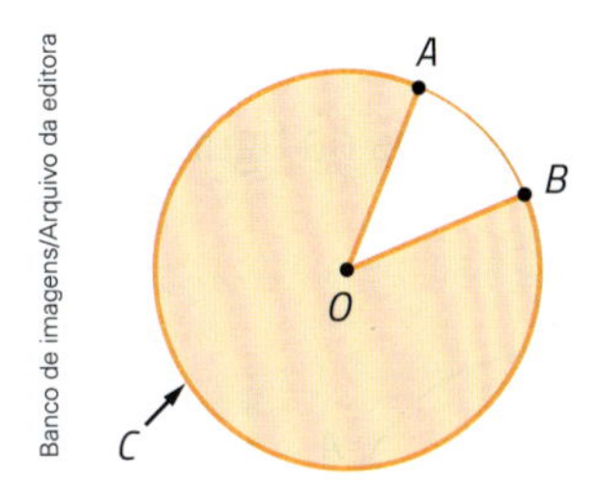

Chama-se **setor circular maior** AOB o conjunto formado por todos os pontos dos raios $\overline{OA}$ e $\overline{OB}$ e todos os pontos do círculo C que estão no exterior do ângulo $A\hat{O}B$.

Segmento circular

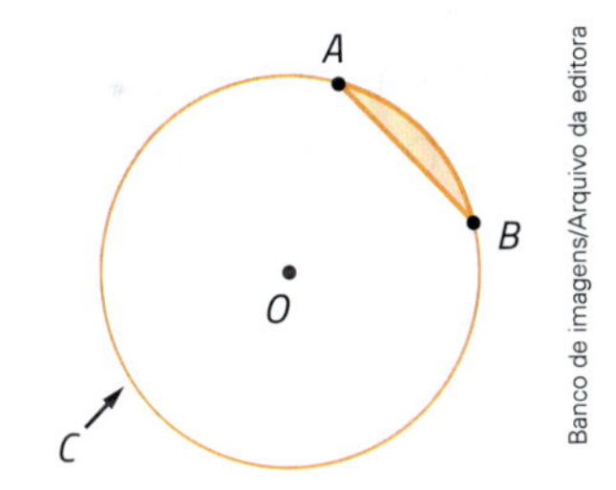

Chama-se **segmento circular menor** AB a interseção do círculo C com o semiplano de origem na reta $\overleftrightarrow{AB}$ e que não contém o centro de C.

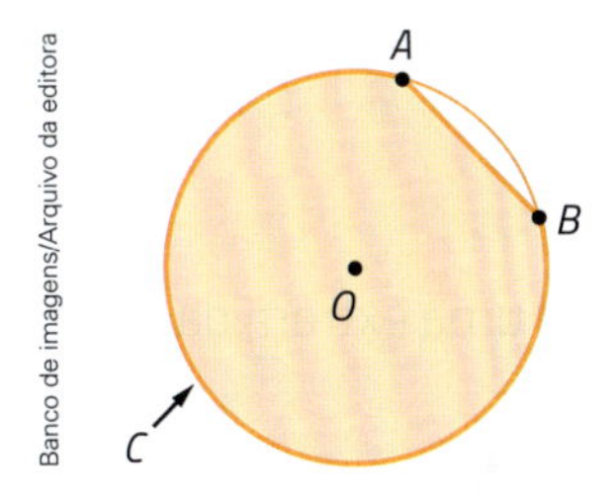

Chama-se **segmento circular maior** AB a interseção do círculo C com o semiplano de origem na reta $\overleftrightarrow{AB}$ e que contém o centro de C.

Semicírculo

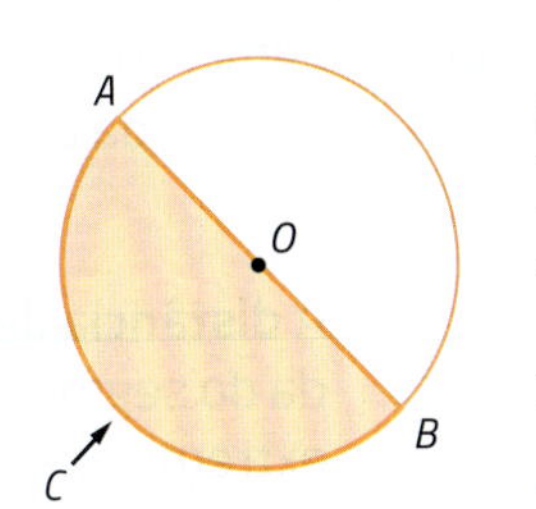

No caso de A e B serem extremidades de um diâmetro de C, chama-se **semicírculo** AB a interseção do círculo C com um dos semiplanos de origem na reta $\overleftrightarrow{AB}$.

ATIVIDADES

1. Desenhe um segmento $\overline{AB}$ com 60 mm. Construa o conjunto dos pontos que distam igualmente de *A* e de *B*.

2. Marque um ponto *O*. Construa o conjunto dos pontos que estão à distância de 45 mm de *O*.

3. Construa um triângulo *ABC* com $AB = 6$ cm, $BC = 4$ cm e $AC = 5$ cm. Em seguida, encontre o ponto *P*, que dista igualmente de *A*, de *B* e de *C*.

4. Construa a circunferência que passa pelos três vértices do triângulo *ABC*, no qual $AB = 11$ cm, $BC = 6$ cm e $AC = 7$ cm.

5. Observe a figura.

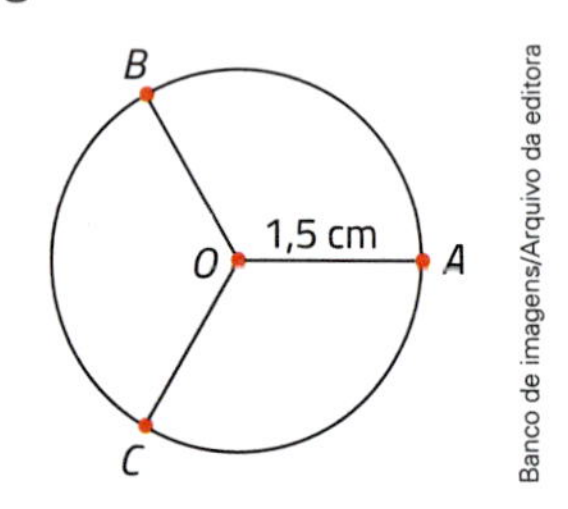

Banco de imagens/Arquivo da editora

Agora, responda:

a) Quanto mede $\overline{OA}$?

b) Quanto mede $\overline{OB}$?

c) Quanto mede $\overline{OC}$?

d) Os pontos *A*, *B* e *C* distam 1,5 cm de que ponto?

e) Os pontos *A*, *B* e *C* pertencem a uma circunferência. Qual é o centro da circunferência? Quanto mede o raio dessa circunferência?

6. Como são chamados os pontos cuja distância em relação ao centro da circunferência é menor que a medida do raio?

7. Considere uma circunferência de centro *O* e raio de 25 mm. Verifique se os pontos *X*, *Y* e *Z* são internos, pertencentes ou externos à circunferência.

a) *X* dista 1,5 cm de *O*;

b) *Y* dista 3 cm de *O*;

c) *Z* dista 2,5 cm de *O*.

8. Dos segmentos representados na figura, indique os que são:

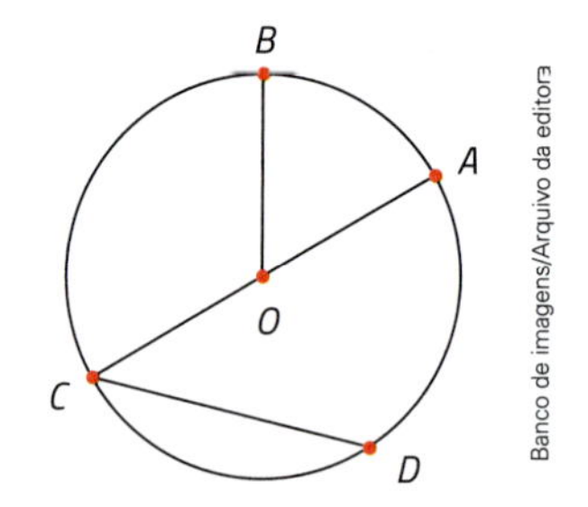

Banco de imagens/Arquivo da editora

a) raios;

b) cordas;

c) diâmetro.

Distância de um ponto a uma reta

Dados um ponto *O* e uma reta *s*, sempre podemos traçar vários segmentos com uma extremidade em *O* e a outra em algum ponto de *s*.

Cada um dos segmentos ($\overline{OA}$, $\overline{OB}$, $\overline{OC}$, $\overline{OP}$, etc.) tem um comprimento. O segmento de menor comprimento é $\overline{OP}$, que é perpendicular à reta *s*. A medida de $\overline{OP}$ é a distância do ponto *O* à reta *s*.

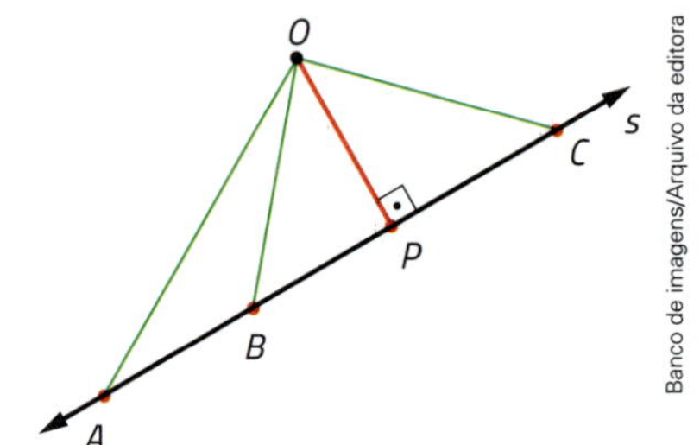

Banco de imagens/Arquivo da editora

A **distância de um ponto a uma reta** é a medida do segmento perpendicular à reta com uma extremidade no ponto e a outra na reta.

Exemplos

- Na figura ao lado, o segmento $\overline{OP}$ é perpendicular à reta s e mede 2 cm.

  A distância do ponto O à reta s é 2 cm.

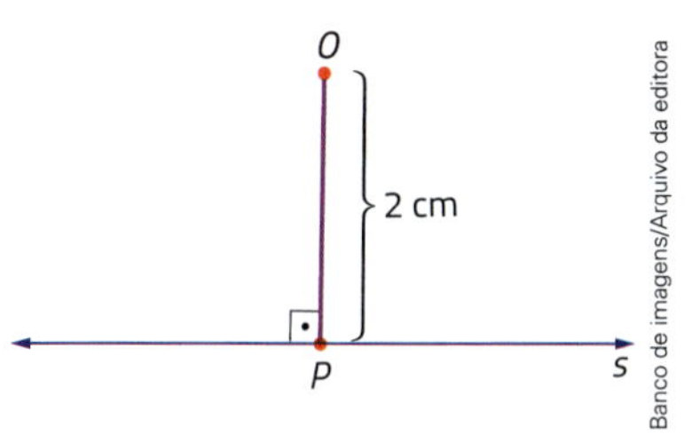

- As retas s e t, representadas abaixo, são paralelas. Os pontos A, B e C são pontos de s. As distâncias de A, B e C à reta t são iguais.

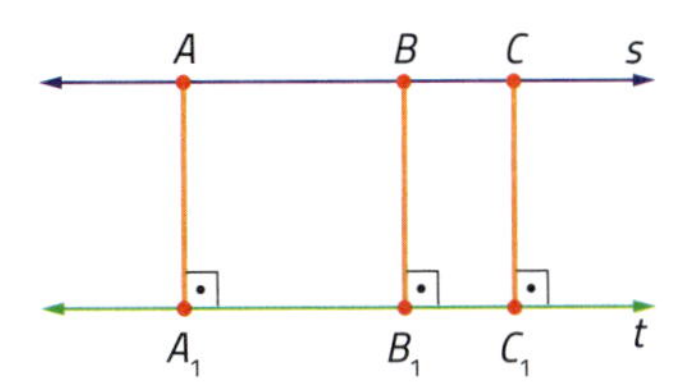

$$\overline{AA_1} \equiv \overline{BB_1} \equiv \overline{CC_1}$$

- Na figura abaixo, M é o ponto médio do segmento $\overline{AB}$, e a reta s é uma reta que passa por M.

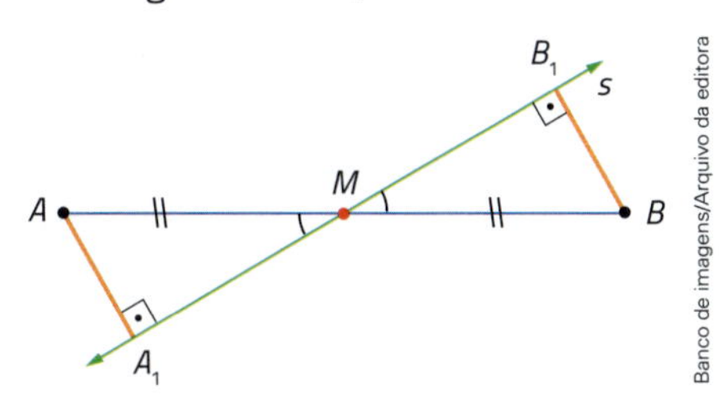

  Traçando por A o segmento $\overline{AA_1} \perp s$ e por B o segmento $\overline{BB_1} \perp s$, pelo critério LAA_0:

$$\triangle AA_1M \equiv \triangle BB_1M$$

  Então, $\overline{AA_1} \equiv \overline{BB_1}$.

  A distância de A a s é igual à distância de B a s, ou seja, os pontos A e B distam igualmente da reta s.

- A semirreta $\overrightarrow{Os}$, ilustrada abaixo, é a bissetriz do ângulo $a\hat{O}b$. O ponto P é um ponto qualquer da bissetriz.

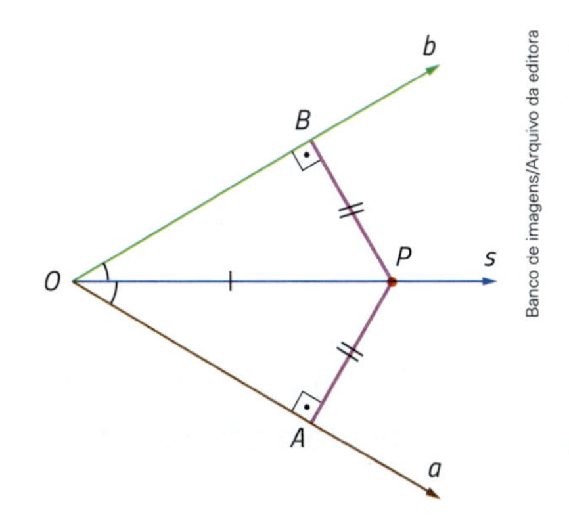

  Traçando por P o segmento $\overline{PA} \perp \overrightarrow{Oa}$ e o segmento $\overline{PB} \perp \overrightarrow{Ob}$, pelo critério LAA_0:

$$\triangle OAP \equiv \triangle OBP$$

  Então, $\overline{PA} \equiv \overline{PB}$.

  A distância de P a $\overrightarrow{Oa}$ é igual à distância de P a $\overrightarrow{Ob}$, ou seja, o ponto P dista igualmente de $\overrightarrow{Oa}$ e de $\overrightarrow{Ob}$.

ATIVIDADES

9. Desenhe duas retas perpendiculares, r e s. Construa o conjunto dos pontos que distam igualmente de r e de s.

10. Desenhe uma reta r. Em seguida, construa o conjunto dos pontos que estão à distância de 3 cm da reta r.

11. Desenhe duas retas, r e s, que formam entre si ângulos de 60° e 120°. Depois, construa o conjunto dos pontos que distam igualmente de r e de s.

12. Construa um triângulo ABC com $AB = 6$ cm, $BC = 8$ cm e $AC = 10$ cm. Em seguida, encontre o ponto P que dista igualmente dos três lados, $\overline{AB}$, $\overline{BC}$ e $\overline{AC}$.

Posições relativas entre reta e circunferência

Reta e circunferência secantes

Se uma reta intersecta uma circunferência C em dois pontos distintos, dizemos que ela é **secante** à circunferência. Nesse caso, a distância d do centro da circunferência à reta secante é menor que o raio r.

A figura ao lado mostra que:

- s intersecta C nos pontos A e B;
- s é secante a C;
- $\overline{AB}$ é uma corda.

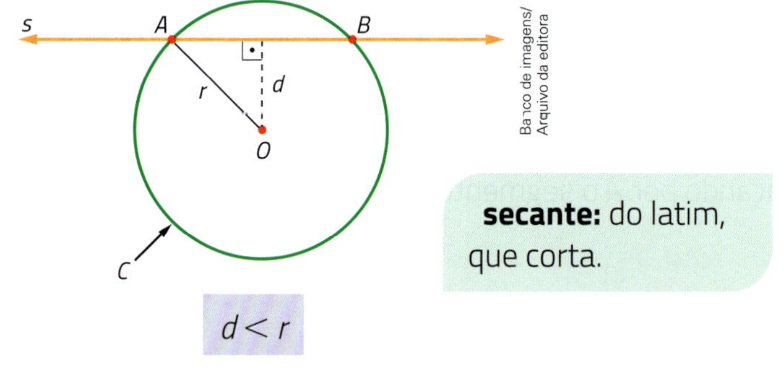

$d < r$

secante: do latim, que corta.

Propriedade

Vamos considerar uma reta secante $\overleftrightarrow{AB}$ que determina uma corda $\overline{AB}$ em uma circunferência de centro O.

Por O, vamos traçar a reta x perpendicular a $\overleftrightarrow{AB}$. As retas x e s intersectam-se em M.

Como o triângulo OAB é isósceles e $\overline{OM}$ é a altura relativa à base $\overline{AB}$, $\overline{OM}$ é também mediana; portanto, M é o ponto médio da corda $\overline{AB}$.

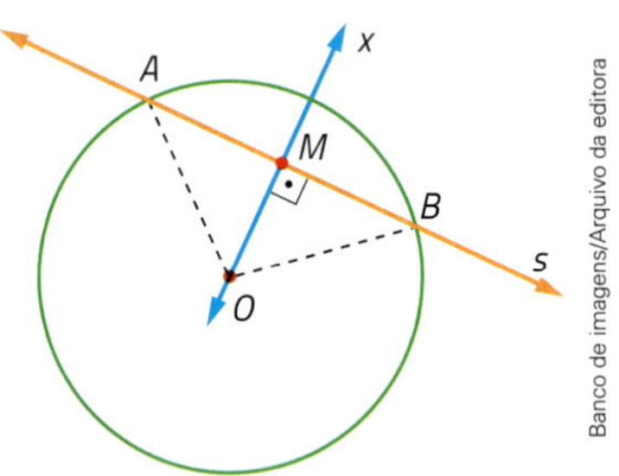

A reta que contém o centro da circunferência e é perpendicular à secante $\overleftrightarrow{AB}$ passa pelo ponto médio da corda $\overline{AB}$.

Também vale a recíproca:

A reta que contém o centro da circunferência e que passa pelo ponto médio da corda $\overline{AB}$ é perpendicular à secante $\overleftrightarrow{AB}$.

Reta e circunferência tangentes

Se uma reta tem apenas um ponto comum com uma circunferência, dizemos que ela é **tangente** a essa circunferência.

Observe na figura ao lado que:

- P é o único ponto comum a t e C;
- t é tangente a C;
- P é o ponto de tangência;
- a distância d do centro da circunferência à reta tangente é igual ao raio ($d = OP = r$), conforme demonstraremos a seguir.

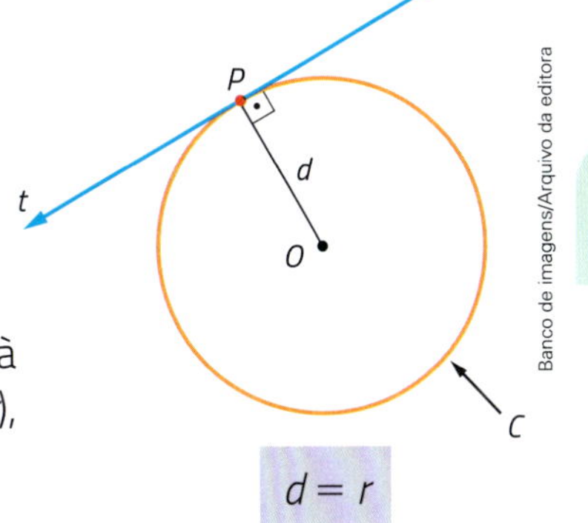

$d = r$

tangente: do latim, que toca.

Propriedade

Vamos considerar uma reta t tangente em P à circunferência de centro O.

Qualquer ponto X de t, com exceção de P, é externo à circunferência; portanto, a distância de X até o centro O é maior que o raio. Assim, temos:

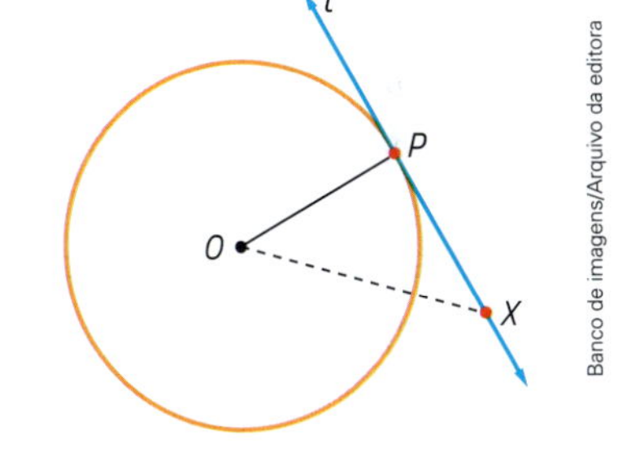

$$\left.\begin{array}{l} OX > r \\ OP = r \end{array}\right\} \Rightarrow OX > OP$$

Concluímos, então, que OP é a distância do ponto O à reta t e, desse modo, a reta t é perpendicular a $\overline{OP}$.

Toda reta tangente a uma circunferência é perpendicular ao raio dessa circunferência no ponto de tangência.

Também vale a recíproca da propriedade:

Toda reta perpendicular ao raio na extremidade deste, oposta ao centro da circunferência, é tangente a essa circunferência.

Reta e circunferência externas

Se uma reta não tem ponto comum com uma circunferência, dizemos que ela é **externa** à circunferência.

A distância d do centro da circunferência à reta externa é maior que o raio r.

Pela figura, temos:

- C e e não têm ponto comum;
- e é externa a C.

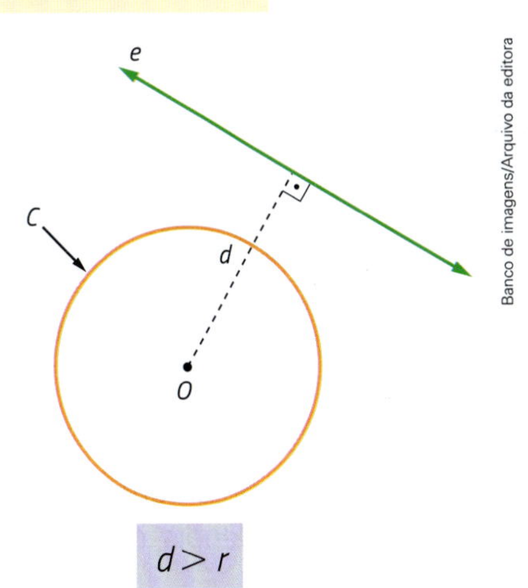

$d > r$

ATIVIDADES

13. Veja a figura abaixo. Sabendo que s é perpendicular a $\overline{AB}$, determine o valor de x.

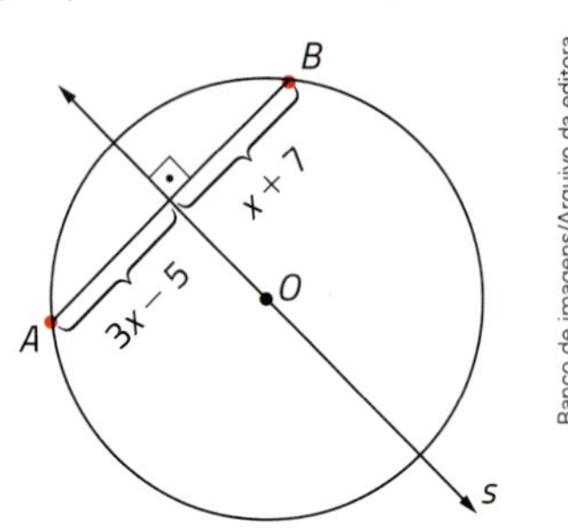

14. Em cada item, sendo d a distância do centro de uma circunferência de raio r a uma reta, dê a posição relativa da reta em relação à circunferência:

a) $d = 5$ cm e $r = 3$ cm

b) $d = 7$ cm e $r = 8$ cm

c) $d = 2$ cm e $r = 1{,}5$ cm

d) $d = 4$ cm e $r = 4$ cm

e) $d = 5$ cm e $r = 2{,}5$ cm

f) $d = 0$ e $r = 2$ cm

15. Uma reta s determina sobre uma circunferência de centro O e raio r uma corda $\overline{AB}$. O ponto médio de $\overline{AB}$ é M.

a) Quantos ângulos a reta s forma com a reta $\overleftrightarrow{OM}$?

b) Compare as medidas de $\overline{OA}$, $\overline{OM}$ e $\overline{OB}$.

16. Observe a figura abaixo. Sabendo que $\overline{AM} \equiv \overline{MB}$ e $\overline{CD}$ é um diâmetro, determine o valor de x.

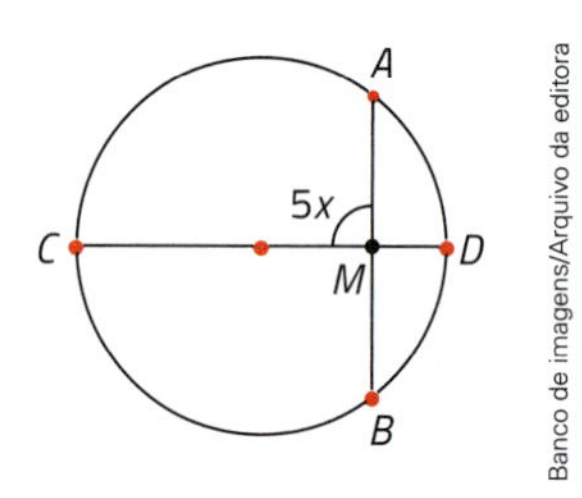

17. Prove que, se duas cordas de uma circunferência estão a uma mesma distância do centro, então elas são congruentes.

18. A distância do centro de uma circunferência de 7 cm de raio a uma reta é dada por $d = \left(5 + \dfrac{9x}{2}\right)$ cm.

Sabendo que a reta é tangente à circunferência, determine x.

19. Sabendo que a reta t e a circunferência de centro O só têm em comum o ponto T, determine o valor de x.

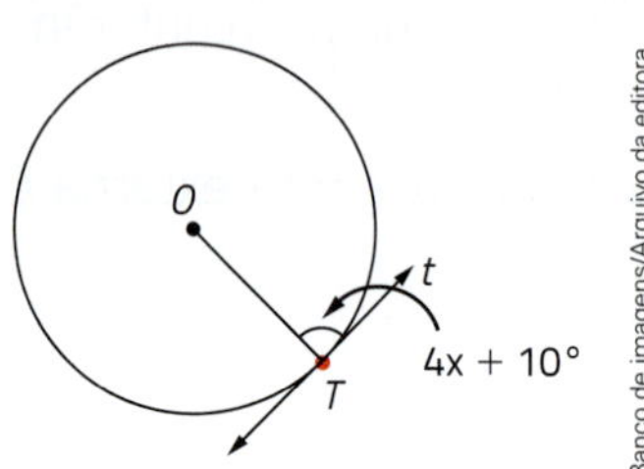

20. Construa uma circunferência de centro O e raio de 4 cm. Marque um ponto T em qualquer lugar da circunferência. Depois, construa a reta que passa por T e é tangente à circunferência.

Posições relativas de duas circunferências

Circunferências tangentes

Duas circunferências que têm um único ponto comum são tangentes. Temos dois casos:

- Uma circunferência é **tangente interna** à outra.

  Nesse caso, as circunferências têm um único ponto comum, e os demais pontos de uma são internos à outra.

  Na figura abaixo, C_1 e C_2 são circunferências tangentes internamente (ou interiormente).

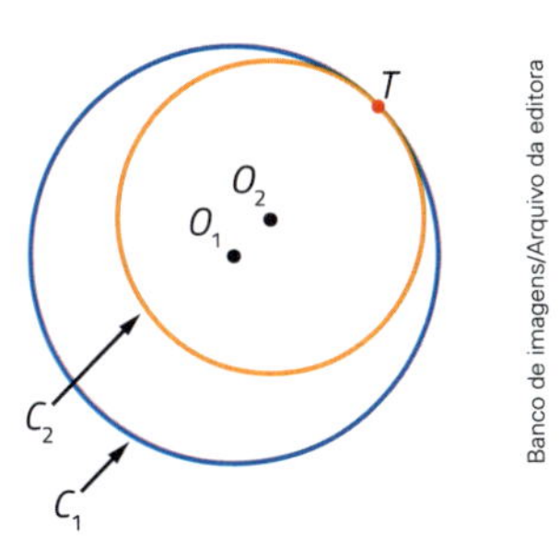

Assim temos:

T é o único ponto comum a C_1 e C_2.

T é o ponto de tangência.

Se traçarmos a reta t, passando pelo ponto T e tangente à circunferência C_2, t também será tangente a C_1. Teremos, então:

$$\overline{O_1T} \perp t \text{ e } \overline{O_2T} \perp t$$

Como existe uma única reta perpendicular a t que passa pelo ponto T, teremos O_1, O_2 e T alinhados (sobre a mesma reta).

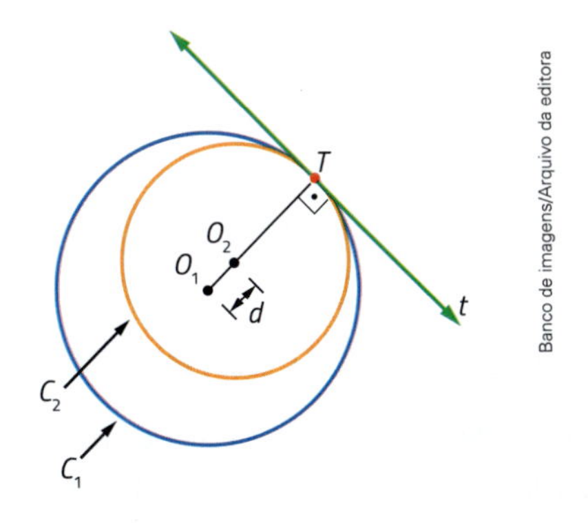

Sendo r_1 e r_2 os raios, com $r_1 > r_2$, e d a distância entre os centros, temos:

$$O_1O_2 + O_2T = O_1T$$

$$d + r_2 = r_1$$

$$d = r_1 - r_2$$

- As circunferências são **tangentes externas**.

  Nesse caso, as circunferências têm um único ponto comum, e os demais pontos de uma são externos à outra.

  Na figura ao lado, as circunferências são tangentes externamente (ou exteriormente).

  Assim, temos:

  T é o único ponto comum a C_1 e C_2.

  T é o ponto de tangência.

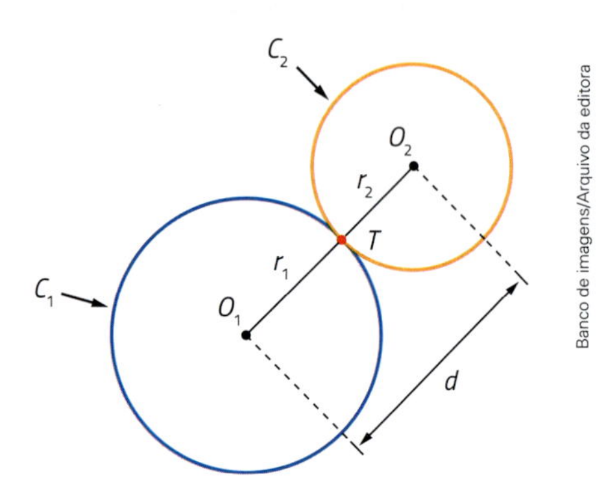

Aqui também temos O_1, O_2 e T alinhados. Sendo r_1 e r_2 os raios e d a distância entre os centros, temos:

$$O_1T + TO_2 = O_1O_2$$

$$r_1 + r_2 = d$$

$$d = r_1 + r_2$$

Circunferências externas

Duas circunferências são **externas** se os pontos de cada uma delas são externos à outra. Nesse caso, as circunferências não têm ponto comum.

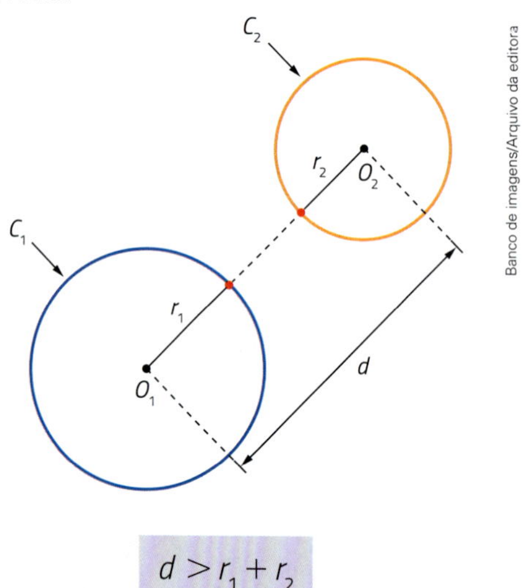

$$d > r_1 + r_2$$

Circunferência interna a outra circunferência

Uma circunferência é **interna a outra** se todos os seus pontos são internos a essa outra circunferência. Nesse caso, as circunferências também não têm ponto comum.

Sendo r_1 e r_2 os raios, com $r_1 > r_2$, e d a distância entre os centros, temos:

$$d + r_2 < r_1$$

$$d < r_1 - r_2$$

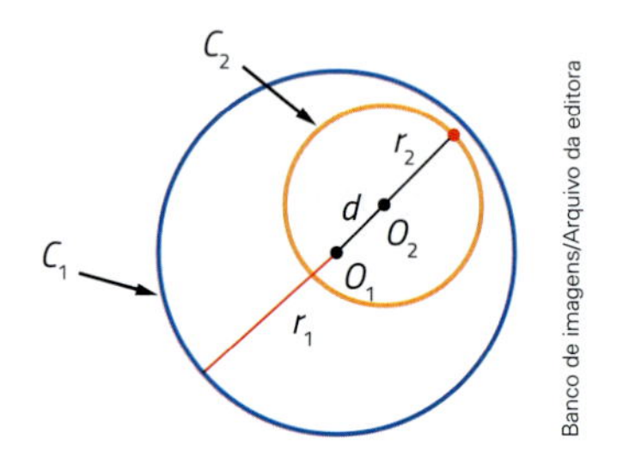

Caso particular: circunferências concêntricas

Observe a figura ao lado.

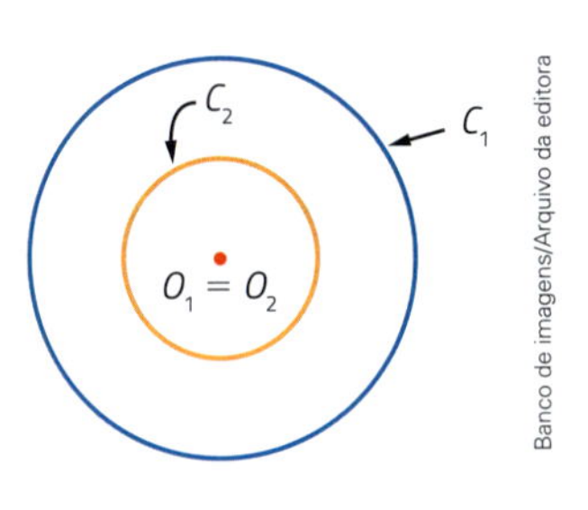

A circunferência C_2 é interna à circunferência C_1.

O centro de C_2 e o centro de C_1 coincidem. Portanto, as duas circunferências têm o mesmo centro. Nesse caso, dizemos que C_1 e C_2 são **concêntricas**.

A distância d entre os centros é zero.

$$d = 0$$

Circunferências secantes

Duas circunferências são **secantes** se têm em comum apenas dois pontos distintos.

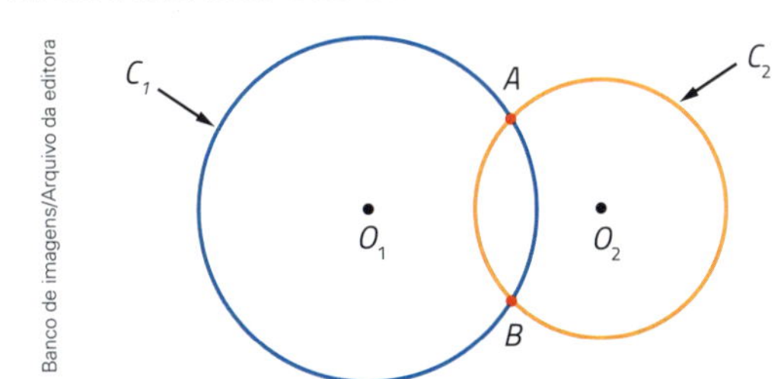

A e B são os pontos comuns a C_1 e C_2.

C_1 e C_2 são secantes.

Vamos supor que duas circunferências secantes apresentem:

- centros O_1 e O_2;
- raios r_1 e r_2, com $r_1 > r_2$;
- pontos comuns: A e B.

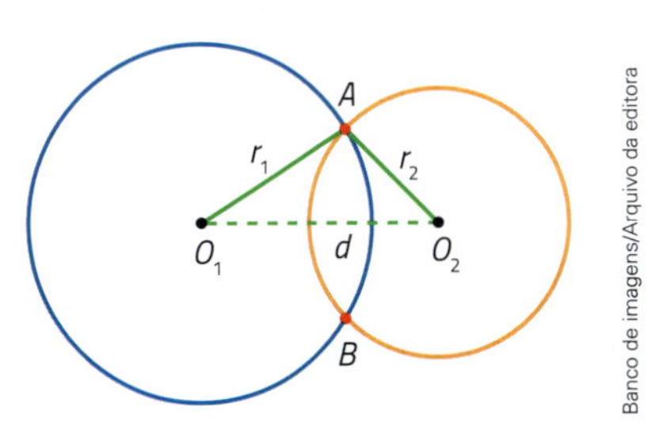

No triângulo AO_1O_2, cada lado é menor que a soma dos outros dois. Então:

$$r_1 < d + r_2 \text{ e } d < r_1 + r_2$$

E assim concluímos:

$$r_1 - r_2 < d \text{ e } d < r_1 + r_2$$

$$r_1 - r_2 < d < r_1 + r_2$$

ATIVIDADES

21. Responda se são secantes, concêntricas ou tangentes duas circunferências que têm:

a) só dois pontos comuns;

b) só um ponto comum;

c) o mesmo centro.

22. As circunferências da figura são tangentes externamente. Se a distância entre os centros é 28 cm e a diferença entre os raios é 8 cm, determine os raios.

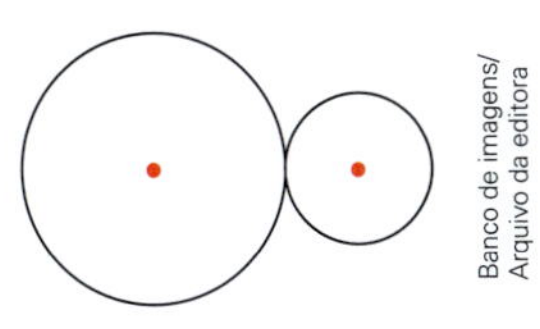

23. Duas circunferências são secantes, e a distância entre seus centros é 20 cm. Sabendo que o raio da menor circunferência mede 11 cm, determine o raio da maior, cuja medida em centímetros é um múltiplo de 6.

24. Duas circunferências são tangentes internamente, e a soma dos raios é 30 cm. Se a distância entre os centros é 6 cm, determine os raios.

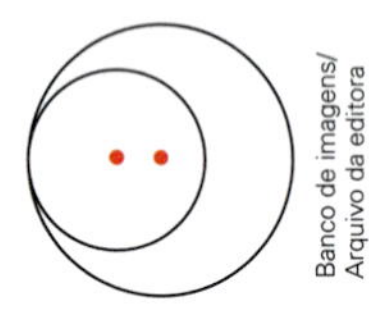
Banco de imagens/Arquivo da editora

25. Considere r a reta que passa pelo ponto de tangência de duas circunferências tangentes entre si. Além disso, r é perpendicular à reta que passa pelos centros dessas circunferências. Qual é a posição relativa de r a cada uma dessas circunferências?

26. Sejam r_1 e r_2 os raios de duas circunferências, C_1 e C_2, respectivamente, e d a distância entre os centros. Determine as posições relativas dessas circunferências em cada item. Sugestão: Use régua e compasso.

a) $r_1 = 2$ cm, $r_2 = 5$ cm e $d = 10$ cm

b) $r_1 = 3$ cm, $r_2 = 7$ cm e $d = 4$ cm

c) $r_1 = 5$ cm, $r_2 = 5$ cm e $d = 8$ cm

d) $r_1 = 4$ cm, $r_2 = 3$ cm e $d = 7$ cm

e) $r_1 = 3$ cm, $r_2 = 10$ cm e $d = 4$ cm

f) $r_1 = 2$ cm e $r_2 = d = 2$ cm

27. Considere r_1 e r_2 os raios de duas circunferências, C_1 e C_2, respectivamente, com $r_1 > r_2$. Sendo d a distância entre os centros, determine o número de pontos comuns a C_1 e C_2 em cada item abaixo.

a) $d < r_1 - r_2$

b) $d = r_1 - r_2$

c) $r_1 - r_2 < d < r_1 + r_2$

d) $d = r_1 + r_2$

28. Se $r_1 = 20$ cm, $r_2 = 8$ cm e C_1 e C_2 são tangentes, determine a distância entre O_1 e a reta s, paralela a t por O_2.

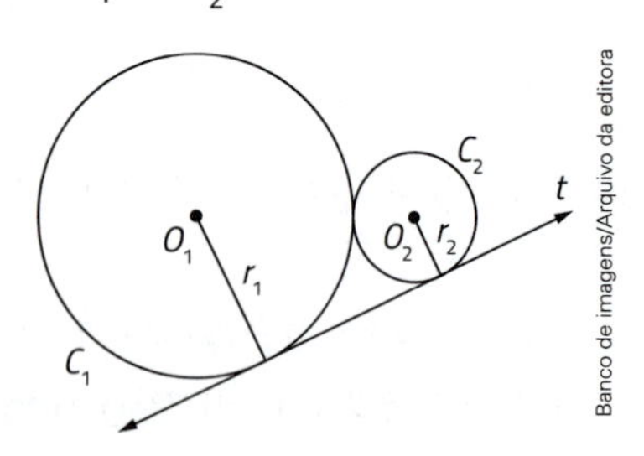

Banco de imagens/Arquivo da editora

29. Determine a quantidade de retas tangentes comuns a duas circunferências que podemos traçar no caso em que as circunferências são:

a) concêntricas distintas;

b) exteriores;

c) secantes;

d) tangentes exteriormente;

e) tangentes interiormente.

30. Determine a distância O_1O_2 em cada item.

a) $r_1 = 6$ e $r_2 = 4$

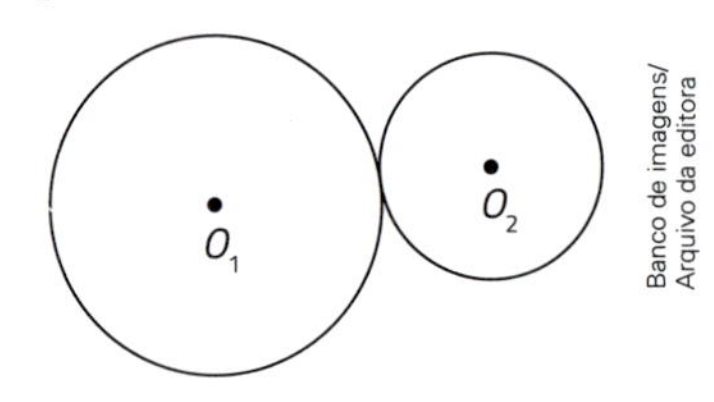

Banco de imagens/Arquivo da editora

b) $r_1 = 7$, $r_2 = 8$ e $r_3 = 10$

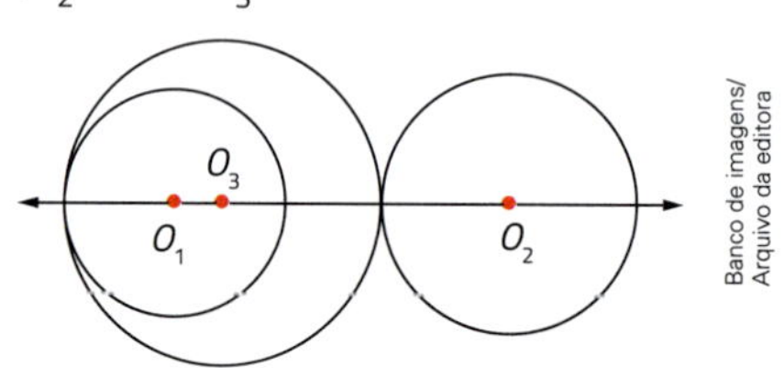

Banco de imagens/Arquivo da editora

31. A distância entre os centros de duas circunferências tangentes internamente é 5 cm. Sabendo que a soma dos raios é 11 cm, determine os raios.

32. A distância entre os centros de duas circunferências tangentes exteriormente é de 33 cm. Determine seus diâmetros sabendo que a razão entre seus raios é $\frac{4}{7}$.

33. Na figura, as circunferências são tangentes duas a duas, e os centros são os vértices do triângulo ABC. Sendo $AB = 7$ cm, $AC = 5$ cm e $BC = 6$ cm, determine os raios das circunferências.

Banco de imagens/Arquivo da editora

NA MÍDIA

Cientistas descobrem esqueleto de dinossauro

Uma equipe de paleontólogos apresentou [...] um dinossauro gigantesco que viveu há 77 milhões de anos na Patagônia argentina, com o esqueleto "mais completo" encontrado até hoje.

Este novo dinossauro, descrito na revista *Scientific Reports*, pertence à família dos titanossauros – dinossauros herbívoros encontrados em grande número no período Cretácico Superior – na região em que esse fóssil foi descoberto em 2005, na província de Santa Cruz (sul). A Patagônia argentina é o local onde habitaram os maiores dinossauros da Terra.

Mark A. Klinger/Carnegie Museum of Natural History/AFP

Ilustração do dinossauro *Dreadnoughtus schrani*, que viveu há 77 milhões de anos na Patagônia argentina.

Os cientistas estimam que o animal, que teria um pescoço muito comprido, media cerca de 26 metros de comprimento e pesava 60 toneladas. [...]

Durante quatro sessões de escavações, entre 2005 e 2009, os paleontólogos encontraram mais de 70% dos ossos, exceto os da cabeça, ou seja, mais de 45% do conjunto do esqueleto. [...]

Os cientistas também têm praticamente todos os ossos dos membros inferiores e superiores, incluindo um fêmur de 1,80 metro e um úmero. Isso permitiu descrever detalhadamente o animal e calcular de forma confiável suas impressionantes medidas.

Kenneth Lacovara, da universidade americana de Drexel (Filadélfia), coordenou a equipe que estudou o fóssil. [...]

Este dinossauro foi batizado de *Dreadnoughtus schrani*. *Dreadnought* significa "que não teme nada" em inglês antigo.

"Com um corpo do tamanho de uma casa, o peso de uma manada de elefantes e uma cauda usada como arma, o *Dreadnoughtus* não devia ter medo de nada", explicou Lacovara. [...]

O termo *schrani* é uma homenagem ao empresário Adam Schran, que apoiou as pesquisas. [...]

Fonte: CIENTISTAS descobrem esqueleto de dinossauro "mais completo". *Exame*,4 set. 2014. Disponível em: https://exame.com/ciencia/cientistas-descobrem-esqueleto-de-dinossauro-mais-completo/. Acesso em: 12 maio 2021.

Sobre o texto, responda:

1. O auge dos dinossauros foi no período chamado Cretáceo (ou Cretácico) – um período geológico da Terra dividido em Cretáceo Superior e Cretáceo Inferior. Pesquise: Há quantos milhões de anos decorreu o período Cretáceo Superior?

2. Se o *Dreadnoughtus schrani* pudesse encostar a ponta de sua cauda na boca, adquirindo o formato aproximado de uma circunferência, o diâmetro desta seria de aproximadamente um terço do comprimento dele. Quanto mediria o raio dessa circunferência?

3. Pesquise qual é a massa média de um elefante adulto. O dinossauro dessa reportagem tinha a massa de aproximadamente quantos elefantes?

CAPÍTULO 17

Arcos e ângulos

ziviani/Shutterstock

NA REAL

Qual é o comprimento das placas de metal?

Coberturas arqueadas em galpões e quadras, como a da imagem, são bastante comuns. Essas telhas são feitas de aço com uma camada de zinco, que evita o desgaste por corrosão. Entre as vantagens do material estão a extensa vida útil, que é de 40 a 70 anos, a resistência a ventos, calor e chuvas fortes, a segurança, por não propagar fogo em caso de incêndio, a capacidade de refletir a luz solar provocando resfriamento do ambiente e a versatilidade que permite produzi-las sob medida.

Cristiano vai fazer uma cobertura como essa na quadra de sua escola e fez o projeto simplificado ao lado. De acordo com o projeto de Cristiano, qual é o nome da parte da circunferência que representa a cobertura?

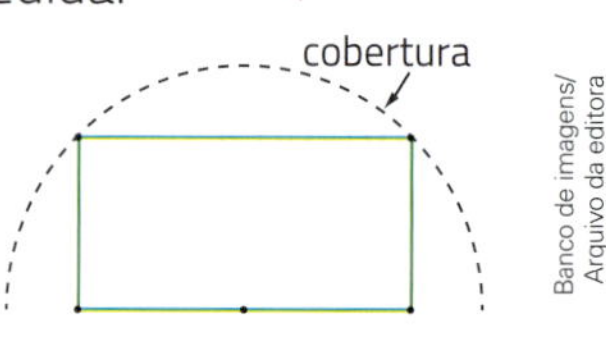

Banco de imagens/Arquivo da editora

Na BNCC
EF08MA15
EF08MA16
EF08MA18

Arcos de circunferência

Arcos arquitetônicos

As ruínas de Anjar, cidade libanesa, foram declaradas Patrimônio Mundial pela Organização das Nações Unidas para a Educação, a Ciência e a Cultura (Unesco) em 1984.

Observe os arcos de uma das ruínas na imagem ao lado.

Para projetar arcos arquitetônicos, é necessário utilizar conceitos de **arcos de circunferência**, assunto que será abordado neste capítulo.

Richard Yoshida/Shutterstock

Ruínas de palácio da dinastia Omíada, na cidade de Anjar, no Líbano.

Na figura abaixo, representamos uma circunferência de centro O e dois de seus pontos, A e B, que não são extremidades de um mesmo diâmetro.

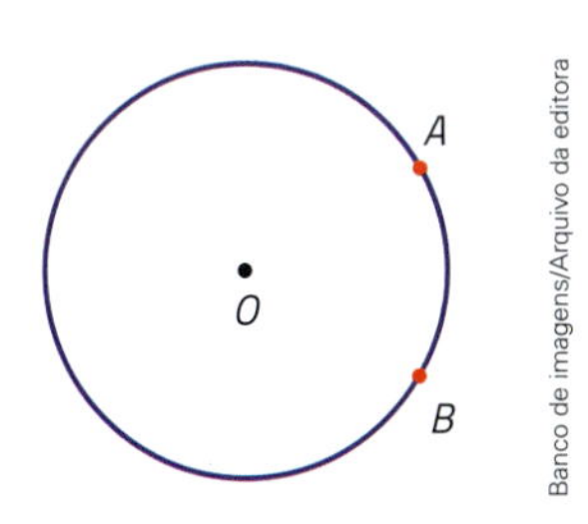

Banco de imagens/Arquivo da editora

Os dois pontos, A e B, permitem decompor a circunferência em duas partes chamadas de **arcos**:

- o arco menor $\overset{\frown}{AB}$;
- o arco maior $\overset{\frown}{AB}$, que fica mais bem caracterizado com um ponto auxiliar X: arco $\overset{\frown}{AXB}$.

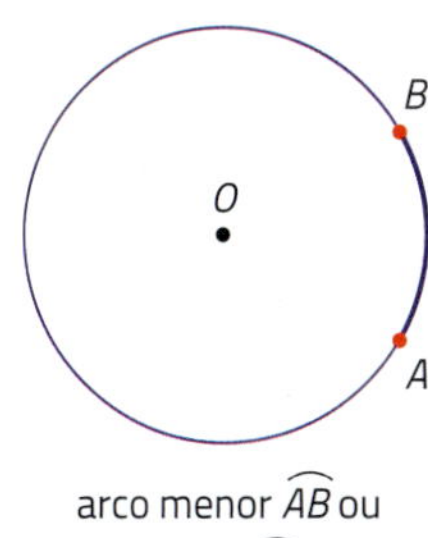

arco menor $\overset{\frown}{AB}$ ou arco $\overset{\frown}{AB}$

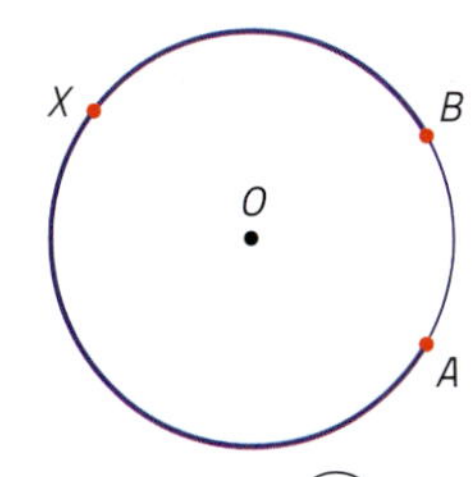

arco maior $\overset{\frown}{AB}$ ou arco $\overset{\frown}{AXB}$

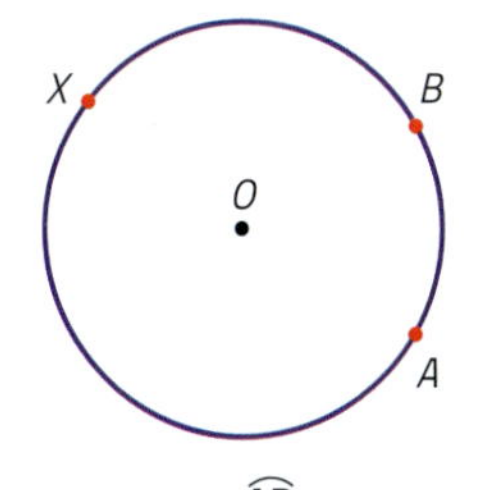

arco $\overset{\frown}{AB}$ e arco $\overset{\frown}{AXB}$

Banco de imagens/Arquivo da editora

Os pontos A e B são extremidades ou extremos do arco $\overset{\frown}{AB}$ em qualquer um dos casos.

Sempre que se faz referência a um arco $\overset{\frown}{AB}$, considera-se o **arco menor** $\overset{\frown}{AB}$.

Semicircunferência

Se os pontos A e B são extremidades de um diâmetro, cada uma das partes da circunferência determinadas por A e B é uma **semicircunferência**.

Uma semicircunferência também é um arco. Veja as figuras abaixo.

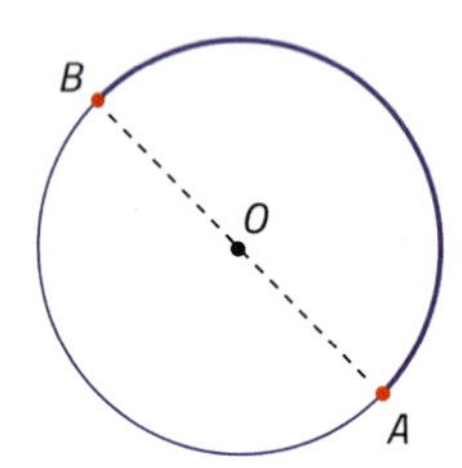

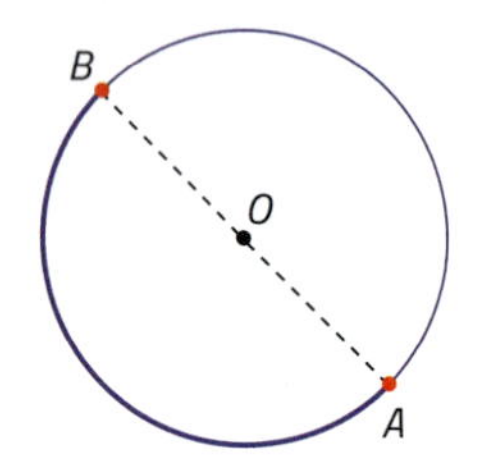

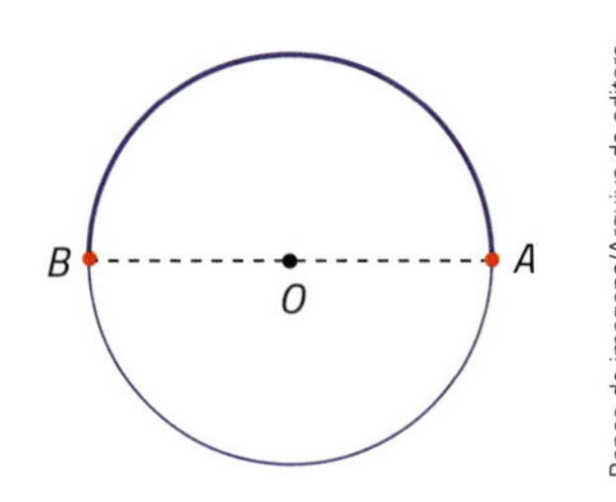

Banco de imagens/Arquivo da editora

Ângulo central

Um ângulo que tem o vértice no centro de uma circunferência é chamado ângulo **central** dessa circunferência.

Observe a figura.

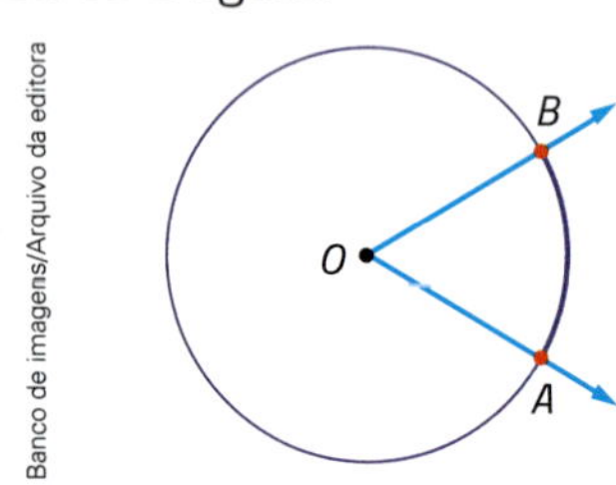

Banco de imagens/Arquivo da editora

$A\hat{O}B$ é um ângulo central.

$\overset{\frown}{AB}$ é o arco correspondente ao ângulo central $A\hat{O}B$.

$\overset{\frown}{AB}$ é o arco subentendido pelo ângulo central $A\hat{O}B$.

Arcos congruentes

Observe a figura ao lado.

Os ângulos centrais $A\hat{O}B$ e $C\hat{O}D$ são congruentes.

Os arcos $\overset{\frown}{AB}$ e $\overset{\frown}{CD}$ também são congruentes.

$\overset{\frown}{AB} \equiv \overset{\frown}{CD}$ se, e somente se, $A\hat{O}B \equiv C\hat{O}D$.

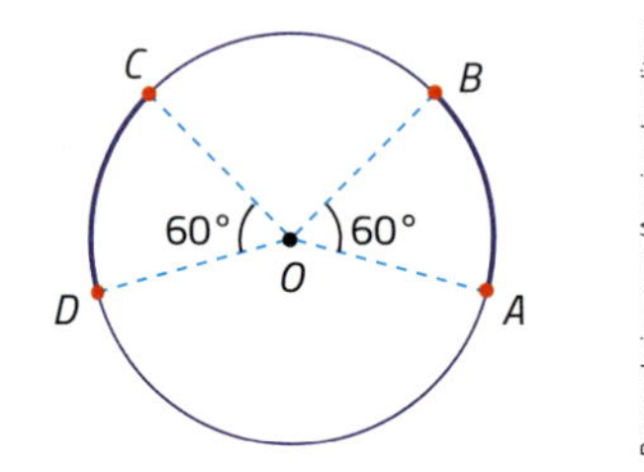

Banco de imagens/Arquivo da editora

Dois **arcos** de uma mesma circunferência são **congruentes** somente se os ângulos centrais correspondentes forem congruentes.

Em uma circunferência de centro O, um arco $\overset{\frown}{MN}$ é maior que um arco $\overset{\frown}{RS}$ se o ângulo central correspondente a $\overset{\frown}{MN}$ for maior que o ângulo central correspondente a $\overset{\frown}{RS}$.

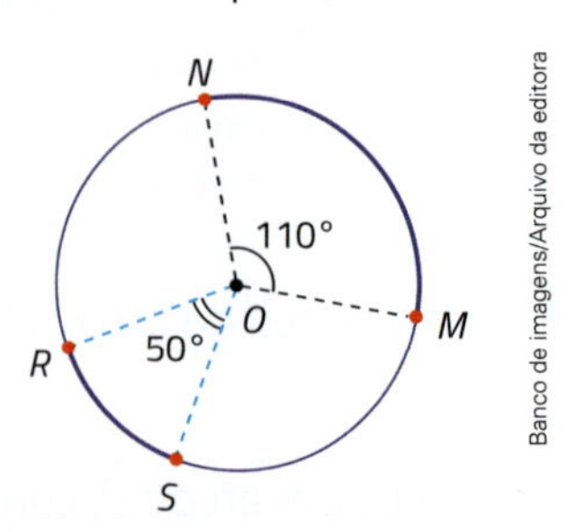

Banco de imagens/Arquivo da editora

$\overset{\frown}{MN} > \overset{\frown}{RS}$ se, e somente se, $\text{med}\left(M\hat{O}N\right) > \text{med}\left(R\hat{O}S\right)$.

Medida de um arco

A **unidade de arco** (ou arco unitário) é o arco determinado na circunferência por um ângulo **central unitário** (unidade de ângulo).

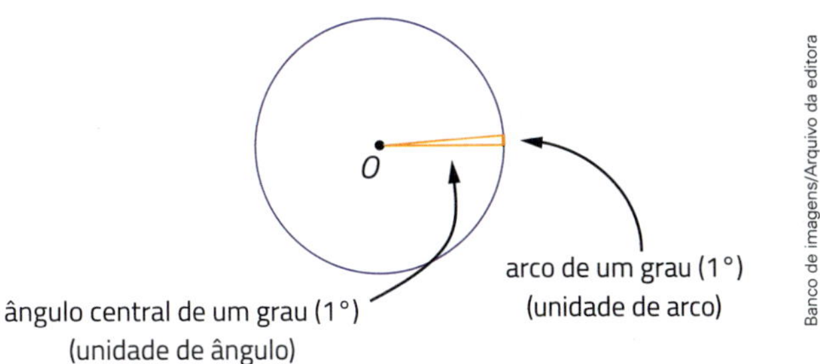

Observe a figura.

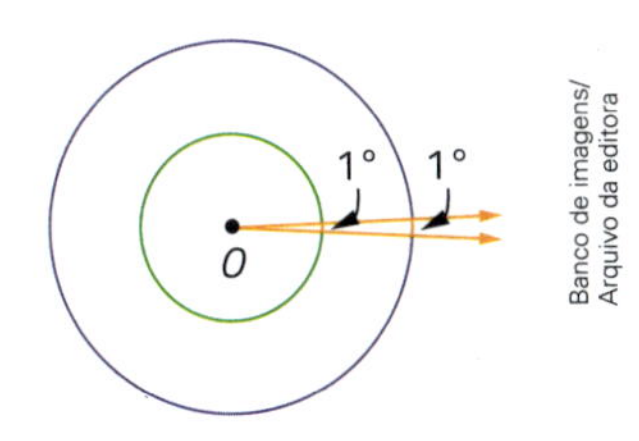

Nela, há **dois arcos** de 1° em circunferências concêntricas, um em cada uma.

Agora, veja a figura ao lado.

A medida do arco $\widehat{AB}$ é igual à medida do ângulo central $A\hat{O}B$.

Ou seja:

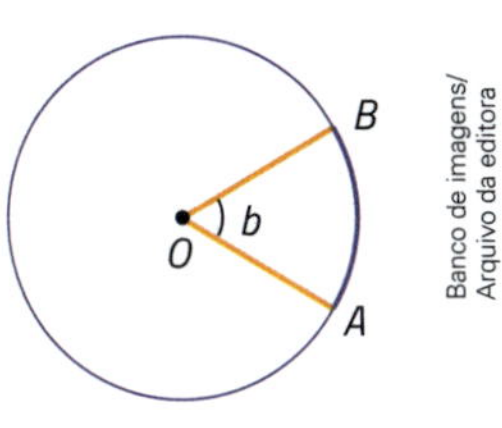

A medida de um arco é igual à medida do ângulo central correspondente a ele:

$$\text{med}\left(\widehat{AB}\right) = \text{med}\left(A\hat{O}B\right)$$

Exemplo

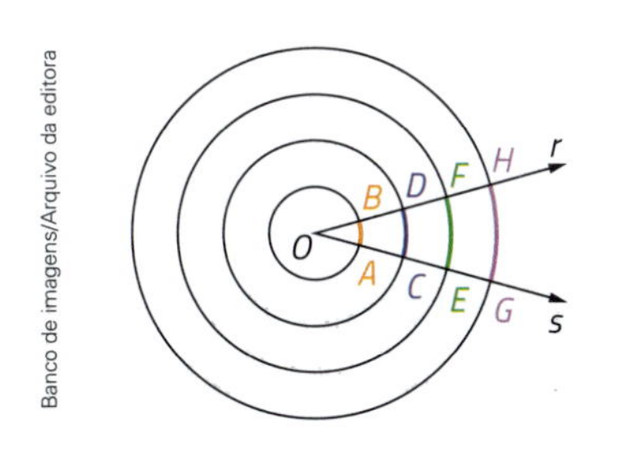

$\text{med}\left(\widehat{AB}\right) = 30°$

$\text{med}\left(\widehat{CD}\right) = 30°$

$\text{med}\left(r\hat{O}s\right) = 30°$

$\text{med}\left(\widehat{EF}\right) = 30°$

$\text{med}\left(\widehat{GH}\right) = 30°$

Medida do arco maior

Na figura, o arco $\widehat{AB}$ mede 50°. Vamos determinar quanto mede $\widehat{AXB}$.

Como a circunferência tem 360°, $\text{med}\left(\widehat{AB}\right) + \text{med}\left(\widehat{AXB}\right) = 360°$. Então, a medida do arco maior $\widehat{AXB}$ é igual à diferença:

$$\text{med}\left(\widehat{AXB}\right) = 360° - 50° = 310°$$

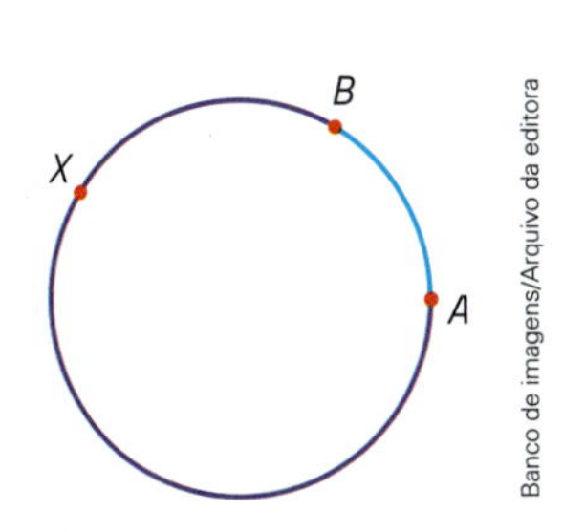

ATIVIDADES

1. Determine as medidas dos arcos $\overset{\frown}{AB}$ e $\overset{\frown}{AXB}$ e as medidas dos ângulos $A\hat{O}B$ das figuras.

a)

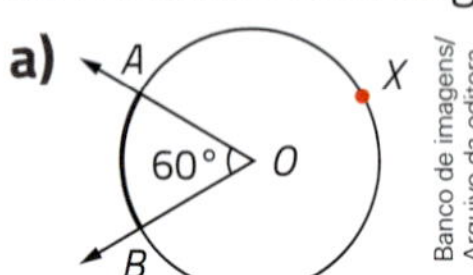

Banco de imagens/Arquivo da editora

b)

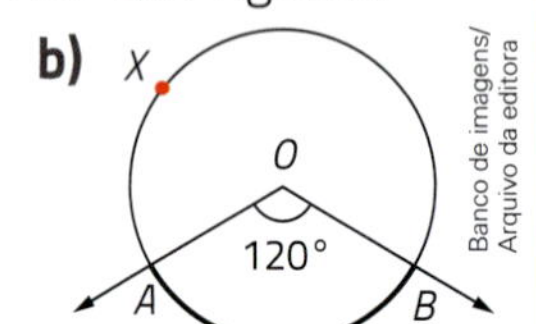

Banco de imagens/Arquivo da editora

2. Sabendo que O é o centro da circunferência, determine x.

a)

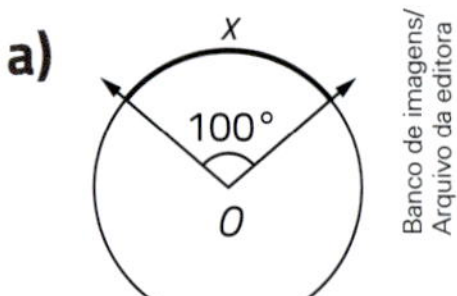

Banco de imagens/Arquivo da editora

c)

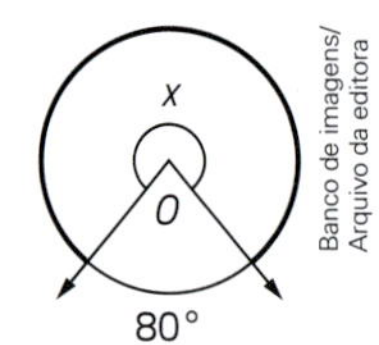

Banco de imagens/Arquivo da editora

b)

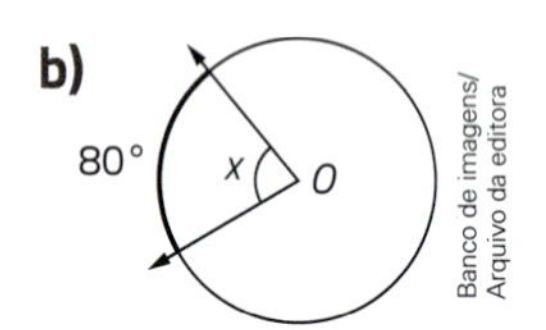

Banco de imagens/Arquivo da editora

3. Um arco é $\frac{1}{8}$ de uma circunferência. Quanto mede o ângulo central correspondente?

4. Na figura, as circunferências são concêntricas, $med\left(\overset{\frown}{DF}\right) = 80°$ e $med\left(s\hat{O}t\right) = 150°$.

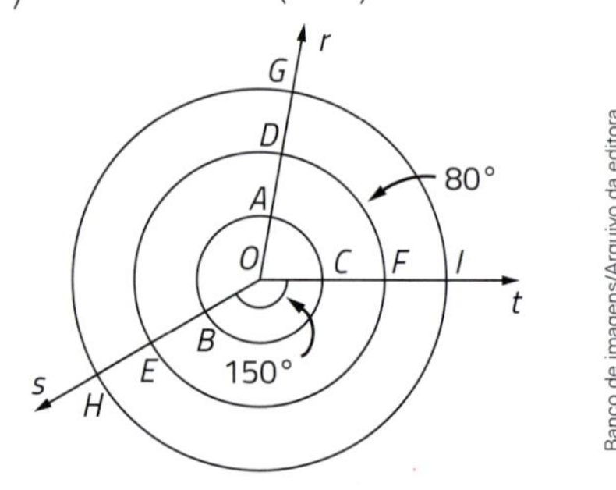

Banco de imagens/Arquivo da editora

Determine as medidas:

a) dos ângulos $r\hat{O}t$ e $r\hat{O}s$;

b) dos arcos $\overset{\frown}{AB}$ e $\overset{\frown}{EF}$;

c) dos arcos $\overset{\frown}{DE}$ e $\overset{\frown}{HI}$.

Ângulo inscrito

Um ângulo que tem o vértice em uma circunferência e os lados secantes a ela é chamado **ângulo inscrito** nessa circunferência.

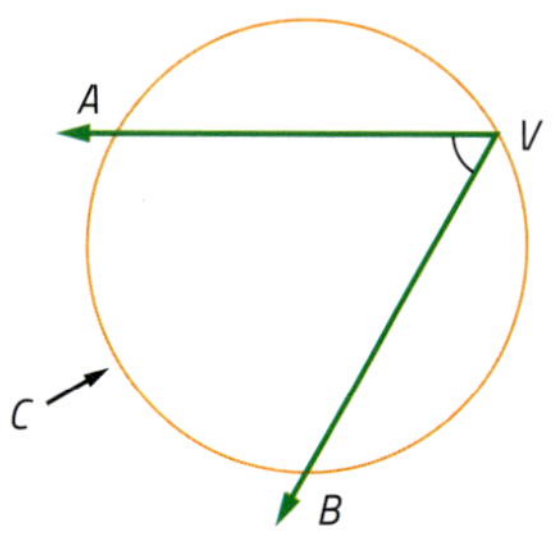

Banco de imagens/Arquivo da editora

$A\hat{V}B$ é um ângulo inscrito na circunferência C.

Observe a figura abaixo.

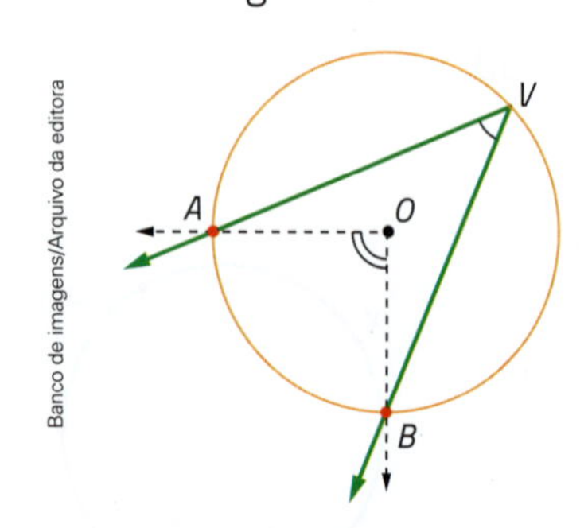

Banco de imagens/Arquivo da editora

$A\hat{V}B$ é um ângulo inscrito.

$\overset{\frown}{AB}$ é o arco correspondente ao ângulo $A\hat{V}B$.

$A\hat{O}B$ é o ângulo central correspondente ao arco $\overset{\frown}{AB}$.

Por determinarem o mesmo arco $\overset{\frown}{AB}$ na circunferência, dizemos que $A\hat{O}B$ é o ângulo central correspondente ao ângulo inscrito $A\hat{V}B$.

Exemplos

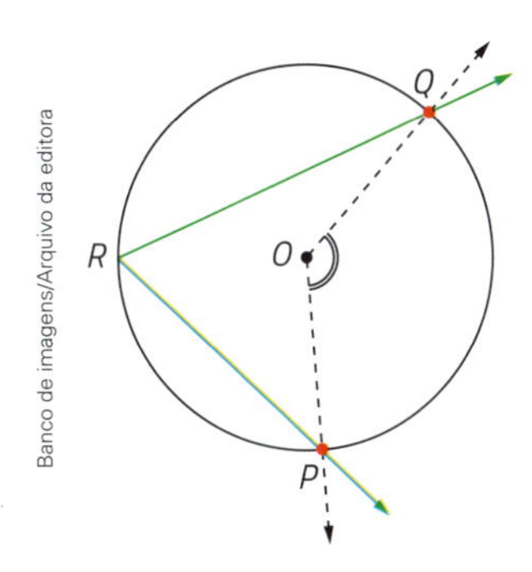

$P\hat{O}Q$ é o ângulo central correspondente ao ângulo inscrito $P\hat{R}Q$.

$B\hat{O}C$ é o ângulo central correspondente ao ângulo inscrito $B\hat{A}C$.

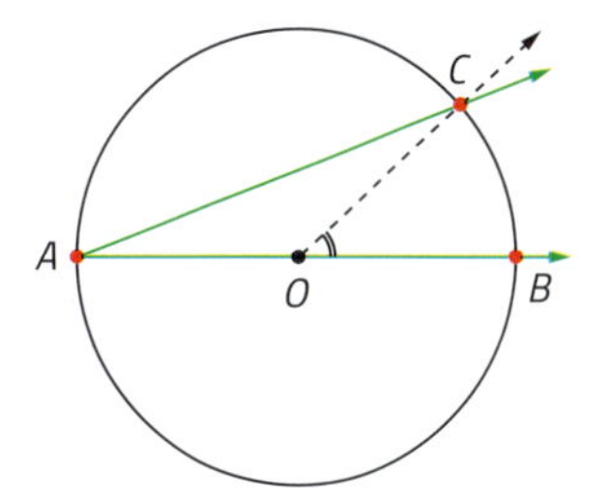

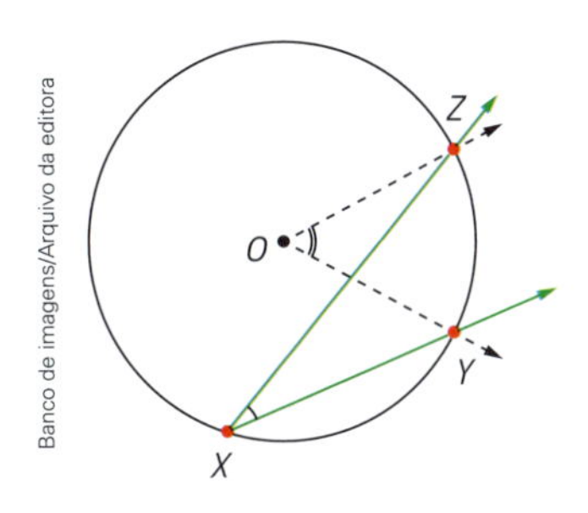

$Y\hat{O}Z$ é o ângulo central correspondente ao ângulo inscrito $Y\hat{X}Z$.

Medida do ângulo inscrito

Considere as circunferências e os ângulos inscritos nelas representados abaixo. Tomando como referência a posição do centro O da circunferência em relação ao ângulo inscrito $A\hat{V}B$, temos três casos a considerar:

1º caso

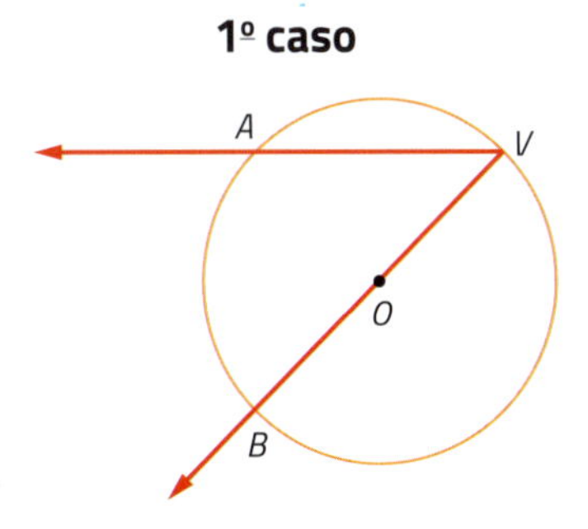

O pertence a um dos lados do ângulo inscrito $A\hat{V}B$.

2º caso

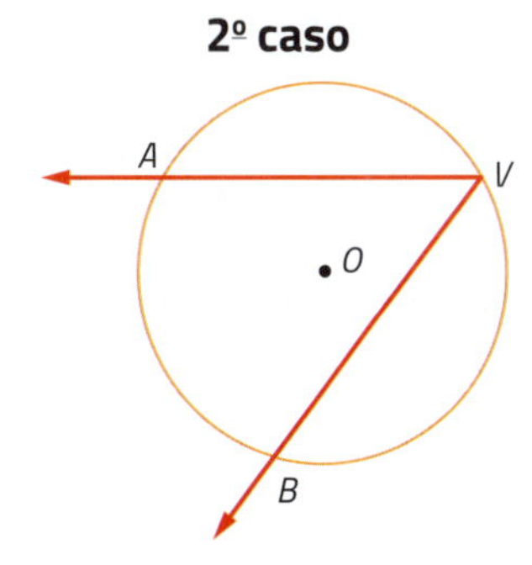

O é um ponto interno ao ângulo inscrito $A\hat{V}B$.

3º caso

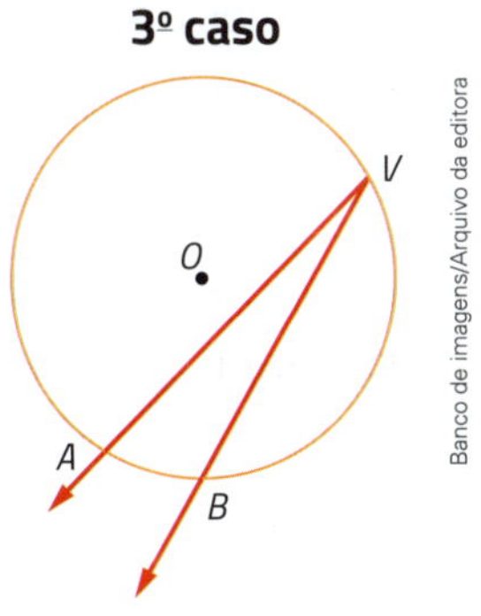

O é um ponto externo ao ângulo inscrito $A\hat{V}B$.

Nos três casos, vamos chamar de:

- a a medida do ângulo inscrito $A\hat{V}B$;
- b a medida do ângulo central $A\hat{O}B$, que também é a medida do arco $\overset{\frown}{AB}$.

Vamos analisar cada caso.

1º caso: O ponto O pertence a um dos lados do ângulo inscrito $A\hat{V}B$. Observe a figura.

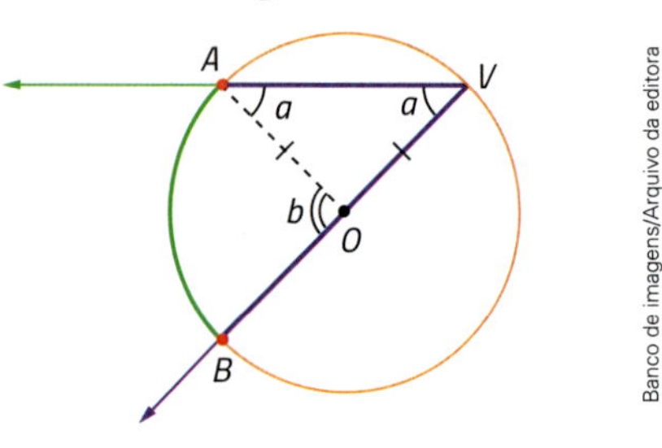

O triângulo OVA é isósceles, pois $\overline{OA}$ e $\overline{OV}$ são raios da circunferência.

Pelo triângulo isósceles, temos $\hat{V} \equiv \hat{A}$. Então, $med(\hat{V}) = med(\hat{A}) = a$.

O ângulo $A\hat{O}B$ é um ângulo externo do triângulo OVA. Por isso, a medida desse ângulo é igual à soma das medidas dos ângulos internos não adjacentes a ele:

$$b = med(\hat{V}) + med(\hat{A}) \Rightarrow b = a + a \Rightarrow b = 2a$$

Ou seja: $a = \frac{b}{2}$

Como $b = med(\widehat{AB})$, também podemos escrever: $a = \frac{med(\widehat{AB})}{2}$

2º caso: O ponto O é um ponto interno do ângulo inscrito $A\hat{V}B$. Observe a figura.

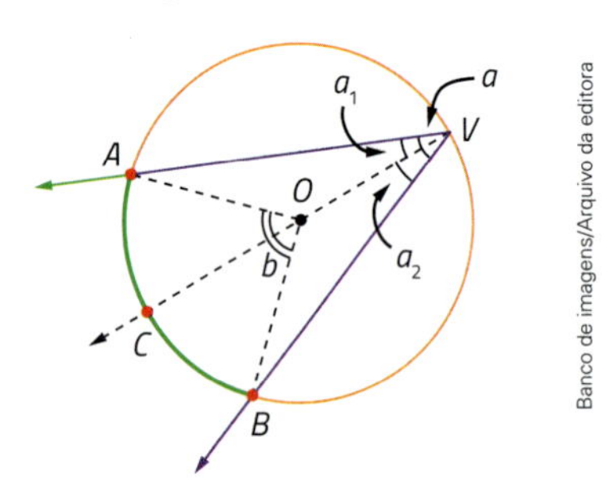

Traçamos a semirreta $\overrightarrow{VO}$, que determina um ponto C na circunferência.

O ângulo $A\hat{V}B$ foi dividido em dois ângulos:

- $A\hat{V}C$, de medida a_1
- $B\hat{V}C$, de medida a_2

O arco $\widehat{AB}$ fica também dividido em dois arcos: $\widehat{AC}$ e $\widehat{CB}$.

De acordo com o primeiro caso, temos:

$$a_1 = \frac{med(\widehat{AC})}{2} \text{ e } a_2 = \frac{med(\widehat{CB})}{2}$$

Como $a_1 + a_2 = a$, temos:

$$a = a_1 + a_2 \Rightarrow a = \frac{med(\widehat{AC})}{2} + \frac{med(\widehat{CB})}{2} \Rightarrow a = \frac{med(\widehat{AC}) + med(\widehat{CB})}{2} \Rightarrow a = \frac{med(\widehat{AB})}{2}$$

Sendo $med(\widehat{AB}) = b$, temos também:

$$a = \frac{b}{2}$$

3º caso: O ponto O é um ponto externo ao ângulo inscrito $A\hat{V}B$. Observe a figura.

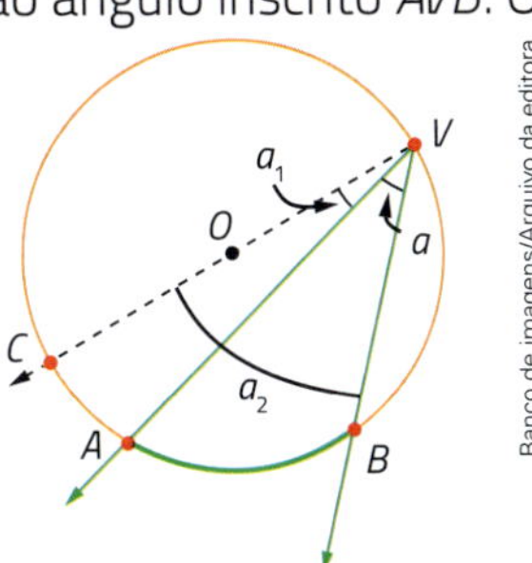

Traçamos a semirreta $\overrightarrow{VO}$, que determina um ponto C na circunferência.

Assim, temos os ângulos:

- $A\hat{V}C$, de medida a_1
- $B\hat{V}C$, de medida a_2

De acordo com o primeiro caso, temos:

$$a_1 = \frac{\text{med}\left(\overset{\frown}{CA}\right)}{2} \text{ e } a_2 = \frac{\text{med}\left(\overset{\frown}{CB}\right)}{2}$$

Como $a = a_2 - a_1$, vem:

$$a = a_2 - a_1 \Rightarrow a = \frac{\text{med}\left(\overset{\frown}{CB}\right)}{2} - \frac{\text{med}\left(\overset{\frown}{CA}\right)}{2}$$

$$a = \frac{\text{med}\left(\overset{\frown}{CB}\right) - \text{med}\left(\overset{\frown}{CA}\right)}{2} \Rightarrow a = \frac{\text{med}\left(\overset{\frown}{AB}\right)}{2}$$

Sendo $\text{med}\left(\overset{\frown}{AB}\right) = b$, temos também:

$$a = \frac{b}{2}$$

Para os três casos apresentados, podemos concluir que:

A medida de um ângulo **inscrito** é igual à metade da medida do ângulo central ou do arco correspondente.

Exemplos

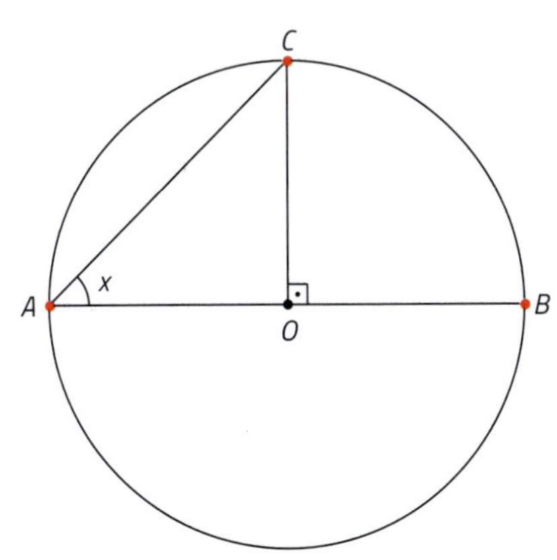

$$x = \text{med}\left(B\hat{A}C\right) = \frac{\text{med}\left(B\hat{O}C\right)}{2} = \frac{90°}{2} = 45°$$

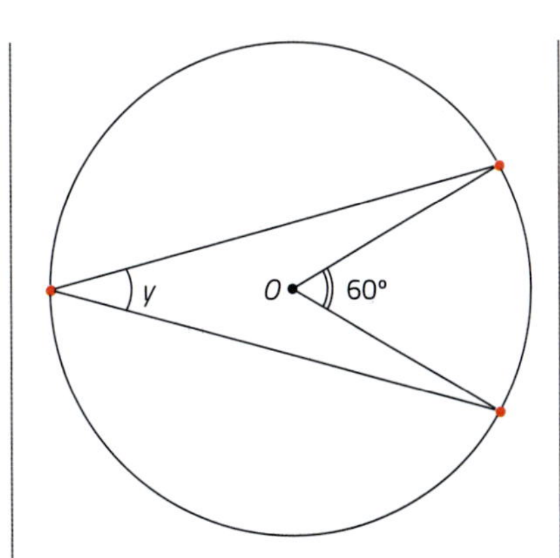

$$y = \frac{60°}{2} = 30°$$

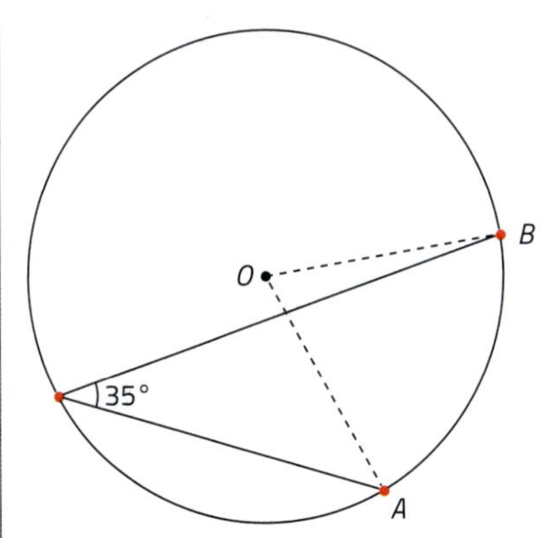

$$35° = \frac{\text{med}\left(\overset{\frown}{AB}\right)}{2} \Rightarrow \text{med}\left(\overset{\frown}{AB}\right) = 70°$$

$$\text{med}\left(A\hat{O}B\right) = \text{med}\left(\overset{\frown}{AB}\right) = 70°$$

ATIVIDADES

5. Observe as figuras e determine a medida

a) do ângulo x;

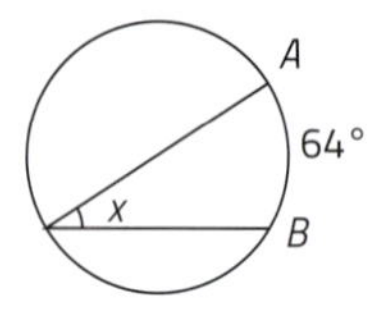

Banco de imagens/Arquivo da editora

b) dos ângulos x e y;

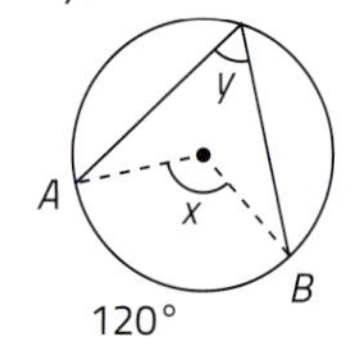

Banco de imagens/Arquivo da editora

c) do arco $\overset{\frown}{AB}$.

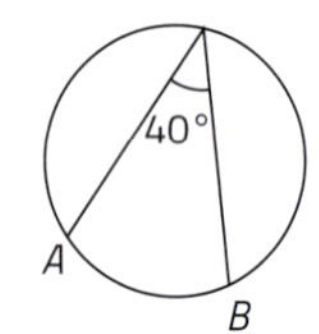

Banco de imagens/Arquivo da editora

6. Observe as figuras e determine a medida

a) dos arcos $\overset{\frown}{AB}$ e $\overset{\frown}{BC}$;

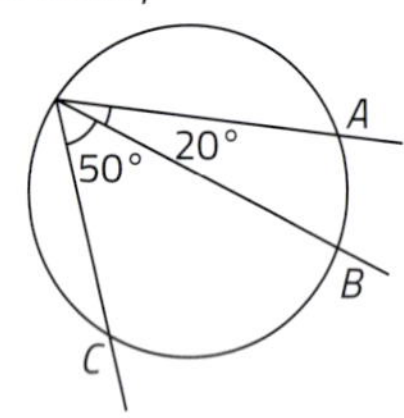

Banco de imagens/Arquivo da editora

b) dos ângulos x e y;

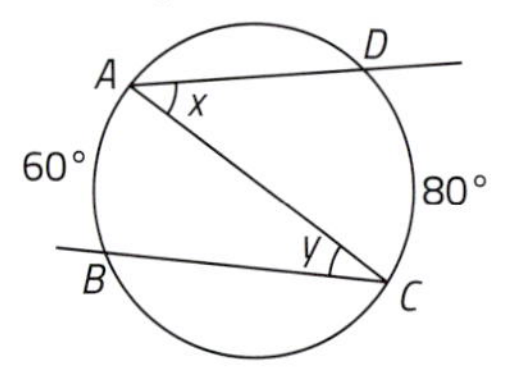

Banco de imagens/Arquivo da editora

c) do ângulo x e do arco $\overset{\frown}{CD}$.

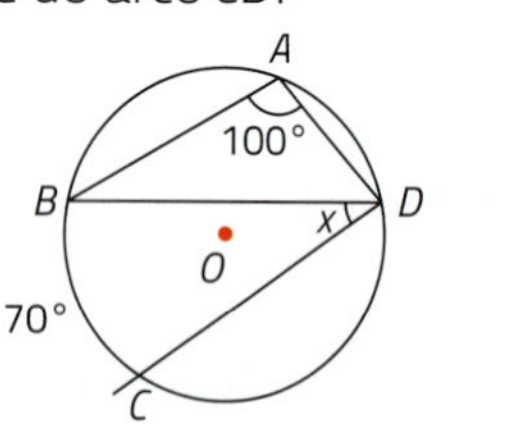

Banco de imagens/Arquivo da editora

7. Observe a figura e determine:

a) as medidas dos ângulos x e y;

b) as medidas dos arcos $\overset{\frown}{AB}$, $\overset{\frown}{BC}$ e $\overset{\frown}{CD}$.

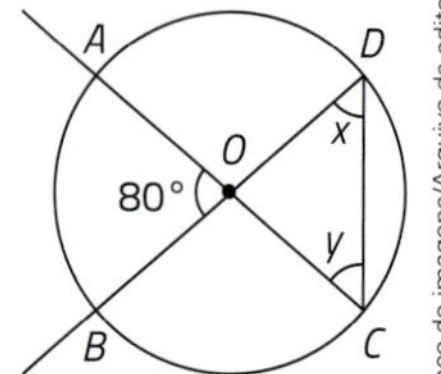

Banco de imagens/Arquivo da editora

8. Determine x.

a)

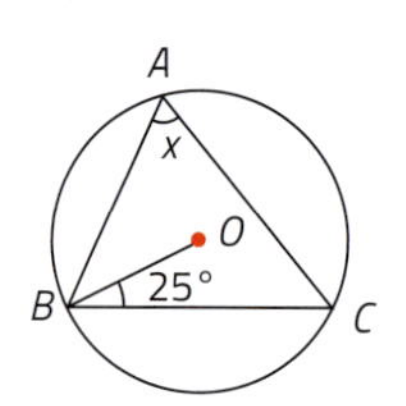

Banco de imagens/Arquivo da editora

d)

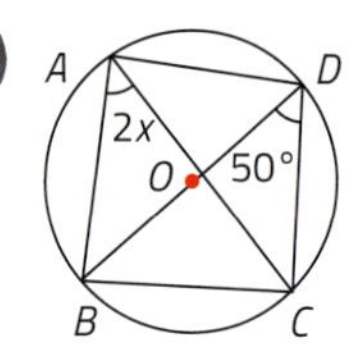

Banco de imagens/Arquivo da editora

b)

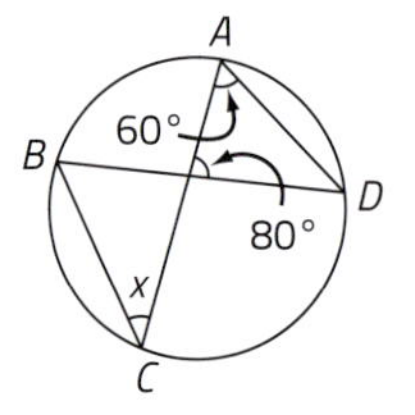

Banco de imagens/Arquivo da editora

e)

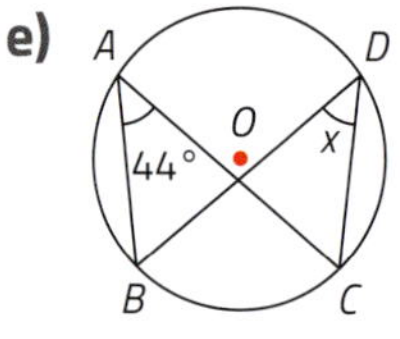

Banco de imagens/Arquivo da editora

c)

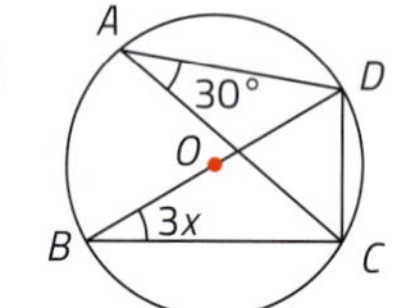

Banco de imagens/Arquivo da editora

9. Determine o que se pede em cada item.

a) x e y

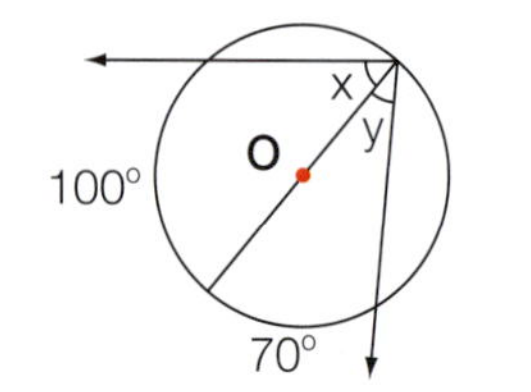

Banco de imagens/Arquivo da editora

b) x, med$\left(\overset{\frown}{AD}\right)$ e med$\left(\overset{\frown}{CD}\right)$

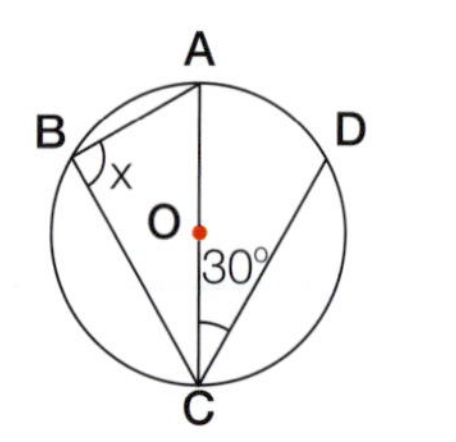

Banco de imagens/Arquivo da editora

10. Determine as medidas dos ângulos de um triângulo cujos vértices são os pontos de tangência do círculo inscrito com os lados de um triângulo ABC, sendo med$\left(\hat{A}\right) = 60°$, med$\left(\hat{B}\right) =$ $= 40°$ e med$\left(\hat{C}\right) = 80°$.

Ângulo inscrito em uma semicircunferência

Um ângulo inscrito $A\hat{V}B$, tal que $\overline{AB}$ é um diâmetro, é chamado ângulo **inscrito em uma semicircunferência**.

Observe a figura.

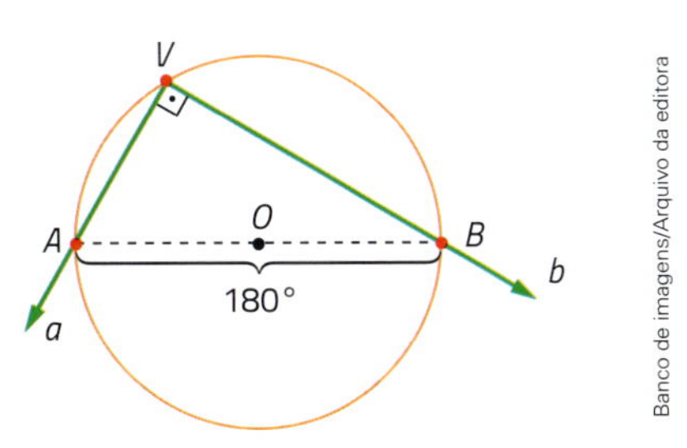

$A\hat{V}B$ é um ângulo inscrito em uma semicircunferência.

Temos:

$$\text{med}\left(\widehat{AB}\right) = 180° \Rightarrow \text{med}\left(A\hat{V}B\right) = \frac{\text{med}\left(\widehat{AB}\right)}{2} = \frac{180°}{2} = 90°$$

Todo **ângulo inscrito em uma semicircunferência** é reto.

Considerando um ângulo reto $a\hat{V}b$, o ponto A em $\overrightarrow{Va}$ e o ponto B em $\overrightarrow{Vb}$, podemos obter o ponto médio de $\overline{AB}$.

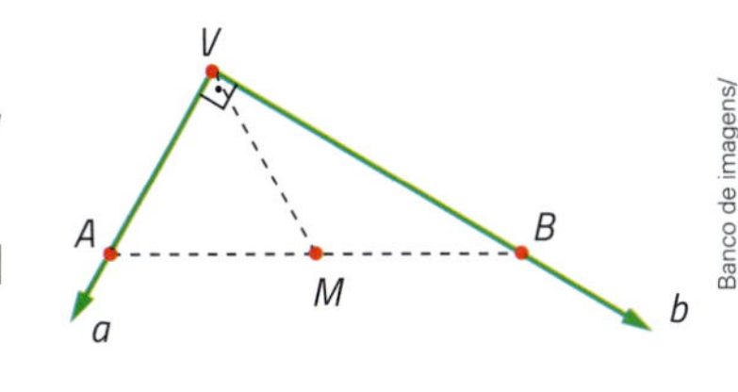

No triângulo retângulo AVB, representado ao lado, a mediana $\overline{VM}$ é igual à metade da hipotenusa $\overline{AB}$. Então:

$$\overline{MA} \equiv \overline{MV} \equiv \overline{MB}$$

Com centro em M, pode-se construir uma circunferência passando por A, V e B. Portanto, o ângulo $A\hat{V}B$ pode ser inscrito em uma semicircunferência.

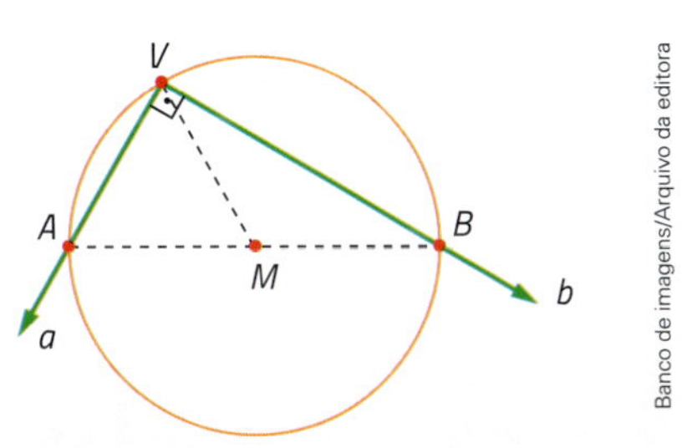

Todo ângulo reto é inscritível em uma semicircunferência.

Construção de retas tangentes a uma circunferência

Vamos construir retas tangentes a uma circunferência utilizando régua e compasso.

1) Dados uma circunferência C (de centro O e raio r) e um ponto P, externo a C.

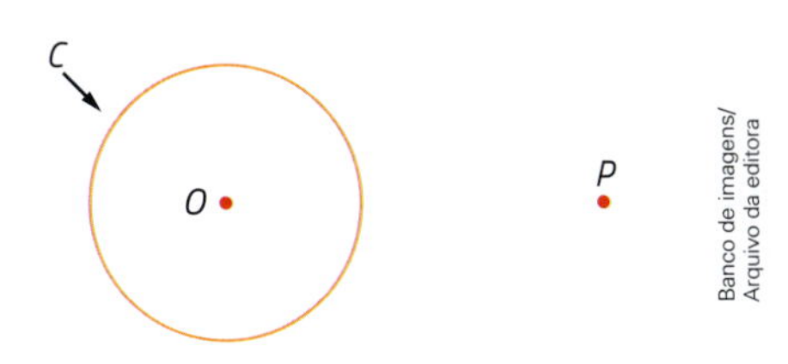

2) Traçamos o segmento $\overline{PO}$ e construímos o ponto M, ponto médio de $\overline{OP}$.

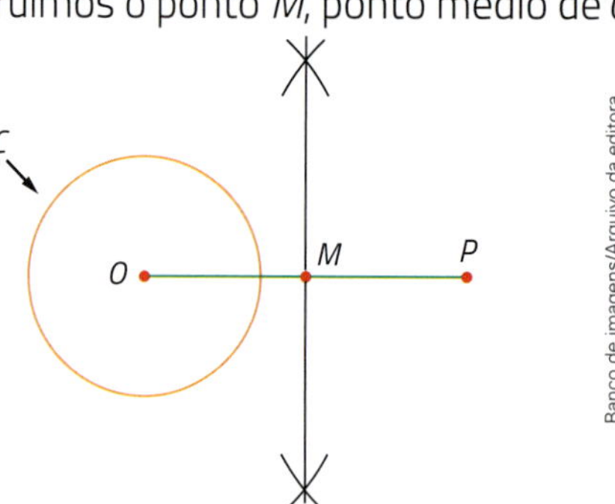

3) Fixando a ponta-seca do compasso em M e usando a abertura $\overline{OM}$, traçamos a circunferência D (de centro M e raio $\overline{OM}$), que cruza a circunferência C em dois pontos, T_1 e T_2.

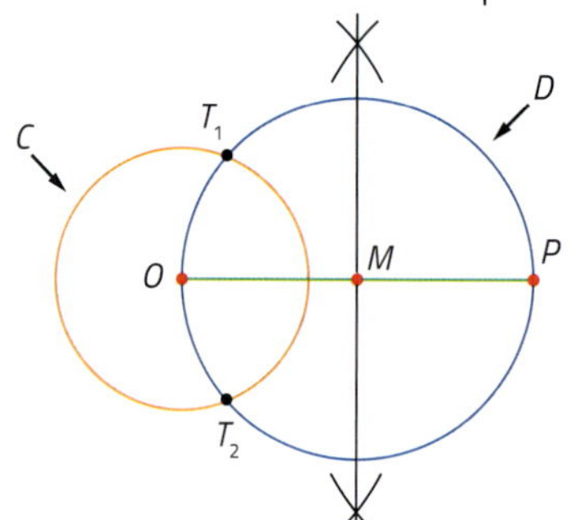

4) As retas $\overleftrightarrow{PT_1}$ e $\overleftrightarrow{PT_2}$ são tangentes à circunferência C. Justificativa: os ângulos $O\hat{T}_1P$ e $O\hat{T}_2P$ são retos, uma vez que estão inscritos em uma semicircunferência. Então, $\overline{OT_1} \perp \overline{T_1P}$ e $\overline{OT_2} \perp \overline{T_2P}$. Como $\overline{OT_1}$ e $\overline{OT_2}$ são raios de C, então $\overleftrightarrow{T_1P}$ e $\overleftrightarrow{T_2P}$ são tangentes a C.

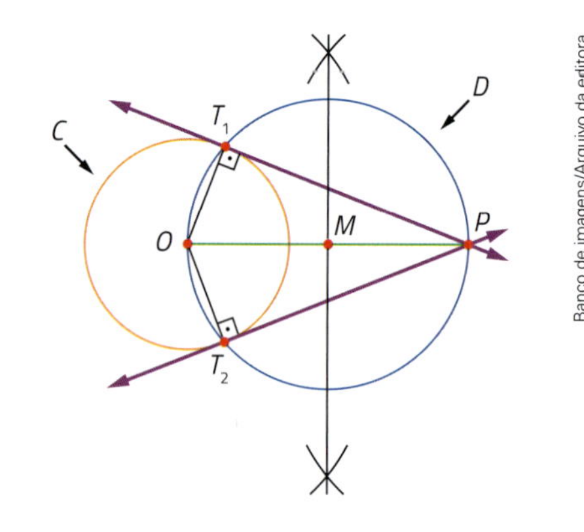

ATIVIDADES

11. Desenhe uma circunferência C de raio 3,5 cm e tome sobre ela um ponto P. Construa a reta que passa por P e é tangente a C.

12. Desenhe uma circunferência C de raio 4,5 cm e tome um ponto P à distância de 6 cm do centro de C. Construa as retas que passam por P e são tangentes a C.

13. Desenhe uma circunferência C de raio 3 cm e tome um ponto P à distância de 5 cm do centro de C. Em seguida, construa as retas que passam por P e tangenciam a circunferência.

14. Desenhe uma circunferência de raio 4 cm e construa a reta tangente a essa circunferência, passando por um de seus pontos, P.

15. Na figura, considere $med\left(\widehat{ABC}\right) = 260°$ e calcule o valor de x.

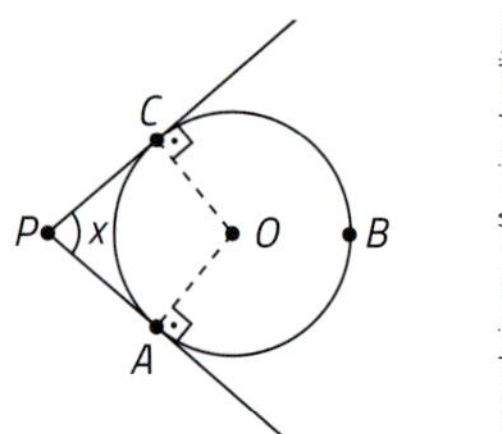

Ângulos excêntricos

Ângulo excêntrico interior

Duas cordas que se intersectam em um ponto distinto do centro da circunferência determinam quatro ângulos. Cada um deles é chamado **ângulo excêntrico interior** relativo à circunferência.

Observe a figura.

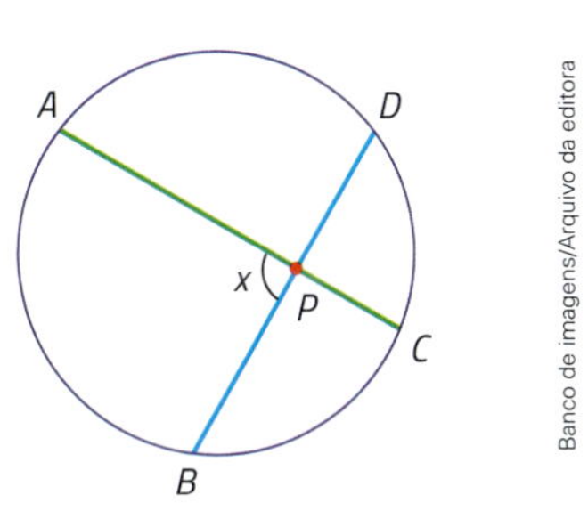

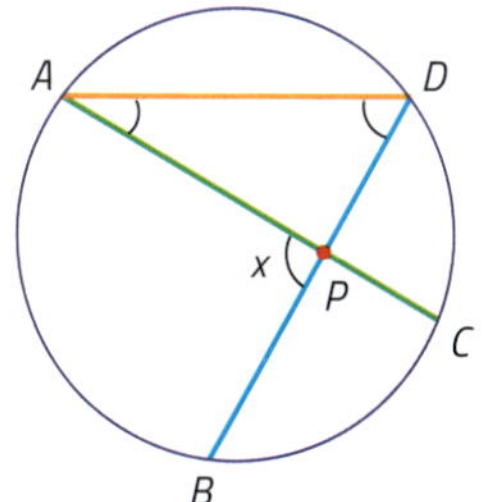

As cordas $\overline{AC}$ e $\overline{BD}$ intersectam-se no ponto P.

Os ângulos $A\hat{P}B$, $B\hat{P}C$, $C\hat{P}D$ e $D\hat{P}A$ são ângulos excêntricos interiores.

Vamos calcular $\text{med}\left(A\hat{P}B\right) = x$, supondo que são dados os arcos $\overset{\frown}{AB}$ e $\overset{\frown}{CD}$.

Ligando A com D, observamos que $A\hat{P}B$ é um ângulo externo do triângulo APD. Então:

$$x = \text{med}\left(\hat{A}\right) + \text{med}\left(\hat{D}\right)$$

Como $\hat{A}$ e $\hat{D}$ são ângulos inscritos:

$$\text{med}\left(\hat{A}\right) = \frac{\text{med}\left(\overset{\frown}{CD}\right)}{2} \text{ e } \text{med}\left(\hat{D}\right) = \frac{\text{med}\left(\overset{\frown}{AB}\right)}{2}$$

Então:

$$x = \frac{\text{med}\left(\overset{\frown}{CD}\right)}{2} + \frac{\text{med}\left(\overset{\frown}{AB}\right)}{2}$$

ou seja:

$$x = \frac{\text{med}\left(\overset{\frown}{AB}\right) + \text{med}\left(\overset{\frown}{CD}\right)}{2}$$

Exemplo

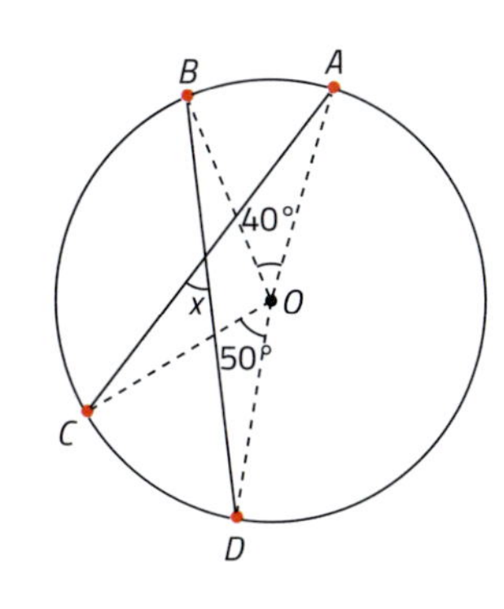

$$x = \frac{\text{med}\left(\overset{\frown}{AB}\right) + \text{med}\left(\overset{\frown}{CD}\right)}{2} = \frac{40° + 50°}{2} = 45°$$

Ângulo excêntrico exterior

Duas secantes a uma circunferência, conduzidas por um ponto externo, determinam um ângulo chamado **ângulo excêntrico exterior** relativo à circunferência.

Observe a figura.

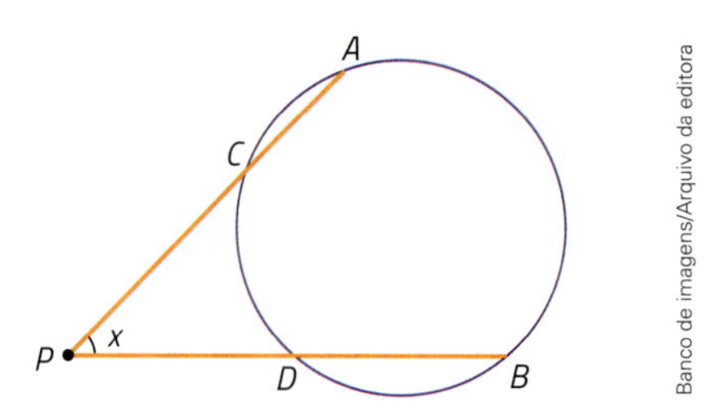

As secantes $\overline{PA}$ e $\overline{PB}$ determinam o ângulo excêntrico exterior a $A\hat{P}B$.

Vamos calcular $\text{med}\left(A\hat{P}B\right) = x$, supondo que são dados os arcos $\overset{\frown}{AB}$ e $\overset{\frown}{CD}$.

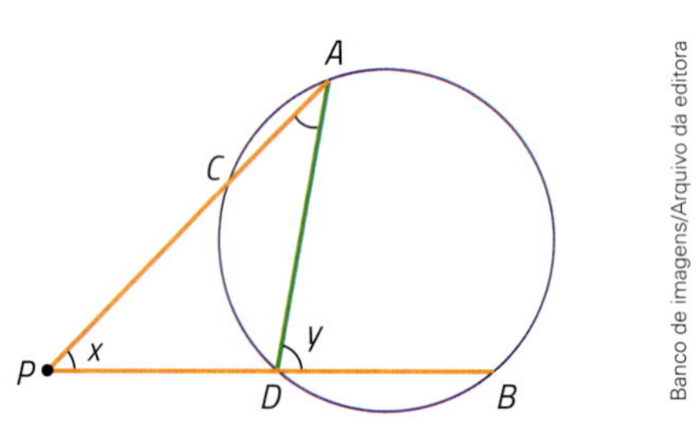

Ligando A com D, obtemos o triângulo APD. O ângulo y é externo ao triângulo APD; então:

$$y = x + \text{med}\left(\hat{A}\right), \text{ ou seja, } x = y - \text{med}\left(\hat{A}\right)$$

Como y e $\hat{A}$ são ângulos inscritos, obtemos:

$$y = \frac{\text{med}\left(\overset{\frown}{AB}\right)}{2} \text{ e } \text{med}\left(\hat{A}\right) = \frac{\text{med}\left(\overset{\frown}{CD}\right)}{2}$$

Então:

$$x = y - \text{med}\left(\hat{A}\right) = \frac{\text{med}\left(\overset{\frown}{AB}\right)}{2} - \frac{\text{med}\left(\overset{\frown}{CD}\right)}{2}$$

ou seja:

$$x = \frac{\text{med}\left(\overset{\frown}{AB}\right) - \text{med}\left(\overset{\frown}{CD}\right)}{2}$$

Exemplo

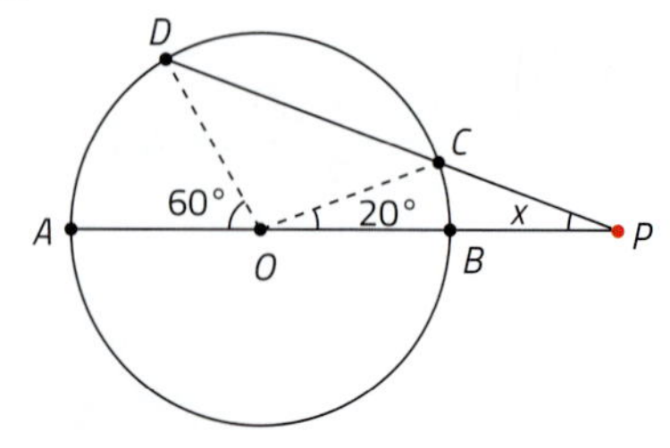

$$x = \frac{\text{med}\left(\overset{\frown}{AD}\right) - \text{med}\left(\overset{\frown}{BC}\right)}{2} = \frac{60° - 20°}{2} = 20°$$

16. Na figura, o ângulo $A\hat{C}D$ é igual a 70°, e o ângulo $A\hat{P}D$ é igual a 110°. Determine a medida do ângulo $B\hat{A}C$.

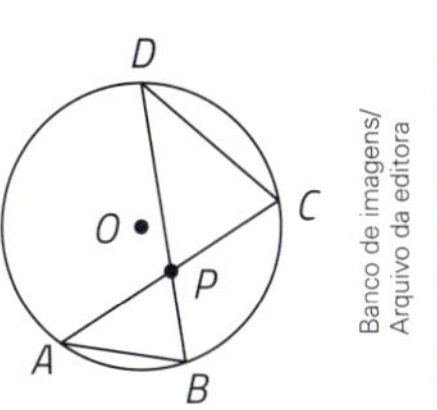

Banco de imagens/Arquivo da editora

17. Na figura, a medida do arco $\widehat{CMD}$ é igual a 100°, e a medida do arco $\widehat{ANB}$ é 30°. Calcule o valor de x.

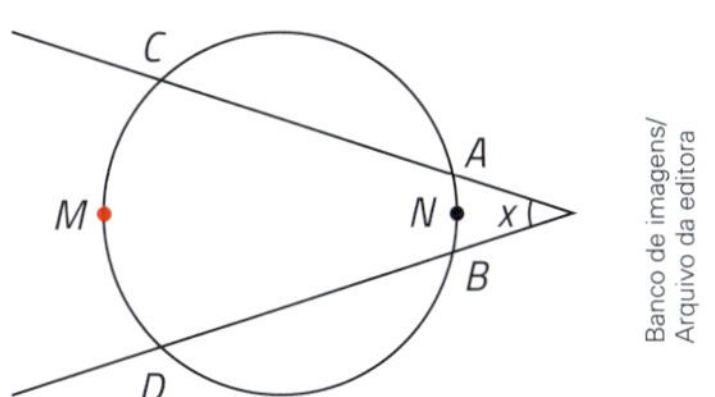

Banco de imagens/Arquivo da editora

18. Calcule x nas figuras.

a)

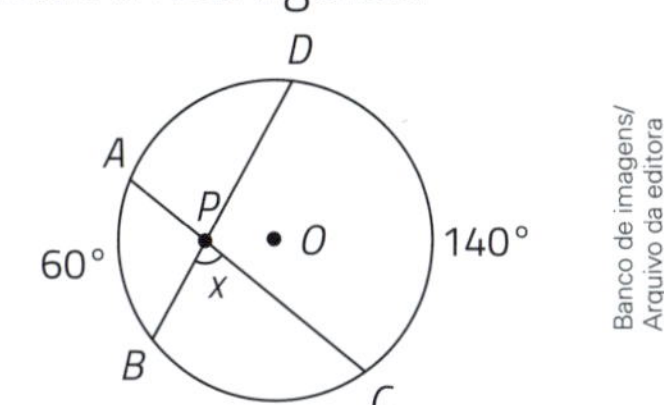

Banco de imagens/Arquivo da editora

b)

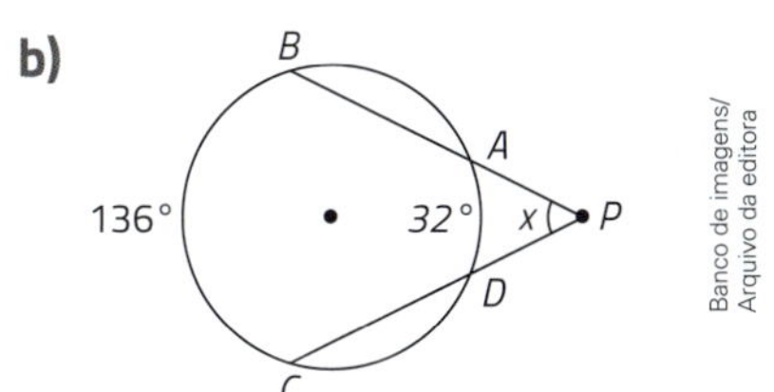

Banco de imagens/Arquivo da editora

c)

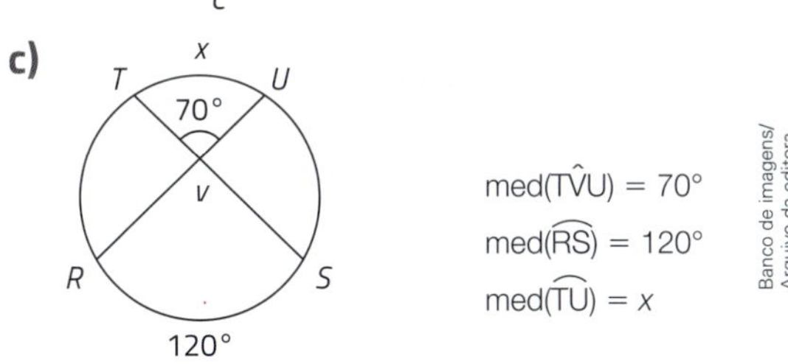

Banco de imagens/Arquivo da editora

d)

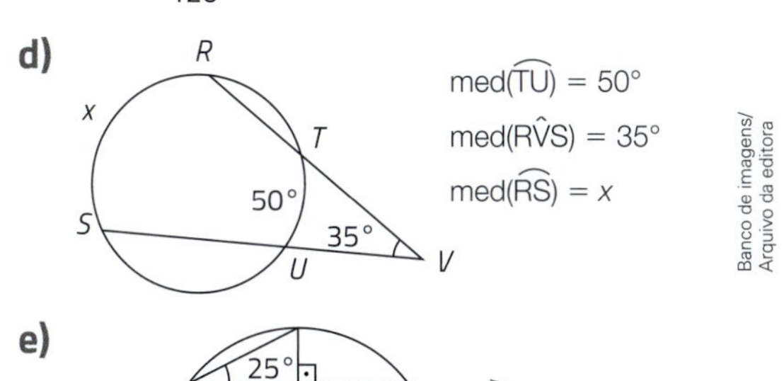

Banco de imagens/Arquivo da editora

e)

25°

O

x

Banco de imagens/Arquivo da editora

19. Determine x e y.

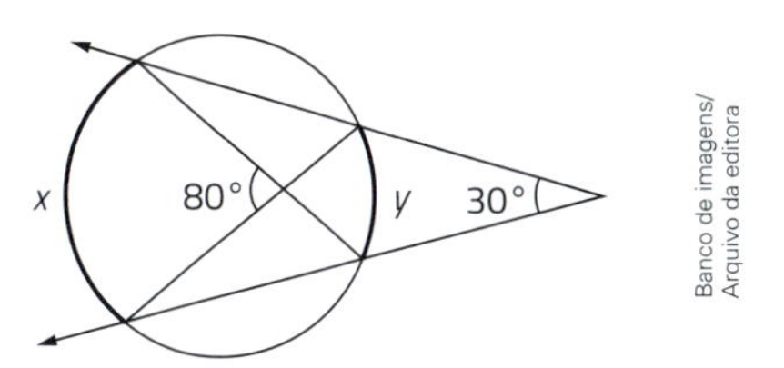

Banco de imagens/Arquivo da editora

20. Na circunferência, a medida do arco $\widehat{CFD}$ excede a medida do arco $\widehat{AEB}$ em 50°. Determine suas medidas, sabendo que o ângulo x mede 70°.

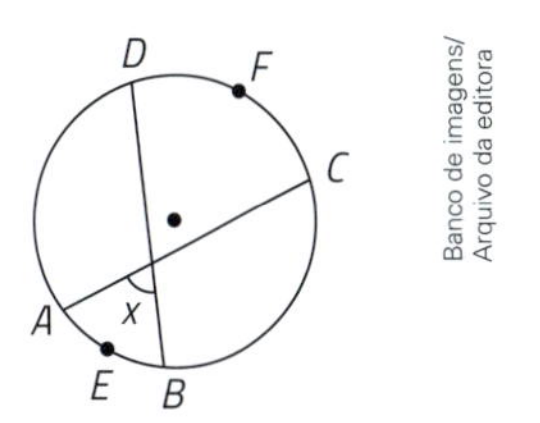

Banco de imagens/Arquivo da editora

21. Na figura abaixo, $\overline{AB}$ e $\overline{AC}$ são tangentes ao círculo de centro O, e Q é um ponto do arco menor $\widehat{BC}$. PQR é tangente ao círculo e $med(\hat{A}) = 28°$. Calcule $med(P\hat{O}R)$.

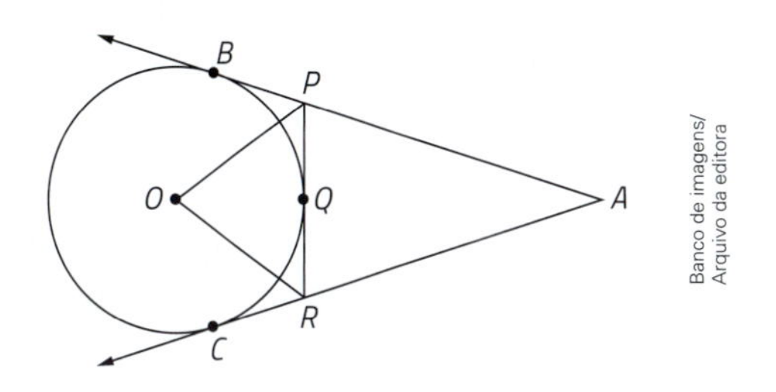

Banco de imagens/Arquivo da editora

22. Consideremos um triângulo equilátero ABC inscrito em um círculo. Determine o menor ângulo formado pelas retas tangentes a esse círculo nos pontos A e B.

23. Determine os ângulos do triângulo ABC, sabendo que $med(\widehat{AB}) = 90°$ e $med(\widehat{BC}) = 130°$.

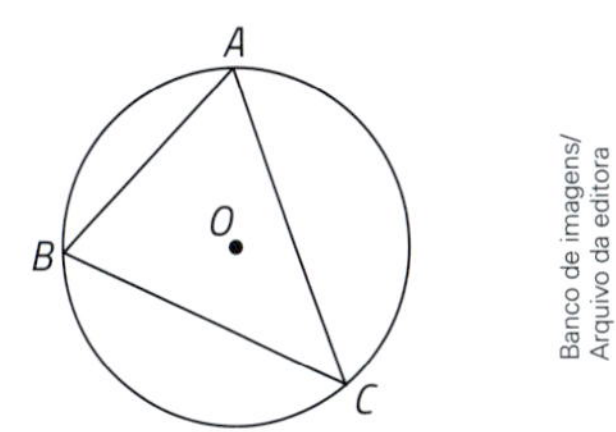

Banco de imagens/Arquivo da editora

Quadrilátero inscrito em uma circunferência

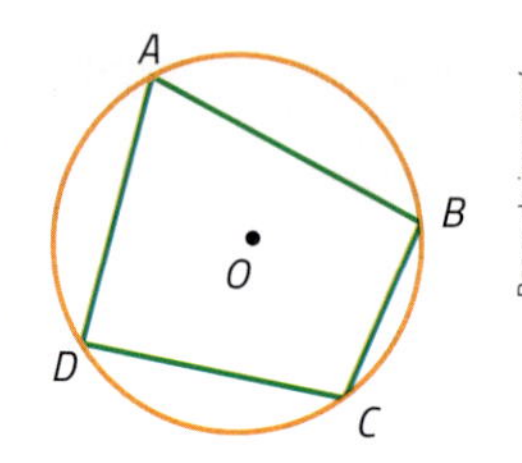

Banco de imagens/Arquivo da editora

Se os quatro vértices de um quadrilátero convexo pertencem a uma circunferência, dizemos que o quadrilátero está **inscrito** na circunferência e também dizemos que a circunferência está **circunscrita** ao quadrilátero.

Observe nas figuras que:

- o quadrilátero *ABCD* está inscrito na circunferência;
- a circunferência está circunscrita ao quadrilátero.

Banco de imagens/Arquivo da editora

Propriedade

Vamos considerar um quadrilátero *ABCD* inscrito em uma circunferência. Usando a propriedade do ângulo inscrito, temos:

$$\text{med}(\hat{A}) = \frac{\text{med}(\widehat{BCD})}{2},\ \text{med}(\hat{B}) = \frac{\text{med}(\widehat{CDA})}{2},\ \text{med}(\hat{C}) = \frac{\text{med}(\widehat{DAB})}{2} \text{ e } \text{med}(\hat{D}) = \frac{\text{med}(\widehat{ABC})}{2}$$

Agora, vamos obter a soma de dois ângulos opostos: $\hat{A} + \hat{C}$ e $\hat{B} + \hat{D}$.

- $\text{med}(\hat{A}) + \text{med}(\hat{C}) = \frac{\text{med}(\widehat{BCD})}{2} + \frac{\text{med}(\widehat{DAB})}{2} = \frac{\text{med}(\widehat{BCD}) + \text{med}(\widehat{DAB})}{2} = \frac{360°}{2} = 180°$
- $\text{med}(\hat{B}) + \text{med}(\hat{D}) = \frac{\text{med}(\widehat{CDA})}{2} + \frac{\text{med}(\widehat{ABC})}{2} = \frac{\text{med}(\widehat{CDA}) + \text{med}(\widehat{ABC})}{2} = \frac{360°}{2} = 180°$

Concluímos que:

$$\text{med}(\hat{A}) + \text{med}(\hat{C}) = 180° \text{ e } \text{med}(\hat{B}) + \text{med}(\hat{D}) = 180°$$

Logo, $\hat{A}$ e $\hat{C}$ são suplementares, e $\hat{B}$ e $\hat{D}$ também são suplementares.

Assim, podemos enunciar:

> Se um **quadrilátero** está **inscrito em uma circunferência**, os seus ângulos opostos são suplementares.

A recíproca dessa propriedade é verdadeira.

> Se os ângulos opostos de um quadrilátero convexo são suplementares, o **quadrilátero** é **inscritível**.

Dizer que um quadrilátero é **inscritível** significa que ele pode ser inscrito em uma circunferência.

Exemplo

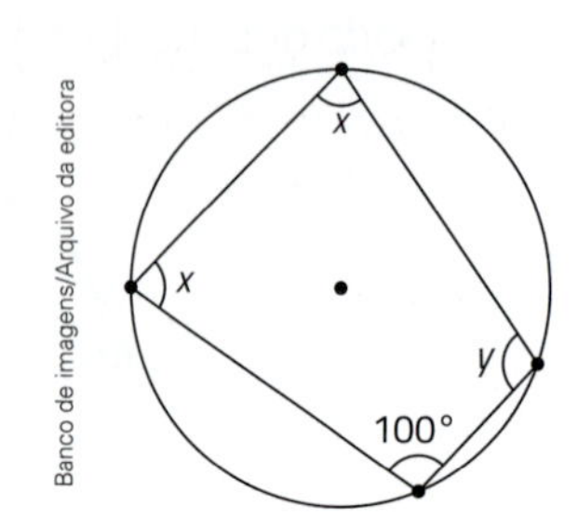

$$\begin{cases} x + 100° = 180° \\ x + y = 180° \end{cases}$$

$x = 80°$ e $y = 100°$

ATIVIDADES

24. Determine x.

a)

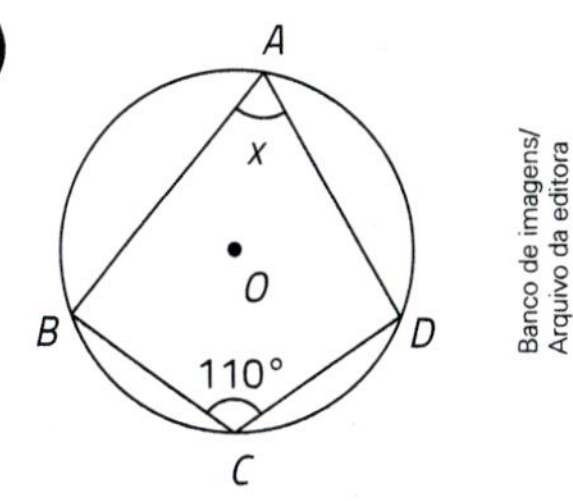

Banco de imagens/ Arquivo da editora

c)

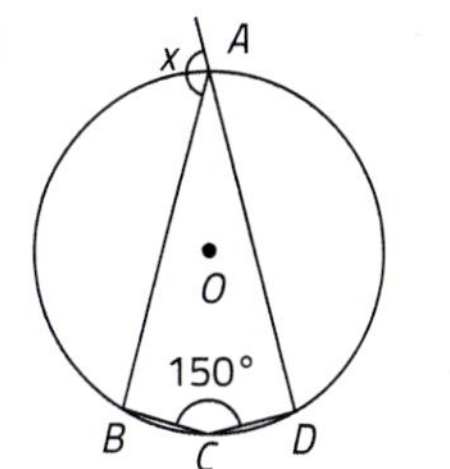

Banco de imagens/ Arquivo da editora

b)

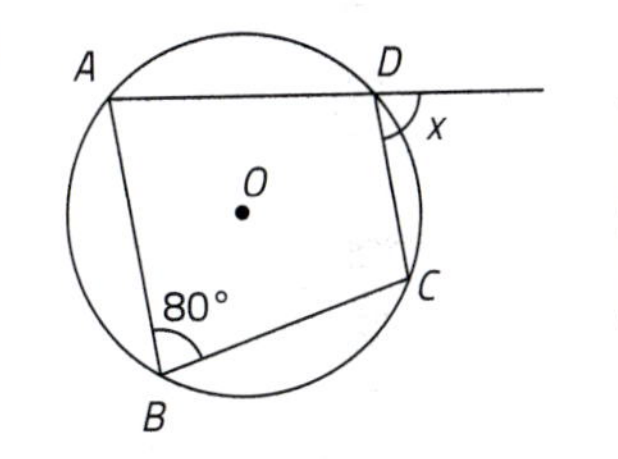

Banco de imagens/ Arquivo da editora

25. Determine os ângulos x e y.

a)

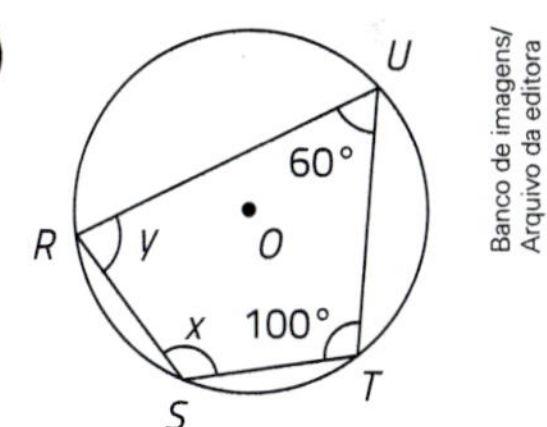

Banco de imagens/ Arquivo da editora

b)

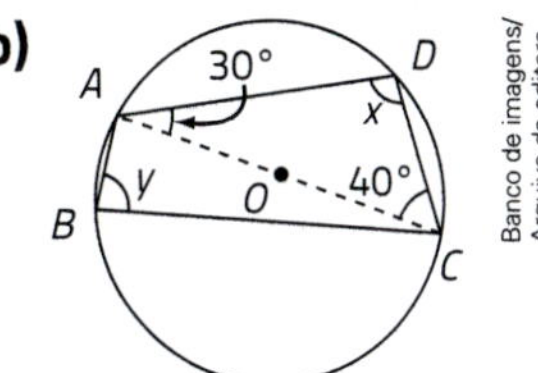

Banco de imagens/ Arquivo da editora

26. Um quadrilátero *ABCD* é inscritível. Determine x em cada item.

a) $\text{med}(\hat{A}) = 2x - 30°$ e $\text{med}(\hat{C}) = x + 45°$

b) $\text{med}(\hat{A}) = 3x - 7°$ e $\text{med}(\hat{C}) = x + 15°$

27. Um quadrilátero *ABCD* em que $\text{med}(\hat{A}) = 120°$, $\text{med}(\hat{B}) = 40°$, $\text{med}(\hat{C}) = 90°$ e $\text{med}(\hat{D}) = 110°$ é inscritível? Por quê?

28. Responda certo ou errado às perguntas abaixo.

a) Todo paralelogramo é inscritível.

b) Todo retângulo é inscritível.

c) Todo losango é inscritível.

d) Todo quadrado é inscritível.

e) Todo quadrilátero é inscritível.

f) Todo paralelogramo inscritível é retângulo.

29. Quais paralelogramos são sempre inscritíveis?

30. Todo trapézio isósceles é inscritível? Por quê?

Construção de polígonos regulares inscritos

Nas construções a seguir, vamos fazer a divisão de uma circunferência em partes congruentes e construir polígonos regulares inscritos.

Divisão da circunferência em quatro partes congruentes

Dada uma circunferência, vamos dividi-la em quatro partes congruentes e construir um quadrado inscrito na circunferência usando régua e compasso.

1) Marcamos um ponto *A* em qualquer lugar da circunferência.

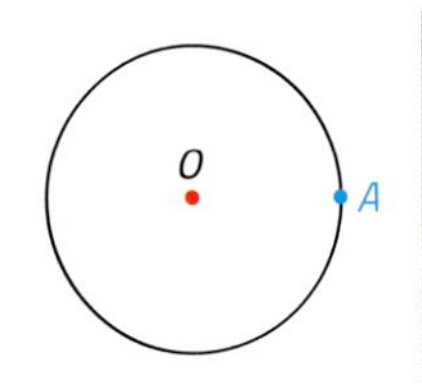

2) Traçamos a reta $\overleftrightarrow{OA}$ e chamamos de *C* o outro ponto em que essa reta intersecta a circunferência.

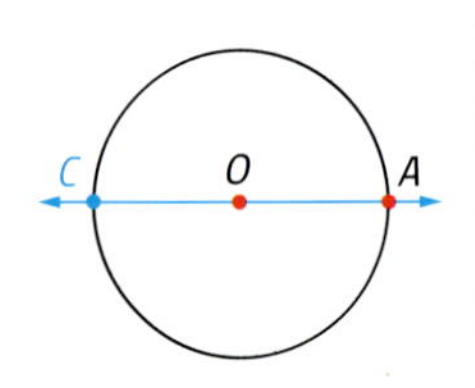

3) Construímos a mediatriz do segmento $\overline{AC}$ e chamamos de *B* e *D* os pontos em que a mediatriz intersecta a circunferência.

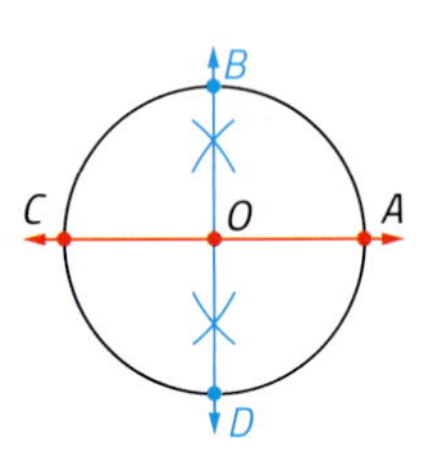

4) O polígono *ABCD* é o quadrado procurado.

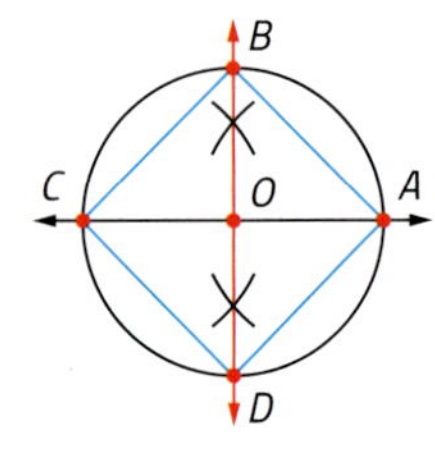

Banco de imagens/Arquivo da editora

Justificativa:
$A\hat{O}B = B\hat{O}C = C\hat{O}D = D\hat{O}A = 90°$

Divisão da circunferência em três partes congruentes

Dada uma circunferência, vamos dividi-la em três partes congruentes e construir um triângulo equilátero inscrito na circunferência usando régua e compasso.

1) Marcamos um ponto *P* em qualquer lugar da circunferência.

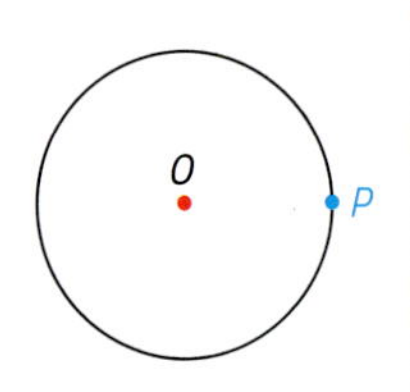

2) Traçamos a reta $\overleftrightarrow{OP}$ e chamamos de *C* o outro ponto em que essa reta intersecta a circunferência.

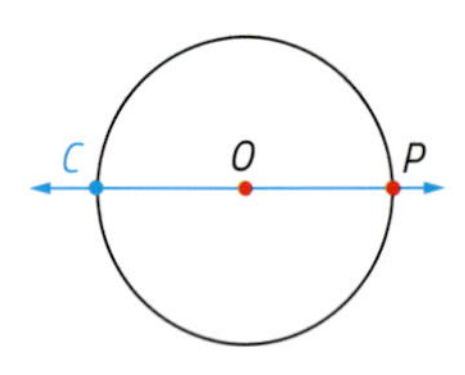

3) Com centro em *P* e raio $\overline{PO}$, construímos um arco de circunferência e chamamos de *A* e *B* os pontos em que ele intersecta a circunferência dada.

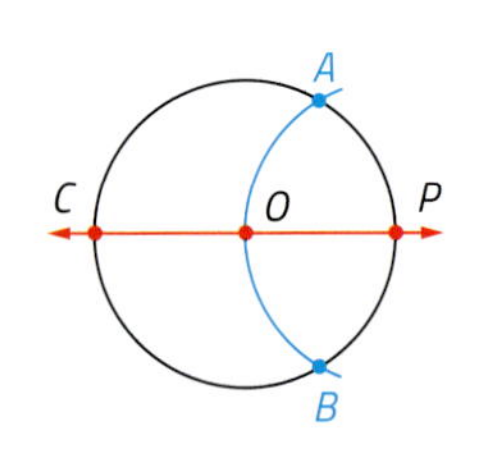

4) O polígono *ABC* é o triângulo equilátero procurado.

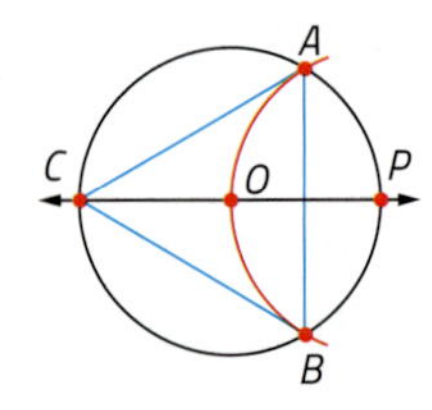

Banco de imagens/Arquivo da editora

Justificativa:
Os triângulos *POA* e *POB* são equiláteros; assim: $\text{med}\left(A\hat{O}B\right) = \text{med}\left(B\hat{O}C\right) = \text{med}\left(A\hat{O}C\right) = 120°$.

Divisão da circunferência em seis partes congruentes

Dada uma circunferência, vamos dividi-la em seis partes congruentes e construir um hexágono regular inscrito na circunferência usando régua e compasso.

1) Marcamos um ponto A em qualquer lugar da circunferência.

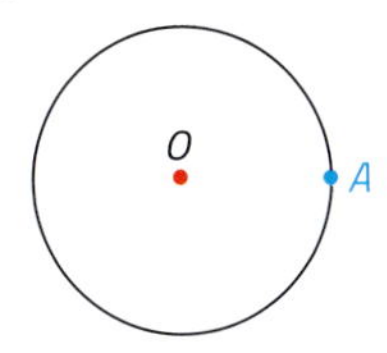

2) Traçamos a reta $\overleftrightarrow{OA}$ e chamamos de D o outro ponto em que essa reta intersecta a circunferência.

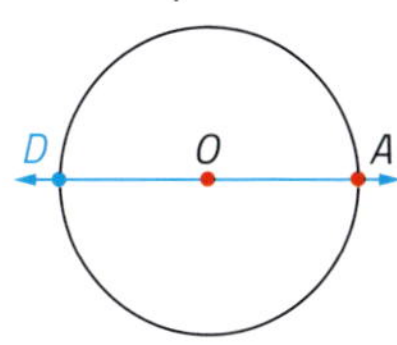

3) Com centro em A e raio $\overline{AO}$, construímos um arco de circunferência que intersecta a circunferência dada em dois pontos, os quais chamamos de B e F.

Com centro em D e raio $\overline{DO}$, construímos outro arco, que intersecta a circunferência dada em dois pontos, os quais chamamos de C e E.

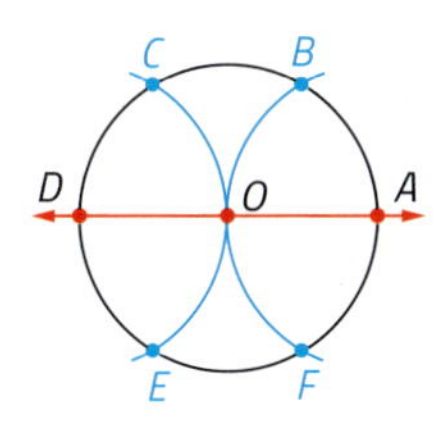

Banco de imagens/Arquivo da editora

4) O hexágono regular procurado é $ABCDEF$.

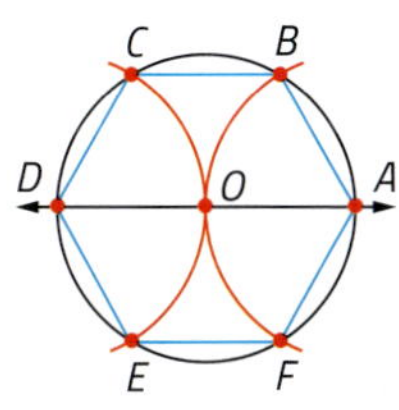

Justificativa:

$\text{med}(A\hat{O}B) = \text{med}(B\hat{O}C) = \text{med}(C\hat{O}D) = \text{med}(D\hat{O}E) = \text{med}(E\hat{O}F) = \text{med}(F\hat{O}A) = 60°$.

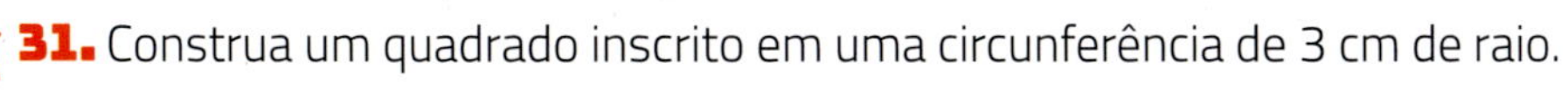

ATIVIDADES

31. Construa um quadrado inscrito em uma circunferência de 3 cm de raio.

32. Construa um hexágono regular inscrito em uma circunferência cujo raio mede 3 cm.

33. Construa um triângulo equilátero inscrito em uma circunferência cujo diâmetro mede 6 cm.

O que é arco capaz?

Na figura abaixo, o ângulo central $A\hat{O}B$ é igual a 2α. Dessa forma, qualquer ângulo inscrito no arco $\overset{\frown}{AXB}$ mede α, pois tem como ângulo central correspondente $A\hat{O}B = 2\alpha$.

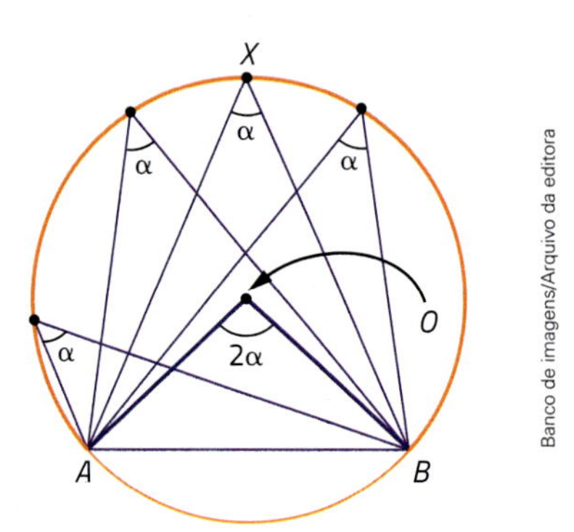

Nesse caso, o arco de extremidades A e B que passa pelo ponto X é chamado **arco capaz** do segmento $\overline{AB}$ referente ao ângulo α.

A seguir, explicamos a construção do arco capaz.

Arco capaz

Dados um segmento $\overline{AB}$ e um ângulo α tal que $0 < \alpha < 180°$, vamos construir um arco capaz seguindo as etapas abaixo e usando régua e compasso.

1) Traçamos o segmento $\overline{AB}$.

2) Traçamos por A uma reta t tal que $\text{med}\left(t\hat{A}B\right) = \alpha$.

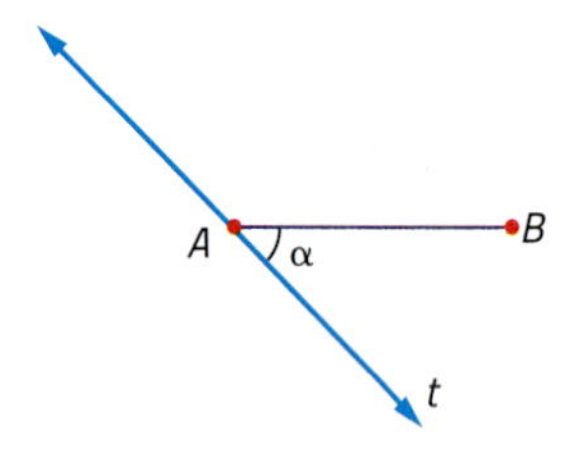

3) Traçamos por A a reta s tal que $s \perp t$.

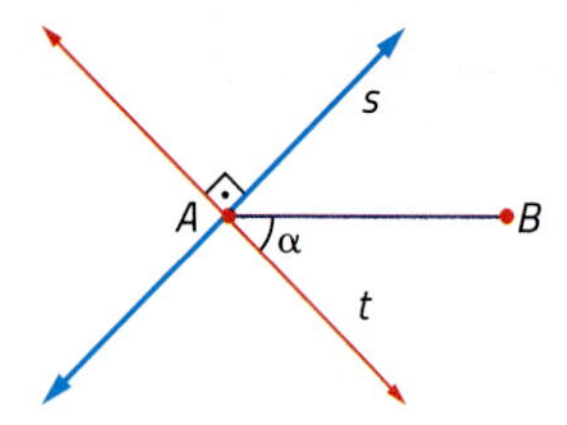

4) Traçamos a reta m, mediatriz de $\overline{AB}$. Chamamos de O a interseção de s com m.

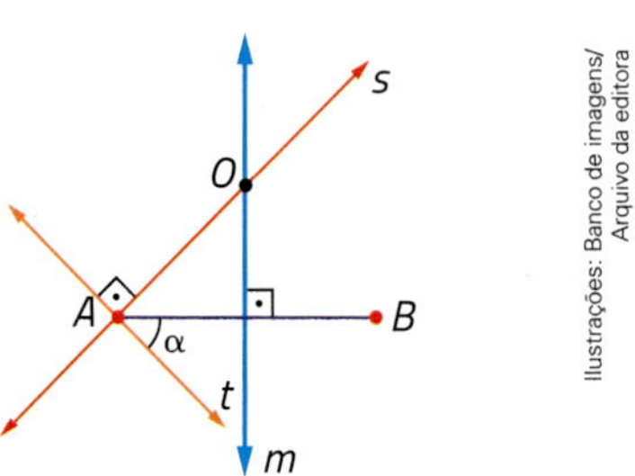

Ilustrações: Banco de imagens/Arquivo da editora

5) Fixamos a ponta-seca do compasso em O e, com abertura $OA = OB$, traçamos o arco capaz do ângulo $\alpha(\overset{\frown}{AXB})$.

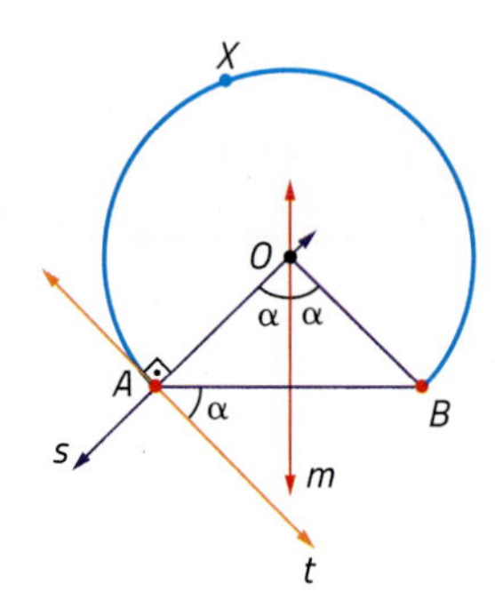

ATIVIDADES

34. Sabendo que med$(A\hat{O}B) = 120°$, calcule x, y, z e t.

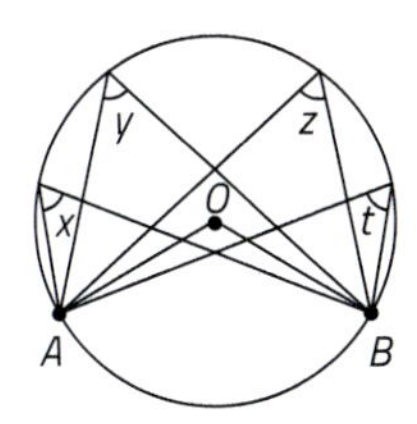

Banco de imagens/Arquivo da editora

35. Desenhe um segmento $\overline{BC}$ com 5 cm de comprimento e um ângulo de 60°. Em seguida, construa o arco capaz de $\overline{BC}$, referente ao ângulo de 60°.

36. Construa um triângulo ABC de modo que a medida de $\overline{BC}$ seja 5 cm, a mediana $\overline{AM_1}$ meça 3 cm e med$(\hat{A}) = 60°$. Sugestão: use o resultado da atividade anterior.

37. Desenhe um segmento $\overline{AB}$ com medida 6 cm e um ângulo de 45°. Em seguida, construa o arco capaz de $\overline{AB}$, referente ao ângulo de 45°.

38. Construa um triângulo ABC de modo que $\overline{BC}$ meça 6 cm, a altura $\overline{AH_1}$ meça 3 cm e med$(\hat{A}) = 45°$. Sugestão: use o resultado da atividade anterior.

Transformações geométricas: simetrias

Já estudamos simetrias, reflexões e translações no plano. Por exemplo:

- P' (lê-se: pê linha) é o ponto simétrico de P em relação à origem O, ou P' é o ponto que se obtém pela reflexão de P na origem O.

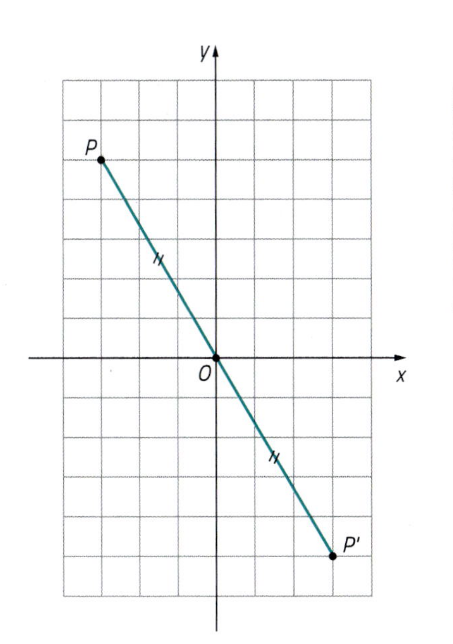

Banco de imagens/Arquivo da editora

- O triângulo $A'B'C'$ é obtido pela reflexão do triângulo ABC em relação ao eixo x. Dizemos que $\triangle A'B'C'$ e $\triangle ABC$ são simétricos em relação ao eixo x.

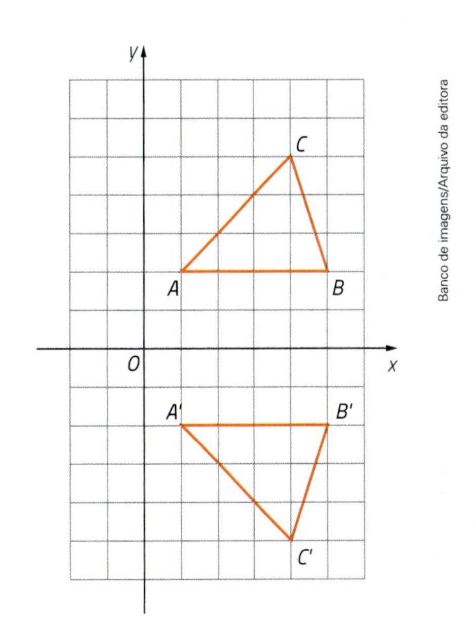

Banco de imagens/Arquivo da editora

- Aplicando ao ponto A uma translação de 4 unidades para a direita, obtemos A'.

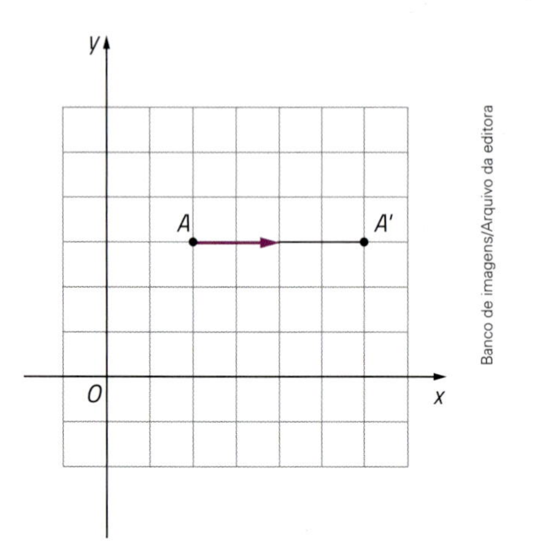

Banco de imagens/Arquivo da editora

- O segmento $A'B'$ é obtido a partir do segmento AB por uma translação de 2 unidades à direita e 1 unidade para baixo.

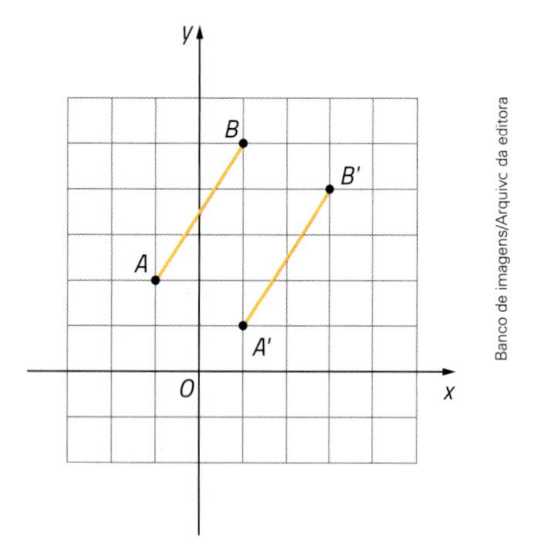

Banco de imagens/Arquivo da editora

Agora, vamos aplicar rotações. Atente para o seguinte:

- Rotacionar no sentido horário é o mesmo que rotacionar no sentido do movimento dos ponteiros do relógio.

- Rotacionar no sentido anti-horário é o mesmo que rotacionar no sentido contrário ao do movimento dos ponteiros.

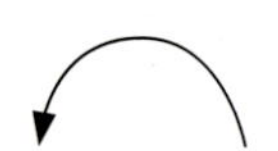

Comecemos com uma semirreta $\overrightarrow{Or}$:

Banco de imagens/Arquivo da editora

Mantendo o ponto O fixo e rotacionando a semirreta meia volta (180°) no sentido horário, ela ficará sobre a semirreta $\overrightarrow{Ot}$:

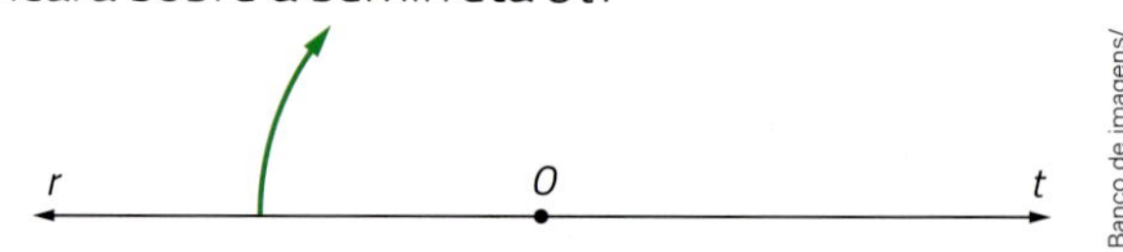

Banco de imagens/Arquivo da editora

O ponto A da semirreta $\overrightarrow{Or}$, a 2 cm de O, ficará sobre o ponto A' da semirreta $\overrightarrow{Ot}$, a 2 cm de O:

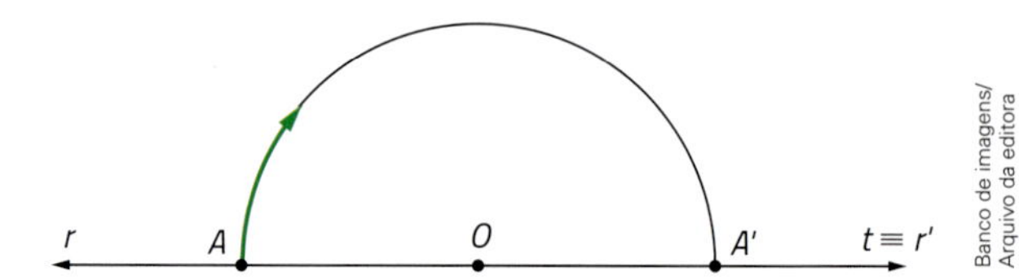

Banco de imagens/Arquivo da editora

Dizemos que A' é o ponto que se obtém fazendo uma rotação de 180° do ponto A em torno do ponto O, no sentido horário.

Aplicando a todos os pontos da semirreta $\overrightarrow{Or}$ uma rotação de 180° em torno do ponto O, no sentido horário, obtemos a semirreta $\overrightarrow{Or'}$, coincidente com $\overrightarrow{Ot}$.

Rotação é um movimento em torno de um ponto fixo, chamado **centro**. Uma rotação fica determinada conhecendo-se o centro, a medida do ângulo de rotação e o sentido, horário ou anti-horário.

Para fazer uma rotação, podemos usar os instrumentos do desenho geométrico: régua, compasso, esquadros e transferidor. No exemplo anterior, como a rotação é de 180°, começamos traçando a semirreta oposta a $\overrightarrow{Or}$ (construímos assim o ângulo $med\left(r\hat{O}t\right) = 180°$).

Em seguida, fixando a ponta-seca do compasso em O (ponto fixo, ou centro da rotação), com abertura OA, obtemos o ponto A' em $\overrightarrow{Ot}$:

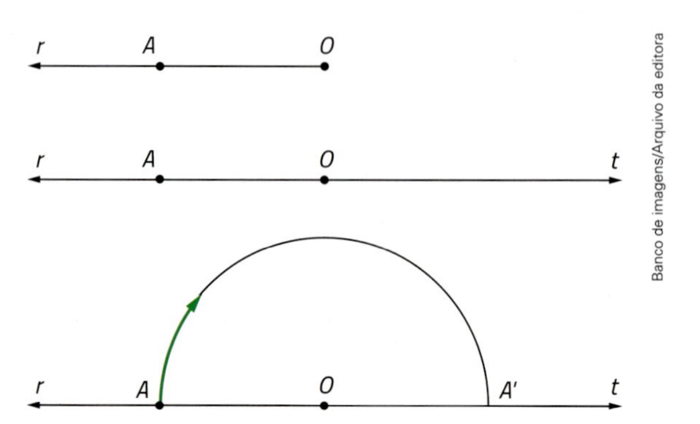

Banco de imagens/Arquivo da editora

Vamos agora fazer uma rotação de 60° do ponto A, no sentido anti-horário, em torno do ponto O:

Banco de imagens/Arquivo da editora

Traçamos a semirreta $\overrightarrow{OA}$, que representamos por $\overrightarrow{Or}$.

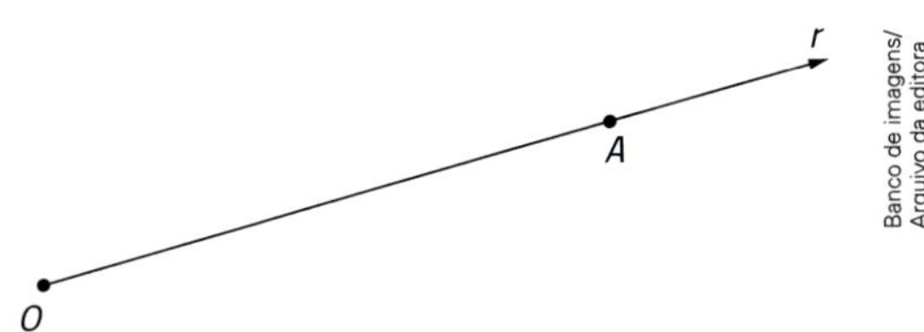

Banco de imagens/Arquivo da editora

Mantendo O fixo, rotacionamos a semirreta $\overrightarrow{Or}$ em 60° no sentido anti-horário, construindo o ângulo $med\left(r\hat{O}s\right) = 60°$, usando transferidor.

Em seguida, com a ponta-seca do compasso em O e abertura OA, marcamos A' em Os. O ponto A' é a imagem do ponto A, pela rotação de 60° em torno de O no sentido anti-horário.

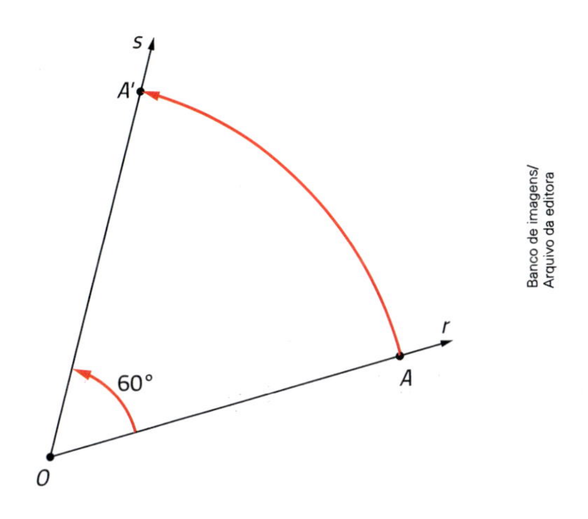

Banco de imagens/Arquivo da editora

Veja outros exemplos:

- Aplicando ao segmento $\overline{AB}$ uma rotação de um quarto de volta no sentido horário, em torno do ponto O, obtemos o segmento $\overline{A'B'}$.

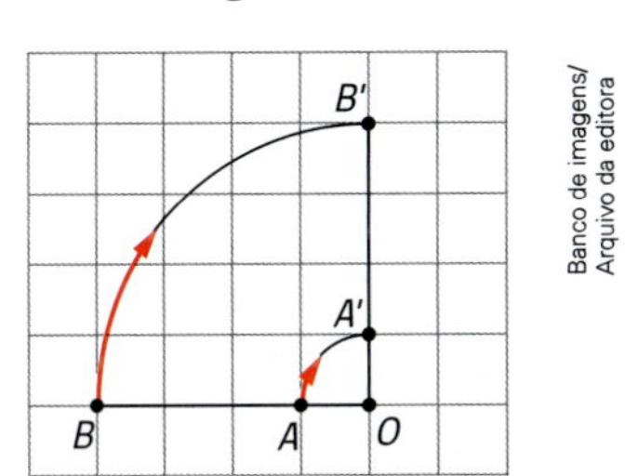

Banco de imagens/Arquivo da editora

- Aplicando ao triângulo ABC uma rotação de um quarto de volta no sentido horário, em torno do ponto O, obtemos o triângulo $A'B'C'$.

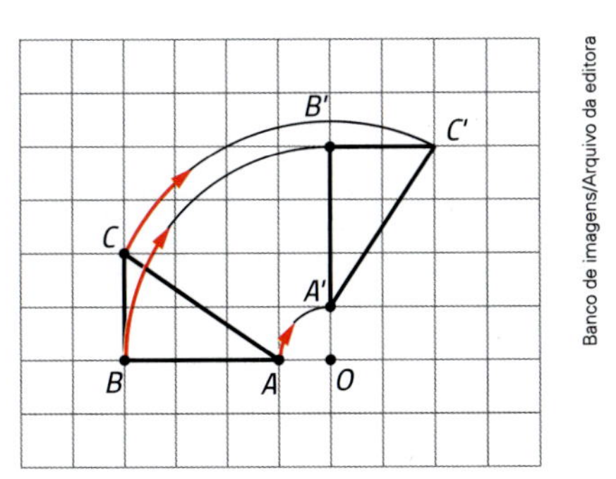

Banco de imagens/Arquivo da editora

- Vamos rotacionar um retângulo $ABCD$ em torno do vértice A.

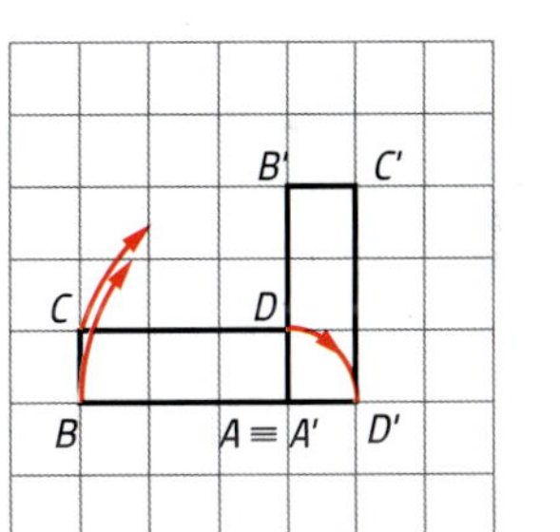

Banco de imagens/Arquivo da editora

Rotação do retângulo $ABCD$ em torno do ponto A, de 90°, no sentido horário.

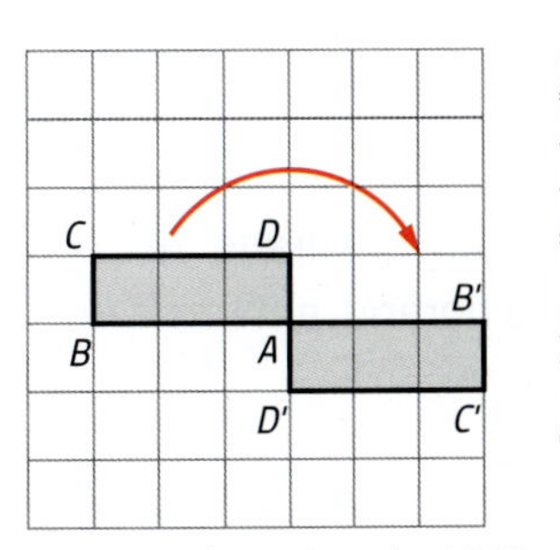

Banco de imagens/Arquivo da editora

Rotação do retângulo $ABCD$ em torno do ponto A, 180°, no sentido horário.

ATIVIDADES

39. Que ponto se obtém, na figura abaixo, aplicando ao ponto *A* uma rotação, em torno do ponto *O*,

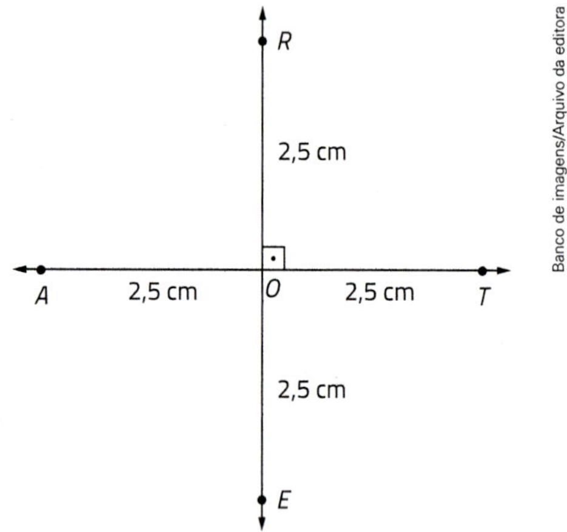

a) de meia volta no sentido horário?

b) de meia volta no sentido anti-horário?

c) de 90° de volta no sentido horário?

d) de 90° de volta no sentido anti-horário?

e) de 270° (três quartos de volta) no sentido horário?

f) de uma volta completa no sentido horário?

Nas atividades **40** a **46**, copie as figuras e faça o que se pede em malhas quadriculadas. Pinte as figuras colocando as cores nos devidos lugares em suas posições finais.

40. Aplique ao triângulo *ABC* uma rotação de 90°, em torno do ponto *O*, no sentido horário.

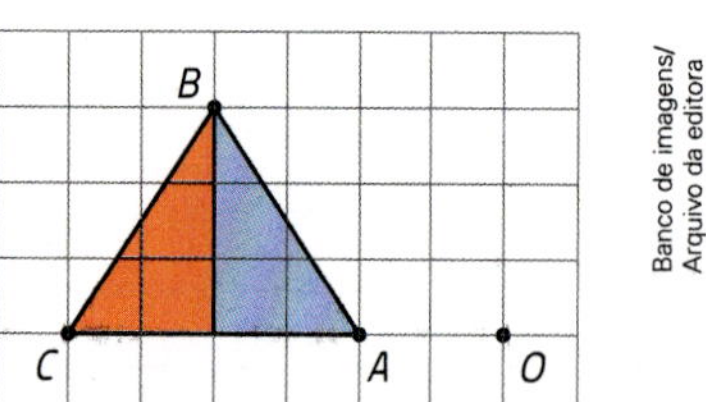

41. Aplique ao quadrado *ABCD* uma rotação no sentido horário, em torno do ponto *D*,

a) de 90°.

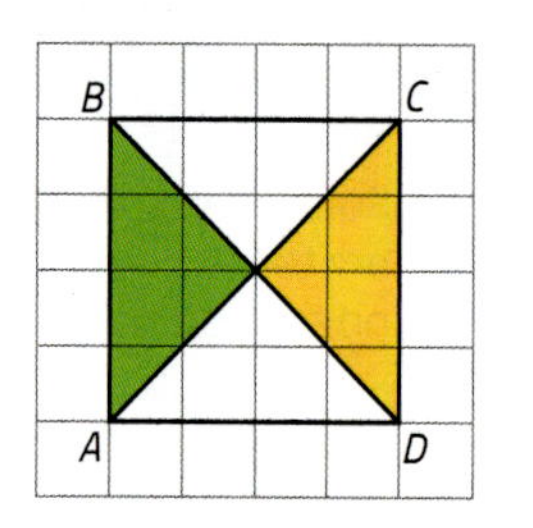

b) de meia volta.

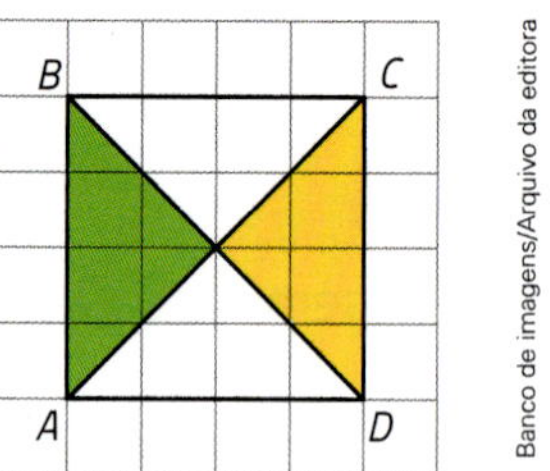

42. Aplique ao polígono *ABCDEFGH* uma rotação de meia volta em torno da origem *O*, no sentido anti-horário. Depois, responda às perguntas.

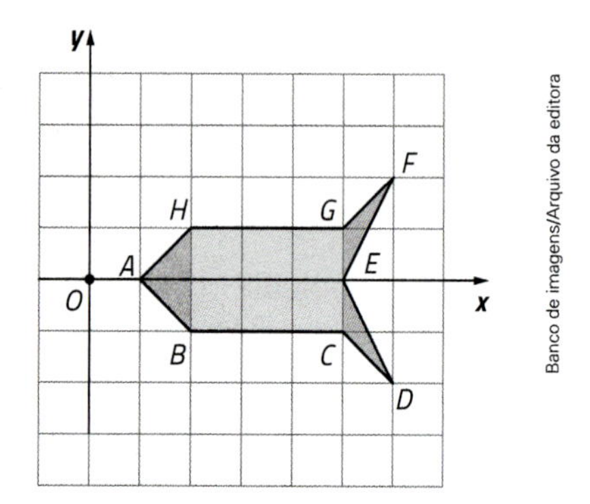

a) Se a rotação for no sentido horário, como ficará o polígono?

b) Fazendo a reflexão do polígono *ABCDEFGH* no eixo *y*, como ficará a imagem?

43. Aplique ao triângulo *ABC* uma rotação de 45° no sentido anti-horário, em torno do vértice *A*.

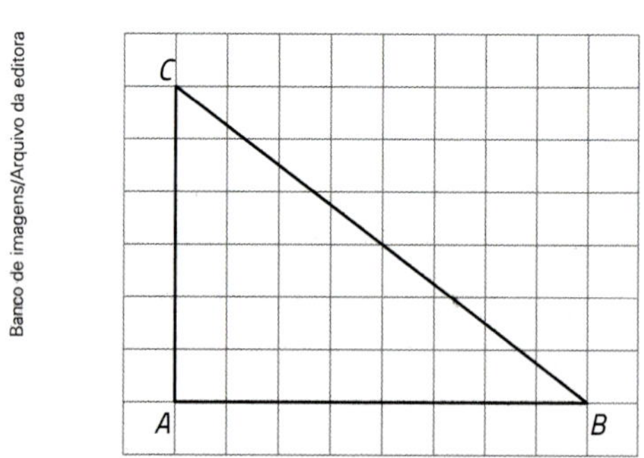

44. Aplique ao polígono *ABCDE* uma rotação, no sentido anti-horário, de 90° em torno do ponto *O*.

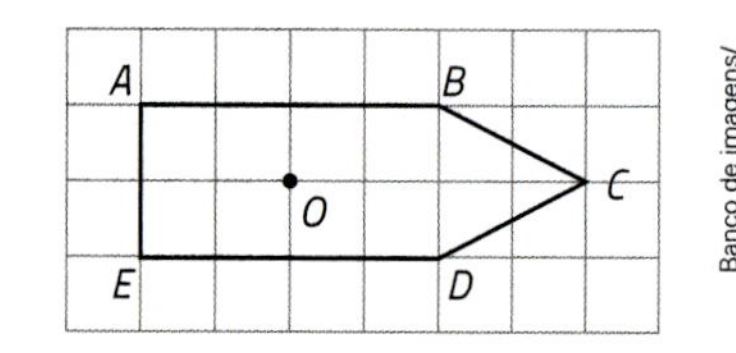

45. Aplique ao quadrado *ABCD* uma rotação de 135° no sentido horário, em torno do vértice *A*.

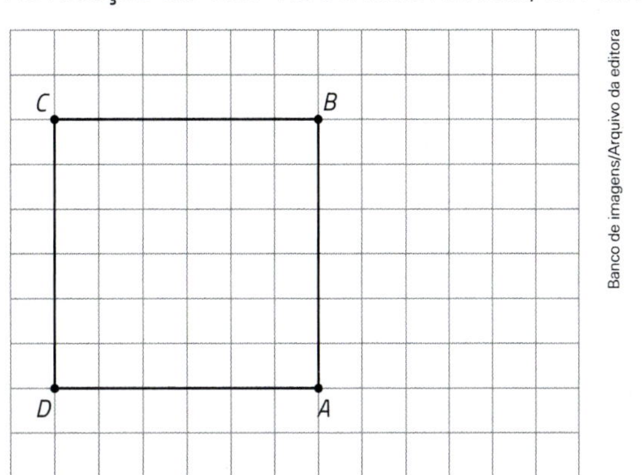

46. Aplique ao retângulo *ABCD* uma translação de 8 unidades para a direita, seguida de uma rotação de 90°, em torno do centro *O* no sentido horário.

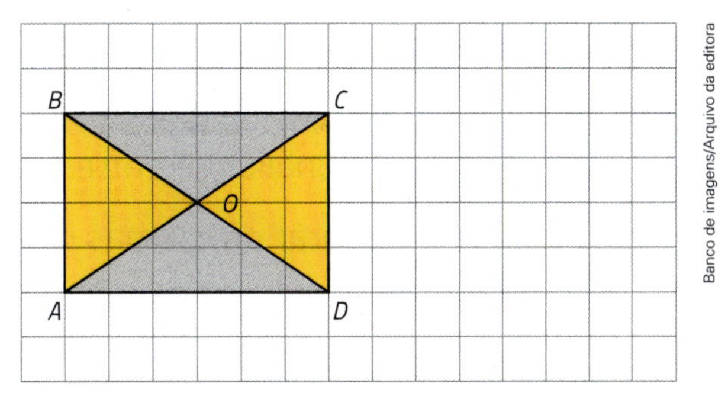

47. Aplicando uma translação a um retângulo de lados 4 cm e 3 cm, que figura geométrica se obtém? E se for uma rotação?

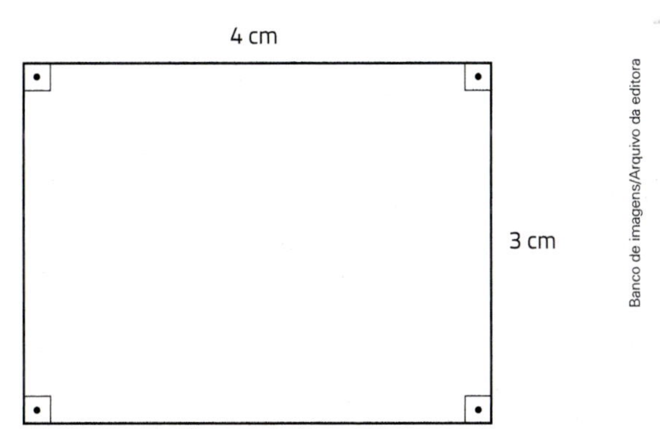

48. A translação e a rotação são movimentos que deslocam os pontos.

A aplicação de translação a uma figura geométrica:

a) altera a forma da figura?

b) altera o tamanho (as dimensões) da figura?

c) E se for uma rotação, altera a forma ou o tamanho da figura?

Variação de grandezas e capacidade

NESTA UNIDADE VOCÊ VAI

- Identificar a relação de proporcionalidade direta, inversa ou de não proporcionalidade entre duas grandezas.
- Resolver e elaborar problemas que envolvam grandezas diretamente proporcionais, inversamente proporcionais ou não proporcionais.
- Resolver e elaborar problemas que envolvam medidas de área de figuras geométricas.
- Resolver e elaborar problemas que envolvam cálculo de volumes.

CAPÍTULOS

CAPÍTULO

18 Proporcionalidade

Ilha de Santa Cruz, Colômbia.

lulejt/Shutterstock

NA REAL

Quantas pessoas vivem na ilha?

Também conhecida como população relativa, a densidade demográfica relaciona o número de habitantes e a área de um território, informando, portanto, quantas pessoas vivem em determinada área. Esse dado está estritamente ligado à qualidade de vida da população, pois interfere em índices de saúde, segurança e na oferta de serviços essenciais.

A ilha de Santa Cruz, na Colômbia, tem a maior densidade populacional do mundo, de 125 000 habitantes por quilômetro quadrado. O local é tão pequeno que a igreja, o cemitério e o campo de futebol foram construídos na ilha vizinha. A eletricidade dura algumas horas por dia e a água potável é trazida de fora. Em contrapartida, não há relatos de violência e nunca houve um conflito armado, por isso as pessoas não se preocupam com a criminalidade.

O tamanho da ilha equivale à área de um campo de futebol, de 10 000 metros quadrados. Com base nessas informações, calcule a quantidade de habitantes no local.

Na BNCC
EF08MA12
EF08MA13

Variação de grandezas

Deslocamento de um automóvel

Um automóvel parte do repouso e começa a deslocar-se à velocidade constante de 25 metros a cada 2 segundos. No quadro ao lado, estão relacionados o tempo decorrido, t (em segundos), e o deslocamento do automóvel, d (em metros).

t (s)	**d (m)**
0	0
2	25
4	50
6	75
8	100
10	125

As duas grandezas, tempo decorrido e deslocamento do automóvel, variam mantendo uma correspondência entre si: a cada valor de t corresponde um único valor de d. Por isso dizemos que d varia em função de t.

Além disso, podemos relacionar d e t por uma relação algébrica.

Note que, se a velocidade é constante e há deslocamento de 25 metros a cada 2 segundos, então, a cada 1 segundo há deslocamento de 25 m : 2, portanto, 12,5 m. Podemos concluir que, em t segundos, o deslocamento será de $(t \cdot 12{,}5)$ metros. Logo:

$$d = t \cdot 12{,}5$$

Por exemplo, para $t = 4$, $d = 4 \cdot 12{,}5 = 50$, conforme se vê no quadro acima.

Geometricamente, essa relação pode ser representada por um gráfico num sistema de coordenadas cartesianas, como o mostrado a seguir.

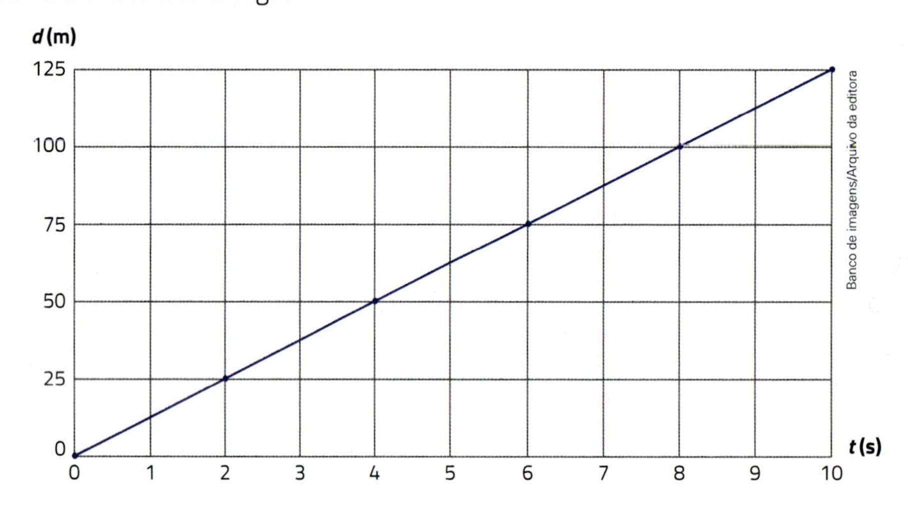

Grandezas diretamente proporcionais

Na situação anterior, do deslocamento do carro, para cada t positivo, a razão $\frac{d}{t}$ é sempre igual a 12,5. Conforme estudamos no 7º ano, duas grandezas assim são chamadas de **grandezas diretamente proporcionais**.

> Duas grandezas variáveis são chamadas **grandezas diretamente proporcionais** quando a razão entre os valores da primeira grandeza e os valores correspondentes da segunda é sempre a mesma.

Quando duas grandezas são diretamente proporcionais e o valor positivo x de uma delas corresponde ao valor y da outra, a razão $\frac{y}{x}$ é sempre a mesma, para todo valor de x. A razão $\frac{y}{x}$ é uma constante k. De $\frac{y}{x} = k$ decorre a relação algébrica:

$$y = k \cdot x$$

que é a relação característica entre as medidas de duas grandezas diretamente proporcionais.

ATIVIDADES

1. Aníbal esqueceu a torneira da pia de sua cozinha parcialmente aberta e deixou escorrer cerca de meio litro de água por minuto.

a) Copie e preencha a tabela abaixo com o volume v de água desperdiçada no tempo t em que a torneira ficou aberta.

t (minutos)	0	1	2	3	4	5	6
v (litros)	▨	▨	▨	▨	▨	▨	▨

b) Represente esses dados num gráfico.

c) Qual é a fórmula algébrica que relaciona v e t?

d) O volume de água desperdiçada é diretamente proporcional ao tempo em que a torneira ficou aberta? Por quê?

e) Se a torneira tivesse ficado aberta um dia inteiro, quantos litros de água teriam sido desperdiçados?

2. Uma estilista está desenvolvendo um novo modelo de vestido e foi a uma loja especializada para comprar o tecido. O tecido que pretende comprar tem um custo de R$ 60,00 por metro de comprimento com a largura do rolo constante.

a) Copie e preencha a tabela abaixo com o preço y a ser pago na compra de x metros do tecido.

x (metros)	0	1	2	3	4	5	6
y (reais)	▨	▨	▨	▨	▨	▨	▨

b) Represente esses dados num gráfico em um sistema cartesiano.

c) Qual é a fórmula algébrica que relaciona y e x?

d) O preço a ser pago é diretamente proporcional ao comprimento do tecido comprado? Por quê?

e) Sabendo que, para criar esse vestido, ela precisa de cerca de 2,2 m de tecido, qual será o valor pago pela estilista?

3. Considere uma máquina em uma indústria que sempre produz 12 000 peças a cada 3 horas de funcionamento.

a) Complete o quadro abaixo com a quantidade de peças produzidas a cada intervalo de tempo.

Tempo (em horas)	Peças
3	▨
6	▨
9	▨
12	▨

b) Construa o gráfico que relaciona o tempo (em horas) no eixo horizontal e a quantidade de peças produzidas no eixo vertical.

c) Qual é a relação algébrica entre o número y de peças produzidas e o número t de horas?

d) Em quantas horas são produzidas 30 000 peças?

4. Considere a caixa-d'água de uma pequena cidade. A vazão da bomba dessa caixa é igual a 1 500 L a cada minuto, ou seja, a cada minuto ela enche 1 500 L. Copie e complete o quadro abaixo com o volume da caixa-d'água nos primeiros 10 minutos, considerando que ela estava inicialmente vazia. Na sequência, represente esses dados num gráfico e explicite a relação algébrica entre o volume v e o tempo t.

Tempo (em minutos)	Volume (L)
0	▨
1	▨
2	▨
3	▨
4	▨
5	▨
6	▨
7	▨
8	▨
9	▨
10	▨

Grandezas inversamente proporcionais

A viagem

Uma viagem de ônibus entre as cidades de São Paulo e Rio de Janeiro tem duração de 6 horas, se o veículo trafegar a uma velocidade média de 80 km/h. Sobre essa situação, uma pessoa faz a seguinte suposição:

- Viajando a uma velocidade de 80 km/h, a viagem é realizada em 6 horas. Se essa mesma viagem fosse realizada a uma velocidade constante de 40 km/h, quanto tempo levaria?
  Como a velocidade diminui pela metade (de 80 km/h para 40 km/h), teremos que o tempo de viagem será multiplicado por 2; logo, a viagem, que antes levaria 6 horas, passa a demorar 12 horas para ser realizada.

As grandezas velocidade e tempo são grandezas inversamente proporcionais, pois, diminuindo a velocidade média, o tempo para realizar um mesmo percurso aumenta de modo a manter constante o produto *velocidade* · *tempo*.

O quadro abaixo relaciona a velocidade com o tempo de viagem:

Velocidade (km/h)	Tempo (horas)	velocidade · tempo
80	6	480
40	12	480
120	4	480
60	8	480

Duas grandezas variáveis são denominadas **grandezas inversamente proporcionais** quando o produto de cada valor da primeira grandeza pelo valor correspondente da segunda é sempre o mesmo.

Quando duas grandezas são inversamente proporcionais, se a um valor positivo x de uma delas corresponde o valor y na outra, o produto xy é sempre o mesmo para todo valor de x. O produto xy é uma constante k. De $x \cdot y = k$ decorre a relação algébrica:

$$y = \frac{k}{x}$$

que é a relação característica entre as medidas de duas grandezas inversamente proporcionais.

Note que essa relação pode ser escrita como $y = k\frac{1}{x}$, ou seja, y é diretamente proporcional ao inverso de x.

No exemplo da viagem, temos $vt = 480$, logo, $t = \frac{480}{v}$. Para $v = 40$ km/h, temos $t = \frac{480}{40}$ h $= 12$ h.

Geometricamente, essa relação pode ser representada por um gráfico num sistema de coordenadas cartesianas como segue:

v (km/h)	t (h)
20	24
40	12
60	8
80	6
100	4,8
120	4

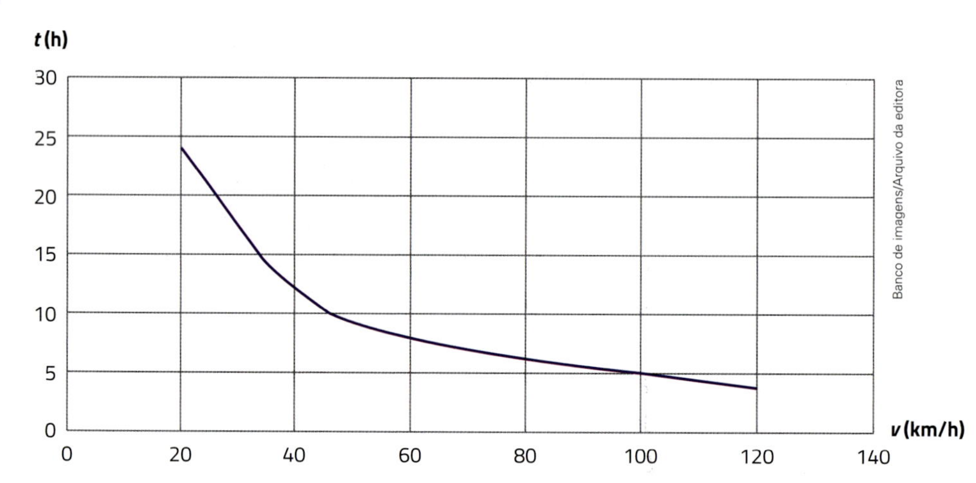

ATIVIDADES

5. O tempo gasto para aparar a grama de um parque depende do número de pessoas que vão executar o serviço. Com apenas duas pessoas trabalhando, o serviço dura 40 horas.

Ilustrações: Ilustra Cartoon/Arquivo da editora

a) O tempo gasto para executar o serviço e o número de pessoas trabalhando são grandezas direta ou inversamente proporcionais? Por quê?

b) Faça uma tabela marcando o tempo gasto se o serviço for feito por duas, quatro, seis, oito ou dez pessoas.

c) Qual é a relação algébrica entre o tempo t e o número n de pessoas?

d) Represente essa relação graficamente.

e) Com 16 pessoas trabalhando, qual seria o tempo gasto?

f) Com quantas pessoas trabalhando o serviço seria executado em apenas 4 horas?

6. O zelador de um clube precisa esvaziar por completo uma piscina que tem, quando cheia, um volume igual a 300 000 L de água. Para isso, ele conta com duas bombas que retiram água da piscina. A bomba-d'água *A* tem capacidade de vazão de 1 000 L por minuto, enquanto a bomba *B* tem uma vazão de 2 500 L por minuto.

a) Quanto tempo a bomba-d'água *A* leva para esvaziar essa piscina?

b) Quanto tempo a bomba-d'água *B* leva para esvaziar essa piscina?

c) Se as duas bombas-d'água funcionarem simultaneamente, quanto tempo levam para esvaziar a piscina por completo?

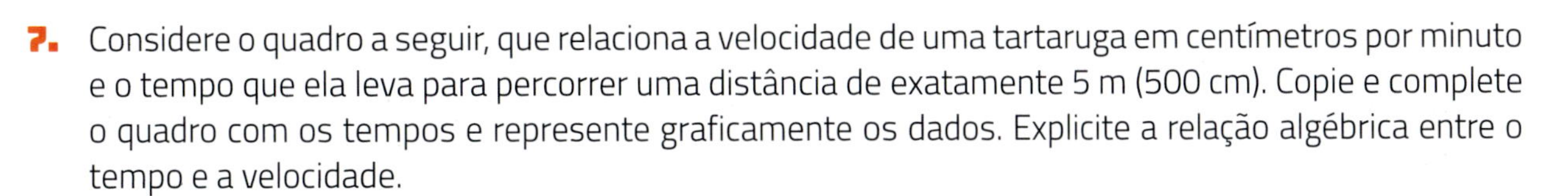

7. Considere o quadro a seguir, que relaciona a velocidade de uma tartaruga em centímetros por minuto e o tempo que ela leva para percorrer uma distância de exatamente 5 m (500 cm). Copie e complete o quadro com os tempos e represente graficamente os dados. Explicite a relação algébrica entre o tempo e a velocidade.

Velocidade (cm/min)	Tempo (minutos)
50	//////////
25	//////////
20	//////////
10	//////////
5	//////////

8. Elabore um problema que envolva duas grandezas diretamente proporcionais e resolva-o.

9. Elabore um problema que envolva duas grandezas inversamente proporcionais e resolva-o.

Grandezas não proporcionais

Na sequência de figuras abaixo, relacionamos a medida do lado com o perímetro e a área de cada quadrado:

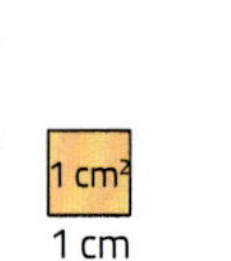

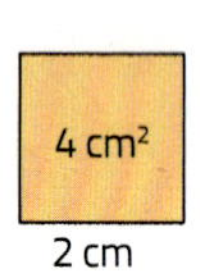

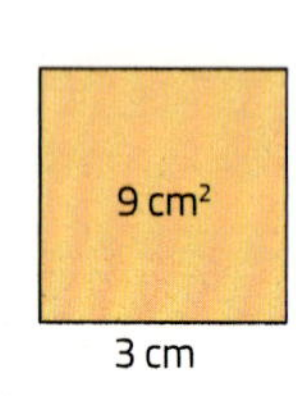

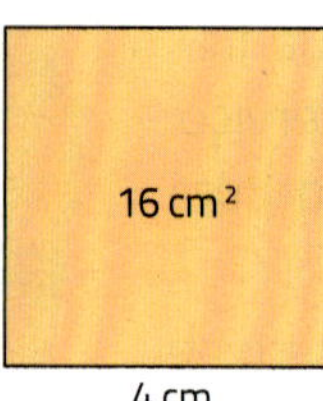

Lado (cm)	1	2	3	4
Perímetro (cm)	4	8	12	16
Área (cm²)	1	4	9	16

Para as grandezas lado e perímetro, temos: $\frac{\text{perímetro}}{\text{lado}} = \frac{4}{1} = \frac{8}{2} = \frac{12}{3} = \frac{16}{4} = 4$

Nesse caso, o perímetro é diretamente proporcional ao lado. A relação algébrica entre o perímetro y e o lado x do quadrado é $y = 4x$.

Para as grandezas lado e área, temos: $\frac{\text{área}}{\text{lado}} = \frac{1}{1} \neq \frac{4}{2} \neq \frac{9}{3} \neq \frac{16}{4}$

Nesse caso, a razão entre os valores correspondentes a cada uma das grandezas não é sempre a mesma, então a área não é diretamente proporcional ao lado. No entanto, também não é inversamente proporcional, pois, aumentando a medida do lado, aumenta a área. Concluímos que as grandezas lado e área são grandezas não proporcionais.

Sabemos que a relação algébrica entre a área A e o lado x do quadrado é $A = x^2$. Note que não se trata de relação de proporcionalidade direta nem inversa entre as grandezas A e x.

ATIVIDADES

10. Associe cada relação algébrica ao tipo de proporcionalidade entre as grandezas x e y.

I. $y = 3x$

II. $y = \frac{3}{x}$

III. $y = \frac{x}{3}$

IV. $y = x^3$

V. $y = x + 3$

a) y é diretamente proporcional a x.

b) y é inversamente proporcional a x.

c) y não é direta nem inversamente proporcional a x.

Texto para as atividades **11** a **13**:

José Luiz quer revestir o piso do quintal de sua casa com ladrilhos de cerâmica, todos iguais. O quintal é retangular e mede 4 metros por 9 metros. No depósito de materiais de construção ele encontrou ladrilhos quadrados com lados de 30 cm, 40 cm, 50 cm e 60 cm. Todos os ladrilhos são vendidos em embalagens de 10 unidades cada uma.

11. Para cada tipo de ladrilho, quantos são necessários para cobrir todo o piso? Copie e preencha o quadro.

Medida do lado do ladrilho (cm)	30	40	50	60
Área do ladrilho (cm²)				
Quantidade de ladrilhos				

12. Todos os ladrilhos são vendidos em embalagens de 10 unidades cada uma. Na compra, é necessário acrescentar cerca de 10% à quantidade de ladrilhos para prevenir perdas ou recortes no revestimento. Quantas caixas José Luiz deve comprar em cada caso? Copie e preencha o quadro.

Medida do lado do ladrilho (cm)	30	40	50	60
Quantidade de ladrilhos + 10%				
Quantidade de caixas a comprar				

13. Há alguma relação de proporcionalidade entre as grandezas do quadro da atividade **11**? E da atividade **12**? Qual(is)?

CAPÍTULO 19

Áreas e volumes

ungvar/Shutterstock

NA REAL

Quanto entulho cabe?

Quando é preciso descartar grande volume de entulho em uma obra, são contratadas caçambas próprias para a coleta desse tipo de resíduo. O descarte correto do lixo que sobra em demolições e construções civis garante que o destino desses resíduos também seja correto. Cada município estabelece regras próprias para a instalação de caçambas em vias públicas, de modo a garantir a circulação de pedestres e veículos nos arredores da obra. Você sabia que concreto, tijolos, telhas, estruturas pré-moldadas em concreto, argamassa, pedras, areia e rochas são materiais recicláveis?

Uma empresa de gerenciamento de resíduos oferece para locação caçambas em formato de bloco retangular nas dimensões apresentadas no quadro.

Capacidade	$3\ m^3$	$5\ m^3$	$7\ m^3$	$12\ m^3$	$16\ m^3$	$27\ m^3$
Comprimento	2,30 m	2,50 m	2,60 m	3,50 m	4,00 m	5,60 m
Largura	1,30 m	1,65 m	1,60 m	1,60 m	2,50 m	2,50 m
Altura	1,01 m	1,22 m	1,51 m	2,00 m	1,60 m	1,80 m

O quadro apresenta três valores incorretos de comprimento. Identifique esses valores e corrija-os usando uma calculadora.

Na BNCC
EF08MA19
EF08MA20
EF08MA21

Área

O gramado do campo

A direção do Colégio do Conhecimento quer trocar a grama de um campo de futebol que mede 66 m por 100 m. Qual será a área de grama necessária?

Delfim Martins/Pulsar Imagens

A atividade física é fundamental para o desenvolvimento e o bem-estar de todos.

Uma superfície plana ocupa certa porção do plano. A medida da extensão ocupada por uma superfície plana é chamada de **área** da superfície. Ela expressa quantas vezes a unidade-padrão de área cabe na superfície.

As principais unidades de medida de área são:

- centímetro quadrado (cm^2), que equivale a um quadrado com lados de 1 centímetro;
- metro quadrado (m^2), que equivale a um quadrado com lados de 1 metro;
- quilômetro quadrado (km^2), que equivale a um quadrado com lados de 1 quilômetro.

Observe: se um retângulo tem 4 cm de base e 3 cm de altura, então pode ser dividido em 12 quadrados com lados de 1 cm. A unidade cm^2 cabe 12 vezes no retângulo. Portanto, a área do retângulo é 12 cm^2.

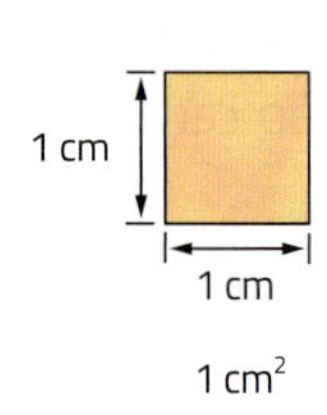

1 cm^2

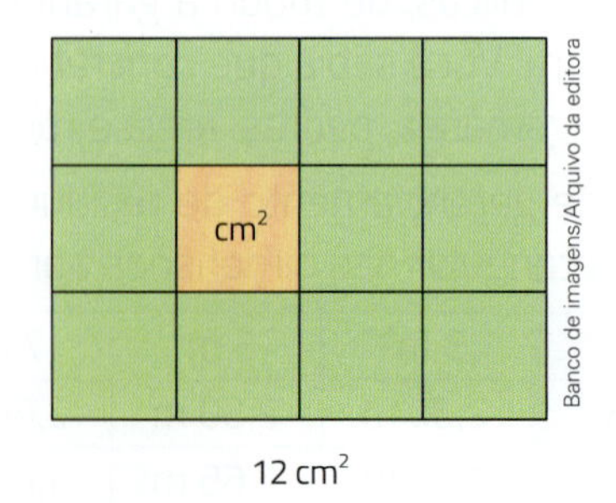

12 cm^2

Banco de imagens/Arquivo da editora

Quando dizemos "área do retângulo", estamos nos referindo à área da superfície retangular (ou região retangular), que é constituída pelo retângulo e seu interior. O mesmo dizemos para outros polígonos. Assim, área do quadrado é a área da superfície quadrada (ou região quadrada), área do triângulo é a área da superfície triangular (ou região triangular), etc.

Não é usual medir diretamente a área de uma superfície usando concretamente a unidade de medida de área. Quando queremos saber a área de um terreno, não pegamos uma placa de 1 m^2 e verificamos quantas vezes ela cabe no terreno. Do mesmo modo, quando desejamos medir a superfície de uma folha de caderno, não pegamos uma plaquinha de 1 cm^2 e verificamos quantas vezes ela cabe na folha.

Para medir uma superfície plana com forma simples, geralmente se usa uma fórmula matemática. Nas páginas seguintes, você encontrará algumas dessas fórmulas. E se a superfície a ser medida tiver um contorno não linear? Também veremos muitos outros exemplos adiante.

Área do retângulo

A área do retângulo é igual ao produto da medida da base pela altura. Indicamos: área = A, base = b, altura = h.

Temos:

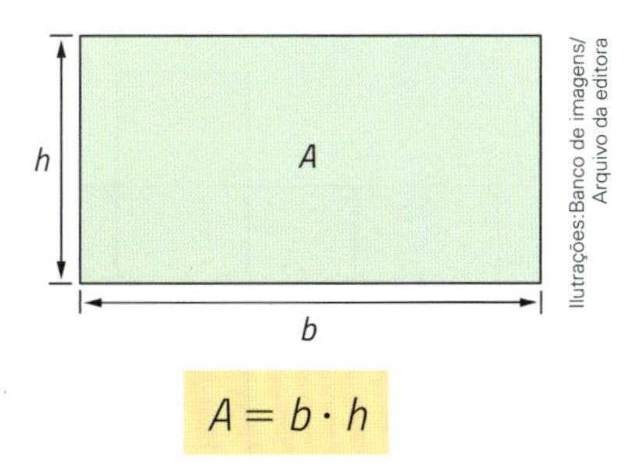

$$A = b \cdot h$$

A base e a altura devem ter medidas na mesma unidade. Se essa unidade for o centímetro, a área será dada em centímetros quadrados; se a unidade for o metro, a área será dada em metros quadrados, etc.

Agora podemos responder à pergunta do problema proposto no início do capítulo. O campo de futebol cuja área queremos calcular é um retângulo de base (ou comprimento) 100 m e altura (ou largura) 66 m. Temos:

$$\left.\begin{array}{l} b = 100 \\ h = 66 \end{array}\right\} \Rightarrow A = b \cdot h = 100 \cdot 66 = 6\,600$$

Portanto, a área do campo de futebol a ser coberta com grama é de 6 600 m^2.

Área do quadrado

Vamos representar por ℓ o lado do quadrado. Aplicando a fórmula da área do retângulo, pois todo quadrado é um retângulo, para $b = \ell$ e $h = \ell$, temos:

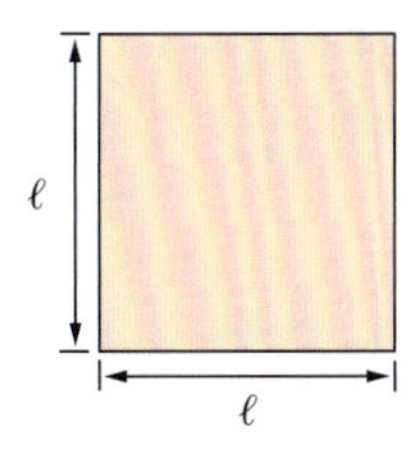

$$A = b \cdot h = \ell \cdot \ell = \ell^2$$

Logo, a área do quadrado é igual ao quadrado da medida do lado.

$$A = \ell^2$$

Vejamos um exemplo:

Um quadrado de lado 2,5 cm tem área:

$$A = \ell^2 = (2{,}5 \text{ cm})^2 = 6{,}25 \text{ cm}^2$$

ATIVIDADES

1. Determine a área da figura em cada um dos itens a seguir.

a) quadrado

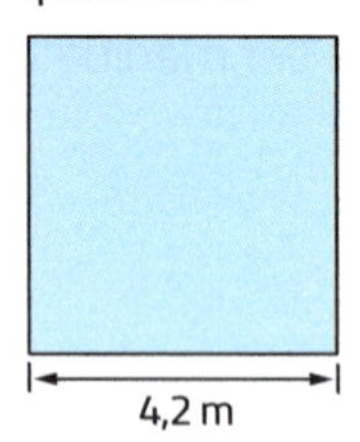

b) retângulo

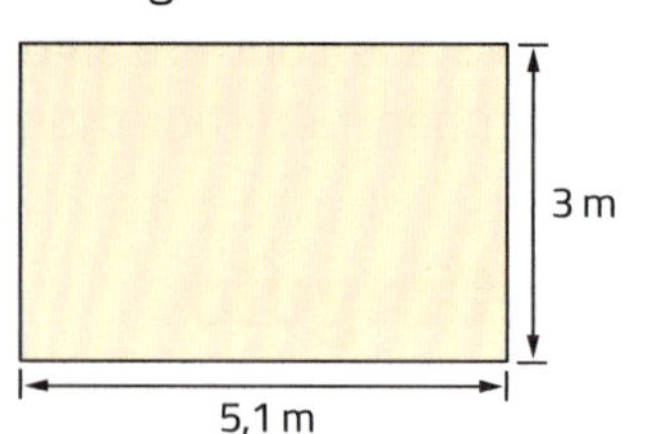

Ilustrações: Banco de imagens/Arquivo da editora

2. Um bloco retangular de dimensões 3 m, 4 m e 5 m, ao ser planificado, resulta numa superfície composta de retângulos.

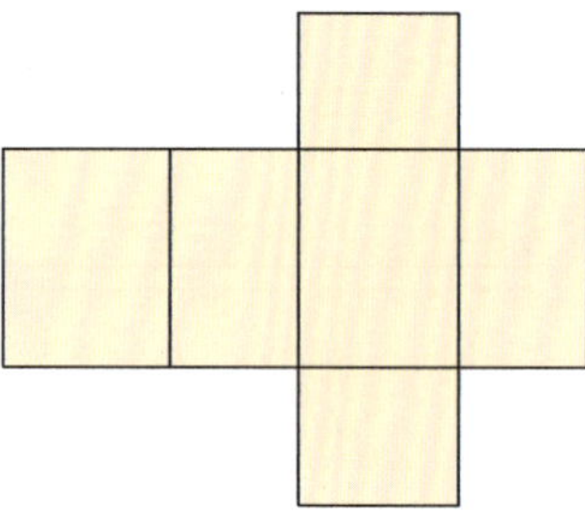

Qual é a área dessa superfície?

3. Um incêndio no Parque da Catacumba (foto), no Rio de Janeiro (RJ), em 2010, atingiu uma área de cerca de "quatro Maracanãs", segundo o noticiário. Se na época as dimensões do Maracanã eram 75 m por 110 m, quantos hectares do parque foram atingidos pelo incêndio? (1 hectare = 10 000 m^2)

Felipe Dana/Associated Press/Imageplus

Incêndio no Parque da Catacumba no Rio de Janeiro (RJ) em 2010.

4. Calcule a área de um terreno quadrado que está totalmente cercado por um muro de 96 m de extensão.

5. Calcule a área da superfície colorida em cada um dos casos.

a) *EFGH* é retângulo.

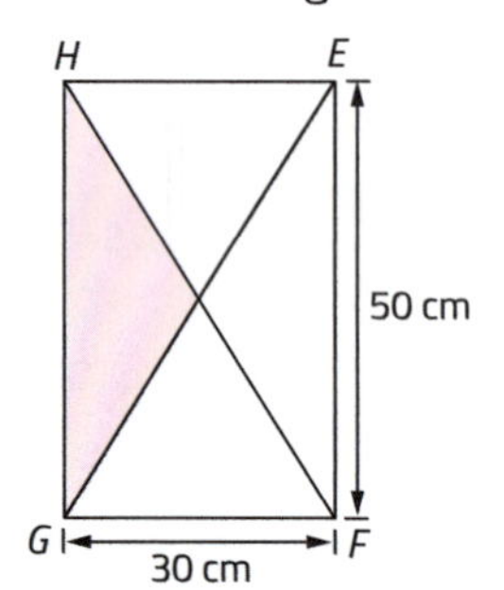

b) *IJKL* é retângulo.

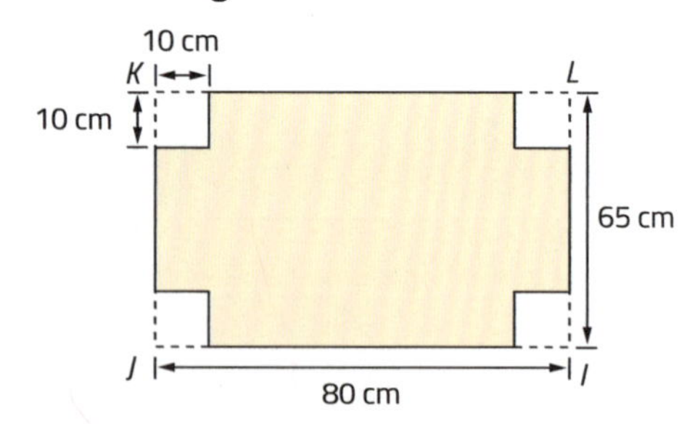

6. A base de um retângulo é o dobro de sua altura. Indique suas dimensões, sendo 72 cm^2 sua área.

7. O perímetro de um retângulo é 42 cm, e a base mede 5 cm a mais do que a altura. Calcule a área do retângulo.

8. Elabore um problema em que seja necessário calcular a área de um retângulo que tenha 20 m de comprimento por 12 m de largura.

9. Elabore um problema que envolva um quadrado cuja área seja igual a 81 m^2.

Área do paralelogramo

Vamos representar por b a base do paralelogramo e por h sua altura.

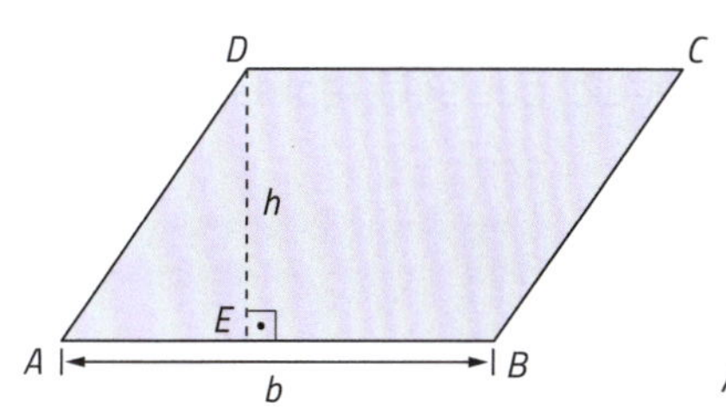

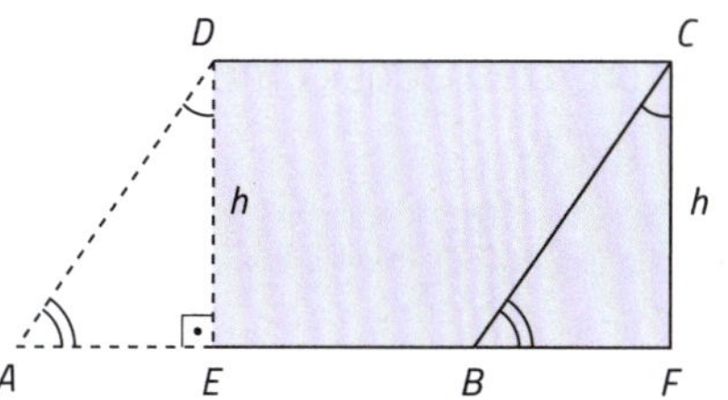

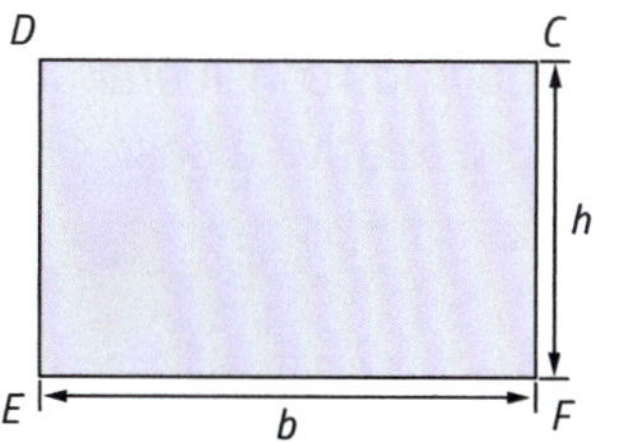

Ilustrações: Banco de imagens/Arquivo da editora

Observemos que a área do paralelogramo $ABCD$ é igual à área do retângulo $EFCD$, porque:

$$\left.\begin{array}{l} A_{\square ABCD} = A_{\triangle AED} + A_{\square EBCD} \\ \text{iguais porque } \triangle AED \equiv \triangle BFC \quad \text{iguais} \\ A_{\square EFCD} = A_{\triangle BFC} + A_{\square EBCD} \end{array}\right\} \Rightarrow A_{\square ABCD} = A_{\square EFCD}$$

Segue, portanto, que a área do paralelogramo é igual ao produto da medida da base pela medida da altura:

$$A = b \cdot h$$

Vejamos um exemplo:

Calculemos a área de um paralelogramo de base $b = 8$ cm e altura $h = 4$ cm:

$A = b \cdot h = 8 \cdot 4 = 32$

As medidas estão em centímetros, portanto a área desse paralelogramo é 32 cm^2.

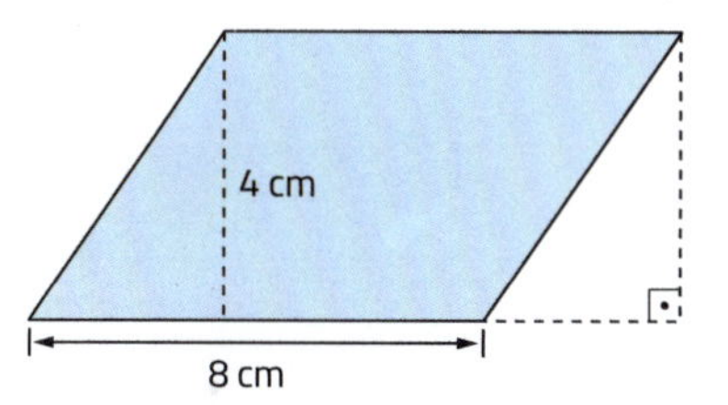

ATIVIDADES

10. Calcule a área do paralelogramo.

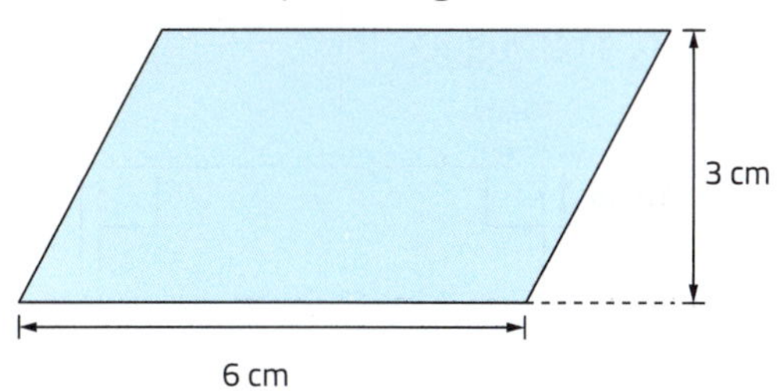

11. Considere o terreno de uma casa, que tem o formato de um paralelogramo, cujas dimensões estão na figura a seguir. Determine a área do terreno.

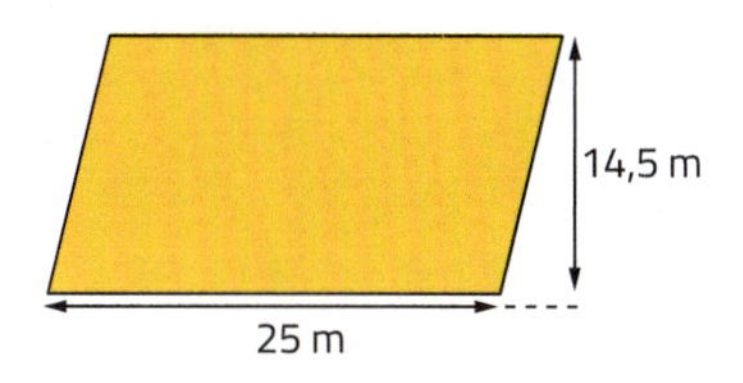

12. Determine a área de um jardim, cujo formato é semelhante à junção de um retângulo a um paralelogramo.

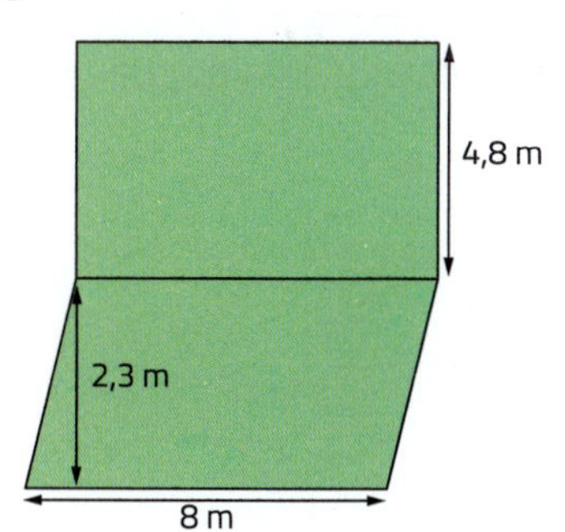

Área do triângulo

Fórmula geral

Podemos considerar qualquer um dos três lados como base do triângulo, que será representada por *b*. A altura relativa à base será indicada por *h*.

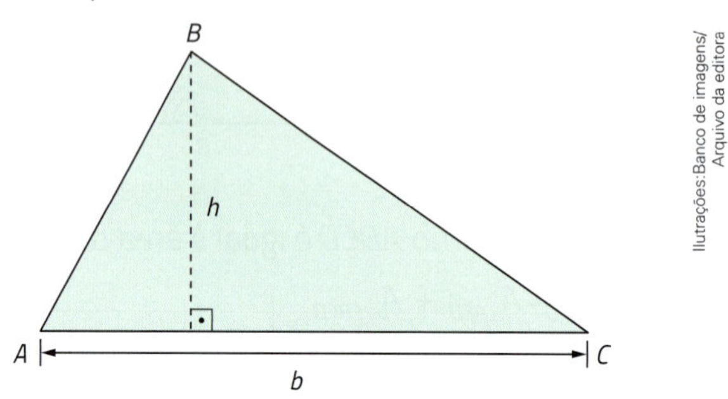

Ilustrações: Banco de imagens/ Arquivo da editora

Notemos que os triângulos *ABC* e *DCB* são congruentes; logo, têm áreas iguais. Segue daí que a área do triângulo *ABC* é igual à metade da área do paralelogramo *ABDC*:

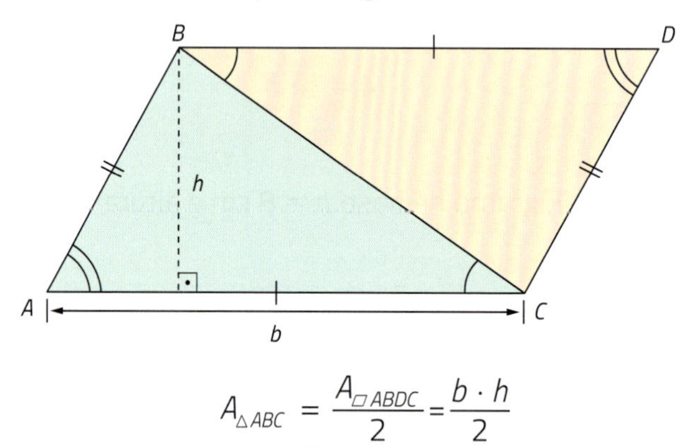

$$A_{\triangle ABC} = \frac{A_{\square ABDC}}{2} = \frac{b \cdot h}{2}$$

Concluímos que a área de um triângulo é igual ao produto da medida da base pela medida da altura dividido por dois:

$$A = \frac{b \cdot h}{2}$$

Exemplo:

Vamos calcular a área do triângulo a seguir:

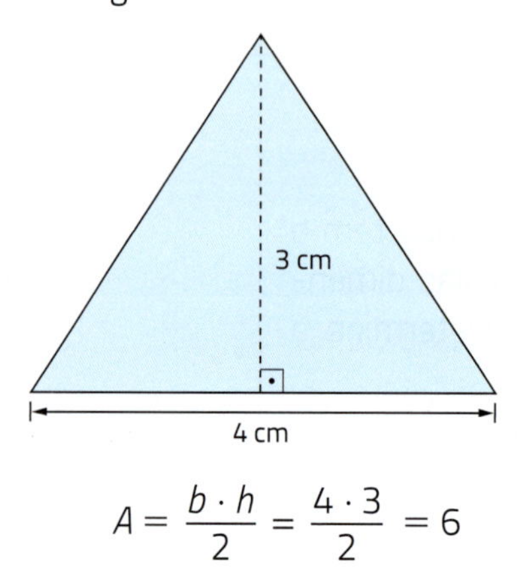

$$A = \frac{b \cdot h}{2} = \frac{4 \cdot 3}{2} = 6$$

Como as medidas estão em centímetros, a área é 6 cm².

ATIVIDADES

13. Calcule a área de cada um dos seguintes triângulos.

a)

3 cm

6 cm

b)

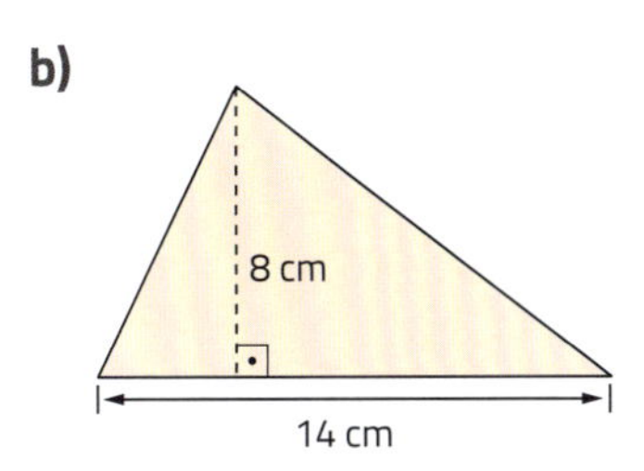

14. Calcule a área do terreno cuja planta é dada nesta figura.

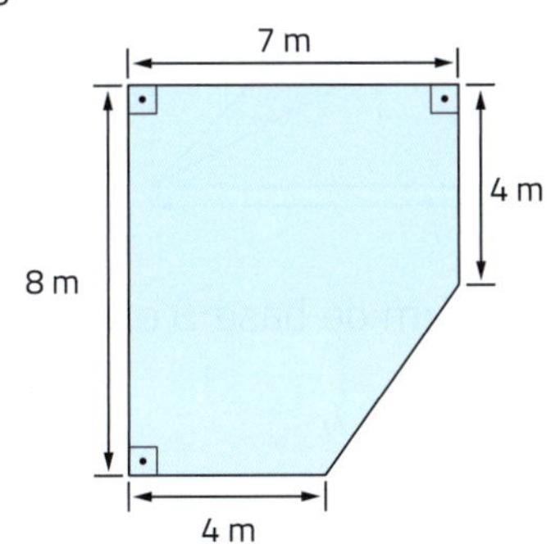

15. Carla deseja comprar um terreno na cidade de Teresina para construir sua casa. As opções oferecidas por uma imobiliária são as seguintes:

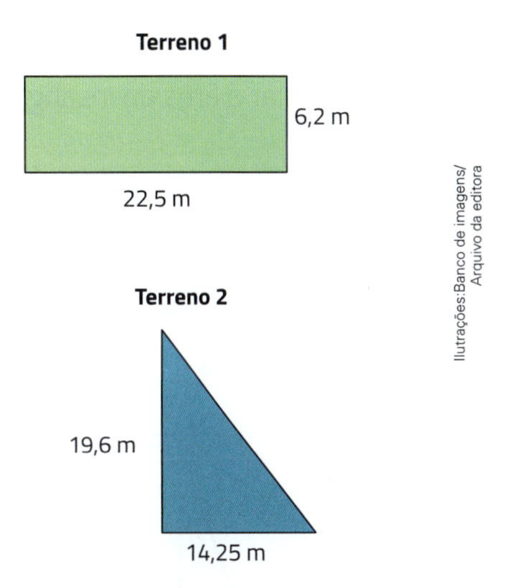

Ilustrações: Banco de imagens/Arquivo da editora

Qual é a melhor opção de terreno para Carla, se ela procura aquele com maior área?

16. Faça a representação de um triângulo que tem base igual a 5 m e altura de 3 m. Na sequência, formule um problema para o qual esse triângulo é a solução.

Área do losango

Todo losango é paralelogramo, portanto já sabemos como calcular sua área:

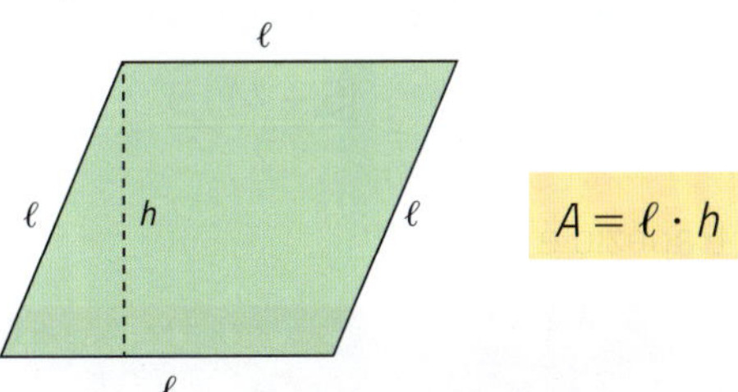

$A = \ell \cdot h$

Mas há outra fórmula para calcular a área desse quadrilátero, a partir das suas diagonais. Vamos representar por D a diagonal maior do losango e por d a diagonal menor.

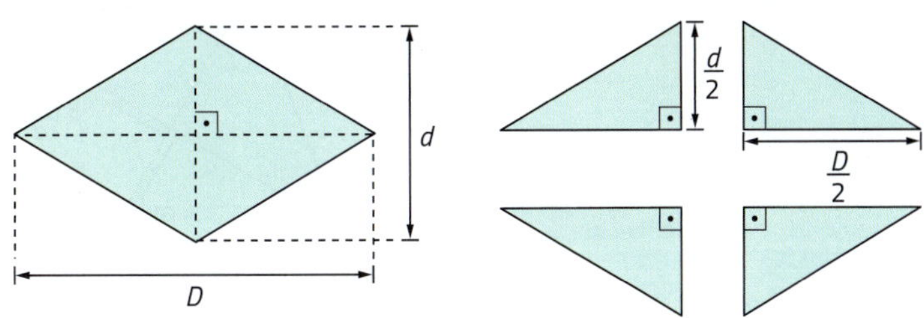

A área do losango é quatro vezes a área do triângulo retângulo de catetos $\frac{D}{2}$ e $\frac{d}{2}$:

$$A = 4 \cdot \frac{\frac{D}{2} \cdot \frac{d}{2}}{2} = 4 \cdot \frac{D \cdot d}{8} = \frac{D \cdot d}{2}$$

Logo, a área do losango é igual ao produto das medidas das diagonais dividido por dois:

$$A = \frac{D \cdot d}{2}$$

Vejamos um exemplo.

Vamos calcular a área do losango cujas diagonais medem 3 m e 1,20 m:

$$A = \frac{D \cdot d}{2} = \frac{3 \cdot 1{,}20}{2} = 1{,}80$$

Portanto, a área é 1,80 m².

Área do trapézio

Vamos representar as bases do trapézio por B e b e a altura por h.

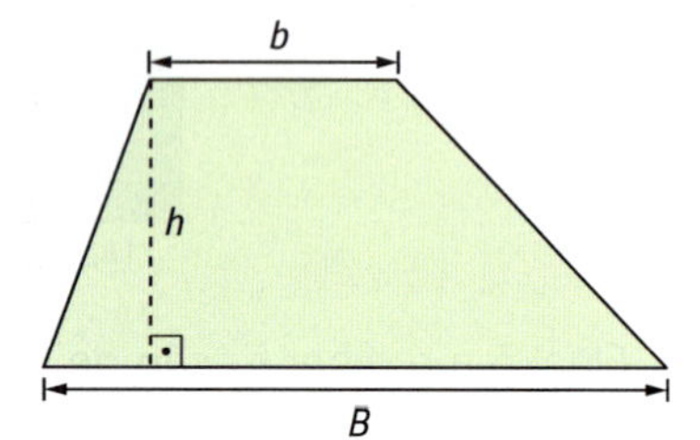

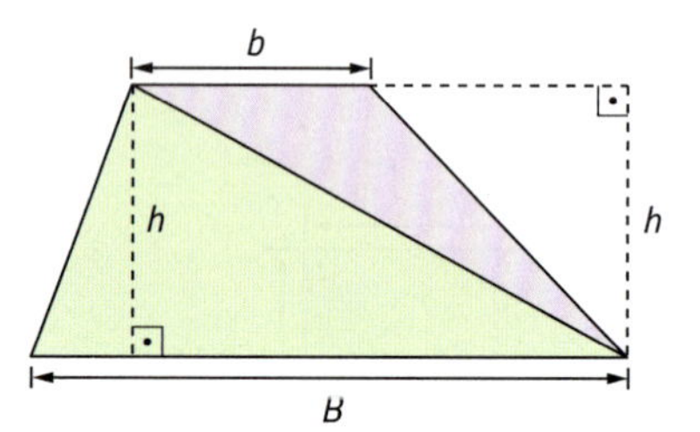

Ilustrações: Banco de imagens/Arquivo da editora

A área do trapézio é igual à soma das áreas dos dois triângulos, um de base B e altura h e outro de base b e altura h:

$$A = \frac{B \cdot h}{2} + \frac{b \cdot h}{2} = \frac{B \cdot h + b \cdot h}{2} = \frac{(B + b) \cdot h}{2}$$

Logo, a área do trapézio é igual à soma das bases vezes a altura, dividida por dois:

$$A = \frac{(B + b) \cdot h}{2}$$

Exemplo:

Vamos calcular a área do trapézio de bases 6 cm e 4 cm e de altura 3 cm:

$$A = \frac{(B + b) \cdot h}{2} = \frac{(6 + 4) \cdot 3}{2} = \frac{10 \cdot 3}{2} = \frac{30}{2} = 15$$

Portanto, a área desse trapézio é 15 cm².

ATIVIDADES

17. Calcule a área de cada losango.

a)

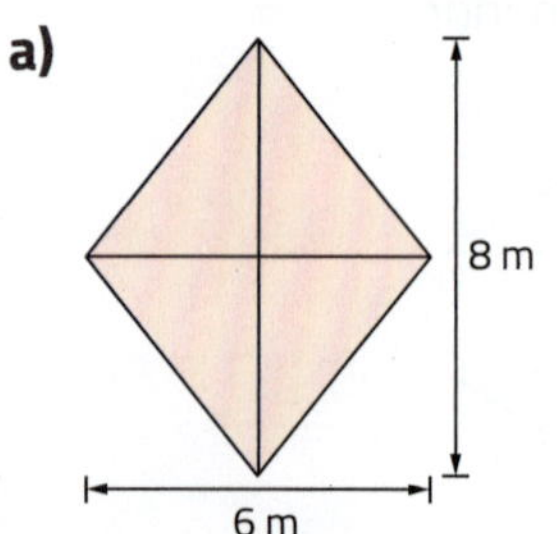

b)

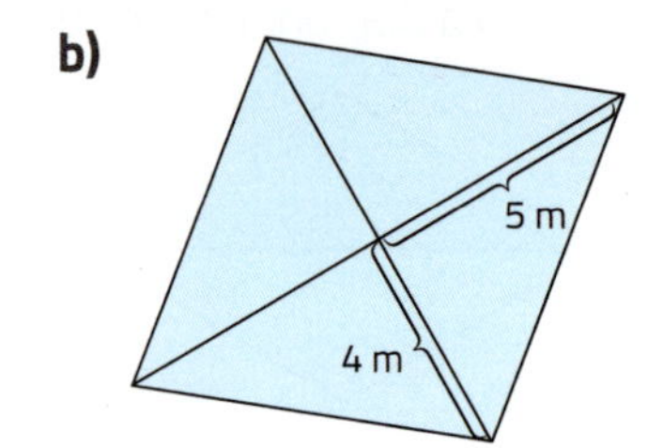

Ilustrações: Banco de imagens/Arquivo da editora

18. Calcule a área de cada trapézio.

a)

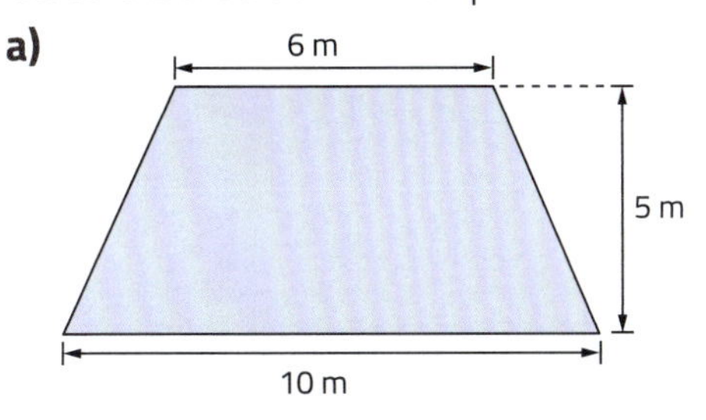

b)

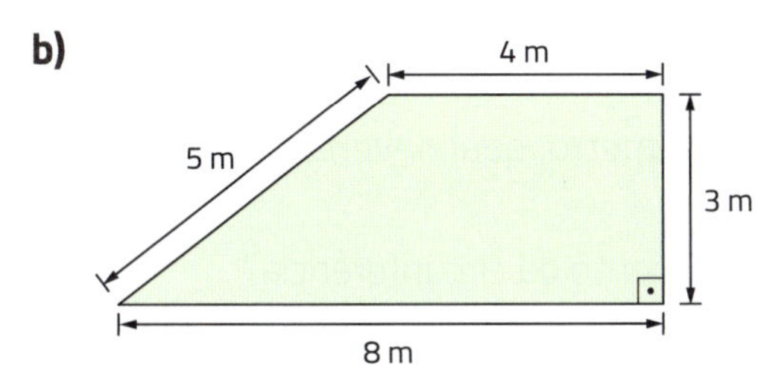

19. Calcule, em cada item, a área da superfície colorida.

a)

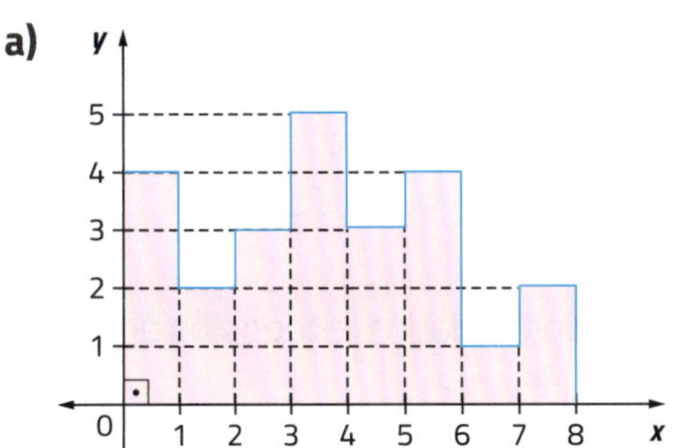

b)

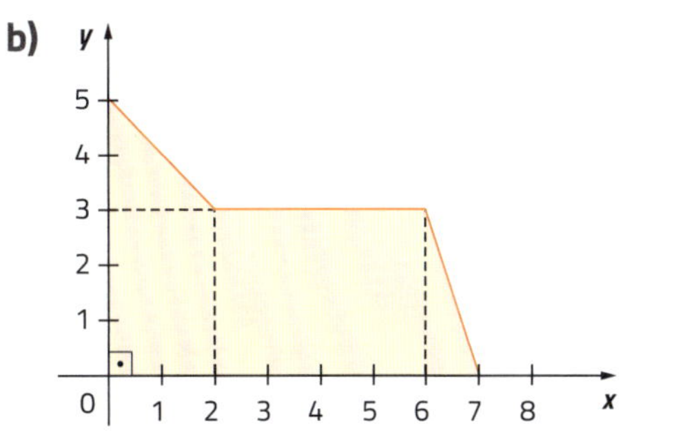

Ilustrações: Banco de imagens/Arquivo da editora

c)

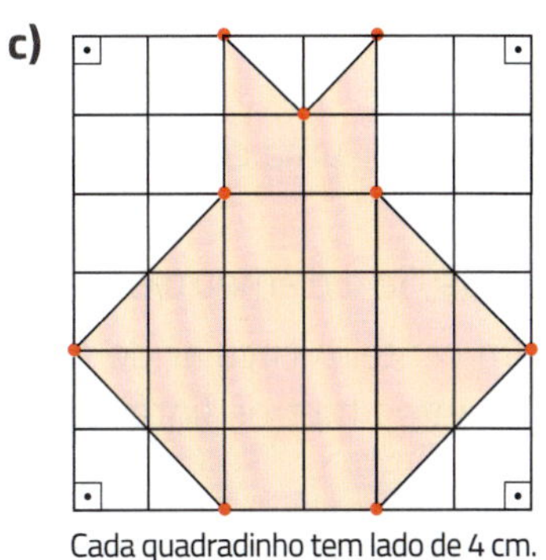

Cada quadradinho tem lado de 4 cm.

20. Elabore um problema em que seja necessário calcular a área de um losango cuja diagonal menor mede 5 cm e a diagonal maior mede 8 cm.

21. Elabore um problema em que a área de um trapézio de base menor 4 cm e base maior 6 cm é igual a 25 cm^2 e seja necessário encontrar a altura dele.

Comprimento da circunferência

Moldando o arame

Do arame utilizado para cercar o canteiro, sobrou um pedaço de 10 cm de comprimento. Helena decidiu moldá-lo na forma de uma circunferência:

Hélio Senatore/Arquivo da editora

Queremos saber: Qual é a medida do diâmetro dessa circunferência? E do raio?

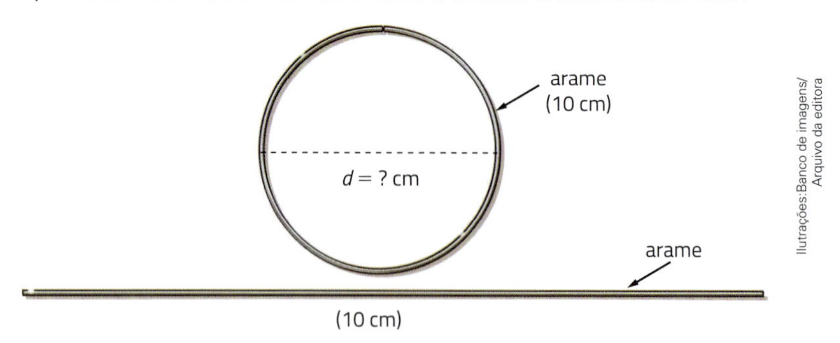

Se desejássemos obter uma circunferência de 50 cm de diâmetro, qual deveria ser o comprimento do arame?

Em outras palavras: Se o diâmetro é 50 cm, qual é o comprimento da circunferência?

E para cercar um canteiro circular de 1 m de raio com cinco voltas de arame, quantos metros (inteiros) de arame é preciso comprar?

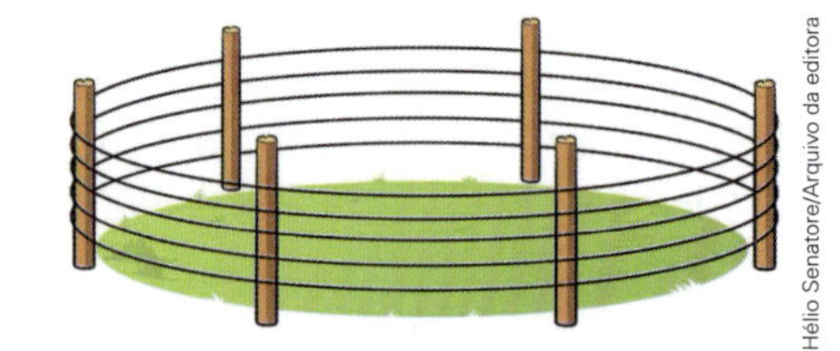
Hélio Senatore/Arquivo da editora

No 7º ano vimos que experimentalmente se descobriu na Antiguidade que a razão entre o comprimento c e o diâmetro d é:

$$\frac{c}{d} = \pi\text{, ou seja, } c = \pi \cdot d$$

Vamos mostrar alguns cálculos que comprovam essa descoberta.

Denomina-se **polígono regular** o polígono convexo que tem todos os lados e todos os ângulos internos congruentes.

Observe estes exemplos de polígonos regulares:

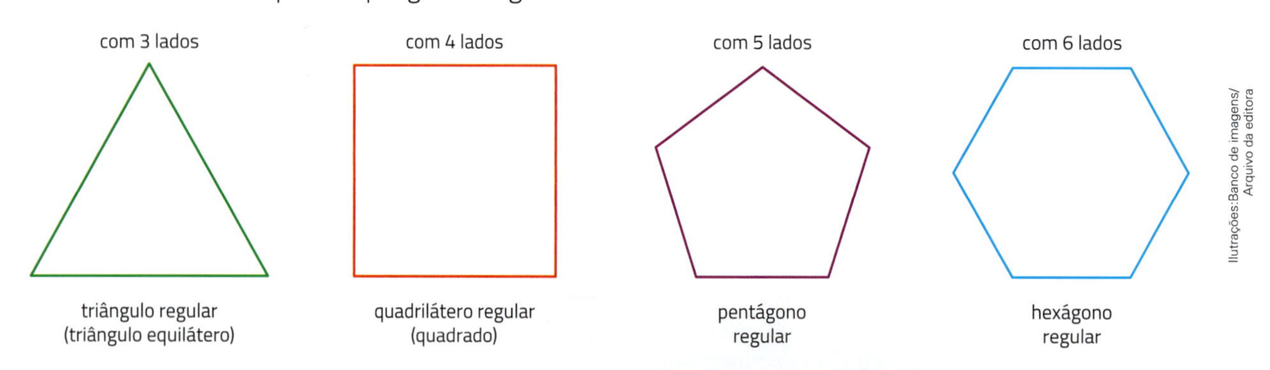

Os polígonos regulares, com qualquer número de lados, têm um ponto O que dista igualmente de todos os vértices do polígono.

Esse ponto O é o centro de uma circunferência que passa por todos os vértices do polígono.

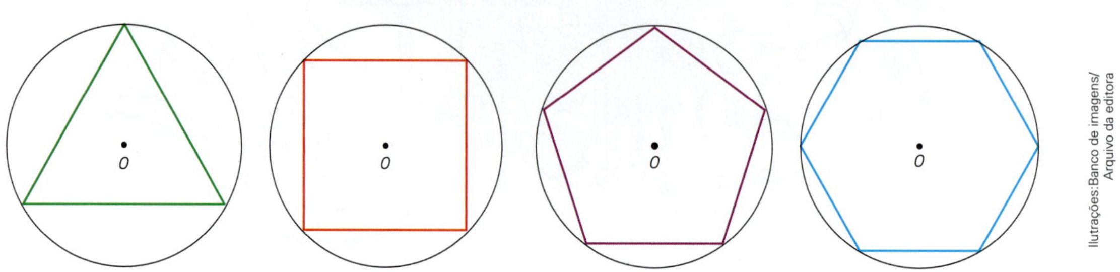

Elementos notáveis de um polígono regular

No estudo dos polígonos regulares, é importante conhecer alguns elementos. Vejamos:

- **Centro:** é o centro comum das circunferências inscrita e circunscrita.
  O centro é o ponto em que concorrem as mediatrizes dos lados e as bissetrizes dos ângulos internos.
- **Apótema:** é o segmento perpendicular ao lado com uma extremidade no centro e a outra no ponto médio do lado.

No hexágono regular representado ao lado:

- O é o centro;
- M é o ponto médio do lado;
- $\overline{OM}$ é o apótema ($OM = a$).

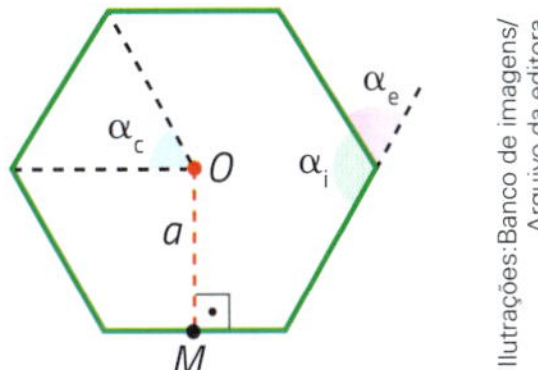

Ilustrações: Banco de imagens/ Arquivo da editora

Observe o que ocorre com a medida ℓ do lado e com o perímetro $2p$ dos polígonos regulares inscritos em uma circunferência de raio r e com a razão entre o perímetro e o diâmetro d, $d = 2r$. Construímos o quadro abaixo com $r = 25$ cm.

Polígono	Perímetro do polígono inscrito	Razão entre perímetro e diâmetro
triângulo equilátero	$\ell = r\sqrt{3} \cong 43{,}30$ cm $2p = 3\ell \cong 129{,}90$ cm	$\frac{2p}{d} \cong 2{,}5980$
quadrado	$\ell = r\sqrt{2} \cong 35{,}36$ cm $2p = 4\ell \cong 141{,}42$ cm	$\frac{2p}{d} \cong 2{,}8284$
hexágono regular	$\ell = r = 25$ cm $2p = 6\ell = 150$ cm	$\frac{2p}{d} \cong 3{,}0000$
octógono regular	$\ell = r\sqrt{2 - \sqrt{2}} \cong 19{,}13$ cm $2p = 8\ell \cong 153{,}07$ cm	$\frac{2p}{d} \cong 3{,}0614$
dodecágono regular	$\ell = r\sqrt{2 - \sqrt{3}} \cong 12{,}94$ cm $2p = 12\ell \cong 155{,}29$ cm	$\frac{2p}{d} \cong 3{,}1058$

Ilustrações: Banco de imagens/ Arquivo da editora

Podemos observar que:

- quando o número de lados do polígono cresce, a medida ℓ do lado diminui;
- quando o número de lados do polígono cresce, a medida $2p$ do perímetro cresce;
- quando o número de lados do polígono cresce, o polígono tem lados tão pequenos que vai tomando a forma da circunferência.

Para um polígono regular com 20 lados, verifica-se que a razão $\frac{2p}{d}$ é aproximadamente 3,1287. Com 72 lados, essa razão é aproximadamente 3,1406; com 144 lados, é aproximadamente 3,1413 e, com 360 lados, é aproximadamente 3,14155. Arquimedes, no século III a.C., já havia calculado essa razão para o polígono de 72 lados.

Se fosse feito o cálculo da razão entre o perímetro de um polígono com um número de lados muito grande (da ordem de milhões de lados) e o diâmetro ($2r$), ele se aproximaria do número 3,14159..., que se representa por π. Então, o comprimento da circunferência de diâmetro d e raio r é πd ou $2\pi r$.

O comprimento de uma circunferência é igual a π vezes o diâmetro, ou 2π vezes o raio, sendo $\pi = 3{,}141592...$

Nas aplicações, costumamos usar o valor de π aproximado por duas casas decimais, $\pi \cong 3{,}14$, ou por quatro casas, $\pi \cong 3{,}1416$. Nas construções geométricas, usamos $\pi \cong \frac{22}{7}$.

Respondendo às perguntas do tópico "Comprimento da circunferência – Moldando o arame", temos:

- Uma circunferência tem comprimento 10 cm. Vamos calcular o raio:

$$C = 2\pi r \Rightarrow 2\pi r = 10 \text{ cm} \Rightarrow r = \frac{10 \text{ cm}}{2\pi} \Rightarrow r = \frac{5}{\pi} \text{ cm}$$

Logo, $r \cong \frac{5 \text{ cm}}{3{,}14} \cong 1{,}59$ cm.

O diâmetro é aproximadamente igual a 3,18 cm.

- O comprimento da circunferência de diâmetro 50 cm é:

$$C = \pi d = \pi \cdot 50 \text{ cm} = 50\pi \text{ cm}$$

Logo, $C \cong 50 \text{ cm} \cdot 3{,}14 = 157$ cm.

- Para cercar um canteiro circular de raio 1 m com cinco voltas de arame:

$$5 \cdot 2\pi r \cong 5 \cdot 2\pi \cdot 1 \text{ m} \cong 10 \cdot 3{,}14 \text{ m} \cong 31{,}4 \text{ m}$$

É preciso comprar 32 metros de arame.

ATIVIDADES

Nesta série de atividades, use $\pi \cong 3{,}14$.

22. Calcule o comprimento de uma circunferência de raio $r = 10$ cm.

23. Calcule o comprimento de uma circunferência cujo diâmetro mede 12 cm.

24. Calcule o raio de uma circunferência cujo comprimento é de 120 cm.

25. Quanto aumenta o raio de uma circunferência quando seu comprimento aumenta 5 metros?

26. Quanto aumenta o comprimento de uma circunferência cujo raio sofreu aumento de 50%?

27. Com um fio de arame, deseja-se construir uma circunferência de diâmetro 10 cm. Qual deve ser o comprimento do fio?

Área de um polígono regular

Área do jardim

A prefeitura de uma cidade quer fazer um jardim em uma praça que tem o formato de hexágono regular. Qual será a área desse jardim, sabendo que ele terá 56 m de lado e que a distância entre os dois lados paralelos é 97 m?

Ilustra Cartoon/Arquivo da editora

Antes de responder a essa questão, vamos rever alguns pontos que já estudamos sobre polígonos desde o 6º ano.

Já vimos que todo polígono regular é inscritível numa circunferência.

Se traçarmos um segmento de reta que liga o centro *O* dessa circunferência aos *n* vértices do polígono, ele ficará dividido em *n* triângulos isósceles.

A altura de cada um desses triângulos isósceles relativa à base é um segmento de medida *a*, chamada de apótema do polígono.

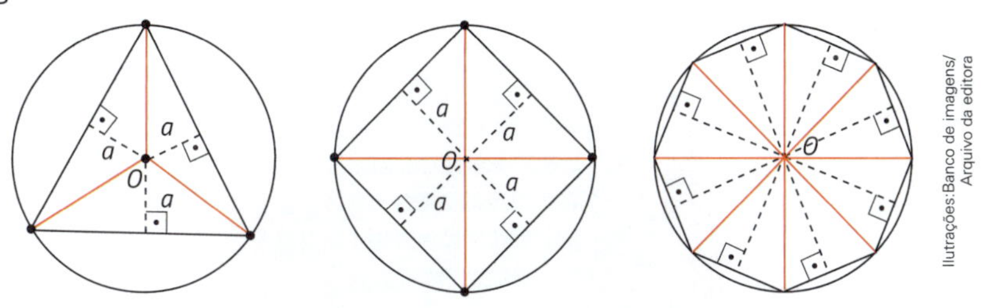

Ilutrações: Banco de imagens/Arquivo da editora

Para um polígono regular qualquer, vamos indicar:

- n: número de lados do polígono;
- ℓ: medida do lado;
- a: medida do apótema;
- $2p$: perímetro ($2p = n \cdot \ell$).

Se o polígono tem n lados, então sua área é igual a n vezes a área do triângulo de base ℓ e altura a:

$$A = n \cdot \frac{\ell \cdot a}{2} = \frac{n \cdot \ell \cdot a}{2} = \frac{\cancel{2}p \cdot a}{\cancel{2}} = p \cdot a$$

Logo, a área do polígono regular é igual ao produto do semiperímetro pelo apótema:

$$A = p \cdot a$$

Leia novamente o problema "Área do jardim". Agora podemos responder à pergunta sobre sua área.

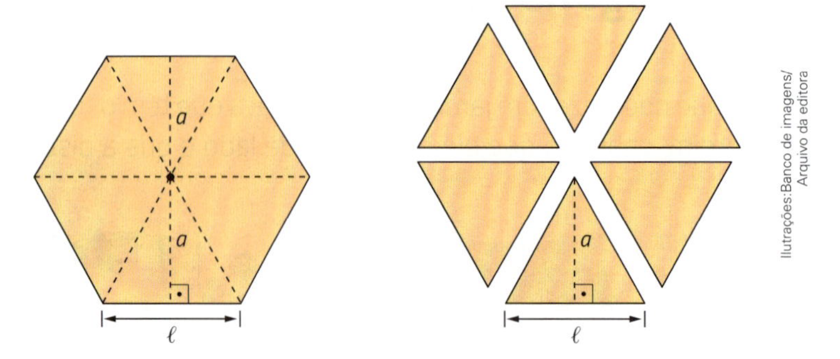

O jardim terá a forma de um hexágono regular com lado igual a 56 m. Assim, $\ell = 56$ m e $n = 6$. Portanto, temos o semiperímetro p, em metros:

$$2p = 56 \cdot 6 \Rightarrow p = 56 \cdot 3 \Rightarrow p = 168$$

Como a distância entre os dois lados paralelos é duas vezes o apótema a, temos:

$$2a = 97 \text{ m, logo } a = 48{,}5 \text{ m.}$$

Então, a área do hexágono regular é, em metros quadrados:

$$A = p \cdot a = 168 \cdot 48{,}5 = 8\,148$$

A área do jardim na praça será de 8 148 m^2.

Área do círculo

Estádio Beira-Rio em Porto Alegre, RS.

Em um campo de futebol oficial, qual é a área do grande círculo central? E qual é a área da meia-lua? Vamos aprender sobre a área do círculo e suas partes e, depois, poderemos responder a essas perguntas. Veja, nas figuras abaixo, dois polígonos regulares inscritos numa circunferência de raio r.

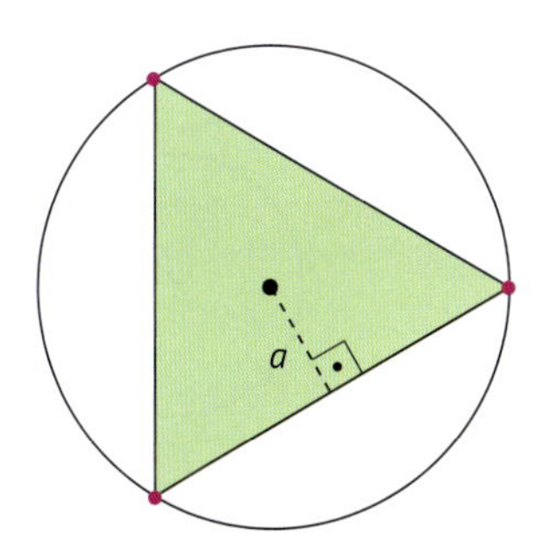

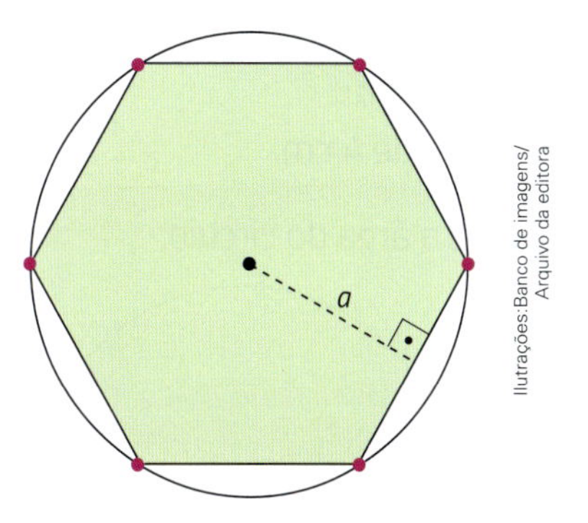

Ilustrações: Banco de imagens/Arquivo da editora

Observe o que acontece quando aumentamos o número de lados de polígonos inscritos:

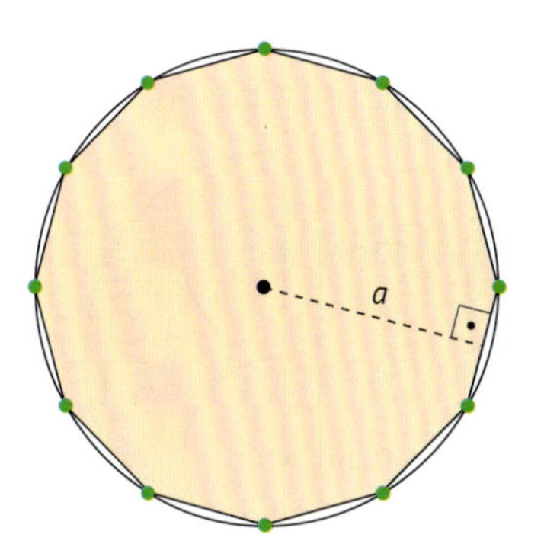

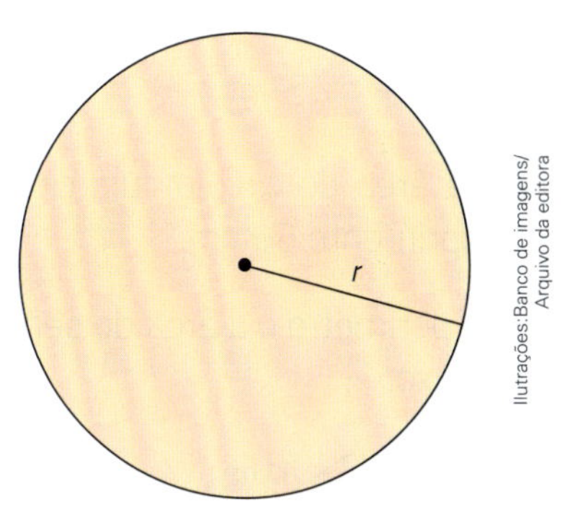

Ilustrações: Banco de imagens/Arquivo da editora

Perceba que, à medida que aumenta a quantidade de lados dos polígonos regulares inscritos:

- a forma dos polígonos regulares vai se aproximando da forma circular;
- a área dos polígonos regulares inscritos vai crescendo e se aproximando da área do círculo;
- o perímetro $(2p)$ dos polígonos regulares inscritos vai se aproximando do comprimento da circunferência $(2\pi r)$, e os apótemas (a) vão se aproximando do raio (r). Logo, a área dos polígonos vai se aproximando de:

$$A = (\text{semiperímetro}) \cdot (\text{apótema}) = p \cdot a = \frac{2\pi r}{2} \cdot r = \pi r^2$$

A área do círculo é:

$$A = \pi \cdot r^2$$

Veja um exemplo:

A área do círculo de raio 3 cm é dada por:

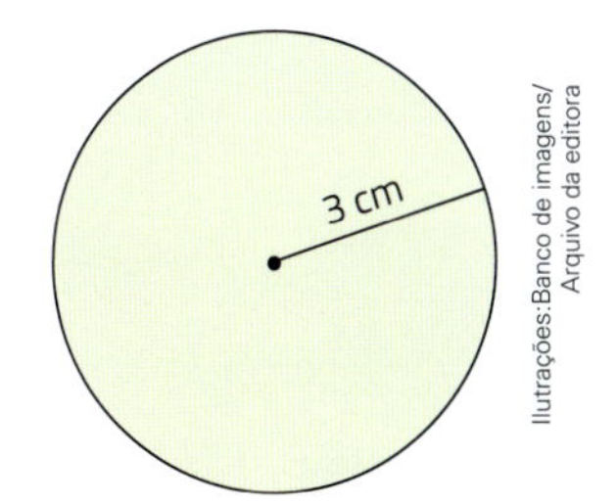

Ilustrações: Banco de imagens/Arquivo da editora

$$A = \pi \cdot r^2 = \pi \cdot 3^2 = 9\pi$$

A área desse círculo é 9π cm², aproximadamente 28,3 cm².

O raio do grande círculo em um campo oficial de futebol é 9,15 m. Então, a área dele é, em metros quadrados:

$$A = \pi \cdot r^2 = \pi \cdot (9{,}15)^2 \cong 263 \text{ m}^2$$

ATIVIDADES

28. Calcule a área de um círculo que tem:

a) raio de 5 cm;

b) diâmetro de 4 cm.

29. Determine a área do círculo.

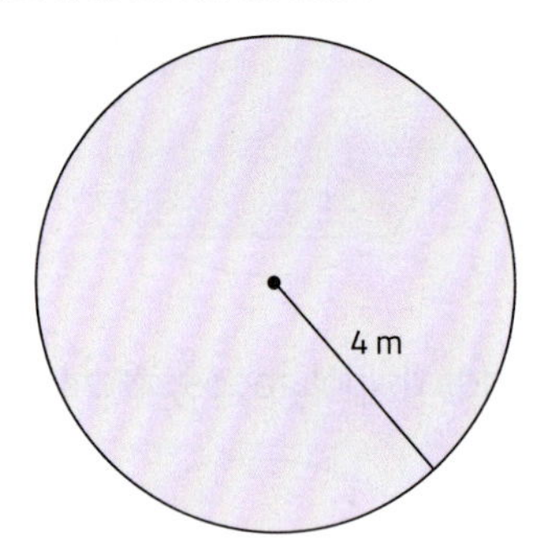

30. Calcule a área do círculo cuja circunferência tem comprimento 6π cm.

31. Calcule o perímetro e a área do semicírculo da figura abaixo.

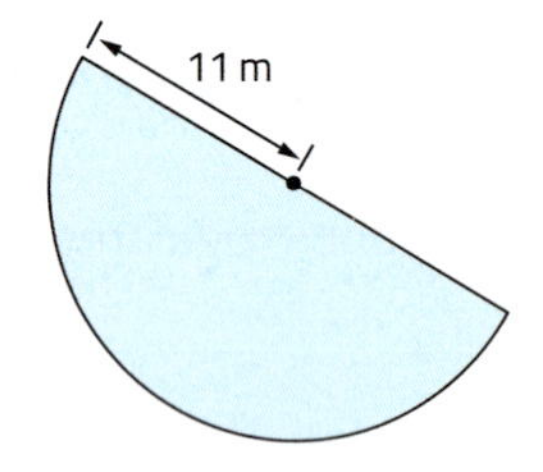

32. Calcule a área da superfície colorida, em que $r = 1$ cm.

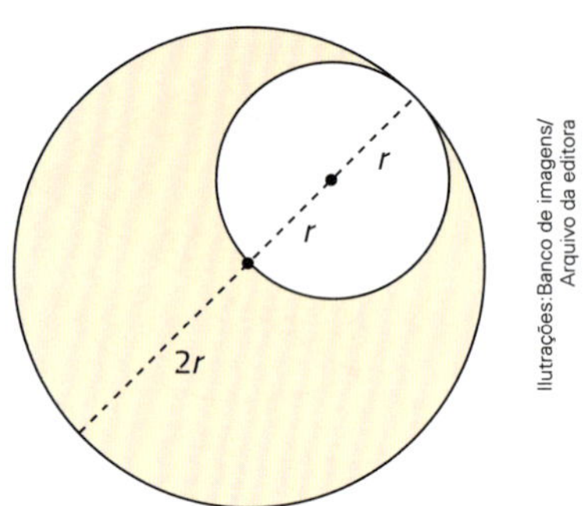

Ilustrações: Banco de imagens/Arquivo da editora

33. Calcule a área da região colorida, determinada por três semicircunferências.

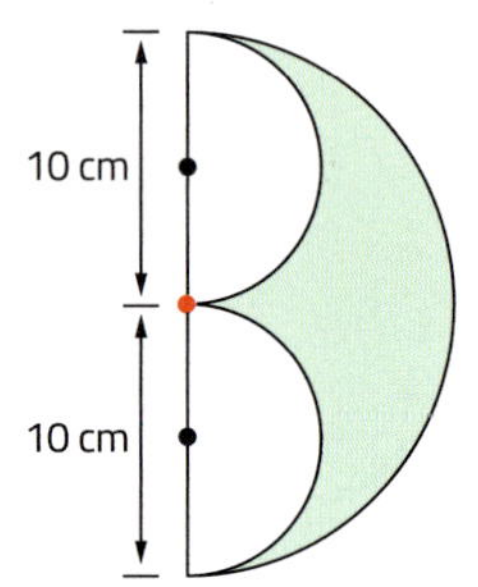

34. Elabore um problema em que seja necessário descobrir o perímetro e a área de um círculo de raio igual a 2 cm.

Volume do prisma e do cilindro

A capacidade do reservatório de água

Um grande reservatório de água potável tem a forma cilíndrica com base de diâmetro 8 m e altura 5 m. Quantos litros de água cabem nesse reservatório?

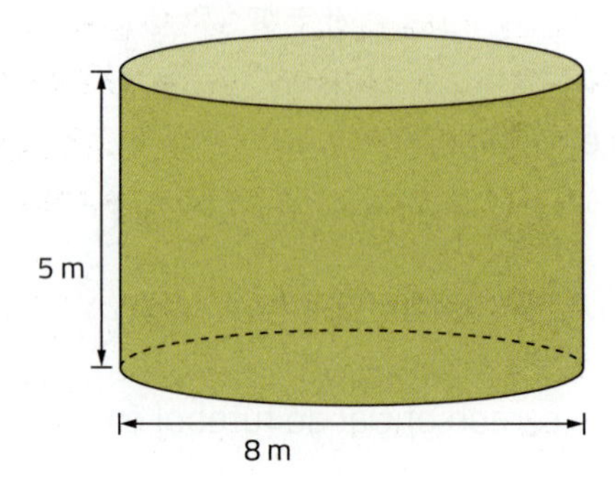

Para calcular a capacidade desse reservatório, precisamos saber como se calcula o volume de um cilindro.

Sabemos que o volume de um bloco retangular é o produto do comprimento pela largura e pela altura:

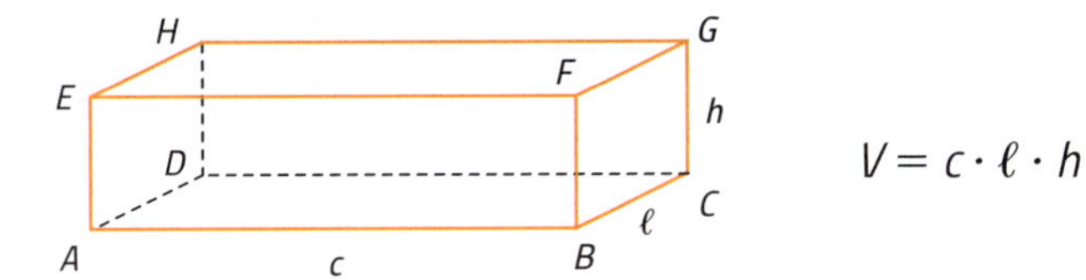

$$V = c \cdot \ell \cdot h$$

Nesse bloco o retângulo *ABCD* é chamado de base do bloco e sua área é o produto do comprimento pela largura.

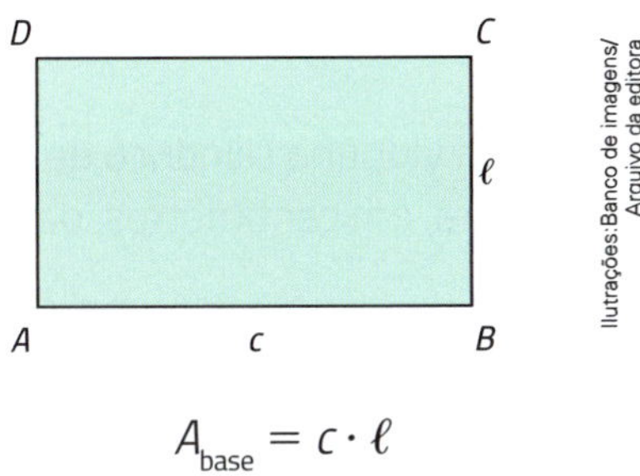

Ilustrações: Banco de imagens/ Arquivo da editora

$$A_{base} = c \cdot \ell$$

Desse modo, podemos escrever:

$$V = \underbrace{c \cdot \ell}_{A_{base}} \cdot h \Rightarrow V = A_{base} \cdot h$$

O volume do bloco retangular é o produto da área da base pela altura. O bloco retangular é um prisma com base retangular. Essa fórmula, $V = A_{base} \cdot h$, é usada para calcular o volume de todo e qualquer prisma, tenha ele base triangular, quadrangular, pentagonal, etc.

Com essa fórmula, também podemos calcular o volume do cilindro circular reto, em que a base é um círculo de raio r e a altura é h:

$$V = A_{base} \cdot h$$

$$V = \pi r^2 \cdot h$$

Vamos então responder à pergunta sobre a capacidade do reservatório de água. Temos:

$$A_{base} = \pi r^2 = \pi \cdot \left(\frac{8}{2}\right)^2 = p \cdot 4^2 = 16\pi\text{, em metros quadrados.}$$

$$V = A_{base} \cdot h = 16\pi \cdot 5 = 80\pi\text{, em metros cúbicos.}$$

$$1\ \text{m}^3 = 1\,000\ \text{dm}^3 = 1\,000\ \text{L}$$

A capacidade do reservatório é de 80 000 π L, aproximadamente 251 mil litros de água.

ATIVIDADES

35. Calcule o volume de um cilindro circular reto em cada caso:

a) Sendo a área de base 4 cm^2 e a altura 6 cm.

b) Sendo a base um círculo de raio 5 cm e a altura 10 cm.

c) Sendo a base um círculo de diâmetro 20 cm e a altura 30 mm.

36. Qual é a capacidade, em litros, de um garrafão de água que tem a forma cilíndrica com base de diâmetro 30 cm e altura de 40 cm?

37. Um remédio líquido é vendido em um vidrinho cilíndrico de base com 30 mm de diâmetro. O conteúdo do remédio é 20 mL. Qual é a altura, em centímetros, da parte ocupada pelo remédio no vidrinho?

38. Uma lata de tinta é um bloco retangular de 23 cm por 23 cm por 34,1 cm. Um galão é um cilindro de diâmetro 16 cm e altura 18 cm. Quantos galões de tinta cabem em uma lata? Qual é o volume da lata de tinta e do galão em dm^3?

39. Uma pastelaria vende caldo de cana em duas embalagens, pelo mesmo preço:

- Uma garrafinha com a forma de um prisma de base quadrangular, em que a base é um quadrado de lado 5 cm e em que a altura mede 18 cm.
- Um copo cilíndrico com base de diâmetro 6 cm e altura 16 cm.

Em qual das embalagens cabe mais caldo de cana? Qual é o volume do copo em centímetros cúbicos?

40. Quando ouvimos que choveu 5 mm numa cidade em determinado período, significa que toda a água que caiu ocuparia a superfície completa da cidade e ficaria com uma altura de 5 mm. Em 20 dias do mês de fevereiro de 2021, choveu em determinada região o equivalente a 280 mm. Essa região tem área equivalente à de um círculo de 50 km de diâmetro. Quantos metros cúbicos de água caíram nessa região no período mencionado?

Alberto De Stefano/Arquivo da editora

41. Elabore um problema em que seja necessário encontrar, em litros, a capacidade de um cilindro que possui raio de base igual a 2 m e altura igual a 1 m.

NA MÍDIA

Coleta seletiva

Desde 1994 o Cempre [Compromisso Empresarial para Reciclagem] reúne informações sobre os programas de coleta seletiva desenvolvidos por prefeituras, apresentando dados sobre composição do lixo, custos de operação, participação de cooperativas de catadores e parcela de população atendida.

A Pesquisa Ciclosoft tem abrangência geográfica em escala nacional, e possui periodicidade bianual de coleta de dados. [...]

Divulgação/SLU/Agência Brasília/Creative Commons 2.0

Divulgação/SLU/Agência Brasília/Creative Commons 2.0

Divulgação/SLU/Agência Brasília/Creative Commons 2.0

Coleta seletiva de lixo; descarregamento na central de triagem; separação manual do material reciclável. Brasília (DF), julho de 2020.

Pesquisa nacional

Em 2016, 1055 municípios brasileiros (cerca de 18% do total) operaram programas de coleta seletiva.

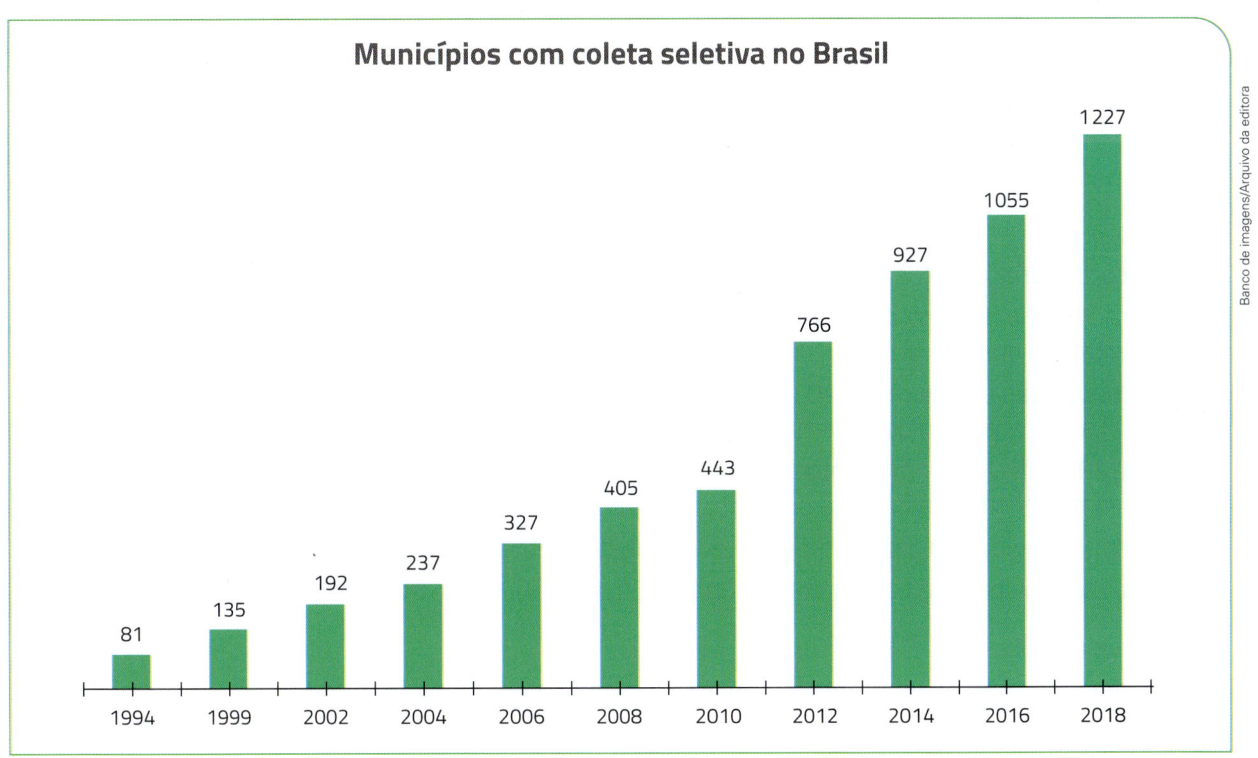

Banco de imagens/Arquivo da editora

Fonte: Cempre.

Regionalização

A concentração dos programas municipais de coleta seletiva permanece nas regiões Sudeste e Sul do país. Do total de municípios brasileiros que realizam esse serviço, 87% está situado nessas regiões.

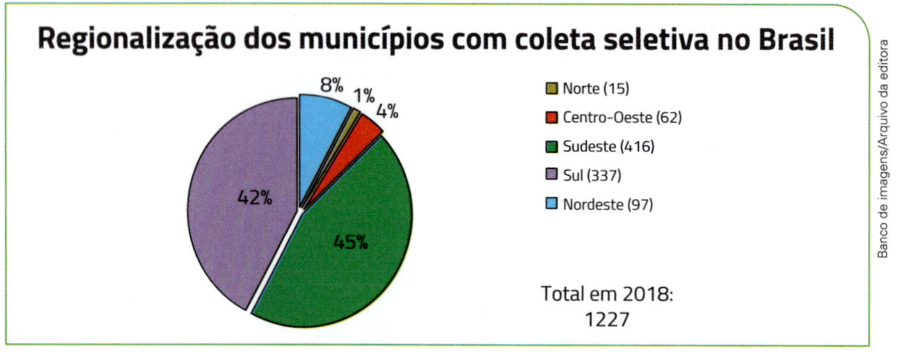

Fonte: Cempre.

População atendida

Cerca de 35 milhões de brasileiros (17%) têm acesso a programas municipais de coleta seletiva.

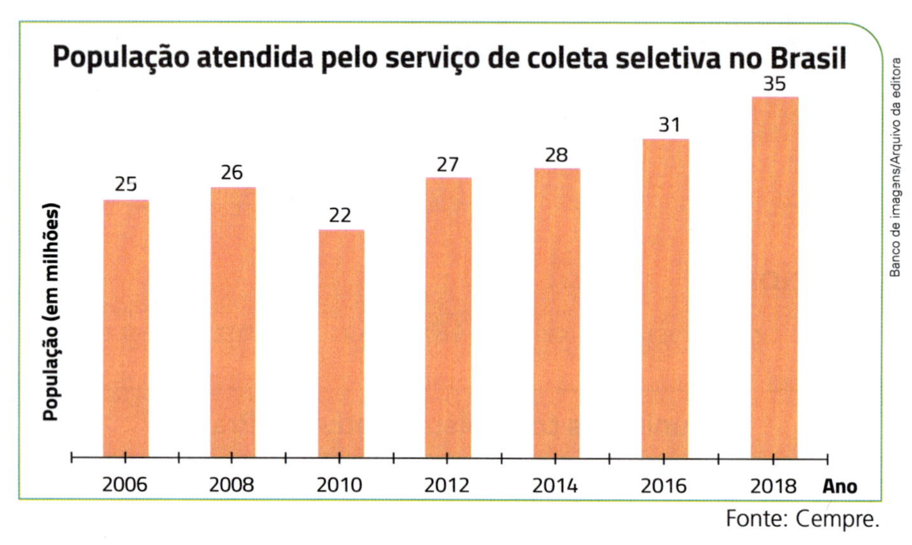

Fonte: Cempre.

Fonte: https://www.temsustentavel.com.br/wp-content/uploads/2018/12/crescimento-dos-catadores.pdf. Acesso em: 19 jul. 2021.

De acordo com os dados dessa pesquisa:

a) Em 2018, o número de municípios no Brasil era de 5 570. Calcule com uma casa decimal a porcentagem dos que tinham coleta seletiva.

b) A população brasileira em 2018 era de 209,5 milhões de habitantes. Calcule com uma casa decimal a porcentagem dos que tinham acesso à coleta seletiva.

c) De 2010 até 2018, em quantos por cento aumentou o número de municípios com coleta seletiva? No mesmo período, em quantos por cento aumentou a população atendida por esse serviço?

d) Em que regiões do país os programas de coleta seletiva estão concentrados?

e) De quantos graus é o setor correspondente à região Sudeste no gráfico de setores anterior?

Para discussão:

f) Como a população pode colaborar para a melhoria do sistema de coleta?

g) Pesquise em que podem ser transformadas as embalagens de plástico coletadas para reciclagem. (Sugestão: digite "o que se faz com plástico reciclado" em um *site* de buscas.)

Medidas estatísticas e contagem

NESTA UNIDADE VOCÊ VAI

- Obter valores de medidas de tendência central e amplitude dos dados de uma pesquisa estatística.
- Verificar a adequação de vários tipos de gráfico para representar um conjunto de dados.
- Construir gráficos de barras e de setores.
- Aplicar o princípio multiplicativo de contagem e calcular probabilidade de eventos.

CAPÍTULOS

CAPÍTULO 20

Medidas estatísticas

rafastockbr/Shutterstock

NA REAL

O que a média nos diz?

De acordo com a Pesquisa Nacional por Amostra de Domicílios Contínua (Pnad Contínua), realizada pelo IBGE, a média salarial mensal dos brasileiros nos últimos meses de 2020 era de R$ 2 507,00.

Se observarmos a média salarial mensal dos brasileiros considerando as regiões do país, obtemos os seguintes valores:

- Centro-Oeste: R$ 2 751,00
- Nordeste: R$ 1 683,00
- Norte: R$ 1 876,00
- Sudeste: R$ 2 903,00
- Sul: R$ 2 745,00

Calcule a média aritmética dos valores das médias salariais mensais das cinco regiões e compare-a com a média salarial mensal brasileira. Por que você acha que esse valor não corresponde à média brasileira?

Na BNCC
EF08MA25

Média aritmética

O critério da professora Eliete

A professora Eliete, de Língua Portuguesa, calculou a média dos estudantes no primeiro bimestre usando o seguinte critério: adicionou as notas de três provas com a nota de um trabalho e dividiu o resultado por 4.

Alexandre tirou 6,0, 4,5 e 7,0 nas provas e 7,5 no trabalho. Com que média ele ficou?

Vamos calcular:

$$\frac{6,0 + 4,5 + 7,0 + 7,5}{4} = \frac{25,0}{4} = 6,25$$

Alexandre ficou com média 6,25.

No problema proposto acima foi calculada a **média aritmética** das notas.

A **média aritmética** de n números reais é o número que se obtém adicionando os n números e dividindo o resultado por n.

Trocando cada número pela média aritmética, a soma fica preservada. Veja:

$$6,0 + 4,5 + 7,0 + 7,5 = 25,0$$

$$\downarrow \quad \downarrow \quad \downarrow \quad \downarrow$$

$$6,25 + 6,25 + 6,25 + 6,25 = 25,0$$

Média ponderada

Delfim Martins/Pulsar Imagens

O critério do professor Antônio

O professor Antônio, de História, aplicou duas provas e propôs dois trabalhos. A média bimestral foi calculada assim: ele adicionou as notas de cada trabalho, multiplicadas por 2, às notas de cada prova, multiplicadas por 3, e dividiu o resultado por 10.

Alexandre tirou 6,0 e 7,0 nos trabalhos e 4,0 e 5,0 nas provas. Com que média ele ficou?

Vamos calcular:

$$\frac{6{,}0 \cdot 2 + 7{,}0 \cdot 2 + 4{,}0 \cdot 3 + 5{,}0 \cdot 3}{10} = \frac{12{,}0 + 14{,}0 + 12{,}0 + 15{,}0}{10} = \frac{53{,}0}{10} = 5{,}3$$

Alexandre ficou com média 5,3.

Nesse problema foi calculada a **média ponderada** das notas. Cada trabalho tinha peso 2 e cada prova tinha peso 3.

A **média ponderada** de *n* números reais é o número que se obtém multiplicando cada número pelo seu peso, adicionando esses produtos e dividindo o resultado pela soma dos pesos.

O salário médio

No supermercado trabalham supervisores, caixas, auxiliares, entre outros funcionários.

Alberto De Stefano/Arquivo da editora

Se um supermercado emprega 4 supervisores e paga a cada um R$ 3850,00 por mês, 20 caixas cujo salário de cada um é R$ 2800,00 e 40 auxiliares que ganham, cada um, R$ 1975,00 por mês, qual é o salário médio desses funcionários?

Vamos calcular a média aritmética de 4 números iguais a 3850, outros 20 números iguais a 2800 e 40 números iguais a 1975:

$$\frac{\overbrace{3\,850 + 3\,850 + 3\,850 + 3\,850}^{4 \text{ parcelas}} + \overbrace{2\,800 + 2\,800 + \ldots + 2\,800}^{20 \text{ parcelas}} + \overbrace{1975 + 1975 + \ldots + 1975}^{40 \text{ parcelas}}}{\underbrace{64}_{\text{total de parcelas}}}$$

Esse cálculo pode ser reescrito da seguinte maneira:

$$\frac{4 \cdot 3\,850 + 20 \cdot 2\,800 + 40 \cdot 1975}{64}$$

Chegaremos ao mesmo resultado se fizermos a média ponderada dos números 3850, 2800 e 1975, com pesos 4, 20 e 40, respectivamente.

Fazendo os cálculos, obtemos:

$$\frac{4 \cdot 3\,850 + 20 \cdot 2\,800 + 40 \cdot 1975}{4 + 20 + 40} = \frac{15\,400 + 56\,000 + 79\,000}{64} = \frac{150\,400}{64} = 2\,350$$

Portanto, o salário médio dos funcionários do supermercado é R$ 2 350,00 por mês.

Quando precisamos calcular a média aritmética de muitos números, entre os quais aparecem números repetidos, podemos considerá-la uma média ponderada, em que os pesos são a quantidade de vezes que cada número aparece.

Vamos interpretar a média

Note que a soma de todos os salários é R$ 150 400,00. Se cada empregado ganhasse R$ 2 350,00 por mês, a soma seria a mesma, pois $64 \times 2\,350 = 150\,400$. Ou seja, a média R$ 2 350,00 é o que cada empregado ganharia se o total gasto em salários fosse dividido igualmente entre todos eles.

Mas, na verdade, nenhum deles ganha R$ 2 350,00 por mês. A média, portanto, pode ser um número que não ocorre nenhuma vez na realidade.

Veja este outro exemplo:

O grupo de Luana, Danilo, Renata e Paola está elaborando um trabalho de Estatística.

Luana tem 3 irmãos, Danilo tem 4, Renata tem 2 e Paola tem 1 irmão. Qual é a média do número de irmãos desse grupo de estudantes?

Como $\frac{3+4+2+1}{4} = \frac{10}{4} = 2{,}5$, em média o grupo tem 2,5 irmãos por pessoa. A afirmação é correta, mesmo que ninguém possa ter 2,5 irmãos.

ATIVIDADES

1. No gráfico abaixo estão as quantidades de máquinas vendidas por uma indústria no primeiro semestre de um ano.

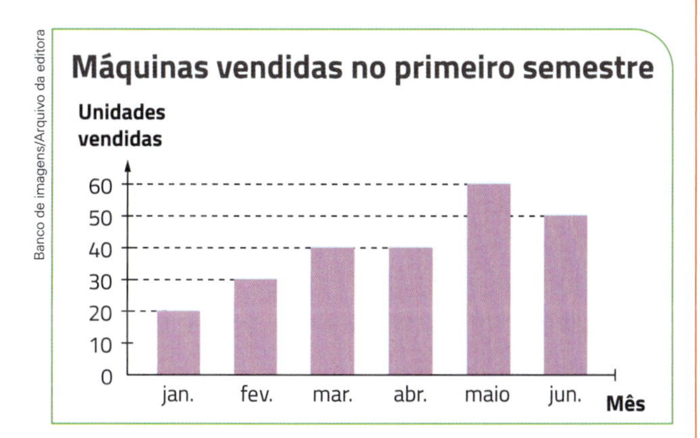

Dados elaborados pelo autor.

Qual foi a média aritmética do número de máquinas vendidas por mês?

2. Paulo Roberto corre diariamente por um mesmo percurso. Nas três últimas corridas, seus tempos foram:

55 min 40 s

54 min 25 s

55 min 10 s

Thinkstock/iStock

Qual é a média aritmética desses três tempos?

3. Durante um bimestre, o professor Humberto atribui a cada estudante quatro notas de 0 a 10. A média bimestral é a média aritmética das quatro notas.

Com três notas já conhecidas, cuja média aritmética é 6,0, Bia está fazendo uma previsão de sua média bimestral. Qual será essa média, no mínimo? E no máximo?

4. Uma concessionária de veículos vendeu, num fim de semana, 6 carros no valor de R$ 40 000,00 cada um, 10 carros de R$ 44 800,00, 2 carros de R$ 64 000,00 e 2 carros de R$ 96 000,00. Qual foi o valor médio por carro vendido?

5. O pé de alface era vendido em janeiro por R$ 2,70, e em fevereiro, devido às chuvas, por R$ 3,60. Em janeiro, a quantidade de alface vendida foi o dobro da de fevereiro. Em média, por quanto foi vendido um pé de alface nesse período?

Freedom_Studio/Shutterstock

6. Vamos supor que a cotação atual do dólar seja a apresentada no quadro a seguir.

Dólar	
turismo	R$ 5,83
comercial	R$ 5,53

Comprando-se 2 000 dólares para uma viagem, 60% deles ao câmbio turismo e 40% ao câmbio comercial, quanto se paga em média por dólar comprado?

7. Em um feriado prolongado, desceram para as praias do litoral paulista 150 000 carros.

Antonio Molina/Fotoarena

Congestionamento em pedágio da Rodovia dos Imigrantes em São Bernardo do Campo (SP). Setembro de 2020.

Se 10% dos carros tinham só o motorista, 20% tinham duas pessoas, 20% tinham três pessoas, 30% tinham quatro pessoas e 20% tinham cinco pessoas, em média, quantas pessoas havia por carro?

8. Em um curso de inglês são aplicadas três provas: a primeira com peso 2, a segunda com peso 3 e a terceira com peso 5. Além disso, o estudante pode fazer uma prova substitutiva, que entra no lugar de qualquer uma das três e mantém o peso da prova substituída. Um estudante que tirou, respectivamente, notas 4,0, 5,0 e 6,0 e, na substitutiva, 7,6, que nota deve substituir para ficar com a maior média?

9. A média de altura dos 15 jogadores convocados para a seleção brasileira de basquetebol era de 2,03 m. Como apenas 12 seriam inscritos na competição, foram cortados três jogadores, um de 2,08 m, um de 1,92 m e outro de 1,97 m. Qual é a média de altura dos que ficaram?

10. Num mercado de frutas trabalham 25 pessoas, e a média dos salários delas é R$ 2 800,00. A média dos salários dos 4 funcionários administrativos é R$ 3 751,00, e a dos salários dos 9 caixas é R$ 2 900,00. Qual é a média dos salários dos demais funcionários?

NA OLIMPÍADA

O gráfico das notas

(Obmep) O professor Michel aplicou duas provas a seus dez alunos 10 e divulgou as notas por meio do gráfico mostrado ao lado. Por exemplo, o aluno A obteve notas 9 e 8 nas provas 1 e 2, respectivamente; já o aluno B obteve notas 3 e 5.

Para um aluno ser aprovado, a média aritmética de suas notas deve ser igual a 6 ou maior do que 6. Quantos alunos foram aprovados?

a) 6

b) 7

c) 8

d) 9

e) 10

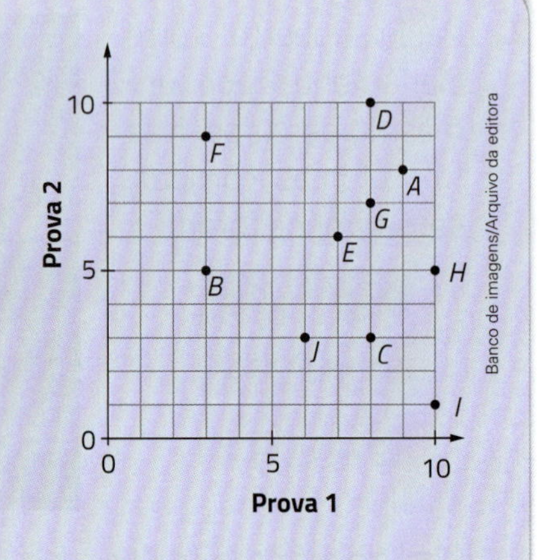

Média geométrica

Vimos que a média aritmética é o número que preserva a soma dos números dados, isto é, se cada número for substituído pela média aritmética, a soma deles permanecerá inalterada.

O número que preserva o produto dos números dados é chamado **média geométrica**. Aqui, vamos considerar apenas números positivos e, por enquanto, calcular a média de dois números apenas.

Por exemplo, qual é a média geométrica de 2 e 8? Temos:

$$2 \cdot 8 = 16$$

A média geométrica é o número positivo x que, colocado no lugar do 2 e do 8, resulta no mesmo produto: $x \cdot x = 16$, ou seja, $x^2 = 16$.

Portanto, x é a raiz quadrada aritmética de 16:

$$x = \sqrt{16} = 4$$

A média geométrica de 2 e 8 é 4.

$$2 \cdot 8 = 16 \text{ e } 4 \cdot 4 = 16$$

A **média geométrica** de dois números reais positivos é o número positivo que se obtém multiplicando os números dados e extraindo a raiz quadrada do produto.

Se quisermos calcular a média geométrica de três números, como 20, 27 e 50, por exemplo, precisamos descobrir o número positivo x na equação.

$$x \cdot x \cdot x = 20 \cdot 27 \cdot 50$$
$$x^3 = 27\,000$$

Você aprenderá a resolver equações como essa no 9º ano. Por enquanto, fazendo tentativas ou usando decomposição em fatores primos, você pode perceber que, nesse exemplo, $x = 30$, pois $30 \cdot 30 \cdot 30 = 27\,000$. Portanto, a média geométrica de 20, 27 e 50 é 30.

Veja a seguir um exemplo de emprego de média geométrica.

Flamingo Images/Shutterstock

Em 2020, o Brasil tinha aproximadamente 134 milhões de usuários de internet.

Número de usuários da internet

Em um país, o número de usuários da internet, em 2018, foi 9 vezes o de 2016 e, em 2020, foi 4 vezes o de 2018.

Em média, quanto aumentou o número de usuários por biênio nesse período?

Podemos representar assim o crescimento:

nº de 2016 $\xrightarrow{\cdot 9}$ nº de 2018 $\xrightarrow{\cdot 4}$ nº de 2020 = nº de 2016 $\cdot 9 \cdot 4$

Considerando x o crescimento médio por biênio:

nº de 2016 $\xrightarrow{\cdot x}$ nº de 2018 $\xrightarrow{\cdot x}$ nº de 2020 = nº de 2016 $\cdot x \cdot x$

Devemos ter $x^2 = 9 \cdot 4$. Como x é positivo, $x = 6$.

O crescimento médio (6 vezes) é a média geométrica dos dois crescimentos observados (9 vezes e 4 vezes). Portanto, o número de usuários foi, em média, multiplicado por 6 a cada biênio desse período.

ATIVIDADES

11. Calcule a média geométrica de:

a) 9 e 16

b) 16 e 25

c) 15 e 60

d) 1 e 100

12. A média geométrica é menor ou maior do que a média aritmética dos números dados? Verifique isso em cada item da atividade anterior.

13. A população de uma cidade duplicou ao longo de uma década. Na década seguinte, ficou oito vezes maior. Em média, quanto aumentou por década essa população?

14. Ana Paula é uma profissional autônoma. Em um ano, ela conseguiu aumentar seus rendimentos em 100%, isto é, seus rendimentos duplicaram. No ano seguinte houve mais aumento: 28% sobre o que havia faturado no ano anterior, ou seja, o faturamento foi multiplicado por 1,28. Em média, quanto aumentou por ano o seu faturamento?

15. Qual é a maior: a média aritmética ou a média geométrica?

a) De 50 e 200.

b) De 100 e 100.

O perfil dos candidatos de um concurso

Os 1600 inscritos em um concurso público responderam a um questionário sobre o perfil dos candidatos.

1. Qual é o seu grau de instrução?

a) Alfabetizado, mas não frequentou escola.

b) Do 1º ao 5º ano do Ensino Fundamental.

c) Do 6º ao 9º ano do Ensino Fundamental.

d) Do 1º ao 3º ano do Ensino Médio.

e) Ensino Superior.

2. Quantas pessoas contribuem para a renda familiar em sua casa?

3. Quantas pessoas são sustentadas com a renda familiar?

4. Quantos banheiros existem em sua casa?

5. Quantos carros existem em sua casa?

6. Quantas TVs existem em sua casa?

7. Quantos microcomputadores existem em sua casa?

8. Você acessa a internet?

a) Não.

b) Sim, de casa.

c) Sim, do trabalho.

d) Sim, da casa de amigos.

e) Sim, de outros locais.

HiSunny/Shutterstock

Com os questionários preenchidos, foram elaborados tabelas e gráficos e foram calculadas algumas medidas estatísticas a respeito dos candidatos inscritos.

Vejamos duas dessas estatísticas:

Grau de instrução dos candidatos inscritos

Grau	Frequência	Frequência relativa
Não frequentou escola	80	5%
Do 1º ao 5º ano	240	15%
Do 6º ao 9º ano	480	30%
Ensino Médio	640	40%
Ensino Superior	160	10%
Total	**1 600**	**100%**

Dados elaborados pelo autor.

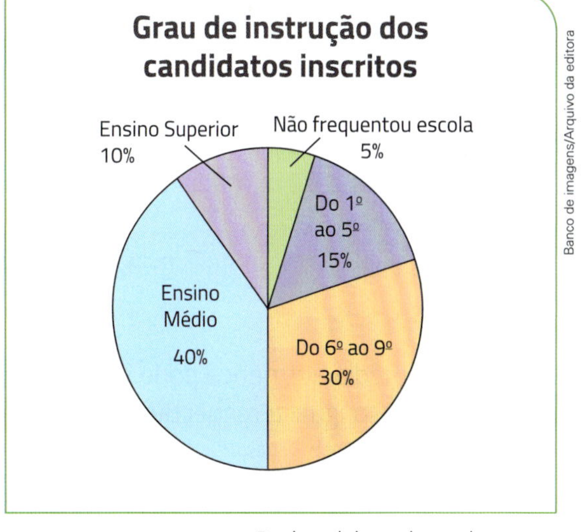

Dados elaborados pelo autor.

Para o grau de instrução dos candidatos, foram feitos uma tabela e um gráfico de setores (*pizza*), como aprendemos nos anos anteriores. A tabela é chamada **tabela de frequências** ou **distribuição de frequências**.

Você pode notar que **frequência** corresponde ao número de candidatos que escolheu cada categoria (cada grau de instrução) e **frequência relativa** é a taxa porcentual da frequência em relação ao total de candidatos. Por exemplo, para a categoria "Do 6º ao 9º ano":

- número de candidatos: 480
- total de candidatos inscritos: 1 600
- porcentagem: $\frac{480}{1600} \cdot 100\% = 30\%$

Veja mais alguns dados dessa pesquisa:

Carros nas casas dos candidatos inscritos

Número de carros	Frequência	Frequência relativa
0	288	18%
1	608	38%
2	352	22%
3	192	12%
4	128	8%
5	32	2%
Total	**1 600**	**100%**

Dados elaborados pelo autor.

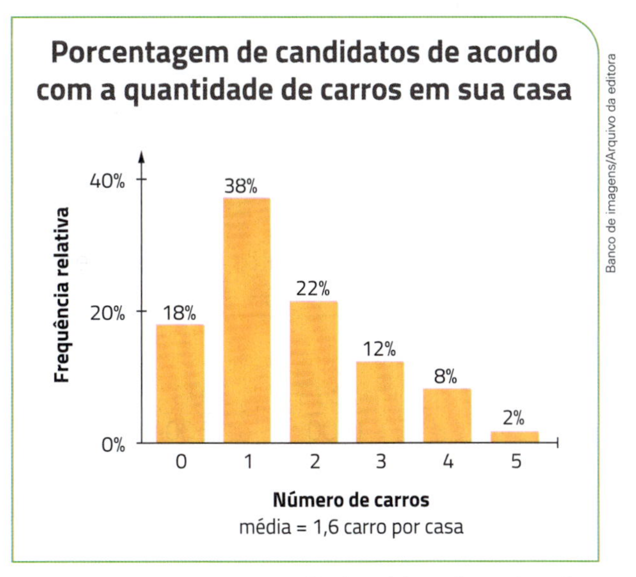

Dados elaborados pelo autor.

Para os dados relacionados ao número de carros, também foi feita a tabela de frequências; o gráfico apresentado é o de colunas. Além disso, é apresentado mais um resultado: a **média**, que é de 1,6 carro por casa. Como foi calculada essa média?

Cálculo da média em uma tabela de frequências

Em Estatística, quando se fala em média sem especificá-la, trata-se da **média aritmética**.

Como no problema proposto são 1 600 candidatos e cada um respondeu à pergunta sobre o número de carros de sua casa, a média apresentada é a média aritmética das 1 600 respostas. Mas há muitas respostas iguais. Veja:

0 → 288 vezes
1 → 608 vezes
2 → 352 vezes
3 → 192 vezes
4 → 128 vezes
5 → 32 vezes

Assim, a média aritmética pode ser calculada como uma média ponderada: toma-se cada número de carros com peso igual à respectiva frequência. A soma dos pesos é a soma das frequências (o que dá o total de candidatos).

$$\text{média do número de carros} = \frac{0 \cdot 288 + 1 \cdot 608 + 2 \cdot 352 + 3 \cdot 192 + 4 \cdot 128 + 5 \cdot 32}{1600} =$$

$$= \frac{608 + 704 + 576 + 512 + 160}{1600} = \frac{2\,560}{1600} = 1{,}6$$

Em uma tabela de frequências, a média é calculada multiplicando-se cada número observado pela respectiva frequência, adicionando-se esses produtos e dividindo-se o resultado pela soma das frequências.

Observe que, no cálculo da média, em vez das frequências podemos usar as frequências relativas (caso já tenham sido calculadas).

Veja o cálculo do número médio de carros usando-se as frequências relativas:

$$\frac{0 \cdot 18 + 1 \cdot 38 + 2 \cdot 22 + 3 \cdot 12 + 4 \cdot 8 + 5 \cdot 2}{100} =$$

$$= \frac{38 + 44 + 36 + 32 + 10}{100} = \frac{160}{100} = 1{,}6$$

Por que ambas têm o mesmo resultado?

Observe:

$$\frac{0 \cdot 288 + 1 \cdot 608 + 2 \cdot 352 + 3 \cdot 192 + 4 \cdot 128 + 5 \cdot 32}{1600} =$$

$$= 0 \cdot \frac{288}{1600} + 1 \cdot \frac{608}{1600} + 2 \cdot \frac{352}{1600} + 3 \cdot \frac{192}{1600} + 4 \cdot \frac{128}{1600} + 5 \cdot \frac{32}{1600} =$$

$$= 0 \cdot \frac{18}{100} + 1 \cdot \frac{38}{100} + 2 \cdot \frac{22}{100} + 3 \cdot \frac{12}{100} + 4 \cdot \frac{8}{100} + 5 \cdot \frac{2}{100} =$$

$$= \frac{0 \cdot 18 + 1 \cdot 38 + 2 \cdot 22 + 3 \cdot 12 + 4 \cdot 8 + 5 \cdot 2}{100} = 1{,}6$$

ATIVIDADES

16. A professora perguntou o número de irmãos de cada estudante da turma e construiu a tabela abaixo.

Nº de irmãos	0	1	2	3	5	Total
Nº de estudantes	2	11	16	5	1	**35**

Em média, nessa turma, há quantos irmãos por estudante?

17. Calcule o número médio de irmãos por estudante da sua turma.

As atividades **18** a **24** referem-se à situação da página 284.

18. Use a tabela a seguir para determinar a média da distribuição do número de microcomputadores em casa por candidato.

Nº de micros	0	1	2	3	Total
Frequência	400	1 024	128	48	**1 600**

19. A partir da tabela abaixo determine a média da distribuição do número de TVs em casa por candidato.

Nº de TVs	1	2	3	4	5	Total
Frequência relativa	10%	30%	30%	20%	10%	**100%**

20. Lendo o texto, vemos que foi calculada a média do número de carros em casa por candidato. Já na pesquisa sobre o grau de instrução, não foi calculada a média. Por quê? Que pergunta permitiria calcular uma média também na categoria "grau de instrução"?

21. Use a tabela para calcular a média da distribuição do número de pessoas que contribuem para a renda familiar por candidato.

Nº de pessoas	1	2	3	Total
Frequência	640	800	160	**1 600**

22. Calcule a média da distribuição do número de pessoas sustentadas pela renda familiar dos candidatos a partir da tabela a seguir.

Nº de pessoas	Frequência
3	192
4	640
5	576
6	128
7	64
Total	**1 600**

23. Use a tabela a seguir para calcular a média da distribuição na categoria "número de banheiros em casa".

Nº de banheiros	1	2	3	4	5	Total
Frequência relativa	16%	27%	30%	18%	9%	**100%**

24. Faça a tabela das frequências relativas sobre "acesso à internet" e represente os dados num gráfico de setores.

Acesso	Frequência
não acessa	800
de casa	560
do trabalho	40
da casa de amigos	120
de outros locais	80
Total	**1 600**

25. Em uma pequena empresa, com 20 funcionários, a distribuição dos salários é a seguinte:

Nº de empregados	Salário (R$)
10	1 050,00
6	1 400,00
4	1 680,00

a) Qual é o salário médio dos empregados dessa empresa?

b) A empresa vai contratar um gerente desejando que a média salarial aumente no máximo 10%. Qual é o salário máximo que ela pode oferecer ao gerente?

O Campeonato Brasileiro

No primeiro turno do Campeonato Brasileiro de Futebol de 2020, série A ou Brasileirão, o Corinthians jogou 19 vezes.

HiSunny/Shutterstock

Partida entre São Paulo e Corinthians pelo Campeonato Brasileiro de 2020, na Arena Corinthians, em São Paulo (SP).

No quadro abaixo estão os resultados desses jogos.

O Corinthians no Brasileirão 2020 – 1º turno

Corinthians	0 × 0	Atlético-GO
Corinthians	2 × 3	Atlético-MG
Corinthians	0 × 0	Grêmio
Corinthians	3 × 1	Coritiba
Corinthians	1 × 1	Fortaleza
Corinthians	1 × 2	São Paulo
Corinthians	2 × 1	Goiás
Corinthians	2 × 2	Botafogo
Corinthians	2 × 0	Palmeiras
Corinthians	1 × 2	Fluminense

Corinthians	3 × 2	Bahia
Corinthians	0 × 1	Sport
Corinthians	0 × 0	Red Bull Bragantino
Corinthians	1 × 1	Santos
Corinthians	1 × 2	Ceará
Corinthians	1 × 0	Athletico
Corinthians	1 × 5	Flamengo
Corinthians	2 × 1	Vasco da Gama
Corinthians	1 × 0	Internacional

Dados obtidos em: https://www.cbf.com.br/futebol-brasileiro/competicoes/campeonato-brasileiro-serie-a/2020. Acesso em: 19 jul. 2021.

O quadro mostra que a quantidade de gols marcados pelo Corinthians, em cada jogo do 1º turno, foi:

0 – 2 – 0 – 3 – 1 – 1 – 2 – 2 – 2 – 1 – 3 – 0 – 0 – 1 – 1 – 1 – 1 – 2 – 1

Medidas de tendência central

Média

Vamos fazer a tabela de frequência para os gols marcados pelo Corinthians.

Gols marcados	Frequência
0	4
1	8
2	5
3	2
Total	**19**

Agora calculamos a média aritmética do número de gols marcados nos 19 jogos:

$$\frac{4 \cdot 0 + 8 \cdot 1 + 5 \cdot 2 + 2 \cdot 3}{19} =$$

$$\frac{0 + 8 + 10 + 6}{19} = \frac{24}{19} \cong 1{,}26$$

Em média, o Corinthians marcou no 1º turno aproximadamente 1,26 gol por jogo.

Moda

Qual foi a quantidade de gols marcada pelo Corinthians com maior frequência no 1º turno?

Observando a tabela, notamos que o Corinthians marcou 1 gol em 8 jogos. Esse foi o resultado que ele conseguiu mais vezes (com maior frequência). Por isso, dizemos que a **moda** dessa distribuição é 1 gol marcado.

Moda de uma distribuição de frequência é o número observado com maior frequência.

A moda é uma medida estatística interessante quando há um número que se destaca aparecendo mais vezes que os outros. Ele é a moda da distribuição.

Se houver dois números que se destacam igualmente (com frequências iguais entre si e maiores que as dos demais números), dizemos que a distribuição é **bimodal** (tem **duas modas**). Veja um exemplo na tabela ao lado. Dos 32 estudantes que fizeram a prova, 8 tiraram nota 5 e também 8 tiraram nota 6. Como 8 é a maior frequência observada, há duas modas: nota 5 e nota 6.

Distribuição das notas da prova de Matemática

nota	frequência
3	3
4	5
5	8
6	8
7	6
8	2
Total	**32**

Dados elaborados pelo autor.

Mediana

Vamos agora anotar o número de gols marcados pelo Corinthians no 1º turno do Brasileirão 2020, do menor para o maior, com todas as repetições:

0 – 0 – 0 – 0 – 1 – 1 – 1 – 1 – 1 – 1 – 1 – 1 – 2 – 2 – 2 – 2 – 2 – 3 – 3

Eles estão em ordem **monótona não decrescente**.

Que número fica bem no meio (na posição central) dessa sequência?

Como temos 19 números, o que fica na posição central é o décimo:

0 – 0 – 0 – 0 – 1 – 1 – 1 – 1 – 1 – 1 – 1 – 1 – 2 – 2 – 2 – 2 – 2 – 3 – 3

9 termos | termo central ou mediana | 9 termos

O termo central da sequência é chamado **mediana** da distribuição. Nesse exemplo, a mediana é 1.

A **mediana** de uma distribuição é o termo central da sequência formada pelos valores observados quando colocados em ordem monótona não decrescente.

A mediana é uma medida estatística de posição central, que transmite a seguinte ideia: dos valores observados, metade é formada por números menores do que a mediana (ou iguais a ela) e metade por números maiores do que ela (ou iguais a ela).

No exemplo, a mediana é 1 gol marcado, o que significa: em metade dos jogos, o Corinthians marcou 1 gol ou menos e, na outra metade, 1 gol ou mais.

Quando há uma quantidade par de valores observados, a mediana é a média aritmética dos dois valores que ocupam as posições centrais da sequência (na ordem não decrescente). Por exemplo:

Estas são as idades das seis pessoas da família da Luana, em anos:

Artur Fujita/Arquivo da editora

$$\underbrace{6 - 12}_{\text{2 termos}} - \underbrace{14 - 17}_{\text{termos centrais}} - \underbrace{41 - 42}_{\text{2 termos}}$$

$$\text{mediana} = \frac{14 + 17}{2} = \frac{31}{2} = 15{,}5$$

A mediana é 15,5 anos. Três idades são menores e três são maiores do que a mediana.

Na seção "Na História", páginas 315 e 316, apresentamos um quadro publicado em 1652, a respeito da sobrevivência humana naquela época em Londres. Nela, notamos que, de cada 100 pessoas, estimava-se que 36 morriam até os 6 anos de idade e mais 24 morriam até os 16 anos. Como $36 + 24 = 60$, mais da metade morria até os 16 anos de idade. Portanto, a mediana do tempo de vida naquela época em Londres estava entre 6 e 16 anos, segundo o estudo publicado.

ATIVIDADES

26. Faça o que se pede.

a) Faça a tabela de frequência dos gols sofridos pelo Corinthians no 1º turno do Brasileirão 2020 (os resultados dos jogos estão na tabela da página 288).

b) Qual é a moda dessa distribuição?

c) Qual é a mediana?

d) Em média, quantos gols por jogo o Corinthians sofreu?

27. Na tabela abaixo estão apresentados os salários de 100 pessoas.

Salário (R$)	Nº de pessoas
1 000,00	30
1 300,00	40
2 000,00	20
20 000,00	10
Total	**100**

a) Calcule a média desses salários.

b) Qual é a mediana?

c) Das duas medidas, média e mediana, qual dá melhor ideia dessa distribuição de salários?

28. Consulte a tabela de distribuição das notas da prova de Matemática na página 289.

a) Qual é a mediana?

b) Qual é a média?

29. As idades, em anos, dos seis jogadores titulares de um time de voleibol são:

$$20 - 23 - 25 - 26 - 30 - 32$$

a) Qual é a idade média?

b) Qual é a idade mediana?

c) Qual é a moda (idade modal)?

30. Uma pequena fábrica de calçados deseja lançar um novo modelo. O dono decide começar fabricando esse modelo em apenas um tamanho.

Artur Fujita/Arquivo da editora

Pesquisando a numeração dos calçados usados pela clientela, que medida estatística seria recomendada para decidir o tamanho a ser fabricado?

Medidas de dispersão

Amplitude

Conforme estudamos no 7º ano, uma importante medida estatística é a **amplitude** de um conjunto de dados. A amplitude é a diferença entre o maior e o menor valor observado numa pesquisa quantitativa.

Por exemplo, vamos considerar os conjuntos de dados a seguir, que representam as alturas dos 15 meninos e das 19 meninas do 8º ano do Colégio Olhos d'Água. Ordenamos as alturas numa sequência monótona não decrescente.

Alturas dos 15 meninos do 8º ano (em centímetros)														
145	146	148	149	150	152	155	156	156	156	158	159	162	165	168

Alturas das 19 meninas do 8º ano (em centímetros)																		
144	146	148	150	153	153	154	154	156	157	158	159	159	161	162	162	162	163	163

Vamos calcular a média aritmética da altura de cada grupo.

- Para os meninos, a média é:

$$\frac{1 \cdot 145 + 1 \cdot 146 + 1 \cdot 148 + 1 \cdot 149 + 1 \cdot 150 + 1 \cdot 152 + 1 \cdot 155 + 3 \cdot 156 + 1 \cdot 158 + 1 \cdot 159 + 1 \cdot 162 + 1 \cdot 165 + 1 \cdot 168}{15} =$$

$$= \frac{2325}{15} = 155$$

A média das alturas dos meninos é 155 cm.

- Para as meninas, a média é:

$$\frac{1 \cdot 144 + 1 \cdot 146 + 1 \cdot 148 + 1 \cdot 150 + 2 \cdot 153 + 2 \cdot 154 + 1 \cdot 156 + 1 \cdot 157 + 1 \cdot 158 + 2 \cdot 159 + 1 \cdot 161 + 3 \cdot 162 + 2 \cdot 163}{19} =$$

$$= \frac{2964}{19} = 156$$

A média das alturas das meninas é 156 cm.

As alturas medianas são:

- Para os meninos, o termo central da sequência é a oitava medida na sequência: 156 cm (1 m e 56 cm).
- Para as meninas, o termo central da sequência é a décima medida na sequência: 157 cm (1m e 57 cm).

Podemos observar que, entre os meninos, o mais alto da turma tem 168 cm de altura, e o mais baixo tem 145 cm de altura. A **amplitude** desse conjunto de dados é dada pela diferença entre a altura do maior e a do menor estudante. Logo, a amplitude desse conjunto de dados é:

$$168 \text{ cm} - 145 \text{ cm} = 23 \text{ cm}$$

Já entre as meninas, a mais alta mede 163 cm, e a mais baixa, 144 cm. A amplitude desse conjunto de dados é:

$$163 \text{ cm} - 144 \text{ cm} = 19 \text{ cm}$$

Enquanto a média é uma **medida de tendência central** dos dados, a amplitude é uma **medida de dispersão**. A amplitude dá uma primeira ideia sobre a dispersão dos dados, isto é, se os dados são mais concentrados ou mais espalhados, mais próximos ou mais distantes da média. A amplitude das alturas das meninas é menor do que a dos meninos. Com essa informação, e sem olhar todos os dados, podemos dizer que as alturas das meninas são mais concentradas em torno da média do que as dos meninos.

Onde a amplitude é menor, os dados são mais concentrados em torno da média, a variação deles é menor.

ATIVIDADES

31. Qual é a amplitude do conjunto das 34 alturas dos estudantes do 8° ano do Colégio Olhos d'Água, dadas no texto anterior?

32. Numa prova de matemática os estudantes da turma A tiveram média 6,5, sendo a menor nota igual a 2,0 e a maior igual a 9,5. Na turma B, a média também foi 6,5, sendo a menor nota 3,5 e a maior, 8,0.

a) Qual é a amplitude das notas de cada turma?

b) Em qual das turmas as notas ficaram mais concentradas em torno da média?

c) Considerando as notas de todos os estudantes das duas turmas, qual é a amplitude?

33. Na tabela abaixo encontram-se as idades dos 23 jogadores brasileiros e dos 23 franceses que disputaram uma partida de futebol. Use calculadora, se necessário.

Idade, em anos, dos jogadores da partida de futebol

País	Idade																						
Brasil	25	31	24	32	30	26	28	33	33	32	24	26	30	25	29	33	25	29	27	21	26	26	30
França	31	33	25	22	22	25	24	32	25	22	23	25	22	23	27	31	29	25	27	27	19	21	21

Dados elaborados pelo autor.

a) Vamos utilizar como critério para saber qual é a equipe mais experiente a que tem a maior média de idades. Qual é a equipe mais experiente?

b) Vamos utilizar como critério para saber qual é a equipe mais homogênea a que tem a menor amplitude das idades. Qual é a equipe mais homogênea?

c) Vamos utilizar como critério para saber qual é a equipe mais vibrante a que tem a menor mediana das idades. Qual é a equipe mais vibrante?

34. Pesquise as variáveis "estatura em cm", "massa em kg" e "número do sapato" dos estudantes da sua turma. Comece preenchendo uma tabela:

Número do estudante	Estatura (em cm)	Massa (em kg)	Número do sapato
1	//////	//////	//////
2	//////	//////	//////
3	//////	//////	//////
...	//////	//////	//////

Para cada variável, determine a média, a mediana, a moda e a amplitude, e construa um gráfico para apresentar os resultados.

NA OLIMPÍADA

A idade da professora

(Obmep) A professora perguntou a seus alunos: "Quantos anos vocês acham que eu tenho?". Ana respondeu 22, Beatriz, 25, e Celina, 30. A professora disse: "Uma de vocês errou minha idade em 2 anos, outra errou em 3 e outra em 5 anos". Qual é a idade da professora?

Reprodução/Obmep, 2013

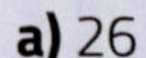

a) 26 **b)** 27 **c)** 28 **d)** 29 **e)** 30

CAPÍTULO 21 Gráficos

Rawpixel.com/Shutterstock

NA REAL

Você faz parte das estatísticas?

Não é novidade que a reciclagem desempenha um importante papel na conservação de recursos naturais e na geração de renda para catadores e empresários. O avanço da urbanização e da industrialização da sociedade exige que haja maior mobilização para gerenciar esses resíduos.

Uma pesquisa realizada pelo Ibope em 2018 fez o levantamento de algumas percepções dos brasileiros sobre o tratamento de resíduos e a forma como os consumidores podem colaborar com sua gestão correta. O nível de consciência da população brasileira pode ser lido nos gráficos a seguir.

Banco de imagens/Arquivo da editora

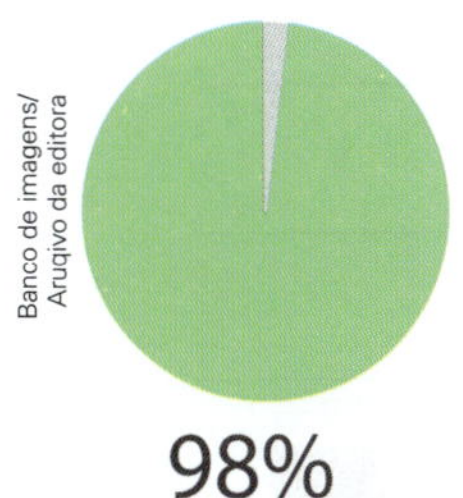
98%
Enxergam a reciclagem como algo importante para o futuro

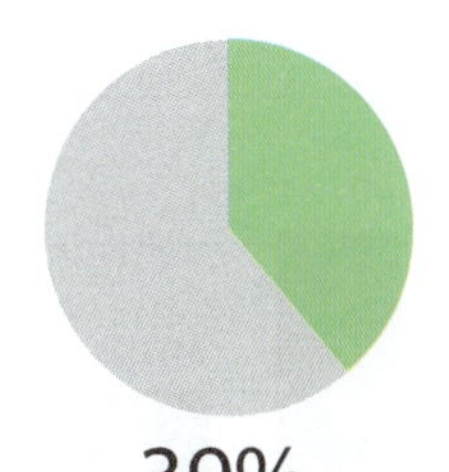
39%
Não separam o lixo orgânico do reciclável

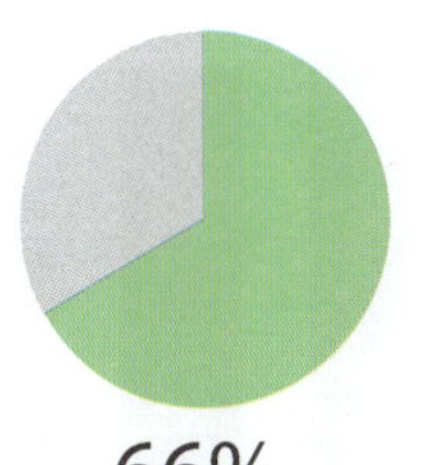
66%
Sabem pouco ou nada sobre coleta seletiva

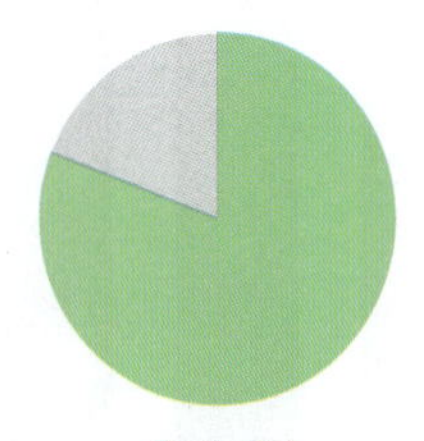
81%
Sabem pouco ou nada sobre Cooperativas de Reciclagem

Em cada um dos gráficos, escreva a porcentagem que está oculta. Você pertenceria à maior ou à menor parcela em cada um dos casos? Pense sobre essas informações e compartilhe suas percepções com os colegas.

Na BNCC
EF08MA23
EF08MA24
EF08MA26
EF08MA27

Escolha de um gráfico para a apresentação de dados

Após a coleta dos dados de uma pesquisa estatística e a organização deles em tabelas, é o momento de escolher um tipo de gráfico para apresentá-los, de modo que o leitor tenha uma visão global e rápida para analisar esses dados e interpretá-los.

Apesar de existirem vários tipos de gráfico, a escolha depende do tipo de dados recolhidos e da informação que se pretende transmitir. Cada gráfico possui um conjunto de vantagens e desvantagens.

A principal vantagem de um gráfico sobre a tabela está em possibilitar uma rápida impressão visual da distribuição dos valores ou das frequências observadas.

A representação gráfica deve ser:

- **simples**: o gráfico deve ser destituído de detalhes e traços desnecessários;
- **clara**: o gráfico deve possuir uma correta interpretação dos valores representativos do fenômeno em estudo;
- **verdadeira**: o gráfico deve expressar a verdade sobre o fenômeno em estudo.

Principais tipos de gráfico

O gráfico de barras ou de colunas é apropriado para representar as variáveis qualitativas (profissão, sexo, religião, escolaridade, classe social, etc.). Para cada categoria é representada uma barra vertical (coluna) ou barra horizontal, em que é marcada a respectiva frequência, ou frequência relativa observada. A área da barra causa o impacto visual e deve ser proporcional à frequência observada da respectiva categoria. Geralmente, as barras são da mesma largura e, assim, as alturas são proporcionais às frequências.

Exemplo 1: Gráfico de barras verticais (colunas)

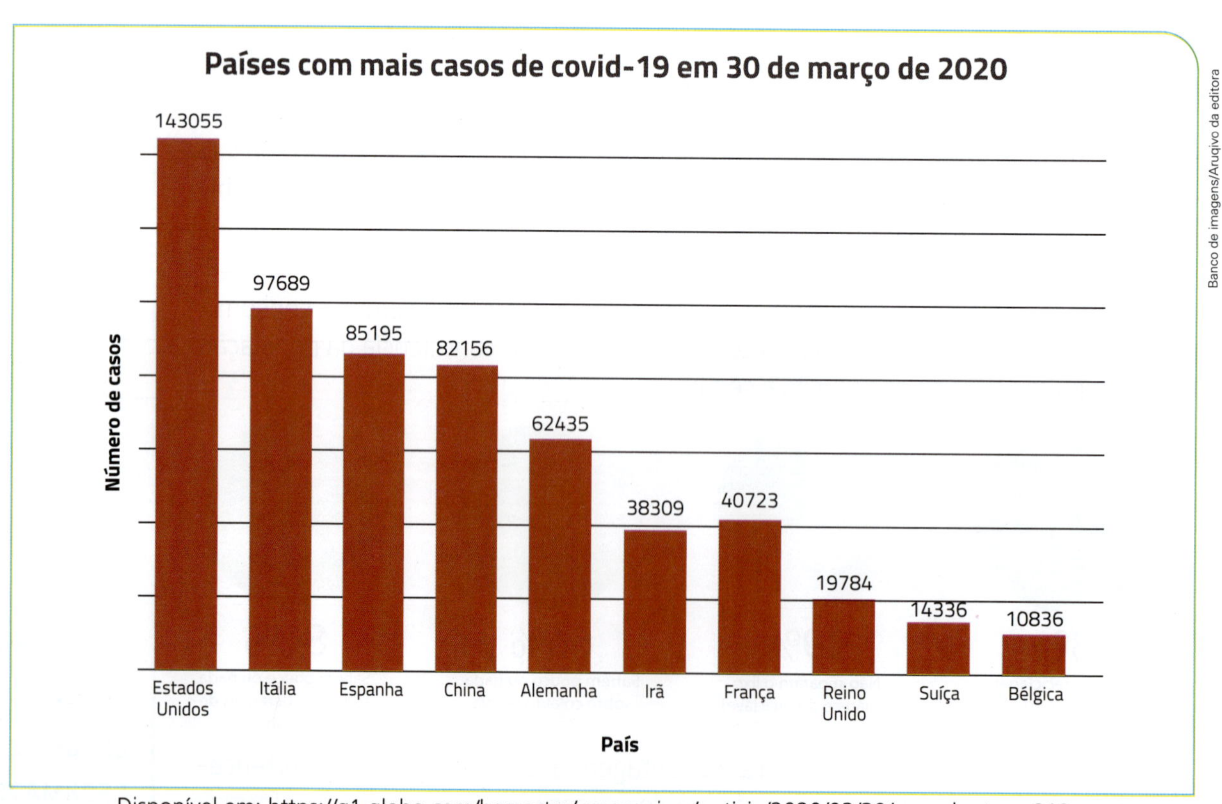

Disponível em: https://g1.globo.com/bemestar/coronavirus/noticia/2020/03/30/espanha-tem-812-mortes-por-covid-19-em24-horas-total-supera-as-73-mil.ghtml. Acesso em: 19 jul. 2021.

Exemplo 2: Gráfico de barras horizontais

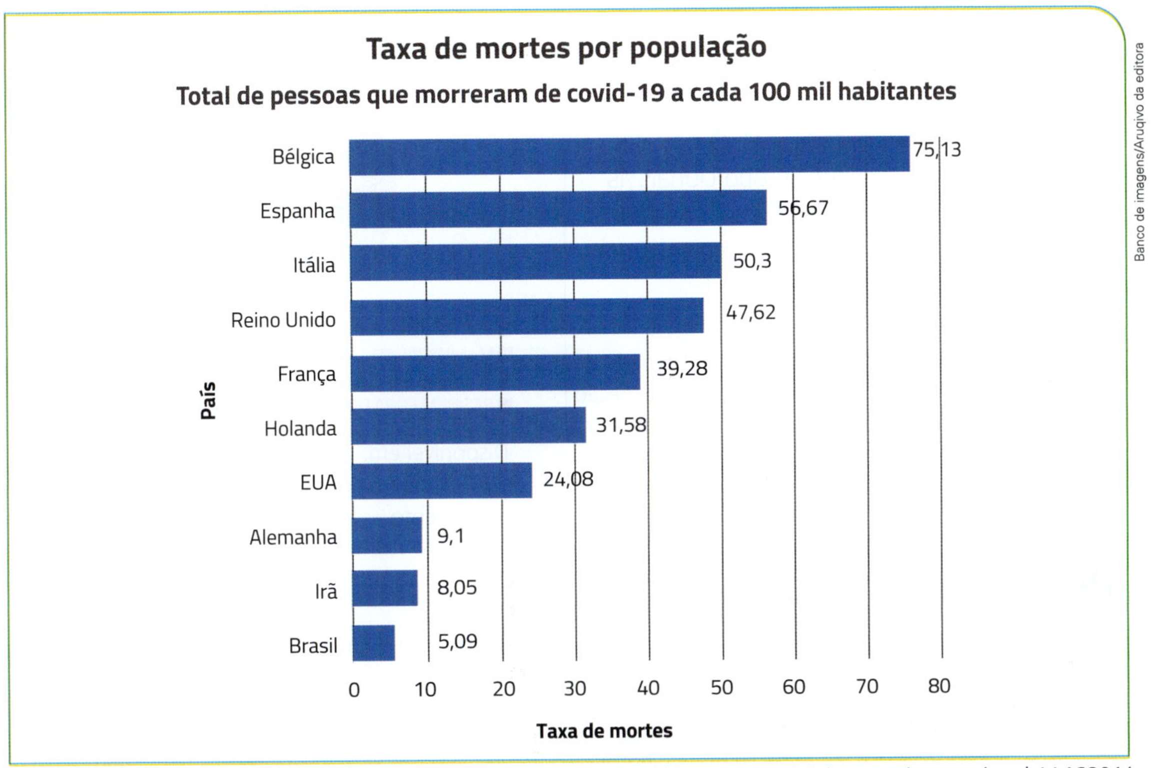

Disponível em: https://www.em.com.br/app/noticia/internacional/bbc/2020/05/13/interna_internacional,1146801/coronavirus-10-graficos-para-entender-a-situacao-atual-do-brasil.shtml. Acesso em: 19 jul. 2021.

Gráfico de linhas

O gráfico de linhas normalmente é utilizado para mostrar uma tendência nos dados ao longo do tempo. Nesse tipo de gráfico utiliza-se uma linha poligonal para representar séries temporais.

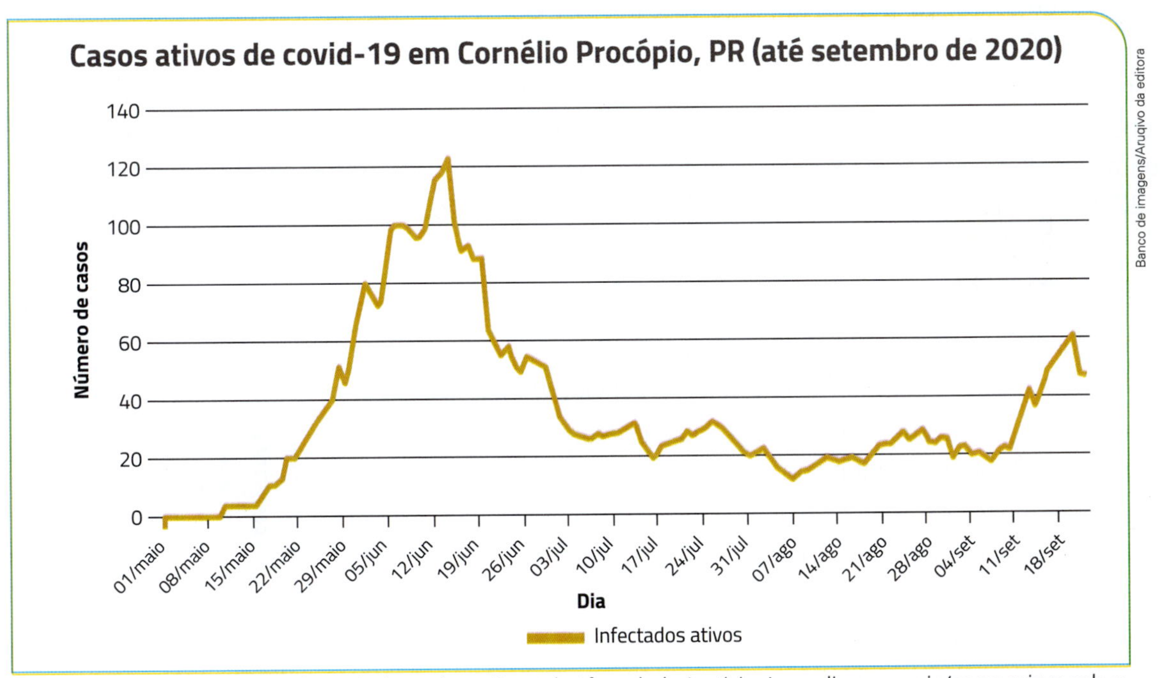

Disponível em: http://portal.utfpr.edu.br/noticias/cornelio-procopio/coronavirus-sob-a-otica-da-modelagem-matematica. Acesso em: 19 jul. 2021.

Gráfico de setores

Popularmente, conhecido como gráfico de *pizza*, esse tipo de gráfico é utilizado para representar variáveis qualitativas ou mesmo quantitativas para comparar cada parte com o todo. Os dados são apresentados em setores circulares proporcionais às respectivas frequências. Um cuidado a ser tomado é apresentar o gráfico com no máximo sete setores para proporcionar um melhor impacto visual.

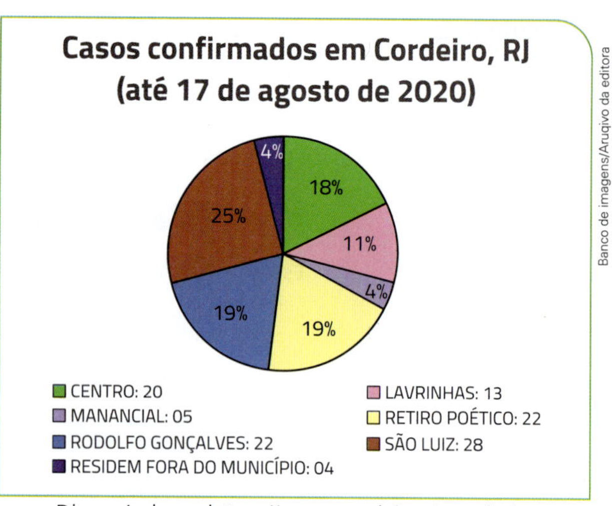

Observação: Os números de casos por Unidade de referência podem sofrer variações após a confirmação dos endereços cadastrados de cada paciente.

Disponível em: https://www.cordeiro.rj.gov.br/conteudo/1798/grafico_de_monitoramento__curva_de_crescimento_-_covid-19___. Acesso em: 22 fev. 2021.

Pesquisa censitária e amostral

Em Estatística, pode-se obter os resultados de duas maneiras: por meio de um censo ou de uma amostragem.

Censo é o exame completo de toda a população.

Amostra é um subconjunto da população.

Amostragem é o procedimento de escolher amostras. É preciso garantir o acaso na escolha. Numa amostra casual simples – amostragem muito utilizada –, cada elemento da população tem a mesma chance de ser escolhido, o que garante à amostra um caráter de representatividade da população.

Quanto maior a amostra, mais precisas e confiáveis deverão ser as informações sobre a população. O tamanho da amostra é determinado de acordo com parâmetros predeterminados (utilizando, por exemplo, o nível de confiança, que certamente você já ouviu em noticiários). Os resultados mais perfeitos são obtidos pelo Censo.

Um exemplo de censo é o Censo Demográfico. No Brasil, o órgão responsável por esse Censo é o Instituto Brasileiro de Geografia e Estatística (IBGE). Por causa da pandemia de covid-19, e seguindo as orientações do Ministério da Saúde, o IBGE adiou para 2021 o Censo Demográfico que seria realizado em 2020. Com o censo, é possível retratar o Brasil: saber quantos somos, como somos e onde vivemos.

Planejamento e execução de uma pesquisa amostral

Para planejar e executar uma pesquisa, precisamos em primeiro lugar encontrar um tema, que deve ser algo relevante na população a ser pesquisada.

Em seguida, precisamos definir o objetivo da pesquisa e escolher o processo de amostragem garantindo a aleatoriedade de cada elemento.

Para uma pesquisa amostral, os dois próximos passos são: a coleta dos dados, cujos métodos mais comuns são os questionários ou entrevistas, e a organização desses dados, que poderão ser apresentados em tabelas e/ou gráficos.

O esquema ao lado mostra as etapas principais de uma pesquisa amostral.

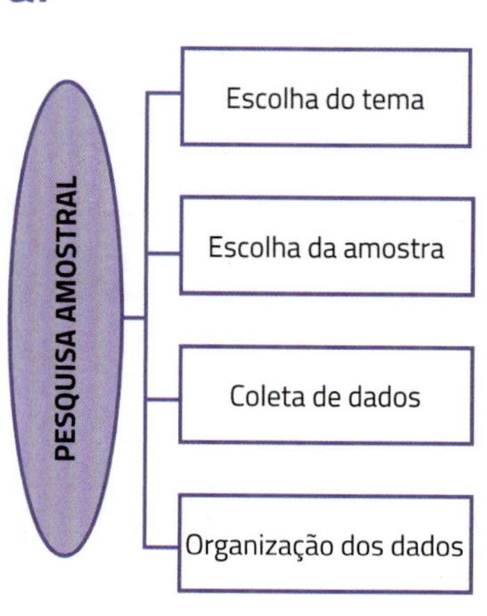

No tópico "O perfil dos candidatos de um concurso" da página 284 deste livro, temos um breve exemplo das etapas de uma pesquisa estatística. Observe:

I. Escolha do tema

O perfil dos candidatos de um concurso.

II. Escolha da amostra

Todos os 1 600 inscritos responderam ao questionário, portanto foi feita uma pesquisa censitária.

III. Coleta dos dados

Realizada através do questionário.

IV. Organização dos dados

Com os questionários preenchidos, foram elaborados tabelas e gráficos, como podemos ver na página 284. Observe.

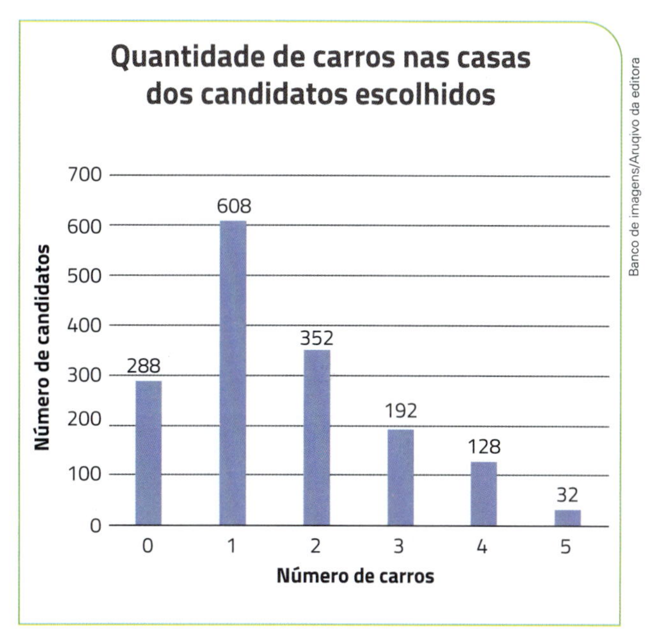

Dados elaborados pelo autor.

PARTICIPE

Agora é sua vez! Siga as etapas apresentadas para a elaboração e a realização de uma pesquisa de seu interesse. Ao final, escreva um relatório que contenha os gráficos para representar o conjunto de dados, faça a análise dos resultados utilizando as medidas de tendência central e a amplitude e apresente suas conclusões.

ATIVIDADES

1. Em uma pesquisa sobre a diversão preferida de um grupo de entrevistados, obtivemos os seguintes resultados.

Lazer preferido

Lazer	Número de entrevistados
Ir ao clube	18
Assistir à TV	37
Brincar	45
Jogar *videogame*	20
Visitar amigos	12

Lazer preferido

Lazer	Número de entrevistados (em %)
Ir ao clube	13,6
Assistir à TV	28,0
Brincar	34,1
Jogar *videogame*	15,2
Visitar amigos	9,1

Dados elaborados pelo autor.

Determine a quantidade total de entrevistados e represente esses dados de duas formas: em um gráfico de barras e em um gráfico de setores (*pizza*).

2. O gráfico seguinte mostra o número de camisetas compradas por uma loja de departamento nos últimos meses.

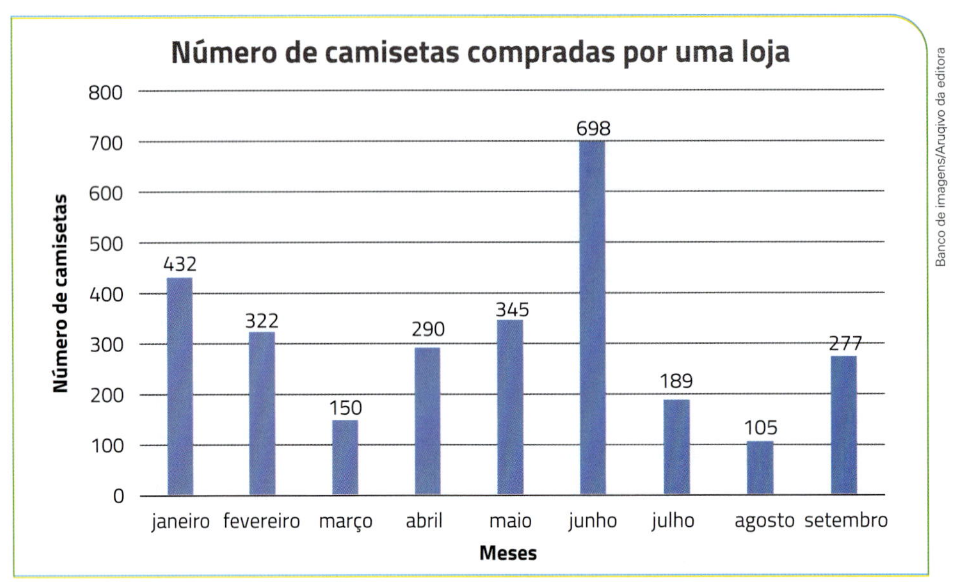

Dados elaborados pelo autor.

a) Em que mês ocorreu a maior compra de camisetas?

b) No mês de abril foram compradas mais camisetas que em março? Se sim, quantas?

c) Quantas camisetas foram compradas no período apresentado no gráfico?

d) Qual é a média mensal das quantidades compradas durante os meses apresentados no gráfico?

e) Em que mês ou meses a quantidade de camisetas compradas ficou abaixo da média?

f) A compra do mês de janeiro ficou quantas camisetas acima da média?

g) Com os dados apresentados no gráfico de barras, construa um gráfico de linhas. Coloque os meses no eixo horizontal e o número de camisetas compradas no eixo vertical.

3. Uma empresa registrou em um gráfico o resultado do lucro ou do prejuízo de suas vendas durante o ano de 2020.

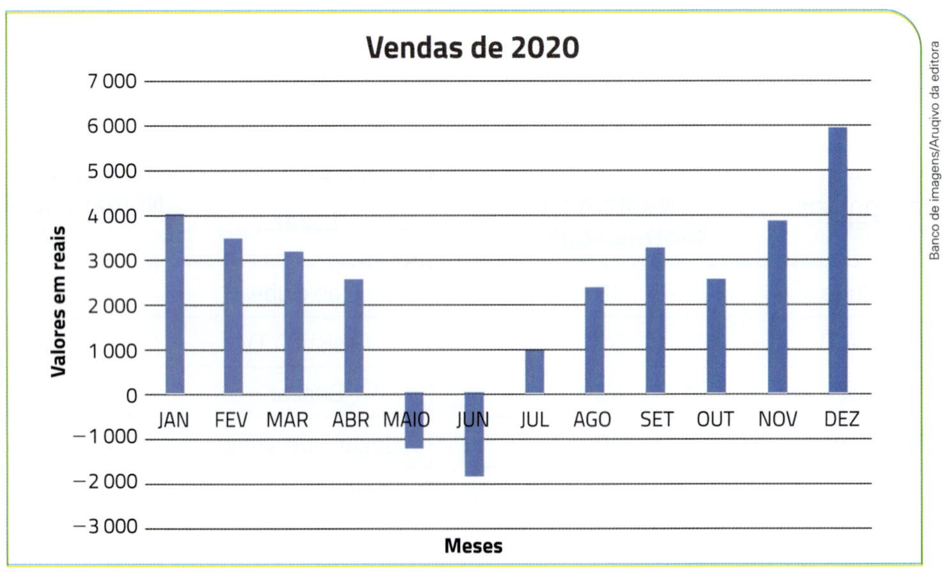

Dados elaborados pelo autor.

Com base no gráfico apresentado, escreva um pequeno comentário sobre os resultados financeiros dessa empresa.

4. Lucas vai viajar e fez uma previsão de seus gastos no gráfico a seguir.

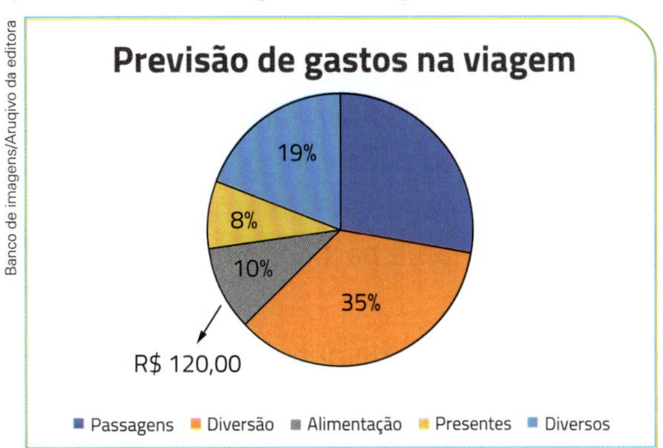

Dados elaborados pelo autor.

a) Qual é o total das despesas previstas?

b) Qual é a porcentagem destinada às passagens?

c) Quantos reais foram destinados à diversão?

5. No gráfico a seguir estão as idades dos estudantes de uma turma. Qual é a média das idades dos estudantes dessa turma?

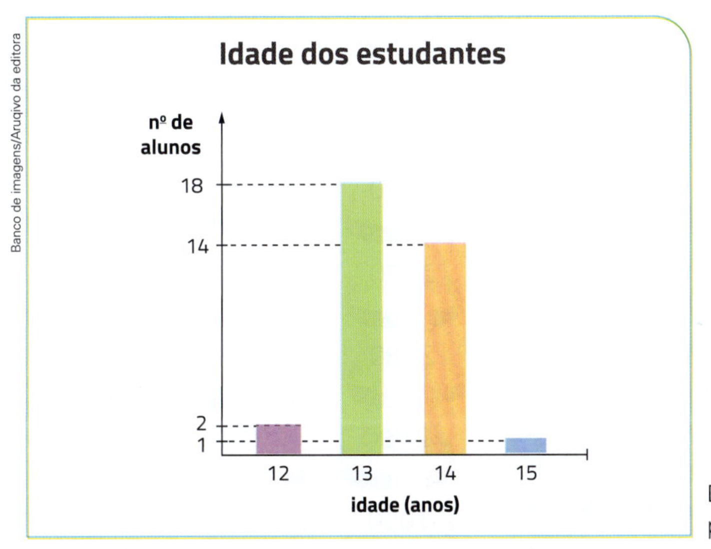

Dados elaborados pelo autor.

6. O gráfico de setores a seguir representa as notas obtidas em uma questão pelos 250 estudantes presentes à prova. Ele mostra, por exemplo, que 32% desses estudantes tiveram nota 2 nessa questão, que valia 5 pontos.

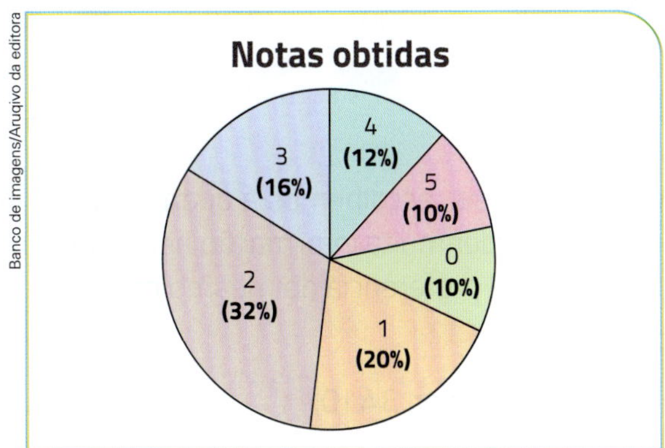

Dados elaborados pelo autor.

a) Quantos estudantes tiraram nota 3?

b) Qual foi a nota média nessa questão?

Classificação de variáveis quantitativas

Só faz sentido fazer uma pesquisa estatística sobre uma característica que varia de elemento para elemento na população pesquisada. Essa variável pesquisada é dita **quantitativa** quando resulta em um número. Se esse número resulta de uma contagem, dizemos que a variável é **discreta**. Por exemplo, são variáveis discretas a quantidade de irmãos de cada estudante da turma, o número de pontos de um jogador de basquete numa partida, o número de ligações que você recebe em um dia, etc.

Uma variável que associa cada elemento da população a um número resultante de uma mensuração (medição) é, geralmente, uma **variável contínua**. Nas variáveis contínuas os possíveis valores são todos os números reais da reta numérica, de uma semirreta ou de um segmento dela.

São variáveis contínuas, por exemplo, a altura, a massa e o tempo de cada participante numa corrida de 100 metros.

Distribuição de frequências por classes

No caso das variáveis contínuas, as distribuições de frequências costumam ser apresentadas por classes (ou intervalos) de valores da variável. Vamos ver um exemplo.

Nas pulseirinhas a seguir, estão indicadas as massas em gramas de 50 crianças nascidas numa maternidade:

Ilustra Cartoon/Arquivo da editora

Para agrupar esses dados numa tabela, escolhemos a quantidade de intervalos e o comprimento de cada um deles, já que não podemos perder muita informação nem apresentar uma tabela muito extensa. Em geral usam-se de 5 a 12 classes, de preferência do mesmo comprimento.

Nesse exemplo, podemos notar que:

- o menor valor observado é 2 470, e o maior, 3 410;
- a diferença $3\,410 - 2\,470 = 940$ representa a **amplitude** dos dados;
- escolhendo 8 classes de comprimento 120, cobriremos todos os dados, uma vez que $8 \cdot 120 = 960$.

Assim, formamos a tabela abaixo, contando o número de crianças em cada intervalo de medida de massa.

Massa (gramas)	Frequência (nº de crianças)	Frequência relativa (%)
2 460 ⊢ 2 580	2	4
2 580 ⊢ 2 700	5	10
2 700 ⊢ 2 820	7	14
2 820 ⊢ 2 940	10	20
2 940 ⊢ 3 060	12	24
3 060 ⊢ 3 180	6	12
3 180 ⊢ 3 300	5	10
3 300 ⊢ 3 420	3	6
Soma	**50**	**100**

O símbolo ⊢ indica que o valor à esquerda é incluído nesse intervalo, mas o da direita não. Por exemplo, o valor 3 300 não é contado na classe 3 180 ⊢ 3 300, mas, sim, na seguinte, 3 300 ⊢ 3 420.

As distribuições de frequência por classes também podem ser feitas para variáveis discretas quando a lista de valores é grande.

Histograma

A representação gráfica de uma distribuição de frequências por classes é feita marcando-se numa reta os intervalos considerados e tomando-se cada um como base de um retângulo cuja área seja proporcional à frequência (ou à frequência relativa). Caso sejam intervalos de mesmo comprimento, basta tomar retângulos de alturas proporcionais às frequências. Esse gráfico é denominado **histograma**.

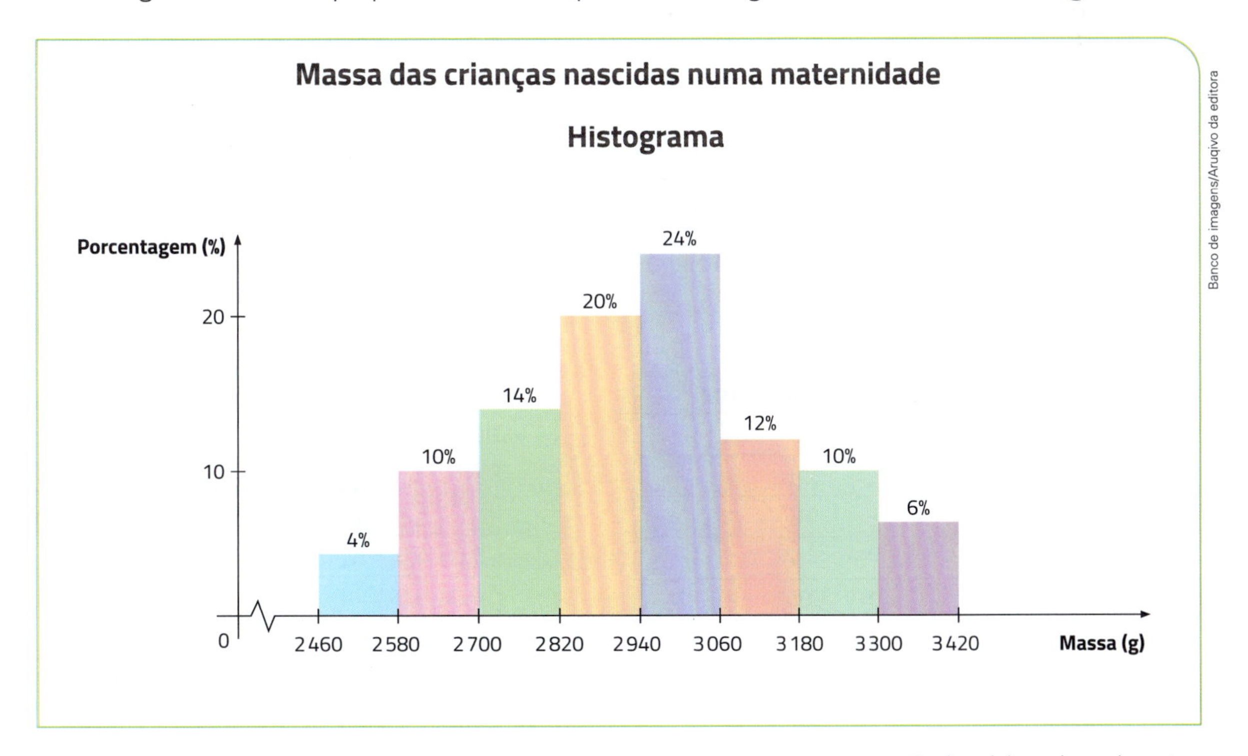

Dados elaborados pelo autor.

ATIVIDADES

7. Um radar foi colocado em uma rodovia para medir a velocidade dos veículos num trecho em que a velocidade máxima permitida é de 110 quilômetros por hora (110 km/h). Para os primeiros 40 veículos que passaram nesse trecho num certo dia, as velocidades medidas em km/h foram:

104 - 84 - 85 - 109 - 110 - 72 - 92 - 94 - 105 - 95 - 96 - 109 - 76 - 108 - 78 - 85 - 103 - 104 - 86 - 115

122 - 86 - 118 - 88 - 89 - 114 - 90 - 126 - 91 - 94 - 102 - 95 - 98 - 101 - 105 - 90 - 75 -106 - 108 - 80

a) Qual é a amplitude desse conjunto de dados?

b) Organize a tabela de frequências das velocidades em 6 classes iniciando por 70 ⊢ 80.

c) Represente os dados num histograma.

8. Realize uma pesquisa com os estudantes da sua turma, anotando a altura e a massa de cada um deles.

a) Agrupe os dados sobre altura numa tabela de frequências por classes e represente-os num histograma.

b) Agrupe os dados sobre massa numa tabela de frequências por classes e represente-os num histograma.

9. Selecionando um candidato para preencher uma vaga de gerente, um banco aplicou uma prova de 4 horas. Os 80 candidatos presentes gastaram os tempos indicados na tabela abaixo. Faça o histograma, indicando as porcentagens de cada classe.

Tempo de cada candidato

Tempo (min.)	Nº de candidatos
100 ⊢ 120	12
120 ⊢ 140	20
140 ⊢ 160	16
160 ⊢ 180	14
180 ⊢ 200	8
200 ⊢ 220	6
220 ⊢ 240	4
Soma	**80**

Dados elaborados pelo autor.

10. Com relação à atividade anterior, veja a tabela a seguir, que mostra as notas obtidas pelos 80 candidatos.

Nota de cada candidato

Nota	Nº de candidatos
0 ⊢ 2,0	14
2,0 ⊢ 4,0	20
4,0 ⊢ 6,0	20
6,0 ⊢ 8,0	16
8,0 ⊢⊣ 10,0	10
Soma	**80**

Dados elaborados pelo autor.

Note que o último intervalo de notas é 8,0 ⊢⊣ 10,0. O símbolo ⊢⊣ indica que nele estão computadas todas as notas de 8,0 a 10,0, inclusive essas duas.

a) Faça o histograma, indicando as porcentagens de cada classe.

b) Faça uma estimativa da porcentagem de candidatos que tenham tirado nota igual ou superior a 5,0.

11. Esta é a lista das notas de 50 estudantes em uma prova de Ciências:

6,7	8,0	4,5	6,8	5,8
8,3	3,7	8,2	5,5	6,5
8,3	6,5	10,0	6,5	8,1
4,0	9,5	9,5	7,2	3,5
7,5	4,5	4,5	3,4	9,6
4,4	7,3	5,1	6,9	8,5
6,0	7,5	10,0	5,0	7,1
5,9	3,0	6,5	7,3	5,2
5,4	3,5	8,1	4,5	6,5
6,5	7,3	6,0	5,0	7,4

a) Construa e complete a tabela a seguir com as frequências das notas dos estudantes dessa turma.

Nota	Frequência (nº de estudantes)	Frequência relativa
3,0 ⊢ 4,0	//////	//////
4,0 ⊢ 5,0	//////	//////
5,0 ⊢ 6,0	//////	//////

b) Faça o histograma dessa distribuição.

c) Estime, a partir do histograma, a porcentagem de estudantes que tirou nota 7,5 ou mais.

Construindo gráficos com auxílio de uma ferramenta digital

Vamos utilizar o *software* gratuito **Canva** para construir gráficos de diferentes tipos, com base em dados de uma tabela. Ele pode ser utilizado *on-line* no *link* disponível em: https://www.canva.com/pt_br/. Depois de acessar esse endereço eletrônico, selecione o ícone "Mais" e escolha a opção "Gráfico".

Como exemplo, utilizaremos os dados da atividade 1 deste capítulo.

Lazer preferido

Lazer	Número de entrevistados
Ir ao clube	18
Assistir à TV	37
Brincar	45
Jogar *videogame*	20
Visitar amigos	12

Dados elaborados pelo autor.

Construindo um gráfico de barras verticais

1º passo: Após selecionar a opção "Gráficos", selecione o ícone que representa o gráfico de barras verticais.

Reprodução/https://www.canva.com/pt_br/

2º passo: Após o ícone ser selecionado, uma nova aba será aberta e serão disponibilizadas algumas ferramentas para a edição dos dados.

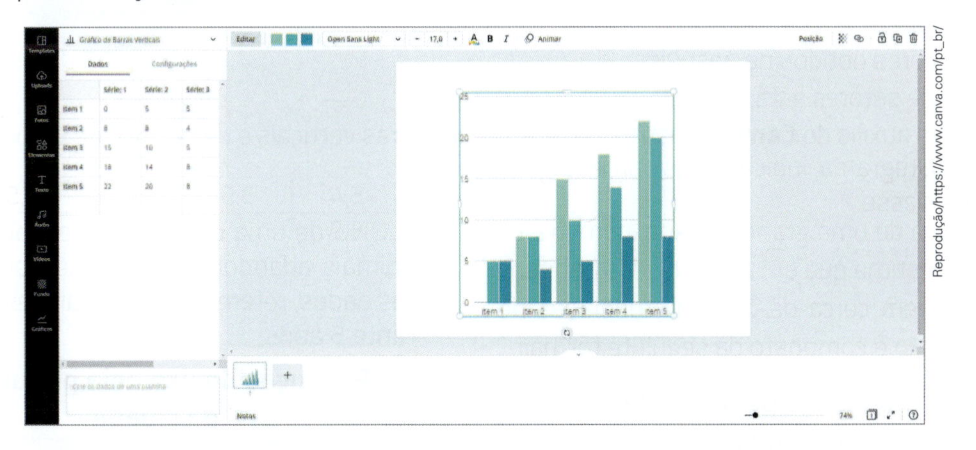

Reprodução/https://www.canva.com/pt_br/

Selecione cada uma das células da tabela e apague seu conteúdo para inserir os dados da pesquisa. Na sequência, renomeie o título "Série:1" por "Número de entrevistados" e os itens da seguinte maneira: "Item 1" como "Ir ao clube"; "Item 2" como "Assistir à TV"; "Item 3" como "Brincar"; "Item 4" como "Jogar *videogame*" e "Item 5" como "Visitar amigos". Os títulos "Série:2"; "Série:3"; "Série:4" e "Série:5" devem ser excluídos, pois não são necessários para representar os dados da pesquisa. Depois, selecione cada uma das células da tabela e insira os valores obtidos na pesquisa.

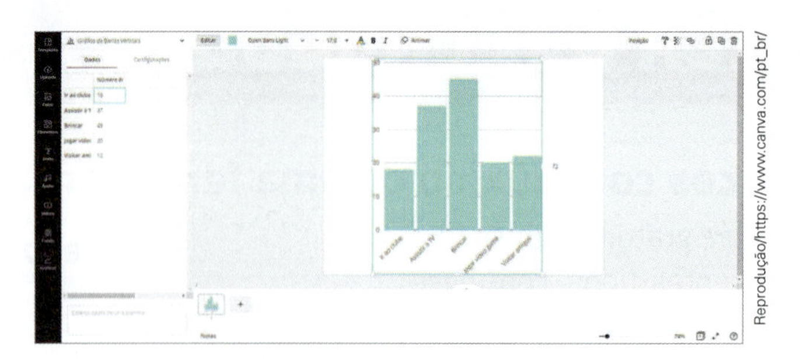

Reprodução/https://www.canva.com/pt_br/

O gráfico de barras verticais está pronto! Agora você pode editá-lo, selecionando o ícone "Editar", que permite alterar tamanho e tipo da fonte e as cores. Para fazer o *download* do gráfico que você criou, basta selecionar o ícone e criar uma conta com seu *e-mail*.

Construindo um gráfico de setores (*pizza*)

1º passo: Após selecionar a opção "Gráficos", como feito no caso anterior, selecione o ícone que representa o gráfico de setores.

Reprodução/https://www.canva.com/pt_br/

2º passo: Selecione cada uma das células da tabela e apague seu conteúdo para inserir os dados da pesquisa. O título "Série:1" não pode ser editado; portanto, renomeie os itens da seguinte maneira: "Item 1" como "Ir ao clube"; "Item 2" como "Assistir à TV"; "Item 3" como "Brincar"; "Item 4" como "Jogar *videogame*" e "Item 5" como "Visitar amigos". Depois, selecione cada uma das células da tabela e insira os valores obtidos na pesquisa.

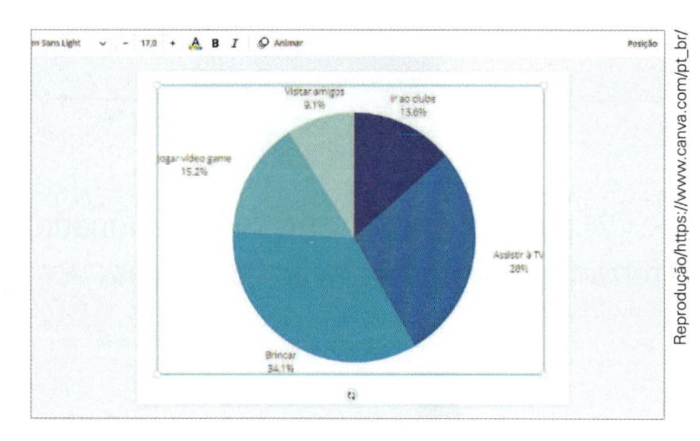

Reprodução/https://www.canva.com/pt_br/

O gráfico de setores está pronto!

Agora, com auxílio do **Canva**, construa um gráfico de barras verticais e um gráfico de setores para cada situação a seguir.

1. A prefeitura de uma grande cidade, num levantamento, estima que em um ano seus habitantes produzem cerca de 250 mil toneladas de lixo. Esse lixo é composto da seguinte forma.

Produção de lixo pela população da cidade

Tipo de lixo	Quantidade (em mil toneladas)
Reciclável	75
Orgânico	135
Outros	40

Dados elaborados pelo autor.

2. A ONG de uma cidade, que resgata e cuida de animais abandonados, apresentou os seguintes dados, referentes a animais resgatados durante 5 anos.

Produção de lixo pela população da cidade

Ano	Quantidade de animais
2016	70
2017	59
2018	48
2019	39
2020	32

Dados elaborados pelo autor.

CAPÍTULO 22 Contagem e probabilidade

Tatiane Silva/ Shutterstock

NA REAL

Por que a placa Mercosul foi adotada?

O sistema de identificação dos veículos brasileiros passou por mudanças. A nova placa Mercosul foi criada para padronizar a identificação dos veículos do Brasil, da Argentina, do Paraguai, do Uruguai e da Venezuela. Dessa forma, é possível criar um banco de dados integrado, o que promete facilitar a fiscalização, principalmente no que diz respeito a veículos roubados que cruzam as fronteiras.

As mudanças de cor são consideráveis, mas os sete caracteres da placa foram mantidos. No entanto, estão sendo usados quatro letras e três números, e não mais três letras e quatro números. O padrão mudou de LLLNNNN para LLLNLNN para automóveis e LLLNNLN para motocicletas (em que L é letra e N, número). A flexibilidade do código alfanumérico permite à placa do Mercosul oferecer mais de 450 milhões de possibilidades. No sistema antigo, o limite de placas distintas era de 175 milhões.

Como você faria para calcular todas as possibilidades de montar uma placa no padrão Mercosul para automóvel usando somente a letra A e considerando apenas os algarismos 0 e 1 no lugar dos números?

Na BNCC
EF08MA03
EF08MA22

Princípio fundamental da contagem

O sorvete e a cobertura

A sorveteria Olímpia está fazendo uma promoção: o cliente monta seu pedido escolhendo entre os sabores coco, creme, morango e limão e entre as coberturas chocolate e caramelo.

Nessa promoção só é permitido pedir um sabor e uma cobertura por vez. Vamos ver de quantos modos é possível compor o pedido.

Veja este esquema:

Ilustra Cartoon/Arquivo da editora

Temos 4 possibilidades para escolher o sabor. Para cada uma delas, temos 2 possibilidades para escolher a cobertura. No total, temos $4 \cdot 2$ possibilidades para montar a taça com cobertura. Logo, há 8 modos de compor o pedido.

Esse esquema é usualmente apresentado como segue e denominado **árvore de possibilidades**:

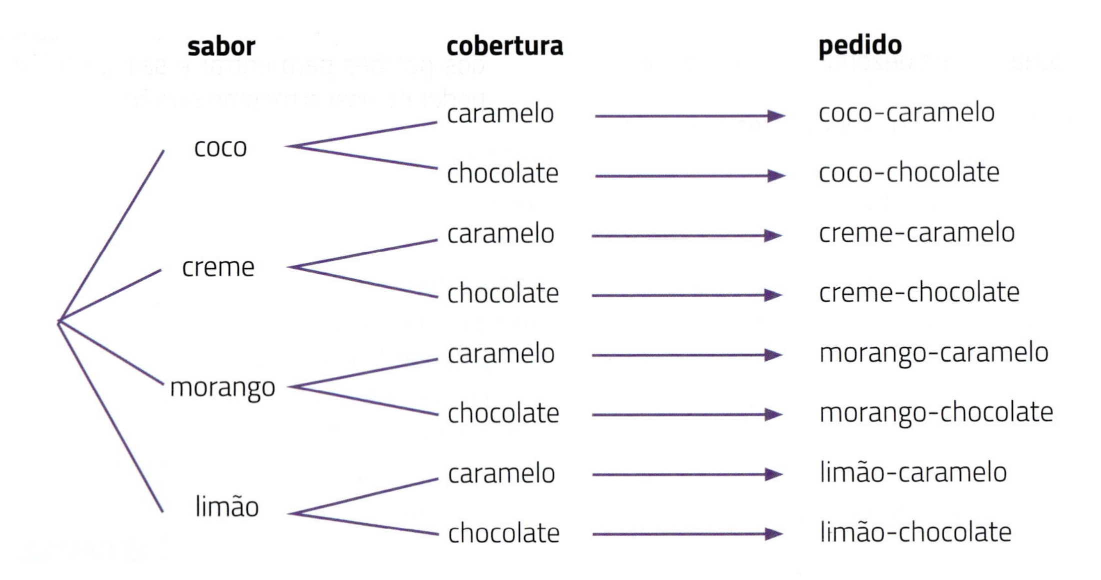

Se, no problema proposto, a promoção da sorveteria fosse de 12 sabores de sorvete e 4 coberturas, de quantos modos seria possível compor o pedido?

Nesse caso, temos 12 maneiras de escolher o sabor e, para cada uma, 4 maneiras de escolher a cobertura.

Logo, temos $12 \cdot 4$ maneiras de montar a taça com cobertura. Portanto, há 48 modos de compor o pedido.

Note que resolvemos a questão sem precisar escrever, um por um, os possíveis pedidos e contá-los. Fizemos uma contagem indireta.

Para facilitar a resolução de problemas de contagem, é importante saber resolvê-los por métodos que não exijam a contagem direta, que, em geral, pode ser muito trabalhosa.

No exemplo do sorvete com cobertura aplicamos o **princípio fundamental da contagem**, que pode ser enunciado como segue.

Se uma ação é composta de duas etapas sucessivas, em que a primeira pode ser realizada de m modos e, para cada um destes, a segunda pode ser feita de n modos, então o número de modos de realizar a ação é $m \cdot n$.

Esse princípio pode ser estendido para ações compostas de mais de duas etapas.

ATIVIDADES

1. Adriano deseja formar um conjunto calça-camiseta para se vestir. Se ele dispõe de 4 calças e 6 camisetas para escolher, de quantos modos pode formar o conjunto?

2. Quantos são os números de três algarismos em que os três algarismos são ímpares? Ou seja: de quantos modos podemos formar um número de três algarismos usando apenas os algarismos ímpares?

algarismo da centena	algarismo da dezena	algarismo da unidade

Para resolver esse problema, responda às questões a seguir.

a) Quais são os algarismos ímpares? Quantos são?

b) Quantas são as possibilidades para o algarismo da centena?

c) Para cada centena, quantas são as possibilidades para a dezena?

d) Para cada centena e cada dezena, quantas são as possibilidades para a unidade?

e) Quantas são as possibilidades para formar o número?

3. Quantos são os números de três algarismos distintos em que os três algarismos são ímpares? Siga o roteiro da atividade anterior, mas fique atento: quando for escolher o algarismo das dezenas, ele não poderá ser igual ao das centenas; o das unidades não poderá ser igual a nenhum dos anteriores.

4. Em um colégio há quatro portões.

a) Quantas são as possibilidades de entrar por um portão e sair por outro?

b) Quantas são as possibilidades de escolha dos portões para entrar e sair do colégio, podendo usar o mesmo portão?

5. Uma moeda é lançada algumas vezes e a sequência de resultados, cara ou coroa, de cada lançamento é anotada.

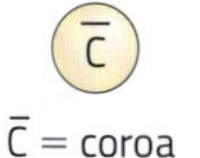

$\overline{C}$ = coroa C = cara

Laureni Fochetto/Casa da Moeda do Brasil/Ministério da Fazenda

Quantas sequências diferentes podem ser formadas:

a) se forem feitos 2 lançamentos?

b) se forem feitos 3 lançamentos?

c) se forem feitos 4 lançamentos?

6. Na expressão matemática: a ■ b ■ c ■ d, cada quadradinho colorido deve ser preenchido com um dos sinais operativos + ou ·. Quantas expressões diferentes podem ser formadas?

7. Samanta foi à Lanchonete do Pedrão comer um sanduíche e tomar um suco. Ela está em dúvida se vai ou não pedir a porção de fritas. Observe o quadro e responda: de quantos modos ela poderá compor o pedido?

Ilustra Cartoon/Arquivo da editora

8. O quadro a seguir apresenta o número de alunos das turmas de 8º ano de uma escola.

	Meninos	Meninas
8º A	15	22
8º B	18	20

Três estudantes vão compor uma comissão de organização da olimpíada da escola.

De quantos modos podem ser escolhidos se a comissão for formada por:

a) um menino de cada turma e mais uma menina?

b) uma menina de cada turma e mais um menino?

9. Uma prova contém 20 testes, cada um com quatro alternativas, das quais apenas uma é correta.

ajt/Shutterstock

a) De quantos modos pode ser montado o gabarito da prova?

b) Estime o número de modos usando a aproximação $2^{10} \cong 10^3$.

10. Para acessar a internet, Gilberto Dunas escolheu uma senha formada por seis letras diferentes, todas presentes no seu nome. A senha começa por consoante e vai alternando consoante e vogal. De quantos modos essa senha pode ser formada?

Probabilidade: de quanto é a chance?

Os canhotos

Luciana é aluna do 8º ano D. A turma dela é composta de 32 estudantes, dos quais 20 são meninas. Na turma de Luciana, 6 estudantes são canhotos, incluindo ela.

Ilustra Cartoon/Arquivo da editora

O professor João decidiu sortear um livro de literatura brasileira para cada uma das suas turmas de 8º ano. Vamos determinar na turma de Luciana qual é a probabilidade de que o ganhador do livro seja:

a) Luciana; b) alguém canhoto; c) uma menina.

Vejamos, então:

a) Todos os estudantes têm a mesma chance de ganhar o livro. Como são 32 estudantes, há 32 possibilidades para o resultado do sorteio. Luciana é uma dessas possibilidades. Dizemos que a probabilidade de Luciana ganhar é a razão de 1 para 32, ou seja, a probabilidade é $\frac{1}{32}$.

b) Na turma há 6 canhotos: Luciana e mais 5 estudantes. Logo, para que o ganhador seja um canhoto, há 6 possibilidades em 32. A probabilidade de o ganhador ser canhoto é $\frac{6}{32}$ ou, simplificando, $\frac{3}{16}$.

c) Para que o ganhador seja uma menina, há 20 possibilidades em 32. A probabilidade de o ganhador ser uma menina é $\frac{20}{32}$, logo $\frac{5}{8}$.

Possibilidades e probabilidades

Na Teoria da Probabilidade quantificamos a chance de ocorrência de determinado acontecimento.

Probabilidades são atribuídas a resultados de **experimentos aleatórios**, assim denominados porque, repetidos em condições idênticas, podem apresentar resultados diferentes. A variabilidade do resultado é devida ao que chamamos **acaso**.

A situação mais simples de atribuição de probabilidades é a do nosso exemplo inicial, quando há um número finito de resultados possíveis e com chances iguais de ocorrência. Nesse caso, havendo n resultados possíveis do experimento, a probabilidade de ocorrer um que esteja entre d resultados desejados é a razão $\frac{d}{n}$.

Em um experimento aleatório com n resultados possíveis, de mesma chance de ocorrência, a **probabilidade** de ocorrer um dos d resultados desejados é $\frac{d}{n}$.

Probabilidades são números que variam de 0 a 1. Podem ser expressas por meio de porcentagens, de 0% a 100%.

ATIVIDADES

Para responder às atividades **11** a **15**, é necessário que você faça uma pesquisa na sua turma.

Em uma folha avulsa, anote estes dados sobre a turma:

- quantidade de estudantes;
- quantidade de irmãos dos estudantes;
- idade dos estudantes;
- quantidade de meninas;
- quantidade de canhotos;
- quantidade de estudantes cujos nomes começam com a letra *A*;
- quantidade de estudantes cujos nomes começam com a letra *Q*.

11. Na mesma folha avulsa, reproduza as tabelas abaixo e complete-as com os dados obtidos na pesquisa.

Quantidade de irmãos	Frequência
0	//////////
1	//////////
2	//////////
⋮	⋮

Idade (anos)	Frequência
13	//////////
14	//////////
⋮	⋮

12. Calcule a média do número de irmãos por estudante da sua turma.

13. Se for realizado um sorteio em sua turma, qual é a probabilidade de que seja sorteado(a):

a) uma menina?

b) um canhoto?

c) alguém cujo nome começa com *A*?

d) alguém cujo nome começa com *Q*?

14. Sobre a idade dos estudantes, responda:

a) Qual é a média de idade dos estudantes?

b) Qual é a idade modal?

15. Em um sorteio, qual é a probabilidade de ser sorteado:

a) um filho único?

b) um estudante com mais irmãos do que a média da turma?

c) um estudante com idade acima da média da turma?

d) um estudante com a idade modal?

e) um estudante que tenha dois irmãos?

f) um estudante com mais de oito irmãos?

g) um estudante de 15 anos?

h) um estudante com menos de 20 anos?

16. Responda:

a) No sorteio de um número de 1 a 100:

- qual é a probabilidade de sair um número múltiplo de 11?
- qual é a probabilidade de sair um número que não é múltiplo de 11?

b) Qual é a soma das probabilidades calculadas no item **a**?

A soma das probabilidades

Como já vimos, os resultados possíveis de um experimento aleatório formam um conjunto que chamamos **espaço amostral do experimento**.

Por exemplo, no lançamento de uma moeda e registro da face superior, o espaço amostral é:

$$\{\text{cara, coroa}\}$$

ou, representando cara por C e coroa por $\bar{C}$, o espaço amostral é:

$$\{C, \bar{C}\}$$

No lançamento de uma moeda, vamos determinar qual é a probabilidade de ocorrer cara e a de ocorrer coroa.

Quando lançamos uma moeda equilibrada, construída de forma que sua massa é homogeneamente distribuída no espaço que ocupa, acreditamos que os resultados cara e coroa são igualmente prováveis. Nesse caso, dizemos que a moeda é **não viciada**.

Por serem 2 resultados possíveis, cada um deles tem probabilidade $\frac{1}{2}$ de ocorrência. Indicando por P(C) a probabilidade de ocorrer cara e por $P(\bar{C})$ a de ocorrer coroa, temos:

$$P(C) = \frac{1}{2} \text{ e } P(\bar{C}) = \frac{1}{2}.$$

A soma das probabilidades de cada resultado possível do experimento é:

$$P(C) + P(\bar{C}) = \frac{1}{2} + \frac{1}{2} = \frac{2}{2} = 1$$

Se uma moeda é lançada duas vezes e registramos a sequência de resultados de cada lançamento, temos os seguintes resultados possíveis:

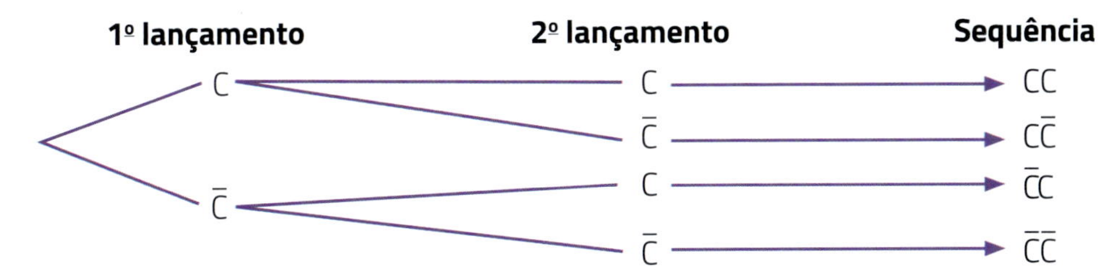

Portanto, o espaço amostral para esse experimento é: $\{CC, C\overline{C}, \overline{C}C, \overline{C}\,\overline{C}\}$.

Tratando-se de uma moeda não viciada, os 4 resultados possíveis são igualmente prováveis. A sequência CC é 1 resultado em 4 possíveis, logo tem probabilidade de ocorrer igual a $\frac{1}{4}$. O mesmo vale para cada sequência:

$P(CC) = \frac{1}{4}$ $\qquad$ $P(C\overline{C}) = \frac{1}{4}$

$P(\overline{C}C) = \frac{1}{4}$ $\qquad$ $P(\overline{C}\,\overline{C}) = \frac{1}{4}$

A soma das probabilidades de cada resultado possível do experimento é:

$$P(CC) + P(C\overline{C}) + P(\overline{C}C) + P(\overline{C}\,\overline{C}) = \frac{1}{4} + \frac{1}{4} + \frac{1}{4} + \frac{1}{4} = \frac{4}{4} = 1$$

PARTICIPE

I. Vamos considerar o experimento aleatório que consiste em lançar uma moeda não viciada duas vezes e registrar quantas vezes aparece cara na face superior. Nesse caso:

a) Se for observada a sequência $\overline{C}\,\overline{C}$, que número será registrado?

b) E se for $\overline{C}C$?

c) E se for $C\overline{C}$?

d) E se for CC?

e) Então, quais são os registros possíveis nesse experimento?

f) Escreva o espaço amostral.

g) Escreva a probabilidade de ocorrência de cada resultado possível.

h) Calcule a soma das probabilidades dos resultados possíveis.

i) Substitua ////// pelo valor que torna a frase correta: A soma das probabilidades de todos os resultados possíveis de um experimento aleatório é igual a //////.

j) Em porcentagem, qual é a soma das probabilidades de todos os resultados possíveis de um experimento aleatório?

II. Agora vamos considerar o experimento aleatório que consiste no sorteio de um número natural de 1 a 10, em que os possíveis resultados são igualmente prováveis.

a) Dos naturais de 1 a 10, quantos são múltiplos de 5?

b) Qual é a probabilidade de ser sorteado um número múltiplo de 5?

c) Qual é a probabilidade de ser sorteado um número que não é múltiplo de 5?

d) Qual é a soma das probabilidades dos dois itens anteriores?

Probabilidade de não ocorrer um evento

Se os meteorologistas fizerem a previsão do tempo para amanhã e anunciarem que a probabilidade de chover é de 70%, qual é a probabilidade de não chover?

Há duas possibilidades: chover, não chover.

Se a probabilidade de chover é 70% e a soma das probabilidades dos dois casos possíveis é 100%, concluímos que a probabilidade de não chover é:

$$100\% - 70\% = 30\%.$$

Esse é um caso de experimento aleatório com dois resultados possíveis, mas não igualmente prováveis. A probabilidade de chover foi atribuída pelos meteorologistas com base em experiências anteriores de observação das condições do tempo. A atribuição de probabilidades muitas vezes é feita com base em repetições de experimentos e cálculo de frequências relativas de ocorrência dos possíveis resultados.

De maneira geral, se em um experimento aleatório a probabilidade de ocorrer um evento é p e a probabilidade de não ocorrer esse evento é q, a soma dessas duas probabilidades é 1 (100%). De $p + q = 1$ vem que $q = 1 - p$; podemos concluir que:

Se a probabilidade de ocorrer um evento é p, a probabilidade de não ocorrer esse evento é $1 - p$ (se p for dado em porcentagem, $100\% - p$).

ATIVIDADES

17. Considere o experimento aleatório: lançar um dado não viciado e registrar o número de pontos indicado na face superior. Responda:

a) Qual é o espaço amostral?

b) Qual é a probabilidade de cada resultado possível?

c) Qual é a soma das probabilidades de cada resultado possível?

d) Qual é a probabilidade de ser observado um número ímpar de pontos?

18. Considere o experimento aleatório: retirar uma bola de uma sacola, não transparente, contendo 10 bolas idênticas numeradas de 1 a 10, e registrar o número da bola sorteada. Responda:

a) Qual é a probabilidade de o número registrado ser primo?

b) Qual é a probabilidade de o número registrado não ser primo?

19. Ao sortearmos aleatoriamente uma etiqueta de um envelope contendo 7 etiquetas, em que foram anotados os dias da semana, e registrarmos o dia que foi sorteado, qual é a probabilidade:

a) de ser sorteado o domingo?

b) de ser sorteado um dia que começa com a letra q?

20. Considere o experimento aleatório que consiste em lançar uma moeda não viciada três vezes e registrar a sequência de resultados de cada lançamento.

a) Faça a árvore de possibilidades e escreva o espaço amostral desse experimento.

b) Qual é a probabilidade de ser observada a mesma face nos três lançamentos?

21. Lançando duas vezes um dado não viciado, e anotando a sequência de pontos observados nos dois lançamentos:

a) quantas são as sequências possíveis?

b) qual é a probabilidade de sair uma sequência de soma 4?

22. O setor de inspeção de qualidade de uma fábrica de lâmpadas fez um teste com um lote de 400 lâmpadas produzidas em certo dia e encontrou 6 lâmpadas defeituosas. Se for selecionada ao acaso uma lâmpada desse lote, qual é a probabilidade, em porcentagem, de ser selecionada uma lâmpada não defeituosa?

NA MÍDIA

Pirâmide etária

Uma pirâmide populacional representa graficamente a composição etária e por sexo de uma população. As barras horizontais apresentam os valores absolutos ou proporções de homens e mulheres em relação ao total da população, separadamente, em cada idade. As idades podem ser individuais ou agregadas em grupos quinquenais. O somatório de todos os grupos de idade e sexo na pirâmide é igual ao total da população ou a 100% da mesma. Para efeitos de comparação espacial ou temporal, o mais usual é calcular a pirâmide, utilizando-se valores relativos. A pirâmide descreve as características de uma população. [...]

Disponível em: http://www5.ensp.fiocruz.br/biblioteca/dados/txt_577264946.pdf. Acesso em: 19 jul. 2021.

A pirâmide populacional também é conhecida como pirâmide etária ou pirâmide demográfica. Nela, a base representa o grupo jovem (até 19 anos), a parte intermediária representa o grupo adulto (20 a 59 anos) e o topo, a população idosa (60 anos ou mais).

Analise as pirâmides seguintes, publicadas pelo IBGE em 2013:

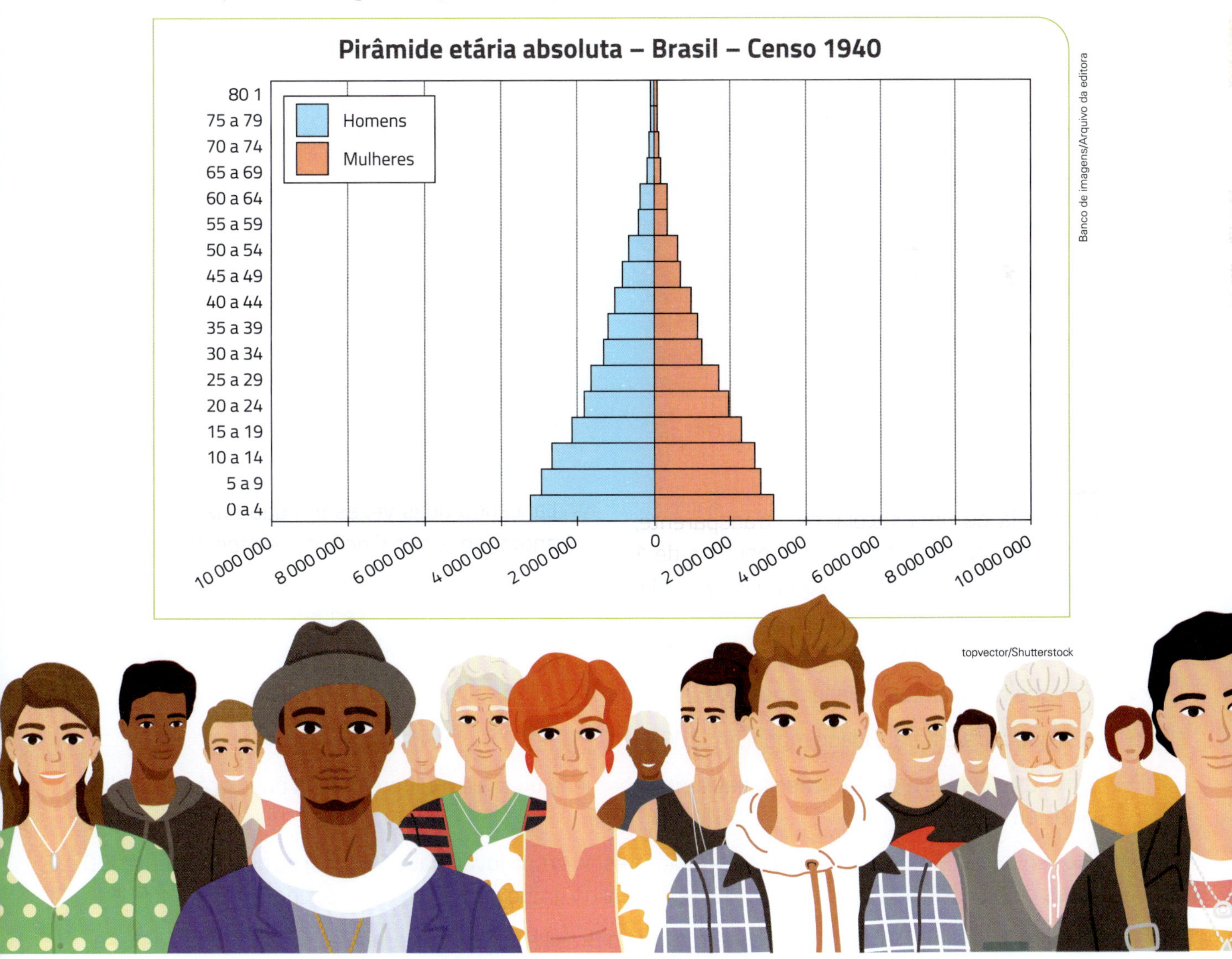

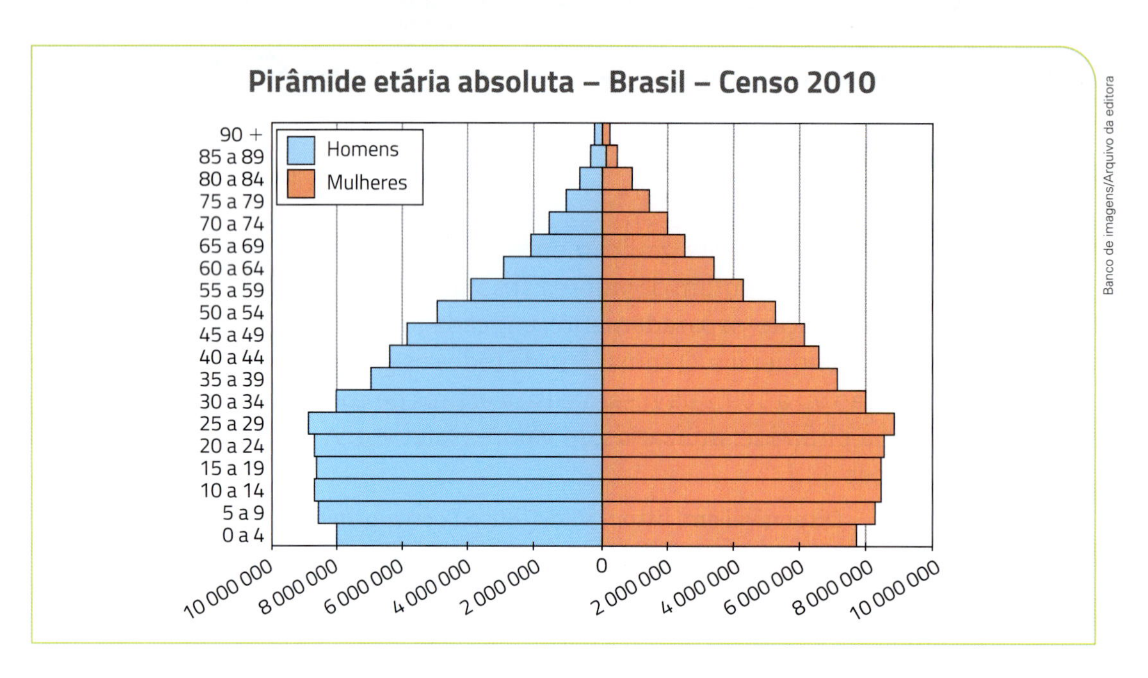

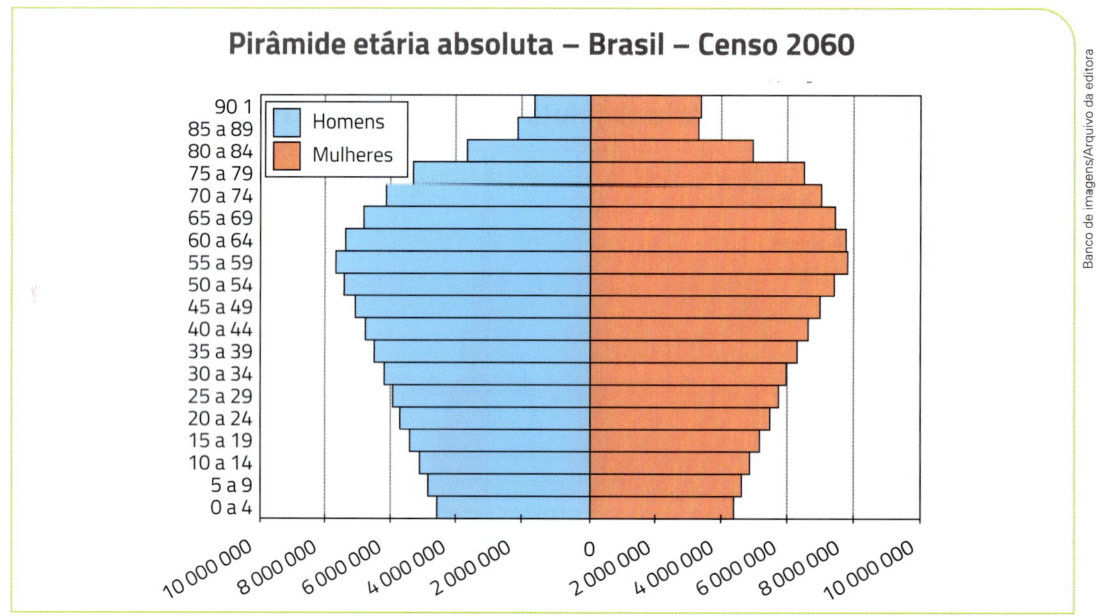

Fonte: http://ibge.gov.br/home/presidencia/noticias/imprensa/ppts/00000014425608112013563329137649.pdf. Acesso em: 19 jul. 2021.

A idade modal da população brasileira em 1940 estava na faixa de 0 a 4 anos, porque era nessa faixa que havia mais habitantes.

Agora, responda às questões:

1. Em que faixa estava a idade modal em 2010?
2. Em que faixa estará a idade modal em 2060?
3. Em 2010, na faixa de 0 a 4 anos, havia mais homens ou mais mulheres? E na população idosa (60 anos ou mais)?
4. No censo de 1940, o Brasil tinha mais habitantes no grupo jovem (até 19 anos) ou no grupo idoso (60 anos ou mais)? E na projeção de 2060, terá mais no grupo jovem ou no grupo idoso?
5. Pelos dados de 2010, você considera que hoje o Brasil é um país jovem? Discuta com os colegas.

NA HISTÓRIA

Estatísticas e Estatística

A tela de William Brassey representa o nascimento de Jesus, em Belém da Galileia, para onde a família se dirigiu atendendo à convocação do imperador romano para o recenseamento que acabou se tornando o mais famoso da história. Coleção particular.

Quando, na análise de uma partida de futebol, um comentarista esportivo diz que o time *A* chutou 20 vezes a gol e acertou 8 desses chutes, ao passo que o time *B* chutou 10 vezes a gol e acertou 6 desses chutes, que o time *A* chutou 3 bolas na trave e o time *B* nenhuma, ele está fazendo uma estatística do jogo. Só que a palavra "estatística", nesse caso, está sendo usada em seu sentido mais simples.

Por outro lado, há uma ciência chamada **Estatística**, de fundamental importância no mundo moderno, cujo objetivo é produzir e analisar dados e fazer inferências nos mais diversos campos do conhecimento. Mas essa ciência demorou a ser fundada: de fato, embora a Geometria, como ciência organizada, date do século IV a.C., aproximadamente, a história da Estatística como ciência começou somente no século XVII. Isso não quer dizer, porém, que antes dessa época não se coletassem dados numéricos: em particular sobre populações e suas condições de existência.

Um exemplo que ilustra essa etapa preliminar da Estatística, bem conhecido pelos cristãos, é o édito baixado pelo imperador romano César Augusto (de 27 a.C. a 14 d.C.) determinando que se fizesse um censo de "todo o mundo". Entenda-se: todo o mundo então sob o domínio romano. Entre os territórios sob esse domínio estavam a Galileia e a Judeia. O édito exigia, ainda, que cada habitante desse "mundo" se recenseasse na sua cidade de origem. Isso obrigou José e Maria, então grávida, moradores de Nazaré, na Galileia, a se deslocar para Belém, na Judeia, cidade de origem de José. E foi ali que nasceu Jesus, o filho de Maria, para os cristãos também o filho de Deus.

Mas o marco inicial da Estatística como ciência só seria lançado no século XVII, por John Graunt (1620-1674), um próspero comerciante inglês, em sua obra *Observações naturais e políticas feitas com base nos Boletins de mortalidade*, de 1662, na qual, pela primeira vez na história, se usaram, com alguma base, massas de dados para inferências estatísticas.

A atenção de Graunt para esse assunto foi despertada pelos *Boletins de mortalidade*, originalmente relatórios semanais e anuais do número de sepultamentos em várias paróquias londrinas. O objetivo inicial desses boletins, que começaram a ser compilados no ano de 1532, era manter um registro que permitisse acompanhar o andamento da peste (termo usado para designar diversas doenças epidêmicas muito comuns e que matavam muitas pessoas na época). Em 1563, os *Boletins* passaram a abranger toda a cidade de Londres, mas somente em 1625 começaram a ser publicados com regularidade. Inicialmente as causas das mortes eram divididas em dois tipos apenas: doenças e acidentes. Com o tempo, porém, os *Boletins* se tornaram mais ricos em dados. O trabalho de pesquisa era feito por senhoras voluntárias que, comparecendo ao velório, registravam o sexo do falecido, as causas do falecimento e outros dados.

Assim, foi com base nos *Boletins* de 1604 a 1661, transformados por ele em tabelas, que Graunt escreveu a obra referida. Analisando os dados reunidos, Graunt constatou, entre outras coisas, que uma série de ocorrências tidas em geral como meramente casuais apresentavam uma regularidade surpreendente. Por exemplo: o número de nascimentos de homens era maior que o de mulheres; as mulheres viviam mais que os homens; o número de mortes causadas por doenças não epidêmicas era razoavelmente constante de ano para ano; na idade tida como conveniente para o casamento, o número de homens e de mulheres era aproximadamente o mesmo. A aparente contradição entre o fato de as mulheres viverem mais do que os homens, apesar de, como se sabia, elas se valerem de cuidados médicos duas vezes mais que eles, levou Graunt a concluir que muitos homens, para ocultar sua intimidade ou por imprevidência, preferiam não recorrer a ajuda médica.

A obra de Graunt repercutiu em outros países, como a França, e ele foi eleito membro da Royal Society of London (Sociedade Real de Londres). O rei Carlos II, consultado se seria pertinente um comerciante integrar aquela magna casa de cientistas e sábios, com muito senso de justiça não vacilou em aprovar a eleição.

1. Um importante estudo feito por Graunt, a partir dos Boletins de mortalidade, envolve a sobrevivência humana por faixas de idade. Com os dados disponíveis e algumas estimativas, ele construiu o quadro abaixo.

Idade	Sobreviventes
0	100
6	64
16	40
26	25
36	16
46	10
56	6
66	3
76	1

a) Quanto à mortalidade, como você interpreta os dados das duas primeiras linhas do quadro?

b) Se em vez de 100 como número base de bebês na primeira linha ele tivesse escolhido 1 000, qual seria o número estimado de mortos de zero a seis anos de idade? E de zero a 16?

c) Calcule o percentual de mortos de cada faixa de idade em relação à faixa anterior.

d) Pelo quadro de Graunt, qual era a porcentagem de sobreviventes aos 76 anos de idade?

2. A que pode ser atribuído o fato de, na idade tida como apropriada (na época) para o casamento, o número de mulheres ser praticamente igual ao de homens, embora nascessem mais homens que mulheres?

RESPOSTAS DAS ATIVIDADES

UNIDADE 1 Conjuntos numéricos, potenciação e radiciação

CAPÍTULO 1 Números naturais, inteiros e racionais

1. a) Não. b) Sim.

2. a) 1
b) Dezena de milhão.
c) Múltiplo de 5.

3. a) 100 b) 100

4. a) 0, 2, 4, 6, 8, 10, 12, ...; números pares.
b) 1, 3, 5, 7, 9, 11, 13, 15, 17, 19

5. a) É um número natural maior do que 1, divisível apenas por 1 e por ele mesmo.
b) 2, 3, 5, 7, 11, 13, 17, 19, 23, 29

6. a) 6 modos. b) 9 modos.

7. a) Não.
b) Sim.
c) Sim, o número 17.

8. Números cujo mdc é igual a 1, como os números 4 e 9.

9. a) Se for divisível por 3 e por 4.
b) Se for divisível por 3 e por 5.
c) Por 12: 2016 e 2028; por 15: 2025.

10. 22

11. 994

12. 144

13. a) 0
b) −3
c) 4
d) 0

14. a) 8
b) 8
c) 5
d) 5
e) 0
f) 1
g) 7
h) 9

15. a) −50
b) −1, −1.
c) −25
d) 25
e) 13
f) Positivo.
g) Negativo.

16. a) 0,7
b) 2,9
c) 0,31
d) 28,74
e) 0,037
f) 1,6
g) 8,5
h) −1,64
i) 1,666...
j) −1,1666...
k) 0,375
l) 2,666...
m) −0,45
n) −2,2222...

17. a) $\frac{57}{100}$
b) $\frac{32}{25}$
c) $\frac{25}{8}$
d) $-\frac{125}{4}$
e) $\frac{7}{10}$
f) $\frac{359}{500}$
g) $\frac{13147}{10000}$
h) $\frac{943673}{200000}$

18. Alternativas **a**, **c** e **d**.

19.

DE	DP
$\frac{11}{10}$	$-\frac{37}{75}$
$-\frac{11}{20}$	$\frac{13}{3}$
$\frac{207}{100}$	$\frac{15}{7}$
$\frac{42}{14}$	$\frac{32}{27}$
$\frac{21}{6}$	
$-\frac{15}{3}$	

20. a) $2^6 \cdot 5$
b) Decimal exato, porque o denominador só tem os fatores primos 2 e 5.

21. a) três; 0, 58 e 1
b) seis; −111, 0, 58, −4, −17 e 1
c) os doze números (todos)
d) −111

22. a) 342 b) 7 c) 89

23. $\frac{2}{3}$

24. $\frac{29}{9}$

25. a) $\frac{542}{99}$ b) $\frac{104}{333}$

26. a) $\frac{7}{9}$
b) $\frac{35}{9}$
c) $\frac{278}{45}$
d) $\frac{35}{6}$
e) $\frac{302}{33}$
f) $-\frac{679}{55}$

27. a) $\frac{7}{10}$
b) $\frac{33}{100}$
c) $\frac{1333}{1000}$
d) $\frac{521}{100}$
e) $\frac{7}{3}$
f) $\frac{17}{5}$

28. a) $\frac{85}{18}$
b) $\frac{103}{33}$
c) $\frac{29}{55}$
d) $\frac{19}{10}$

29. a) I. $\frac{7}{100}$; II. -48; III. $\frac{40}{12} = \frac{10}{3}$

b) I. 10; II. −10; III. 10

c) I. 0,55; II. −30; III. $\frac{275}{12}$

d) I. 2,01; II. 6; III. $\frac{335}{4}$

CAPÍTULO 2 Porcentagens

PARTICIPE

I. Ela bebeu metade do café, portanto ficará de café no novo copo: $\frac{25}{2} = 12{,}5\%$.

(O copo cheio terá 8 meias xícaras de café com leite, sendo 1 meia xícara de café; $\frac{1}{8} \cdot 100\% = 12{,}5\%$.)

II. a) $\frac{40}{400} = \frac{1}{10}$

b) $\frac{40}{400} = \frac{10}{100} = 10\%$

c) $\frac{360}{400} = \frac{9}{10}$

d) $\frac{360}{400} = \frac{90}{100} = 90\%$

1. I. **e**; II. **c**; III. **a**; IV. **b**; V. **g**; VI. **d**

2. a) 100%
b) $\frac{30}{32}$; 93,75%

3. a) 20% b) 25%

4. 8400 km^2

5. 51,5

6. a) 16% b) 4%

7. 12,5%

8. Aproximadamente 44,4%.

9. 8%

10. Resposta pessoal.

11. 120% (= 1,20)

12. R$ 3,52

13. 190800

14. a) R$ 459,54 b) R$ 457,41

15. R$ 5,78

16. 90% (= 0,90)

17. 12 min

18. 128100

19. a) 12,654 bilhões de litros
b) Decréscimo de 1,4%.

20. Resposta pessoal.

CAPÍTULO 3 Números reais

1.

0,333... 0,3737...

0 0,1 0,2 0,3 0,4 0,5 0,6 0,7 0,8 0,9 1

0,35335...

2. Todos

3. Três: 0,272272227...; 0,4567891011...; −7,02468101214...

4. Resposta pessoal. Exemplos: 5,123456789101112... e 3,101100111000...

5. A: 0,02; B: −0,05; C: 0,13

6. 10: $\mathbb{N}$, $\mathbb{Z}$, $\mathbb{Q}$, $\mathbb{R}$
−10: $\mathbb{Z}$, $\mathbb{Q}$, $\mathbb{R}$
$\frac{1}{10}$: $\mathbb{Q}$, $\mathbb{R}$
0,10101010...: $\mathbb{Q}$, $\mathbb{R}$
0,101001000...: $\mathbb{R}$
1,33: $\mathbb{Q}$, $\mathbb{R}$
−1,3333...: $\mathbb{Q}$, $\mathbb{R}$
−1,343343334...: $\mathbb{R}$
133: $\mathbb{N}$, $\mathbb{Z}$, $\mathbb{Q}$, $\mathbb{R}$
−133: $\mathbb{Z}$, $\mathbb{Q}$, $\mathbb{R}$

7. Respostas pessoais. Exemplos de respostas:
a) 0, 1, 2, 3, ...
b) −1, −2, −3, ...
c) $\frac{1}{2}, -\frac{3}{4}, \frac{5}{2}$ ...
d) 0,101001000...; 3,123456789101112...; −6,121122111222...

8.

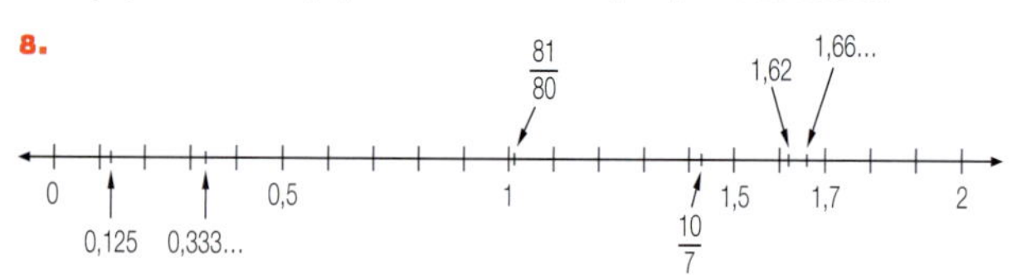

9. a) 1,4
b) 1,41
c) 1,414
d) 1,414214

10. a) 2,2 c) 2,236
b) 2,24 d) 2,236068

11. a) 3,65 b) 0,83

12. a) 2,828 b) 1,118 c) −1,710 d) 3,162

13. a) 7,999998; 3,090909
b) 8; $\frac{34}{11}$
c) 0,000002; $\frac{1}{11000000}$

14. a: 5,68; 5,679; 5,6789; 5,678910
b: 2,67; 2,667; 2,6667; 2,666667
c: 0,97; 0,970; 0,9697; 0,969697

15. a) $\frac{49}{12}$ c) $\frac{25}{22}$
b) $\frac{452}{81}$

16. a) 3,14; 3,1416 c) 12700 km (127 centenas de km)
b) 251,2 m

CAPÍTULO 4 Potenciação

PARTICIPE

a) 2^0; 1 grão
b) 2^1; 2 grãos
c) 2^2; 4 grãos
d) 2^3; 8 grãos
e) 2^4; 16 grãos
f) 2^5; 32 grãos
g) 2^6; 64 grãos
h) 2^{10}; 1024 grãos

1. a) 2^{10} cm³
b) 2^{-4} cm³

2. Quadro A

a) 343
b) 9
c) $\frac{9}{4}$
d) $\frac{4}{25}$
e) 1,21
f) 1 000
g) −64
h) $\frac{16}{49}$
i) $-\frac{1}{216}$
j) 3,14
k) 1
l) 1
m) $\frac{16}{713}$
n) $\frac{81}{10\,000}$
o) 1
p) 0
q) 1
r) $\frac{1}{125}$
s) $-\frac{71}{125}$
t) 0,0016

Quadro B

a) $\frac{1}{100}$
b) $\frac{1}{4}$
c) $\frac{64}{27}$
d) $\frac{9}{4}$
e) 100
f) $\frac{1}{16}$
g) $\frac{1}{9}$
h) 125
i) −64
j) 2
k) $\frac{1}{216}$
l) 1
m) $\frac{49}{36}$
n) $\frac{49}{9}$
o) $\frac{2}{3}$
p) 1
q) $-\frac{1}{32}$
r) $\frac{9}{10}$
s) $-\frac{10}{13}$
t) 16

3. R$ 10 240,00

4. a) 100
b) 120
c) 144
d) 172,8

5. a) 0
b) −250

6. a) 2
b) 35
c) $-\frac{19}{9}$
d) −10
e) −5
f) 0

7. a) 107
b) 1,07
c) $(1{,}07)^3$
d) 240 milhões de habitantes

8. a) 50%
b) 5,0625
c) $\frac{2}{3}$ da quantidade de hoje

9. a) 30 000 000
b) 1 200 000
c) 4 150 000 000
d) 22 200 000 000

10. a) $7 \cdot 10^5$
b) $1{,}8 \cdot 10^9$
c) $3{,}5 \cdot 10^7$
d) $2{,}95 \cdot 10^{11}$

11. a) $1{,}1 \cdot 10^{10}$
b) Sim. Não, a notação científica é $1{,}6 \cdot 10^8$.

12. a) $5{,}25 \cdot 10^7$
b) $3{,}256 \cdot 10^7$
c) $2{,}5 \cdot 10^4$
d) $1{,}83 \cdot 10^6$

13. a) 0,0013
b) 0,0000425
c) 0,000111
d) 0,000008

14. a) $1{,}2 \cdot 10^{-5}$
b) $7 \cdot 10^{-6}$
c) $1{,}111 \cdot 10^{-2}$
d) $2{,}22 \cdot 10^{-3}$

15. $6{,}6 \cdot 10^{-6}$

PARTICIPE

a) 1 024; 10^3
b) 10^6; milhão
c) 10^9; bilhão
d) 10^{12}; trilhão
e) 10^{15}; quatrilhão
f) 10^{18}; quintilhão
g) 8 quintilhões de grãos.
h) 15 quintilhões de grãos.

16. a) 10^4
b) 10^8

17. a) $7{,}5 \cdot 10^{12}$
b) $1{,}8 \cdot 10^3$
c) $4{,}8 \cdot 10^{-8}$
d) $3{,}3 \cdot 10^{11}$

18. a) 10^5
b) 10^3
c) $(2 \cdot 5)^4 = 10^4$
d) $(2 \cdot 3 \cdot 5)^{-2} = 30^{-2}$
e) $(60 ; 12)^3 = 5^3$
f) $(250 : 125)^4 = 2^4$
g) 2^6
h) 10^2

19. a) $9{,}5 \cdot 10^{12}$
b) $5{,}7 \cdot 10^{13}$

20. a) $9{,}8^4$
b) 10^3
c) $(a \cdot b \cdot c)^{10}$
d) $a^2 \cdot x^2$
e) $(-0{,}5)^3$
f) $\frac{a^3}{8}$
g) $\frac{8a^6}{125}$
h) 17^{-15}

21. $2^6 \cdot 3^2 \cdot 7^4$;
$2^{10} \cdot 3^4 \cdot 5^2$;
$2^{2a} \cdot 3^{2b} \cdot 5^{2c} \cdot 7^{2d}$

22. a) V
b) F
c) V
d) V
e) F
f) F

23. Respostas dependem do ano vigente.

24. 1 milhão de dias; mais de 2 000 anos

25. a) $3{,}2 \cdot 10^6$
b) $6{,}6 \cdot 10^{-11}$

26. a) $2{,}5 \cdot 10^{-3}$
b) $9{,}9 \cdot 10^{21}$

27. a) $4 \cdot 10^3$
b) $4{,}14 \cdot 10^{11}$
c) $2{,}5 \cdot 10^{-3}$
d) $1 \cdot 10^{-10}$ (ou apenas 10^{-10})

28. a) 10 ou −10
b) 4
c) $-\frac{2}{3}$
d) 12 ou −12
e) 3
f) $\frac{1}{2}$
g) 1
h) 0,2 ou −0,2

CAPÍTULO 5 Radiciação

1. a) 4
b) 10
c) $\frac{1}{3}$
d) 15
e) 1,5
f) 0,5
g) 1
h) 0,1
i) 0
j) 30
k) 1,3
l) $\frac{1}{9}$

2. a) 6
b) 1
c) 16
d) $\frac{1}{11}$
e) $\frac{10}{9}$
f) 1,8
g) 8
h) 1,1
i) 19
j) $\frac{7}{2}$
k) 0,3
l) 2,3

3. a) 7
b) $\frac{1}{2}$
c) 121
d) $\frac{1}{9}$
e) 0,16
f) 0,9

4. a) V, porque $25 > 0$ e $25^2 = 625$.
b) F, porque $2,5^2 = 6,25$.
c) V, porque $2,5 > 0$ e $2,5^2 = 6,25$.
d) F, porque $-25 < 0$.
e) F, porque $\sqrt{-625}$ não representa número real.

5. a) 7
b) 7

6. a) 5 cm^2
b) $\sqrt{5}$ cm
c) 2,2 cm; 2,23 cm

7. a) $1 < \sqrt{3} < 2$
b) $3 < \sqrt{10} < 4$
c) $4 < \sqrt{20} < 5$
d) $7 < \sqrt{50} < 8$
e) $9 < \sqrt{90} < 10$
f) $9 < \sqrt{99} < 10$

8. $\sqrt{3} \cong 1,7$

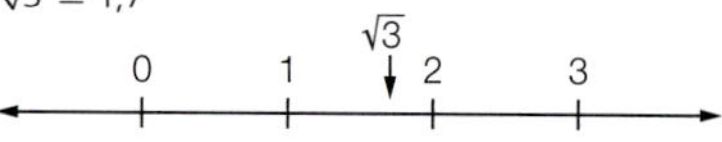

9. a) 2,6
b) 12,2
c) 15,9
d) 21,2

10. a) $\sqrt{10,5} \cong 3,2$
b) 7,07

11. a) 2,45
b) 3,16

12. a) $\sqrt{10}$ cm

13. $\frac{\sqrt{2}}{2}$

14. a) $\sqrt{16}$
b) 3
c) $\sqrt{20}$
d) 2,5
e) $\sqrt{3}$
f) $\sqrt{0,5}$

15. $\frac{7}{3} < \sqrt{6} < \sqrt{7} < \frac{8}{3}$

16. a) 18
b) 36
c) 27
d) 75

17. a) $\cong 21,15$
b) $\cong 34,6$

18. 28 m

19. a) Sim
b) Não

20. a) racional
b) irracional

21. Alternativas **a**, **b**, **f**, **g** e **h**.

22. a) 81
b) 961
c) 9 801
d) 998 001

23. a) $\frac{15}{16}$
b) 2,4
c) $\frac{2}{33}$
d) 0,65

24. 10

25. a) 26
b) 50
c) $\frac{1}{32}$
d) $\frac{27}{20}$
e) 0,7
f) 4,8

26. a) $\cong 12,6$
b) $\cong 15,4$

27. 1 936

28. 30

PARTICIPE

I. 0 e 1
II. $4^0 = 1$
III. $4^1 = 4$
IV. Entre 1 e 4.
V. $m \cdot n$
VI. $4^{0,5} = (2^2)^{0,5} = 2^{2 \cdot 0,5} = 2^1 = 2$
VII. Sim, porque $1 < 2 < 4$.
VIII. $\frac{1}{2}$
IX. $4^{\frac{1}{2}}$
X. $\left(4^{\frac{1}{2}}\right)^2 = 4^{\frac{1}{2} \cdot 2} = 4^1 = 4$
XI. Raiz quadrada de a; $\sqrt{a}$
XII. 4; raiz quadrada; $\sqrt{4}$; 2

29. a) $6^{\frac{1}{2}}$
b) $10^{\frac{1}{2}}$
c) $2^{\frac{1}{2}}$
d) $\left(\frac{1}{5}\right)^{\frac{1}{2}}$

30. a) 3
b) 8
c) $\frac{1}{2}$
d) 0,5

31. a) $\frac{5}{6}$ b) 4,5

32. a) $2^{\frac{3}{2}}$
b) $2^{-\frac{1}{2}}$

33. 42 cm

34. Resposta pessoal.

UNIDADE 2 Triângulos

CAPÍTULO 6 Congruência de triângulos

1. $\overline{XY} \equiv \overline{RS}$; $\hat{X} \equiv \hat{R}$
$\overline{YZ} \equiv \overline{ST}$; $\hat{Y} \equiv \hat{S}$
$\overline{ZX} \equiv \overline{TR}$; $\hat{Z} \equiv \hat{T}$

2. $x = 10°$ e $y = 12°$

3. $\overline{AC} \equiv \overline{EC}$; $\overline{BC} \equiv \overline{DC}$; $\overline{AB} \equiv \overline{ED}$;
$\hat{A} \equiv \hat{E}$; $\hat{B} \equiv \hat{D}$; $\hat{1} \equiv \hat{2}$

4. $\overline{AC} \equiv \overline{CE}$; $\overline{BC} \equiv \overline{DE}$; $\overline{AB} \equiv \overline{CD}$;
$\hat{B} \equiv \hat{D}$; $\hat{A} \equiv \hat{2}$; $\hat{1} \equiv \hat{E}$

5. $\overline{AB} \equiv \overline{MN}$; $\hat{A} \equiv \hat{M}$
$\overline{BC} \equiv \overline{NP}$; $\hat{B} \equiv \hat{N}$
$\overline{AC} \equiv \overline{MP}$; $\hat{C} \equiv \hat{P}$

6. $x = 16$ e $y = 8$

7. a) Construção.
b) Construção.

8. Sim, pelo caso LAL.

9. $\hat{A} \equiv \hat{F}$, $\hat{B} \equiv \hat{D}$, $\hat{C} \equiv \hat{E}$

10. 30° e 60°

11. 2 cm e $2\sqrt{3}$ cm

12. a) Construção.
b) Construção.

13. Sim, pelo caso ALA.

14. $\overline{BC} \equiv \overline{RS}$, $\overline{BA} \equiv \overline{ST}$, $\overline{AC} \equiv \overline{TR}$; $\overline{AC} \equiv \overline{TR} = 3$ cm; $BA = ST > 5,2$ cm

PARTICIPE

a) 60° e 45°
b) 75°
c) 60°
d) 28,3 mm
e) 38,6 mm e 34,6 mm

15. a) Construção.
b) Construção.

16. Sim, pelo caso LLL.

17. $\hat{A} \equiv \hat{N}$, $\hat{B} \equiv \hat{P}$ e $\hat{C} \equiv \hat{M}$

18. a) Construção.
b) Construção.

19. Sim, pelo caso LAAo (ou ALA, calculando $\hat{B}$ e $\hat{Q}$).

20. $\overline{AB} \equiv \overline{RQ}$, $\overline{BC} \equiv \overline{QP}$ $\equiv$, $\overline{CA} \equiv \overline{PR}$

21. a) 4 cm
b) 5 cm

22. a) Construção.
b) Construção.

23. Sim, pelo caso cateto-hipotenusa.

24. $\hat{A} \equiv \hat{F}$, $\hat{B} \equiv \hat{G}$, $\hat{C} \equiv \hat{E}$

25. $\triangle DEF \equiv \triangle GHI$; caso cateto-hipotenusa

26. ① ≡ ④, ② ≡ ⑥, ③ ≡ ⑤; todos caso ALA

27. ① ≡ ⑤, ② ≡ ④, ③ ≡ ⑥; todos caso LLL

28. ① ≡ ⑤, ② ≡ ④, ③ ≡ ⑥; todos caso LAA_o

29. a) LLL; $x = 40°$
b) LAL; $x = 5$ cm
c) LAL; $x = 20$ mm

30. a) Sim, caso LLL.
b) $x = 60°$ e $y = 9°$.

31. a) ALA; $x = 25$ b) ALA; $x = 15$

CAPÍTULO 7 Pontos notáveis do triângulo e propriedades

PARTICIPE

a) 10 m
b) 5 cm
c) 8 cm

1. a) 16 cm
b) $MN = 8$ cm

2. a) $x = 7$ b) $x = 11$

3. $AB = 24$

4. $x = 5$ e $AB = 22$

5. a) Construção.
b) Construção.
c) 2,7 cm

PARTICIPE

a) Construção.
b) Construção.
c) 90°
d) 90°

6. 15°

7. $x = 30°$; $y = 50°$

8. a) 110°
b) 55°

9. 20°

10. a) 100°
b) 50°
c) 70°

11. I. **b**; II. **d**; III. **a**; IV. **c**

12. a) $\overline{BM}$
b) $\overline{CD}$
c) $\overline{AE}$
d) r

13. Construção.

14. Construção.

15. Construção.

16. Construção.

17. Construção.

18. Construção.

19. Construção.

20. Construção.

21. Construção.

22. $AB = 15$; $AC = 19$; $BC = 22$

23. $x = 20°$

24. $x = 60°$; $y = 30°$; $z = 60°$

25. $x = 12°$

26. $x = 30°$; $y = 100°$; $z = 80°$; $t = 70°$

27. $x = 5°$

28. 30° e 60°, respectivamente.

29. 100°

30. $x = 105°$

31. 70°

PARTICIPE

a) Isósceles.
b) $\overline{BC}$
c) $\hat{A}$
d) $\triangle RST$; base: $\overline{ST}$; ângulo do vértice: $\hat{R}$
e) $\hat{B}$ e $\hat{C}$
f) $\hat{S}$ e $\hat{T}$

32. **a)** 15 cm
b) 12 cm
c) 10 cm

33. **a)** $x = 3$
b) $x = 12$

34. 25 cm

35. **a)** $x = 50°$ e $y = 80°$
b) $x = 70°$ e $y = 40°$

36. 50°

37. **a)** 50°
b) 36°
c) 65°

38. 50°, 50° e 80°

39. $x = 85°$ e $y = 50°$

40. $x = 5$ cm, $C\hat{S}D$ mede 90°

41. $x = 50°$; $y = 90°$

42. Os três ângulos medem 60°.

43. **a)** $x = 120°$
b) $x = 105°$

44. $B\hat{C}D$ mede 45° e $A\hat{B}D$ mede 105°

45. Construção.

46. $x = 140°$

47. $x = 80°$; $y = 20°$; $z = 60°$

UNIDADE 3 Cálculo algébrico

CAPÍTULO 8 Expressões algébricas

PARTICIPE

a) $3a$ (ou $3b$ ou $3c$ ou $3x$, etc.)
b) $x + x^2$
c) $\frac{3}{4}x + 5$
d) $\frac{a + b}{2}$
e) $x + 37$
f) $180° - x$
g) $4x$
h) $(x + 2) \cdot x$; $\left(\frac{B + b}{2}\right) \cdot h$

1. **a)** $\frac{a}{3}$
b) $2x + 5$
c) x^2
d) $x + \sqrt{x}$
e) $x^2 - 4x$
f) $n \cdot (n + 1)$

2. **a)** $x^2 + 3y$
b) $x^2 + y^2$
c) $(a + b)^2$
d) $\frac{b \cdot h}{2}$
e) $90° - x$
f) $2x + 2y$

3. **a)** $\left(\frac{x}{6} + \frac{x}{12} + \frac{x}{7}\right)$ anos
b) $\left(\frac{x}{2} + 9\right)$ anos

4. I. (11, 15, 19, 23, 27, 31, ...)
II. (3, 6, 12, 24, 48, 96, ...)

5. I. 11; adicionando 4; não; sim
II. $a_1 = 3$; multiplicando por 2; É o termo pedido?; não; sim

6. I. $a_1 = 11$ e $a_n = a_{n-1} + 4$ para $n \geq 2$
II. $a_1 = 3$ e $a_n = a_{n-1} \cdot 2$ para $n \geq 2$

7. II. $a_1 = 3$ e $a_n = a_{n-1} + n$ para $n \geq 2$
III. $a_1 = 1$ e $a_n = a_{n-1} + n$ para $n \geq 2$

8. **a)** $a_9 = 512$ e $a_{10} = 1\,024$
b) $a_1 = 2$ e $a_n = a_{n-1} \cdot 2$ se $n \geq 2$ ou $a_n = 2n$ para $n \geq 1$
c) Sim.

9. **a)** $\frac{11}{10}$
b) $a_n = \frac{n + 1}{n}$, para $n \geq 1$; não recursiva.

10. Resposta pessoal.

11. **a)** $\frac{7}{36}$
b) -20

12. **a)** 36; 25; 11
b) n^2 ; $(n - 1)^2$; $n^2 - (n - 1)^2$

13. **a)** Resposta pessoal.
b) 17; 64

14. **a)** $x + (x + 37) + x + (x + 37)$ ou $4x + 74$
b) 370 m
c) $x = 68$ m
d) 68 m; 105 m

15. **a)** $x^2 + (x + 4) \cdot 2$
b) • 23 • 107 • 56 • 37,25
c) $x^2 + 2x + 8$
d) 23
e) São iguais.

16. **a)** 9
b) 6
c) $\frac{26}{9}$
d) 4

17. $d = 35$

18. $x = -2$

19. R$ 19,20

Tabela A

x	y	$(x + y)^2$	$x^2 + y^2$
3	4	49	25
−7	7	0	98
6	6	144	72
0	9	81	81
1,1	0,4	2,25	1,37

Tabela B

x	$(x + 1)^3$	$x^3 + 1$
0	1	1
1	8	2
2	27	9
−1	0	0
$\frac{1}{2}$	$\frac{27}{8}$	$\frac{9}{8}$

20. Quadro A

$(x + y)^2$	$x^2 + y^2$
49	25
0	98
144	72
81	81
2,25	1,37

Quadro B

$(x + 1)^3$	$x^3 + 1$
1	1
8	2
27	9
0	0
$\frac{27}{8}$	$\frac{9}{8}$

21. 0,125

22. **a)** 25 **b)** 3 **c)** 0,25 **d)** 36 **e)** $\frac{22}{7}$

23. Não. Não existe divisão por zero.

24. $x = 2$

25. **a)** binômio
b) binômio
c) monômio
d) trinômio
e) binômio

26. **a)** 6
b) −12
c) $\frac{3}{5}$
d) 1
e) −1
f) $\frac{1}{4}$

27. **a)** $11x$
b) $4y$
c) $-\frac{3}{2}xy$
d) $8x^2$
e) $6xy$
f) $-\frac{17}{20}x$

28. **a)** $3x + 3$
b) $7x + 4$
c) $2a + 2b$
d) $4x + 2y$

29. $4n + 1$

30. **a)** $5a^2$; $12a$
b) $2x^2 + y^2 + yx$; $6x + 4y$

31. **a)** $3a - 1$; binômio
b) $x - 2$; binômio
c) -1; monômio
d) 0; monômio nulo
e) $-3a - 2ac + bc$; trinômio
f) $4x - 7y$; binômio
g) $8x^2 + 2xy + y^2$; trinômio

32. **a)** $A = 3x^2 + 2x + 1$; grau: 2
b) $C = x^3 + x^2 + 3x - 2$; grau: 3
c) $D = x^4 + 3x^2 - 1$; grau: 4

33. **a)** $9x^2 - 3x + 1$; grau 2
b) $4x - 1$; grau 1
c) $5x^3 + x^2 + 12x - 3$; grau 3

34. **a)** 3
b) 2
c) Não tem grau.
d) 0
e) 3

CAPÍTULO 9 Operações com polinômios

1. $p + 10q$ e $p + 12q$; $2p + 22q$

2. **a)** A: $n^2 + n + 1$; B: $3n^2 + n - 1$
b) $4n^2 + 2n$

3. **a)** $9x + 3$
b) $9a - b$
c) $-a - 2c$

4. **a)** $x^2 + 6x + 1$
b) $5x^2 + 1$
c) $5x - 1$

5. **a)** $3x^2 + 2x - 4$
b) $11x + 6$
c) $x^2 + 5x + 3$

6. **a)** $-3x - 4y - 5$
b) $-a + 3b + c$
c) $-5x^2 + 3x - 1$

7. **a)** $x + y + 2$
b) $-3x^2 + 5x - 2$

8. $-2a + 3b - 4c$

9. $Q - P = 4x^2 - 3x - 11$

10. **a)** Não, conservamos todos os sinais.
b) Sim, trocamos todos os sinais.

11. **a)** $5x + 2$
b) $-3x^2 - \frac{17}{15}$
c) $3a - 2ab + 3b$

12. **a)** $-x^2 + 6x + 2$
b) $-5x^2 - 2x$
c) $3x^2 - 4x - 6$
d) $5x^2 + 2x$
e) $-3x^2 + 4x + 6$

13. **a)** verdadeira
b) falsa
c) verdadeira
d) falsa
e) verdadeira
f) falsa

14. conservamos; adicionamos

15. **a)** $30x$
b) $12a^3$
c) $-4x^3$
d) $5x^4y^2$

16. **a)** $6x + 8$
b) $6x^2 - 3x - 9$
c) $8x^2 + 20x$
d) $-2x^4 + 2x^3 - 8x^2$
e) $2a^4b + a^3b^2 - a^2b^3$
f) $3x^3 - 3x^2y + 3xy^2$

17. **a)** $2x^2 + x$
b) $4x^2 + 11x + 6$

18. **a)** $8x^2 + 14x + 3$
b) $3x^3 - \frac{1}{2}x^2 + 12x - 2$
c) $10a^2 + 13ab - 3b^2$

19. **a)** $2a^3 - 2ab - 5a^2b + 5b^2$
b) $2x^3 - 9x^2 + 19x - 15$
c) $2x^2 - 4xy - 4x - 6y^2 + 20y - 6$

20. **a)** $6x^2 + 7x - 5$
b) $3x^3 + 11x^2 + 20x - 8$

21. a) 5; 8
b) 0 ou 1 ou 2 ou 3 (ou não tem grau); 6

22. $x^4 - 81$

23. a) $12x + 7$
b) $7x^2 + 7x + 1$
c) $-7x^2 - 14x + 26$

24. a) $22x^2 + 20x + 4$
b) $6x^3 + 7x^2 + 2x$

25. $6x^2 + 13x + 3$

26. a) $\frac{47x - 1}{12}$
b) $\frac{11x - 23}{10}$

27. 0

28. a) $a^2 + b^2 + c^2$
b) $x^3 - y^3$
c) $\frac{19}{12}x - \frac{11}{8}$

29. a) $9x^2 + 6x + 1$
b) $4a^2 - 12ab + 9b^2$
c) $4a^2 + 4ab - 20a + b^2 - 10b + 25$
d) $8x^3 + 12x^2 + 6x + 1$

30. conservamos; subtraímos

31. $5x^3y^2$

32. a) $3x^2$
b) $-7a$
c) $7xy$
d) $4ab^2$

33. a) $2a^3 - a^2 + 4$
b) $3x^4 - 4x^3 + 6x - \frac{1}{3}$
c) $-2a^2 + 3ab - 4b^2$

34. Alternativas **a**, **d** e **e**.

35. Alternativas **a**, **c** e **d**.

36. $Q = 4x + 1$, $R = 4$

37. $Q = 2x + 1$, $R = 2x + 1$

38. $Q = 4x^2 - 3x + 3$, $R = 0$

39. $Q = x^3 + 2x + 4$, $R = 4x + 6$

40. $Q = x^2 - 2$, $R = 3$

41. $Q = x + 1$, $R = 0$

42. Não, pois o grau do resto é sempre menor do que o grau do divisor.

43. $3x^3 + 7x^2$

44. Sim, porque o resto é zero.

UNIDADE 4 Produtos notáveis e fatoração

CAPÍTULO 10 Produtos notáveis

PARTICIPE

I. a) a^2 e b^2
b) ab

II. a) $a + b$
b) $(a + b)^2$ ou $(a^2 + b^2 + 2ab)$
c) Verdadeira.

III. a) r; r^2
b) 5; $5^2 = 25$
c) $2 \cdot r \cdot 5 = 10r$
d) $r^2 + 10r + 25$
e) $31 \cdot 31 = 961$

IV. a) $30^2 = 900$
b) $2 \cdot 30 \cdot 1 = 60$
c) $1^2 = 1$
d) $(30 + 1)^2 = 900 + 60 + 1 = 961$. As respostas são iguais.

1. a) $x^2 + 2x + 1$
b) $x^2 + 12x + 36$
c) $a^2 + 20a + 100$
d) $y^2 + 8y + 16$
e) $x^2 + 2\sqrt{2x} + 2$
f) $9x^2 + 6x + 1$

2. a) $4a^2 + 20a + 25$
b) $a^2 + 4ab + 4b^2$
c) $25a^2 + 30ab + 9b^2$
d) $x^4 + 8x^2 + 16$
e) $a^4 + 2a^2 + 1$
f) $4a^2 + 40a + 100$

3. Resposta pessoal.

4. a) $(20 + 1)^2 = 441$
b) $(30 + 2)^2 = 1\,024$
c) $(60 + 1)^2 = 3\,721$
d) $(90 + 5)^2 = 9\,025$

5. Bruno; 1 764.

6. Quadro A
a) $x^2 + 4x + 4$
b) $4a^2 + 36a + 81$
c) $9x^2 + 12xy + 4y^2$
d) $4x^2y^2 + 16xy + 16$
e) $x^6 + 2x^3 + 1$
f) $x^4 + 2x^3 + x^2$
g) $\frac{x^2}{9} + \frac{x}{6} + \frac{1}{16}$
h) $\frac{x^2}{4} + \frac{xy}{4} + \frac{y^2}{16}$
i) $x^2 + 2\sqrt{3}\,x + 3$

Quadro B
a) $a^2 + 10a + 25$
b) $5 + 2\sqrt{5}y + y^2$
c) $n^2 + 4n + 4$
d) $a^2b^2 + ab + \frac{1}{4}$
e) $x^4 + 2x^2 + 1$
f) $a^4 + 2a^2b^2 + b^4$
g) $\frac{x^2}{4} + \frac{x}{4} + \frac{1}{16}$
h) $\frac{9x^2}{16} + \frac{3x}{2} + 1$
i) $a^4 + a^2b + \frac{b^2}{4}$

7. a) $4x + 4$
b) $5x^2 - 5$

8. a) $-2x^2 + 2x + 4$
b) $a^4 + b^4$
c) 0
d) $4x^4 + 4x^3 + x^2$
e) $\frac{x^4}{4} + \frac{x^2y^2}{2} + \frac{y^4}{4}$

9. a) $\frac{4x^2 + 4x + 1}{x^2 + 4x + 4}$
b) $\frac{a^2}{4a^2 + 4a + 1}$
c) $\frac{x^4 + 2x^2 + 1}{x^2}$

10. $(a - b)^2 = (a^2 + b^2) - (2ab) = a^2 - 2ab + b^2$

11. **a)** $x^2 - 2ax + a^2$
b) $x^2 - 20x + 100$
c) $9x^2 - 6x + 1$
d) $25a^2 - 30ab + 9b^2$

12. **a)** $a^4 - 8a^2 + 16$
b) $x^4 - 2x^2 + 1$
c) $4p^2 - 4p + 1$
d) $9x^2 + 6x + 1$

13. **a)** $x^2 - 2x + 1$
b) $a^2 - 4a + 4$
c) $16x^2 - 8x + 1$
d) $4a^2 - 20ab + 25b^2$
e) $n^2 - 2\sqrt{6}n + 6$
f) $4n^2 - 4n + 1$
g) $9a^2 - 12ab + 4b^2$
h) $4a^2b^2 - 4abc + c^2$

14. **a)** $9a^2b - 6ab + 1$
b) $x^4 - 2x^2y^2 + y^4$
c) $x^2 - x + \frac{1}{4}$
d) $\frac{x^2}{16} - x + 4$
e) $\frac{a^2}{4} - \frac{ab}{8} + \frac{b^2}{64}$

15. **a)** $(20 - 1)^2 = 361$
b) $(50 - 1)^2 = 2401$
c) $(50 - 2)^2 = 2304$
d) $(100 - 2)^2 = 9604$
e) $(30 - 1)^2 = 841$
f) $(40 - 1)^2 = 1521$
g) $(40 - 2)^2 = 1444$
h) $(100 - 1)^2 = 9801$

16. **a)** $4ab$
b) $2x^2 + 2$
c) $4x$
d) $6x^2 - 6x$
e) $48ab$

17. **a)** $(a + b)(a - b)$
b) $a^2 - b^2$
c) $(a + b)(a - b) = a^2 - b^2$

18. **Cartão A**
$x^2 - 1$
$a^2 - 25$
$9b^2 - 49$
$x^4 - 4$
Cartão B
$x^2 - 6$
$a^2 - 14$
$9x^2 - 4y^2$
$4a^2b^2 - 9c^2$
Cartão C
$9 - a^2b^2$
$x^2y^2 - 9z^2$
$\frac{4x^2}{25} - \frac{9y^2}{4}$
$x^2 - \frac{1}{x^2}$
Cartão D
$x^4 - 1$
$y^4 - 9x^2$
$\frac{9x^2}{16} - \frac{4y^2}{25}$
$x^4 - \frac{1}{x^4}$

19. **a)** 1 599
b) 2 496
c) 3 591
d) 8 099
e) 8 096
f) 9 991
g) 39 900
h) 89 999

20. **a)** $4x^2$
b) a^8
c) $16x^2$
d) a^4
e) -5

21. **a)** não
b) não
c) sim
d) não
e) sim
f) não
g) sim
h) sim

22. $(x + 10)^2$

23. $(2x + 9y)(2x - 9y)$

24. Resposta pessoal.

CAPÍTULO 11 Fatoração de polinômios

1. **a)** ax; ay; az
b) $ax + ay + az$ ou $a(x + y + z)$
c) $a(x + y + z)$

2. **a)** $x + y$
b) $a + b + c$
c) $a + 2b$
d) $c + d + e$
e) $xy + y + 1$
f) $1 + b + bc$

3. **a)** $a(m + n)$
b) $k(x + 1)$
c) $4(x - 2)$
d) $ax(3 - 7y)$
e) $4k(p + 2q - 3)$
f) $x(1 + a + ab)$

4. **a)** $\frac{2b}{3c}$
b) $\frac{3a}{2b}$
c) $\frac{a + b}{x + y}$
d) $\frac{1}{b}$

5. a) $\frac{1}{2}$
b) 3
c) $\frac{1+a}{1+b}$
d) $\frac{a}{b}$

6. a) $x(x + 1)$
b) $x^2(x^2 - x + 1)$
c) $3a^3(1 + 4a^4)$
d) $5y^2(3y^3 - 2y + 5)$
e) $a^3x^2(1 + ax^2 - 2a^2x^4)$
f) $a^2x^2(ax + 4y)$

7. a) $a^2(1 + a)$
b) $m^4(m - 3)$
c) $x^2(2x^2 + 5)$
d) $4y(3y^2 - 2y + 1)$
e) $3a^2b^2(a + 3b)$
f) $xy^2(x^2 + x + 1)$
g) $ab^2(a - b)$
h) $-2m^2(2m + 3)$
i) $5h^3(5 - 4h + 3h^2)$
j) $2ax^2(6a^2 + 3ax - 4x^2)$

8. a) $\frac{a+b}{2}$
b) $3x^2$

9. a) $\frac{2}{3}$
b) $\frac{b}{a}$
c) x^2y^2
d) $\frac{a}{x}$

10. a) $x - 1$
b) $x + 1$
c) -1
d) -1

11. a) $(x - y)(a + b)$
b) $(a + b)(x - y)$
c) $(x + 1)(a^2 + 5)$
d) $(x - 1)(1 - a)$
e) $(x + 2)(a + 1)$
f) $(x - 2)(a - 1)$

12. a) $(a + c)(a + b)$
b) $(a - b)(x + y)$
c) $(a + 2b)(x + 3)$
d) $(b + 1)(a + 1)$
e) $(y + 2)(x - 2)$
f) $(b - n)(a + m)$

13. a) $(x + a)(x + b)$
b) $(m + n)(p - q)$
c) $(a - b)(x - y)$
d) $(2x + y)(4x + 1)$
e) $(x^2 + 4)(x - 5)$
f) $(n - 1)(m - 1)$

14. $x^2 + ax + bx + ab = (x + a)(x + b)$

15. a) $(a + 10)(b + c)$
b) $(y + 2)(x + 5)$
c) $(a - 4)(b - 3)$
d) $(x + 1)(x^2 + 1)$
e) $(a - 1)(a - x)$
f) $(x - y)(a + 1)$

16. a) $(x + m)(x - 2)$
b) $(a + b + c)(x + y)$

17. a) $\frac{a}{a+b}$
b) $\frac{x}{x+2}$
c) $\frac{y+2}{2y+1}$

18. a) $x^2 - y^2$; $(x + y)(x - y)$
b) $(x + y)(x - y)$

19. a) $2y$
b) $6a$
c) m^2
d) xy
e) x^3
f) $9y^2$

20. a) $(a + 5)(a - 5)$
b) $(x + 1)(x - 1)$
c) $(x + 10)(x - 10)$
d) $(ab + 2)(ab - 2)$
e) $(3x + 4y)(3x - 4y)$
f) $(2x + 1)(2x - 1)$
g) $(m + 4)(m - 4)$
h) $(m + 4n)(m - 4n)$
i) $(2x + 5y)(2x - 5y)$
j) $\left(\frac{x}{10} + 1\right)\left(\frac{x}{10} - 1\right)$
k) $\left(x + \frac{1}{x}\right)\left(x - \frac{1}{x}\right)$
l) $\left(\frac{a}{2} + \frac{1}{3}\right)\left(\frac{a}{2} - \frac{1}{3}\right)$
m) $\left(\frac{2x}{5} + \frac{5}{6}\right)\left(\frac{2x}{5} - \frac{5}{6}\right)$
n) $\left(\frac{3x}{2} + \frac{1}{7}\right)\left(\frac{3x}{2} - \frac{1}{7}\right)$
o) $\left(x + \sqrt{3}\right)\left(x - \sqrt{3}\right)$

21. a) 24 689
b) 16 000

22. a) $x(x + 1)(x - 1)$
b) $a^3(a + 2)(a - 2)$
c) $5(5 + pq)(5 - pq)$
d) $3(x + 2y)(x - 2y)$
e) $x^2(x + 1)(x - 1)$
f) $b^2(a + b)(a - b)$
g) $x^3(x^2 + 1)(x + 1)(x - 1)$
h) $(x^4 + 4)(x^2 + 2)\left(x + \sqrt{2}\right)\left(x - \sqrt{2}\right)$

23. **a)** $7(x + 1)(x - 1)$
b) $a(b + c)(b - c)$
c) $xy(x + y)(x - y)$
d) $25(a^2 + 2x)(a^2 - 2x)$
e) $a(a + 5)(a - 5)$
f) $x^2(2x + 1)(2x - 1)$
g) $(a^2 + b^2)(a + b)(a - b)$
h) $(x^2 + 1)(x + 1)(x - 1)$
i) $(y^2 + 4)(y + 2)(y - 2)$
j) $(a - b)(a + b + 10)$

24. **a)** $(x + 1)(x + 2)(x - 2)$
b) $(x - y)(x + y + 1)$
c) $(y + 1)(y - 1)(x + 1)(x - 1)$

25. 1,003

26. **a)** $a^2 + 2ab + b^2$
b) $a + b$
c) $(a + b)^2$

27. **Cartão A**
$(x + a)^2$
$(x - a)^2$
$(x + 1)^2$
$(x - 1)^2$
$(a - 10)^2$

Cartão B
$(a + 10)^2$
$(n - 4)^2$
$(2x + y)^2$
$(a - 5b)^2$
$(x^2 - y)^2$

Cartão C
$(m + n)^2$
$(1 - p)^2$
$(a - 6)^2$
$(b - 1)^2$
$(1 - x)^2$

Cartão D
$(a + 2)^2$
$(x - 2)^2$
$(x + 8)^2$
$(m + 6)^2$
$(7x + 1)^2$

28. Alternativas **b**, **e**, **g**, **j**.

29. **a)** $x(x + 1)^2$
b) $x(x - 1)^2$
c) $5(x - 2)^2$
d) $2a(3b - 1)^2$
e) $-5(p + 4)^2$
f) $a(x - 2)^2$
g) $x^2(x + 1)^2$
h) $2(x + 1)^2$
i) $x^4(3x + 1)^2$
j) $y^2(x - 1)^2$

UNIDADE 5 Quadriláteros

CAPÍTULO 12 Quadriláteros: noções gerais

PARTICIPE

a)
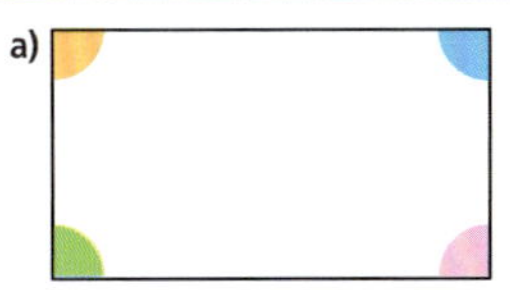

b)
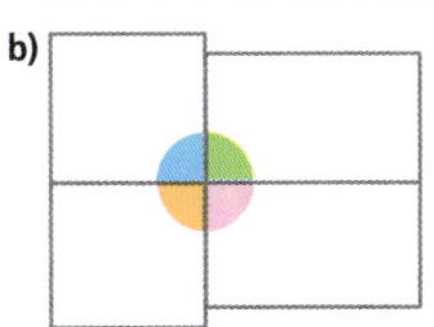

c) Sim, porque é um retângulo, possui 4 lados e 4 vértices.
d) 360°

1. **a)** $x = 8$ cm
b) 14 cm; 15 cm

2. **a)** convexo; côncavo; convexo; côncavo
b) Construções.
c) Ficou "fora" do quadrilátero.

3. Construção.

4. Construção.

5. **a)** $x = 110°$
b) $x = 30°$
c) $x = 70°$
d) $x = 30°$

6. **a)** $x = 35°$
b) $x = 70°$

7. **a)** $x = 70°$
b) $x = 100°$
c) $x = 110°$

8. **a)** $x = 100°$; $y = 130°$
b) $x = 120°$; $y = 60°$
c) $x = 45°$

9. $\text{med}(\hat{T}) = 60°$; $\text{med}(\hat{I}) = 45°$; $\text{med}(\hat{C}) = 135°$; $\text{med}(\hat{O}) = 120°$

10. **a)** $x = 120°$; $y = 60°$
b) $x = 50°$; $y = 130°$
c) $x = 40°$, $y = 20°$

11. **a)** 45°; 135°; 45°; 135°
b) 90°; 90°; 80°; 100°

12. **a)** $\text{med}(\hat{A}) = 91°$, $\text{med}(\hat{B}) = 170°$,
$\text{med}(\hat{C}) = 18°$ e $\text{med}(\hat{D}) = 81°$

CAPÍTULO 13 Propriedades dos quadriláteros notáveis

1. Construção.

2. 45°; 135° e 45°

3. **a)** $x = 25$ cm
b) $x = 10$ cm

4. **a)** 8 cm, 16 cm, 8 cm e 16 cm
b) 4 cm, 12 cm, 4 cm e 12 cm
c) 21 cm, 7 cm, 21 cm e 7 cm
d) 5 cm, 7 cm, 5 cm e 7 cm
e) 10 cm, 11 cm, 10 cm e 11 cm

5. 8 cm e 10 cm

6. 90°

7. 34 cm

8. Construção.

9. Construção.

10. a) $x = 55°$; $y = 55°$
b) $x = 25°$; $y = 65°$

11. Demonstração.

12. a) 20 cm
b) Os dois são isósceles.

13. 60° e 30°.

14. 25°

15. Construção.

16. Construção.

17. a) $x = 150°$ e $y = 15°$
b) $x = 32°$ e $y = 116°$

18. Demonstração.

19. 104°; 76°; 104°; 76°

20. 60°

21. 60°; 120°; 60°; 120°

22. Demonstração.

23. a) $x = y = 45°$
b) $x = 90°$ e $y = 45°$

24. a) certa
b) errada
c) errada
d) certa
e) errada
f) errada
g) certa
h) certa

25. $\frac{4}{3}$

26. $\text{med}(\hat{A}) = 45°$; $\text{med}(\hat{B}) = 36°$;
$\text{med}(\hat{C}) = 144°$; $\text{med}(\hat{D}) = 135°$

27. a) $\text{med}(\hat{A}) = \text{med}(\hat{B}) = 20°$
$\text{med}(\hat{C}) = \text{med}(\hat{D}) = 160°$
b) $\text{med}(\hat{A}) = \text{med}(\hat{B}) = 55°$
$\text{med}(\hat{C}) = \text{med}(\hat{D}) = 125°$

28. a) 130°
b) 100°
c) 125°

29. Demonstração.

30. 33 m

31. 50°; 50°; 130°; 130°

32. $AP = 20$ cm; $PO = 7$ cm; $OT = 6$ cm; $AT = 8$ cm

33. 10 cm

PARTICIPE

a) 3 cm
b) 1,5 cm
c) $\frac{1}{2}$
d) Construção.
e) Espera-se que sejam 2 cm, 2,5 cm e 3 cm.
f) Metade do lado.

34. a) $x = 4$; perímetro $= 20$
b) $x = 5$; perímetro $= 20$

35. a) $x = 60°$
b) $x = 2$

36. paralelogramo

37. 17 cm

38. 38 cm

39. losango

PARTICIPE

a) 4 cm e 3 cm
b) 3,5 cm
c) $\frac{1}{2}$

40. $x = 70°$; $y = 80°$ e $z = 24$ cm

41. 24 cm e 36 cm

42. a) $x = 4$
b) $x = 3$ e $y = 2$

43. $x = 18$ cm; $y = 110°$; $z = 120°$; perímetro $= 82$ cm

44. 16 cm e 12 cm

45. 90 cm²

UNIDADE 6 Álgebra

CAPÍTULO 14 Equações

1. a) -2
b) 0; 4
c) -1; $\frac{1}{2}$
d) 0; 1; 2

2. 0 ou -3

3. 0 ou $\frac{1}{4}$

4. a) 0; 4
b) 0; 2
c) 0; $\frac{5}{2}$
d) 0; $\frac{25}{4}$

5. 2 anos.

6. a) $x = 5$
b) 2; -2; 5

7. 4

8. 0 ou $\frac{3}{2}$

9. 0 ou 2

10. 0; $\frac{1}{2}$ ou $-\frac{1}{2}$

11. 12

12. $2x = 6$

13. 10 de fevereiro

14. 13 anos

15. $\frac{133}{8}$

16. $\frac{1\,386}{97}$

17. 180 candidatos

18. 140 km

19. **a)** Fábio
b) R$ 1600,00

20. **a)** $(4{,}81 + 2{,}42x)$ reais
b) 8 quilômetros

21. **a)** $(2\,500 + 2{,}50x)$ reais
b) 3000

22. R$ 1250,00

23. R$ 1800,00

24. 14

25. R$ 540,00

26. R$ 40 000,00

27. 8

28. 10

29. Daqui a 5 anos.

30. 18 anos.

31. 350 páginas.

32. 14400 L

33. Aline: 106; Clarice: 53; Mônica: 35

34. 4 cm

35. 60 cm

36. **a)** C
b) D, F

37. **a)** impossível
b) $x = 0$
c) impossível
d) $x = 1$
e) indeterminada (x é qualquer número)

38. **a)** indeterminada
b) indeterminada
c) impossível
d) $x = 0$

39. Para nenhum número.

40. Qualquer número.

PARTICIPE

I. **a)** $x^2 = \frac{121}{25}$
b) $-\frac{11}{5}$ e $\frac{11}{5}$
c) $S = \left\{-\frac{11}{5}, \frac{11}{5}\right\}$

II. **a)** $x^2 = -\frac{121}{25}$
b) Não possui raízes reais.
c) $S = \varnothing$

41. **a)** $S = \{-3, 3\}$
b) $S = \{-7, 7\}$
c) $S = \{-4, 4\}$
d) $S = \{-5, 5\}$
e) $S = \left\{-\frac{7}{3}, \frac{7}{3}\right\}$
f) $S = \left\{-\frac{13}{2}, \frac{13}{2}\right\}$

42. 8 m

43. **a)** Não possui raiz real.
b) Possui raiz real.
c) Possui raiz real.
d) Não possui raiz real.
e) Possui raiz real.

44. $x = 10$ m

45. 6 cm

46. 12 cm

47. **a)** 3 cm
b) 3,5 cm

48. 150 m

CAPÍTULO 15 Sistemas de equações

1. 72 e 39

2. 13; 19

3. **a)** $x = -1; y = 4$
b) $x = 5; y = 3$
c) $a = 3; b = 2$

4. 6 garçons; 16 garçonetes

5. **a)** Resposta pessoal.
b) $x = 2 ; y = -8$

6. **a)** $a = 2; b = 0$
b) $x = 0; y = 4$

7. 7; 13

8. 1015 pessoas.

9. $\frac{36}{66}$

10. **a)** $x = 5; y = 2$
b) $x = -1; y = 3$

11. 17 meninas e 13 meninos

12. 42 notas de R$ 10,00 e 63 notas de R$ 50,00

13. melancia: R$ 15,00; abacaxi: R$ 6,00

14. **a)** $x = 9; y = 2$
b) $x = 4; y = 2$
c) $x = -1; y = -2$
d) $a = \frac{12}{5} ; b = \frac{16}{5}$

15. **a)** Márcio: R$ 1200,00; Marcelo: R$ 920,00.
b) Márcio: R$ 480,00; Marcelo: R$ 320,00.

16. **a)** $x = 6; y = 11$
b) $x = -3; y = 2$
c) $x = 10; y = 4$
d) $x = \frac{10}{3} ; y = -\frac{1}{3}$

17. $x = 102; y = 66$

18. a) $x = \frac{1}{6}$; $y = 0$
b) $x = 10$; $y = -12$

19. 419 do modelo esporte; 368 do modelo clássico

20. 171 caixas de Lava Azul; 57 caixas de Lava Verde

21. a) 70; 40
b) $\frac{99}{63}$
c) $\frac{57}{95}$

22. 62 galinhas; 35 cavalos

23. 38 anos; 2 anos

24. Resposta pessoal.

25. Resposta pessoal. $x = 500$; $y = 300$

26. (1, 1) e $\left(\frac{1}{3}, 0\right)$

27. Há várias possibilidades. (12, 0), $\left(1, \frac{11}{2}\right)$, (2, 5), $\left(3, \frac{9}{2}\right)$ são exemplos.

28. Resposta pessoal.

29. 107

30. a) $y = 6$
b) $x = -21$
a) Exemplos: $\left(2, \frac{46}{7}\right)$; (214, 2); $\left(3, \frac{48}{7}\right)$

31. A – II; B – III; C – IV; D – I

32. $x = -\frac{1}{3}$

33. $P(2, 3)$; $Q(3, 1)$; $R(1, -3)$; $S(-3, -2)$; $T(-2, 1)$; $U(-1, 3)$; $V(0, 2)$; $W(1, 0)$

34. Construção.

35. a) Helena b) Sérgio

36. a) Resposta pessoal.
b) Formariam uma reta. (Peça respostas orais.)

37. Construção.

38. a) 240 km
b) 80 km/h
c) 60 km

39. a) dois b) Construção.

40. Construção.

41. a) Construção. b) $(2, 2)$

42. $(2, 3)$

43. Alternativa **b**.

44. a) $(7,4)$ b) $(-2, 4)$ c) $(-2, -3)$

45. b) não
c) $x = 2{,}9$; $y = 2{,}1$

46. $x = \frac{28}{11}$; $y = \frac{12}{11}$

47. a) impossível
b) determinado
c) indeterminado

48. impossível

49. a) 16
b) Devem ser 4 pontos da reta $x + 2y = 8$.
c) nenhuma; paralelas

50. a) uma
b) nenhuma
c) infinitas
d) uma

51. a) impossível
b) impossível
c) indeterminado

UNIDADE 7 Circunferência, arcos e ângulos

CAPÍTULO 16 Circunferência e círculo

PARTICIPE

a) Letra D.
b) Distância entre as casas.

1. Construção.

2. Construção.

3. Construção.

4. Construção.

5. a) 1,5 cm
b) 1,5 cm
c) 1,5 cm
d) Do ponto O
e) O ponto O; 1,5 cm

6. Pontos internos.

7. a) interno
b) externo
c) pertencente

8. a) $\overline{OA}$, $\overline{OB}$ e $\overline{OC}$
b) $\overline{CD}$ e $\overline{AC}$
c) $\overline{AC}$

9. Construção.

10. Construção.

11. Construção.

12. Construção.

13. $x = 6$

14. a) externa
b) secante
c) externa
d) tangente
e) externa
f) secante

15. a) quatro ângulos retos
b) $OA = OB$ e $OM < OA$

16. $x = 18°$

17. Demonstração.

18. $x = \frac{4}{9}$

19. $x = 20°$

20. Construção.

21. a) secantes
b) tangentes
c) concêntricas

22. 18 cm e 10 cm

23. 12, 18, 24 ou 30 cm

24. 18 cm e 12 cm

25. É tangente a ambas.

26. a) externas
b) tangente interna a
c) secantes
d) tangentes externas
e) interna a
f) secantes

27. a) 0
b) 1
c) 2
d) 1

28. 12 cm

29. a) 0
b) 4
c) 2
d) 3
e) 1

30. a) 10
b) 21

31. 8 cm e 3 cm

32. 24 cm e 42 cm

33. 2 cm, 3 cm e 4 cm

CAPÍTULO 17 Arcos e ângulos

1. a) med$(A\hat{O}B)$ = 60°; med$(\widehat{AB})$ = 60°; med$(\widehat{AXB})$ = 300°

b) med$(A\hat{O}B)$ = 120°; med$(\widehat{AB})$ = 120°; med$(\widehat{AXB})$ = 240°

2. a) $x = 100°$
b) $x = 80°$
c) $x = 280°$

3. 45°

4. a) med$(r\hat{O}t)$ = 80°; med$(r\hat{O}s)$ = 130°
b) med$(\widehat{AB})$ = 130°; med$(\widehat{EF})$ = 150°
c) med$(\widehat{DE})$ = 130°; med$(\widehat{HI})$ = 150°

5. a) $x = 32°$
b) $x = 120°$; $y = 60°$
c) med$(\widehat{AB})$ = 80°

6. a) med$(\widehat{AB})$ = 40°; med$(\widehat{BC})$ = 100°
b) $x = 40°$; $y = 30°$
c) $x = 35°$; med$(\widehat{CD})$ = 130°

7. a) $x = 50°$; $y = 50°$
b) med$(\widehat{AB})$ = 80°; med$(\widehat{BC})$ = 100°; med$(\widehat{CD})$ = 80°

8. a) $x = 65°$
b) $x = 40°$
c) $x = 10°$
d) $x = 25°$
e) $x = 44°$

9. a) $x = 50°$; $y = 35°$
b) $x = 90°$; med$(\widehat{AD})$ = 60°; med$(\widehat{CD})$ = 120°

10. 70°; 60°; 50°

11. Construção.

12. Construção.

13. Construção.

14. Construção.

15. $x = 80°$

16. 40°

17. $x = 35°$

18. a) $x = 80°$
b) $x = 52°$
c) $x = 20°$
d) $x = 120°$
e) $x = 130°$

19. $x = 110°$; $y = 50°$

20. 45° e 95°

21. 76°

22. 60°

23. med$(\hat{A})$ = 65°; med$(\hat{B})$ = 70°; med$(\hat{C})$ = 45°

24. a) $x = 70°$
b) $x = 80°$
c) $x = 150°$

25. a) $x = 120°$; $y = 80°$
b) $x = 110°$; $y = 70°$

26. a) $x = 55°$
b) $x = 43°$

27. Não, porque os ângulos opostos não são suplementares.

28. a) errado
b) certo
c) errado
d) certo
e) errado
f) certo

29. Os retângulos.

30. Sim. Sendo *ABCD* um trapézio isósceles com med$(\hat{A})$ = med$(\hat{B})$ = x e med$(\hat{C})$ = med$(\hat{D})$ = y, temos que $x + y = 180°$, ou seja, med$(\hat{A})$ + + med$(\hat{C})$ = med$(\hat{B})$ + med$(\hat{D})$ = 180°.

31. Construção.

32. Construção.

33. Construção.

34. $x = y = z = t = 60°$

35. Construção.

36. Construção.

37. Construção.

38. Construção.

39. a) T
b) *T*
c) *R*
d) *E*
e) *E*
f) *A*

40. Construção.

41. a) Construção.
b) Construção.

42. a) Construção.
b) Construção.

43. Construção.

44. Construção.

45. Construção.

46. Construção.

47. Retângulo de lados 4 cm e 3 cm. Idem.

48. a) Não.
b) Não.
c) Não.

UNIDADE 8 Variação de grandezas e capacidade

CAPÍTULO 18 Proporcionalidade

1. **a)** 0; 0,5; 1; 1,5; 2; 2,5; 3
b) Construção.
c) $v = 0,5 \cdot t$
d) Sim, porque a razão $\frac{v}{t}$ é constante.
e) 720 litros.

2. **a)** 0; 60; 120; 180; 240; 300; 360
b) Construção.
c) $y = 60x$
d) Sim, porque a razão $\frac{y}{x}$ é constante.
e) R$ 132,00

3. **a)** 12000, 24000, 36000, 48000
b) Construção.
c) $y = 4000t$
d) 7,5 h (7 horas e meia)

4. 0; 1500; 3000; 4500; 6000; 7500; 9000; 10500; 12000; 13500; 15500

5. **a)** Inversamente proporcionais porque, aumentando o número de pessoas, o tempo diminui proporcionalmente (por exemplo, dobrando o número de pessoas, o tempo diminui pela metade).
c) $nt = 80$
e) 5 h
f) 20

6. **a)** 300 minutos (5 h)
b) 120 minutos (2 h)
c) Aproximadamente 86 minutos

7. $v \cdot t = 500$

8. Resposta pessoal.

9. Resposta pessoal.

10. I. **a**; II. **b**; III. **a**; IV. **c**; V. **c**

11.

Medida do lado do ladrilho (cm)	30	40	50	60
Área do ladrilho (cm²)	900	1 600	2 500	3 600
Quantidade de ladrilhos	400	225	144	100

12.

Medida do lado do ladrilho (cm)	30	40	50	60
Quantidade de ladrilhos + 10%	440	247,5	158,4	110
Quantidade de caixas a comprar	44	25	16	11

13. Sim; Não; a quantidade de ladrilhos é Inversamente proporcional à área do ladrilho.

CAPÍTULO 19 Áreas e volumes

1. **a)** 17,64 m² **b)** 15,3 m²

2. 94 m²

3. 3,3 hectares.

4. 576 m²

5. **a)** 375 cm²
b) 4800 cm²

6. 12 cm; 6 cm

7. 104 cm²

8. Resposta pessoal.

9. Resposta pessoal.

10. 18 cm²

11. 362,5 m²

12. 56,8 m²

13. **a)** 9 cm²
b) 56 cm²

14. 50 m²

15. O terreno 2, pois sua área é de 139,65 m².

16. Resposta pessoal.

17. **a)** 24 m² **b)** 40 m²

18. **a)** 40 m²
b) 18 m²

19. **a)** 24
b) 21,5
c) 304 cm²

20. Resposta pessoal.

21. Resposta pessoal.

22. 62,8 cm

23. 37,7 cm

24. 19,1 cm

25. $\frac{5}{2\pi}$ m $\cong$ 0,8 m

26. 50%

27. 10π cm $\cong$ 31,4 cm

28. **a)** 25π cm² $\cong$ 78,5 cm²
b) 4π cm² $\cong$ 12,56 cm²

29. 16π m² $\cong$ 50,24 m²

30. 9π cm² $\cong$ 28,26 cm²

31. $11(\pi + 2)$ m = 56,56 m; $\frac{121\pi}{2}$ m² $\cong$ 189,97 m²

32. 3π cm²

33. 25π cm² $\cong$ 78,5 cm²

34. Resposta pessoal.

35. **a)** 24π cm³ **b)** $250\ \pi$ cm³ **c)** $300\ \pi$ cm³

36. aproximadamente 28 L

37. aproximadamente 2,8 cm

38. 5; aproximadamente 18 dm³ e 3,6 dm³

39. Os volumes são praticamente iguais, mas no copo cabe um pouco mais.

40. Aproximadamente $5,5 \cdot 10^8$ m³

41. Resposta pessoal.

UNIDADE 9 Medidas estatísticas e contagem

CAPÍTULO 20 Medidas estatísticas

1. 40 unidades.

2. 55 min 5 s.

3. 4,5; 7

4. R$ 50400,00

5. R$ 3,00

6. R$ 5,71

7. 3,3 pessoas.

8. A terceira.

9. 2,04 m

10. R$ 2408,00

11. **a)** 12
b) 20
c) 30
d) 10

12. É menor. Médias aritméticas:

a) 12,5
b) 20,5
c) 37,5
d) 50,5

13. Quadruplicou.

14. Aumentou 1,6 em média.

15. **a)** m.a. = 125 > m.g. = 100
b) m.a. = m.g. = 100

16. 1,8 irmão.

17. A resposta vai depender do número de estudantes da turma.

18. 0,89 microcomputador.

19. 2,9 TVs.

20. A pesquisa é sobre uma categoria (Ensino Fundamental, Médio, etc.) não medida numericamente. "Quantos anos frequentou a escola?" (ou outra semelhante).

21. média = 1,7 pessoa

22. média = 4,52 pessoas

23. média = 2,77 banheiros

24. 50%; 35%; 2,5%; 7,5%; 5%; 100%

25. **a)** R$ 1281,00
b) R$ 3971,10

26. **a)**

Gols	Freq.
0	6
1	6
2	5
3	1
4	0
5	1
Total	**19**

b) 0 e 1
c) 1
d) 1,26 (aproximadamente)

27. **a)** R$ 3220,00
b) R$ 1300,00
c) A mediana.

28. **a)** 5,5
b) 5,47

29. **a)** 26 anos
b) 25,5 anos
c) Não existe moda.

30. A moda.

31. 24 cm

32. **a)** A: 7,5; B: 4,5
b) B
c) 7,5

33. **a)** Brasil
b) Brasil
c) França

34. Resposta pessoal.

CAPÍTULO 21 Gráficos

PARTICIPE

Resposta pessoal.

1. Total de entrevistados:

18 + 37 + 45 + 20 + 12 = 132

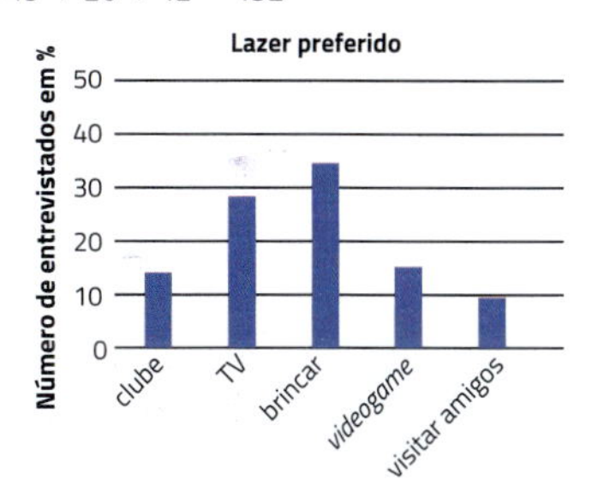

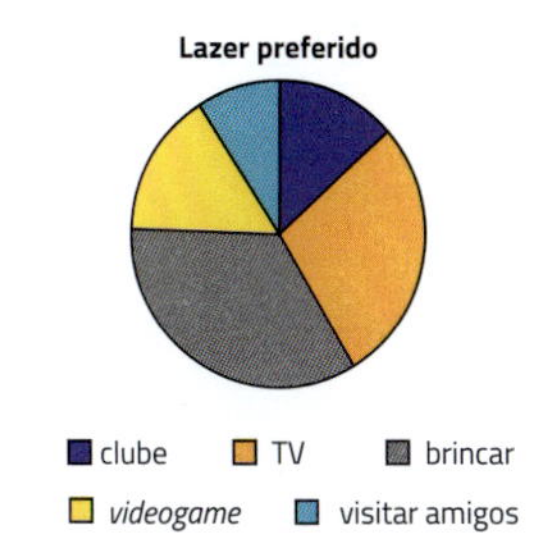

2. **a)** Junho.
b) Sim. 140 camisetas.
c) 2808 camisetas
d) 312 camisetas.
e) Março, abril, julho, agosto e setembro.
f) 120 camisetas.
g)

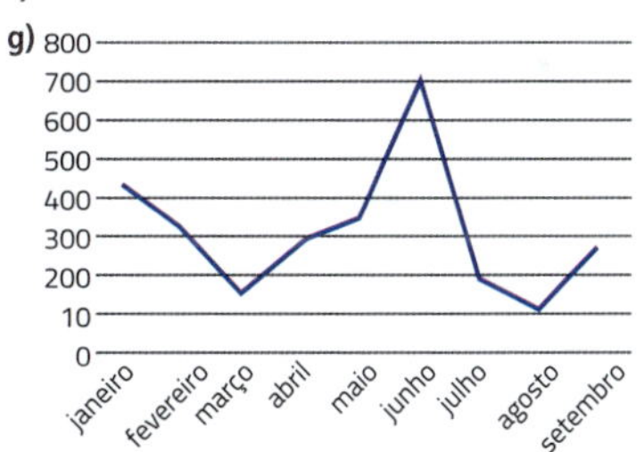

3. Resposta esperada: Nos meses de maio e junho a empresa registrou prejuízo nas vendas e nos demais meses registrou lucro.

4. **a)** R$ 1200,00
b) 28%
c) R$ 420,00

5. 13,4 anos

6. **a)** 40 estudantes
b) 2,3

7. **a)** 54 km/h
b)

Velocidade Km/h	Frequência	Frequência relativa
70 ⊢ 80	4	10%
80 ⊢ 90	8	20%
90 ⊢ 100	10	25%
100 ⊢ 110	12	30%
110 ⊢ 120	4	10%
120 ⊢ 130	2	5%

c)

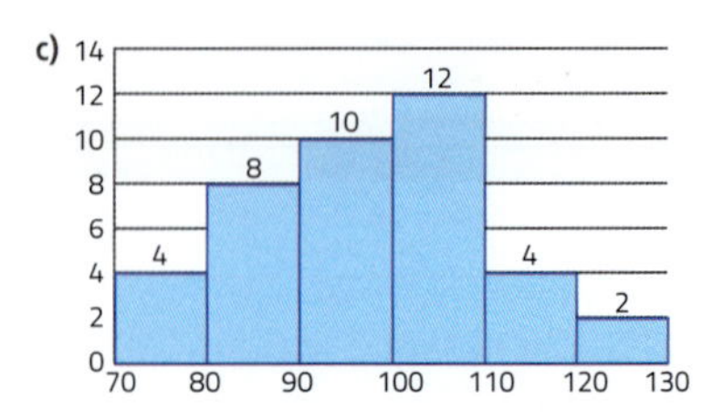

8. As respostas dependem dos dados de cada turma.

9.

Tempo de resolução de prova dos candidatos

Porcentagem (%)

30%
25%
20%
15%
10%
5%
0%

15% 25% 20% 17,5% 10% 7,5% 5%

100 120 140 160 180 200 220 240

Tempo (min)

10. b) 45%

11. c) 32%

CAPÍTULO 22 Contagem e probabilidade

1. 24

2. a) 1, 3, 5, 7, 9. São 5.
b) 5
c) 5
d) 5
e) $5 \cdot 5 \cdot 5 = 125$

3. 60

4. a) 12
b) 16

5. a) 4
b) 8
c) 16

6. 8

7. 27

8. a) 11 340
b) 14 520

9. a) 4^{20}
b) 10^{12} (um trilhão)

10. 20 160

11. As respostas dependem dos dados de cada turma.

12. A resposta depende dos dados de cada turma.

13. As respostas dependem dos dados de cada turma.

14. As respostas dependem dos dados de cada turma.

15. As respostas dependem dos dados de cada turma.

16. a) • $\frac{9}{100}$ • $\frac{91}{100}$
b) 1

PARTICIPE

I. a) 0
b) 1
c) 1
d) 2
e) 0, 1 e 2.
f) {0, 1, 2}
g) $P(0) = \frac{1}{4}$, $P(1) = \frac{2}{4} = \frac{1}{2}$, $P(2) = \frac{1}{4}$
h) $\frac{1}{4} + \frac{1}{2} + \frac{1}{4} = 1$
i) 1
j) 100%

II. a) 2 (o número 5 e o número 10).
b) $\frac{2}{10} = \frac{1}{5}$
c) $\frac{8}{10} = \frac{4}{5}$
d) 1

17. a) $\{1, 2, 3, 4, 5, 6\}$
b) $\frac{1}{6}$
c) 1
d) $\frac{1}{2}$

18. a) $\frac{2}{5}$
b) $\frac{3}{5}$

19. a) $\frac{1}{7}$
b) $\frac{2}{7}$

20. b) $\frac{1}{4}$

21. a) 36
b) $\frac{1}{12}$

22. 98,5%

AGRADECIMENTOS

Consignamos nossa mais sincera gratidão aos colegas pelo apoio recebido durante a elaboração deste trabalho.

Affonso Luiz Reyz de Paula Neves
Alvaro Zimmermann
Aranha Ambrogina L. Pozzi Cesar
Ana Maria de Souza Almeida Matos
Ângela Maria de Carvalho Barroso
Antonio Lourenço de Oliveira
Antonio Renato de Paula Pessoa
Arnaldo Mendonça
Augusto C. O. Morgado
Bárbara Lutaif
Carlos Balbino Pelegrinelli
Cesar Augusto Soares
Cesar Soares dos Reis
Cleister Alves Cordeiro
Danilo Carvalho Villela
Dylson Faria Lima
Edjarbas de Oliveira Jr.
Edna Maria C. Conceição
Eldon Nogueira de Albuquerque
Elias Veiga
Elisabete Longo Santiago
El-Mani Gomes
Elon Lages Lima
Evaldo Ribeiro da Cunha
Fernando José Campps Lavall
Fernando Willer Klein de Aquino
Flávio Leite Mota
Francisco Guilherme da Silva
Gracia Tereza Bittencourt Martins
Helena Maria Tonet
Henriette Tognetti Penha Morato
Hiroko Ando
Hugo José Nascimento
Iguatemi Coquinot de Alcântara Nunes
Irene Torrano Filisetti
Izelda Maciel Ramos
Jaine Rita Celentano Lino
João Alfredo Sampaio
João Dionísio Amorim
João dos Reis Neto
João Pereira dos Santos
Joaquim Serafim da Paz
José Cardoso
José Fonseca Júnior
José Geraldo
José Jorge Chama
José Wightnan de Carvalho
Judite David
Jélia Hosi
Leonor Farsic Fic
Luciano de Oliveira
Luiz Angelo Marengão
Luiz José de Macedo
Manoel Benedito Rodrigues
Manuel Maria Lourenço de Sousa
Marcelo Antônio Ferreira
Marcelo Marcio Morandi
Maria Aparecida Olivares Pusas Santos
Maria Aparecida Simões Okamura
Maria Consuelo G. B. da Silva
Maria José R. Pereira
Marisa Ortegosa da Cunha
Martha Helena Franco de Andrade
Mercês Edith Dubeux Beltrão
Messias Rosa do Nascimento
Milton Carvalho Barbosa
Mitiko Imoto Kawata
Nelson José Correia
Nilze Silveira de Almeida
Orozimbo Marinho de Almeida
Oscar Augusto Guelli Neto
Otaviano Alves
Pelegrino P. Dinard
Plínio José Oliveira
Regina Célia Santiago do Amaral Carvalho
Rêmulo Pifano
Roberto Meconi Júnior
Ronaldo Schubert Souto
Rosana Covões
Rosângela de Fátima dos Reis Silva
Sergio Augusto Sepúlveda Figueiredo
Sidney Tognini Martos
Silvia de Lima Guitti Oliveira
Silvia Helena Augusto
Valéria Araújo Barbosa
Vanda Cotosck
Vicente Carelli
Vilma Cotosck
Walfrido Diniz Gattoni
Wancleber Pacheco
Wilson José da Silva
Yoshiko Yamamoto Nukai

BIBLIOGRAFIA

100 jogos geométricos, de Pierre Berloquin (Lisboa: Gradiva, 1999).

100 jogos numéricos, de Pierre Berloquin (Lisboa: Gradiva, 1991).

A arte de resolver problemas, de George Polya (Rio de Janeiro: Interciência, 1978).

Ah, descobri!, de Martin Gardner (Lisboa: Gradiva, 1990).

Anuários do Conselho Nacional de Professores de Matemática dos EUA (NCTM) (São Paulo: Atual, 1995).

As maravilhas da Matemática, de Malba Tahan (Rio de Janeiro: Bloch, 1987).

As seis etapas do processo de aprendizagem em Matemática, de Zoltan P. Dienes (São Paulo: EPU, 1986).

Aventuras matemáticas, de Miguel de Guzman (Lisboa: Gradiva, 1990).

Coleção *O Prazer da Matemática*, de vários autores (Lisboa: Gradiva).

Coleção *Pra que serve Matemática?*, de Luiz Márcio Pereira Imenes e outros (São Paulo: Atual, 1990).

Coleção *Vivendo a Matemática*, de vários autores (São Paulo: Scipione, 1990).

Da realidade à ação – Reflexões sobre educação e Matemática, de Ubiratan D'Ambrósio (São Paulo: Summus, 2004).

Didática da resolução de problemas de Matemática, de Luiz Roberto Dante (São Paulo: Ática, 1999).

Divertimientos lógicos y matemáticos, de M. Mataix (Barcelona: Marcombo, 1982).

El discreto encanto de las matemáticas, de M. Mataix (Barcelona: Marcombo, 1986).

Estatística básica, de Wilton de O. Bussab e Pedro A. Morettin (São Paulo: Saraiva, 2013).

Etnomatemática – Elo entre as tradições e a modernidade, de Ubiratan D'Ambrósio (Belo Horizonte: Autêntica, 2001).

Fazer e compreender Matemática, de Jean Piaget (São Paulo: Melhoramentos, 1978).

História da Matemática, de Carl B. Boyer, tradução: Elza F. Gomide (São Paulo: Edgard Blücher, Edusp, 1974).

Matemática divertida e curiosa, de Malba Tahan (Rio de Janeiro: Record, 2008).

Matemática e língua materna, de Nilson José Machado (São Paulo: Cortez, 2001).

Na vida dez, na escola zero, de David Carraher e outros (São Paulo: Cortez, 2003).

O homem que calculava, de Malba Tahan (Rio de Janeiro: Record, 2008).

O livro dos desafios, v. 1, de Charles Barry Townsend (Rio de Janeiro: Ediouro, 2004).

Quebra-cabeças, truques e jogos com palitos de fósforo, de Gilberto Obermair (Rio de Janeiro: Ediouro, 2000).

Revista do Professor de Matemática (São Paulo: SBM).

Revista Nova Escola (São Paulo: Fundação Victor Civita).

Revista Temas e Debates (São Paulo: SBEM).